# 문제중심 고급영재수학

## ❷ 기하학 · 응용수학

곽성은 · 우경수 지음

KM 경문사

# 머리말

20년을 넘게 대학에서 수학을 강의하면서 고등학생이나 대학교 1·2학년을 대상으로 한 수학 문제 창작에 깊은 관심을 가지게 되었다. 우연히 수학 문제 풀이 방법에 숙련된 일반 학생과 영재 학생의 풀이 방식이 전혀 다르다는 것을 보고서 일반 학생들이 영재 학생으로 성장할 수 있게 도움을 주는 수학 문제를 만들어 보았다. 이 책은 고등학교에서 수학II 및 미분·적분의 개념을 정확히 이해한 고등학생이나 대학생이라면 누구나 문제를 해결할 수 있게 구성하였다. 모든 문제들을 숙련된 풀이 방식의 접근이 아니라 창의적인 생각으로 각각 다르게 접근하여 풀어보면 수학의 참 맛을 느낄 수 있을 것으로 생각된다.

일반 학생들은 첫 문제를 보고, "풀 수 있겠다. 또는 풀 수 없겠다." 고민하는 시간들을 측정해 본 결과 30초를 넘지 않았다. 대부분 1분 정도 지나면 포기해 버린 모습에서 영재 학생들과 분명히 다른 면모를 알 수 있었다. 보통 영재 학생들은 어떤 문제를 해결하기 위해 10시간 넘게 고민하는 것을 종종 본다. 10시간 넘게 고민하면서 해결한 문제들은 말로 표현할 수 없는 쾌감을 줄 것이며 학생의 뇌리에 영원히 각인될 것이다. 이런 훈련이 쌓인다면 여러분도 종종 10시간 넘게 고민하는 모습들을 볼 수 있게 될 것이라 생각되며 신비스러운 수학 세계를 경험하게 될 것이다.

역사적으로 지혜를 겸비한 지도자들의 공통점은 생각하는 힘이 일반인보다 월등하며 쉽게 독창적인 생각을 이끌어 낸다는 점이다. 이러한 능력은 훈련을 통해서 습득할 수 있는데 논리적인 사고에 기초를 둔 수학이론들을 배우게 하여 지도자를 양성했던 기록들이 있다.

지혜를 겸비한 인재로 성장하여 여러분 모두 각각의 분야에서 지도자로 발전하길 기원하는 마음으로 저자는 이 책을 만들게 되었다.

『생각하는 지혜는 마음으로 풍요로운 삶을 느낄 수 있다.』

2014년 5월

곽성은, 우경수

## 차례

문제중심

# 고급영재수학 2

— 기하학 & 응용수학

## ❑ 수학자 이론

**정리 001** [Jensen inequality]

(1) $\forall t_i \geq 0, \sum_{i=1}^{n} t_i = 1, f''(x) < 0 \Rightarrow \sum_{k=1}^{n} t_k f(x_k) \leq f\left(\sum_{k=1}^{n} t_k x_k\right)$

(2) $\forall t_i \geq 0, \sum_{i=1}^{n} t_i = 1, f''(x) > 0 \Rightarrow \sum_{k=1}^{n} t_k f(x_k) \geq f\left(\sum_{k=1}^{n} t_k x_k\right)$

**정리 002** [Lagrange's mean-vaule theorem]

$$f(x) : [a,b]\text{ 연속, } (a,b)\text{ 미분가능} \Rightarrow \exists c \in (a,b),\ \frac{f(b)-f(a)}{b-a} = f'(c)$$

**정리 003** [Cauchy-Schwarz inequality]

$$\left(\sum_{k=1}^{n} a_k b_k\right)^2 \leq \left(\sum_{k=1}^{n} a_k^2\right)\left(\sum_{k=1}^{n} b_k^2\right)$$

**정리 004** [Nesbitt's inequality]

$$a,b,c > 0 \Rightarrow \frac{3}{2} \leq \frac{a}{b+c} + \frac{b}{c+a} + \frac{c}{a+b}$$

**정리 005** [Vasc's inequality]

$$a,b,c > 0 \Rightarrow 3\left(\sqrt{a^3 b} + \sqrt{b^3 c} + \sqrt{c^3 a}\right) \leq (a+b+c)^2$$

**정리 006** [Kwak seong-eun inequality]

$$s,t \in N, s < t \Rightarrow \sqrt[s]{\frac{\sum_{k=1}^{n} a_k^s}{n}} \leq \sqrt[t]{\frac{\sum_{k=1}^{n} a_k^t}{n}}$$

**정리 007** [Schur's inequality]

$$x,y,z,t > 0 \Rightarrow 0 \leq x^t(x-y)(x-z) + y^t(y-z)(y-x) + z^t(z-x)(z-y)$$

**정리 008** [Huygen's nequality]

$$\forall a_i, b_i > 0, \sum_{i=1}^{n} t_i = 1 \Rightarrow \prod_{k=1}^{n} a_k^{t_k} + \prod_{k=1}^{n} b_k^{t_k} \leq \prod_{k=1}^{n} (a_k + b_k)^{t_k}$$

**정리 | 009** [Minkowski inequality]

$$x_i, y_i, m_i > 0, p > 1 \Rightarrow \sqrt[p]{\sum_{i=1}^{n}(x_i+y_i)^p m_i} \le \sqrt[p]{\sum_{i=1}^{n} x_i^p m_i} + \sqrt[p]{\sum_{i=1}^{n} y_i^p m_i}$$

**정리 | 010** [Holder inequality]

$$x_i, y_i, m_i > 0, p, q > 1, \frac{1}{p}+\frac{1}{q}=1 \Rightarrow \sum_{i=1}^{n} x_i y_i m_i \le \sqrt[p]{\sum_{i=1}^{n} x_i^p m_i} \cdot \sqrt[q]{\sum_{i=1}^{n} y_i^q m_i}$$

**정리 | 011** [Ptolemy's theorem]

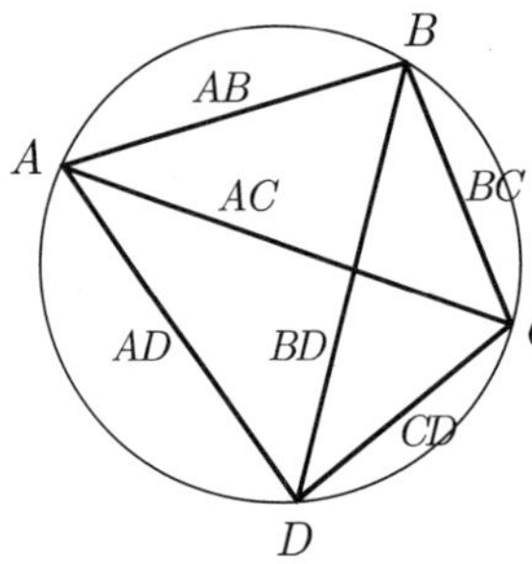


$$\Rightarrow \overline{AC} \cdot \overline{BD} = \overline{AB} \cdot \overline{CD} + \overline{BC} \cdot \overline{AD}$$

**정리 | 012** [Pell equation]

$$(x_0, y_0): x^2 - dy^2 = 1 \text{ 작은 해 } \Rightarrow (x, y) = \left(\frac{z_0^n + \left(\overline{z_0}\right)^n}{2}, \frac{z_0^n - \left(\overline{z_0}\right)^n}{2\sqrt{d}}\right),$$

$$(z_0 = x_0 + y_0\sqrt{d},\ \overline{z_0} = x_0 - y_0\sqrt{d})$$

**정리 | 013** [Fermat's theorem]

$$p: \text{소수},\ p \nmid a \Rightarrow a^{p-1} \equiv 1 \pmod{p}$$

**정리 | 014** [Wilson's theorem]

$$p: \text{소수} \Leftrightarrow (p-1)! \equiv (-1) \pmod{p}$$

**정리 | 015** [Chebyshev's inequality]

(i) $a_1 \ge a_2 \ge \dots \ge a_n,\ b_1 \ge b_2 \ge \dots \ge b_n$

$$\Rightarrow \left(\sum_{i=1}^{n} a_i\right)\left(\sum_{i=1}^{n} b_i\right) \le n\left(\sum_{i=1}^{n} a_i b_i\right)$$

(ii) $a_1 \geq a_2 \geq \dots \geq a_n,\ b_n \geq b_{n-1} \geq \dots \geq b_1$

$$\Rightarrow \left(\sum_{i=1}^{n} a_i\right)\left(\sum_{i=1}^{n} b_i\right) \geq n\left(\sum_{i=1}^{n} a_i b_i\right)$$

**정리 | 016** [Menelaus theorem]

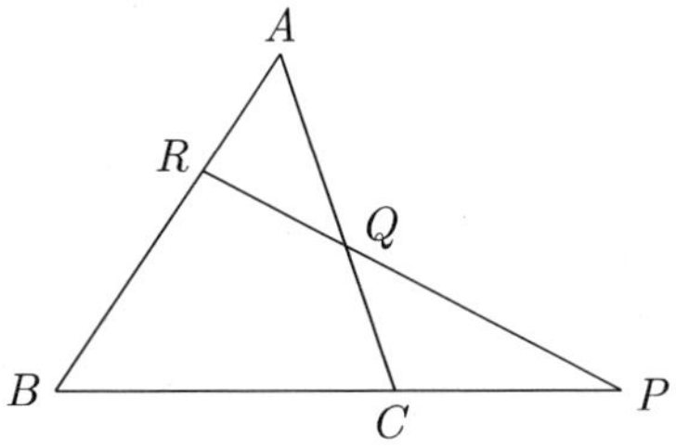


$$\Rightarrow \frac{AR}{RB} \cdot \frac{BP}{PC} \cdot \frac{CQ}{QA} = 1$$

**정리 | 017** [Ceva theorem ①]

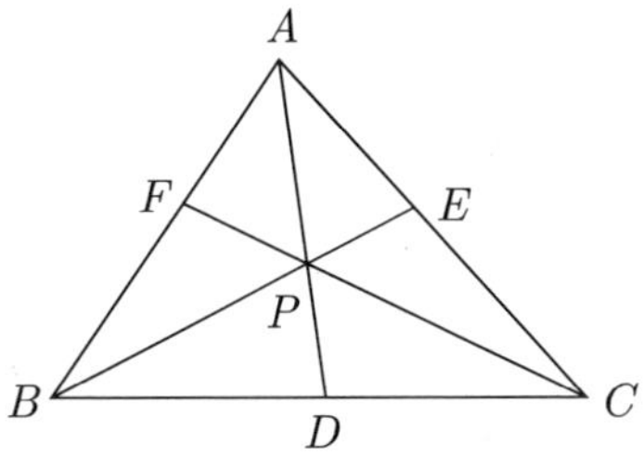


$$\Rightarrow \frac{AF}{FB} \cdot \frac{BD}{DC} \cdot \frac{CE}{EA} = 1$$

**정리 | 018** [Simson theorem]

$$\Rightarrow U \in \overline{VW}$$

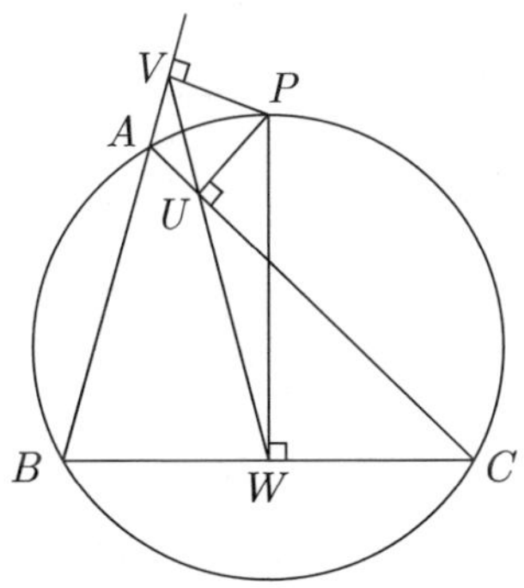


**정리 | 019** [Stewart's theorem]

$$\Rightarrow b^2 m + c^2 n = amn + d^2 a$$

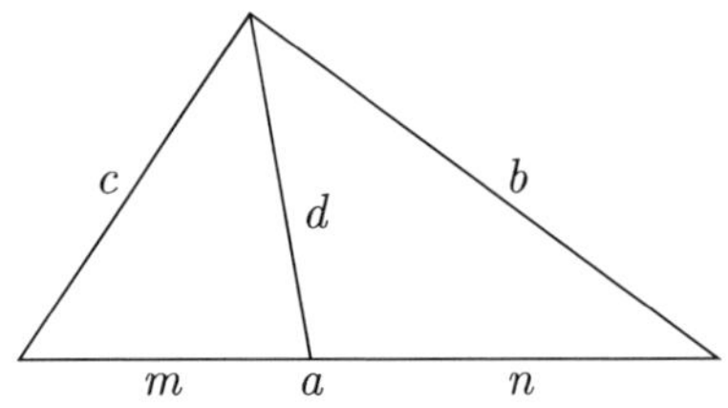


**정리 | 020** [Cardano's formula]

$$x^3+bx^2+cx+d=0,\ \omega=\frac{-1+\sqrt{3}i}{2},\ \omega^2=\frac{-1-\sqrt{3}i}{2}$$

$$\Rightarrow\begin{cases} x_1=\sqrt[3]{A}+\sqrt[3]{B}-\dfrac{b}{3} \\ x_2=\sqrt[3]{A}\,\omega+\sqrt[3]{B}\,\omega^2-\dfrac{b}{3} \\ x_3=\sqrt[3]{A}\,\omega^2+\sqrt[3]{B}\,\omega-\dfrac{b}{3}\end{cases},\quad \begin{array}{l} p=c-\dfrac{b^2}{3} \\ q=d-\dfrac{bc}{3}+\dfrac{2}{27}b^3\end{array}$$

$$A=-\frac{q}{2}+\sqrt{\left(\frac{q}{2}\right)^2+\left(\frac{p}{3}\right)^3},\ B=-\frac{q}{2}-\sqrt{\left(\frac{q}{2}\right)^2+\left(\frac{p}{3}\right)^3}$$

**정리 | 021** [Kwak Seong-Eun trigonometry]

① $\dfrac{2\sin\theta}{\cos 3\theta}=\tan 3\theta-\tan\theta$ ② $\tan\left(\dfrac{\pi}{2n+2}\right)\tan\left(\dfrac{n\pi}{2n+2}\right)=1$

③ $\sec\theta+\tan\theta=\dfrac{1}{\sec\theta-\tan\theta}$ ④ $\tan\theta=\cot\theta-2\cot 2\theta$

⑤ $\sin 2\theta=\dfrac{2\tan\theta}{1+\tan^2\theta}$ ⑥ $\tan\dfrac{\theta}{2}=\sqrt{\dfrac{1-\cos\theta}{1+\cos\theta}}$, $(0\le\theta\le\pi)$

⑦ $\sec\left(\theta-\dfrac{\pi}{4}\right)=\dfrac{\sqrt{2}}{\sin\theta+\cos\theta}$ ⑧ $\tan\left(\dfrac{\theta}{2}+\dfrac{\pi}{4}\right)=\tan\theta+\sec\theta$

⑨ $\tan\theta\tan(\theta+1)=\dfrac{\tan(\theta+1)-\tan\theta}{\tan 1}-1$ ⑩ $\tan\theta=\dfrac{\sin 2\theta}{1+\cos 2\theta}$

⑪ $\tan\theta\tan 2\theta\tan 3\theta=\tan 3\theta-\tan 2\theta-\tan\theta$

⑫ $\cos 2\theta=\dfrac{1-\tan^2\theta}{1+\tan^2\theta}$ ⑬ $(1+\tan n)\left(1+\tan\left(\dfrac{\pi}{4}-n\right)\right)=2$

⑭ $\sin 3\theta=4\sin\theta\sin(60^\circ+\theta)\sin(60^\circ-\theta)$

⑮ $(\cot\theta-\cot 2\theta)^2=1+\cot^2 2\theta$,

⑯ $\tan 3\theta=\tan(60^\circ-\theta)\tan\theta\tan(60^\circ+\theta)$

⑰ $\cos 3\theta=4\cos\theta\cos(60^\circ+\theta)\cos(60^\circ-\theta)$

⑱ $\displaystyle\sum_{k=1}^{n}\operatorname{cosec}\left(\frac{\pi}{2^k}\right)=\cot\left(\frac{\pi}{2^{n+1}}\right)$ ⑲ $\displaystyle\sum_{k=1}^{n}\operatorname{cosec}(2^k x)=\cot x-\cot(2^n x)$

**정리 | 022** [Newton's sum]

$$x_1, x_2, \ldots, x_n : a_n x^n + a_{n-1}x^{n-1} + \ldots + a_1 x + a_0 = 0\text{의 근}, s_k = \sum_{i=1}^{n} x_i^k$$

$$\Rightarrow \begin{cases} a_n s_1 + a_{n-1} = 0 \\ a_n s_2 + a_{n-1}s_1 + 2a_{n-2} = 0 \\ a_n s_3 + a_{n-1}s_2 + a_{n-2}s_1 + 3a_{n-3} = 0 \\ \cdots\cdots \end{cases}$$

**정리 | 023** [Bernoulli's inequality]

$$x > -1, \begin{cases} 0 \le r \le 1 & \Rightarrow 1 + rx \ge (1+x)^r \\ r \le 0, r \ge 1 & \Rightarrow 1 + rx \le (1+x)^r \end{cases}$$

**정리 | 024** [Kwak Seong-Eun Integration]

① $\int_a^b f(x)\,dx = \int_a^b f(a+b-x)\,dx$

② $\int_a^b f(x)\,dx = \int_{-\frac{b-a}{2}}^{\frac{b-a}{2}} f\left(\frac{a+b}{2} - x\right)dx$

③ $\int_a^b f(x)\,dx = \int_0^{\frac{b-a}{2}} f\left(\frac{a+b}{2} - x\right) + f\left(\frac{a+b}{2} + x\right)dx$

④ $\int_{a^{-1}}^{a} f(x)dx = \int_{a^{-1}}^{a} \frac{1}{x^2} f\left(\frac{1}{x}\right)dx$

⑤ $f(x+T) = f(x) \Rightarrow \int_a^{a+nT} f(x)dx = n\int_0^T f(x+a)dx$

⑥ $F'(x) = f(x) \Rightarrow \lim_{x\to\infty} \frac{F(x)}{x} = \frac{1}{T}\int_0^T f(x)\,dx$

⑦ $\int_{-a}^{a} f(x)dx = \int_0^a f(x) + f(-x)\,dx$

⑧ $\int_0^a f(x)dx = \frac{1}{2}\int_0^a f(x) + f(a-x)\,dx$

⑨ $\int_0^a x f(x)dx = \frac{a}{2}\int_0^a f(x)\,dx$

⑩ $\int f\left(x, \sqrt{ax^2+bx+c}\right)dx$ 경우. $\alpha < \beta : ax^2 + bx + c = 0$의 근

(a) $a > 0 \Rightarrow \sqrt{ax^2+bx+c} = t - x\sqrt{a}$ 치환

(b) $c > 0 \Rightarrow \sqrt{ax^2+bx+c} = tx + \sqrt{c}$ 치환

(c) $a < 0, b^2 - 4ac > 0 \Rightarrow \sqrt{\frac{x-\alpha}{\beta - x}} = t$ 치환

(d) $\alpha$ : 중근 $\Rightarrow \sqrt{ax^2+bx+c}=(x-\alpha)t$ 치환

⑪ $\int f(c, \sin x, \cos x)dx \Rightarrow \tan\frac{x}{2}=t$로 치환

⑫ $\int x^m(a+bx^n)^p\,dx$ 경우, $(m,n\in Z)$

(a) $p\in N \Rightarrow (a+bx^n)^p$: 이항전개

(b) $p\in Q^-$, $k=LCM(m,n) \Rightarrow x=t^k$ 치환

(c) $\frac{m+1}{n}\in Z$, $s$ : $p$의 분모 $\Rightarrow (a+bx^n)=t^s$ 치환

(d) $\frac{m+1}{n}+p\in Z$, $s$ : $p$의 분모 $\Rightarrow (a+bx^n)=t^s x^n$ 치환

⑬ $\int f'(ax+b)[f(ax+b)]^n\,dx=\frac{[f(ax+b)]^{n+1}}{a(n+1)}$

⑭ $\int_0^\pi xf(\sin x)\,dx=\frac{\pi}{2}\int_0^\pi f(\sin x)\,dx$

⑮ $f(x+T)=f(x), a\in R \Rightarrow \int_a^{a+T}f(x)dx=\int_0^T f(x)dx$

⑯ $f(x)+f\left(\frac{1}{x}\right)=a \Rightarrow \int_0^\infty \frac{f(x)}{1+x^2}\,dx=\frac{a\pi}{4}$

⑰ $f(a-x)=f(x), f\left(\frac{a}{2}+x\right)+f\left(\frac{a}{2}-x\right)=1 \Rightarrow \int_0^a xf(x)dx=\frac{a^2}{4}$

**정리 | 025** [Rolle's theorem]

$$f(x):[a,b]\text{ 연속, } f(x):(a,b)\text{미분가능, } f(a)=f(b)=0$$
$$\Rightarrow \exists\, c\in(a,b),\ f'(c)=0$$

**정리 | 026** [Cauchy's mean theorem]

$$f(x), g(x):[a,b]\text{ 연속, } (a,b)\text{미분가능}$$
$$\Rightarrow \exists\, c\in(a,b),\ \frac{f(b)-f(a)}{g(b)-g(a)}=\frac{f'(c)}{g'(c)},\ g'(x)\neq 0$$

**정리 | 027** [L'Hospital's theorem]

$$f(x), g(x):\text{미분가능, } g'(x)\neq 0, f(a)=g(a)=0$$
$$\Rightarrow \lim_{x\to a}\frac{f(x)}{g(x)}=\lim_{x\to a}\frac{f'(x)}{g'(x)}$$

**정리 | 028** [Maclaurin series]

$$f(x):\text{미분가능} \Rightarrow f(x)=\sum_{n=0}^{\infty}\frac{f^{(n)}(0)}{n!}x^n$$

**정리 | 029** [Taylor series]

$$f(x):\text{미분가능} \Rightarrow f(x)=\sum_{n=0}^{\infty}\frac{f^{(n)}(a)}{n!}(x-a)^n$$

**정리 | 030** [Taylor's theorem (1)]

$$f^{(n)}(x):[a,b]\text{ 연속, }(a,b)\text{미분가능},\ \exists c\in(a,x)$$

$$\Rightarrow f(x)=f(a)+\sum_{k=1}^{n}\frac{f^{(k)}(a)}{k!}(x-a)^k+\frac{f^{(n+1)}(c)}{(n+1)!}(x-a)^{n+1}$$

**정리 | 031** [Taylor's theorem (2)]

$$f^{(n)}(x):[a,b]\text{ 연속, }(a,b)\text{미분가능}$$

$$\Rightarrow f(x)=f(a)+\sum_{k=1}^{n}\frac{f^{(k)}(a)}{k!}(x-a)^k+\frac{1}{n!}\int_a^x (x-t)^n f^{(n+1)}(t)\,dt$$

**정리 | 032** [Stolz-Cesaro's theorem]

$$\{a_n\}:\text{증가수열, }\lim_{n\to\infty}a_n=\infty,\ \exists l=\lim_{n\to\infty}\frac{b_{n+1}-b_n}{a_{n+1}-a_n} \Rightarrow \lim_{n\to\infty}\frac{b_n}{a_n}=l$$

**정리 | 033** [Euler's formula]

$$i=\sqrt{-1} \Rightarrow e^{i\theta}=\cos\theta+i\sin\theta$$

**정리 | 034** [Wallis' formula]

$$\frac{\pi}{2}=\frac{2\cdot 2\cdot 4\cdot 4\cdot 6\cdot 6\cdots}{1\cdot 3\cdot 3\cdot 5\cdot 5\cdot 7\cdot 7\cdots}$$

**정리 | 035** [Recurrence theorem]

① $a_1,\ a_2,\ a_{n+2}=pa_{n+1}+qa_n,\ (p,q\in R)$

(1) $\alpha,\beta: x^2-px-q=0$의 근 $\Rightarrow\ a_n=u\alpha^n+v\beta^n$

(2) $\alpha: x^2-px-q=0$의 중근 $\Rightarrow\ a_n=u\alpha^n+nv\alpha^n$

② $a_1,a_2,a_3,a_{n+3}=pa_{n+2}+qa_{n+1}+ra_n,\ (p,q,r\in R)$

(1) $\alpha, \beta, \gamma$: $x^3 - px^2 - qx - r = 0$의 근 $\Rightarrow a_n = u\alpha^n + v\beta^n + w\gamma^n$

(2) $\alpha, \beta$(중근): $x^3 - px^2 - qx - r = 0$근$\Rightarrow a_n = u\alpha^n + v\beta^n + wn\beta^n$

**정리 | 036** [Kwak Seong-Eun recurrence]

$$a_1,\ a_2,\ a_{n+2} = pa_{n+1} + qa_n + r,\ (p, q, r \in R)$$

(1) $(p,q) = (2,-1) \Rightarrow a_n - a_{n-1} = (n-2)r + (a_2 - a_1)$

(2) $p + q = 1, (p,q) \neq (2,-1) \Rightarrow a_n - a_{n-1} = (p-1)^n b_2 - \dfrac{r}{p-2}$

여기서$\left( b_2 = a_2 - a_1 + \dfrac{r}{p-2} \right)$.

(3) $a_n = b_n + \dfrac{r}{1-p-q}$ 치환 $\Rightarrow b_n$ :특성다항식 사용.

**정리 | 037** [Cavalieri's principle]

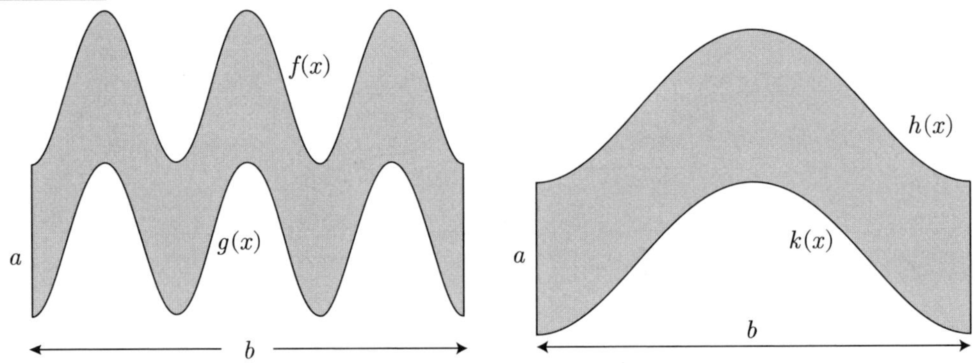


$$\Rightarrow \int_0^b f(x) - g(x)\,dx = \int_0^b h(x) - k(x)\,dx$$

**정리 | 038** [Simpson formula]

$$a = x_0 < x_1 < x_2 < \ldots < x_{2n} = b$$

$$\int_a^b f(x)dx \approx \frac{b-a}{6n}\left[ f(x_0) + f(x_{2n}) + \sum_{k=1}^{n-1} 2f(x_{2k}) + \sum_{k=1}^{n} 4f(x_{2k-1}) \right]$$

**정리 | 039** [Lagrange's identity]

$$\| \vec{a} \times \vec{b} \|^2 = \| \vec{a} \|^2 \| \vec{b} \|^2 - (\vec{a} \cdot \vec{b})^2$$

**정리 | 040** [Lagrange's trigonometric identity]

$$1+\sum_{k=1}^{n}\cos(k\theta)=\frac{1}{2}+\frac{\sin\left[\left(n+\frac{1}{2}\right)\theta\right]}{2\sin\left(\frac{\theta}{2}\right)}$$

정리 | 041 [De Moiver's formula]

$$(\cos\theta+i\sin\theta)^n=\cos(n\theta)+i\sin(n\theta)$$

정리 | 042 [Fourier series]

$$f(x)=\frac{a_0}{2}+\sum_{k=1}^{\infty}(a_k\cos kx+b_k\sin kx)$$

$$a_k=\frac{1}{\pi}\int_0^{2\pi}f(x)\cos kx\,dx,\ b_k=\frac{1}{\pi}\int_0^{2\pi}f(x)\sin kx\,dx$$

정리 | 043 [van Heuraet length]

그래프의 길이 : $L=\int_a^b\sqrt{1+[f'(x)]^2}\,dx$

정리 | 044 [Pappus and Guldin theorem]

영역$R$을 직선$l$에 대하여 회전시킨 입체의 체적: $V=(2\pi b)A$

( $A$ : $R$의 면적, $b$ : $R$의 무게중심에서 직선$l$까지 거리 )

정리 | 045 [Green theorem]

$$\int_C M(x,y)dx+N(x,y)dy=\iint_R\left(\frac{\partial N}{\partial x}-\frac{\partial M}{\partial y}\right)dxdy$$

( $C$: 영역$R$의 경계 )

정리 | 046 [Jacobian multiple integrals]

$$\iint_R F(x,y)\,dxdy=\iint_{R'}G(u,v)\left|\frac{\partial(x,y)}{\partial(u,v)}\right|dudv$$

정리 | 047 [Holder's integral inequality]

$$\left[\int_a^b f(x)g(x)dx\right]^2\le\left(\int_a^b f^2(x)dx\right)\left(\int_a^b g^2(x)dx\right)$$

정리 | 048 [Kwak Seong-Eun integral inequality]

$$\sqrt{\int_a^b[f(x)+g(x)]^2dx}\le\sqrt{\int_a^b f^2(x)dx}+\sqrt{\int_a^b g^2(x)dx}$$

정리 | 049 [Vieta's theorem]

$x_1, x_2, \ldots, x_n : a_n x^n + a_{n-1}x^{n-1} + .. + a_1 x + a_0 = 0$의 근

$$\Rightarrow \begin{cases} x_1 + x_2 + \ldots + x_n = -\dfrac{a_{n-1}}{a_n} \\ x_1x_2 + x_1x_3 + \ldots + x_{n-1}x_n = \dfrac{a_{n-2}}{a_n} \\ x_1x_2x_3 + x_1x_2x_4 + .. + x_{n-2}x_{n-1}x_n = -\dfrac{a_{n-3}}{a_n} \\ \cdots \\ x_1x_2x_3 \cdots x_n = (-1)^n \dfrac{a_0}{a_n} \end{cases}$$

정리 | 050 [Heviside's law]

$$\vec{a} \cdot (\vec{b} \times \vec{c}) = \vec{b} \cdot (\vec{c} \times \vec{a}) = \vec{c} \cdot (\vec{a} \times \vec{b})$$

정리 | 051 [Leibnitz's theorem]

$$\{f(x)g(x)\}^{(n)} = {}_nC_0 f^{(n)}(x)g(x) + {}_nC_1 f^{(n-1)}(x)g'(x) + \ldots + {}_nC_{n-1} f'(x)g^{(n-1)}(x) + {}_nC_n f(x)g^{(n)}(x)$$

정리 | 052 [Euler's inverse trigonometry]

$$\tan^{-1}\frac{1}{2} + \tan^{-1}\frac{1}{3} = \frac{\pi}{4}$$

정리 | 053 [Machin's inverse trigonometry]

$$4\tan^{-1}\frac{1}{5} - \tan^{-1}\frac{1}{239} = \frac{\pi}{4}$$

정리 | 054 [Clausen's inverse trigonometry]

$$2\tan^{-1}\frac{1}{3} + \tan^{-1}\frac{1}{7} = \frac{\pi}{4}$$

정리 | 055 [Rutherford's inverse trigonometry]

$$4\tan^{-1}\frac{1}{5} - \tan^{-1}\frac{1}{70} + \tan^{-1}\frac{1}{99} = \frac{\pi}{4}$$

정리 | 056 [Kwak seong-eun's inverse trigonometry]

① $\tan^{-1}\dfrac{1}{1+n+n^2} = \tan^{-1}\dfrac{1}{n} - \tan^{-1}\dfrac{1}{n+1}$

② $\cot^{-1}(1+n+n^2)=\cot^{-1}n-\cot^{-1}(n+1)$

③ $\tan^{-1}\left(1+\dfrac{2}{n^2+n}\right)-\tan^{-1}\left(\dfrac{1}{n^2+n+1}\right)=\dfrac{\pi}{4}$

④ $\tan^{-1}\left(\dfrac{2n-1}{1+n-n^2}\right)=\tan^{-1}n+\tan^{-1}(n-1)$

⑤ $\sin^{-1}n+\cos^{-1}n=\dfrac{\pi}{2}$, ⑥ $\tan^{-1}n+\tan^{-1}\dfrac{1}{n}=\dfrac{\pi}{2}$

⑦ $\tan^{-1}\dfrac{1}{2n^2}=\tan^{-1}(2n+1)-\tan^{-1}(2n-1)$

⑧ $\tan^{-1}\left(\dfrac{8n}{n^4-2n^2+5}\right)=\tan^{-1}\dfrac{2}{(n-1)^2}-\tan^{-1}\dfrac{2}{(n+1)^2}$, $(n\geq 2)$

⑨ $\tan^{-1}n+\cot^{-1}n=\dfrac{\pi}{2}$, ⑩ $\tan^{-1}\dfrac{2}{n^2}=\tan^{-1}(n+1)-\tan^{-1}(n-1)$

**정리 | 057** [Weizenbock's inequality]

$$\triangle ABC=S \Rightarrow 4\sqrt{3}\,S\leq a^2+b^2+c^2$$

**정리 | 058** [Hadwiger-Finsler inequality]

$$\triangle ABC=S \Rightarrow (a-b)^2+(b-c)^2+(c-a)^2+4\sqrt{3}\,S\leq a^2+b^2+c^2$$

**정리 | 059** [L.K.Schulz von Strassnitzkey inverse trigonometry]

$$\tan^{-1}\frac{1}{2}+\tan^{-1}\frac{1}{5}+\tan^{-1}\frac{1}{8}=\frac{\pi}{4}$$

**정리 | 060** [F.C.M.Stermer inverse trigonometry]

$$\tan^{-1}\frac{1}{2}+\tan^{-1}\frac{1}{4}+\tan^{-1}\frac{1}{13}=\frac{\pi}{4}$$

**정리 | 061** [C.Hutton inverse trigonometry]

$$\tan^{-1}\frac{1}{3}+\tan^{-1}\frac{1}{3}+\tan^{-1}\frac{1}{7}=\frac{\pi}{4}$$

**정리 | 062** [Fubini's theorem]

$$R:\begin{cases}a\leq x\leq b\\ f_1(x)\leq y\leq f_2(x)\end{cases},\ \begin{cases}c\leq y\leq d\\ g_1(y)\leq x\leq g_2(x)\end{cases}$$

$$\Rightarrow \iint_R f(x,y)\,dA=\int_a^b\int_{f_1(x)}^{f_2(x)} f(x,y)\,dydx=\int_c^d\int_{g_1(x)}^{g_2(x)} f(x,y)\,dxdy$$

**정리 | 063** [Vieta formula]

$$\frac{2}{\pi}=\sqrt{\frac{1}{2}}\sqrt{\frac{1}{2}+\frac{1}{2}\sqrt{\frac{1}{2}}}\sqrt{\frac{1}{2}+\frac{1}{2}\sqrt{\frac{1}{2}+\frac{1}{2}\sqrt{\frac{1}{2}}}}\cdots$$

**정리 | 064** [Leibniz's formula]

$$\frac{\pi}{4}=1-\frac{1}{3}+\frac{1}{5}-\frac{1}{7}+\frac{1}{9}-\cdots$$

**정리 | 065** [Lord Brouncker formula]

$$\frac{\pi}{4}=\cfrac{1}{1+\cfrac{1^2}{2+\cfrac{3^2}{2+\cfrac{5^2}{2+\cdots}}}}$$

**정리 | 066** [Euler series]

$$\sum_{n=1}^{\infty}\frac{1}{n^2}=\sum_{n=1}^{\infty}\frac{3[(n-1)!]^2}{(2n)!}=\frac{\pi^2}{6}$$

**정리 | 067** [Lagrange multiplier method]

조건 $\phi(x,y,z)=0$에서 $F(x,y,z)$ : 최대, 최소 구하는 방법.

$G(x,y,z)=F(x,y,z)+\lambda\phi(x,y,z),\ \lambda\in R$ 두고, $G_x=G_y=G_z=0$을 만족하는 $\lambda$을 찾고, 최대, 최소인 점$(x,y,z)$을 구한다.

**정리 | 068** [Jacobian determinant]

$$\frac{\partial(x,y,z)}{\partial(u,v,w)}=\begin{vmatrix} x_u & x_v & x_w \\ y_u & y_v & y_w \\ z_u & z_v & z_w \end{vmatrix},\quad \frac{\partial(x,y)}{\partial(u,v)}=\begin{vmatrix} x_u & x_v \\ y_u & y_v \end{vmatrix}$$

**정리 | 069** [Lodovico Ferrari formula]

$$x^4+bx^3+cx^2+dx+e=0$$

$$\Rightarrow\left(x^2+\frac{b}{2}x+\frac{y}{2}\right)^2=\left(\frac{b^2}{4}-c+y\right)x^2+\left(\frac{by}{2}-d\right)x+\frac{y^2}{4}-e,$$

$$D=0,(i.e)\left(\frac{by}{2}-d\right)^2-4\left(\frac{b^2}{2}-c+y\right)\left(\frac{y^2}{4}-e\right)=0\Rightarrow y=y_1$$

$$\Rightarrow x^2+\frac{b}{2}x+\frac{y_1}{2}=\pm(sx+t)$$

**정리 | 070** [Lagrange method of variation of parameters]

$$\frac{dy}{dx}+p(x)y=q(x) \Rightarrow y=e^{-\int p(x)dx}\left[\int q(x)e^{\int p(x)dx}dx+c\right]$$

**정리 | 071** [Bernoulli differential equation]

$$\frac{dy}{dx}+p(x)y=q(x)y^n$$

$$\Rightarrow \frac{1}{y^n}\frac{dy}{dx}+p(x)\frac{1}{y^{n-1}}=q(x),\ \frac{1}{y^{n-1}}=z:\text{치환}$$

**정리 | 072** [Jacobi differential equation]

$$p(x,y):m\text{차 동차식},\ q(x,y),\ r(x,y):n\text{차 동차식}$$

$$p(x,y)(xdy-ydx)+q(x,y)dx+r(x,y)dy=0 \Rightarrow y=vx:\text{치환}$$

**정리 | 073** [Riccati differential equation]

$$y_1:\text{특수해},\ \frac{dy}{dx}+p(x)+q(x)y+r(x)y^2=0$$

$$\Rightarrow y=y_1+\frac{1}{v}:\text{치환},\ \frac{dv}{dx}-\left[q(x)+2r(x)y_1\right]v=r(x)$$

**정리 | 074** [Clairaut differential equation]

$$y=xp+f(p),\ \left(p=\frac{dy}{dx}\right) \Rightarrow \text{양변에 } x\text{로 미분.}$$

**정리 | 075** [Euler-Cauchy differential equation]

$$x^2y''+axy'+by=0 \Rightarrow y=x^m:\text{대입법.}$$

**정리 | 076** [Wronskian differential equation]

$$y''+p(x)y'+q(x)y=r(x) \Rightarrow y=y_h+y_p$$

$$y''+p(x)y'+q(x)y=0 \Rightarrow y_h=c_1y_1+c_2y_2$$

$$W=y_1{y_2}'-y_2{y_1}',\ y_p=-y_1\int\frac{y_2r(x)}{W}dx+y_2\int\frac{y_1r(x)}{W}dx$$

**정리 | 077** [Gauss elimination]

$$\begin{cases} a_{11}x_1 + a_{12}x_2 + \cdots + a_{1n}x_n = b_1 \\ a_{21}x_1 + a_{22}x_2 + \cdots + a_{2n}x_n = b_2 \\ \vdots \\ a_{n1}x_1 + a_{n2}x_2 + \cdots + a_{nn}x_n = b_n \end{cases} \Rightarrow \begin{bmatrix} a_{11} & a_{12} & \cdots & a_{1n} & b_1 \\ a_{21} & a_{22} & \cdots & a_{2n} & b_2 \\ \vdots & \vdots & \vdots & \vdots & \vdots \\ a_{n1} & a_{n2} & \cdots & a_{nn} & b_n \end{bmatrix} \Downarrow \begin{bmatrix} 1 & 0 & \cdots & 0 & c_1 \\ 0 & 1 & \cdots & 0 & c_2 \\ \vdots & \vdots & \ddots & \vdots & \vdots \\ 0 & 0 & \cdots & 1 & c_n \end{bmatrix}$$

**정리 | 078** [Markov Inequality]

$$\text{확률변수}X,\ \text{임의의}\ \epsilon > 0 \ \Rightarrow \frac{E(X)}{\epsilon} \le P(X \ge \epsilon)$$

**정리 | 079** [Chebychev Inequality]

$$\text{확률변수}X,\ \text{임의의}\ \epsilon > 0 \Rightarrow \frac{V(X)}{\epsilon^2} \le P(|X-\mu| > \epsilon),\ \mu = E(X)$$

**정리 | 080** [Apollonios' circle]

$$|z-\alpha| : |z-\beta| = t:1 \Rightarrow \left| z - \frac{\alpha - t^2\beta}{1-t^2} \right| = \left| \frac{t(\alpha-\beta)}{1-t^2} \right|$$

**정리 | 081** [Gamma function]

$$\Gamma(x) = \int_0^\infty t^{x-1} e^{-t}\, dt,\ (x>0)$$

**정리 | 082** [Beta function]

$$B(m,n) = \int_0^1 x^{m-1}(1-x)^{n-1} dx$$

**정리 | 083** [Wallis' formula]

① $\displaystyle\int_0^{\frac{\pi}{2}} \cos^r\theta\, d\theta = \frac{\Gamma\left(\frac{r+1}{2}\right)}{\Gamma\left(\frac{r}{2}+1\right)} \frac{\sqrt{\pi}}{2},\ (r>-1)$

② $\displaystyle\int_0^{\frac{\pi}{2}} \sin^r\theta\, d\theta = \frac{\Gamma\left(\frac{r+1}{2}\right)}{\Gamma\left(\frac{r}{2}+1\right)} \frac{\sqrt{\pi}}{2},\ (r>-1)$

**정리 | 084** [Parseval's equality]

$$f(x)\text{:주기 } 2L\text{인 주기함수이고 연속함수}$$

$$\Rightarrow \frac{1}{L}\int_{-L}^{L}[f(x)]^2\,dx = \frac{a_0^2}{2} + \sum_{n=1}^{\infty}\left(a_n^2 + b_n^2\right)$$

**정리 | 085** [Diophantine equation]

$$a, b, c \in Z,\ x_0, y_0 \text{ :초기 해},\ d = \gcd(a, b),\ ax + by = c$$

$$\Rightarrow x = x_0 + \frac{b}{d}t,\ y = y_0 - \frac{a}{d}t,\ (t \in Z)$$

**정리 | 086** [Mersenne number]

$$n \in N \Rightarrow 2^n - 1 = M_n \text{ : Mersenne number}$$

**정리 | 087** [Fermat number]

$$n \in N \Rightarrow 2^{2^n} + 1 = F_n \text{ : Fermat number}$$

**정리 | 088** [Euler's theorem on homogeneous function]

$$F(x_1, x_2, \ldots, x_n) : p-\text{동차식} \Rightarrow x_1\frac{\partial F}{\partial x_1} + x_2\frac{\partial F}{\partial x_2} + \cdots + x_n\frac{\partial F}{\partial x_n} = pF$$

**정리 | 089** [Stirling's formula]

$$n\text{ :큰 수} \Rightarrow n! = \sqrt{2\pi n}\, n^n e^{-n} = \Gamma(n+1)$$

**정리 | 090** [Landen's transformation]

$$\tan\phi = \frac{\sin 2\phi_1}{k + \cos 2\phi_1},\ k_1 = \frac{2\sqrt{k}}{1+k}$$

$$\Rightarrow \int_0^{\phi}\frac{d\phi}{\sqrt{1 - k^2\sin^2\phi}} = \frac{2}{1+k}\int_0^{\phi_1}\frac{d\phi_1}{\sqrt{1 - k_1^2\sin^2\phi_1}}$$

**정리 | 091** [Euler inequality]

$$\triangle ABC,\ R\text{:외접원의 반지름},\ r\text{:내접원의 반지름} \Rightarrow 2r \le R$$

**정리 | 092** [Euler theorem]

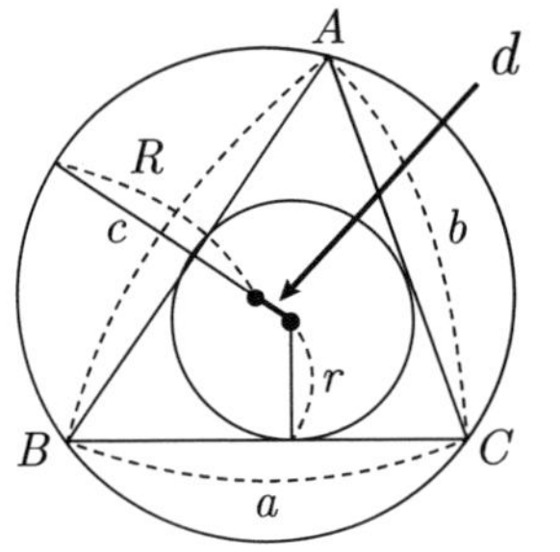


$$\Rightarrow d^2 = R(R-2r)$$

정리 | 093 [Hockey-Stick Identity]

$$\sum_{i=k}^{n} {}_iC_k = {}_{n+1}C_{k+1}$$

정리 | 094 [Cayley-Hamilton theorem]

$$A = \begin{bmatrix} a_1 & a_2 & a_3 \\ b_1 & b_2 & b_3 \\ c_1 & c_2 & c_3 \end{bmatrix} \Rightarrow A^3 - tr(A)A^2 + \frac{1}{2}(tr(A)^2 - tr(A^2))A - |A|I = 0$$

(여기서, $tr(A) = a_1 + b_2 + c_3$ )

정리 | 095 [Hermite's identity]

$$\sum_{k=0}^{n-1}\left[x + \frac{k}{n}\right] = [nx]$$ , $[x]$ : Gauss' notation

정리 | 096 [Karamata's inequality]

$\{a_n\} \succ \{b_n\}$, $f(x)$ : Convex 함수 $\Rightarrow \sum_{i=1}^{n} f(b_i) \le \sum_{i=1}^{n} g(a_i)$

정리 | 097 [Nicomachus' theorem]

$$\sum_{i=1}^{n} i^3 = \left(\sum_{i=1}^{n} i\right)^2$$

정리 | 098 [Euler's reflection formula]

$$\Gamma(z)\Gamma(1-z) = \frac{\pi}{\sin(\pi z)}$$ , $\Gamma(z)$ : Gamma function

정리 | 099 [Binet-Cauchy identity]

$$\left(\sum_{i=1}^{n} a_i c_i\right)\left(\sum_{j=1}^{n} b_j d_j\right) = \left(\sum_{i=1}^{n} a_i d_i\right)\left(\sum_{j=1}^{n} b_j c_j\right) + \sum_{1 \le i \le j \le n} (a_i b_j - a_j b_i)(c_i d_j - c_j d_i)$$

**정리 | 100** [Lagrange's identity]

$$\left(\sum_{k=1}^{n} a_k^2\right)\left(\sum_{k=1}^{n} b_k^2\right)-\left(\sum_{k=1}^{n} a_k b_k\right)^2 = \frac{1}{2}\sum_{i=1}^{n}\sum_{j=1}^{n}(a_i b_j - a_j b_i)^2$$

**정리 | 101** [Lami's theorem]

$$\text{균형을 이루는 힘}:A, B, C \Rightarrow \frac{A}{\sin\alpha}=\frac{B}{\sin\beta}=\frac{C}{\sin\gamma}$$

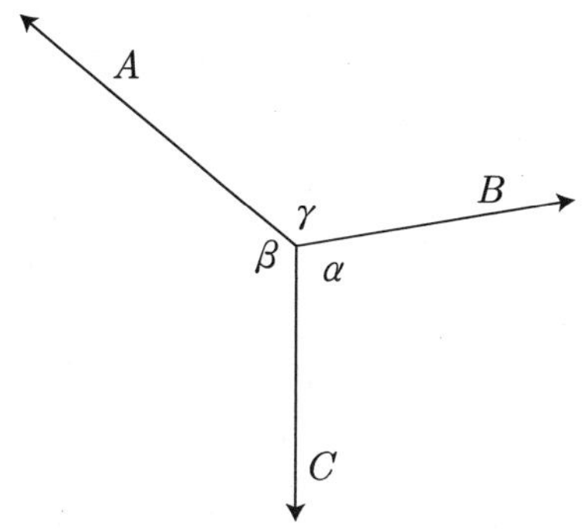


**정리 | 102** [Pick's theorem]

$i$ : 다각형 내부 점 개수, $b$ : 경계선 부분의 점 개수, $A$ : 다각형 넓이

$$\Rightarrow A = i + \frac{b}{2} - 1$$

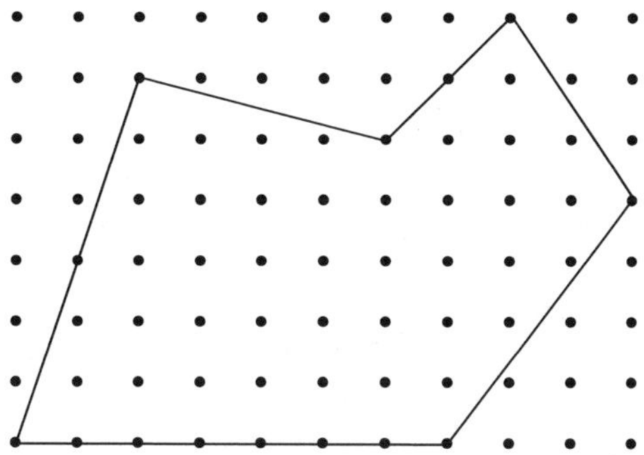

**정리 | 103** [Brahmagupta's Theorem]

$\overline{AC} \perp \overline{BD} \Rightarrow M_{AB}, M_{BC}, M_{CD}, M_{AD}$ : 각 선분의 중점.

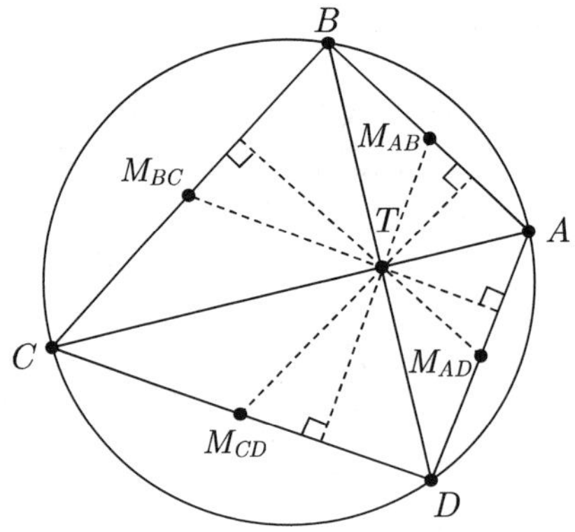


**정리 | 104** [Brahmagupta's formula]

$$T=\frac{p+q+r+s}{2} \Rightarrow S=\sqrt{(T-p)(T-q)(T-r)(T-s)}$$

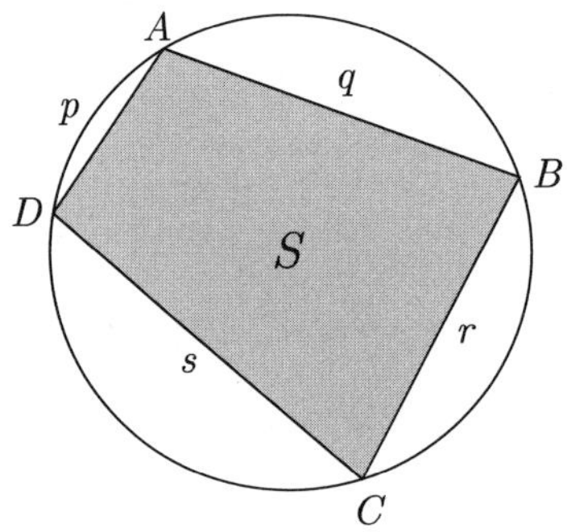


**정리 | 105** [Bretschneider's formula]

$$T=\frac{p+q+r+s}{2} \Rightarrow S=\sqrt{(T-p)(T-q)(T-r)(T-s)-pqrs\cos^2\left(\frac{A+C}{2}\right)}$$

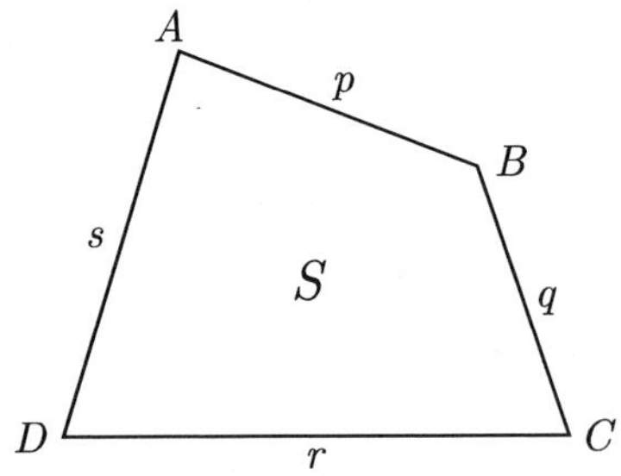


**정리 | 106** [Qin Jiushao's triangle area]

$$a,b,c : \triangle ABC\text{의 세 변} \Rightarrow \text{삼각형 넓이}=\frac{1}{2}\sqrt{a^2c^2-\left(\frac{a^2+c^2-b^2}{2}\right)^2}$$

**정리 | 107** [Tartaglia's formula]

$$d_{ij} : i\text{에서 } j\text{까지 거리} \Rightarrow \text{사면체 부피}^2 = \frac{1}{288}\begin{vmatrix} 0 & d_{12}^2 & d_{13}^2 & d_{14}^2 & 1 \\ d_{21}^2 & 0 & d_{23}^2 & d_{24}^2 & 1 \\ d_{31}^2 & d_{32}^2 & 0 & d_{34}^2 & 1 \\ d_{41}^2 & d_{42}^2 & d_{43}^2 & 0 & 1 \\ 1 & 1 & 1 & 1 & 0 \end{vmatrix}$$

**정리 | 108** [Mollweide's formula]

$$a,b,c : \triangle ABC\text{의 세 변} \Rightarrow \frac{a+b}{c} = \frac{\cos\left(\frac{A-B}{2}\right)}{\sin\frac{C}{2}}, \quad \frac{a-b}{c} = \frac{\sin\left(\frac{A-B}{2}\right)}{\cos\frac{C}{2}}$$

**정리 | 109** [Fibonacci's identity]

$$(a^2+b^2)(c^2+d^2) = (ac-bd)^2 + (ad+bc)^2 = (ac+bd)^2 + (ad-bc)^2$$

**정리 | 110** [Brahmagupta's identity]

$$(a^2+nb^2)(c^2+nd^2) = (ac-nbd)^2 + n(ad+bc)^2 = (ac+nbd)^2 + n(ad-bc)^2$$

**정리 | 111** [Euler's four-square identity]

$$\begin{aligned} &(a_1^2+a_2^2+a_3^2+a_4^2)(b_1^2+b_2^2+b_3^2+b_4^2) \\ &= (a_1b_1 - a_2b_2 - a_3b_3 - a_4b_4)^2 + (a_1b_2 + a_2b_1 + a_3b_4 - a_4b_3)^2 \\ &+ (a_1b_3 - a_2b_4 + a_3b_1 + a_4b_2)^2 + (a_1b_4 + a_2b_3 - a_3b_2 + a_4b_1)^2 \end{aligned}$$

**정리 | 112** [Apollonius' theorem]

$$a^2 + c^2 = 2(m^2 + b^2)$$

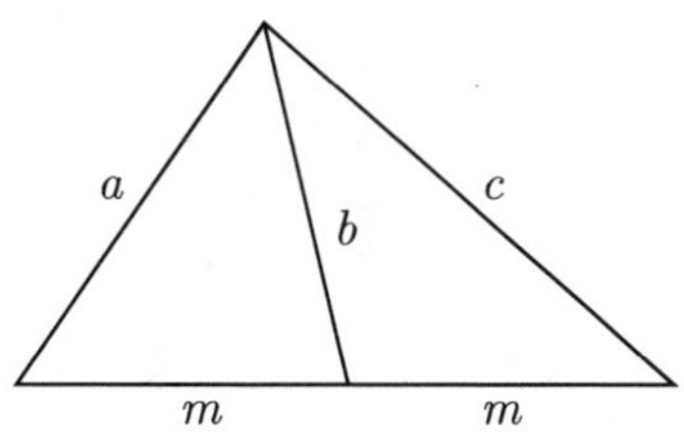


**정리 | 113** [Routh's theorem]

$$\frac{\overline{CG}}{\overline{BG}} = x, \quad \frac{\overline{AH}}{\overline{CH}} = y, \quad \frac{\overline{BJ}}{\overline{AJ}} = z$$

$$\Rightarrow \frac{\triangle DEF}{\triangle ABC} = \frac{(xyz-1)^2}{(xy+x+1)(yz+y+1)(zx+z+1)}$$

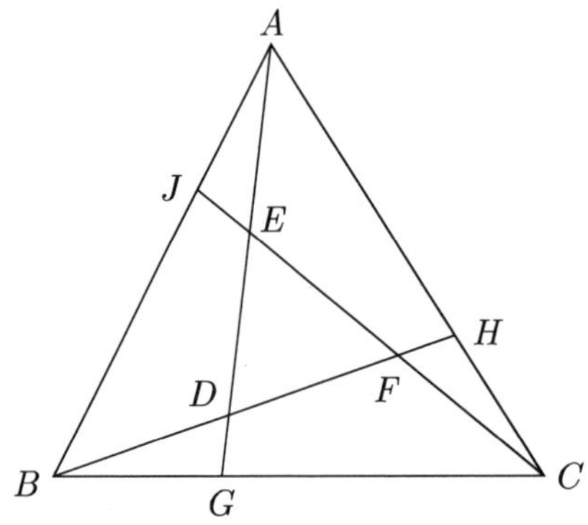


정리 114 [Stefan–Boltzmann law]

$$\int_0^\infty \frac{x^{s-1}}{e^x-1}\,dx = \Gamma(s)\zeta(s)$$

정리 115 [Riemann zeta function]

$$\zeta(s) = \sum_{n=1}^{\infty} \frac{1}{n^s}$$

정리 116 [Euler product formula]

$$\sum_{n=1}^{\infty} \frac{1}{n^s} = \prod_{p:\text{소수}} \frac{1}{1-p^{-s}}$$

정리 117 [Kwak Seong-Eun's triangle length]

$$x = \sqrt{\frac{a^2+b^2+c^2}{2} + \frac{\sqrt{3}}{2}\sqrt{(a+b+c)(b-a+c)(a-c+b)(a-b+c)}}$$

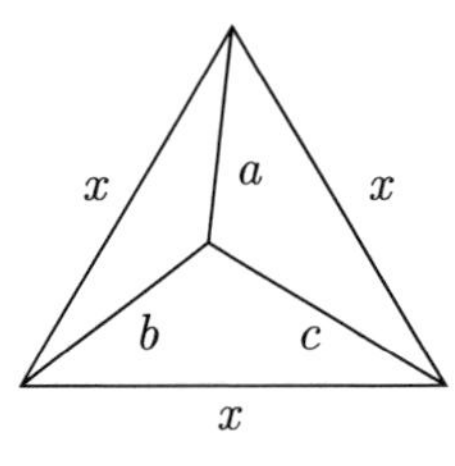


정리 118 [Pascal's theorem]

$$x, y, z \in T$$

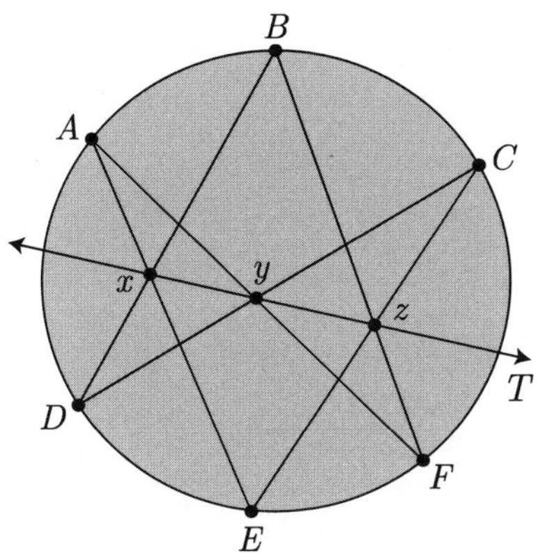


**정리 | 119** [Young's inequality]

$$a, b > 0, p, q > 1\ ,\ \frac{1}{p} + \frac{1}{q} = 1 \Rightarrow ab \le \frac{a^p}{p} + \frac{b^q}{q}$$

**정리 | 120** [Pappos' theorem]

$$x, y, z \in T$$

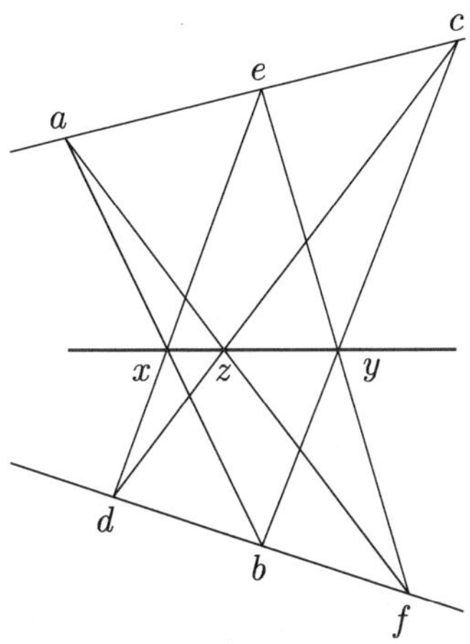


**정리 | 121** [Morley's trisector theorem]

$\triangle abc \Rightarrow$ 정삼각형

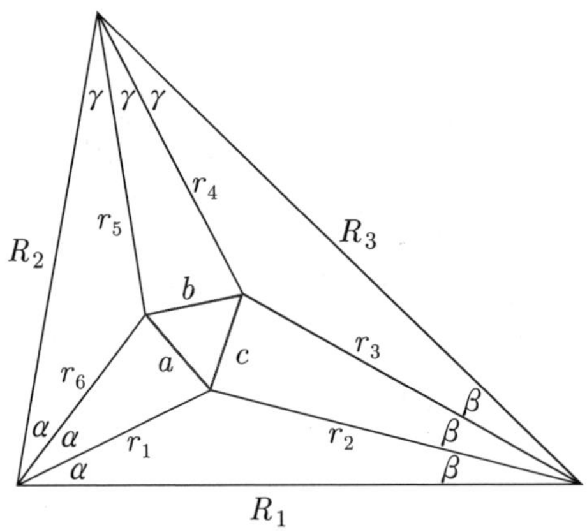


**정리 | 122** [Newton-Raphson method]

$$0=f(x)\Rightarrow \text{ 근 : } x_n = x_{n-1} - \frac{f(x_{n-1})}{f'(x_{n-1})}, \ x_0 \text{ :초기 가정.}$$

**정리 | 123** [Casey's theorem]

$$t_{12}t_{34}+t_{14}t_{23}=t_{13}t_{24}$$

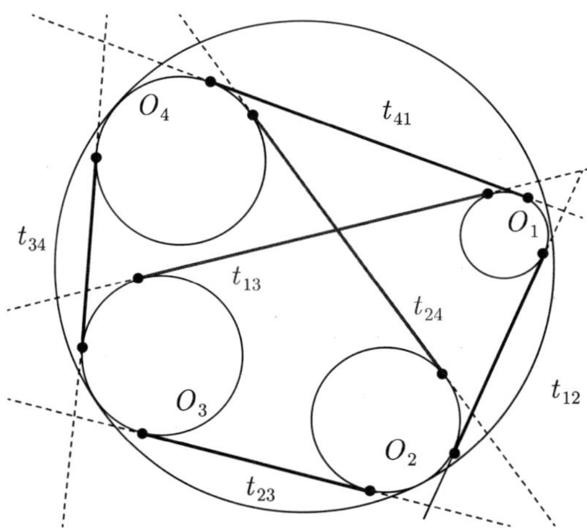


**정리 | 124** [Halley's method]

$$0=f(x)\Rightarrow\text{근: } x_{n+1}=x_n-\frac{2f(x_n)f'(x_n)}{2[f'(x_n)]^2-f(x_n)f''(x_n)}, \ x_0 \text{ :초기.}$$

**정리 | 125** [Householder's method]

$$0=f(x)\Rightarrow \text{ 근 : } x_{n+1}=x_n+d\frac{\left(\frac{1}{f}\right)^{(d-1)}(x_n)}{\left(\frac{1}{f}\right)^{(d)}(x_n)}, \ x_0 \text{ :초기 가정.}$$

정리 | 126 [Cauchy-Binet formula]

$$\det(AB) = \sum_{s \in {}_{[n]}C_m} \det(A_{[m],s}) \det(B_{s,[m]})$$

정리 | 127 [Varignon's theorem]

$$S = 2S_5$$

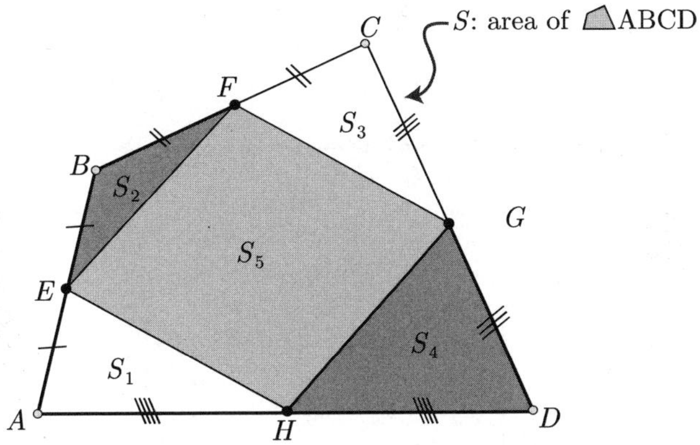


정리 | 128 [Van Aubel Theorem]

$$\frac{BP}{PE} = \frac{BF}{FA} + \frac{BD}{DC}$$

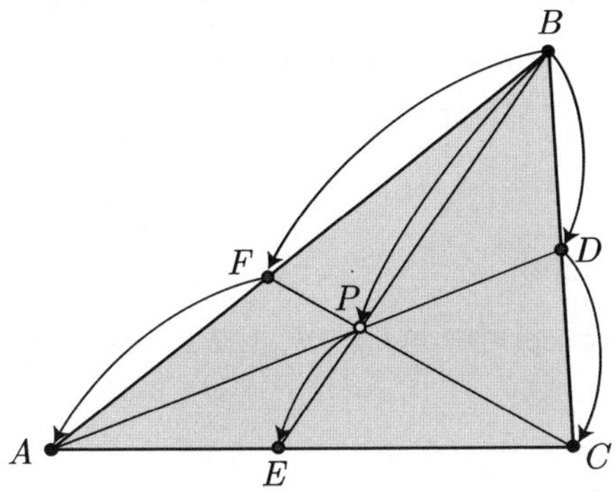


정리 | 129 [Viviani's Theorem]

$$e + g + f = h$$

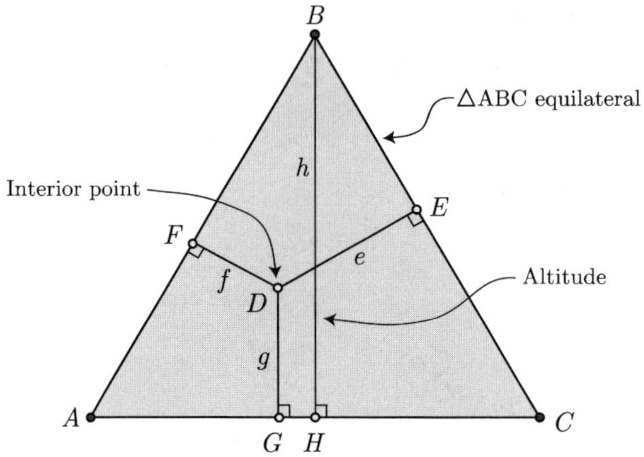


정리 | 130 [Toeplitz matrix]

$$A=\begin{bmatrix} a_0 & a_{-1} & a_{-2} & \cdots & a_{-n+1} \\ a_1 & a_0 & a_{-1} & \cdots & a_{-n+2} \\ a_2 & a_1 & a_0 & \cdots & a_{-n+3} \\ \vdots & \vdots & \vdots & \ddots & \vdots \\ a_{n-1} & a_{n-2} & a_{n-3} & \cdots & a_0 \end{bmatrix}$$

정리 | 131 [Euler angles rotation]

$x:\alpha$회전, $y:\beta$회전, $z:\gamma$회전 되는 변환 행렬

$$\Rightarrow\begin{bmatrix} \cos\gamma & -\sin\gamma & 0 \\ \sin\gamma & \cos\gamma & 0 \\ 0 & 0 & 1 \end{bmatrix}\begin{bmatrix} \cos\beta & 0 & \sin\beta \\ 0 & 1 & 0 \\ -\sin\beta & 0 & \cos\beta \end{bmatrix}\begin{bmatrix} 1 & 0 & 0 \\ 0 & \cos\alpha & -\sin\alpha \\ 0 & \sin\alpha & \cos\alpha \end{bmatrix}$$

정리 | 132 [Cassini's identity]

$$F_n:\text{Fibonacci 수} \Rightarrow F_n^2-F_{n-r}F_{n+r}=(-1)^{n-r}F_r^2$$

정리 | 133 [Millin series]

$$F_n:\text{Fibonacci 수} \Rightarrow \sum_{n=0}^{\infty}\frac{1}{F_{2^n}}=\frac{7-\sqrt{5}}{2}$$

정리 | 134 [Binet's Fibonacci number formula]

$$F_n:\text{Fibonacci 수} \Rightarrow F_n=\frac{1}{\sqrt{5}}\left(\left(\frac{1+\sqrt{5}}{2}\right)^n-\left(\frac{1-\sqrt{5}}{2}\right)^n\right)$$

정리 | 135 [Lucas number formula]

$$L_n:\text{Lucas 수} \Rightarrow L_n=\left(\frac{1+\sqrt{5}}{2}\right)^n+\left(\frac{1-\sqrt{5}}{2}\right)^n$$

**정리 | 136** [Euler's totient function]

$$n = p_1^{k_1} \cdots p_r^{k_r},\ p_i : \text{소수} \Rightarrow \phi(n) = (p_1 - 1)p_1^{k_1 - 1} \cdots (p_r - 1)p_r^{k_r - 1}$$

**정리 | 137** [Euler's theorem]

$$\gcd(a,n) = 1 \Rightarrow a^{\phi(n)} \equiv 1 \pmod{n}$$

**정리 | 138** [Dirichlet series]

$$\zeta(s) : \text{Riemann zeta function} \Rightarrow \sum_{n=1}^{\infty} \frac{\phi(n)}{n^s} = \frac{\zeta(s-1)}{\zeta(s)}$$

**정리 | 139** [Gram-Schmidt orthonomalization process]

$$\{v_1, v_2, \ldots, v_n\} : \text{basis} \Rightarrow \{u_1, u_2, \ldots, u_n\} : \text{orthonomal basis}$$

$$u_n = \frac{v_n - (v_n \bullet u_1)u_1 - (v_n \bullet u_2)u_2 - \cdots - (v_n \bullet u_{n-1})u_{n-1}}{\| v_n - (v_n \bullet u_1)u_1 - (v_n \bullet u_2)u_2 - \cdots - (v_n \bullet u_{n-1})u_{n-1} \|}$$

**정리 | 140** [Euler–Mascheroni constant]

$$\gamma = \lim_{n \to \infty} \left( \sum_{k=1}^{n} \frac{1}{k} - \ln n \right) = \int_1^{\infty} \frac{1}{[x]} - \frac{1}{x}\, dx = 0.57721\ldots$$

**정리 | 141** [Bertrand's postulate]

$$n > 3 \Rightarrow \forall n \in Z,\ \exists p : \text{prime} \ \text{ such that } n \le p \le 2n - 2$$

**정리 | 142** [Shoelace formula]

$$(x_i, y_i) : n\text{각형 점},\ x_{n+1} = x_1,\ y_{n+1} = y_1$$

$$\Rightarrow \text{넓이} = \frac{1}{2} \left| \sum_{i=1}^{n} x_i (y_{i+1} - y_{i-1}) \right|$$

**정리 | 143** [Gaussian integral]

$$\int_{-\infty}^{\infty} e^{-x^2} dx = \sqrt{\pi}$$

**정리 | 144** [Carleman's inequality]

$$a_i > 0 \Rightarrow \sum_{n=1}^{\infty} \sqrt[n]{a_1 a_2 \cdots a_n} \le e \sum_{n=1}^{\infty} a_n$$

**정리 | 145** [Hardy's inequality]

$$a_i > 0, p > 1 \Rightarrow \sum_{n=1}^{\infty}\left(\frac{a_1+a_2+\cdots+a_n}{n}\right)^n \le \left(\frac{p}{p-1}\right)^p \sum_{n=1}^{\infty} a_n^p$$

**정리 | 146** [Henri Lebesgue's surface area]

$$S = \iint_R \sqrt{1+z_x^2+z_y^2}\, dxdy$$

**정리 | 147** [Arfken's Double Factorial]

$$n!! = \begin{cases} n(n-2)\cdots 5 \cdot 3 \cdot 1, & (n : odd) \\ n(n-2)\cdots 6 \cdot 4 \cdot 2, & (n : even) \\ 1 & , (n = -1, 0) \end{cases}$$

**정리 | 148** [Cramer's inverse matrix]

$$A = (a_{ij})_{n\times n}, A^{-1} = (x_{ij})_{n\times n} \Rightarrow x_{ij} = \frac{(-1)^{i+j}|A_{ji}|}{|A|}$$

**정리 | 149** [Vandermonde's determinant]

$$\begin{vmatrix} 1 & x_1 & x_1^2 & \cdots & x_1^{n-1} \\ 1 & x_2 & x_2^2 & \cdots & x_2^{n-1} \\ \vdots & \vdots & \vdots & \ddots & \vdots \\ 1 & x_n & x_n^2 & \cdots & x_n^{n-1} \end{vmatrix} = \prod_{1\le i<j\le n}(x_j - x_i)$$

**정리 | 150** [Abel summation]

$$\lim_{x\to 1^-}\sum_{n=1}^{\infty} n(-x)^{n-1} = \lim_{x\to 1^-}\frac{1}{(1+x)^2} = \frac{1}{4}$$

**정리 | 151** [Limit of Riemann Sum]

$$\lim_{n\to\infty}\frac{b-a}{n}\sum_{k=1}^{n} f\left(a+\frac{k(b-a)}{n}\right) = \int_a^b f(x)\,dx$$

**정리 | 152** [Bayes' formula]

$$\text{서로 배반인 사건:} A_i \Rightarrow P(A_n | B) = \frac{P(B|A_n)P(A_n)}{\sum_{i=1}^{\infty} P(B|A_i)P(A_i)}$$

**정리 | 153** [probability function of binomial distribution]

$$\text{매 시행에서 성공의 확률:}p \Rightarrow P(X=x) = {}_nC_k p^k (1-p)^{n-k}$$

**정리 | 154** [probability function of Poisson distribution]

$$\text{구간에서 성공 횟수:}x \Rightarrow P(x:\lambda) = \frac{e^{-\lambda}\lambda^x}{x!}, \lambda:\text{성공 횟수의 평균값}$$

**정리 | 155** [Ceva theorem ②]

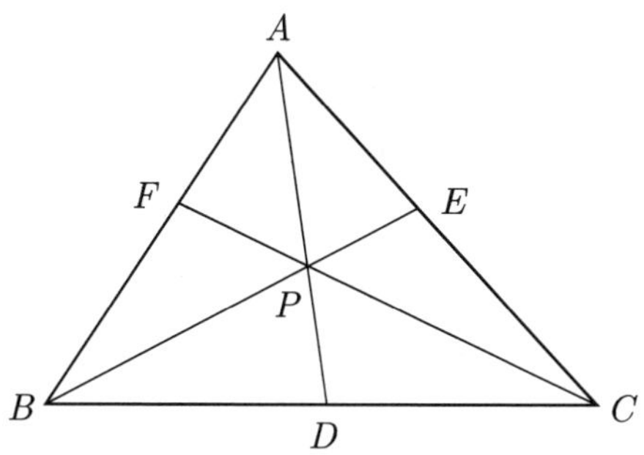


$$\Rightarrow \frac{PD}{AD} + \frac{PE}{BE} + \frac{PF}{CF} = 1$$

**정리 | 156** [Sophie Germain's Identity]

$$x^4 + 4y^4 = (x^2 + 2y^2 + 2xy)(x^2 + 2y^2 - 2xy)$$

**정리 | 157** [Lalescu sequence]

$$\lim_{n\to\infty} \sqrt[n+1]{(n+1)!} - \sqrt[n]{n!} = \frac{1}{e}$$

**정리 | 158** [Apéry's constant]

$$\zeta(3) = \sum_{k=1}^{\infty} \frac{1}{k^3} = 1.202056903...$$

**정리 | 159** [Cesaro's theorem]

$$\lim_{n\to\infty} a_n = l \Rightarrow \lim_{n\to\infty} \frac{1}{n} \sum_{k=0}^{n} a_k = l$$

**정리 | 160** [Flett's mean theorem]

$$f(x):[a,b]\text{상에서 미분가능, } f'(a) = f'(b)$$

$$\Rightarrow \exists c \in (a,b),\ f'(c) = \frac{f(c)-f(a)}{c-a}$$

**정리 | 161** [Frullani's Integral]

$$\int_0^\infty \frac{f(ax)-f(bx)}{x}dx = [f(0)-f(\infty)]\ln\left(\frac{b}{a}\right)$$

**정리 | 162** [Leibniz integral rule]

$$\frac{d}{d\alpha}\int_{a(\alpha)}^{b(\alpha)} f(x,\alpha)dx = b'(\alpha)f(b(\alpha),\alpha) - a'(\alpha)f(a(\alpha),\alpha) + \int_{a(\alpha)}^{b(\alpha)} f_\alpha(x,\alpha)dx$$

**정리 | 163** [Catalan's constant]

$$1-\frac{1}{3^2}+\frac{1}{5^2}-\frac{1}{7^2}+\cdots = 0.915965...$$

**정리 | 164** [Kwak Seong-Eun's sum]

$$\sum_{n=1}^{\infty} a_n \sum_{m=1}^{n} b_m = \sum_{m=1}^{\infty} b_m \sum_{n=m}^{\infty} a_n$$

**정리 | 165** [Sylvester's determinant theorem]

$$A, B : (p\times n), (n\times p)\text{matrices} \Rightarrow |I_p + AB| = |I_n + BA|$$

**정리 | 166** [Vandermonde's Identity]

$$\sum_{k=0}^{r} {}_mC_k \bullet {}_nC_{r-k} = {}_{m+n}C_r$$

**정리 | 167** [Shoelace Theorem]

$$P_1(a_1, b_1), P_2(a_2, b_2), ..., P_n(a_n, b_n)$$

$$\text{넓이} = \frac{1}{2}|(a_1b_2 + a_2b_3 + \cdots + a_nb_1) - (b_1a_2 + b_2a_3 + \cdots + b_na_1)|$$

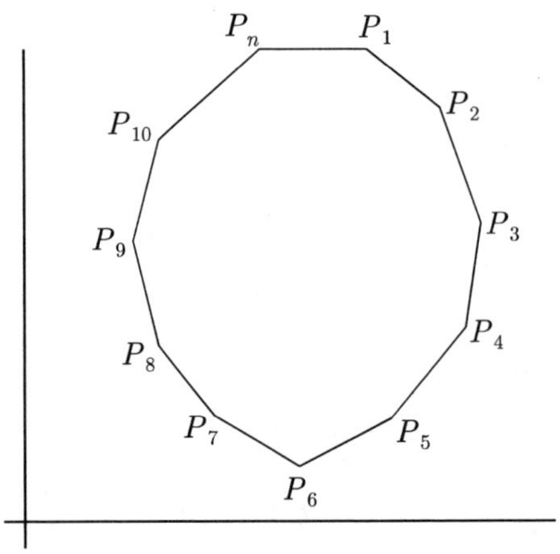

**정리 | 168** [Pascal's Identity]

$$_nC_k = {}_{n-1}C_{k-1} + {}_{n-1}C_k$$

**정리 | 169** [Steiner's theorem]

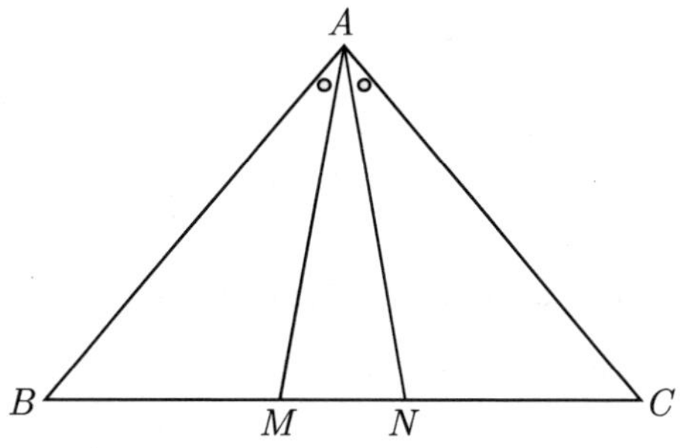


$$\frac{BM}{MC} \cdot \frac{BN}{NC} = \frac{AB^2}{AC^2}$$

**정리 | 170** [Kwak seong-eun infinite integral]

① $\int x^a(x-1)^b[(a+b+2)x-(a+1)]\,dx = x^{a+1}(x-1)^{b+1}+c$

② $\int x^a(x+1)^b[(a+b+2)x+(a+1)]\,dx = x^{a+1}(x+1)^{b+1}+c$

③ $\int \frac{du}{uf(u)} = F(u)+c \Rightarrow \int \frac{mdx}{xf(x^m)} = F(x^m)+c$

④ $f''(x) = kf'(x)f(x)$
$\Rightarrow \int f'(x)^2 f(x)^n dx = \frac{f'(x)f(x)^{n+1}}{n+1} - \frac{kf(x)^{n+3}}{(n+1)(n+3)}$

⑤ $\int \frac{(f(x)-f'(x))e^x}{(e^x+f(x))^2}\,dx = \frac{e^x}{f(x)+e^x}+c$

⑥ $m \in Q \Rightarrow \int \frac{a^2\,dx}{(a^2+x^2)^m} = \frac{x(a^2+x^2)^{1-m}}{2(m-1)} + \frac{2m-3}{2m-2}\int \frac{dx}{(a^2+x^2)^{m-1}}$

⑦ $m \in Q$
$\Rightarrow \int (a^2+x^2)^m\,dx = \frac{x(a^2+x^2)^m}{2m+1} + \frac{2ma^2}{2m+1}\int (a^2+x^2)^{m-1}dx$

⑧ $m \in Q \Rightarrow \int \frac{a^2\,dx}{(a^2-x^2)^m} = \frac{x(a^2-x^2)^{1-m}}{2(m-1)} + \frac{2m-3}{2m-2}\int \frac{dx}{(a^2-x^2)^{m-1}}$

⑨ $m \in Q \Rightarrow \int (a^2-x^2)^m dx = \frac{x(a^2-x^2)^m}{2m+1} + \frac{2ma^2}{2m+1}\int (a^2-x^2)^{m-1}dx$

⑩ $m \in Q \Rightarrow \int (x^2-a^2)^m dx = \frac{x(x^2-a^2)^m}{2m+1} - \frac{2ma^2}{2m+1}\int (x^2-a^2)^{m-1}dx$

**정리 | 171** [Woodbury matrix identity]

$$A, U, C, V : n\times n,\ n\times k,\ k\times k,\ k\times n-\text{matrices}$$

$$\Rightarrow (A+UCV)^{-1} = A^{-1} - A^{-1}U\left(C^{-1} + VA^{-1}U\right)^{-1}VA^{-1}$$

**정리 | 172** [Sherman-Morrison formula]

$$u, v : \text{vectors} \Rightarrow \left(A+uv^t\right)^{-1} = A^{-1} - \frac{A^{-1}uv^tA^{-1}}{1+v^tA^{-1}u}$$

**정리 | 173** [Kwak seong-eun determinant theorem]

$$u, v : \text{vectors} \Rightarrow |A+uv^t| = \left(1+v^tA^{-1}u\right)|A|$$

**정리 | 174** [Legendre duplication formula]

$$\Gamma(z)\Gamma\left(z+\frac{1}{2}\right) = 2^{1-2z}\sqrt{\pi}\,\Gamma(2z)$$

**정리 | 175** [Gauss's multiplication formula]

$$\Gamma(z)\Gamma\left(z+\frac{1}{k}\right)\cdots\Gamma\left(z+\frac{k-1}{k}\right) = (2\pi)^{\frac{k-1}{2}}k^{\frac{1}{2}-kz}\Gamma(kz)$$

**정리 | 176** [Walker's inequality]

$$\triangle ABC : \text{예각 삼각형} \Rightarrow 4(R+r)^2 \le a^2+b^2+c^2$$

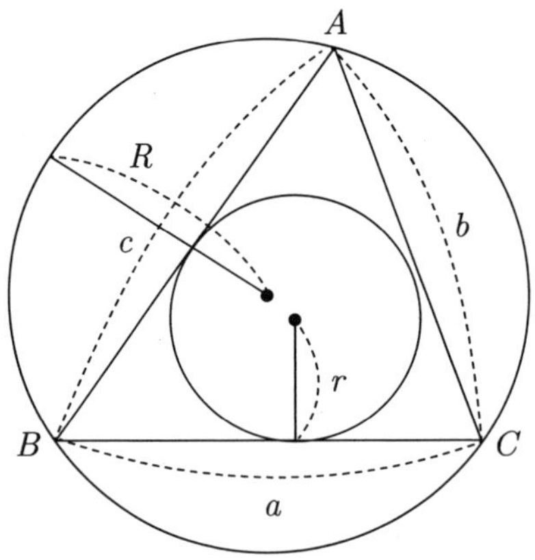


**정리 | 177** [Wirtinger's inequality]

$$f(0)=f(a)=0 \Rightarrow \int_0^a |f(x)|^2\,dx \le \left(\frac{a}{\pi}\right)^2\int_0^a |f'(x)|^2\,dx$$

**정리 | 178** [Kwak Seong-Eun Limit theorem]

① $\lim_{n\to\infty} a_n = \lim_{n\to\infty} b_n = \infty,\ \lim_{n\to\infty}\frac{a_n}{b_n} = l \Rightarrow \lim_{n\to\infty}\frac{\ln(a_n)}{\ln(b_n)} = 1$

② $\lim_{n\to\infty}\left[\sum_{k=1}^{n} f\left(\frac{k}{n}\right) - n\int_0^1 f(x)dx\right] = \frac{f(1)-f(0)}{2}$

③ $\lim_{n\to\infty}\left[n^2\int_0^1 f(x)dx - n\sum_{k=1}^{n} f\left(\frac{2k-1}{2n}\right)\right] = \frac{f'(1)-f'(0)}{24}$

④ $a_n > 0 \ \Rightarrow\ \lim_{n\to\infty}\sqrt[n]{a_n} = \lim_{n\to\infty}\frac{a_{n+1}}{a_n}$

⑤ $\lim_{n\to\infty}\frac{1}{n}\sum_{k=1}^{n^2} f\left(\frac{k}{n}\right) = \lim_{n\to\infty}\int_0^n f(x)\,dx$

⑥ $\lim_{n\to\infty}\frac{1}{n^4}\sum_{k=1}^{n}\left(k^2\int_k^{k+1} x \cdot f(x-k)\,dx\right) = \frac{1}{4}\int_0^1 f(t)dt$

⑦ $a > 0 \Rightarrow \lim_{a\to 0}\int_0^{\sqrt{a}}\frac{a f(x)}{a^2+x^2}\,dx = \frac{\pi}{2}f(0)$

⑧ $\lim_{n\to\infty} n\int_0^1 x^n f(x)\,dx = f(1)$

⑨ $\lim_{n\to\infty}\prod_{k=1}^{n}\left[1+\frac{1}{n}f\left(\frac{k}{n}\right)\right] = e^{\int_0^1 f(x)\,dx}$

⑩ $f(0)=0 \Rightarrow \lim_{n\to\infty}\sum_{k=1}^{n} f\left(\frac{k}{n^2}\right) = \frac{f'(0)}{2},\quad \lim_{n\to\infty}\sum_{k=1}^{n} f\left(\frac{k^2}{n^3}\right) = \frac{f'(0)}{3}$

⑪ $a_i > 0 \ \Rightarrow\ \lim_{n\to\infty}\sqrt[n]{\sum_{k=1}^{n} a_k^n} = \max\{a_1, a_2, \ldots, a_n\}$

⑫ $a_0 > 0 \ \Rightarrow\ \lim_{x\to\infty}\sqrt[n]{a_0x^n + a_1x^{n-1} + \cdots + a_n} - x\sqrt[n]{a_0} = \frac{a_1\sqrt[n]{a_0}}{na_0}$

⑬ $s > 1, \zeta(s) = \sum_{n=1}^{\infty}\frac{1}{n^s} \ \Rightarrow\ \lim_{n\to\infty} n^{s-1}\left(\sum_{k=1}^{n}\frac{1}{k^s} - \zeta(s)\right) = \frac{1}{1-s}$

⑭ $f(x) > 0 \Rightarrow \lim_{p\to 0}\frac{1}{p}\ln\left(\int_0^1 f(x)^p\,dx\right) = \int_0^1 \ln f(x)\,dx$

⑮ $f(0)=0 \ \Rightarrow\ \lim_{n\to\infty} n\int_0^1 f\left(\frac{x}{n}\right)dx = \frac{1}{2}f'(0)$

⑯ $f(1)=0 \ \Rightarrow\ \lim_{n\to\infty} n^2\int_0^1 x^n f(x)\,dx = -f'(1)$

⑰ $\lim_{n\to\infty} n\int_0^{\frac{\pi}{2}} x f(x)(\cos x)^n\,dx = f(0)$

⑱ $-1 < f(x) < 1 \ \Rightarrow\ \lim_{n\to\infty}\int_0^1\frac{f(ax)^n - f(x)^n}{x}\,dx = \ln\frac{1}{a}$

⑲ $\lim_{n\to\infty}\sqrt[n]{\prod_{k=1}^{n} f\left(\frac{k}{n}\right)} = e^{\int_0^1 \ln|f(x)|dx}$

⑳ $f(x+T)=f(x) \Rightarrow \lim_{n\to\infty}\int_a^b f(nx)dx = \frac{b-a}{T}\int_0^T f(x)dx$

㉑ $\lim_{n\to\infty}\int_0^\pi f(x)|\sin(nx)|\,dx = \frac{2}{\pi}\int_0^\pi f(x)dx$

㉒ $g(x)=g(x+\alpha) \Rightarrow \lim_{n\to\infty}\int_0^\alpha f(x)g(nx)dx = \frac{1}{\alpha}\int_0^\alpha f(x)dx\int_0^\alpha g(x)dx$

㉓ $\lim_{n\to\infty}\left(\frac{1}{n}\right)\int_0^n f(\sin x)\,dx = \frac{1}{2\pi}\int_0^{2\pi} f(\sin x)dx$

㉔ $\lim_{n\to\infty}\int_0^1 x f(\sin(2\pi nx))\,dx = \frac{1}{4\pi}\int_0^{2\pi} f(\sin x)dx$

㉕ $g(x)=g(x+\alpha),\ k,m\in N$
$\Rightarrow \lim_{n\to\infty}\int_{k\alpha}^{m\alpha} f(x)g(nx)dx = \frac{1}{\alpha}\int_{k\alpha}^{m\alpha} f(x)dx\int_0^\alpha g(x)dx$

㉖ $\lim_{n\to\infty} n\int_0^1 x^n f(x^n)dx = \int_0^1 f(x)dx$

㉗ $\lim_{n\to\infty}\frac{1}{n}\int_0^1 \frac{\sqrt[n]{x}}{x} f(x)\,dx = f(0)$

㉘ $\lim_{n\to\infty} n\int_0^1 f(x^n)\,dx = \int_0^1 \frac{f(x)}{x}dx$

㉙ $f(x)=f(x+\pi) \Rightarrow \lim_{n\to\infty}\int_{-n}^{n} f(x)\frac{\tan x}{x}dx = \int_{-\frac{\pi}{2}}^{\frac{\pi}{2}} f(x)dx$

㉚ $f(x)=f(x+\pi) \Rightarrow \lim_{n\to\infty}\int_{-n}^{n} f(x)\frac{\sin x}{x}dx = \int_0^\pi f(x)dx$

㉛ $\lim_{n\to\infty} n\int_0^1 f(x)g(x^n)\,dx = f(1)\int_0^1 \frac{g(x)}{x}dx$

㉜ $\lim_{n\to\infty} n\int_0^1 x^n f(x)g(x^n)\,dx = f(1)\int_0^1 g(x)dx$

㉝ $\lim_{n\to\infty} n\left[f(1)\int_0^1 h(x)dx - n\int_0^1 x^n f(x)h(x^n)dx\right]$
$= (f(1)+f'(1))\int_0^1 \frac{1}{x}\left(\int_0^x h(t)dt\right)dx$

㉞ $\lim_{n\to\infty} n\int_0^1 \frac{x^n f(x)}{x^{2n}+1}dx = \frac{\pi}{4}f(1)$

㉟ $\lim_{n\to\infty} n\left[f(1)\int_0^1 \frac{g(x)}{x}dx - n\int_0^1 f(x)g(x^n)dx\right]$
$= (f(1)+f'(1))\int_0^1 \frac{1}{x}\left(\int_0^x \frac{g(t)}{t}dt\right)dx$

㊱ $\begin{cases}\lim_{x\to a} f(x)=1\\ \lim_{x\to a} g(x)=\infty\end{cases} \Rightarrow \lim_{x\to a} f(x)^{g(x)} = e^{\lim_{x\to a} g(x)(f(x)-1)}$

㊲ $a_k>0,\ \lim_{n\to\infty}\frac{a_{n+1}}{a_n}=b<1 \Rightarrow \lim_{n\to\infty} a_n=0$

㊳ $f'(0)\neq 0 \Rightarrow \lim_{x\to 0}\frac{f(x)-f(\sqrt{x})}{f(\sqrt[3]{x})-f(\sqrt[4]{x})}=0$

㊴ $\lim_{x\to\infty} f(x)=a\neq 0 \Rightarrow \lim_{x\to\infty} x f(x) f'(x)=0$

**정리 | 179** [Erdös-Mordell Inequality]

$$2(p+q+r) \le x+y+z$$

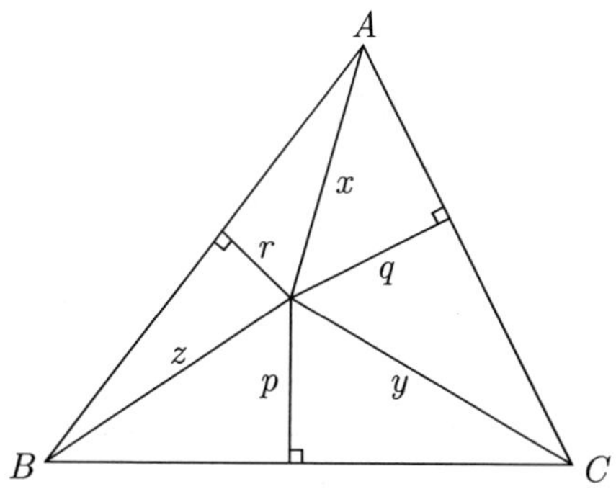


**정리 | 180** [Oppenheim-Mordell Inequality]

$$(p+q)(q+r)(r+p) \le xyz$$

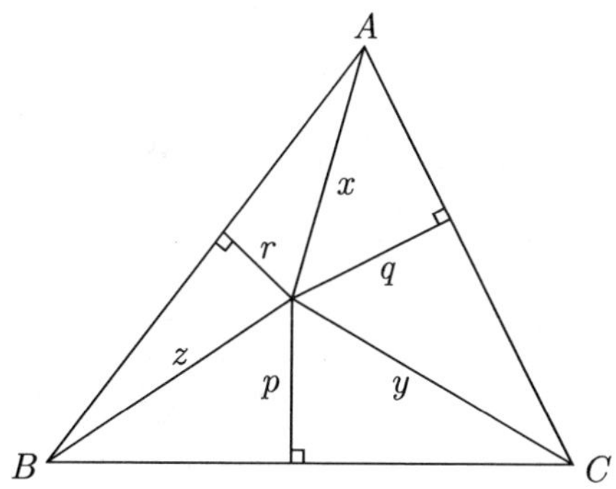


**정리 | 181** [Kaplan Surface of Revolution]

$$S=2\pi\int_a^b f(x)\sqrt{1+f'(x)^2}\,dx=2\pi\int_{t_1}^{t_2} y(t)\sqrt{(x'(t))^2+(y'(t))^2}\,dt$$

**정리 | 182** [Kwak Seong-Eun recurrence]

$$x_{n+1} = \frac{ax_n + b}{cx_n + d} \Rightarrow x_n = \frac{y_{n+1}}{y_n} - \frac{d}{c} \text{로 치환}$$

**정리 | 183** [Kwak Seong-Eun Area and Volume theorem]

$$\text{넓이} = \iint_R \left| \frac{\partial(x,y)}{\partial(x_1,y_1)} \right| \left| \frac{\partial(x_1,y_1)}{\partial(x_2,y_2)} \right| \cdots \left| \frac{\partial(x_{n-1},y_{n-1})}{\partial(x_n,y_n)} \right| dx_n dy_n$$

$$\text{부피} = \iiint_V \left| \frac{\partial(x,y,z)}{\partial(x_1,y_1,z_1)} \right| \left| \frac{\partial(x_1,y_1,z_1)}{\partial(x_2,y_2,z_2)} \right| \cdots \left| \frac{\partial(x_{n-1},y_{n-1},z_{n-1})}{\partial(x_n,y_n,z_n)} \right| dx_n dy_n dz_n$$

**정리 | 184** [Kwak Seong-Eun inverse trigonometry]

① $$\sin^{-1}x + \sin^{-1}y = \begin{cases} \sin^{-1}\left(x\sqrt{1-y^2} + y\sqrt{1-x^2}\right), & (x^2+y^2 \le 1,\ xy < 0) \\ \pi - \sin^{-1}\left(x\sqrt{1-y^2} + y\sqrt{1-x^2}\right), & (x^2+y^2 > 1,\ x,y > 0) \\ \pi + \sin^{-1}\left(x\sqrt{1-y^2} + y\sqrt{1-x^2}\right), & (x^2+y^2 > 1,\ x,y < 0) \end{cases}$$

② $$\tan^{-1}x + \tan^{-1}y = \begin{cases} \frac{\pi}{2}, & (xy = 1,\ x,y > 0) \\ -\frac{\pi}{2}, & (xy = 1,\ x,y < 0) \\ \pi + \tan^{-1}\left(\frac{x+y}{1-xy}\right), & (xy > 1,\ x,y > 0) \\ -\pi + \tan^{-1}\left(\frac{x+y}{1-xy}\right), & (xy > 1,\ x,y < 0) \\ \tan^{-1}\left(\frac{x+y}{1-xy}\right), & (xy < 1) \end{cases}$$

**정리 | 185** [Ramanujan's Master Theorem]

$$F(x) = \sum_{k=0}^{\infty} \frac{\phi(k)(-x)^k}{k!} \Rightarrow \int_0^{\infty} x^{n-1}F(x)dx = \Gamma(n)\phi(-n)$$

**정리 | 186** [Fourier series]

① $$f(x) = f(x+2\pi) \Rightarrow f(x) = \frac{a_0}{2} + \sum_{n=1}^{\infty} a_n \cos nx + b_n \sin nx$$

$$a_n = \frac{1}{\pi}\int_{-\pi}^{\pi} f(x)\cos nx\, dx,\ b_n = \frac{1}{\pi}\int_{-\pi}^{\pi} f(x)\sin nx\, dx$$

② $$f(x): \text{우함수} \Rightarrow f(x) = \frac{a_0}{2} + \sum_{n=1}^{\infty} a_n \cos nx\, dx$$

$$a_n = \frac{2}{\pi}\int_0^{\pi} f(x)\cos nx\, dx$$

③ $$f(x): \text{기함수} \Rightarrow f(x) = \sum_{n=1}^{\infty} b_n \sin nx,\ b_n = \frac{2}{\pi}\int_0^{\pi} f(x)\sin nx\, dx$$

④ $f(x)=f(x+L) \Rightarrow f(x)=\dfrac{a_0}{2}+\sum_{n=1}^{\infty} a_n \cos\dfrac{n\pi x}{L}+b_n \sin\dfrac{n\pi x}{L}$

$a_n=\dfrac{1}{L}\int_{-L}^{L} f(x)\cos\dfrac{n\pi x}{L}\,dx,\ b_n=\dfrac{1}{L}\int_{-L}^{L} f(x)\sin\dfrac{n\pi x}{L}\,dx$

⑤ $f(x)$ : 우함수 $\Rightarrow f(x)=\dfrac{a_0}{2}+\sum_{n=1}^{\infty} a_n \cos\dfrac{n\pi x}{L}\,dx$

$a_n=\dfrac{2}{L}\int_{0}^{L} f(x)\cos\dfrac{n\pi x}{L}\,dx$

⑥ $f(x)$ : 기함수 $\Rightarrow f(x)=\sum_{n=1}^{\infty} b_n \sin\dfrac{n\pi x}{L},\ b_n=\dfrac{2}{L}\int_{0}^{L} f(x)\sin\dfrac{n\pi x}{L}\,dx$

**정리 | 187** [Laplace transformation]

$$\mathcal{L}(f)=\int_0^{\infty} e^{-st} f(t)\,dt=F(s),\ \mathcal{L}(g)=G(s)$$

① $\mathcal{L}\left[e^{at}f(t)\right]=F(s-a)$

② $\mathcal{L}\left[f(t-a)u_a(t)\right]=e^{-as}F(s),\ u_a(t)=\begin{cases}0, & t<a\\ 1, & t>a\end{cases}$

③ $\mathcal{L}\left[f(at)\right]=\dfrac{1}{a}F\left(\dfrac{s}{a}\right)$

④ $\mathcal{L}\left[t^n f(t)\right]=(-1)^n F^{(n)}(s)$

⑤ $\mathcal{L}\left[\dfrac{f(t)}{t}\right]=\int_s^{\infty} F(u)\,du$

⑥ $\mathcal{L}\left[f'(t)\right]=s\,\mathcal{L}(f)-f(0)$

⑦ $\mathcal{L}\left[f''(t)\right]=s^2\,\mathcal{L}(f)-sf(0)-f'(0)$

⑧ $\mathcal{L}\left[\int_0^t f(u)du\right]=\dfrac{F(s)}{s}$

⑨ $f(t)=f(t+T) \Rightarrow \mathcal{L}\left[f(t)\right]=\dfrac{\int_0^T e^{-st}f(t)dt}{1-e^{-sT}}$

⑩ $\mathcal{L}\left[\int_0^t f(u)g(t-u)du\right]=F(s)G(s)$

**정리 | 188** [Gaussian sum]

$$\sum_{j=0}^{n-1}\sqrt[n]{e^{2\pi j^2 i}}=\begin{cases}(1+i)\sqrt{n}, & (n\equiv 0\pmod 4)\\ \sqrt{n}, & (n\equiv 1\pmod 4)\\ 0, & (n\equiv 2\pmod 4)\\ i\sqrt{n}, & (n\equiv 3\pmod 4)\end{cases}$$

**정리 | 189** [Gregorio Fontana Constant]

$$\frac{z}{\ln(1-z)} = \sum_{n=0}^{\infty} c_n z^n,\ |z| < 1 \Rightarrow c_n \text{ :Gregorio constant}$$

**정리 | 190** [Gregorio Fontana theorem]

$$H_n = \gamma + \ln n + \frac{1}{2n} - \sum_{k=2}^{\infty} \frac{(k-1)!c_k}{n(n+1)\cdots(n+k-1)},\ \gamma \text{:Euler 상수}$$

**정리 | 191** [Cross ratio]

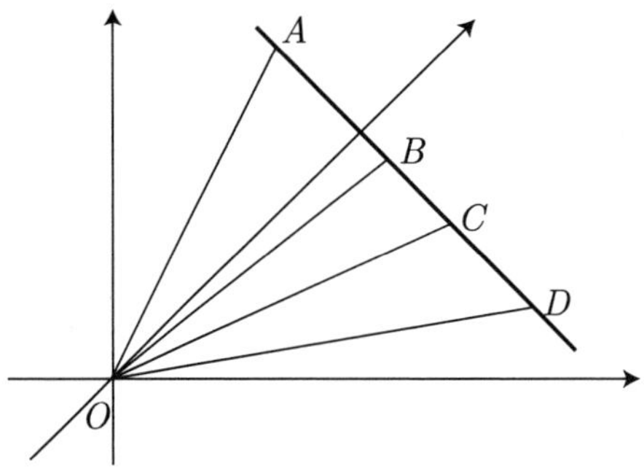


$$[A,B,C,D] = \frac{\overline{AC} \cdot \overline{BD}}{\overline{AD} \cdot \overline{BC}}$$

**정리 | 192** [Centroid of the area]

$$\overline{x} = \frac{\int_A x\,dA}{\int_A dA},\ \overline{y} = \frac{\int_A y\,dA}{\int_A dA}$$

**정리 | 193** [Centroid of the curve]

$$\overline{x} = \frac{\int_{l_1} x\,dl_1}{\int_{l_1} dl_1},\ \overline{y} = \frac{\int_{l_2} y\,dl_2}{\int_{l_2} dl_2},\quad dl_1 = \sqrt{1+\left(\frac{dx}{dy}\right)^2}\,dy,\quad dl_2 = \sqrt{1+\left(\frac{dy}{dx}\right)^2}\,dx$$

**정리 | 194** [Centroid of the surface]

$$\overline{x} = \frac{\iint_{s_1} x\,ds_1}{\iint_{s_1} ds_1},\ ds_1 = \sqrt{1+x_y^2+x_z^2}\,dydz$$

$$\bar{y}=\frac{\iint_{s_2} y\,ds_2}{\iint_{s_2} ds_2},\ ds_2=\sqrt{1+y_x^2+y_z^2}\,dxdz$$

$$\bar{z}=\frac{\iint_{s_3} z\,ds_3}{\iint_{s_3} ds_3},\ ds_3=\sqrt{1+z_x^2+z_y^2}\,dxdy$$

정리 | 195 [Kwak Seong-eun theorem]

$s_x=2\pi\bar{y}\,l$ , $s_x$ : $x$축 회전시 표면적, $l$ : 곡선의 길이, $\bar{y}$ : 곡선의 무게중심.

정리 | 196 [Centroid of the volume]

$$\bar{x}=\frac{\iiint x\,dV}{\iiint dV},\ \bar{y}=\frac{\iiint y\,dV}{\iiint dV},\ \bar{z}=\frac{\iiint z\,dV}{\iiint dV}$$

정리 | 197 [Kwak Seong-Eun inverse function Integration]

$$f(x):\text{전단사},\ \begin{cases} f(a)=c \\ f(b)=d \end{cases} \Rightarrow \int_a^b f(x)dx+\int_c^d f^{-1}(x)dx=bd-ac$$

정리 | 198 [Kwak Seong-Eun sum of arctangent]

$$\begin{cases} a_0=1+ac+bc+c^2 \\ a_1=ab+b^2+2ac+2bc \\ a_2=a^2+3ab+b^2+2ac \\ a_3=2a(a+b) \end{cases} \Rightarrow \sum_{n=1}^{\infty}\tan^{-1}\left(\frac{2an+a+b}{a^2n^4+a_3n^3+a_2n^2+a_1n+a_0}\right)=\frac{\pi}{2}-\tan^{-1}(a+b+c)$$

정리 | 199 [Stolz-Cesaro's Ⅱ theorem]

$$\lim_{n\to\infty}a_n=\lim_{n\to\infty}b_n=0,\ \exists\lim_{n\to\infty}\frac{a_{n+1}-a_n}{b_{n+1}-b_n}=l \Rightarrow \lim_{n\to\infty}\frac{a_n}{b_n}=l$$

**정리 | 200** [Catalan number]

$$C_n = \frac{1}{n+1} \cdot {}_{2n}C_n$$

# 01 극한값 문제

❑ 다음 극한값을 구하여라.

[1] $\lim_{x\to 0}\left(1+a_1x+a_2x^2+\cdot\cdot\cdot\cdot+a_nx^n\right)^{\frac{\lambda}{x}}=?\ (a_1\neq 0)$

[2] $\lim_{n\to\infty} n(\sqrt[n]{x}-1)=?,\ (x>0)$

[3] $\lim_{n\to\infty}(1+n+n^2)^{\frac{1}{n}}=?$

[4] $\lim_{n\to\infty}\left(\frac{1}{n+1}+\frac{1}{n+2}+\cdot\cdot\cdot\cdot+\frac{1}{n+n}\right)=?$

[5] $\lim_{n\to\infty}\frac{1}{n}\left[\sin\left(\frac{t}{n}\right)+\sin\left(\frac{2t}{n}\right)+\cdot\cdot\cdot\cdot+\sin(t)\right]=?$

[6] $\lim_{n\to\infty}\int_0^{2\pi}\frac{\sin nx}{x^2+n^2}\,dx=?$

[7] $\lim_{x\to 0}\frac{\int_0^x \sin t^3\,dt}{x^4}=?$

[8] $\lim_{n\to\infty}\left(\frac{n}{n^2+1}+\frac{n}{n^2+2^2}+\cdot\cdot\cdot\cdot+\frac{n}{n^2+n^2}\right)=?$

[9] $\lim_{n\to\infty}\left(\frac{1+2^p+\cdot\cdot\cdot\cdot+n^p}{n^{p+1}}\right)=?,\ (p>-1)$

[10] $\lim_{n\to\infty}\left(\frac{1}{\sqrt{n^2+1}}+\frac{1}{\sqrt{n^2+2^2}}+\cdot\cdot\cdot\cdot+\frac{1}{\sqrt{n^2+n^2}}\right)=?$

**[11]** $a, b > 0 \Rightarrow \lim_{n\to\infty} \dfrac{\frac{1}{n}\sum_{k=0}^{n}(a+bk)}{\prod_{k=0}^{n}\sqrt[n+1]{a+bk}} = ?$

**[12]** $\lim_{x\to 0}\dfrac{\sin x - \tan^{-1}x}{x^2\ln(1+x)} = ?$

**[13]** $\lim_{x\to 0}\left(\dfrac{1}{\sin^2 x} - \dfrac{1}{x^2}\right) = ?$

**[14]** $\lim_{x\to 0^+}(1+x)^{\frac{1}{x}} = ?$

**[15]** $\lim_{x\to 0^+} x^x = ?$

**[16]** $\lim_{x\to\infty} x^{\frac{1}{x}} = ?$

**[17]** $\lim_{x\to 0^+}(e^x + x)^{\frac{1}{x}} = ?$

**[18]** $\lim_{x\to\infty}\left(\dfrac{\ln x}{x}\right)^{\frac{1}{x}} = ?$

**[19]** $\lim_{x\to 0}\dfrac{x^2\sin\frac{1}{x}}{\sin x} = ?$

**[20]** $\lim_{x\to 0^+} x\ln(\sin x) = ?$

**[21]** $\lim_{x\to 0^+}\sin x\ln x = ?$

**[22]** $\lim_{x\to 0^+}\dfrac{\ln(\tan 2x)}{\ln(\tan x)} = ?$

[23] $\lim_{x\to 0}\frac{x-\sin^{-1}x}{x^3}=?$

[24] $\lim_{x\to 0}\frac{\tan^{-1}ax}{x}=?$

[25] $\lim_{x\to 0}\frac{\sin^{-1}3x}{\tan^{-1}2x}=?$

[26] $\lim_{x\to 0}\frac{(\sin^{-1}x)^2}{1-\cos x}=?$

[27] $\lim_{x\to\infty}x\left(\frac{\pi}{2}-\tan^{-1}x\right)=?$

[28] $\lim_{n\to\infty}\left\{\frac{\sqrt{n+1}+\sqrt{n+2}+\cdot\cdot\cdot+\sqrt{2n-1}}{n^{3/2}}\right\}=?$

[29] $\lim_{x\to\frac{\pi}{2}}\frac{\frac{ex^2}{\pi}-\frac{e\pi}{4}+\int_x^{\frac{\pi}{2}}e^{\sin t}\,dt}{1+\cos 2x}=?$

[30] $\lim_{x\to 0}\frac{\sin x-x+\frac{x^3}{3!}}{x^4}=?$, (not L'Hospital rule)

[31] $\lim_{x\to 0}\frac{e^x-1-x}{x^2}=?$, (not L'Hospital rule)

[32] $\lim_{x\to 0}\frac{(1-x)^{\frac{1}{3}}-1+\frac{x}{3}}{x^2}=?$

[33] $\lim_{n\to\infty}\frac{c^n}{n!}=?$, $(c\in R)$

[34] $\lim_{x\to 0}\frac{\ln(1+x^2)}{\sin x^2}=?$

[35] $a_1 = a_2 = 1,\ a_{n+2} = a_{n+1} + a_n \Rightarrow \lim_{n\to\infty} \frac{a_{n+1}}{a_n} = ?$

[36] $\lim_{n\to\infty} \frac{1}{n}\left(1 + \frac{1}{2} + \frac{1}{3} + \cdots + \frac{1}{n}\right) = ?$

[37] $\lim_{n\to\infty} \left[\frac{2 \cdot 4 \cdots (2n)}{1 \cdot 3 \cdots (2n-1)}\right]^2 \left(\frac{1}{2n+1}\right) = ?$

[38] $a_1 = 1,\ a_{n+1} = \sqrt{a_n + 1} \Rightarrow \lim_{n\to\infty} a_n = ?$

[39] $a_{n+1} = \frac{1}{2}\left(a_n + \frac{p}{a_n}\right),\ (a_1 > 0, p > 0) \Rightarrow \lim_{n\to\infty} a_n = ?$

[40] $a_n = \frac{1}{2}\{1 + (-1)^n\} \Rightarrow \lim_{n\to\infty} \frac{a_1 + a_2 + \cdots + a_n}{n} = ?$

[41] $\lim_{n\to\infty} \frac{2^n \cdot n!}{n^n} = ?$

[42] $p > 0,\ |a| < 1 \Rightarrow \lim_{n\to\infty} n^p a^n = ?$

[43] $\lim_{n\to\infty} \left(\frac{n^2 + 9}{2n^2 + 1}\right)^n = ?$

[44] $\lim_{n\to\infty} \frac{(2n)!}{n!\,(2n)^n} = ?$

[45] $\lim_{x\to 0} \frac{\sin x - \sin(\sin x)}{x^3} = ?$

[46] $\lim_{n\to\infty} \int_0^{\frac{\pi}{2}} \frac{\sin x}{n^2\left(x - \frac{\pi}{4}\right)^2 + 1} dx = ?$

[47] $\lim_{n\to\infty} \sqrt[n]{\frac{n!}{n^n}} = ?$

**[48]** $\lim_{n\to\infty}\left[1+\left(\frac{\theta}{n}\right)^2\right]^n = ?$

**[49]** $\lim_{x\to 0}\frac{\int_0^x (1+\sin 2\theta)^{\frac{1}{\theta}}d\theta}{x} = ?$

**[50]** $\lim_{n\to\infty}\left(\frac{1}{\sqrt{n^2+1}}+\frac{1}{\sqrt{n^2+2}}+\cdots+\frac{1}{\sqrt{n^2+n}}\right) = ?$

**[51]** $\lim_{n\to\infty}\left(\frac{1}{\sqrt{n^2+1}}+\frac{1}{\sqrt{n^2+2}}+\cdots+\frac{1}{\sqrt{n^2+n^2}}\right) = ?$

**[52]** $\lim_{n\to\infty}\sum_{k=0}^{n}\frac{(-1)^k}{3k+1} = ?$

**[53]** $\lim_{x\to\infty}\left(\frac{\alpha^x-1}{\alpha x - x}\right)^{\frac{1}{x}} = ?,\ (\alpha > 1)$

**[54]** $a_n = 2\cos\left(\frac{t}{2^n}\right)-1 \Rightarrow \lim_{n\to\infty} a_1 a_2 \cdots a_n = ?$

**[55]** $\lim_{x\to 1}\frac{(\ln(2-x))^2}{x^2+ax+b} = 1 \Rightarrow a,\ b = ?$

**[56]** $\lim_{n\to\infty}\sum_{k=0}^{n}\frac{1}{{}_nC_k} = ?$

**[57]** $\lim_{n\to\infty} n^{-\frac{1}{2}\left(1+\frac{1}{n}\right)}\left(1\cdot 2^2\cdot 3^3\cdots n^n\right)^{\frac{1}{n^2}} = ?$

**[58]** $\lim_{x\to\infty}\left[x\int_0^x e^{t^2-x^2}dt\right] = ?$

**[59]** $\lim_{a\to\infty}\frac{\int_0^a \sin^4 x\,dx}{a} = ?$

**[60]** $\lim_{a\to\infty}\int_a^{a+1}\frac{x}{x+\ln x}dx=?$

**[61]** $a_n\in R^+,\ \int_0^{a_n}\frac{e^x-1}{1+e^x}dx=\ln(n)\Rightarrow\lim_{n\to\infty}(a_n-\ln(n))=?$

**[62]** $f_1(x)=x,\ f_{n+1}(x)=2x^{n+1}-x^n+\frac{1}{2}\int_0^1 f_n(t)dt,\ (n\in N)$

$\Rightarrow\lim_{n\to\infty}f_n\left(1+\frac{1}{2n}\right)=?$

**[63]** $\lim_{n\to\infty}\left(\frac{n+1}{n}\right)^{1/n^2}\left(\frac{n+2}{n}\right)^{2/n^2}\cdot\cdot\left(\frac{n+n}{n}\right)^{n/n^2}=?$

**[64]** $\lim_{n\to\infty}\left(1+\frac{n}{1}\right)^{1/n^2}\left(1+\frac{n}{2}\right)^{2/n^2}\cdot\cdot\left(1+\frac{n}{n}\right)^{n/n^2}=?$

**[65]** $\lim_{n\to\infty}\sum_{k=1}^{n}\frac{1}{{}_{(k+m+1)}C_{(m+1)}}=?$

**[66]** $a_n=\int_0^{\frac{\pi}{2}}(1-\sin t)^n\sin 2t\,dt$

$\Rightarrow\sum_{n=1}^{\infty}a_n=?\ ,\ \sum_{n=1}^{\infty}\frac{a_n}{n}=?\ ,\ \sum_{n=1}^{\infty}(n+1)(a_n-a_{n+1})=?$

**[67]** $\lim_{n\to\infty}\frac{1}{n^2}\sum_{k=1}^{n}k\sin\left(\frac{k\pi}{2n}\right)=?$

**[68]** $\lim_{a\to\infty}\frac{1}{a^2}\int_0^a\ln(1+e^x)dx=?$

**[69]** $a>0,n\in N\Rightarrow\lim_{a\to\infty}a^{-\left(\frac{3}{2}+n\right)}\int_0^a x^n\sqrt{1+x}\,dx=?$

**[70]** $f(0)=0,\ f'(x)+f(x)=4xe^{-x}\sin 2x\Rightarrow\lim_{n\to\infty}\sum_{k=1}^{n}f(k\pi)=?$

**[71]** $f_n(x)=\sum_{k=1}^{n}\frac{\sin kx}{\sqrt{k(k+1)}}\Rightarrow\lim_{n\to\infty}\int_0^{2\pi}\{f_n(x)\}^2dx=?$

**[72]** $\lim_{n\to\infty}\frac{1}{n}\ln\left(1+\frac{1}{n}\right)\left(1+\frac{2}{n}\right)\cdot\cdot\left(1+\frac{n}{n}\right)=?$

**[73]** $\lim_{n\to\infty}\frac{1}{n^2}\left(\sqrt{n^2-1}+\sqrt{n^2-2^2}+\cdot\cdot+\sqrt{n^2-n^2}\right)=?$

**[74]** $\lim_{n\to\infty}\frac{1}{n^3}\left(\sqrt{n^2+1}+2\sqrt{n^2+2^2}+\cdot\cdot+n\sqrt{n^2+n^2}\right)=?$

**[75]** $\lim_{n\to\infty}\int_0^{n\pi}e^{-x}|\sin x|\,dx=?$

**[76]** $\lim_{n\to\infty}\frac{3}{2}\int_{-\sqrt[3]{a}}^{\sqrt[3]{a}}\left(1-\frac{t^3}{n}\right)^n t^2\,dt=\sqrt{2}\ \Rightarrow a=?$

**[77]** $\lim_{n\to\infty}\int_0^{\pi}\left|\left(x+\frac{\pi}{n}\right)\sin nx\right|\,dx=?$

**[78]** $\lim_{n\to\infty}\frac{\left(\frac{(n+1)+(n+2)+\cdot\cdot+(n+n)}{n}\right)}{\sqrt[n]{(n+1)(n+2)\cdot\cdot(n+n)}}\,dx=?$

**[79]** $a_1=\frac{\pi}{4},\ a_n=\int_0^{\frac{1}{2}}(\cos\pi x+a_{n-1})\cos\pi x\,dx,\ (n=2,3,..)$

$\Rightarrow\lim_{n\to\infty}a_n=?$

**[80]** $\lim_{\theta\to 0}\int_0^{2\pi}\left|\frac{\sin(x+\theta)-\sin x}{\theta}\right|\,dx=?$

**[81]** $\lim_{n\to\infty}n\int_{-1}^{1}e^{-n|a-x|}\,dx=?$

**[82]** $a_n=\frac{b_{n-1}+c_{n-1}}{2},\ b_n=\frac{c_{n-1}+a_{n-1}}{2},\ c_n=\frac{a_{n-1}+b_{n-1}}{2}$

$\Rightarrow\lim_{n\to\infty}a_n=\lim_{n\to\infty}b_n=\lim_{n\to\infty}c_n=\frac{a_1+b_1+c_1}{3},\ (n=2,3,..)$

**[83]** $\lim_{n\to\infty}\left(\frac{{}_{3n}C_n}{{}_{2n}C_n}\right)^{\frac{1}{n}} = ?$

**[84]** $\lim_{n\to\infty} n\int_0^{\pi} e^{-nx}\sin^2 nx\, dx = ?$

**[85]** $\lim_{n\to\infty}\sum_{k=2}^{n}\frac{1}{2^k}\tan\left(\frac{\pi}{2^k}\right) = ?$

**[86]** $\lim_{n\to\infty}\sum_{k=1}^{n}\frac{\left[\sqrt{2n^2-k^2}\right]}{n^2} = ?$, $[x]$: Gauss' notation.

**[87]** $\lim_{t\to\pi/2}\int_0^{t}\tan\theta\sqrt{\cos\theta}\ln(\cos\theta)\,d\theta = ?$

**[88]** $\lim_{n\to\infty}\int_0^{\pi} x^2|\sin nx|\,dx = ?$

**[89]** $\lim_{n\to\infty}\int_{-\frac{1}{n}}^{\frac{1}{n}}(n-n^2|x|)\cos(a-x)\,dx = ?$

**[90]** $\lim_{x\to a}\left(\frac{1}{x-a}\right)\int_{\sqrt{a}}^{\sqrt{x}} te^t\sin t\,dt = ?$

**[91]** $\lim_{n\to\infty}\sum_{k=0}^{n}\frac{(-1)^k}{k+1}\bullet {}_nC_k = ?$

**[92]** $\lim_{n\to\infty}\sum_{k=1}^{n}\frac{k}{(k+1)!} = ?$

**[93]** $f(x)=\begin{cases}\dfrac{e^x-1}{x} & ,(x\neq 0)\\ 1 & ,(x=0)\end{cases} \Rightarrow \lim_{n\to\infty}\sum_{k=1}^{n}\frac{f^{(k)}(0)}{k} = ?$

**[94]** $\lim_{x\to 1}\frac{\sqrt[4]{x+15}-\sqrt[3]{x+7}}{x-1} = ?$

**[95]** $\lim_{x\to 0}\frac{\sqrt{ax+b}-2}{x}=1 \Rightarrow a=?, b=?$

**[96]** $\lim_{x\to 0}\frac{(1-\cos x)\sin x}{x-\sin x}=?$

**[97]** $\lim_{n\to\infty}\left(1+\frac{1}{n}\right)\left(1+\frac{2}{n}\right)^{\frac{1}{2}}\left(1+\frac{3}{n}\right)^{\frac{1}{3}}\cdot\cdot\left(1+\frac{n}{n}\right)^{\frac{1}{n}}=?$

**[98]** $\prod_{k=1}^{n}\frac{(2k-1)^4+\frac{1}{4}}{(2k)^4+\frac{1}{4}}=?$

**[99]** $\lim_{n\to\infty}\sum_{k=1}^{n}\frac{k^3}{2^k}=?$

**[100]** $\lim_{x\to\infty}\left(\frac{(x+1)^x}{x^x e}\right)^x=?$

**[101]** $\lim_{n\to\infty}\sum_{k=1}^{n}\frac{1}{k\cdot 2^k}=?$

**[102]** $\lim_{x\to a}\frac{a^x-x^a}{x-a}=?,\quad (0<a\neq 1)$

**[103]** $\lim_{n\to\infty}\left\{\left(\frac{n}{n}\right)^n+\left(\frac{n-1}{n}\right)^n+\cdot\cdot+\left(\frac{1}{n}\right)^n\right\}=?$

**[104]** $\lim_{n\to\infty}\int_0^{\infty}\frac{1+x^n}{1+x^{2n}}\,dx=?$

**[105]** $\lim_{x\to\infty}(e^x+1)^{\frac{1+e^{-x}}{x}}=?$

**[106]** $\lim_{x\to 0^+}\frac{x}{\sqrt{1-e^{-\sin^2 x}}}=?$

**[107]** $\lim_{x\to\infty}(\sin\sqrt{x+1}-\sin\sqrt{x}) = ?$

**[108]** $\lim_{x\to 0}\dfrac{\displaystyle\int_{x^2}^{x^3}\frac{\sin t}{t}\,dt}{1-\cos x} = ?$

**[109]** $\lim_{x\to\infty}\sqrt{x+\sqrt{x}}-\sqrt{x-\sqrt{x}} = ?$

**[110]** $\lim_{n\to\infty}\left(\prod_{k=1}^{n}\sin\left(\frac{k\pi}{2n}\right)\right)^{\frac{1}{n}} = ?$

**[111]** $\lim_{n\to\infty}\left(\prod_{k=1}^{n}\frac{k}{k+n}\right)^{e^{\frac{2008}{n}-1}} = ?$

**[112]** $\lim_{n\to\infty}\left(\frac{\sin\frac{\pi}{n}}{n+1}+\frac{\sin\frac{2\pi}{n}}{n+\frac{1}{2}}+\cdots+\frac{\sin\pi}{n+\frac{1}{n}}\right) = ?$

**[113]** $x_1=2,\ x_{n+1}=\frac{1}{2}(x_n^2+1) \Rightarrow \lim_{n\to\infty}\sum_{k=1}^{n}\frac{1}{1+x_k} = ?$

**[114]** $\lim_{n\to\infty}\frac{\sqrt[n+1]{(2n+3)(2n+4)\cdots(3n+3)}}{n+1} = ?$

**[115]** $x_1=1,\ x_{n+1}=\sqrt{x_n(x_n+1)(x_n+2)(x_n+3)+1}$

$\Rightarrow \lim_{n\to\infty}\sum_{k=1}^{n}\frac{1}{2+x_k} = ?$

**[116]** $\lim_{x\to 0}\frac{1-\cos x\cos 2x\cdots\cos nx}{x^2} = ?,\ (n\in N)$

**[117]** $\lim_{x\to 0}\left(\frac{1}{\tan^2 x}-\frac{1}{x^2}\right) = ?$

**[118]** $\lim_{n\to\infty}\prod_{k=1}^{n}\left(1+\frac{1}{k^2\pi^2}\right) = ?$

**[119]** $\lim_{n\to\infty}\prod_{k=2}^{n}\left(1-\frac{1}{k^4}\right)=?$

**[120]** $\lim_{n\to\infty}\prod_{k=1}^{n}\left(1-\frac{1}{(4k-2)^2}\right)=?$

**[121]** $\lim_{x\to0}\frac{\tan^3 x-\tan x^3}{x^5}=?$

**[122]** $\lim_{n\to\infty}\left(\frac{1}{2^n}+\frac{1}{2^n+1}+\frac{1}{2^n+2}+\cdot\cdot\cdot+\frac{1}{2^{n+1}-1}\right)=?$

**[123]** $\lim_{n\to\infty}\sum_{k=0}^{n}\left\{\left(\frac{3}{3k+1}+\frac{1}{3k+2}\right)\frac{1}{27^k}\right\}=?$

**[124]** $\lim_{n\to\infty}\prod_{k=3}^{n}\left(1-\frac{4}{k^2}\right)=?$

**[125]** $\lim_{n\to\infty}\prod_{k=1}^{n}\frac{\left(1+\frac{1}{k}\right)^2}{1+\frac{2}{k}}=?$

**[126]** $\lim_{n\to\infty}2^{n+1}\sqrt{2-\underbrace{\sqrt{2+\sqrt{2+\sqrt{2+\cdot\cdot\cdot+\sqrt{2}}}}}_{n}}=?$

**[127]** $a_n=\frac{1+2+\cdot\cdot\cdot+n}{n}$, $\ln b_n=\frac{\ln1+\ln2+\cdot\cdot\cdot+\ln n}{n}$

$\Rightarrow \lim_{n\to\infty}\frac{2a_n}{b_n}=?$

**[128]** $\lim_{n\to\infty}\frac{1}{n^4}\prod_{k=1}^{2n}(n^2+k^2)^{\frac{1}{n}}=?$

**[129]** $\lim_{n\to\infty}\frac{n!\,n^z}{z(z+1)(z+2)\cdot\cdot(z+n)}=?$

**[130]** $\lim_{n\to\infty}\sum_{k=0}^{n}\frac{(k+3)(k+2)2^{2k+1}}{k!}=?$

**[131]** $\lim_{x\to\infty}\{f(x)+f'(x)\}=1 \Rightarrow \lim_{x\to\infty}f'(x)=?,\ (x\ge 0)$

**[132]** $\lim_{n\to\infty}\prod_{k=1}^{n}\cos\left(\frac{x}{2^k}\right)=?$

**[133]** $\lim_{n\to\infty}\sin\left(\pi\sqrt{4n^2+\sqrt{n}}\right)=?$

**[134]** $\lim_{a\to\pi}\frac{a^\pi-\pi^a}{a^a-\pi^\pi}=?$

**[135]** $\lim_{x\to 0}\frac{\sqrt{1+\tan x}-\sqrt{1+\sin x}}{x^3}=?$

**[136]** $\lim_{x\to 0}(e^x-1)\sin\frac{3\pi}{x}=?$

**[137]** $\lim_{n\to\infty}\left(\frac{1}{\sqrt{1}\sqrt{n}}+\frac{1}{\sqrt{2}\sqrt{n-1}}+\cdots+\frac{1}{\sqrt{n}\sqrt{1}}\right)=?$

**[138]** $x_n=\int_0^{\frac{\pi}{2}}\sin^n\theta\,d\theta \Rightarrow \lim_{n\to\infty}nx_n^2=?$

**[139]** $\lim_{n\to\infty}\left(1+\frac{1}{n^6}\right)\left(1+\frac{2^6}{n^6}\right)^{1/2}\cdots\left(1+\frac{n^6}{n^6}\right)^{1/n}=?$

**[140]** $\lim_{x\to 0}\frac{1}{\sin x}\int_0^{\ln(1+x)}(1-\tan 2y)^{\frac{1}{y}}\,dy=?$

**[141]** $a,b>0 \Rightarrow \lim_{n\to 0}\left(\frac{a^n+b^n}{2}\right)^{\frac{1}{n}}=?$

**[142]** $a_1=3,\ a_{n+1}=2a_n^2-1,\ n\in N \Rightarrow \lim_{n\to\infty}\prod_{k=1}^{n}\left(1+\frac{1}{a_k}\right)=?$

**[143]** $\lim_{x\to 1}\frac{\ln x}{\sin\left(\cos\left(x-1+\frac{\pi}{2}\right)\right)}=?$

**[144]** $\lim_{n\to\infty}(\sqrt[n]{5}+\sqrt[n]{3}-1)^n=?$

**[145]** $\lim_{x\to0}\frac{\sqrt{1+x^3}-1}{1-\cos\sqrt{x-\sin x}}=?$

**[146]** $\lim_{x\to0}\frac{\sqrt{1+\tan x}-\sqrt{1+\sin x}}{x\ln(1+x)-x^2}=?$

**[147]** $\lim_{x\to\pi/2}\frac{\ln[\sin(4m+1)x]}{\ln[\sin(4n+1)x]}=?,\ (m,n\in Z)$

**[148]** $\lim_{x\to1}\frac{\cos^{-1}\left(\frac{2x}{1+x^2}\right)}{x-1}=?$

**[149]** $\lim_{n\to\infty}\frac{\sqrt[7]{n^7+n^5}-n}{\sqrt[5]{n^5+2n^3}-n}=?$

**[150]** $\lim_{x\to e^{-1}}\frac{e^{\frac{\ln(1+\ln x)}{x}}}{x-e^{-1}}=?$

**[151]** $\lim_{x\to0}\frac{e^{x^2}-\cos x}{x^2}=?$

**[152]** $\lim_{x\to\pi}\frac{1}{(\pi-x)^2}\left(\sqrt{\frac{4\cos^2x}{2+\cos x}}-2\right)=?$

**[153]** $\lim_{x\to\infty}\sqrt{x+\sqrt{x+\sqrt{x}}}-\sqrt{x}=?$

**[154]** $\lim_{x\to3}\frac{\sqrt{x+6}-\sin(x-3)-3}{(x-3)\cos(x-3)}=?$

**[155]** $\lim_{n\to\infty}\sum_{k=1}^{n}\frac{n}{n^2+k^2x^2}=?$

**[156]** $\lim_{x\to\infty}\sqrt{4x^2+x}-\sqrt{\frac{4x^3}{x+2}}=?$

**[157]** $\lim_{n\to\infty} \dfrac{\sin\theta + \sin\dfrac{\theta}{2} + \cdot \cdot + \sin\dfrac{\theta}{n}}{1 + \dfrac{1}{2} + \cdot \cdot + \dfrac{1}{n}} = ?$

**[158]** $\lim_{x\to\infty} \sqrt[n]{x^n + p_1 x^{n-1} + \cdot \cdot + p_n} - x = ?$

**[159]** $\lim_{n\to\infty} \dfrac{n}{2^n} \int_0^1 x^{2n}(x^2+1)^n\, dx = ?$

**[160]** $\lim_{n\to\infty} \prod_{k=1}^{n} \dfrac{\left(1 + \dfrac{20}{k}\right)}{\left(1 + \dfrac{7}{k}\right)\left(1 + \dfrac{13}{k}\right)} = ?$

**[161]** $\lim_{n\to\infty} \sum_{k=1}^{n} \dfrac{k}{n^2} \sin\left(\dfrac{k^2\pi}{n^2}\right) = ?$

**[162]** $\lim_{n\to\infty} \dfrac{n}{\sqrt[n]{n!}} = ?$

**[163]** $\lim_{n\to\infty} (n - \sqrt{n+a}\,\sqrt{n+b}) = ?$

**[164]** $\lim_{n\to\infty} \sum_{k=0}^{n} \dfrac{1}{{}_{n+k}C_k} = ?$

**[165]** 수열: $\{a_n\}, \{b_n\}, \{c_n\}$, $a_n < b_n < c_n$ , $a_n b_n c_n = -1$

$a_n + b_n + c_n = 2n+1$, $a_n b_n + b_n c_n + c_n a_n = 2n-1$

$\Rightarrow \lim_{n\to\infty} n \cdot a_n = ?$

**[166]** $\lim_{n\to\infty} n^2 \int_0^{\frac{1}{n}} x^{x+1}\, dx = ?$

**[167]** $\lim_{n\to\infty} \dfrac{1}{n} \sqrt[n]{\dfrac{(2n)!}{n!}} = ?$

**[168]** $\lim_{x\to 0^+} (1 + \operatorname{cosec} x)^{-\frac{1}{\ln(\sin x)}} = ?$

**[169]** $f(x)=\left(1+\dfrac{1}{x}\right)^x \Rightarrow \lim_{n\to\infty}\left\{f\left(\dfrac{1}{n}\right)f\left(\dfrac{2}{n}\right)\cdot\cdot f\left(\dfrac{n}{n}\right)\right\}^{\frac{1}{n}}=?$

**[170]** $\lim_{x\to 0}\dfrac{\sin(\pi\sqrt{x+1})}{x}=?$

**[171]** $a_{n+2}=(a+b)a_{n+1}-ab\cdot a_n,\ (0<b<a)$

$a_0=1,\ a_1=a+b \Rightarrow \lim_{n\to\infty}\dfrac{a_{n+1}}{a_n}=?$

**[172]** $a_0=0,\ a_n=\sqrt{n^2+a_{n-1}},\ (n\ge 1)\Rightarrow \lim_{n\to\infty}(a_n-n)=?$

**[173]** $\lim_{n\to\infty}2^n\sqrt{2-\underbrace{\sqrt{2+\sqrt{2+\sqrt{2+\cdot\cdot+\sqrt{2+\sqrt{3}}}}}}_{n}}=?$

**[174]** $a_1=1,\ a_{n+1}=\sqrt{a_n+2}\Rightarrow \lim_{n\to\infty}4^n(2-a_n)=?$

**[175]** $\lim_{x\to 0}(e^x+\sin x)^{\frac{1}{x}}=?$

**[176]** $\lim_{h\to 0}\dfrac{f(x_0+h)+f(x_0-h)-2f(x_0)}{h^2}=?$

**[177]** $\lim_{n\to\infty}\left(1+\dfrac{1}{n^2}\right)\left(1+\dfrac{2}{n^2}\right)\cdot\cdot\left(1+\dfrac{n}{n^2}\right)=?$

**[178]** $\lim_{n\to\infty}\dfrac{\sqrt[n]{n}-1}{\sqrt{n+1}-\sqrt{n}}=?$

**[179]** $\lim_{n\to\infty}\left(\sum_{k=1}^{n}\dfrac{1}{\sqrt{n^2+k}}\right)^n=?$

**[180]** $\lim_{n\to\infty}(\sqrt[n]{n})^{\sum_{k=1}^{n}\frac{1}{k}}=?$

**[181]** $a_1=1,\ \dfrac{n}{a_{n+1}}-\dfrac{n+1}{a_n}=n(n+1)\Rightarrow \lim_{n\to\infty}\dfrac{1}{n^3}\sum_{k=1}^{n}\dfrac{1}{\ln(1+a_k)}=?$

**[182]** $0 < a_n \le 1, a_{n+1} = a_n^3 - a_n^2 + 1 \Rightarrow \lim_{n \to \infty} a_0 a_1 a_2 \cdot \cdot a_n = ?$

**[183]** $a > 0 \Rightarrow \lim_{n \to \infty} \dfrac{a + \sqrt{a} + \sqrt[3]{a} + \cdot \cdot + \sqrt[n]{a} - n}{\ln n} = ?$

**[184]** $\lim_{n \to \infty} \dfrac{[x] + [2x] + \cdot \cdot + [nx]}{n^2} = ?$, $[x]$:Gauss' notation.

**[185]** $\lim_{x \to \infty} \left( \dfrac{x+2}{x+3} \right)^{\frac{1}{\sin(x^{-1})}} = ?$

**[186]** $\lim_{n \to \infty} \prod_{k=3}^{n} \dfrac{k^3 - 8}{k^3 + 8} = ?$

**[187]** $a_1 = 1, a_{n+1} = \sqrt{1 + (a_1 + a_2 + \cdot \cdot + a_n)^2} \Rightarrow \lim_{n \to \infty} \dfrac{a_{n+1}}{a_n} = ?$

**[188]** $\lim_{n \to \infty} \dfrac{1}{n^2} \sum_{k=1}^{n} k \cdot \cos\left(\dfrac{\pi}{k}\right) = ?$

**[189]** $\lim_{x \to \infty} \sqrt[4]{(x+a)(x+b)(x+c)(x+d)} - x = ?$

**[190]** $f(t) + \int_0^t e^x \{f(t-x)\}^3 dx = ae^t, a \ne 0 \Rightarrow \lim_{t \to \infty} f(t) = ?$

**[191]** $\lim_{x \to 0} \dfrac{e^{x \cos x} - 1 - x}{\sin(x^2)} = ?$

**[192]** $\lim_{x \to 0^+} x \int_x^1 \dfrac{\cos t}{t^2} dt = ?$

**[193]** $\lim_{n \to \infty} \dfrac{\dfrac{1}{\sqrt{1}} + \dfrac{1}{\sqrt{2}} + \cdot \cdot + \dfrac{1}{\sqrt{n}}}{\sqrt{n}} = ?$

**[194]** $\lim_{n \to \infty} \prod_{k=1}^{n} \dfrac{2^k + 1}{2^k + 2} = ?$

**[195]** $a_0 = 0,\, a_n = a_{n-1} + \sqrt{1 + a_{n-1}^2} \Rightarrow \lim_{n\to\infty} \dfrac{a_n}{2^{n-1}} = ?$

**[196]** $\lim_{x\to -1} \dfrac{\sqrt{\pi} - \sqrt{\cos^{-1}x}}{\sqrt{1+x}} = ?$

**[197]** $\lim_{n\to\infty} \sum_{k=1}^{n} \dfrac{k^2+k+1}{5^k} = ?$

**[198]** $a_1 = 3,\, a_{k+1} = 4a_k + 3 \Rightarrow \lim_{n\to\infty} \sum_{k=1}^{n} \dfrac{1}{\log_2(a_k+1)\log_2(a_{k+1}+1)} = ?$

**[199]** $\lim_{n\to\infty} \sum_{k=1}^{n} \dfrac{2k}{2^k} = ?$

**[200]** $\lim_{n\to\infty} \sum_{k=1}^{n} \dfrac{k^2-2}{k!} = ?$

**[201]** $\lim_{n\to\infty} \sum_{k=1}^{n} \dfrac{\sin\sqrt{2}\,k}{k!} = ?$

**[202]** $a_n = 2^2 + 4^2 + 6^2 + \cdot\cdot + (2n)^2,\, b_n = 1^2 + 3^2 + 5^2 + \cdot\cdot + (2n-1)^2$

$\Rightarrow \lim_{n\to\infty} \dfrac{\sqrt{a_n} - \sqrt{b_n}}{\sqrt{n}} = ?$

**[203]** $\lim_{x\to\infty} \dfrac{\sqrt[3]{1+x} - \sqrt[3]{1-x}}{\sqrt[3]{x}} = ?$

**[204]** $a_1 = 2007,\, a_{n+1} = \cfrac{1}{a_n + \cfrac{1}{a_n + \cfrac{1}{\cdot\cdot}}} \Rightarrow \lim_{n\to\infty} a_n = ?$

**[205]** $\lim_{m\to\infty} \sum_{n=1}^{m} \dfrac{\sin\frac{n\pi}{4}}{2n\pi} \cdot \dfrac{\sin\frac{n\pi}{6}}{5n\pi} = ?$

**[206]** $\lim_{x\to 0} \dfrac{1 - \cos(ax)\cos(bx)\cos(cx)\cos(dx)}{x^2} = ?$

**[207]** $\lim_{x\to0}\dfrac{\ln(1+x)^x}{(\sin^{-1}x)^2}=?$

**[208]** $x_1=\cos\theta,\ x_{n+1}=\dfrac{x_n+y_n}{2},\ y_{n+1}=\sqrt{y_n x_{n+1}}$

$y_1=1 \Rightarrow \lim_{n\to\infty}x_n=?$

**[209]** $\lim_{h\to0}\dfrac{\sin\left(\frac{\pi}{3}+4h\right)-4\sin\left(\frac{\pi}{3}+3h\right)+6\sin\left(\frac{\pi}{3}+2h\right)-4\sin\left(\frac{\pi}{3}+h\right)+\sin\frac{\pi}{3}}{h^4}=?$

**[210]** $\lim_{t\to\infty}\dfrac{1}{t}\iint_{(x-t)^2+(y-t)^2\le1}\sqrt{x^2+y^2}\,dxdy=?$

**[211]** $x_1=2,\ x_{n+1}=x_n^2-x_n+1 \Rightarrow \lim_{n\to\infty}\dfrac{x_n}{x_{n+1}}=?$

**[212]** $\lim_{x\to0}\left(\dfrac{2}{\sin2x\sin x}-\dfrac{1}{\sin^2x}\right)=?$

**[213]** $\lim_{x\to0}\dfrac{\sin x}{\sin6x-\sin7x}=?$

**[214]** $\lim_{x\to0}\left(\dfrac{\tan x+1}{\sin x+1}\right)^{\frac{1}{\sin x}}=?$

**[215]** $\lim_{n\to\infty}\sum_{r=1}^{n}\dfrac{\ln(n^2+r^2)-2\ln(n)}{n}=\ln2+\dfrac{\pi}{2}-2$

$\Rightarrow \lim_{n\to\infty}\dfrac{1}{n^{2m}}\sqrt[n]{(n^2+1)^m(n^2+2^2)^m\cdot\cdot(2n^2)^m}=?$

**[216]** $\lim_{n\to\infty}\int_0^{\frac{\pi}{4}}\tan^{2n}x\,dx=?$

**[217]** $\angle AOB_k=\dfrac{k\pi}{2n},\ \overline{OA}=1,\ \overline{OB_k}=k \Rightarrow \lim_{n\to\infty}\dfrac{1}{n^2}\sum_{k=1}^{n}\triangle AOB_k=?$

**[218]** $L_n$ : Lucas수, $F_n$ : Fibonacci수 $\Rightarrow \lim_{n\to\infty}\dfrac{L_n}{F_n} = ?$

**[219]** $\lim_{a\to 0}\int_{-1}^{1}\dfrac{a}{a^2+x^2}\,dx = ?$

**[220]** $\lim_{x\to\infty}\sqrt{\dfrac{x-\cos^2 x}{x+\sin x}} = ?$

**[221]** $\lim_{x\to\infty} {}_nC_x\left(\dfrac{m}{n}\right)^x\left(\dfrac{n-m}{n}\right)^{n-x} = ?$

**[222]** $f(x_0) > 0 \Rightarrow \lim_{n\to\infty}\left(\dfrac{f\left(x_0+\dfrac{1}{n}\right)}{f(x_0)}\right)^n = ?$

**[223]** $\lim_{x\to x_0}\dfrac{x_0 f(x) - x f(x_0)}{x-x_0} = ?$

**[224]** $\lim_{x\to 0^+}\left(\dfrac{1}{x}\right)^{\tan x} = ?$

**[225]** $\lim_{x\to 0}\dfrac{\int_0^{x^2}\cos(t^2)\,dt}{x\sin x} = ?$

**[226]** $\lim_{n\to\infty}\dfrac{1}{n}\sqrt[n]{(n+1)(n+2)\cdot\cdot(n+n)} = ?$

**[227]** $x_0 = a, x_1 = b, x_n = \dfrac{x_{n-1}+x_{n-2}}{2}, n \ge 2 \Rightarrow \lim_{n\to\infty} x_n = ?$

**[228]** $\lim_{x\to\infty}\sqrt{\left(\dfrac{x^2+5}{x^2-1}\right)^{x^2}} = ?$

**[229]** $\lim_{n\to\infty} n\left(\sqrt[3]{n^3+3n^2+2n+1}+\sqrt{n^2-2n+3}-2n\right) = ?$

**[230]** $\lim_{x\to 0}\dfrac{1-(1-\sin x)(1-\sin 2x)^2\cdot\cdot(1-\sin nx)^n}{x} = ?$

**[231]** $\lim_{x\to 0}\sqrt[x]{\frac{1+cx}{1-cx}}=4 \Rightarrow \lim_{x\to 0}\sqrt[x]{\frac{1+2cx}{1-2cx}}=?$

**[232]** $\lim_{n\to\infty}\sum_{r=0}^{n}\frac{{}_nC_r}{n^r(r+3)}=?$

**[233]** $\lim_{x\to 0}\frac{\sqrt[x]{1+x}-e+\frac{ex}{2}}{x^2}=?$

**[234]** $\lim_{x\to\pi}\frac{1-\sin\frac{x}{2}}{\cos\frac{x}{2}\left(\cos\frac{x}{4}-\sin\frac{x}{4}\right)}=?$

**[235]** $a,b>0 \Rightarrow \lim_{n\to\infty}\sum_{k=1}^{n}\frac{n}{(k+an)(k+bn)}=?$

**[236]** $\lim_{n\to\infty}\frac{n\cdot 3^n}{n(x-2)^n+n\cdot 3^{n+1}-3^n}=\frac{1}{3} \Rightarrow range\{x\}=?$

**[237]** $\lim_{n\to\infty}(3a_n+4b_n)=8,\ \lim_{n\to\infty}(6a_n-b_n)=1 \Rightarrow \lim_{n\to\infty}(2a_n-5b_n)=?$

**[238]** $\lim_{x\to\infty}\int_{e^{-x}}^{1}\left(\ln\frac{1}{t}\right)^n dt=?,\ (n\in N)$

**[239]** $\lim_{n\to\infty}\int_{0}^{\sqrt{3}}\frac{1}{1+x^n}dx=?$

**[240]** $\lim_{n\to\infty}\sqrt[n]{\frac{1!+2!+\cdot\cdot+n!}{n^{n+1}}}=?$

**[241]** $\lim_{x\to\infty}\left(\sqrt{x^2-x+1}-ax-b\right)=0,\ k\ge 2 \Rightarrow \lim_{n\to\infty}\sec^{2n}(k!\pi b)=?$

**[242]** $\lim_{n\to\infty}\cos^n\left(\frac{1}{\sqrt{n}}\right)=?$

**[243]** $y(0)=2000,\ \frac{dy}{dx}=32000-20y^2 \Rightarrow \lim_{x\to\infty}y(x)=?$

**[244]** $\lim_{x\to0}\frac{(1+mx)^n-(1+nx)^m}{x^2}=?$ (not L'Hospital rule)

**[245]** $\lim_{x\to1}\frac{nx^{n+1}-(n+1)x^n+1}{(x-1)^2}=?$ (not L'Hospital rule)

**[246]** $a_1=1,\ a_{n+1}=a_n^2+3a_n+1 \Rightarrow \lim_{n\to\infty}\sum_{k=1}^{n}\frac{1}{a_k+2}=?$

**[247]** $\lim_{x\to0^+}\sqrt{\frac{1}{x^2}-\frac{1}{x}}-\sqrt{\frac{1}{x^2}+\frac{1}{x}}=?$

**[248]** $\lim_{x\to0}\sqrt[x]{2^{x-1}+\frac{1}{2}}=?$

**[249]** $\lim_{n\to\infty}\sum_{k=1}^{n}\left(\frac{k+n}{n^2}\right)e^{\frac{k}{n}}=?$

**[250]** $\lim_{x\to3}\left(\frac{\sqrt{2x+3}-x}{\sqrt{x+1}-x+1}\right)^{\frac{x-1-\sqrt{x^2-5}}{x^2-5x+6}}=?$

**[251]** $n\in N\Rightarrow \lim_{n\to\infty}\frac{1}{n}\left(\frac{1}{\sqrt{2}}+\frac{2}{\sqrt{5}}+\cdot\cdot\cdot+\frac{n}{\sqrt{n^2+1}}\right)=?$

**[252]** $\lim_{x\to0}\frac{\sqrt{1-e^{-x}}-\sqrt{1-\cos x}}{\sqrt{\sin x}}=?$

**[253]** $\lim_{n\to\infty}\frac{1}{\sqrt{n}}\sum_{k=1}^{n}\frac{1}{\sqrt{k}}=?$

**[254]** $\lim_{n\to\infty}\sqrt[n]{1+x^n+\left(\frac{x^2}{2}\right)^n}=?$

**[255]** $\lim_{x\to0}\frac{\cos(\sin x)-\cos x}{x^4}=?$

**[256]** $\lim_{x\to1}(2x^2-4x+3)^{\frac{1}{(x-1)^2}}=?$

[257] $\lim_{x\to 8}\frac{\sqrt{9+2x}-5}{\sqrt[3]{x}-2}=?$

[258] $\lim_{n\to\infty}\prod_{k=2}^{n}\left(1-\frac{1}{k^2}\right)=?$

[259] $\lim_{x\to 0^+}(7x+1)^{\cot x}=?$

[260] $\lim_{x\to\infty}x^{\frac{\ln 9}{1+\ln x}}=?$

[261] $\lim_{n\to\infty}\prod_{k=2}^{2n}\cos\frac{\pi}{2^k}=?$

[262] $\lim_{n\to\infty}\frac{{}_{nk-k}C_{n-1}}{{}_{nk}C_{n-1}}=?$

[263] $a>0\Rightarrow\lim_{n\to\infty}n^2(\sqrt[n]{a}-\sqrt[n+1]{a})=?$

[264] $\lim_{n\to\infty}\left(\frac{\sqrt[n]{a}+\sqrt[n]{b}}{2}\right)^n=?$

[265] $\lim_{n\to\infty}\frac{1}{\sqrt{n^3}}\sum_{i=1}^{6n}\sqrt{i}=?$

[266] $\lim_{n\to\infty}\sum_{i=1}^{n}\left\{\frac{1}{(n+i+1)^2}+\frac{1}{(n+i+2)^2}+\cdot\cdot\cdot+\frac{1}{(2n+i)^2}\right\}=?$

[267] $\lim_{x\to\pi/4}\frac{x(1-\tan x)}{\cos 2x}=?$ (not L'Hospital rule)

[268] $\left(1+\frac{1}{n}\right)^{n+a_n}=e\ \Rightarrow\ \lim_{n\to\infty}a_n=?$

[269] $\lim_{x\to 0}\frac{\ln(1+x)}{3^x-1}=?$, (not L'Hospital rule)

**[270]** $\lim_{n\to\infty}\sum_{k=1}^{n}\frac{k}{3^k}=?$

**[271]** $\lim_{n\to\infty}\sum_{k=1}^{n}\frac{x^k}{k(k+1)}=?$

**[272]** $\lim_{n\to\infty}\prod_{k=0}^{n}\left\{1-\left(\frac{1}{2}\right)^{3^k}+\left(\frac{1}{4}\right)^{3^k}\right\}=?$

**[273]** $\lim_{x\to 0}\frac{\sqrt{\frac{\cos 2x+\sqrt[3]{1+3x}}{2}}-\sqrt[3]{\frac{\cos 3x+3\cos x-\ln(1+x)^4}{4}}}{x}=?$

**[274]** $\lim_{(x,y)\to(0,0)}\frac{\sin(x^2+y^2)}{x^2+y^2}=?$

**[275]** $\lim_{x\to\infty}x\left(\sqrt{x^2+1}-\sqrt[3]{x^3+1}\right)=?$

**[276]** $\lim_{x\to 0}\frac{|\cos(\sin 3x)|-1}{x^2}=?$

**[277]** $\lim_{n\to\infty}\sum_{k=0}^{n}{}_{2k}C_k\cdot\left(\frac{1}{3}\right)^{2k+1}=?$

**[278]** $\lim_{x\to\infty}\left(\sqrt[3]{x^3-2x^2}-x-1\right)=?$

**[279]** $|a|<1\Rightarrow\lim_{n\to\infty}\sum_{k=1}^{n}k^2\cdot a^k=?$

**[280]** $a_0=0,\ a_1=1,\ a_{n+1}=\frac{a_n+na_{n-1}}{n+1}\Rightarrow\lim_{n\to\infty}a_n=?$

**[281]** $\lim_{n\to\infty}\sum_{k=1}^{n}\frac{x^{3k}}{(3k)!}=?$

**[282]** $\lim_{n\to\infty}\sum_{k=0}^{n}\frac{1}{2^k(2k+1)}=?$

**[283]** $\lim_{n\to\infty}\sum_{k=1}^{n}\frac{2k+5}{2^k(k^3+7k^2+14k+8)}=?$

**[284]** $\lim_{x\to2}\frac{\sqrt[4]{x-1}-\sqrt[3]{3-x}}{\sqrt[3]{x-1}-\sqrt{x-1}}=?$ (not L'Hospital rule)

**[285]** $\lim_{x\to0}\frac{\sqrt{1-2x}\,\sqrt[3]{1-3x}\cdot\cdot\sqrt[n]{1-nx}-1}{\sin x}=?$

**[286]** $\lim_{x\to\infty}e^{-mx}x^n=?,\ (m,n\in N)$ (not L'Hospital rule)

**[287]** $\lim_{x\to0}\frac{\sqrt{\cos2x}\,\sqrt[3]{\cos3x}\cdot\cdot\sqrt[n]{\cos nx}-1}{x^2}=?$

**[288]** $\lim_{x\to0}\frac{\cos(\sin x)-\cos x}{\sin^4x}=?$

**[289]** $\lim_{n\to\infty}n^4\int_n^{n+1}\frac{x}{x^5+1}dx=?$

**[290]** $\lim_{n\to\infty}n^3\int_n^{n+1}\frac{x}{x^5+1}dx=?$

**[291]** $\lim_{n\to\infty}\frac{\sqrt{n^{3n}}}{n!}\prod_{k=1}^{n}\sin\left(\frac{k}{n\sqrt{n}}\right)=?$

**[292]** $\lim_{x\to0}\frac{\sqrt[3]{1+3x}\,\sqrt[5]{1+5x}-\sqrt[4]{1+4x}}{x}=?$, (not L'Hospital rule)

**[293]** $\lim_{k\to\infty}\sum_{i=0}^{k}\left[\frac{n+2^i}{2^{i+1}}\right]=?,\ (n\in N),\ [x]$ :Gauss' notation

**[294]** $\lim_{n\to\infty}n^2\left(\sqrt{1+\frac{1}{n}+\frac{a}{n^2}}+\sqrt{1-\frac{1}{n}+\frac{b}{n^2}}-2\right)=?$ not L'Hospital

**[295]** $\lim_{x\to1}\frac{(1-\sqrt{x})(1-\sqrt[3]{x})\cdot\cdot(1-\sqrt[n]{x})}{(1-x)^{n-1}}=?$

**[296]** $\lim_{n\to\infty}\left(\frac{n^2}{\ln n}\right)\left(\sqrt[n]{n}-\sqrt[n+1]{n+1}\right)=?$

**[297]** $\lim_{n\to\infty}\sqrt[n]{\sum_{k=1}^{n}\left(\frac{5k}{k+1}\right)^n}=?$

**[298]** $a_1=1,\ a_{n+1}=a_n+\sqrt{1+a_n^2}\ \Rightarrow\ \lim_{n\to\infty}\frac{2^n}{a_n}=?$

**[299]** $\lim_{n\to\infty}\frac{1}{n}\int_0^1 f(x)[nx]\,dx=?$, $[x]$ :Gauss' notation

**[300]** $\lim_{x\to7}\frac{\sqrt{x+2}-\sqrt[3]{x+20}}{\sqrt[4]{x+9}-2}=?$

**[301]** $\lim_{n\to\infty}\sum_{k=1}^{n}\tan^{-1}\left(\frac{3}{k^2+k-1}\right)=?$

**[302]** $\lim_{x\to0}\frac{(x-\sin x)^2}{\left(e^{x^2}-1\right)x^4}=?$

**[303]** $\lim_{n\to\infty}\sum_{k=0}^{n}\frac{1}{(1+k)3^k}=?$

**[304]** $\lim_{x\to p}\frac{\sqrt{ax+b}-q}{x-p}=r\Rightarrow a,b=?$ (not L'Hospital rule)

**[305]** $\lim_{n\to\infty}\sum_{k=0}^{n}\frac{1}{n+\sqrt{k}}=?$

**[306]** $\lim_{x\to0}\frac{\sqrt{\cos5x}-\sqrt{\cos3x}}{x^2}=?$ (not L'Hospital rule)

**[307]** $a_1=1,\ a_2=3,\ a_{n+2}=6a_{n+1}-5a_n\Rightarrow\lim_{n\to\infty}\frac{a_n}{a_{n+1}}=?$

**[308]** $\lim_{n\to\infty}\frac{n}{2^n}=?$, (not L'Hospital rule)

**[309]** $\lim_{n\to\infty} \sqrt[n]{1^2+2^2+\cdot\cdot+n^2} = ?$

**[310]** $\lim_{x\to\infty} \sum_{n=1}^{\infty} \frac{x^2}{1+n^2x^2} = ?$

**[311]** $\lim_{n\to\infty} \sum_{k=0}^{n} (-1)^k \frac{1}{3^k} \cos^3(3^k x) = ?$

**[312]** $\lim_{n\to\infty} \sum_{k=1}^{n} \frac{2F_k}{F_{k-1}F_{k+2}} = ?,\ \ F_n$ :Fibonacci sequence

**[313]** $\lim_{n\to\infty} \prod_{k=2}^{n} \frac{k^3-1}{k^3+1} = ?$

**[314]** $\lim_{x\to\infty} (x+a)^{1+\frac{1}{x}} - x^{1+\frac{1}{x+a}} = ?$

**[315]** $\lim_{n\to\infty} \int_0^1 \frac{nx^{n-1}}{1+x}\,dx = ?$

**[316]** $\lim_{n\to\infty} \sum_{k=1}^{n} \frac{1}{k}\left(\frac{1}{8^k}+\frac{1}{9^k}+\frac{1}{10^k}+\frac{1}{11^k}\right) = ?$

**[317]** $\lim_{n\to\infty} \sum_{k=1}^{n} \frac{1+T_k}{T_k^2} = ?,\ \ T_k$:삼각수

**[318]** $\lim_{n\to\infty} \sum_{k=1}^{n} \frac{1}{T_k \cdot T_{k+1}} = ?,\ \ T_k$:삼각수

**[319]** $0 < q,\, x_1 < 1,\ x_{n+1} = x_n(1-qx_n) \Rightarrow \lim_{n\to\infty} n \cdot x_n = ?$

**[320]** $\lim_{n\to\infty} \sum_{k=1}^{n} \frac{k \cdot F_k^2}{3^k} = ?,\ \ F_n$ :Fibonacci 수

**[321]** $\lim_{n\to\infty} \sum_{k=1}^{n} (-1)^{k-1} k\left(e^x - 1 - x - \frac{x^2}{2!} - \cdot\cdot\cdot - \frac{x^k}{k!}\right) = ?$

**[322]** $\lim_{n\to\infty} \dfrac{(2n+1)\int_0^1 x^{n-1}\sin\left(\frac{\pi x}{2}\right)dx}{(n+1)^2\int_0^1 x^{n-1}\cos\left(\frac{\pi x}{2}\right)dx} = ?$

**[323]** $\lim_{n\to\infty} \sum_{k=2}^{n} (-1)^k \ln\left(1-\frac{1}{k^2}\right) = ?$

**[324]** $0 < \alpha < 1 \Rightarrow \lim_{n\to\infty} \sum_{k=1}^{n} \frac{1}{n+k^\alpha} = ?$

**[325]** $\lim_{n\to\infty} \sum_{1 \le i < j \le n} \frac{1}{3^{i+j}} = ?$

**[326]** $\lim_{n\to\infty} \sum_{x=1}^{n} \sin^{-1}\left(\frac{4x^2}{4x^4+1}\right) = ?$

**[327]** $\lim_{n\to\infty} \left(\sum_{k=1}^{n} e^{\frac{n}{k^2+n^2}} - n\right) = ?$

**[328]** $P_0 = 0, P_1 = 1, P_n$ :Pell 수 $\Rightarrow \lim_{n\to\infty} \sum_{k=1}^{n} \frac{P_{k+1}}{P_k P_{k+2}} = ?$

**[329]** $P_0 = 0, P_1 = 1, P_n$ :Pell 수 $\Rightarrow \lim_{n\to\infty} \sum_{k=1}^{n} \frac{P_{k+1}^2 - 2^{-1}P_k^2}{P_k^2 P_{k+2}^2} = ?$

**[330]** $\left(1+\frac{a_n}{n}\right)^n = \sum_{k=1}^{n} \frac{4k-1}{2^k} \Rightarrow \lim_{n\to\infty} a_n = ?$

**[331]** $\lim_{n\to\infty} \sum_{k=0}^{n} \tan^{-1}\left(\frac{1}{\sqrt{(k+1)^3} + \sqrt{k^3} + 2\sqrt{k}}\right) = ?$

**[332]** $a_1 = 3, a_2 = 7, a_n = 3a_{n-1} - a_{n-2} \Rightarrow \lim_{n\to\infty} \frac{a_n}{a_{n-1}} = ?$

**[333]** $\lim_{n\to\infty} \prod_{k=1}^{n} \sqrt[3^k]{3^k} = ?$

**[334]** $\lim_{x\to\infty}\frac{\ln(x+1)}{\ln x}=?$, (not L'Hospital rule)

**[335]** $\lim_{n\to\infty}\frac{n\ln n}{\ln n!}=?$

**[336]** $a_0=2,\ a_{n+1}=a_n+\frac{3+(-1)^n}{2}\quad\Rightarrow\quad\lim_{m\to\infty}\sum_{n=0}^{m}(-1)^{\left[\frac{n+1}{2}\right]}\left(\frac{1}{a_n^2-1}\right)=?$
$[n]$ : $Gauss$ 부호

**[337]** $\lim_{n\to\infty}\sum_{k=1}^{n}(-1)^{k-1}\frac{2}{k+1}\left(1+\frac{1}{2}+\frac{1}{3}+\cdot\cdot\cdot+\frac{1}{k}\right)=?$

**[338]** $\lim_{n\to\infty}\sqrt{n^2+n+1}-\left[\sqrt{n^2+n+1}\right]=?$, $[x]$ :Gauss부호

**[339]** $s_n=\sum_{k=1}^{n}k\cdot 2^k\ \Rightarrow\ \lim_{n\to\infty}\sum_{k=1}^{n}\frac{k}{s_{k+1}-2}=?$

**[340]** $\lim_{n\to\infty}\frac{(n+1)^a+(n+2)^a+\cdot\cdot\cdot+(n+n)^a}{1+2^a+3^a+\cdot\cdot\cdot+n^a}=?$

**[341]** $\lim_{a\to\infty}\frac{1}{a^2}\int_0^a\ln(1+e^x)dx=?$, (not L'Hospital rule)

**[342]** $\lim_{x\to\infty}\left(\int_0^x\sqrt{1+e^{2t}}\,dt-e^x\right)=?$

**[343]** $\lim_{n\to\infty}\sum_{k=1}^{n}\frac{(-1)^{k-1}}{2n+k}=?$

**[344]** $a>1\ \Rightarrow\ \lim_{n\to\infty}\int_0^a\frac{e^x}{1+x^n}dx=?$

**[345]** $\frac{1}{2},\frac{5}{3},\frac{11}{8},\frac{27}{19},\ldots,a_n,\ldots\ \Rightarrow\ \lim_{n\to\infty}a_n=?$

**[346]** $a>1\Rightarrow\lim_{n\to\infty}n\left\{\frac{1+2^a+3^a+\cdot\cdot\cdot+n^a}{n^{a+1}}-\frac{1}{a+1}\right\}=?$

**[347]** $\lim_{n\to\infty}\left(n^2\int_0^1 f(x)dx - n\sum_{k=1}^{n} f\left(\frac{2k-1}{2n}\right)\right) = ?$

**[348]** $\lim_{n\to\infty}\left(\sum_{k=1}^{n} f\left(\frac{k}{n}\right) - n\int_0^1 f(x)dx\right) = ?$

**[349]** $\lim_{n\to\infty}\sum_{k=1}^{n}\frac{\left({}_{2k}C_k\right)(2k+1)}{4^k\{(2k+1)^2-4\}} = ?$

**[350]** $\lim_{x\to1}\frac{x\ln x - x + 1}{(x-1)^2} = ?$ , (not L'Hospital rule)

**[351]** $\lim_{x\to0}\left(1^{\mathrm{cosec}^2 x} + 2^{\mathrm{cosec}^2 x} + \cdot\cdot\cdot + n^{\mathrm{cosec}^2 x}\right)^{\sin^2 x} = ?$

**[352]** $\lim_{n\to\infty}\frac{1^6+2^6+3^6+\cdot\cdot\cdot+n^6}{(1+2^2+\cdot\cdot\cdot+n^2)(1+2^3+\cdot\cdot\cdot+n^3)} = ?$

**[353]** $p,q\in N, p>q \Rightarrow \lim_{n\to\infty}\sum_{k=1}^{n}\frac{(pq)^k}{(p^k-q^k)(p^{k+1}-q^{k+1})} = ?$

**[354]** $\lim_{x\to\frac{\pi}{3}}\frac{\sin x - \sqrt{3}\cos x}{x-\frac{\pi}{3}} = ?$ (not L'Hospital rule)

**[355]** $\lim_{x\to\frac{\pi}{3}}\frac{1-2\cos x}{\sin\left(x-\frac{\pi}{3}\right)} = ?$ (not L'Hospital rule)

**[356]** $\lim_{x\to\infty}\sqrt{x^2+4x} - x = ?$

**[357]** $\lim_{x\to1}\frac{1-x^2}{\sin(\pi x)} = ?$ (not L'Hospital rule)

**[358]** $\lim_{x\to\pi}\frac{\sin\frac{x}{2}+\cos x}{1+\sin^2 x+\cos x} = ?$ (not L'Hospital rule)

**[359]** $\displaystyle\lim_{x\to\infty}\frac{\int_0^{2x}\sqrt{1+t^3}\,dt}{\sqrt{x^5}}=\ ?$

**[360]** $\displaystyle\lim_{n\to\infty}\sum_{k=n}^{mn}\frac{1}{k}=\ ?$

**[361]** $\displaystyle\lim_{x\to 1}\frac{\sqrt[3]{x}-1}{\sqrt{x}-1}=\ ?$ (not L'Hospital rule)

**[362]** $\displaystyle\lim_{n\to\infty}\prod_{k=1}^{n}2^{\left(\frac{k}{2^{k+1}}\right)}=\ ?$

**[363]** $\displaystyle f(0)=0\ \Rightarrow\ \lim_{n\to\infty}\sum_{k=1}^{n}f\left(\frac{k^2}{n^3}\right)=\ ?$

**[364]** $\displaystyle\lim_{n\to\infty}\sum_{k=1}^{n}\frac{1}{(2k)!}=\ ?$

**[365]** $\displaystyle\lim_{n\to\infty}\left(\frac{\sqrt[n]{e}+\sqrt[n]{e^2}+\cdots+\sqrt[n]{e^{n-1}}+e}{n}\right)=\ ?$

**[366]** $\displaystyle\lim_{n\to\infty}\int_0^{\pi}\frac{f(x)}{1+3\cos^2(nx)}\,dx=\ ?$

**[367]** $\displaystyle\lim_{m\to\infty}\sum_{n=1}^{m}\frac{1}{n(n+1)(n+2)\cdots(n+k)}=\ ?$

**[368]** $\displaystyle\lim_{n\to\infty}\sum_{k=0}^{n}\frac{x^{2^k}}{\prod_{i=0}^{k}\left(x^{2^i}+1\right)}=\ ?$

**[369]** $\displaystyle\lim_{n\to\infty}\sum_{k=1}^{n}\frac{1}{k\sqrt{k+2}+(k+2)\sqrt{k}}=\ ?$

**[370]** $\displaystyle\lim_{n\to\infty}\frac{1}{n}\sum_{k=1}^{n}k\ln\left(\frac{n^2+(k-1)^2}{n^2+k^2}\right)=\ ?$

**[371]** $\lim_{n\to\infty}\sum_{k=1}^{n}\frac{\ln\left(1+\frac{k}{n}\right)}{\sqrt{n^2+k}}=?$

**[372]** $a_1=\sqrt{2},\ a_{n+1}=\sqrt{2+a_n}\ \Rightarrow\ \lim_{n\to\infty}\prod_{k=1}^{n}\frac{a_k}{2}=?$

**[373]** $\lim_{n\to\infty}\sum_{k=1}^{n}2^{2k}\sin^4\left(\frac{a}{2^k}\right)=?$

**[374]** $\lim_{n\to\infty}\sum_{k=0}^{n}\frac{k+1}{\sqrt{(2+x^2)^k}}=?$

**[375]** $\lim_{n\to\infty}\sum_{k=0}^{n}\frac{1}{(k+2)4^k}=?$

**[376]** $\lim_{n\to\infty}\sum_{k=0}^{n}\frac{(-\pi)^{2k}}{16^k(2k+3)(2k+1)!}=?$

**[377]** $|x|<3\ \Rightarrow\ \lim_{n\to\infty}\sum_{k=0}^{n}\frac{x^{2k+5}}{(2k+1)3^{2k}}=?$

**[378]** $\lim_{n\to\infty}\sum_{k=0}^{n}\frac{1}{(2k+1)3^{k-1}}=?$

**[379]** $\lim_{x\to0}\int_0^x\frac{t^2}{(x-\sin x)\sqrt{a+t}}\,dt=1\ \Rightarrow\ a=?$

**[380]** $\lim_{n\to\infty}\sum_{k=1}^{n}\frac{\cos kx}{3^k}=?$

**[381]** $\lim_{n\to\infty}\sqrt[n+1]{(n+1)!}-\sqrt[n]{n!}=?$

**[382]** $a>0\ \Rightarrow\ \lim_{x\to a}\frac{x^{a^x}-a^{a^a}}{x-a}=?$

**[383]** $\lim_{x\to0}\frac{1}{x}\ln\sqrt{\frac{1+x}{1-x}}=?$

**[384]** $\lim_{x\to 0}(\cos x)^{\frac{1}{x^2}} = ?$

**[385]** $\lim_{n\to\infty}\left(\frac{1}{n}\right)\tan\left[\sum_{k=1}^{4n+1}\tan^{-1}\left(1+\frac{2}{k(k+1)}\right)\right] = ?$

**[386]** $\lim_{n\to\infty} na_n = 0 \Rightarrow \lim_{n\to\infty}\left(1+\frac{1}{n}+a_n\right)^n = ?$

**[387]** $p>1 \Rightarrow \lim_{n\to\infty}\left(\frac{\sum_{k=1}^{n}k^{-p}}{\sum_{k=1}^{n}(-1)^{k+1}k^{-p}}\right) = ?$

**[388]** $\lim_{x\to 0}\frac{\sqrt[4]{1+x\sin x}-1}{2^{x^2}-1} = ?$

**[389]** $\lim_{x\to 0}\frac{\sqrt[2007]{1+x}-1}{2x+x^2} = ?$

**[390]** $n\in N \Rightarrow \lim_{n\to\infty}\frac{\left(\sum_{k=0}^{n-1}\sqrt{1+k^2}\right)-\left(\sum_{k=1}^{n-1}k\right)}{\ln n} = ?$

**[391]** $\lim_{n\to\infty}\sum_{k=1}^{n}(-1)^{k-1}\frac{k+1}{k!(k+2)} = ?$

**[392]** $a>0 \Rightarrow \lim_{n\to\infty}\frac{\sqrt[n]{n!}}{\sqrt[an]{(an)!}} = ?$

**[393]** $\lim_{x\to\infty}\left(x-x^2\ln\left(1+\frac{1}{x}\right)\right) = ?$

**[394]** $\lim_{n\to\infty}\left(\sqrt{n^2+1}+\sqrt{n^2+2}+\cdots+\sqrt{n^2+n}-n^2-\frac{n}{4}\right) = ?$

**[395]** $\lim_{n\to\infty}\frac{\sum_{k=2}^{n}\ln\left(\frac{k+1}{k-1}\right)}{\sqrt{n}} = ?$

**[396]** $\lim_{n\to\infty}(\sqrt{n+1}-\sqrt{n})\sqrt{n+\frac{1}{2}}=?$

**[397]** $a_n>0,\ \lim_{n\to\infty}\frac{a_n a_{n+2}}{a_{n+1}^2}=\lambda \Rightarrow \lim_{n\to\infty}\sqrt[n(n+1)]{a_n}=?$

**[398]** $\lim_{n\to\infty}\frac{\ln n+\ln n!-\ln n^n}{n}=?$

**[399]** $\lim_{n\to\infty}\frac{\int_0^{\pi/2}(\sin x+\cos x)^{n+1}dx}{\int_0^{\pi/2}(\sin x+\cos x)^n dx}=?$

**[400]** $\lim_{n\to\infty}\frac{\sum_{k=1}^{n}\sqrt{k}}{n\sqrt{n}}=?$, (without integral)

**[401]** $\lim_{n\to\infty}n\left[e-\left(1+\frac{1}{n}\right)^n\right]=?$

**[402]** $x_{n+1}=x_n+e^{-x_n} \Rightarrow \lim_{n\to\infty}\frac{x_n}{\ln n}=?$

**[403]** $\lim_{x\to\infty}\frac{f(x)}{x}=1 \Rightarrow \lim_{t\to\infty}\int_0^t\{f(x)-f'(x)\}e^{-x}dx=?$

**[404]** $0<a<b\Rightarrow \lim_{b\to a}\int_a^b\frac{dx}{\ln\left(\frac{b+x}{a+x}\right)}=\lim_{b\to a}\int_a^b\frac{dx}{\ln\left(\frac{b(a+x)}{a(b+x)}\right)}=?$

**[405]** $\lim_{n\to\infty}\frac{1+2^7+3^7+\cdots+(4n+2009)^7}{n^8}=?$

**[406]** $\lim_{n\to\infty}\frac{x_{n+1}-x_n}{n}=l>0 \Rightarrow \lim_{n\to\infty}\left(\frac{x_{n+1}}{\sqrt[n+1]{(n+1)!}}-\frac{x_n}{\sqrt[n]{n!}}\right)=?$

**[407]** $\lim_{h\to0}\frac{x^{x+h}-x^x}{h}=?$

[408] $\lim_{h\to 0}\frac{(x+h)^x - x^x}{h} = ?$

[409] $\lim_{h\to 0}\frac{(x+h)^{x+h} - x^x}{h} = ?$

[410] $\lim_{x\to\infty} x^2\left\{\left(1+\frac{1}{x+1}\right)^{x+1} - \left(1+\frac{1}{x}\right)^x\right\} = ?$

[411] $\lim_{n\to\infty}\sum_{k=1}^{n}\frac{1}{2k(2k-1)} = ?$

[412] $\lim_{n\to\infty}\frac{1}{\sqrt{n}}\int_1^n \ln\left(1+\frac{1}{\sqrt{x}}\right)dx = ?$

[413] $\lim_{n\to\infty}\left\{\ln\left(\sum_{k=1}^{n} e^k\right) - n\right\} = ?$

[414] $\lim_{n\to\infty}\sum_{k=0}^{n}\left(\frac{2k+1}{n^2}\right)\sin\left(\frac{k}{n}\right)^2 = ?$

[415] $\lim_{x\to 0^+} x^{\ln(x+1)} = ?$

[416] $\lim_{n\to\infty}\frac{1}{n}\sum_{k=1}^{n}\left(\left[\frac{2n}{k}\right] - 2\left[\frac{n}{k}\right]\right) = ?$, $[x]$ :Gauss' notation

[417] $\lim_{x\to 0}\frac{\sqrt[m]{\cos(ax)} - \sqrt[n]{\cos(bx)}}{x^2} = ?$

[418] $\lim_{x\to 0}\frac{\tan x - \sin x}{x^3} = ?$, (not L'Hospital rule)

[419] $\lim_{x\to\infty}\left(\frac{x^2+1}{x^2-1}\right)^{x^2} = ?$

[420] $\lim_{n\to\infty}\frac{1}{n}\sum_{k=1}^{n} n^{\frac{1}{k}} = ?$

**[421]** $\lim_{n\to\infty}\frac{1}{n}\sum_{k=1}^{n}\left(e^{\left(1+\frac{k}{n}\right)^2}-\frac{3e^{\left(1+\frac{3k}{n}\right)}}{2\sqrt{1+\frac{3k}{n}}}\right)=?$

**[422]** $\lim_{n\to\infty}\frac{\sqrt[n]{(2n-1)!!}}{n}=?$

**[423]** $\lim_{n\to\infty}\int_0^{\infty}\frac{n\sin\left(\frac{x}{n}\right)}{x(1+x^2)}dx=?$

**[424]** $\lim_{n\to\infty}\sum_{k=1}^{n}\frac{4k}{4k^4+1}=?$

**[425]** $\lim_{n\to\infty}\ln\left\{\frac{1}{2^n}\prod_{k=1}^{n}\left(2+\frac{k}{n^2}\right)\right\}=?$

**[426]** $a_0=1,\ a_{n+1}=\frac{1}{n+1}\sum_{k=0}^{n}\frac{a_k}{n-k+2}\ \Rightarrow\ \lim_{n\to\infty}\sum_{k=0}^{n}\frac{a_k}{2^k}=?$

**[427]** $a_0=2009,\ a_{n+1}=\ln(1+a_n)\ \Rightarrow\ \lim_{n\to\infty}\sqrt[n]{a_n}=?$

**[428]** $f(0)=0,\ f'(0)=1\ \Rightarrow\ \lim_{x\to0}\frac{1}{x}\sum_{k=1}^{n}f\left(\frac{x}{k}\right)=?$

**[429]** $a_0=1,\ \sum_{k=0}^{n}{}_nC_k a_k=n!\ \Rightarrow\ \lim_{n\to\infty}\frac{a_n}{n!}=?$

**[430]** $a_1=1,\ a_{n+1}=1+\sum_{k=1}^{n}a_k\ \Rightarrow\ \lim_{n\to\infty}\left(1+\sum_{k=1}^{n}\frac{1}{a_k}\right)=?$

**[431]** $\lim_{n\to\infty}\sum_{k=0}^{n}\frac{k(n-k)!+(k+1)}{(k+1)!\,(n-k)!}=?$

**[432]** $\lim_{n\to\infty}\frac{\displaystyle\sum_{k=0}^{n}\frac{\pi^{4k}}{2^{4k}(4k)!}}{\displaystyle\sum_{k=0}^{n}\frac{\pi^{4k}}{2^{4k}(4k+2)!}}=?$

**[433]** $\lim_{n\to\infty} \sqrt[n]{2+\sin(n)} = ?$

**[434]** $\lim_{n\to\infty} \dfrac{n(\sqrt[n]{n}-1)}{\ln n} = ?$

**[435]** $|f(x) - x\sin x| \le |x^3| \Rightarrow \lim_{x\to 0} \dfrac{f(x)}{x^2} = ?$

**[436]** $\lim_{x\to 0} \dfrac{\sqrt[x]{1+x}-e}{x} = ?$, (not L'Hospital rule)

**[437]** $\lim_{n\to\infty} \sin\left(\pi\sqrt[3]{8n^3-2n^2+7}\right) = ?$

**[438]** $0 < a_1 < 1, a_{n+1} = a_n(1-a_n) \Rightarrow \lim_{n\to\infty} \dfrac{n(1-na_n)}{\ln n} = ?$

**[439]** $a > 0 \Rightarrow \lim_{n\to\infty} \sum_{k=1}^{n} \dfrac{1}{\sqrt{n^2+kn+a}} = ?$

**[440]** $\begin{cases} a_0 > 0, a_{n+1} = a_n e^{-a_n} \\ 0 < b_0 < 1, b_{n+1} = b_n \cos\sqrt{b_n} \end{cases} \Rightarrow \lim_{n\to\infty} \dfrac{a_n}{b_n} = ?$

**[441]** $\lim_{x\to 0} \dfrac{e^x - x - \sqrt{1+x^2}}{x^3} = ?$ (not L'Hospital, series, binomial)

**[442]** $\lim_{n\to\infty} \sum_{k=1}^{n} \left(\dfrac{k}{n}\right)^k = ?$

**[443]** $\lim_{n\to\infty} \sum_{k=1}^{n} \sin\left(\dfrac{k}{n^2}\right) = ?$

**[444]** $x_1 > 0, n(x_{n+1} - x_n) = 1 \Rightarrow \lim_{n\to\infty} \left(\dfrac{n\ln n}{x_1 + x_2 + \cdots + x_n}\right) = ?$

**[445]** $\lim_{x\to 0} \dfrac{\dfrac{\sin x}{x} - 1}{1-\cos x} = ?$ (not L'Hospital, series)

**[446]** $\lim_{n\to\infty}\sum_{k=1}^{n}\tan^{-1}\left(\frac{2}{k^2}\right)=?$

**[447]** $\lim_{x\to 0}\frac{\sin(a+x)\sin(a+2x)-\sin^2 a}{x}=?$ (not L'Hospital)

**[448]** $\lim_{n\to\infty}\sum_{k=0}^{n}\frac{2k+1}{(2k+1)^4+2500}=?$

**[449]** $\lim_{n\to\infty}\sum_{k=1}^{n}\frac{k^2}{n^3+k^2}=?$

**[450]** $\lim_{n\to\infty}\frac{n!\,e^n}{n^n\sqrt{n}}=?$

**[451]** $\lim_{n\to\infty}\frac{n+\ln n!-\ln n^n}{\ln n}=?$

**[452]** $\lim_{n\to\infty}\prod_{k=1}^{n}\sqrt[n]{\left(1-\frac{2}{k+2}\right)^{k+2}}=?$

**[453]** $\lim_{n\to\infty}\prod_{k=1}^{n}\left(1+\frac{1}{k}\right)^{\frac{k}{n}}=?$

**[454]** $\lim_{x\to\frac{\pi}{2}}\frac{\sin(a+2x-\pi)-2\sin\left(a+x-\frac{\pi}{2}\right)+\sin a}{\left(x-\frac{\pi}{2}\right)^2}=?$

**[455]** $a_1=5,\ a_{n+1}=a_n^2-2\ \Rightarrow\ \lim_{n\to\infty}\frac{a_{n+1}}{a_1a_2\cdots a_n}=?$

**[456]** $a_1=2,\ \sum_{k=1}^{n}a_k=n^2a_n\ \Rightarrow\ \lim_{n\to\infty}\left(n^2a_n\right)=?$

**[457]** $\lim_{x\to\infty}x^3\int_{-x^{-1}}^{x^{-1}}\frac{\ln(1+t^2)}{1+e^t}\,dt=?$

**[458]** $\lim_{n\to\infty}\prod_{k=1}^{n}\left(1+\frac{k}{n}\right)^{\frac{n}{k^3}}=?$

**[459]** $\lim_{x\to 0}\frac{\tan x\sqrt{\tan x}-\sin x\sqrt{\sin x}}{x^3\sqrt{x}}=?$

**[460]** $\lim_{x\to\pi/4}\frac{\tan x+\cos x-\sin x-1}{\cos 2x+\sin 2x-1}=?$

**[461]** $\lim_{n\to\infty}\int_0^{\infty}\frac{1}{x^2+1}\tan^{-1}(\sqrt[n]{x})\,dx=?$

**[462]** $\lim_{a\to\infty}\frac{1}{a}\int_0^{\infty}\frac{x^2+ax+1}{x^4+1}\tan^{-1}x\,dx=?$

**[463]** $\lim_{n\to\infty}\prod_{k=1}^{n}\left(1+\frac{k}{n^2}\right)=?$

**[464]** $\lim_{n\to\infty}\sum_{k=1}^{n}\frac{k^3}{3^k}=?$

**[465]** $\lim_{n\to\infty}\sum_{k=1}^{n}\left(\frac{k}{n}\right)^n=?$

**[466]** $\lim_{n\to\infty}\left(\sum_{k=1}^{n}\left(1+\frac{1}{n}\right)^{\frac{k}{k+1}}-n\right)=?$ ,(without Taylor expansion)

**[467]** $\lim_{n\to\infty}\frac{2^n}{\sqrt[n]{n!}}\left(2-\sum_{k=1}^{n}\frac{k}{2^k}\right)=?$

**[468]** $\lim_{n\to\infty}\sum_{k=1}^{n}\sum_{p=1}^{n}\frac{k^2+pk+p}{k(k+1)\cdot(k+p)!}=?$

**[469]** $\left(1+\frac{1}{n}\right)^{n+x_n}=\sum_{k=0}^{n}\frac{1}{k!}\ \Rightarrow\ \lim_{n\to\infty}x_n=?$

**[470]** $\lim_{n\to\infty}\prod_{k=1}^{n}\left(\frac{n^2+k}{n^2-k}\right)=?$

**[471]** $x_1=3,\ x_{n+1}=\dfrac{x_n^2+3}{3x_n} \Rightarrow \lim\limits_{n\to\infty} x_n = ?$

**[472]** $p\in N \Rightarrow \lim\limits_{n\to\infty}\displaystyle\int_0^n \frac{1}{(1+x^2)(1+x^p)}\,dx = ?$

**[473]** $\lim\limits_{n\to\infty}\sqrt[n^2]{\dfrac{\prod_{k=1}^{n} k^k}{n^{\sum_{k=1}^{n} k}}} = ?$

**[474]** $\lim\limits_{n\to\infty}\overbrace{\sqrt{2-\sqrt{2}}\cdot\sqrt{2-\sqrt{2+\sqrt{2}}}\cdots\sqrt{2-\sqrt{2+\sqrt{2+\cdots\sqrt{2}}}}}^{n} = ?$

**[475]** $\lim\limits_{x\to2}\dfrac{1+\sin\dfrac{3\pi}{x}}{(x-2)^2} = ?$ , (not L'Hospital)

**[476]** $\lim\limits_{x\to0}\dfrac{x-\sin x}{x^3}=\dfrac{1}{6} \Rightarrow \lim\limits_{x\to0}\dfrac{1}{x}\cos^{-1}\left(\dfrac{\sin x}{x}\right)= ?$ (not L'Hospital)

**[477]** $n\in N \Rightarrow \lim\limits_{x\to1}\dfrac{x^n-nx+n-1}{(x^a-1)\ln x} = ?$

**[478]** $\lim\limits_{x\to0}\dfrac{x^2+x+1-\sin x-\cos x}{(e^x-1)^2} = ?$

**[479]** $\lim\limits_{n\to\infty}\prod_{k=1}^{n-1}\left(1-\dfrac{1}{\sqrt{k}+\sqrt{k+1}}\right) = ?$

**[480]** $\sum_{i=1}^{n} a_i=\sum_{i=1}^{n} b_i \Rightarrow \lim\limits_{n\to\infty}\prod_{j=1}^{n}\dfrac{\sum_{k=1}^{n} k^{a_j}}{\sum_{k=1}^{n} k^{b_j}} = ?$

**[481]** $\lim\limits_{x\to0}\dfrac{\int_0^{\sin x}\sqrt{\tan u}\,du}{\int_0^{\tan x}\sqrt{\sin u}\,du} = ?$

**[482]** $a_n = \int_{\frac{1}{n+1}}^{\frac{1}{n}} \sin^{-1}(nx)dx,\ b_n = \int_{\frac{1}{n+1}}^{\frac{1}{n}} \tan^{-1}(nx)dx \Rightarrow \lim_{n\to\infty} \frac{a_n}{b_n} = ?$

**[483]** $a_1 = 1 \Rightarrow \lim_{n\to\infty} \sqrt[n]{\frac{a_1 + 2a_2 + 3a_3 + \cdots + na_n}{n+1}} = ?$

**[484]** $\lim_{n\to\infty} \left\{(n+1)\frac{2}{\pi}\cos^{-1}\left(\frac{1}{n}\right) - n\right\} = ?$

**[485]** $\lim_{n\to\infty} \left((n+1)^{n+1}\sqrt{n+1} - n\sqrt[n]{n}\right) = ?$

**[486]** $\lim_{x\to 0} \frac{e^{\sin 2x} - e^{\sin x}}{x} = ?$

**[487]** $\lim_{n\to\infty} \frac{n^k}{{}_nC_k} = ?$

**[488]** $\lim_{n\to\infty} \left(\frac{(n+2)^{n+2}}{(n+1)^{n+1}} - \frac{(n+1)^{n+1}}{n^n}\right) = ?$

**[489]** $\lim_{n\to\infty} \sum_{b=1}^{n} \sum_{k=1}^{bn} \frac{1}{n^2 + k^2} = ?$

**[490]** $\lim_{n\to\infty} \sum_{k=1}^{n} \left(\frac{1}{nk} + \frac{1}{n} + \frac{1}{k}\right)^{k+n} = ?$

**[491]** $\lim_{n\to\infty} \frac{1}{\ln n^n} \sum_{b=1}^{n} \sum_{a=1}^{n} \frac{b}{ab+1} = ?$

**[492]** $\lim_{n\to\infty} n \int_0^1 \ln(1 + x^n)\, dx = ?$

**[493]** $\lim_{n\to\infty} \frac{\prod_{k=1}^{n} k^k}{e^{-\frac{n^2}{4}} \cdot n^{\frac{1}{2}n^2 + \frac{1}{2}n + \frac{1}{12}}} = ?$

**[494]** $\lim_{n\to\infty}\frac{1+2^2+3^3+\cdots+n^n}{n^n}=?$

**[495]** $\lim_{n\to\infty}\sum_{k=1}^{n}\frac{1}{k}\ln\left(1+\frac{1}{k}\right)=?$

**[496]** $\lim_{x\to 1}\frac{x-1}{\ln x}=?$, (not L'Hospital and series)

**[497]** $\lim_{n\to\infty}\frac{e^n}{\left(1+\frac{1}{n}\right)^{n^2}}=?$

**[498]** $x\ge 0\Rightarrow\lim_{n\to\infty}\cos^n\left(\frac{x}{\sqrt{n}}\right)=?$

**[499]** $\lim_{n\to\infty}\int_0^{\frac{\pi}{2}}\frac{\sin 2nx}{\sin x}\,dx=?$

**[500]** $e^{a_n}+na_n=2\ \Rightarrow\ \lim_{n\to\infty}n(1-na_n)=?$

**[501]** $x_1>0,\ x_{n+1}-x_n=\sqrt{x_n}\ \Rightarrow\ \lim_{n\to\infty}\frac{x_n}{n^2}=?$

**[502]** $\lim_{n\to\infty}\sum_{k=2}^{n}\frac{1}{k\sqrt[k]{n^{k-1}}}=?$

**[503]** $\lim_{n\to\infty}\sqrt[n^2]{\prod_{k=1}^{n}\left(\frac{n+k}{k}\right)^{n-k+1}}=?$

**[504]** $\lim_{a\to 0}\frac{1}{a}\int_0^{\pi}\tan(a\sin\theta)\,d\theta=?$

**[505]** $\sum_{k=1}^{\infty}\frac{1}{a_k}=0\Rightarrow\lim_{n\to\infty}\frac{n^2}{a_1+a_2+\cdots+a_n}=?$

**[506]** $a_0=2,\ a_1=16,\ a_{n+1}=\sqrt{a_na_{n-1}}\Rightarrow\lim_{n\to\infty}a_n=?$

**[507]** $\lim_{n\to\infty}\frac{1}{n}\left(\sqrt{\frac{n+2}{n+1}}+\sqrt{\frac{n+3}{n+2}}+\cdots+\sqrt{\frac{2n+1}{2n}}\right)=?$

**[508]** $a\ge 1 \Rightarrow \lim_{n\to\infty}(2\sqrt[n]{a}-1)^n=?$

**[509]** $\lim_{n\to\infty} n\int_0^1 \frac{x^n}{\sqrt{1+x^2}}\ln\left(x+\sqrt{1+x^2}\right)dx=?$

**[510]** $\lim_{n\to\infty}\frac{(n+1)^2}{\sqrt[n+1]{(n+1)!}}-\frac{n^2}{\sqrt[n]{n!}}=?$

**[511]** $a\ne b>0 \Rightarrow \lim_{x\to 0}\sqrt[x]{\frac{b^{x+1}-a^{x+1}}{b-a}}=?$

**[512]** $-1<a_0<1,\ a_n=\sqrt{\frac{1+a_{n-1}}{2}} \Rightarrow \lim_{n\to\infty}4^n(1-a_n)=?$

**[513]** $\lim_{n\to\infty} n\int_0^1 \frac{x^n}{a+x^n}dx=?$

**[514]** $a_0=1,\ a_n^2=1+\left(\sum_{k=0}^{n-1}a_k\right)^2 \Rightarrow \lim_{n\to\infty}\frac{2^n}{a_n}=?$

**[515]** $\lim_{n\to\infty}\sum_{m=n}^{2n-1}\frac{1}{m}=?$

**[516]** $\lim_{n\to\infty} n\int_0^\infty \frac{dx}{\prod_{k=1}^{n}\left(1+\frac{x}{k}\right)^k}=?$

**[517]** $\lim_{n\to\infty}\frac{1}{n^2}\int_1^e \ln(1+x^n)\ln(1+2x^n)\,dx=?$

**[518]** $\lim_{n\to\infty}\frac{\left(\sum_{k=1}^{n}\sqrt[n]{k}\right)-n}{\ln n}=?$

**[519]** $S_n = 1 + \frac{n-1}{n+2} + \frac{(n-1)(n-2)}{(n+2)(n+3)} + \cdots + \frac{(n-1)(n-2)\cdots 1}{(n+2)(n+3)\cdots 2n}$

$\Rightarrow \lim_{n\to\infty} \frac{S_n}{\sqrt{n}} = ?$

**[520]** $\lim_{n\to\infty} \prod_{k=1}^{n} \cos\left(\frac{\sqrt{2k-1}}{n}a^2\right) = ?$

**[521]** $\lim_{x\to 0^+} \sqrt[x]{\frac{a^x + b^x}{2}} = ?$

**[522]** $a_n = \int_0^n \left[\frac{x}{1}\right] + \left[\frac{x}{2}\right] + \cdots + \left[\frac{x}{n}\right] dx$ , $[x]$ :Gauss' notation

$\Rightarrow \lim_{n\to\infty} \frac{a_n}{n^2 \ln n} = ?$

**[523]** $a_n = \int_0^n \left[\frac{x}{1}\right] + \left[\frac{x}{2}\right] + \cdots + \left[\frac{x}{n}\right] dx$ , $[x]$ :Gauss' notation

$\Rightarrow \lim_{n\to\infty} \sqrt[a_n]{1!2!\cdots n!} = ?$

**[524]** $k > 0,\ \lim_{x\to\infty} f(x) + k\int_0^x f(t)dt = a \Rightarrow \lim_{x\to\infty} \int_0^x f(t)dt = ?$

**[525]** $x_1 = \frac{1}{2},\ x_{n+1} = x_n - x_n^2 \ \Rightarrow \ \lim_{n\to\infty} n x_n = ?$

**[526]** $\lim_{h\to 0} \frac{1}{h} \int_h^{2h} \sqrt{1+x}\, dx = ?$

**[527]** $\lim_{n\to\infty} n \int_0^{\frac{\pi}{2}} \frac{1}{(1+\cos x)^n}\, dx = ?$

**[528]** $\lim_{n\to\infty} \frac{\sum_{k=2}^{n} k \ln k}{n^2 \ln n} = ?$

**[529]** $\lim_{x\to a} \frac{x^x - a^a}{x - a} = ?$, (not L'Hospital rules)

[530] $\lim_{n\to\infty} \frac{\ln\left(1+2e+4e^4+\cdots+2ne^{n^2}\right)}{n^2} = ?$

[531] $\lim_{n\to\infty} \left(\cos\frac{x}{n}\right)^n = ?$

[532] $a_n = \sum_{k=1}^{n} (\ln k)^2 \Rightarrow \lim_{n\to\infty} \frac{a_n}{n(\ln n)^2} = ?$

[533] $\lim_{n\to\infty} \sum_{k=1}^{n} \frac{kn}{n^3+k} = ?$

[534] $f(x)$ : 증가함수 , $f'(0) \neq 0 \Rightarrow \lim_{x\to 0} \frac{f(x^2)-f(x)}{f(x)-f(0)} = ?$

[535] $\lim_{n\to\infty} \frac{a_n}{n} = \infty \Rightarrow \lim_{n\to\infty} \sum_{k=1}^{n} \frac{1}{n+a_k} = ?$

[536] $\lim_{n\to\infty} \frac{n}{\ln n}\left(\frac{\sqrt[n]{n!}}{n} - \frac{1}{e}\right) = ?$

[537] $\lim_{n\to\infty} \left(\frac{1+\sqrt[n]{n}}{2}\right)^{\frac{n}{\ln n}} = ?$

[538] $\lim_{x\to\infty} x\sqrt[4]{y} - \sqrt[4]{yx^4 - zx^3 + t} = ?$

[539] $y_0 > 2,\ y_n = y_{n-1}^2 - 2 \Rightarrow \lim_{n\to\infty}\left(\frac{1}{y_0} + \frac{1}{y_0 y_1} + \cdots + \frac{1}{y_0 \cdots y_n}\right) = ?$

[540] $H_n = \sum_{k=1}^{n} \frac{1}{k} \Rightarrow \lim_{n\to\infty} \left(\sqrt[n]{H_n}\right)^{H_n} = ?$

[541] $\lim_{n\to\infty} \frac{1 \cdot 4 \cdots (3n+1)}{2 \cdot 5 \cdots (3n+2)} = ?$

[542] $\lim_{n\to\infty} \prod_{k=3}^{\infty} \left(1 - \tan^4 \frac{\pi}{2^k}\right) = ?$

**[543]** $x \geq 0 \Rightarrow \lim_{n\to\infty} \frac{\ln(e^n + x^n)}{n} = ?$

**[544]** $x > 0 \Rightarrow \lim_{n\to\infty} \sqrt[n]{3x^{-2n} + 7n} = ?$

**[545]** $t \neq 0 \Rightarrow \lim_{t\to 0} \frac{1}{t^3} \int_0^{t^2} e^{-x} \sin\left(\frac{x}{t}\right) dx = ?$

**[546]** $\lim_{n\to\infty} \sum_{k=1}^{n} \sqrt{n^4 + k} \sin\left(\frac{2k\pi}{n}\right) = ?$

**[547]** $a > 0,\ x_1 = b,\ x_n = x_{n-1} + \ln\left(e^{x_{n-1}} + a + 1\right),$

$\Rightarrow \lim_{n\to\infty} \frac{e^{x_{n+1}}}{\prod_{k=1}^{n}(e^{x_k}+1)} = ?$

**[548]** $\lim_{n\to\infty} \frac{\sin^{-1}\left(\frac{\pi}{4}(-1)^{n+1} - \frac{\pi+1}{8^n}\right) - \cos(n! - n^2 + 2^{-n})}{\sqrt{\left(\frac{n^2-5}{n^2}\right)^{5-n^3}}} = ?$

**[549]** $\lim_{x\to\infty} x \int_0^x e^{t^2 - x^2} dt = ?$

**[550]** $\lim_{x\to 0} \frac{5^x \sqrt{1+2x} - \cos x}{x} = ?$

**[551]** $a, b, c > 0 \Rightarrow \lim_{x\to 0} \sqrt[x^2]{\frac{a^{x^3} + b^{x^3} + c^{x^3}}{a^{x^2} + b^{x^2} + c^{x^2}}} = ?$

**[552]** $\lim_{x\to\infty} (\tanh x)^{\ln x} = ?$

**[553]** $H_n = \sum_{k=1}^{n} \frac{1}{k} \Rightarrow \lim_{n\to\infty} \frac{n}{(\ln n)^2}\left[\left(\sqrt[n]{H_n}\right)^{H_n} - 1\right] = ?$

**[554]** $a_0 = 0,\ a_1 = \frac{1}{\sqrt{2}},\ a_{n+1} = \frac{1}{2}\sqrt{\frac{2a_n + a_{n-1} + 1}{a_n}} \Rightarrow \lim_{n\to\infty} 4^n(1 - a_n) = ?$

**[555]** $H_n = \sum_{k=1}^{n} \frac{1}{k} \Rightarrow \lim_{n\to\infty} \frac{\ln n!}{n \cdot H_n} = ?$

**[556]** $\lim_{n\to\infty} \sqrt[2n]{\frac{(2n)!}{n^{2n}}} = ?$

**[557]** $\lim_{n\to\infty} \sum_{k=1}^{n} \tan^{-1}\left(\frac{1}{2k^2}\right) = ?$

**[558]** $\lim_{n\to\infty} \sum_{k=1}^{n^2} \frac{n}{k^2+n^2} = ?$

**[559]** $a_1 = 1, a_{n+1} = \sqrt{\sum_{k=1}^{n} a_k} \Rightarrow \lim_{n\to\infty} \frac{a_n}{n} = ?$

**[560]** $a_1 = 0,\ a_{2n} = n - a_n \Rightarrow \lim_{n\to\infty} \frac{a_n}{n} = ?$

**[561]** $\lim_{x\to\infty} \{f(x) + f'(x)\} = 1 \Rightarrow \lim_{x\to\infty} f(x) = ?$

**[562]** $\lim_{n\to\infty} n \int_1^{1+\frac{1}{n}} \sqrt{1+x^n}\ dx = ?$

**[563]** $\lim_{n\to\infty} \sqrt{n}\, \frac{1 \cdot 3 \cdot 5 \cdots (2n-1)}{2 \cdot 4 \cdot 6 \cdots (2n)} = ?$

**[564]** $\lim_{x\to 0^+} \left(\frac{\sin x}{x}\right)^{\frac{1}{x}} = ?$, (not L'Hospital rule)

**[565]** $\lim_{n\to\infty} \sum_{k=1}^{n} \frac{k^2}{\sqrt{n^6+k}} = ?$

**[566]** $n \in N \Rightarrow \lim_{n\to\infty} \int_0^{\pi} x|\sin(2nx)|\, dx = ?$

**[567]** $f(0) = 0 \Rightarrow \lim_{n\to\infty} n \int_0^1 f\left(\frac{x}{n}\right) dx = ?$

**[568]** $\lim_{t\to\infty}\int_1^2 \ln\left(x+\frac{x^5}{t}\right)dx = ?$

**[569]** $a_1 = 1,\, a_{n+1} = \frac{\sqrt{1+a_n^2}-1}{a_n} \Rightarrow \lim_{n\to\infty} 2^n a_n = ?$

**[570]** $\lim_{n\to\infty}\frac{\sqrt[n]{2\cdot 5\cdot 8\cdots(3n-1)}}{n} = ?$

**[571]** $y = n(1+x)^{-n},\,(n=2,3,\dots) \Rightarrow \lim_{n\to\infty}\max\{S_n\} = ?$

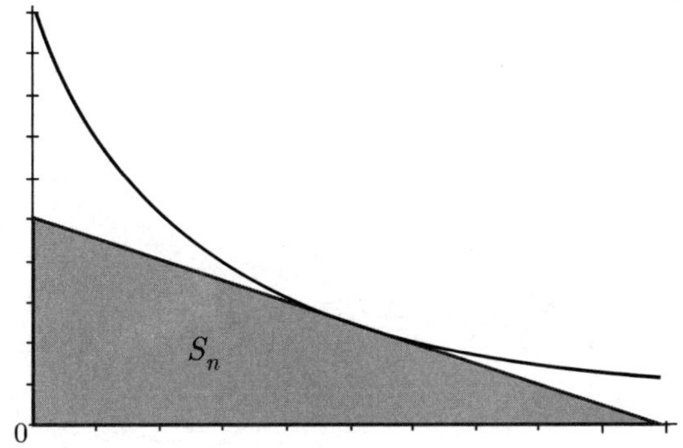


**[572]** $\lim_{n\to\infty}\frac{\sum_{k=0}^{n}\frac{\pi^{4k}}{(4k+1)!}}{\sum_{k=0}^{n}\frac{\pi^{4k}}{(4k+3)!}} = ?$

**[573]** $\lim_{n\to\infty}\sin\left(\pi\sqrt{4n^2+an+b}\right) = ?$

**[574]** $\lim_{x\to\infty} f(x)\int_0^x f(t)dt = \lambda > 0 \Rightarrow \lim_{x\to\infty} f(x)\sqrt{x} = ?$

**[575]** $a_1 = 1,\, a_n = n(a_{n-1}+1) \Rightarrow \lim_{n\to\infty}\prod_{k=1}^{n}\left(1+\frac{1}{a_k}\right) = ?$

**[576]** $\lim_{x\to\infty}(x+5)\tan^{-1}(x+5)-(x+1)\tan^{-1}(x+1) = ?$

**[577]** $\lim_{n\to\infty}\sum_{k=1}^{n}(-1)^{k+1}\ln\left(1+\frac{1}{k}\right) = ?$

**[578]** $\lim_{n\to\infty} \frac{1}{\ln(\ln n)} \sum_{k=2}^{n} \frac{1}{k\ln k} = ?$

**[579]** $\lim_{n\to\infty} \frac{1}{\sqrt{n}}\left(1+\sum_{k=2}^{n}\prod_{i=1}^{k-1}\frac{n-i}{n+i+1}\right) = ?$

**[580]** $\lim_{n\to\infty}\left[\frac{1}{\sqrt{n^2+n+1}}+\frac{1}{\sqrt{n^2+2n+4}}+\cdots+\frac{1}{\sqrt{3n^2}}\right] = ?$

**[581]** $p\in N \;\Rightarrow\; \lim_{n\to\infty}\left(\frac{1}{p}\sum_{k=1}^{p}\sqrt[n]{k^p}\right)^n = ?$

**[582]** $\lim_{n\to\infty} \sqrt[\ln n]{\prod_{k=1}^{n}(kn)^{\frac{1}{n+k}}} = ?$

**[583]** $c>0 \;\Rightarrow\; \lim_{n\to\infty}\frac{1}{n+1}\sum_{k=0}^{n-1}\ln\left(\frac{c+k}{n}\right) = ?$

**[584]** $a_1=2,\, na_{n+1}=2(n+1)\left(a_n+n2^n\right) \;\Rightarrow\; \lim_{n\to\infty}\sqrt[n^2]{\prod_{k=1}^{n}a_k} = ?$

**[585]** $a>1 \;\Rightarrow\; \lim_{x\to\infty}\left(\frac{x}{\ln x}\right)\sum_{n=0}^{\infty}\frac{1}{x+a^n} = ?$

**[586]** $\lim_{n\to\infty}\frac{\sqrt[n]{(2n^2-1)(2n^2-4)\cdots(n^2+2n-1)n^2}}{n^2} = ?$

**[587]** $\lim_{n\to\infty}\frac{1}{n}\sqrt[n]{\frac{(2n+1)!}{n!}} = ?$

**[588]** $\lim_{k\to\infty}\sum_{n=1}^{\infty}\frac{k^2}{k^3+n^3} = ?$

**[589]** $\lim_{n\to\infty}\int_0^1 |\sin(nx)|^3\,dx = ?$

**[590]** $\lim_{t\to\infty}\int_0^{\frac{\pi}{2}} e^{-t\sin x}\,dx = ?$

**[591]** $\lim_{n\to\infty}\left(\frac{2n^2-3}{2n^2-n+1}\right)^{\frac{n^2-1}{n}} = ?$

**[592]** $\lim_{n\to\infty}\frac{n!}{(1+1^2)(1+2^2)\cdots(1+n^2)} = ?$

**[593]** $\lim_{x\to\infty}\left(2^{\frac{2-x}{x}}+4^{\frac{4-x}{x}}+6^{\frac{6-x}{x}}+12^{\frac{12-x}{x}}\right)^x = ?$

**[594]** $a_i > 0 \Rightarrow \lim_{n\to\infty}\left(\frac{\sqrt[n]{a_1}+\sqrt[n]{a_2}+\cdots+\sqrt[n]{a_m}}{m}\right)^n = ?$

**[595]** $\lim_{x\to\infty}\sum_{n=1}^{\infty}\frac{n^2x^{n-3}}{(1+x)^n} = ?$

**[596]** $a_1 = 1, a_n = 2a_{n-1}+(-1)^n \Rightarrow \lim_{n\to\infty}\frac{a_n}{2^{n+1}} = ?$

**[597]** $\lim_{n\to\infty}\cos\frac{n}{2^n} = ?$

**[598]** $a \geq 3, a\in N \Rightarrow \lim_{n\to\infty}\sum_{k=1}^{n}\frac{k+k^2+\cdots+k^{a-1}}{k+k^2+\cdots+k^{a-2}+n^a} = ?$

**[599]** $a_0 = 2, a_{n-1}-a_n = \frac{n}{(n+1)!} \Rightarrow \lim_{n\to\infty}(n+1)!\ln a_n = ?$

**[600]** $a_n, b_n\in Q, (1+\sqrt{2})^n = a_n+b_n\sqrt{2} \Rightarrow \lim_{n\to\infty}\frac{a_n}{b_n} = ?$

**[601]** $\lim_{n\to\infty}n\ln\left(\tan\frac{(n+4)\pi}{4n}\right) = ?$

**[602]** $\lim_{n\to\infty}\sqrt[n^2]{1!+2!+\cdots+n!} = ?$

**[603]** $\lim_{n\to\infty}\int_0^{\sqrt{n}}\left(1-\frac{x^2}{n}\right)^n dx = ?$

[604] $a>0, p\geq 2 \Rightarrow \lim_{n\to\infty}\sum_{k=1}^{n}\frac{1}{\sqrt[p]{n^p+ka}}=?$

[605] $\lim_{n\to\infty}\frac{1}{n}\left(\frac{1}{2}+\frac{2}{3}+\cdots+\frac{n}{n+1}\right)=?$

[606] $\lim_{n\to\infty}\sqrt{(2n\pi)^3}\int_{\sqrt{2n\pi}}^{\sqrt{2(n+1)\pi}}\sin(x^2)+\frac{3\sin(x^2)}{4x^4}dx=?$

[607] $\lim_{x\to 0}\{\ln(1-\sin x)\}^{\sin x}=?$

[608] $\lim_{n\to\infty}\frac{1}{n^4}\sum_{k=1}^{n}k^2\int_0^1 t\cdot f(t)\,dt=?$

[609] $\lim_{n\to\infty}\frac{1}{n^4}\sum_{k=1}^{n}k^2\int_k^{k+1}x\cdot f(x-k)\,dx=?$

[610] $\lim_{n\to\infty}\frac{1}{n^4}\sum_{k=1}^{n}k^2\int_k^{k+1}x\ln(x-k)(k+1-x)\,dx=?$

[611] $\lim_{n\to\infty}\frac{1}{3n+1}\int_0^n\frac{dx}{1+x-[x]}=?$, $[x]$: Gauss' notation

[612] $\lim_{n\to\infty}2^n\left(\sum_{k=1}^{n}\frac{1}{k(k+2)}-\frac{1}{4}\right)^n=?$

[613] $\lim_{n\to\infty}\sqrt{n}\left(\sqrt{\ln(n+1)}-\sqrt{\ln n}\right)=?$

[614] $m\in N \Rightarrow \lim_{n\to\infty}\frac{1^m+3^m+5^m+\cdots+(2n-1)^m}{n^{m+1}}=?$

[615] $\lim_{n\to\infty}n\sum_{k=0}^{n-1}\left(\int_{\frac{k}{n}}^{\frac{k+1}{n}}f(x)\,dx\right)^2=?$

[616] $a_1=2, na_{n+1}=(2n+2)\left(a_n+n2^n\right) \Rightarrow \lim_{n\to\infty}\sqrt[n^2]{\prod_{k=1}^{n}a_k}=?$

**[617]** $a>0 \Rightarrow \lim_{a\to 0}\int_0^{\sqrt{a}} \frac{af(x)}{a^2+x^2}\,dx = ?$

**[618]** $\lim_{n\to\infty}\sin\left(2\pi\sqrt{n^2+\left[\frac{n}{3}\right]}\right) = ?$, $[x]$:Gauss' notation

**[619]** $\lim_{x\to\infty}\frac{x^{\sqrt{x}}}{3^x} = ?$

**[620]** $\lim_{n\to\infty}\sqrt[n]{\prod_{k=1}^{n}\left(1+\frac{k}{n}\right)} = ?$

**[621]** $\lim_{x\to 1^-}\frac{2\sin^{-1}x-\pi}{\sin\pi x} = ?$, (not L'Hospital rule)

**[622]** $\lim_{x\to 2}\frac{\tan^{-1}x-\tan^{-1}2}{\tan x-\tan 2} = ?$, (not L'Hospital rule)

**[623]** $\lim_{x\to\frac{\pi}{2}}(\sin x)^{\frac{1}{2x-\pi}} = ?$, (not L'Hospital rule)

**[624]** $a>0 \Rightarrow \lim_{x\to 0}\frac{(a+x)^x-1}{x} = ?$, (not L'Hospital rule)

**[625]** $\lim_{n\to\infty}\sum_{k=1}^{n}\frac{[k^2a]}{n^3} = ?$, $[x]$:Gauss' notation

**[626]** $\lim_{n\to\infty}\frac{\sum_{k=2}^{n}\sqrt[k]{1+\frac{1}{\ln k}}-n}{\ln(\ln n)} = ?$

**[627]** $\lim_{x\to\infty}\left(\frac{x+\sqrt{x}}{x-\sqrt{x}}\right)^x = ?$

**[628]** $\lim_{n\to\infty}\int_0^1 nx(1-x^2)^n\,dx = ?$

**[629]** $\lim_{n\to\infty}\sum_{k=1}^{n}\sin\frac{1}{n+k}=?$

**[630]** $\lim_{n\to\infty}\sum_{k=1}^{n}\tan\frac{1}{n+k}=?$

**[631]** $\lim_{n\to\infty}\sum_{k=1}^{n}\ln\left(1+\frac{1}{n+k}\right)=?$

**[632]** $p>0 \Rightarrow \lim_{a\to\infty}\int_0^p x|\sin(ax^2)|\,dx=?$

**[633]** $\lim_{n\to\infty}\int_0^1\frac{(1-2x)^n-(1-x)^n}{x}\,dx=?$

**[634]** $\lim_{n\to\infty}\cos\left(n\pi\sqrt[2n]{e}\right)=?$

**[635]** $a_1>0,\ a_{n+1}=\frac{a_1+2a_2+\cdots+na_n}{n} \Rightarrow \lim_{n\to\infty}a_n=?$

**[636]** $\lim_{n\to\infty}\frac{1}{n}\sum_{k=1}^{n}\sqrt[k^2]{k!}=?$

**[637]** $a_1=1,\ a_n=\frac{1}{1+a_{n-1}} \Rightarrow \lim_{n\to\infty}a_n=?$

**[638]** $p\in N \Rightarrow \lim_{n\to\infty}\sum_{k=0}^{n}\frac{(k+1)(k+2)\cdots(k+p)}{n^{p+1}}=?$

**[639]** $\lim_{n\to\infty}\left(\frac{n+1}{n}\right)^{\tan\frac{(n-1)\pi}{2n}}=?$

**[640]** $a>0 \Rightarrow \lim_{n\to\infty}\frac{(n+1)^a-n^a}{n^{a-1}}=?$, (not L'Hospital rule)

**[641]** $0<a<b \Rightarrow \lim_{x\to\infty}\sqrt[x]{\frac{b^{x+1}-a^{x+1}}{b-a}}=?$

**[642]** $n \geq 2, 0 < \alpha_n < \frac{\pi}{4}, \alpha_n : \tan x + \cot x = n$의 근.

$\Rightarrow \lim_{n\to\infty} (\sin\alpha_n + \cos\alpha_n)^n = ?$

**[643]** 연속함수 $f:[0,1]\to[-1,1],\ f(0)=1,\ 0<a<1$

$\Rightarrow \lim_{n\to\infty} \int_0^1 \frac{(f(ax))^n - (f(x))^n}{x}\, dx = ?$

**[644]** $\begin{cases} a_n = 2a_{n-1} + b_{n-1} \\ b_n = 2a_{n-1} + 3b_{n-1} \end{cases}, a_0 = b_0 = 3 \ \Rightarrow \ \lim_{n\to\infty} \frac{a_n}{b_n} = ?$

**[645]** $\lim_{x\to 1} \frac{\sqrt[3]{x^2+7} - \sqrt{x+3}}{x^2 - 3x + 2} = ?$, (not L'Hospital rule)

**[646]** $a_1 = 12, a_{n+1} = a_n\left(1 + \frac{3}{n+1}\right) \Rightarrow \lim_{n\to\infty} \sum_{k=1}^{n} \frac{1}{a_k} = ?$

**[647]** $n \in N \Rightarrow \lim_{x\to 1^-} \frac{\sin(n\cos^{-1}x)}{\sqrt{1-x^2}} = ?$

**[648]** $\lim_{x\to 0} \frac{\ln(\cos ax)}{\ln(\cos bx)} = ?$, (not L'Hospital rule)

**[649]** $\lim_{n\to\infty} \left(n + 1 - \sum_{i=2}^{n} \sum_{k=2}^{i} \frac{k-1}{k!}\right) = ?$

**[650]** $\lim_{x\to 0} \frac{1 - \cos^a(bx)}{x^2} = ?$, (not L'Hospital rule)

**[651]** $\lim_{x\to 0} \frac{1 - \cos^{\alpha_1}(\beta_1 x)\cos^{\alpha_2}(\beta_2 x)\cdots\cos^{\alpha_n}(\beta_n x)}{x^2} = ?$

**[652]** $a > 0, a \neq 1 \Rightarrow \lim_{x\to a} \frac{x^x - a^x}{a^x - a^a} = ?$

**[653]** $\lim_{n\to\infty} n \sum_{k=n}^{\infty} \tan^{-1}\left(\frac{1}{2k^2}\right) = ?$

**[654]** $\lim_{x\to 1^-} \dfrac{1-\cos(n\cos^{-1}x)}{1-x^2} = ?$

**[655]** $\lim_{x\to 0} \dfrac{\sqrt{1-x^2}-\left(1-\dfrac{x^2}{2}\right)}{\sin^4 x} = ?$

**[656]** $\lim_{n\to\infty} \sum_{k=1}^{n} \dfrac{\sqrt{_{(n+k)}C_2}}{n^2} = ?$

**[657]** $\lim_{n\to\infty} n(n+1)\left\{\sin\dfrac{1}{2n+1}+\sin\dfrac{1}{2n+2}-\sin\dfrac{1}{n+1}\right\} = ?$

**[658]** $a, b > 0 \Rightarrow \lim_{n\to\infty}\left(\dfrac{a-1+\sqrt[n]{b}}{a}\right)^n = ?$

**[659]** $x_n, y_n > 0, \begin{cases} \lim_{n\to\infty} \dfrac{x_{n+1}}{n^2 x_n} = a > 0 \\ \lim_{n\to\infty} \dfrac{y_{n+1}}{n y_n} = b > 0 \end{cases} \Rightarrow \lim_{n\to\infty} \sqrt[n+1]{\dfrac{x_{n+1}}{y_{n+1}}} - \sqrt[n]{\dfrac{x_n}{y_n}} = ?$

**[660]** $a_i > 0, a_{n+1} - \dfrac{1}{a_{n+1}} = a_n + \dfrac{1}{a_n} \Rightarrow \lim_{n\to\infty} \dfrac{1}{\sqrt{n}} \sum_{k=1}^{n} \dfrac{1}{a_k} = ?$

**[661]** $n \in N, x - \{x\} = [x]$:Gauss 부호 $\Rightarrow \lim_{n\to\infty} \int_n^{n+1} \left\{x^2 \sin\dfrac{1}{x}\right\} dx = ?$

**[662]** $\lim_{n\to\infty} \dfrac{n!}{3n^n} = ?$

**[663]** $\lim_{n\to\infty} \sum_{k=1}^{n} \left( \lim_{n\to\infty} \left( \dfrac{n^2 - nk + 1}{n^2 + 1} \right)^{\frac{n^2+n+1}{n+1}} \right) = ?$

**[664]** $a_1, a > 0,\ a_{n+1} = \dfrac{a_n + a}{a_n + 1} \Rightarrow \lim_{n\to\infty} a_n = ?$

**[665]** $n \in N \Rightarrow \lim_{x\to\infty} \dfrac{x}{\sqrt[n]{1+(2x)^n}} = ?$

**[666]** $\lim_{n\to\infty} n\int_0^1 x^n f(x)\,dx = ?$

**[667]** $0<a<1 \Rightarrow \lim_{n\to\infty} \frac{1+a+a^2+\cdots+a^n}{1+2a+\cdots+na^{n-1}} = ?$, (not L'Hospital)

**[668]** $\lim_{n\to\infty} \frac{1}{n!}\int_1^\infty \frac{x^n}{e^x}\,dx = ?$

**[669]** $\lim_{n\to\infty} \frac{x_n}{n^2} = 1 \Rightarrow \lim_{n\to\infty} \sum_{k=1}^{n} \frac{k}{k^2+x_n} = ?$

**[670]** $n \geq 3 \Rightarrow \lim_{x\to\infty} x\left(2x - \sqrt[n]{x^n+ax^{n-1}+1} - \sqrt[n]{x^n-ax^{n-1}+1}\right) = ?$

**[671]** $\lim_{x\to\infty} \dfrac{\cos\left(\frac{a}{x}\right) - \cos\left(\frac{b}{x}\right)\cos\left(\frac{c}{x}\right)}{\sin\left(\frac{b}{x}\right)\sin\left(\frac{c}{x}\right)} = ?$

**[672]** $\lim_{n\to\infty} \sin^2\left(\pi\sqrt{n^2+n}\right) = ?$

**[673]** $\lim_{n\to\infty} \cos^2\left(\pi\sqrt{n^2-n}\right) = ?$

**[674]** $\lim_{n\to\infty} \sum_{i=1}^{n}\sum_{j=0}^{n-i} \frac{(-1)^j}{i!\,j!} = ?$

**[675]** $a>0 \Rightarrow \lim_{n\to\infty} n\int_0^1 \frac{x^n}{a+x^n}\,dx = ?$

**[676]** $\lim_{x\to 2} \frac{2^x - x^2}{x-2} = ?$, (not L'Hospital rule)

**[677]** $\lim_{n\to\infty} \sum_{k=1}^{n} \sin\left(\frac{k\pi}{n^2}\right) = ?$

**[678]** $\lim_{n\to\infty} n\int_{-1}^{0} (x+e^x)^n\,dx = ?$

**[679]** $\lim_{n\to\infty}\sum_{k=0}^{n}\frac{{}_nC_k \bullet k!}{n^k\sqrt{n}} = ?$

**[680]** $\lim_{n\to\infty}\frac{1}{e^n}\sum_{k=0}^{n}\frac{n^k}{k!} = ?$

**[681]** $\lim_{x\to 1^-}\frac{\cos^{-1}x}{\sqrt{1-x^2}} = ?$, (not L'Hospital rule)

**[682]** $\lim_{n\to\infty}\sum_{k=1}^{n}\left(\sqrt[n^2]{e^k}-1\right) = ?$

**[683]** $\lim_{n\to\infty}\prod_{k=1}^{n}\left(1+\frac{k^2}{n^3}\right) = ?$

**[684]** $n\in N,\ a_n = \max\{k \mid (k+1)^n > 2k^n\} \Rightarrow \lim_{n\to\infty}\frac{a_n}{n} = ?$

**[685]** $a > 1 \Rightarrow \lim_{n\to\infty} n^3(\sqrt[n]{a}-1)\left(\sqrt{\frac{n-1}{n}}-\sqrt{\frac{n+1}{n+2}}\right) = ?$

**[686]** $\lim_{x\to\frac{\pi}{4}}\frac{\ln(\tan x)}{\sin x-\cos x} = ?$, (not L'Hospital rule)

**[687]** $a+b+c=\pi \Rightarrow \lim_{x\to 1}\frac{\sin(ax^2+bx+c)}{x^2-1} = ?$, (not L'Hospital)

**[688]** $\lim_{x\to 0}\frac{1}{x}\left\{\sum_{k=2}^{\infty}\left(\frac{kx^{k-2}}{4^k}\right)-\frac{1}{8}\right\} = ?$

**[689]** $\lim_{n\to\infty}\prod_{k=1}^{n}\left[1+\frac{1}{n}\ln\left(\frac{k+\sqrt{n^2+k^2}}{n}\right)\right] = ?$

**[690]** $\lim_{x\to 0^+} x^{(x^x-1)} = ?$

**[691]** $a > 0 \Rightarrow \lim_{x\to a}\frac{x^\alpha-a^\alpha}{x^\beta-a^\beta} = ?$

**[692]** $\lim_{n\to\infty}\left[(2n+1)\int_0^1 x^n e^x\,dx\right]=?$

**[693]** $n\in N \Rightarrow \lim_{x\to 0}\dfrac{1-\sqrt[n]{\cos x}}{\tan x^2}=?$

**[694]** $\lim_{x\to\infty}\left(\ln x-\dfrac{1}{2}x^2\right)=?$

**[695]** $\lim_{x\to 0}\dfrac{\sqrt{\cos x}-\sqrt[3]{\cos x}}{x^2}=?$, (not L'Hospital rule)

**[696]** $a_i>0 \Rightarrow \lim_{x\to 0}\left(\dfrac{\sum_{i=1}^{n} a_i^x}{n}\right)^{\cot x}=?$

**[697]** $\lim_{x\to\frac{\pi}{4}}\sqrt[\sin x-\cos x]{2-\tan x\sqrt{\cot x}}=?$, (not L'Hospital rule)

**[698]** $\lim_{x\to 0}\dfrac{x(e^x-1)}{1-\cos x}=?$, (not L'Hospital rule)

**[699]** $\lim_{t\to\infty} t\int_0^1 x^t\ln(1+x)\,dx=?$

**[700]** $\lim_{n\to\infty}\dfrac{1}{\sqrt{n}}\sqrt[n^2]{\prod_{k=1}^{n}k^k}=?$

**[701]** $\lim_{n\to\infty}\dfrac{1}{n^3}\int_0^{n^2}[\sqrt{x}]\,dx=?$, $[x]$:Gauss' notation

**[702]** $\lim_{x\to 0}\sqrt[1-\cos x]{e^{x^2}+x^2}=?$, (not L'Hospital rule)

**[703]** $\lim_{n\to\infty}\sum_{k=1}^{n}\tan^{-1}\left(\dfrac{k^2}{n^3}\right)=?$

**[704]** $f(0)=0 \Rightarrow \lim_{n\to\infty}\sum_{k=1}^{n} f\left(\dfrac{k}{n^2}\right)=?$

**[705]** $\lim_{x\to\infty}\left(x-\ln\frac{e^{x}+e^{-x}}{2}\right)=?$

**[706]** $|c|<1,\ b\neq c,\ bc<1$
$\Rightarrow \lim_{n\to\infty} ac+(a+ab)c^2+\cdots+(a+ab+\cdots+ab^n)c^{n+1}=?$

**[707]** $\lim_{n\to\infty}\sum_{k=0}^{n-2}\frac{1}{k!}\left(\frac{1}{2!}-\frac{1}{3!}+\cdots+\frac{(-1)^{n-k}}{(n-k)!}\right)=?$

**[708]** $p\in R \Rightarrow \lim_{n\to\infty}\prod_{k=1}^{n}\left(1+\frac{k^p}{n^{p+1}}\right)=?$

**[709]** $\lim_{n\to\infty}\sqrt[n]{n-3+(\ln 2)^n+e^n+\pi^n}=?$

**[710]** $\lim_{n\to\infty} n\left[-1+\sum_{k=2}^{n}\log_{\frac{1}{3}}\left(1-\frac{2}{k(k+1)}\right)\right]=?$

**[711]** $\lim_{n\to\infty}\frac{(1)(3)+(2)(4)+\cdots+n(n+2)}{{}_{n+2}C_{n-1}}=?$

**[712]** $\lim_{x\to 0}\frac{\sqrt{1+\sin^3\frac{x}{2}}-\sqrt{1-\sin^3\frac{x}{2}}}{x^3}=?$

**[713]** $\lim_{n\to\infty}\sqrt[3]{n^3+2n^2+1}-\sqrt[3]{n^3-1}=?$

**[714]** $\lim_{x\to\infty}\sqrt{x^2+x+1}+\sqrt[3]{x^3+2x+1}-\sqrt[5]{32x^5+1}=?$

**[715]** $\lim_{n\to\infty}\frac{n!}{\prod_{k=1}^{n}(1+k^2)}=?$

**[716]** $\lim_{n\to\infty}\sum_{k=1}^{n-1}\frac{k}{{}_nC_k}=?$

**[717]** $\lim_{x\to 0^+}\cot x-(\ln x)^2=?$

**[718]** $\lim_{x\to 0} \frac{2^{\tan^{-1}x} - 2^{\sin^{-1}x}}{2^{\tan x} - 2^{\sin x}} = ?$

**[719]** $0 < a_1 < 1,\, a_{n+1} = a_n^2 - a_n + 1 \Rightarrow \lim_{n\to\infty} \prod_{k=1}^{n} a_k = ?$

**[720]** $\lim_{x\to 0} \frac{\tan^{-1}x - \sin^{-1}x}{x^3} = ?$

**[721]** $\lim_{n\to\infty} \left[ \lim_{x\to 0} \sqrt[n^3 x^2]{1 + \sum_{k=1}^{n} \sin^2(kx)} \right] = ?$

**[722]** $\lim_{n\to\infty} \sin\left(n\pi \sqrt[3]{n^3 + 3n^2 + 4n - 5}\right) = ?$

**[723]** $\sum_{i=0}^{k} a_i = 0 \Rightarrow \lim_{n\to\infty} \sum_{i=0}^{k} a_i \sqrt[3]{n+i} = ?$

**[724]** $\lim_{n\to\infty} \sqrt[n]{\prod_{k=1}^{n} {}_nC_k} = ?$

**[725]** $a > 0,\, 0 < x_n < a,\, x_{n+1}(a - x_n) > \frac{a^2}{4} \Rightarrow \lim_{n\to\infty} x_n = ?$

**[726]** $\lim_{x\to 0} \frac{\tan x - x}{x^2} = ?$, (not L'Hospital rule)

**[727]** $\lim_{x\to 0} \frac{\tan x - \tan^{-1}x}{x^2} = ?$, (not L'Hospital rule)

**[728]** $a_n = \left(1 + \frac{1}{2}\sum_{k=1}^{n} \frac{1}{(2k-1)(2k+1)}\right)^n \Rightarrow \lim_{n\to\infty} \frac{a_{n+1}}{a_n} = ?$

**[729]** $\lim_{n\to\infty} n^2 \ln\left(\cos\frac{1}{n}\right) = ?$, (not L'Hospital rule)

**[730]** $\lim_{n\to\infty} \frac{1 + 2\sqrt{2} + 3\sqrt{3} + \cdots + n\sqrt{n}}{n^2\sqrt{n}} = ?$

**[731]** $\lim_{n\to\infty}\left(\frac{n}{\sqrt{n^2+1}}\right)^n = ?$, (not L'Hospital rule)

**[732]** $a, x_i > 0,\ 3x_n = 2x_{n-1} + \frac{a}{x_{n-1}^2} \Rightarrow \lim_{n\to\infty} x_n = ?$

**[733]** $\lim_{n\to\infty}\sum_{k=1}^{n}\frac{1+3+3^2+\cdots+3^k}{5^{k+2}} = ?$

**[734]** $a_n = \begin{cases} 1 & ,(n \le k) \\ \dfrac{(n+1)^k - n^k}{{}_nC_{k-1}} & ,(n > k) \end{cases},\ b_n = 1 + \sum_{k=1}^{n} k\left(\lim_{n\to\infty} a_n\right)$

$\Rightarrow \lim_{n\to\infty}\left(\frac{b_n^2}{b_{n-1}b_{n+1}}\right)^n = ?$

**[735]** $\lim_{x\to 0}\sqrt[x]{e^x + \sin x} = ?$, (not L'Hospital rule)

**[736]** $\lim_{x\to 0^+}\sqrt[\sin x]{\cos x} = ?$, (not L'Hospital rule)

**[737]** $\lim_{x\to 0}\frac{\sqrt{1+\sin^2 x} - \cos x}{1 - \sqrt{1+\tan^2 x}} = ?$

**[738]** $\lim_{n\to\infty}\left(n^2 + n - \sum_{k=1}^{n}\frac{2k^3 + 8k^2 + 6k - 1}{k^2 + 4k + 3}\right) = ?$

**[739]** $\lim_{x\to 0}\frac{1}{nx}\ln\left(\sum_{k=0}^{n} x^k\right) = ?$, (not L'Hospital rule)

**[740]** $\lim_{x\to -a}\frac{\cos x - \cos a}{x^2 - a^2} = ?$, (not L'Hospital rule)

**[741]** $n \in N \Rightarrow \lim_{x\to 0}\frac{x^n - \sin^n x}{x^{n+2}} = ?$

**[742]** $\lim_{n\to\infty} n\left(\sum_{k=1}^{n}\frac{1}{k^2} - \frac{\pi^2}{6}\right) = ?$

**[743]** $a_1 > 0, a_{n+1} = a_n + \dfrac{1}{\sum_{k=1}^{n} a_k} \Rightarrow \lim_{n\to\infty} \dfrac{a_n}{\sqrt{2\ln n}} = ?$

**[744]** $\lim_{n\to\infty} \dfrac{\sum_{k=1}^{n} k(k+1)(k+2)}{n^2(n+1)^2} = ?$

**[745]** $p \in N \Rightarrow \lim_{n\to\infty} \dfrac{\prod_{k=1}^{p} {}_nC_k}{\sqrt{n^{p(p+1)}}} = ?$

**[746]** $k \in N, k \geq 2 \Rightarrow \lim_{n\to\infty} \dfrac{1}{n+1} + \dfrac{1}{n+2} + \cdots + \dfrac{1}{kn} = ?$

**[747]** $a_n$ :등차수열, $r$ :공차 $\Rightarrow \lim_{n\to\infty} \prod_{k=1}^{n} \left(1 - \dfrac{r^2}{a_k^2}\right) = ?$

**[748]** $x_1 > 0, x_{n+1} = x_n + \sqrt{x_n} \Rightarrow \lim_{n\to\infty} \sqrt[n]{x_n} = ?$

**[749]** $a_1 = 1, a_{n+1} = \dfrac{\sqrt{n}}{1+a_n} \Rightarrow \lim_{n\to\infty} \dfrac{a_n^4}{n} = ?$

**[750]** $(a_{n+1} - a_n)(a_{n+1} + a_n + 4) \leq 0 \Rightarrow \lim_{n\to\infty} \dfrac{1}{n^2} \sum_{k=1}^{n} a_k = ?$

**[751]** $\lim_{n\to\infty} (\sqrt[n]{n})^{1 + \frac{1}{\ln 2} + \frac{1}{\ln 3} + \cdots + \frac{1}{\ln n}} = ?$

**[752]** $\lim_{n\to\infty} \dfrac{1}{n} \sum_{i,j=1}^{n} \dfrac{1}{\sqrt{i^2 + j^2}} = ?$

**[753]** $a_n$ :등차수열, $r$ :공차 $\Rightarrow \lim_{n\to\infty} \dfrac{a_1a_2 + a_2a_3 + \cdots + a_na_{n+1}}{a_n^3} = ?$

**[754]** $\lim_{x\to 0} \dfrac{(2^x - 1)(7^x - 1)}{(3^x - 1)(5^x - 1)} = ?$

**[755]** $a \in R \Rightarrow \lim_{n\to\infty} \frac{(n-0.5)^{2n-0.5} n^{a-n-0.5}}{(n-1)^{n-0.5}} = ?$

**[756]** $a_0 > 0, a_{n+1} = a_n + \frac{1}{\sqrt{a_n}} \Rightarrow \lim_{n\to\infty} \frac{a_n^3}{n^2} = ?$

**[757]** $0 < a_1 < 1, a_{n+1} = a_n(1-a_n^2) \Rightarrow \lim_{n\to\infty} a_n \sqrt{n} = ?$

**[758]** $\lim_{n\to\infty} \frac{1}{n(n+1)} \sum_{k=1}^{n} k\sin\left(\frac{\pi k^2}{n(n+1)}\right) = ?$

**[759]** $\lim_{x\to 0^+} \left(\frac{\sin x}{x}\right)^{\frac{1}{x^2}} = ?$, (not L'Hospital rule)

**[760]** $\lim_{n\to\infty} \sum_{k=1}^{2n-1} \frac{1}{2n+k} = ?$

**[761]** $\begin{cases} \lim_{n\to\infty} (x_{2n} + x_{2n+1}) = 315 \\ \lim_{n\to\infty} (x_{2n} + x_{2n-1}) = 2003 \end{cases} \Rightarrow \lim_{n\to\infty} \frac{x_{2n}}{x_{2n+1}} = ?$

**[762]** $\lim_{n\to\infty} \left(\frac{2n+2}{2n-1}\right)^{n+\sqrt{n}} = ?$

**[763]** $0 < t_n < 1, \begin{cases} x_{n+1} = t_n x_n + (1-t_n) y_n \\ y_{n+1} = (1-t_n) x_n + t_n y_n \end{cases} \Rightarrow \begin{cases} \lim_{n\to\infty} x_n = ? \\ \lim_{n\to\infty} y_n = ? \end{cases}$

**[764]** $x_k = \sum_{n=1}^{k} \frac{n}{(n+1)!} \Rightarrow \lim_{n\to\infty} \sqrt[n]{\sum_{k=1}^{2011} x_k{}^n} = ?$

**[765]** $\lim_{n\to\infty} \sum_{k=0}^{n-1} \frac{1}{na+kb} = ?$

**[766]** $a > 1 \Rightarrow \lim_{x\to 0} \frac{a^x - 1}{x^a - x} = ?$, (not L'Hospital rule)

**[767]** $a>0 \Rightarrow \lim_{x\to 0}\frac{a^{\sin x}-1}{1+x-\cos x}=?$, (not L'Hospital rule)

**[768]** $\lim_{x\to\infty}\log_{\left(\frac{x^2+1}{x+1}\right)}\left(\sqrt{x^2+1}-x\right)=?$

**[769]** $\lim_{x\to 0}\sqrt[x^2]{\frac{\tan^{-1}x}{x}}=?$, (not L'Hospital rule)

**[770]** $\lim_{n\to\infty}\left(\sum_{k=1}^{n}\frac{1}{\sqrt{n^2+k}}\right)^n=?$

**[771]** $\lim_{n\to\infty}\left(\int_0^1\sqrt[n]{e^{x^2}}\,dx\right)^n=?$

**[772]** $\lim_{n\to\infty}\frac{1^n+2^n+3^n+\cdots+n^n}{(n+1)^n}=?$

**[773]** $\lim_{n\to\infty}\frac{1}{n}\sqrt[n]{\frac{(3n)!}{(2n)!}}=?$

**[774]** $f(0)=0 \Rightarrow \lim_{n\to\infty}n\int_0^1 f\left(\frac{x}{n}\right)dx=?$

**[775]** $f(1)=0 \Rightarrow \lim_{n\to\infty}n^2\int_0^1 x^n f(x)\,dx=?$

**[776]** $\lim_{x\to 0}\frac{\sin(2\sin(3\sin(4x)))}{x}=?$

**[777]** $\lim_{n\to\infty}\prod_{k=1}^{n}\left(1+\sin\frac{k}{n^2}\right)=?$

**[778]** $\lim_{x\to 0}\sqrt[x^2]{\frac{\tan x}{x}}=?$, (not L'Hospital rule)

**[779]** $\lim_{x\to 0}\sqrt[x]{\left(\frac{a^x+b^x+c^x}{3}\right)^2}=?$

**[780]** $x_0 > 0, \sum_{k=1}^{n} x_k = \frac{1}{\sqrt{x_{n+1}}} \Rightarrow \lim_{n\to\infty} n^2 x_n^3 = ?$

**[781]** $\lim_{n\to\infty} n \int_0^{\frac{\pi}{2}} x f(x)(\cos x)^n \, dx = ?$

**[782]** $\exists\, c = c(x) \in (a,x), \int_a^x f(t)dt = f(c)(x-a), f'(a) \neq 0$

$\Rightarrow \lim_{x\to a} \frac{c(x)-a}{x-a} = ?$

**[783]** $\exists\, c = c(x) \in (a,x), \frac{f(x)-f(a)}{x-a} = f'(c),\ f''(a) \neq 0$

$\Rightarrow \lim_{x\to a} \frac{c(x)-a}{x-a} = ?$

**[784]** $\exists\, c = c(x) \in (a,x), \int_a^x f(t)g(t)dt = f(c)\int_a^x g(t)dt,$

$f'(a) \neq 0, g'(a) \neq 0 \Rightarrow \lim_{x\to a} \frac{c(x)-a}{x-a} = ?$

**[785]** $\exists\, c = c(x) \in (a,x), \frac{f(x)-f(a)}{g(x)-g(a)} = \frac{f'(c)}{g'(c)},\ g'(a) \neq 0,$

$f''(a)g'(a) \neq f'(a)g''(a) \Rightarrow \lim_{x\to a} \frac{c(x)-a}{x-a} = ?$

**[786]** $\exists\, c = c(x) \in (a,x), \int_a^x f(t)dt = f(c)(x-a), f''(a) \neq 0$

$f'(a) = 0 \Rightarrow \lim_{x\to a} \frac{c(x)-a}{x-a} = ?$

**[787]** $\exists\, c = c(x) \in (a,x), \int_a^x f(t)dt = f(c)(x-a), f^{(n)}(a) \neq 0$

$f'(a) = \ldots = f^{(n-1)}(a) = 0 \Rightarrow \lim_{x\to a} \frac{c(x)-a}{x-a} = ?$

**[788]** $\lim_{x\to 0} \frac{x + \ln(1-x)}{x\sin x} = ?,$ (not L'Hospital rule)

**[789]** $\lim_{n\to\infty} \int_0^1 \frac{1}{1+x+x^n} dx = ?$

**[790]** $\lim_{n\to\infty}\sqrt[n]{\int_0^1\left(\sin\frac{\pi x}{2}+1\right)^n dx}=?$

**[791]** $-1<f(x)<1, 0<a<1 \Rightarrow \lim_{n\to\infty}\int_0^1 \frac{f(ax)^n-f(x)^n}{x}dx=?$

**[792]** $f(x)>0 \Rightarrow \lim_{a\to 0}\sqrt[a]{\int_0^1 f(x)^a\,dx}=?$

**[793]** $\lim_{n\to\infty}\sum_{k=1}^{n}\sin\left(\frac{n}{k^2+n^2}\right)=?$

**[794]** $\lim_{n\to\infty}\sqrt[n^2]{\frac{(n+1)!(n+2)!\cdots(2n)!}{1!2!\cdots(n-1)!(n!)^{n+1}}}=?$

**[795]** $\lim_{n\to\infty}\frac{n!}{n^n}\left(\sum_{k=0}^{n}\frac{n^k}{k!}-\sum_{k=n+1}^{\infty}\frac{n^k}{k!}\right)=?$

**[796]** $m>101 \Rightarrow \lim_{x\to\infty}\frac{\sum_{k=1}^{1000}(x+k)^m}{x^m+10^{1000}}=?$

**[797]** $\lim_{n\to\infty}\frac{1}{n}\int_0^n f(\sin x)\,dx=?$

**[798]** $\lim_{n\to\infty}\int_0^1 x f(\sin(2n\pi x))\,dx=?$

**[799]** $\lim_{n\to\infty}\int_0^{\pi}\frac{\sin x}{1+3\cos^2(nx)}\,dx=?$

**[800]** $\lim_{n\to\infty}\int_0^{\pi} f(x)|\sin(nx)|\,dx=?$

**[801]** $\lim_{n\to\infty}\int_{\pi}^{2\pi}\frac{|\sin(nx)+\cos(nx)|}{x}\,dx=?$

**[802]** $F_0(x)=\ln x, F_{n+1}(x)=\int_0^x F_n(t)dt \Rightarrow \lim_{n\to\infty}\frac{n!F_n(1)}{\ln n}=?$

**[803]** $\lim_{x\to 4}\frac{\sin^2(\pi x)}{3-x+e^{x-4}}=?$, (not L'Hospital rule)

**[804]** $\lim_{x\to 0}\frac{1}{x}\int_0^x \frac{\cos t}{1+\cos t}\,dt=?$, (not L'Hospital rule)

**[805]** $\lim_{x\to 0}\int_0^x \frac{(1+\sin t)^2}{x}\,dt=?$, (not L'Hospital rule)

**[806]** $\lim_{n\to\infty}(en!-[en!])=?$, $[x]$:Gauss' notation

**[807]** $\lim_{n\to\infty}\int_0^1 \frac{x^n}{\sqrt{1+x^{2n}}}\,dx=?$

**[808]** $\lim_{n\to\infty}\int_0^1 \frac{nx^n}{\sqrt{1+x^{2n}}}\,dx=?$

**[809]** $\lim_{x\to 0}\left[\frac{2011\sin x}{x}\right]=?$, $[x]$:Gauss' notation

**[810]** $\lim_{x\to 0}\sum_{k=1}^{n}\frac{\sin^2 x}{\cos x-\cos(2k+1)x}=?$

**[811]** $\lim_{n\to\infty}\sum_{k=1}^{n}\frac{k^{\frac{1}{a}}\left(n^{a-\frac{1}{a}}+k^{a-\frac{1}{a}}\right)}{n^{a+1}}=?$

**[812]** $a_n>0,\ \int_0^{a_n} x^n\,dx=2\ \Rightarrow\ \lim_{n\to\infty}a_n=?$

**[813]** $\lim_{n\to\infty}\frac{1}{n}\int_0^1 x^{\frac{1}{n}-1}f(x)\,dx=?$

**[814]** $\lim_{n\to\infty}\sqrt[n]{\prod_{k=1}^{n}\left(1+\frac{k}{n}\right)^{\frac{k}{n}}}=?$

**[815]** $\lim_{n\to\infty}\sqrt[n]{\prod_{k=1}^{n}\left(\frac{n}{k}+1\right)^{\frac{k}{n}}}=?$

[816] $\lim_{n\to\infty}\sum_{k=1}^{n}\left\{k\ln\left(\frac{2k+1}{2k-1}\right)-1\right\}=?$

[817] $\lim_{x\to0}\frac{b^x-a^x}{x}=?$, (not L'Hospital rule)

[818] $\lim_{x\to0}\frac{1-\cos^2(4x)}{1-\cos(2x)}=?$, (not L'Hospital rule)

[819] $\lim_{x\to1}\frac{\sqrt[n]{x}-1}{\sqrt[m]{x}-1}=?$, (not L'Hospital rule)

[820] $a_n=\max\left\{\frac{x^n e^{-x+n\pi}}{n!}\right\}, x>0 \Rightarrow \lim_{n\to\infty}\ln\sqrt[n]{\frac{a_{2n}}{a_n}}=?$

[821] $\lim_{n\to\infty}\int_0^1 x^2 e^{-\left(\frac{x}{n}\right)^2}dx=?$

[822] $\lim_{x\to1}\frac{\ln x}{\sin\left(\cos\left(x-1+\frac{\pi}{2}\right)\right)}=?$, (not L'Hospital rule)

[823] $\lim_{n\to\infty}\left(\sin\frac{1}{\sqrt{n}}\right)\sum_{k=1}^{n}\frac{1}{\sqrt{n+k}}=?$

[824] $\lim_{n\to\infty}n^2\left(\int_0^1\sqrt[n]{1+x^n}-1\,dx\right)=?$

[825] $\lim_{n\to\infty}\frac{n^x\Gamma(n)\Gamma(x)}{\Gamma(x+n)}=?$

[826] $\lim_{x\to0}\frac{(e^{ax}-1)\cos\pi x}{\pi\sin x}=?$, (not L'Hospital rule)

[827] $\lim_{x\to0}\frac{\ln(1-x)+\sin 2x}{x}=?$, (not L'Hospital rule)

[828] $\lim_{x\to\sqrt{2}}\frac{e^{2x^2+x-1}-e^{x^2+x+1}}{x^2-2}=?$, (not L'Hospital rule)

[829] $\lim_{x\to 0}\frac{(x+1)^x-1}{x^2}=?$, (not L'Hospital rule)

[830] $\lim_{x\to a}\frac{x^a-a^x}{x^x-a^a}=?$, (not L'Hospital rule)

[831] $\lim_{x\to\frac{\pi}{2}}\frac{\ln(\sin 5x)}{\ln(\sin 9x)}=?$, (not L'Hospital rule)

[832] $\lim_{n\to\infty}\int_0^{\pi}\frac{e^x}{1+\cos^2(nx)}dx=?$

[833] $\lim_{x\to\infty}\log_{\left(\frac{x^2+1}{x+1}\right)}\left(\sqrt{x^2+1}-x\right)=?$

[834] $\lim_{x\to 0}\frac{4x^3(e^x-1)}{(1-\cos 2x)^2}=?$, (not L'Hospital rule)

[835] $a\neq 0\Rightarrow\lim_{x\to 0}\frac{x}{a}\left[\frac{b}{x}\right]=?$, $[x]$:Gauss' notation

[836] $\lim_{x\to 0}\frac{\ln(x+1)^{x+1}}{x^2}-\frac{1}{x}=?$, (not L'Hospital rule)

[837] $n\in N\Rightarrow\lim_{x\to 0}\frac{\tan^n x-\sin^n x}{x^{n+2}}=?$

[838] $\lim_{x\to 0}\frac{(ax+1)^{\frac{1}{x}}-(x+1)^{\frac{a}{x}}}{x}=?$

[839] $\lim_{x\to 0}\frac{x-\sin x}{x^3}=?$, (not L'Hospital rule and Taylor's thm.)

[840] $\lim_{n\to\infty}\frac{(n^{-1}+1)^{n^2}}{e^n}=?$

[841] $0<a<b\Rightarrow\lim_{n\to\infty}\sqrt[n]{\left|\int_a^b(x-a)^n(x-b)^n dx\right|}=?$

[842] $\lim_{n\to\infty}\int_0^1 x^2|\sin(n\pi x)|\,dx = ?$

[843] $\lim_{x\to\infty}\left(\sqrt{x^2+\sqrt{x^4+1}}-x\sqrt{2}\right) = ?$

[844] $\lim_{n\to\infty}\frac{1}{n}\int_0^1 \frac{e^{x^2}}{x}\sqrt[n]{x}\,dx = ?$

[845] $\lim_{x\to\infty} x^3\left(\sqrt{x^2+\sqrt{x^4+1}}-x\sqrt{2}\right) = ?$

[846] $a,b>0 \Rightarrow \lim_{x\to\frac{\pi}{2}}\frac{\cos^a x}{(1-\sin x)^b} = ?$, (not L'Hospital rule)

[847] $\lim_{x\to 0}\frac{1-\cos x\cos 2x\cos 3x}{1-\cos x} = ?$, (not L'Hospital and series)

[848] $\lim_{x\to 0}\frac{\ln(\ln(1-x^2))}{\ln(\ln(\cos x))} = ?$, (not L'Hospital rule)

[849] $\lim_{n\to\infty}\int_0^\pi \frac{x\cos x}{1+3\sin^2(nx)}\,dx = ?$

[850] $\lim_{x\to 0}\frac{e^x-e^{\tan x}}{x-\tan x} = ?$, (not L'Hospital rule)

[851] $\lim_{n\to\infty}\left(\sqrt[n]{1}+\sqrt[n]{2}+\cdots+\sqrt[n]{2011}-2010\right)^n = ?$

[852] $\lim_{x\to 0}\frac{1}{x}\cos^{-1}\left(\frac{\sin x}{x}\right) = ?$

[853] $\lim_{n\to\infty}\sin^2\left(\pi\sqrt{n^2+n+1}\right) = ?$

[854] $\lim_{n\to\infty}\sqrt[n]{\frac{(n!)^2}{(2n+1)!}} = ?$

**[855]** $\lim_{n\to\infty}\int_0^{\frac{\pi}{3}}\frac{\sin^n x}{\sin^n x+\cos^n x}dx=?$

**[856]** $\lim_{x\to\infty}\sqrt[x]{\tan\left(\frac{\pi x}{2x+1}\right)}=?$

**[857]** $\lim_{n\to\infty}\sqrt[3]{2011}\sqrt[15]{2011}\sqrt[35]{2011}\cdots\sqrt[(2n-1)(2n+1)]{2011}=?$

**[858]** $\lim_{n\to\infty}n\int_1^{1+\frac{1}{n}}\sqrt[3]{1+x^3}\,dx=?$

**[859]** $\lim_{n\to\infty}a_n=a\Rightarrow\lim_{n\to\infty}\frac{a_1+2a_2+\cdots+na_n}{n(n+1)}=?$

**[860]** $x_n: x^n=x^2+x+1$의 양수 근 $\Rightarrow\lim_{n\to\infty}n(x_n-1)=?$

**[861]** $A(\theta), B(\theta)$:각각 넓이 $\Rightarrow\lim_{\theta\to 0}\frac{B(\theta)}{A(\theta)}=?$

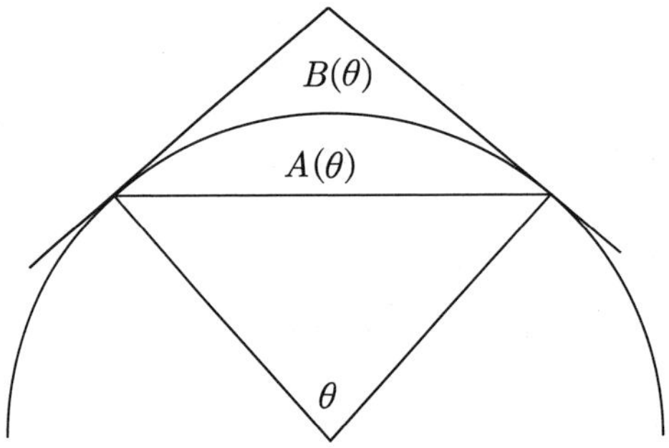


**[862]** $\lim_{n\to\infty}n\int_0^{\frac{\pi}{2}}(1-\sqrt[n]{\sin x})\,dx=?$

**[863]** $0<a,b\neq 1\Rightarrow\lim_{x\to\infty}x\left[\left(\frac{\sqrt[x]{a}+\sqrt[x]{b}}{2}\right)^x-\sqrt{ab}\right]=?$

**[864]** $\lim_{n\to\infty}\frac{1}{2n}\ln\left({}_{2n}C_n\right)=?$

**[865]** $x_1 > 0,\ x_{n+1} = \left(1 + \dfrac{x_n}{a}\right)^a - 1,\ 0 < a < 1 \Rightarrow \begin{cases} \lim\limits_{n\to\infty} x_n = ? \\ \lim\limits_{n\to\infty} nx_n = ? \end{cases}$

**[866]** $\lim\limits_{n\to\infty}(x_{n+2} + 2x_{n+1} + x_n) = 0 \Rightarrow \lim\limits_{n\to\infty} \dfrac{x_n}{n^2} = ?$

**[867]** $\lim\limits_{x\to1} \dfrac{\sin^{-1}(x-1)}{\cos^{-1}x} = ?$

**[868]** $\lim\limits_{x\to0} [\ln(x+1)]^{\sin x} = ?$

**[869]** $\lim\limits_{n\to0} n^2 \Gamma'(n) = ?$

**[870]** $y(x)e^{y(x)} = x,\ y(0) = 0 \Rightarrow \begin{cases} \lim\limits_{x\to\infty} \dfrac{y(x)}{\ln x} = ? \\ \lim\limits_{x\to\infty} \dfrac{y(x) - \ln x}{\ln(\ln x)} = ? \end{cases}$

**[871]** $\lim\limits_{n\to\infty} \displaystyle\int_{2\pi}^{4\pi} \frac{\sin(nx)}{x^2}\,dx = ?$

**[872]** $\lim\limits_{n\to\infty} n \displaystyle\int_{2\pi}^{4\pi} \frac{\sin(nx)}{x^2}\,dx = ?$

**[873]** $\lim\limits_{n\to\infty} \displaystyle\int_{\pi}^{2\pi} \frac{|\sin(nx)|}{x}\,dx = ?$

**[874]** $\lim\limits_{n\to\infty} \displaystyle\int_{0}^{\pi} \frac{\sin x}{1 + \cos^2(nx)}\,dx = ?$

**[875]** $\lim\limits_{n\to\infty} n \displaystyle\int_{0}^{1} \frac{x^n e^{x-1}}{1 + x^{2n}}\,dx = ?$

**[876]** $\lim\limits_{n\to\infty} n \displaystyle\int_{0}^{1} \ln(1+x)\ln(1+x^n)\,dx = ?$

**[877]** $\lim\limits_{n\to\infty} n \displaystyle\int_{0}^{1} f(x^n)\,dx = ?$

**[878]** $\lim_{n\to\infty} n\int_0^1 f(x)g(x^n)\,dx = ?$

**[879]** $\lim_{n\to\infty} n\int_0^1 x^n f(x)\,g(x^n)\,dx = ?$

**[880]** $\lim_{n\to\infty} n\left[f(1)\int_0^1 h(x)dx - n\int_0^1 x^n f(x)h(x^n)dx\right] = ?$

**[881]** $\lim_{n\to\infty} n\left[f(1)\int_0^1 \frac{g(x)}{x}dx - n\int_0^1 f(x)g(x^n)dx\right] = ?$

**[882]** $\lim_{n\to\infty} n\int_0^1 \frac{x^n f(x)}{1+x^{2n}}\,dx = ?$

**[883]** $\lim_{n\to\infty} n\left(\ln 2 - n\int_0^1 \frac{x^n}{1+x^n}\,dx\right) = ?$

**[884]** $a^3 = 1+x, b^3 = 1-x \;\Rightarrow\; \lim_{x\to 0}\frac{5x}{a-b} = ?$

**[885]** $\lim_{n\to\infty}\frac{1}{n}\sum_{k=1}^{n}|\cos k| = ?$

**[886]** $\lim_{x\to 0}\frac{\tan x - x}{x - \sin x} = ?$, (not L'Hospital rule)

**[887]** $3 \le f(x) \le 5,\ \lim_{x\to\infty} f(x)+f'(x) = 3 \Rightarrow \lim_{x\to\infty} f(x) = ?$

**[888]** $I_n = \int_0^1 \sqrt[n]{x^{n^2} + x^{n^2-n}}\,dx \;\Rightarrow\; \lim_{n\to\infty}\left(n^2 I_n - n\right) = ?$

**[889]** $\lim_{n\to\infty}\frac{3^n}{\prod_{k=1}^{n}\frac{\sin^{-1}\left(\frac{9k+2}{\sqrt{27k^3+54k^2+36k+8}}\right)}{\tan^{-1}\left(\frac{1}{\sqrt{3k+1}}\right)}} = ?$

[890] $a_n = \max\left\{\int_x^{2x} e^{-t^n} dt\right\}, x \geq 0 \Rightarrow \lim_{n\to\infty} \ln(a_n) = ?$

[891] $\lim_{n\to\infty} \frac{1}{n} \sum_{k=1}^{n} \sin(k\theta) = ?$

[892] $0 < f(x), f(x)^2 + (\ln f(x))^2 = x \Rightarrow \lim_{x\to\infty} \frac{f(x)}{\sqrt{x}} = ?$

[893] $\lim_{x\to 0} \sqrt[x]{1+\sin x} = ?$, (not L'Hospital rule)

[894] $\lim_{x\to 0} \sqrt[x]{\frac{2^x + 3^x}{2}} = ?$, (not L'Hospital rule)

[895] $\lim_{x\to 2} \frac{\cos\frac{\pi}{x}}{x-2} = ?$, (not L'Hospital rule)

[896] $\lim_{n\to\infty} \sqrt[n]{\frac{n!}{5 \cdot 9 \cdot 13 \cdots (4n+1)}} = ?$

[897] $\lim_{n\to\infty} n\left(\sum_{k=1}^{3n} \sin\frac{1}{n+k} - \ln 4\right) = ?$

[898] $\lim_{n\to\infty} \int_1^0 \sum_{k=1}^{n} (\ln \sqrt[k^2]{x})\, dx = ?$

[899] $\lim_{n\to\infty} n\sin(2\pi e \cdot n!) = ?$

[900] $\lim_{n\to\infty} n\int_0^1 \frac{1}{\sqrt{1+x^{2n}}} dx = ?$

[901] $\lim_{x\to 0} \frac{\sqrt[3]{1-x^2\sin 9x} - 1}{\tan^3 x} = ?$, (not L'Hospital rule)

[902] $\lim_{n\to\infty} \sum_{k=1}^{2n} \frac{n}{2n^2 + 3nk + k^2} = ?$

**[903]** $\lim_{x\to 1}\dfrac{n-\sum_{k=1}^{n}x^k}{1-x}=?$, (not L'Hospital rule)

**[904]** $\lim_{x\to 1}\sin^{-1}\left(\dfrac{1-\sqrt{x}}{1-x}\right)=?$, (not L'Hospital rule)

**[905]** $\lim_{x\to 0^+}\left(\int_{-\infty}^{-1-n}\dfrac{xe^x}{(x+1)^2}dx+\int_{-1-n}^{0}\dfrac{xe^x}{(x+1)^2}dx\right)=?$

**[906]** $\lim_{\theta\to 0}(\sec^2\theta)^{\cot^2\theta}=?$

**[907]** $\lambda,\mu>0\Rightarrow\lim_{x\to\frac{\pi}{2}}\dfrac{1-\sin^{\lambda+\mu}x}{\sqrt{(1-\sin^{\lambda}x)(1-\sin^{\mu}x)}}=?$

**[908]** $\lim_{x\to 0}\dfrac{\left(\sqrt{1+x^2}+x\right)^n-\left(\sqrt{1+x^2}-x\right)^n}{x}=?$

**[909]** $n\ge 2\ \Rightarrow\ \lim_{x\to 0}\dfrac{\sqrt[n]{1+x}+\sqrt[n]{1-x}-2}{x^2}=?$

**[910]** $\lim_{x\to\infty}\int_{\frac{1}{x+1}}^{\frac{1}{x}}\cot(t^2)\,dt=?$

**[911]** $\lim_{\alpha\to\infty}\int_0^{2010}\sqrt{x(1+\cos\alpha x)}\,dx=?$

**[912]** $\lim_{n\to\infty}\dfrac{1}{n}\sqrt[n]{\dfrac{(4n)!}{(3n)!}}=?$

**[913]** $\lim_{n\to\infty}\left(\dfrac{n^2(n-3)}{n^3+2n+1}\right)^{n+2}=?$

**[914]** $\lim_{n\to\infty}n^{b-a}\sqrt[n]{\dfrac{(an)!}{(bn)!}}=?$

**[915]** $\lim_{n\to\infty}\frac{1}{n}\int_0^n e^{x^2-n^2}(x^2+1)\,dx=?$

**[916]** $a_n=1+\sum_{k=1}^{n}\frac{n^k(1+n^k)}{1+n^{2k}} \Rightarrow \lim_{n\to\infty}\sqrt[n(n+1)]{\frac{a_n}{1+n}}=?$

**[917]** $a_1=\sqrt{5},\, a_{n+1}=\sqrt{5a_n} \Rightarrow \lim_{n\to\infty}a_n=?$

**[918]** $\lim_{n\to\infty}\int_0^{\pi}e^x|\sin nx|\,dx=?$

**[919]** $\lim_{x\to\frac{\pi}{4}^+}\frac{\sqrt{1-\sqrt{\sin 2x}}}{\pi-4x}=?$

**[920]** $\lim_{n\to\infty}n\left\{e\left(\frac{n}{n+1}\right)^n-1\right\}=?$

**[921]** $\lim_{n\to\infty}\int_1^n\frac{1}{x+x^2+x^3+\cdots+x^n}\,dx=?$

**[922]** $\lim_{x\to 0}\frac{\frac{4}{\pi}\tan^{-1}\left(\frac{x}{\tan^{-1}x}\right)-1}{x^2}=?$, (not L'Hospital rule)

**[923]** $\lim_{n\to\infty}(2004\cdot\sqrt[n]{4}-2003)^n=?$, (not L'Hospital rule)

**[924]** $\lim_{n\to\infty}\left(\frac{n+1}{2^{n+1}}\right)\sum_{k=0}^{n}\frac{2^k}{k}=?$

**[925]** $0<\omega<1 \Rightarrow \lim_{n\to\infty}n^{\omega}(\sqrt[n]{n}-1)=?$

**[926]** $2\le a,b\in N \Rightarrow \lim_{n\to\infty}\frac{\int_0^1[a^nx]\,dx}{\int_0^1[b^nx]\,dx}=?$, $[x]$ :Gauss 부호

**[927]** $V(r)=\{(x,y,z)\,|\,x^2+y^2+z^2\le 1,\, x^2+y^2\le r^2, 0<r\le 1\}$

$$\Rightarrow \lim_{r\to 1}\frac{V(1)-V(r)}{\sqrt{(1-r)^3}}=?,\quad \lim_{r\to 0}\frac{V(r)}{r^2}=?$$

**[928]** $\displaystyle\lim_{n\to\infty}\frac{n\tan\frac{\pi}{n}-\pi}{\pi-n\sin\frac{\pi}{n}}=?$, (not L'Hospital rule)

**[929]** $\displaystyle p>0 \Rightarrow \lim_{n\to\infty}\frac{1}{n^{p+1}}\sum_{i=1}^{n}(2i-1)^p=?$

**[930]** $\displaystyle\lim_{n\to\infty}\left(\sqrt{n+1}+\sqrt{n-1}-2\sqrt{n}\right)=?$

**[931]** $\displaystyle z=z(x),\ f''(x)\neq 0,\ f(x)=f(0)+xf'(zx)\Rightarrow \lim_{x\to 0}z(x)=?$

**[932]** $\displaystyle a_n=\sqrt{a_{n-1}a_{n-2}},\ a_0=9,\ a_1=1\Rightarrow \lim_{n\to\infty}a_n=?$

**[933]** $\displaystyle\lim_{x\to 0}\frac{1-\cos[1-\cos(1-\cos x)]}{x^a}=?$

**[934]** $\displaystyle\lim_{x\to 1}\frac{x-1-\ln x}{1-x+x\ln x}=?$, (not L'Hospital rule)

**[935]** $\displaystyle\lim_{n\to\infty}\frac{1}{\ln n}\sum_{k=1}^{n}\frac{1}{k}=?$

**[936]** $\displaystyle\lim_{n\to\infty}\sqrt[n]{\ln(n!)}=?$

**[937]** $\displaystyle\lim_{n\to\infty}\sum_{k=1}^{n}\frac{x^{n+k}}{(n+k)!}=?$

**[938]** $\displaystyle a_1=1,\ a_2=\frac{1}{2},\ a_{n+2}=a_{n+1}-\frac{a_na_{n+1}}{2}\Rightarrow \lim_{n\to\infty}na_n=?$

**[939]** $\displaystyle\lim_{x\to 0}\frac{\sin(1-\cos x)}{1-\cos(\sin x)}=?$, (not L'Hospital rule)

**[940]** $\lim_{n\to\infty} n\int_0^1 \frac{x^n}{x^n+2011}\,dx = ?$

**[941]** $a_0=\alpha,\ a_{n+1}=\frac{a_n}{1+\sqrt{1+a_n^2}} \ \Rightarrow\ \lim_{n\to\infty} 2^n a_n = ?$

**[942]** $\lim_{x\to 0}\int_x^{3x}\frac{\sin t}{t^2}\,dt = ?$

**[943]** $\lim_{x\to 0}\frac{\sin(2\sin(2\sin x))}{\tan(2\tan(2\tan x))} = ?$

**[944]** $\lim_{x\to 0}\frac{\sqrt[x]{x+1}+e(x-1)}{\sin^{-1}x} = ?$

**[945]** $\lim_{x\to 0}\frac{\sin(\tan x)-\tan x}{\sin x-\tan(\sin x)} = ?$

**[946]** $\lim_{x\to 0}\frac{\left[\sin^{-1}\left(\frac{\sin x}{x}\right)-\sin^{-1}(1)\right]^2}{\tan^{-1}\left(\frac{\tan x}{x}\right)-\tan^{-1}(1)} = ?$

**[947]** $\lim_{x\to\infty} x\left(\sqrt{x^2+2x}-2\sqrt{x^2+x}+x\right) = ?$, (not L'Hospital rule)

**[948]** $\lim_{x\to 0}\frac{\tan^{-1}x-\tan^{-1}\sqrt{x}}{\tan^{-1}\sqrt[3]{x}-\tan^{-1}\sqrt[4]{x}} = ?$

**[949]** $f(x)=\int_{-\infty}^{\infty}\frac{e^{-xz^2}}{1+z^2}\,dz \ \Rightarrow\ \lim_{x\to 0}\frac{f(x)-f(0)}{\sqrt{x}} = ?$

**[950]** $\lim_{n\to\infty}\sum_{k=1}^{n}\left(\sqrt{1+\frac{k}{n^2}}-1\right) = ?$

**[951]** $0<a<b \ \Rightarrow\ \lim_{A\to 0}\sqrt[A]{\int_0^1 [bx+a(1-x)]^A\,dx} = ?$

**[952]** $a_0=1,\ a_{n+1}=(n+1)a_n+1 \Rightarrow \lim_{n\to\infty}\frac{a_n}{n!}=?$

**[953]** $f(x)=\cot 2^n x+\sum_{k=1}^{n}\operatorname{cosec}2^k x \Rightarrow \lim_{x\to 0}\left(\cos^{f(x)}x+\sec^{\operatorname{cosec}x}x\right)=?$

**[954]** $\lim_{x\to 1}\frac{3^{5x-3}-3^{2x^2}}{\tan(\pi x)}=?$, (not L'Hospital rule)

**[955]** $\lim_{n\to\infty}n^2\int_{\frac{1}{n+1}}^{\frac{1}{n}}\frac{\tan^{-1}(nx)}{\sin^{-1}(nx)}dx=?$

**[956]** $k\in N \Rightarrow \lim_{n\to\infty}\int_0^1\frac{\ln(1+x^{n+k})}{\ln(1+x^n)}dx=?$

**[957]** $\begin{cases} a_{n+1}=\frac{2}{3}a_n+1 & ,a_0=1 \\ b_{n+1}=\frac{1}{3}a_{n+1}\sqrt{b_n} & ,b_0=\frac{1}{4} \end{cases} \Rightarrow \lim_{n\to\infty}b_n=?$

**[958]** $\lim_{x\to 1^-}\tan^{-1}\left(\frac{2x}{1-x^2}\right)=?$, (not L'Hospital rule)

**[959]** $\lim_{x\to\infty}\left(\frac{x^{x+1}}{(x+1)^x}-\frac{x}{e}\right)=?$

**[960]** $\lim_{x\to 0}\sqrt[x]{\tan\left(x+\frac{\pi}{4}\right)}=?$, (not L'Hospital rule)

**[961]** $\lim_{n\to 0}\frac{x^n-1}{n}=?$, (not L'Hospital rule)

**[962]** $\lim_{x\to\infty}[(x+2)\ln(x+2)-2(x+1)\ln(x+1)+x\ln x]=?$

**[963]** $\lim_{x\to 0}\frac{1}{x}\int_{2-x}^{2+x}e^{t^2}dt=?$, (not L'Hospital rule)

**[964]** $x_k : x^n+x+1=0$의 근, $(1\le k\le n)\Rightarrow \lim_{n\to\infty}\sum_{k=1}^{n}\frac{1}{x_k-n}=?$

[965] $\lim_{x\to\infty}\left(\cos\frac{a}{x}+k\sin\frac{a}{x}\right)^{x}=?$

[966] $\lim_{n\to\infty}\sum_{k=1}^{n}\frac{6^{k}}{(3^{k}-2^{k})(3^{k+1}-2^{k+1})}=?$

[967] $\lim_{x\to a}\frac{x-a}{(3x-3a)+\tan(x-a)}=?$, (not L'Hospital rule)

[968] $\lim_{x\to 0}\frac{\sin 3x-\sin 3x\cos 2x}{4x^{3}}=?$, (not L'Hospital rule)

[969] $\lim_{n\to\infty}n\left(1-\int_{0}^{1}\frac{1}{1+x^{n}}dx\right)=?$

[970] $\lim_{x\to 0}\sqrt[x]{\cos\sqrt{x}}=?$

[971] $\lim_{n\to\infty}\sum_{k=0}^{\infty}\frac{(-1)^{k}}{nk+c}=?$

[972] $\lim_{n\to\infty}\frac{1}{n}\sqrt[n]{7\prod_{k=1}^{n}\left(n+\frac{k}{7}\right)}=?$

[973] $\lim_{x\to 0}\frac{1-\sqrt{1-x^{2}}\cos x\cos 3x}{x^{2}}=?$, (not L'Hospital rule)

[974] $\lim_{x\to\infty}\left(a\sqrt{2x^{2}+x+1}-bx\right)=2\Rightarrow a=?, b=?$

[975] $\lim_{n\to\infty}\left(\int_{0}^{0.5}\frac{1}{\sqrt{1-x^{2n}}}dx\right)^{n}=?$

[976] $\lim_{n\to\infty}\int_{-1}^{1}\sqrt[n]{1-x^{2}}\,dx=?$

[977] $\lim_{x\to\infty}x^{2}\left(\sqrt[x]{e}+\frac{1}{\sqrt[x]{e}}-2\right)=?$

**[978]** $a>0 \Rightarrow \lim_{n\to\infty}\sqrt[n]{\int_0^1 (ax^n+1)^n\,dx} = ?$

**[979]** $\lim_{n\to\infty}\sum_{k=1}^{n}\frac{\cos^3 k}{n+k} = ?$

**[980]** $f(x)=x^2+x+1 \Rightarrow \lim_{n\to\infty} n\ln\left(\frac{f(n+1)}{f(n)}\right) = ?$

**[981]** $\lim_{n\to\infty}\sqrt[n]{(1+2^n)(2^n+4^n)(4^n+8^n)(8^n+16^n)} = ?$

**[982]** $\lim_{n\to\infty}\prod_{k=1}^{n}\sqrt[k]{1+\left(\frac{k}{n}\right)^4} = ?$

**[983]** $a_n = \int_0^n \frac{e^{-x}}{1+\frac{x}{n}}\,dx \Rightarrow \begin{cases}\lim_{n\to\infty} a_n = ?,\ \lim_{n\to\infty} n(1-a_n) = ? \\ \lim_{n\to\infty} n^2(1-a_n)-n = ?\end{cases}$

**[984]** $\lim_{x\to 1}\left(\frac{1}{\ln x}-\frac{1}{x-1}\right) = ?$, (not L'Hospital rule)

**[985]** $a_n = \sum_{k=0}^{n-1} e^{-k} - \int_0^n e^{-x}\,dx \Rightarrow \lim_{n\to\infty} a_n = ?$

**[986]** $\lim_{n\to\infty}\overbrace{\sin(\sin(\cdots\sin(1)\cdots))}^{n} = ?$

**[987]** $\lim_{n\to\infty} n\sin\left(2\pi\sqrt{1+n^2}\right) = ?$

**[988]** $\lim_{x\to 0}\frac{1-\tan\left(x+\frac{\pi}{4}\right)\tan\left(2x+\frac{\pi}{4}\right)\tan\left(\frac{\pi}{4}-3x\right)}{x^3} = ?$

**[989]** $\lim_{n\to\infty}\frac{1}{n}\sum_{k=1}^{2n}\frac{k}{\sqrt{n^2+k^2}} = ?$

**[990]** $0<a_1<\pi,\ a_{n+1}=\sin a_n \Rightarrow \lim_{n\to\infty}\sqrt{n}\,a_n = ?$

**[991]** $\lim_{n\to\infty} n\left[\ln\sin\left(\frac{\pi}{n^2}\right) - \ln\sin\left(\frac{\pi}{n^2+n}\right)\right] = ?$

**[992]** $0 < x_n < 1,\ \frac{1}{2x_n} + \sum_{k=1}^{n} \frac{1}{x_n - k^2} = 0 \ \Rightarrow\ \lim_{n\to\infty} x_n = ?$

**[993]** $\lim_{n\to\infty} \frac{1}{n} \sum_{i,j=1}^{n} \frac{i+j}{i^2+j^2} = ?$

**[994]** $a_i > 0 \ \Rightarrow\ \lim_{k\to 0} \sqrt[k]{\frac{1}{n}\sum_{i=1}^{n} a_i^k} = ?$

**[995]** $\lim_{n\to\infty} \frac{(\ln n)^n}{(\ln(n+1))^{n+1}} = ?$

**[996]** $\lim_{n\to\infty} \frac{1}{n^{n+1}} \left(\sum_{k=1}^{n} \sqrt[k]{k}\right)^n = ?$

**[997]** $\lim_{n\to\infty} \int_0^1 \frac{nx^{n-1}}{1+x^2}\, dx = ?$

**[998]** $\lim_{n\to\infty} \frac{(2n)!!}{(2n-1)!!} = ?$

**[999]** $a > 0 \Rightarrow \lim_{n\to\infty} \sqrt[n]{1+a^n} = ?$, (not L'Hospital rule)

**[1000]** $a_1 = \frac{1}{n(n+1)},\ a_{k+1} = \frac{-1}{k+n+1} + \frac{n}{k}\sum_{i=1}^{k} a_i \Rightarrow \lim_{n\to\infty} \sum_{k=1}^{n} \sqrt{a_k} = ?$

**[1001]** $f(x) > 0,\ \lim_{n\to\infty} \int_0^1 \frac{f(x)}{1+x^n} dx = l \ \Rightarrow\ \lim_{n\to\infty} n\left(l - \int_0^1 \frac{f(x)}{1+x^n} dx\right) = ?$

**[1002]** $\lim_{x\to 0} \frac{\sin^{-1}\left(x+\frac{1}{2}\right) - \frac{\pi}{6}}{x} = ?$, (not L'Hospital rule)

**[1003]** $F(X) = \int f(x)dx = e^{x - F(X)} \ \Rightarrow\ \lim_{x\to\infty} (f(x))^x = ?$

**[1004]** $\lim_{x\to0}\frac{1}{x^6}\left(\cos x-\frac{12-5x^2}{12+x^2}\right)=?$

**[1005]** $\lim_{x\to0}\frac{1+2\cos^3x-3\sqrt{\cos 2x}}{\sin^4x}=?$, (not L'Hospital rule)

**[1006]** $\lim_{x\to\infty}\frac{e^{\sqrt{\ln x}}}{\sqrt{x}}=?$, (not L'Hospital rule)

**[1007]** $a_n=1+\sum_{i=2}^{n}\frac{1}{\ln i}\ \Rightarrow\ \lim_{n\to\infty}\left(\sqrt[n]{n}\right)^{a_n}=?$

**[1008]** $\lim_{x\to0}\sqrt{\left(\sqrt[x]{e^5}-3x\right)^x}=?$, (not L'Hospital rule)

**[1009]** $\lim_{n\to\infty}\sum_{k=1}^{n}\frac{n2^{k-n}}{k}=?$

**[1010]** $a_1=1,\ a_{n+1}=\frac{na_n}{2+n(a_n+1)}\ \Rightarrow\ \lim_{m\to\infty}m\sum_{n=m+1}^{2m}a_n=?$

**[1011]** $\lim_{n\to\infty}\frac{b_{n+1}}{a_{n+1}}=?$, ($S_1$ : 정사각형)

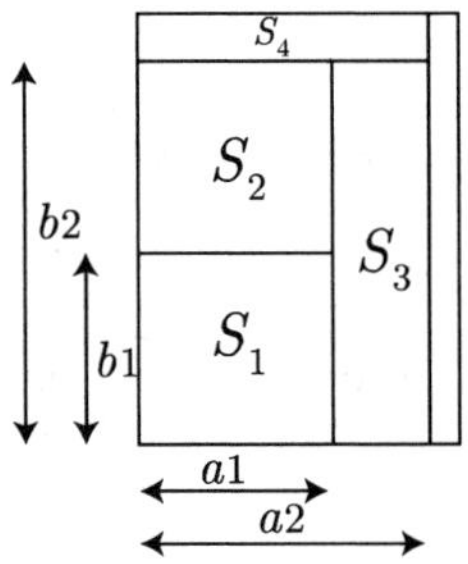


넓이 $=S_i=1$

**[1012]** $\lim_{x\to1}\frac{\prod_{k=1}^{2n}(1-x^k)}{\left[\prod_{k=1}^{n}(1-x^k)\right]^2}=?$, (not L'Hospital rule)

**[1013]** $\lim_{x\to\infty}x\left(1+\frac{\sin x^2}{x}\right)\left(\frac{(2x^2-1)\sin x^2}{x^2}\right)=?$

**[1014]** $0<a<1 \Rightarrow \lim_{x\to\infty}\left(x\int_0^a t^x f(t)\,dt\right)=?$

**[1015]** $\lim_{x\to3}\frac{\sqrt{x+6}-\sin(x-3)-3}{(x-3)\cos(x-3)}=?$

**[1016]** $\lim_{n\to\infty} n\int_4^5 \frac{2x-3}{x(x-1)(x-2)(x-3)+n}\,dx=?$

**[1017]** $\lim_{x\to\pi}\frac{1}{x-\pi}\left(\sqrt{\frac{4\cos^2 x}{2+\cos x}}-2\right)=?$

**[1018]** $a>0 \Rightarrow \lim_{x\to a^2}\frac{\sqrt{x}+x-a-a^2}{x\sqrt{x}+x\sqrt{a}-a^2\sqrt{x}-a^2\sqrt{a}}=?$

**[1019]** $\lim_{x\to0}\frac{\tan^3 x+\tan^3(2x)+\tan^3(3x)}{\tan^3(4x)+\tan^3(5x)+\tan^3(6x)}=?$

**[1020]** $\lim_{x\to\infty} x^{2007}\left[\frac{x}{x-1}-\left(\frac{1}{x^{2007}}+\frac{1}{x}+1\right)\right]=?$

**[1021]** $\lim_{x\to0}\frac{e^{-x^2}-\sqrt{\cos 2x}}{x^2\ln(\cos x)}=?$

**[1022]** $\lim_{r\to\infty}\frac{\int_0^{\frac{\pi}{2}} x^r \sin x\,dx}{r\int_0^{\frac{\pi}{2}} x^r\cos x\,dx}=?$

**[1023]** $\lambda>1 \Rightarrow \lim_{n\to\infty}\sqrt[n]{{}_{\lambda n}C_n}=?$

**[1024]** $\alpha,\beta : ax^2+bx+c=0$의 근, (단, $a,b,c$ 만 나타내라.)

$\Rightarrow \lim_{x\to\alpha}\frac{1-\cos(ax^2+bx+c)}{(x-\alpha)^2}=?$

**[1025]** $\lim_{n\to\infty}\ln\left\{\left[\prod_{k=1}^{n}\left(\frac{a^2k^2+\sqrt{a^4k^4+n^4}}{n^2}\right)^k\right]^{\frac{a^2}{n^2}}\right\}=?$

**[1026]** $0 < p < 1 \Rightarrow \lim_{x\to\infty}\left[(x-x^p)^p - x^p\right] = ?$

**[1027]** $\lim_{n\to\infty}\sqrt[2n]{\prod_{k=1}^{n}\left(1+\frac{2k-1}{2n}\right)} = ?$

**[1028]** $\lim_{x\to\infty}\{f(x)-f'(x)\} = a \Rightarrow \lim_{x\to\infty} f(x) = ?$

**[1029]** $f(x) > 0,\ \lim_{x\to\infty} f(x)\int_0^x f(t)^2\,dt = 1 \Rightarrow \lim_{x\to\infty} f(x)\sqrt[3]{3x} = ?$

**[1030]** $\lim_{n\to\infty}\frac{n}{(\ln n)^2}\left[n(\sqrt[n]{n}-1)-\ln n\right] = ?$

**[1031]** $\lim_{n\to\infty} n(\sqrt[n]{n}-1)-\ln n = ?$

**[1032]** $\lim_{n\to\infty}\frac{1}{n}\sum_{k=1}^{n}\left(\frac{k^2+n^2}{n^2}\right)\ln\left(\frac{k^2+n^2}{k^2}\right) = ?$

**[1033]** $\lim_{n\to\infty}\left[n(\sqrt[n]{2}-1)-\sum_{k=1}^{n}\frac{1}{n+k}\right] = ?$, (not L'Hospital rule)

**[1034]** $a_1 > a_2 > \cdots > 0 \Rightarrow \lim_{n\to\infty}\sqrt[n]{\sum_{k=1}^{r} a_k^n} = ?$

**[1035]** $\lim_{n\to\infty}\sum_{k=1}^{\infty}\frac{(-1)^{k+1}}{\sqrt[n]{k}} = ?$

**[1036]** $\lim_{x\to1^+}\left(\tan\frac{\pi x}{2}\right)^{\sin\frac{\pi x}{2}-\cot\frac{\pi x}{4}} = ?$

**[1037]** $\lim_{x\to0}\frac{\tan(\sin x)-\sin(\tan x)}{x^7} = ?$

**[1038]** $\lim_{x\to0}\frac{\sin^2(\tan^{-1}x)-\tan^2(\sin^{-1}x)}{(\tan^{-1}x)^2-(\sin^{-1}x)^2} = ?$

**[1039]** $\lim_{n\to\infty} \sqrt[n(n+1)]{\dfrac{1+\displaystyle\sum_{k=1}^{n}\frac{n^k(n^k+1)}{n^{2k}+1}}{n+1}} = ?$

**[1040]** $\lim_{\alpha\to\infty}\left(\tanh\left(\dfrac{x+\alpha}{2}\right)\right)^{e^{\alpha}} = ?$

**[1041]** $x_n = \sum_{k=1}^{n}\dfrac{1}{4k-3}+\dfrac{1}{4k-2}+\dfrac{1}{4k-1}-\dfrac{3}{4k} \Rightarrow \lim_{n\to\infty} n(2\ln 2 - x_n) = ?$

**[1042]** $\lim_{x\to 0}\dfrac{1}{x^4}\int_0^x \dfrac{t^3}{1+t^2}\,dt = ?$, (not L'Hospital rule)

**[1043]** $\alpha, \beta : ax^2+bx+c=0$의 근 $\Rightarrow \lim_{x\to\alpha}\sqrt[x-\alpha]{1+ax^2+bx+c} = ?$

**[1044]** $\lim_{x\to\infty}\int_0^{\frac{\pi}{2}}\dfrac{\sin(2t)}{1+x\sin t}\,dt = ?$

**[1045]** $\lim_{x\to 0}\int_x^{2x} e^t \ln t\,dt = ?$

**[1046]** $\lim_{x\to\infty}\int_x^{x+1}\dfrac{\sin t}{t}\,dt = ?$

**[1047]** $\lim_{n\to\infty}\dfrac{1+2\sqrt{2}+3\sqrt{3}+\cdots+n\sqrt{n}}{n+n\sqrt{2}+n\sqrt{3}+\cdots+n\sqrt{n}} = ?$

**[1048]** $\lim_{x\to 0}\dfrac{e^x - e^{\sin x}}{x-\sin x} = ?$, (not L'Hospital rule)

**[1049]** $\lim_{n\to\infty}\dfrac{1}{n^3}\sqrt[n]{\prod_{k=1}^{n}(n^3+k^3)} = ?$

**[1050]** $\lim_{x\to 0}\dfrac{\displaystyle\int_0^{\sin x} e^{t^n}\,dt}{\displaystyle\int_0^{\tan x} e^{t^n}\,dt} = ?$, $(n\in N)$

[1051] $\lim_{x\to 0}\frac{e^{x^2}-1}{x}=?$, (not L'Hospital rule)

[1052] $\lim_{x\to 0^+}\frac{e^{\sqrt{\sin x}}-1}{x}=?$, (not L'Hospital rule)

[1053] $\lim_{n\to\infty}\left[(e^x-1)+(e^x-1-x)+\cdots+\left(e^x-1-x-\cdots-\frac{x^n}{n!}\right)\right]=?$

[1054] $\begin{cases}\lim_{n\to\infty}\sum_{k=1}^{2^n}\frac{1}{x_k}=1\\ \lim_{n\to\infty}\frac{2^n}{\sqrt[2^n]{\prod_{k=1}^{2^n}x_k}}=1\end{cases}\Rightarrow \lim_{n\to\infty}\prod_{k=1}^{2^n}\left(1+\frac{1}{x_k}\right)=?, (x_i>0)$

[1055] $f_m(x)=\sum_{n=1}^{m}\left[\ln(1-x)+\sum_{k=1}^{n}\frac{x^k}{k}\right], x\in[-1,1)\Rightarrow \lim_{m\to\infty}f_m(-1)=?$

[1056] $(2+\sqrt{2})^n=a_n+b_n\sqrt{2}\ \Rightarrow\ \lim_{n\to\infty}\frac{a_n}{b_n}=?$

[1057] $\lim_{x\to 0}\left(\sum_{k=1}^{n}k^{\mathrm{cosec}^2 x}\right)^{\sin^2 x}=?$

[1058] $ab(a-b)\neq 0\ \Rightarrow\ \lim_{x\to 1}\left(\frac{a}{1-x^a}-\frac{b}{1-x^b}\right)=?$

[1059] $f(x)=x^3-x^2+x\ \Rightarrow\ \lim_{n\to\infty}\int_n^{2n}\frac{dx}{(f^{-1}(x))^3+f^{-1}(x)}=?$

[1060] $\triangle ABC, A,B,C$:등차수열 $\Rightarrow \lim_{A\to C}\frac{\sqrt{3-4\sin A\sin C}}{|A-C|}=?$

[1061] $n\in N\ \Rightarrow\ \lim_{n\to\infty}\left(1+n\int_1^{\infty}\frac{\ln x}{x^n}\,dx\right)^n=?$

**[1062]** $\begin{cases} a_n = \displaystyle\int_n^{n+1} \frac{x}{e^x} - \frac{(n+1)(x-n)}{e^{n+1}}\,dx \\ b_n = \displaystyle\int_n^{n+1} \frac{x}{e^x} - \frac{n+1}{e^{n+1}}\,dx \end{cases} \Rightarrow \displaystyle\lim_{n\to\infty} \sum_{k=0}^{n} a_k - b_k = ?$

**[1063]** $a_1 = 1,\ a_{n+1} = \dfrac{3a_n}{2} + \dfrac{1}{2a_n} \Rightarrow \displaystyle\lim_{n\to\infty} \sqrt[n]{a_n} = ?$

**[1064]** $\displaystyle\lim_{m\to\infty} \sum_{n=1}^{m} \sum_{k=0}^{n-1} (-1)^k \frac{(n-k)^k}{k!} = ?$

**[1065]** $\begin{matrix} f(x) > 0 \\ f(x)e^{f(x)} = x \ge 0 \end{matrix} \Rightarrow \displaystyle\lim_{x\to\infty} \frac{f(x)}{\ln x} = ?,\ \lim_{x\to\infty} \frac{f(x) - \ln x}{\ln(\ln x)} = ?$

**[1066]** $a_1 = 1,\ a_n = 1 + \dfrac{1}{n^2} \displaystyle\sum_{k=1}^{n-1} k a_k \Rightarrow \lim_{n\to\infty} a_n = ?$

**[1067]** $a_1 > 1,\ a_{n+1}(a_n^2 - 1) = a_n^3 \Rightarrow \displaystyle\lim_{n\to\infty} \frac{a_n}{\sqrt{n}} = ?$

**[1068]** $a > 1 \Rightarrow \displaystyle\lim_{n\to\infty} \frac{[a]^n}{[a^n]} = ?,\ [a]$:Gauss 부호

**[1069]** $\displaystyle\lim_{n\to\infty} \sum_{k=0}^{n} \int_{2k\pi}^{(2k+1)\pi} x e^{-x} \sin x\,dx = ?$

**[1070]** $\displaystyle\lim_{n\to\infty} \frac{1}{(\ln n)^2} \sum_{k=3}^{n} \frac{\ln k}{k} = ?$

**[1071]** $f(x) = \dfrac{(2^x - 1)(4^x - 1)(8^x - 1)}{6x^3} \Rightarrow \begin{cases} \displaystyle\lim_{x\to 0} f(x) = ? \\ \displaystyle\lim_{x\to 0} f'(x) = ? \end{cases}$

**[1072]** $\theta_i < \theta_{i+1},\ \theta_i : \sqrt{3}\sin n\theta + \cos n\theta = 0$의 근

$\Rightarrow \displaystyle\lim_{n\to\infty} \frac{1}{n} \sum_{k=1}^{n} \cos\left(\frac{\theta_k}{2}\right) = ?$

# 02 부정적분 해

❑ 다음 부정적분을 구하여라.

[1] $\displaystyle\int \frac{x}{1+x\tan x}\,dx = ?$

[2] $\displaystyle\int \frac{\sin x - 5\cos x}{\sin x + \cos x}\,dx = ?$

[3] $\displaystyle\int \frac{\sqrt{x}}{1+\sqrt[3]{x}}\,dx = ?$

[4] $\displaystyle\int x\cos x \cdot \sin x\,dx = ?$

[5] $\displaystyle\int \frac{1}{5+3\cos x}\,dx = ?$

[6] $\displaystyle\int \frac{1}{x^4+4}\,dx = ?$

[7] $\displaystyle\int \frac{1}{e^x+1}\,dx = ?$

[8] $\displaystyle\int \frac{1}{\sqrt{x}}\sec\sqrt{x}\,dx = ?$

[9] $\displaystyle\int \frac{1}{x\sqrt{4x^2-9}}\,dx = ?$

[10] $\displaystyle\int \frac{1}{(1+x^2)^{\frac{5}{2}}}\,dx = ?$

[11] $\displaystyle\int (9+x^2)^{\frac{3}{2}}\,dx = ?$

**[12]** $\int \frac{1}{(1-x^2)^3}\, dx = ?$

**[13]** $\int (4-x^2)^{\frac{3}{2}}\, dx = ?$

**[14]** $\int (x^2-1)^{\frac{5}{2}}\, dx = ?$

**[15]** $\int x^5 \sqrt{1-x^3}\, dx = ?$

**[16]** $\int \frac{\sqrt{x-x^2}}{x^4}\, dx = ?$

**[17]** $\int \frac{\sqrt{x}}{(1+x)^{\frac{7}{2}}}\, dx = ?$

**[18]** $\int \frac{\sqrt{x}}{\sqrt{1-x^3}}\, dx = ?$

**[19]** $\int e^{x-e^x}\, dx = ?$

**[20]** $\int \frac{1}{x\sqrt{3x^2+2x-1}}\, dx = ?$

**[21]** $\int \frac{(e^x-2)e^x}{e^x+1}\, dx = ?$

**[22]** $\int \frac{\sin x \cdot \cos x}{1-\cos x}\, dx = ?$

**[23]** $\int \frac{1}{x^2\sqrt{4-x^2}}\, dx = ?$

**[24]** $\int \frac{1}{x^2(4+x^2)}\, dx = ?$

[25] $\int \sqrt{1+\sqrt{x}}\, dx = ?$

[26] $\int \dfrac{1}{3(1-x^2)-(5+4x)\sqrt{1-x^2}}\, dx = ?$

[27] $\int x^4 \sin x\, dx = ?$

[28] $\int \sin^m x \cdot \cos^n x\, dx = ?$

[29] $\int \dfrac{1}{(x-a_1)(x-a_2)\cdot\cdot\cdot(x-a_n)}\, dx = ?$

[30] $\int \dfrac{\sec x \cdot \tan x}{9+4\sec^2 x}\, dx = ?$

[31] $\int \dfrac{1}{\sqrt{x}-x}\, dx = ?$

[32] $\int \dfrac{1}{\sqrt[3]{x}+x}\, dx = ?$

[33] $\int \operatorname{cosec} 3x\, dx = ?$

[34] $\int \sin(\ln x)\, dx = ?$

[35] $\int (1+\cos 3x)^{\frac{3}{2}}\, dx = ?$

[36] $\int \dfrac{1}{x-x^{11}}\, dx = ?$

[37] $\int \dfrac{\sqrt[3]{\cos^2 x}}{\sqrt[3]{\sin^8 x}}\, dx = ?$

[38] $\int \tan x \sqrt{\sec x}\, dx = ?$

**[39]** $\displaystyle\int \sec^3 x\,dx = ?$

**[40]** $\displaystyle\int \frac{1}{e^{2x}-3e^{x}}\,dx = ?$

**[41]** $\displaystyle\int \frac{\sin x}{\cos x\,(1+\cos^2 x)}\,dx = ?$

**[42]** $\displaystyle\int \frac{(2+\tan^2 x)\sec^2 x}{1+\tan^3 x}\,dx = ?$

**[43]** $\displaystyle\int \frac{1}{x\sqrt{x^2+x+2}}\,dx = ?$

**[44]** $\displaystyle\int \frac{x}{(5-4x-x^2)^{3/2}}\,dx = ?$

**[45]** $\displaystyle\int \frac{1}{1+\sin x-\cos x}\,dx = ?$

**[46]** $\displaystyle\int \frac{\sqrt{x}}{1+x}\,dx = ?$

**[47]** $\displaystyle\int \frac{1}{\sqrt{x}\,(1+\sqrt{x})}\,dx = ?$

**[48]** $\displaystyle\int \frac{1}{3+\sqrt{x+2}}\,dx = ?$

**[49]** $\displaystyle\int \frac{1-\sqrt{3x+2}}{1+\sqrt{3x+2}}\,dx = ?$

**[50]** $\displaystyle\int \frac{1}{\sqrt{x^2-x+1}}\,dx = ?$

**[51]** $\displaystyle\int \frac{1}{\sqrt{6+x-x^2}}\,dx = ?$

[52] $\int \frac{\sqrt{4x-x^2}}{x^3}\,dx = ?$

[53] $\int \frac{1}{\sqrt{x+1}+\sqrt[4]{x+1}}\,dx = ?$

[54] $\int \frac{1}{2+\sin x}\,dx = ?$

[55] $\int \frac{1}{1-2\sin x}\,dx = ?$

[56] $\int \frac{1}{\sin x-\cos x-1}\,dx = ?$

[57] $\int \frac{\sin x}{1+\sin^2 x}\,dx = ?$

[58] $\int \frac{1}{2-\cos x}\,dx = ?$

[59] $\int \sin\sqrt{x}\,dx = ?$

[60] $\int \frac{x^6+7x^5+15x^4+32x^3+23x^2+25x-3}{(x^2+x+2)^2(x^2+1)^2}\,dx = ?$

[61] $\int \operatorname{cosec}^5 x\,dx = ?$

[62] $\int \sec^6 x\,dx = ?$

[63] $\int \frac{1}{\cos(2\sin^{-1}x)}\,dx = ?$

[64] $\int \frac{1}{1+\sqrt{x}+\sqrt{x+1}}\,dx = ?$

[65] $\int \cos(\ln x)\,dx = ?$

[66] $\int \ln\left(\frac{-1+\sqrt{1+4x}}{2}\right)dx = ?$

[67] $\int \sqrt{\tan x}\ dx = ?$

[68] $\int \frac{1}{x^2\sqrt{x-1}}\ dx = ?$

[69] $\int \frac{\sqrt{\sin x}+\sqrt{\cos x}+3(\sqrt{\sin x}-\sqrt{\cos x})\cos 2x}{\sqrt{\sin 2x}}\ dx = ?$

[70] $\int e^{x+e^x+e^{e^x}+e^{e^{e^x}}}\ dx = ?$

[71] $\int \frac{\sqrt{1+\ln x}}{x\ln x}\ dx = ?$

[72] $\int x \cdot \tan^{-1}\sqrt{x}\ dx = ?$

[73] $\int \frac{1}{x\sqrt{x^4-1}}\ dx = ?$

[74] $\int \frac{xe^{2x}}{(2x+1)^2}\ dx = ?$

[75] $\int \frac{4x^5-1}{(x^5+x+1)^2}\ dx = ?$

[76] $\int \frac{\ln\left(\ln\left(\frac{1+x}{1-x}\right)\right)}{1-x^2}\ dx = ?$

[77] $\int \sqrt[3]{x}\ln(1+x\sqrt[3]{x})\ dx = ?$

[78] $\int \frac{x^{3n-1}-x^{n-1}}{x^{4n}+1}\ dx = ?$

[79] $\int \frac{2\operatorname{cosec}2x}{\ln(\tan x)}\,dx = ?$

[80] $\int \frac{dx}{x\sqrt{x(x-1)}} = ?$

[81] $\int (2x^{-6}+x^{-9})^{\frac{2}{3}}\,dx = ?$

[82] $\int (xe^x+e^x)\ln^2 x - 2\frac{e^x}{x}\,dx = ?$

[83] $\int \frac{x\ln x}{(x^2+1)^2}\,dx = ?$

[84] $\int \frac{\ln x}{x^2\sqrt{x^2+1}}\,dx = ?$

[85] $\int \frac{x^2}{(x\sin x+\cos x)^2}\,dx = ?$

[86] $\int \frac{x^2+x}{(e^x+x+1)^2}\,dx = ?$

[87] $\int x\sin x(\sin x + x\cos x)\,dx = ?$

[88] $\int \sqrt[3]{\tan x}\,dx = ?$

[89] $\int \frac{\sin x\cos x}{\sin^4 x+\cos^4 x}\,dx = ?$

[90] $\int \frac{x^{11}-x^3}{(1+x^8)^2}\,dx = ?$

[91] $\int x\sqrt{\frac{x-1}{x+1}}\,dx = ?$

[92] $\displaystyle\int \frac{x^3 e^{x^2}}{(1+x^2)^2}\,dx = ?$

[93] $\displaystyle\int \frac{1}{\sin^4 x + \cos^4 x}\,dx = ?$

[94] $\displaystyle\int \frac{x^a \sqrt{x}}{1+x^{4a+6}}\,dx = ?$

[95] $\displaystyle\int \frac{1}{\sin^6 x + \cos^6 x}\,dx = ?$

[96] $\displaystyle\int \frac{x+3}{x^2\sqrt{2x+3}}\,dx = ?$

[97] $\displaystyle\int \frac{x^2}{1+x^4}\,dx = ?$

[98] $\displaystyle\int \frac{x^{3n-1}}{x^{4n}+1}\,dx = ?$

[99] $\displaystyle f(x) = \frac{\sin x - x\cos x}{x + \sin x} \Rightarrow \int \frac{f(x)}{\sin x}dx = ?,\ (x > 0)$

[100] $\displaystyle\int \frac{\ln\left(x+\sqrt{1+x^2}\right)}{\sqrt{1+x^2}}\,dx = ?$

[101] $\displaystyle\int \frac{1}{\sin x\sqrt{\sin^2 x + a^2}}\,dx = ?$

[102] $\displaystyle\int \frac{x}{(x^2-x+1)^2}\,dx = ?$

[103] $\displaystyle\int \frac{1}{1+\sin^2 x}\,dx = ?$

[104] $\displaystyle\int \sqrt{1+\sin x}\,dx = ?$

**[105]** $\int \frac{dx}{x(x+1)(x+2)\cdot\cdot(x+m)} = ?$

**[106]** $\int \frac{\cos^4 x}{\sin^3 x}\, dx = ?$

**[107]** $\int \frac{\sin^3 x}{\cos^{2/3} x}\, dx = ?$

**[108]** $\int \sqrt{\frac{1-\sqrt{x}}{1+\sqrt{x}}} \cdot \frac{1}{x}\, dx = ?$

**[109]** $\int \frac{1}{x^n(1+x^n)^{1/n}}\, dx = ?$

**[110]** $\int e^x \ln x\, dx = ?$

**[111]** $\int \frac{x \ln x}{\sqrt{1-x^2}}\, dx = ?$

**[112]** $\int \frac{dx}{x\sqrt{x^4+x^2+1}} = ?$

**[113]** $\int \frac{(x-1)\sqrt{x^4+2x^3-x^2+2x+1}}{x^2(x+1)}\, dx = ?$

**[114]** $\int \frac{\cos x + x\sin x}{(x+\cos x)^2}\, dx = ?$

**[115]** $\int x\sqrt{\frac{2\sin(x^2+1) - \sin 2(x^2+1)}{2\sin(x^2+1) + \sin 2(x^2+1)}}\, dx = ?$

**[116]** $\int \frac{\sin^{-1} x}{x^2}\, dx = ?$

**[117]** $\int \frac{x^2}{(1+x^2)^2}\, dx = ?$

[118] $\int \frac{1}{1+\sqrt{1-x^2}}\,dx = ?$

[119] $\int \left(\tan x + \frac{1}{\tan x}\right)^2 dx = ?$

[120] $\int \sqrt{1-\sin x}\,dx = ?$

[121] $\int \sqrt{\frac{1-\cos x}{\cos\alpha - \cos x}}\,dx = ?$

[122] $\int \sin^{-1}\left(\sqrt{\frac{x}{x+a}}\right) dx = ?$

[123] $\int \frac{x^{5n-1}+x^{n-1}}{1+x^{6n}}\,dx = ?$

[124] $\int x\,2^x\,dx = ?$

[125] $\int \frac{3\cot^2 x - \sqrt{\sin x}\cos x}{\sin^2 x}\,dx = ?$

[126] $\int \frac{\ln x}{(1+\ln x)^2}\,dx = ?$

[127] $\int \frac{\sqrt{a^2-x^2}}{x^4}\,dx = ?$

[128] $\int \sqrt{\frac{e^x-1}{e^x+1}}\,dx = ?$

[129] $\int \frac{\ln(x+1)-\ln x}{x(x+1)}\,dx = ?$

[130] $\int \frac{x^2}{(4x-x^2)^{\frac{3}{2}}}\,dx = ?$

[131] $\int \sqrt{1-\cos x}\, dx = ?$

[132] $\int \frac{x^3}{(x-1)^3(x-2)}\, dx = ?$

[133] $\int \frac{x^2-1}{x^4+x^2+1}\, dx = ?$

[134] $\int \frac{1}{x^4+x^2+1}\, dx = ?$

[135] $(x^2+y^2)^2 = 2c^2(x^2-y^2) \Rightarrow \int \frac{dx}{y(x^2+y^2+c^2)} = ?$

[136] $\int \frac{2-x}{\sqrt{4-x^2}}\, dx = ?$

[137] $\int \frac{x-1}{\sqrt{x^2-x+1}}\, dx = ?$

[138] $\int x^2 \ln\left(\frac{1-x}{1+x}\right) dx = ?$

[139] $\int x^2 \sqrt{4-x^2}\, dx = ?$

[140] $\int \frac{\sin 2x}{\sin^4 x + \cos^4 x}\, dx = ?$

[141] $\int \frac{1-x}{e^x + x^2 e^{-x}}\, dx = ?$

[142] $\int \frac{x^2(\ln x - 1)}{x^4 - \ln^4 x}\, dx = ?$

[143] $\int \frac{\tan^{-1}x - \frac{x}{x^2+1}}{(x+\tan^{-1}x)(x-\tan^{-1}x)}\, dx = ?$

**[144]** $\displaystyle\int \frac{\sqrt{\sqrt{x^4+1}-x^2}}{x^4+1}\,dx = ?$

**[145]** $\displaystyle\int \frac{1}{(x-2)\sqrt{x^2-1}}\,dx = ?$

**[146]** $\displaystyle\int \frac{1}{\sqrt{e^{2x}+1}}\,dx = ?$

**[147]** $\displaystyle\int \frac{1}{\sqrt{e^x}+e^x}\,dx = ?$

**[148]** $\displaystyle\int \frac{1}{x(2+3\ln^2 x)}\,dx = ?$

**[149]** $\displaystyle\int \frac{e^{\tan^{-1}x}}{\sqrt{(1+x^2)^3}}\,dx = ?$

**[150]** $\displaystyle\int \frac{\sin^{-1}x}{\sqrt{1-x}}\,dx = ?$

**[151]** $\displaystyle\int \frac{1}{x(x^6+1)^2}\,dx = ?$

**[152]** $\displaystyle\int \frac{1}{x(x^n+1)}\,dx = ?$

**[153]** $\displaystyle\int \frac{\sqrt{x^2+x+1}}{x+1}\,dx = ?$

**[154]** $\displaystyle\int \frac{\sin x\cos x}{e^{px}}\,dx = ?$

**[155]** $\displaystyle\int x^2\sqrt{x^2+4}\,dx = ?$

**[156]** $\displaystyle\int \tan^7 x\,dx = ?$

**[157]** $\displaystyle\int \frac{1}{\cos x}\sqrt{\frac{1+\sin x}{\cos x}}\,dx = ?$

**[158]** $\displaystyle\int \{(1+x)e^{x} + (1-x)e^{-x}\}\ln x\,dx = ?$

**[159]** $\displaystyle\int \frac{x^{2009}}{(1+x^2)^{1006}}\,dx = ?$

**[160]** $\displaystyle\int \frac{\sin x}{1+\sin 2x}\,dx = ?$

**[161]** $\displaystyle\int \sqrt{\frac{x+\sqrt{x^2+1}}{1+x^2}}\,dx = ?$

**[162]** $\displaystyle\int \frac{x^4+1}{x^6+1}\,dx = ?$

**[163]** $\displaystyle\int \frac{1}{x^6+1}\,dx = ?$

**[164]** $\displaystyle\int \frac{1}{x+\sqrt{x^2+x+1}}\,dx = ?$

**[165]** $\displaystyle\int \frac{1+\left(1+\dfrac{\sqrt{3}}{4\sqrt{x}}\right)\dfrac{1}{\sqrt{2x+\sqrt{3x}}}}{2\sqrt{1+x+\sqrt{2x+\sqrt{3x}}}}\,dx = ?$

**[166]** $\displaystyle\int \frac{1}{(x-3)\sqrt{x^2-6x+8}}\,dx = ?$

**[167]** $\displaystyle\int \frac{1+\sin x-\cos x}{\sin x+\cos x-1}\,dx = ?$

**[168]** $\displaystyle\int \sin^{-1}\left(\frac{2x}{1+x^2}\right)dx = ?$

**[169]** $\displaystyle\int \frac{\sin^2 x\cos^2 x}{(\sin^3 x+\cos^3 x)^2}\,dx = ?$

**[170]** $\int x^{2x^2+1} + \ln\left(x^{2x^{2x^2+1}}\right) dx = ?$

**[171]** $\int \frac{(x-1)e^x}{(x+1)^3} dx = ?$

**[172]** $\int \frac{3\tan x + 1}{2\sin 2x - 5\cos 2x + 1} dx = ?$

**[173]** $\int \frac{5\sqrt{x+24}}{(x+24)^2\sqrt{x}} dx = ?$

**[174]** $\int \ln(\sqrt{1+x} + \sqrt{1-x})\, dx = ?$

**[175]** $\int \frac{1+\sin x + \cos x}{1 + \sin x - \cos x} dx = ?$

**[176]** $\int \ln\left(1+\sqrt{1-x^2}\right) dx = ?$

**[177]** $\int \frac{e^{-2x}}{1+e^{-x}} dx = ?$

**[178]** $\int \frac{e^{-ax}-1}{e^{-ax}+1} dx = ?$

**[179]** $\int \frac{4\sqrt{1-x} - \sqrt{3x+1}}{(3x+1)^2(4\sqrt{1-x} + \sqrt{3x+1})} dx = ?$

**[180]** $\int \frac{dx}{\cot\left(\frac{x}{2}\right)\cot\left(\frac{x}{3}\right)\cot\left(\frac{x}{6}\right)} = ?$

**[181]** $\int \frac{1}{\sqrt{\sin^3 x \cdot \sin(x+\alpha)}} dx = ?$

**[182]** $\int \frac{dx}{(\sin x + \cos x + 2\sqrt{\sin x \cos x})\sqrt{\sin x \cos x}} = ?$

[183] $\int \frac{\sqrt{\cos 2x}}{\sin x}\,dx = ?$

[184] $\int \frac{\cos 5x + \cos 4x}{1 - 2\cos 3x}\,dx = ?$

[185] $\int \frac{\sin x + \cos x}{9 + 16\sin 2x}\,dx = ?$

[186] $\int \frac{1 + 2\cos x}{(2 + \cos x)^2}\,dx = ?$

[187] $\int \left(x^{3n} + x^{2n} + x^n\right)\sqrt[n]{2x^{2n} + 3x^n + 6}\,dx = ?$

[188] $\int \frac{\cos x + \sin x}{5\cos^2 x - 2\sin 2x + 2\sin^2 x}\,dx = ?$

[189] $\int \frac{x + \sin x}{1 + \cos x}\,dx = ?$

[190] $\int (1 + \ln x)x^x\,dx = ?$

[191] $\int \frac{1}{\sqrt{1 + e^x} + \sqrt{1 - e^x}}\,dx = ?$

[192] $\int e^{(x\sin x + \cos x)}\left(\frac{x^4\cos^3 x - x\sin x + \cos x}{x^2\cos^2 x}\right)dx = ?$

[193] $\int e^x\left(\frac{1 + nx^{n-1} - x^{2n}}{(1 - x^n)\sqrt{1 - x^{2n}}}\right)dx = ?$

[194] $\int \frac{\sqrt{x^{11}}}{\sqrt{1 + x^{13}}}\,dx = ?$

[195] $\int \frac{1}{\sin x + \sin 2x}\,dx = ?$

[196] $\int \frac{\cos 6x - \cos 12x}{1 + 2\cos 6x}\,dx = ?$

[197] $\int \frac{e^x(1+x+x^3)}{\sqrt{(1+x^2)^3}}\,dx = ?$

[198] $\int \frac{x\ln x}{\sqrt{(x^2-1)^3}}\,dx = ?$

[199] $\int \sqrt{\frac{\sin x}{2\sin x + 3\cos x}}\,dx = ?$

[200] $\int \frac{1-x^2}{(1+x^2)\sqrt{1+x^4}}\,dx = ?$

[201] $\int \cos\left(2\cot^{-1}\sqrt{\frac{1-x}{1+x}}\right)dx = ?$

[202] $\int \frac{1}{x^4+3x^2+9}\,dx = ?$

[203] $\int \frac{1}{\sqrt{\sin^{11}x\cos x}}\,dx = ?$

[204] $\int \frac{1}{\sqrt[3]{(x+1)^2(x-1)^4}}\,dx = ?$

[205] $\int \frac{x}{(x^2+a^2)\sqrt{x^2+b^2}}\,dx = ?$

[206] $\int \cos 2x \ln(\sin x)\,dx = ?$

[207] $\int \sqrt{\frac{\sin(x+a)}{\sin(x-a)}}\,dx = ?$

[208] $\int \frac{1-x\sin x}{x(1-x^3e^{3\cos x})}\,dx = ?$

[209] $\int \frac{1}{1-\tan x}\,dx = ?$

**[210]** $\displaystyle\int \frac{\sqrt{\tan x}}{\sin x \cos x}\,dx = ?$

**[211]** $\displaystyle\int \frac{1}{\sqrt{x-a}\,\sqrt{x-b}}\,dx = ?$

**[212]** $\displaystyle\int e^x\left(\frac{x-1}{x^2}\right)dx = ?$

**[213]** $\displaystyle\int \frac{1}{\cos(x-a)\cos(x-b)}\,dx = ?$

**[214]** $\displaystyle\int \frac{\sin 2x}{a^2\cos^2 x + b^2\sin^2 x}\,dx = ?$

**[215]** $\displaystyle\int \tan^{-1}\left(\sqrt{\frac{1-x}{1+x}}\right)dx = ?$

**[216]** $\displaystyle\int \frac{\sqrt{x^2+1}\,\{\ln(x^2+1)-2\ln x\}}{x^4}\,dx = ?$

**[217]** $\displaystyle\int e^x\left(\frac{1-\sin x}{1-\cos x}\right)dx = ?$

**[218]** $\displaystyle\int \frac{\cos^2 x}{\cos^2 x + 4\sin^2 x}\,dx = ?$

**[219]** $\displaystyle\int \frac{\sin x + \cos x}{\sqrt{\sin 2x}}\,dx = ?$

**[220]** $\displaystyle\int \frac{\sin x}{\sin x - \cos x}\,dx = ?$

**[221]** $\displaystyle\int e^x\left(\frac{2+\sin 2x}{1+\cos 2x}\right)dx = ?$

**[222]** $\displaystyle\int \frac{\sin^{-1}\sqrt{x} - \cos^{-1}\sqrt{x}}{\sin^{-1}\sqrt{x} + \cos^{-1}\sqrt{x}}\,dx = ?$

**[223]** $\int \frac{\sin x}{\sin(x-a)}\,dx = ?$

**[224]** $\int x^{-2}(x^4+1)^{-\frac{3}{4}}\,dx = ?$

**[225]** $\int \frac{xe^x}{(1+x)^2}\,dx = ?$

**[226]** $\int \ln(\ln x) + \frac{1}{(\ln x)^2}\,dx = ?$

**[227]** $\int \frac{\sin^8 x - \cos^8 x}{1-2\sin^2 x\cos^2 x}\,dx = ?$

**[228]** $\int \frac{\sin x}{\sin 4x}\,dx = ?$

**[229]** $\int e^x \frac{(x-3)}{(x-1)^3}\,dx = ?$

**[230]** $\int e^x \frac{(x^3-x+2)}{(x^2+1)^2}\,dx = ?$

**[231]** $\int x\sqrt[3]{8-x^3}\,dx = ?$

**[232]** $\int \frac{\sqrt[3]{x}}{\sqrt[3]{(1+x^2)^2}}\,dx = ?$

**[233]** $\int \frac{x^2-1}{(x^2+1)\sqrt{x^3+x^2+x}}\,dx = ?$

**[234]** $\int \tan^{-1}\left(\frac{2x-1}{1+x-x^2}\right)dx = ?$

**[235]** $\int \frac{ax-\frac{b}{x}}{\sqrt{c^2x^2-(ax^2+b)^2}}\,dx = ?$

**[236]** $\int \cot^{-1}(1-x+x^2)\,dx = ?$

**[237]** $\int \left\{ \frac{\ln x - 1}{1+(\ln x)^2} \right\}^2 dx = ?$

**[238]** $\int \frac{x^3 - x}{1+x^6}\,dx = ?$

**[239]** $\int \sin\frac{x}{2}\sin\frac{x}{3}\cos\frac{x}{4}\,dx = ?$

**[240]** $\int \frac{a+b\cos x}{(b+a\cos x)^2}\,dx = ?$

**[241]** $\int \sin^{-1}\left(\frac{2x+2}{\sqrt{4x^2+8x+13}}\right) dx = ?$

**[242]** $\int \frac{1}{(1-x)\sqrt{1-x^2}}\,dx = ?$

**[243]** $\int \frac{1}{\sqrt{x}\,\sqrt{x+1}}\,dx = ?$

**[244]** $\int \sqrt[3]{x}\,\sqrt[7]{1+\sqrt[3]{x^4}}\,dx = ?$

**[245]** $\int \frac{\sqrt[3]{1+\sqrt[4]{x}}}{\sqrt{x}}\,dx = ?$

**[246]** $\int \frac{1}{(x+1)^5\sqrt{(x+1)^2-1}}\,dx = ?$

**[247]** $\int \frac{\left(x+\sqrt{1+x^2}\right)^{15}}{\sqrt{1+x^2}}\,dx = ?$

**[248]** $\int \frac{1}{x-\sqrt{x^2+2x+4}}\,dx = ?$

**[249]** $\int \frac{1}{x\left(2+\sqrt[3]{\frac{x-1}{x}}\right)}\,dx = ?$

**[250]** $\int \sqrt{\frac{1-\sqrt{x}}{1+\sqrt{x}}}\,dx = ?$

**[251]** $0 \le x \le 2\pi \Rightarrow \int \sqrt{1+\sin\frac{x}{2}}\,dx = ?$

**[252]** $\int \frac{3x^3+5x^2-7x+9}{\sqrt{2x^2+5x+7}}\,dx = ?$

**[253]** $\int \frac{\cos^2 x}{1+\tan x}\,dx = ?$

**[254]** $\int \frac{1}{\sec x+\operatorname{cosec} x}\,dx = ?$

**[255]** $\int \sqrt{e^x-1}\,dx = ?$

**[256]** $\int \frac{(x+1)e^x}{\cos^2(xe^x)}\,dx = ?$

**[257]** $\int \sqrt{\tan^2 x+2}\,dx = ?$

**[258]** $\int \frac{1}{2x}\sqrt{\frac{x-1}{x+1}}\,dx = ?$

**[259]** $\int \frac{x^5}{\sqrt{1+x^3}}\,dx = ?$

**[260]** $\int \frac{1-\cot^{n-2}x}{\tan x+\cot^{n-1}x}\,dx = ?$

**[261]** $\int \frac{1}{1+\sqrt{\cot x}}\,dx = ?$

[262] $\int \frac{1}{1+x^4}\,dx = ?$

[263] $\int \tan^{-1}\left(\sqrt{\frac{1-\sin x}{1+\sin x}}\right)dx = ?$

[264] $\int \cos^{-1}(\sin x)\,dx = ?$

[265] $\int \tan^{-1}\left(\frac{\sin 2x}{1+\cos 2x}\right)dx = ?$

[266] $\int \frac{1}{\sqrt[7]{(x+a)^8(x-b)^6}}\,dx = ?$

[267] $\int \frac{1}{1+\cot x}\,dx = ?$

[268] $\int \frac{1+x^2\ln x}{x+x^2\ln x}\,dx = ?$

[269] $\int \frac{x}{1+\sin x}\,dx = ?$

[270] $\int \frac{\cos 2x-\cos 2\alpha}{\cos x-\cos\alpha}\,dx = ?$

[271] $\int \frac{1}{\sqrt[4]{1+x^4}}\,dx = ?$

[272] $\int \frac{1}{\sin x+\sec x}\,dx = ?$

[273] $\int \frac{\sin x+\cos x}{\sqrt{\sin x\cos x}}\,dx = ?$

[274] $\int \frac{1}{1+\cos\alpha\cos x}\,dx = ?$

[275] $\int \frac{1-\cos x}{1+\cos x}\,dx = ?$

[276] $\int \frac{x^{n-1}}{x^{2n}+a^2}\,dx = ?$

[277] $\int \frac{(x+2)\sqrt{x+1}}{x^2+3x+3}\,dx = ?$

[278] $\int \frac{1}{\cos^4 x \cdot \sin^2 x}\,dx = ?$

[279] $\int \frac{\sin^3 x}{(\cos^4 x + 3\cos^2 x + 1)\tan^{-1}(\sec x + \cos x)}\,dx = ?$

[280] $\int e^x \frac{1+x^2}{(1+x)^2}\,dx = ?$

[281] $\int \frac{1}{\sqrt{3}\sin x + \cos x}\,dx = ?$

[282] $\int e^x \frac{1+\sin x \cos x}{\cos^2 x}\,dx = ?$

[283] $\int \sqrt{1+\sec x}\,dx = ?$

[284] $\int \frac{1}{(x^4-1)^n}\,dx = ?$

[285] $\int x \sin^{-1} x\,dx = ?$

[286] $\int \frac{x \cos x \ln x - \sin x}{x(\ln x)^2}\,dx = ?$

[287] $\int \sqrt{\sec^2 x - 2}\,dx = ?$

[288] $\int \frac{1}{x^4+8x^2+9}\,dx = ?$

[289] $\int \frac{x^2+1}{(x+1)^2}\,dx = ?$

[290] $\int \frac{1}{(x-a)^{3/2}(x+a)^{1/2}}\,dx = ?$

[291] $\int \frac{1}{x^3\sqrt{1+x^4}}\,dx = ?$

[292] $\int \frac{1}{1-\sqrt{\tan x}}\,dx = ?$

[293] $\int \frac{3\sin x+4\cos x}{5\sin x+6\cos x}\,dx = ?$

[294] $\int \frac{x^n}{1+x+\frac{x^2}{2!}+\frac{x^3}{3!}+\cdot\cdot\cdot+\frac{x^n}{n!}}\,dx = ?$

[295] $\int \sqrt{\frac{x}{a^3-x^3}}\,dx = ?$

[296] $\int \frac{1}{\cos^3 x\sqrt{\sin 2x}}\,dx = ?$

[297] $\int \frac{1}{\sin x\sqrt{\sin 2x}}\,dx = ?$

[298] $\int \left\{\left(\frac{x}{e}\right)^x+\left(\frac{e}{x}\right)^x\right\}\ln x\,dx = ?$

[299] $\int \frac{\sin x}{\sqrt{1+\sin x}}\,dx = ?$

[300] $\int \sqrt{\frac{x^7}{x^9+1}}\,dx = ?$

[301] $\int \left(\frac{1+\sin x}{1+\cos x}\right)e^x\,dx = ?$

[302] $\int \frac{x-1}{(x+1)\sqrt{x^3+x^2+x}}\,dx = ?$

[303] $\displaystyle\int \frac{x^{-\frac{7}{6}} - x^{\frac{5}{6}}}{\sqrt[3]{x}\sqrt{x^2+x+1} - \sqrt{x}\sqrt[3]{x^2+x+1}}dx = ?$

[304] $\displaystyle\int \frac{1+x^2}{(1-x^2)\sqrt{1+x^2+x^4}}dx = ?$

[305] $\displaystyle\int \tan(x-a)\tan(x+a)\tan 2x\,dx = ?$

[306] $\displaystyle\int \frac{x\cos a+1}{\sqrt{(x^2-2x\cos a+1)^3}}dx = ?$

[307] $\displaystyle\int \cot^{-1}(1+x+x^2)\,dx = ?$

[308] $\displaystyle\int \frac{e^{x-1}+x^{e-1}}{e^x+x^e}dx = ?$

[309] $\displaystyle\int \frac{1}{(2+\sin x)^2}dx = ?$

[310] $\displaystyle\int \frac{2\cos x}{3+4\sin 2x}dx = ?$

[311] $\displaystyle\int \frac{e^x}{\sqrt{5-4e^x-e^{2x}}}dx = ?$

[312] $\displaystyle\int \frac{2\sin 2x-\cos x}{6-\cos^2 x-4\sin x}dx = ?$

[313] $\displaystyle\int e^x\frac{(x+2)^2}{(x+4)^2}dx = ?$

[314] $\displaystyle\int \tan x\tan 2x\tan 3x\,dx = ?$

[315] $\displaystyle\int \frac{1}{1-\sin^4 x}dx = ?$

**[316]** $\int \frac{1}{x-\sqrt{x^2-4a^2}}\,dx = ?$

**[317]** $\int \sin x \ln(\sin x)\,dx = ?$

**[318]** $\int e^x(\tan x - \ln(\cos x))\,dx = ?$

**[319]** $\int \frac{1}{\sin^2 x + \tan^2 x}\,dx = ?$

**[320]** $\int \mathrm{cosec}\, x \sec^3 x\,dx = ?$

**[321]** $\int \frac{1}{\sqrt[4]{(x+1)^5(x+2)^3}}\,dx = ?$

**[322]** $\int \frac{1}{\sin^3 x + \cos^3 x}\,dx = ?$

**[323]** $\int \frac{\cos^3 x + \cos^5 x}{\sin^2 x + \sin^4 x}\,dx = ?$

**[324]** $\int \frac{\cos x}{2+\sin 2x}\,dx = ?$

**[325]** $\int \frac{\sin x + \cos x}{\cos^2 x + \sin^4 x}\,dx = ?$

**[326]** $\int \frac{x^4(x^{10}-1)}{x^{20}+3x^{10}+1}\,dx = ?$

**[327]** $\int \sin bx \cdot e^{ax}\,dx = ?$

**[328]** $\int \frac{x^4+x^2+2}{(x^2+1)^2}\,dx = ?$

**[329]** $\int \frac{1}{\sqrt{x}\sqrt{1+\sqrt{x}}\sqrt{1+\sqrt{1+\sqrt{x}}}}\,dx = ?$

**[330]** $\displaystyle\int \frac{1}{\sin^5 x \cos^5 x}\,dx = ?$

**[331]** $\displaystyle\int \sqrt{1+\operatorname{cosec} x}\,dx = ?$

**[332]** $\displaystyle\int \frac{1}{\cos x - \sin x}\,dx = ?$

**[333]** $\displaystyle\int \frac{\sin^2 x}{1-\tan x}\,dx = ?$

**[334]** $\displaystyle\int \frac{1}{(1+\sqrt{x})\sqrt{x-x^2}}\,dx = ?$

**[335]** $\displaystyle\int \frac{1}{\left(\sqrt{5+2x+x^2}\right)^3}\,dx = ?$

**[336]** $\displaystyle\int \frac{\sqrt{x^2+1}\,\{\ln(1+x^2)-2\ln x\}}{x^4}\,dx = ?$

**[337]** $\displaystyle\int \frac{\sqrt[n]{a^x}}{\sqrt[n]{x^{n-1}}}\,dx = ?$

**[338]** $\displaystyle\int \frac{x^2}{1+x^5}\,dx = ?$

**[339]** $\displaystyle\int \frac{1}{(1+x^2)\sqrt{1-x^2}}\,dx = ?$

**[340]** $\displaystyle\int \frac{x\cos x+1}{\sqrt{2x^3 e^{\sin x}+x^2}}\,dx = ?$

**[341]** $\displaystyle\int \frac{1}{x^4(x^3-1)}\,dx = ?$

**[342]** $\displaystyle\int \frac{x^3}{1+x^6}\,dx = ?$

[343] $\displaystyle\int \frac{x^4(1-x)^4}{1+x^4}\,dx = ?$

[344] $\displaystyle\int \frac{e^{\sin x}(x\cos^3 x-\sin x)}{\cos^2 x}\,dx = ?$

[345] $\displaystyle\int \frac{1}{\tan x+\cot x+\sec x+\operatorname{cosec} x}\,dx = ?$

[346] $\displaystyle\int \frac{x^2-1}{x\sqrt{1+x^4}}\,dx = ?$

[347] $\displaystyle\int \frac{(x^2+\sin^2 x)\sec^2 x}{(1+x^2)}\,dx = ?$

[348] $\displaystyle\int \frac{1+\sqrt[3]{a+x}}{1-\sqrt[3]{a+x}}\,dx = ?$

[349] $\displaystyle\int \sqrt{\operatorname{cosec} x-1}\,dx = ?$

[350] $\displaystyle\int \frac{\cos 7x-\cos 8x}{1+2\cos 5x}\,dx = ?$

[351] $\displaystyle\int \sqrt{\cot x}\,dx = ?$

[352] $\displaystyle\int \frac{1}{x^6+x^4}\,dx = ?$

[353] $\displaystyle\int \sqrt{\sec x-1}\,dx = ?$

[354] $\displaystyle\int \frac{1}{4\sin^2 x+4\sin x\cos x+5\cos^2 x}\,dx = ?$

[355] $\displaystyle\int \frac{1}{\sqrt[3]{1-x^3}}\,dx = ?$

[356] $\displaystyle\int \frac{1}{\sqrt{x}+\sqrt[3]{x}}\,dx = ?$

**[357]** $\int \frac{\cos 3x+1}{2\cos x-1}dx=?$

**[358]** $f(x)=\sum_{n=1}^{\infty} 2nx^{2n-1}, (0<x<1) \Rightarrow \int f(x)dx=?$

**[359]** $\int \frac{2x^{12}+5x^9}{(x^5+x^3+1)^3}dx=?$

**[360]** $\int e^{3x}\left(\frac{2+3\sin 2x}{1+\cos 2x}\right)dx=?$

**[361]** $\int e^{\tan x}(x\sec^2 x+\sin 2x)dx=?$

**[362]** $\int \sqrt[3]{\frac{\sin^n x}{\cos^{n+6} x}}\,dx=?$

**[363]** $\int \frac{1}{\sqrt{a+x}+\sqrt{b+x}}dx=?$

**[364]** $\int \frac{1}{1+3\cos^2 x}dx=?$

**[365]** $\int \frac{2e^{5x}+e^{4x}-4e^{3x}+4e^{2x}+2e^x}{(e^{2x}+4)(e^{2x}-1)^2}dx=?$

**[366]** $\int \frac{(a+\ln x)^2}{x^2}dx=?$

**[367]** $\int \frac{\tan x}{a+b\tan^2 x}dx=?$

**[368]** $\int \frac{\sin x+\cos x}{\sin^4 x+\cos^4 x}dx=?$

**[369]** $\int e^{-\frac{x}{2}}\left(\frac{\sqrt{1-\sin x}}{1+\cos x}\right)dx=?$

**[370]** $\int \frac{\sqrt{x}}{a^3 - x^3}\, dx = ?$

**[371]** $\int \frac{\tan^{-1}x}{x^4}\, dx = ?$

**[372]** $\int \frac{1}{1+\sec(ax)}\, dx = ?$

**[373]** $\int \frac{e^{3x}+e^{x}}{e^{4x}-e^{2x}+1}\, dx = ?$

**[374]** $\int \frac{1}{1-x^8}\, dx = ?$

**[375]** $\int \frac{1}{\cos^4 x+\sin^4 x+\sin^2 x\cos^2 x}\, dx = ?$

**[376]** $\int \frac{1}{\sin x+\tan x}\, dx = ?$

**[377]** $\int \frac{\cos x-\sin x}{7-9\sin 2x}\, dx = ?$

**[378]** $\int \frac{x^4+1}{x^2\sqrt{x^4-1}}\, dx = ?$

**[379]** $\int \frac{\sin x}{\sin 3x}\, dx = ?$

**[380]** $\int \frac{\cos^4 x\, dx}{\sin^3 x\sqrt[5]{(\sin^5 x+\cos^5 x)^3}}\, dx = ?$

**[381]** $\int \frac{1}{(2\sin x+3\cos x)^2}\, dx = ?$

**[382]** $\int \sqrt{\tan x}+\sqrt{\cot x}\, dx = ?$

[383] $\int (2x+3)\sqrt{x^2+x+1}\,dx = ?$

[384] $\int \frac{x^2}{(1+x^2)(1+\sqrt{1+x^2})}\,dx = ?$

[385] $\int \frac{1}{\sin(x-a)\cos(x-b)}\,dx = ?$

[386] $\int \frac{1}{\sqrt{(x-1)^3(x-2)}}\,dx = ?$

[387] $\int \frac{x^2-1}{x\sqrt{x^4+3x^2+1}}\,dx = ?$

[388] $\int \frac{\sqrt{1+\ln x}}{x\ln x}dx = ?$

[389] $\int \cos^2 x + \cos^2(x+n) - 2\cos x \cos n \cos(x+n)\,dx = ?$

[390] $\int \frac{\sqrt[3]{\sin 2x}}{\sqrt[3]{\sin^2 x} + \sqrt[3]{\cos^2 x}}\,d(\sqrt[3]{\tan x}) = ?$

[391] $\int \tan^{-1}\left(\frac{2\cos^2\theta}{2-2\sin 2\theta}\right) \cdot \sec^2\theta\,d\theta = ?$

[392] $\int \frac{\sqrt{x}}{x^3+a^3}\,dx = ?$

[393] $\int \frac{\sqrt{\cos 2x}}{\cos x}\,dx = ?$

[394] $\int \frac{1}{\sqrt{x+1} - \sqrt[3]{x+1}}\,dx = ?$

[395] $\int \frac{\sqrt{x^5}}{\sqrt{x^7}+x^6}\,dx = ?$

**[396]** $\displaystyle\int \frac{1}{\sqrt{\sin^3 x \sin(x+a)}}\,dx = ?$

**[397]** $\displaystyle\int \sqrt{\frac{x-a}{b-x}}\,dx = ?,\ (0 < a < b)$

**[398]** $\displaystyle\int \frac{1}{\sqrt{\sin^3 x \cos^5 x}}\,dx = ?$

**[399]** $\displaystyle\int \frac{x}{\left(\sqrt{7x-10-x^2}\right)^3}\,dx = ?$

**[400]** $\displaystyle\int \sqrt{\cot x}\,\sec^4 x\,dx = ?$

**[401]** $\displaystyle\int \ln\left(m^2+2m\cos x+1\right)dx = ?,\ (m > 0)$

**[402]** $\displaystyle\int \frac{1}{\sqrt{x^2+2x}+3}\,dx = ?$

**[403]** $\displaystyle\int \frac{1}{2\sin x+\sec x}\,dx = ?$

**[404]** $\displaystyle\int \frac{1}{\sec^2 x+\tan^2 x}\,dx = ?$

**[405]** $\displaystyle\int \frac{1}{1+\sin x+\sin^2 x}\,dx = ?$

**[406]** $\displaystyle\int \frac{x^2-x^3}{(x+1)\sqrt{\left(x^3+x^2+x\right)^3}}\,dx = ?$

**[407]** $\displaystyle\int \frac{\tan^{-1}(e^x)}{e^x}\,dx = ?$

**[408]** $\displaystyle\int \frac{\cos x-\sin x}{\sqrt{8-\sin 2x}}\,dx = ?$

[409] $\int \frac{\cos(x-a)}{\cos(x-b)}dx = ?$

[410] $\int \frac{\sin 7x}{\sin x}dx = ?$

[411] $\int \frac{\sqrt{x+\sqrt{25+x^2}}}{x}dx = ?$

[412] $\int \frac{\sqrt{\cot x}-\sqrt{\tan x}}{1+3\sin 2x}dx = ?$

[413] $\int \frac{1}{\sin^5 x+\cos^5 x}dx = ?$

[414] $\int \sqrt{1+\tan x(\sec x+\tan x)}\,dx = ?$

[415] $\int \frac{x^x(x^{2x}+1)(\ln x+1)}{x^{4x}+1}dx = ?$

[416] $\int \frac{x\cos x-\sin x}{x^2+\sin^2 x}dx = ?$

[417] $\int \frac{1}{\sin x(2+\cos x-2\sin x)}dx = ?$

[418] $\int \frac{\tan x}{\sqrt{1+\tan x}}dx = ?$

[419] $\int \frac{1}{3\cos x+4\sin x}dx = ?$

[420] $\int \frac{3+x^3}{x^6(x^2+1)}dx = ?$

[421] $\int \frac{1+\sin x}{\sin x(1+\cos x)}dx = ?$

[422] $\int \sqrt{\frac{a+x}{x}}\,dx = ?$

[423] $\int \sin^{-1}(\cos x)\, dx = ?$

[424] $\int e^{-\cos\left(2x+\frac{\pi}{3}\right)} \cos 3x\, dx = ?$

[425] $\int \frac{1}{\cos x + \operatorname{cosec} x}\, dx = ?$

[426] $\int \frac{\cos x + x\sin x}{x^2 + x\cos x}\, dx = ?$

[427] $\int \frac{\sqrt{1+x} + \sqrt{1-x}}{\sqrt{1+x} - \sqrt{1-x}}\, dx = ?$

[428] $\int \frac{1}{x^2\sqrt[4]{(x^4+1)^3}}\, dx = ?$

[429] $\int \sin^{-1}x \ln\left(\frac{a}{x}\right) dx = ?$

[430] $\int \frac{1}{\sqrt[3]{x^4} + \sqrt[3]{x^2}}\, dx = ?$

[431] $\int \frac{1}{x^7 + x}\, dx = ?$

[432] $\int \frac{\sin x}{1 + \sin x}\, dx = ?$

[433] $\int \frac{\sqrt{\cos x - \cos^3 x}}{\sqrt{1 - \cos^3 x}}\, dx = ?$

[434] $\int \frac{\sin 2x}{\sin^6 x + \cos^6 x}\, dx = ?$

[435] $\int \frac{1 + x + \sqrt{x + x^2}}{\sqrt{x} + \sqrt{1+x}}\, dx = ?$

[436] $\int e^{\sec x} \sec^3 x \left(\sin^2 x + \sin x + \cos x + \sin x \cos x\right) dx = ?$

[437] $\int \frac{\sin 2x}{\sin 3x \sin 5x} dx = ?$

[438] $\int \sqrt{x^3} \sqrt{1+\sqrt{x^5}}\, dx = ?$

[439] $\int e^x \frac{\tan^{-1}(e^x)}{1+e^{2x}} dx = ?$

[440] $\int 5+\frac{\ln(\sin x)^2}{\tan x} dx = ?$

[441] $\int \frac{1}{\cos^3 x - \sin^3 x} dx = ?$

[442] $\int \frac{1}{\sqrt[7]{(x+3)^8 (x-2)^6}} dx = ?$

[443] $\int \frac{\sqrt[3]{x-x^3}}{x^4} dx = ?$

[444] $\int e^{\frac{x^2-2}{2}} \left(\frac{1}{x}+x\ln x\right) dx = ?$

[445] $\int \frac{x-1}{\sqrt{x^{3/2}(x+1)}\,(\sqrt{x}+x+1)} dx = ?$

[446] $\int (\cot 2x \cot 3x - \tan 2x \tan 7x) \tan 5x\, dx = ?$

[447] $\int \frac{x^2}{(1-x^4)\sqrt{1+x^4}} dx = ?$

[448] $\int \frac{\sqrt{1+x^4}}{1-x^4} dx = ?$

[449] $\int \frac{(1+x^4)}{\sqrt{(1-x^4)^3}} dx = ?$

**[450]** $\displaystyle\int \frac{a}{b+ce^{x}}\,dx = ?$

**[451]** $\displaystyle\int \frac{(x-4)^{14}e^{4x}(4x^3-1)}{\sqrt{1+x^2}}\,dx = ?$

**[452]** $\displaystyle\int \frac{(x-1)^{21}e^{12x}(12x^4-x^2-11)}{\sqrt{1+x^2}}\,dx = ?$

**[453]** $\displaystyle\int \frac{(x-2)^{6}e^{4x}(4x^4+x^3-2)}{\sqrt{1+x^2}}\,dx = ?$

**[454]** $\displaystyle\int \frac{\sqrt{1-x^2}}{x^4}\,dx = ?$

**[455]** $\displaystyle\int \frac{x+1}{x\sqrt{(x-1)(1-x+\sqrt{x})}}\,dx = ?$

**[456]** $\displaystyle\int \frac{x^2+7}{x^4-x^2+4}\,dx = ?$

**[457]** $\displaystyle\int \sec^{\frac{8}{9}}x\,\mathrm{cosec}^{\frac{10}{9}}x\,dx = ?$

**[458]** $\displaystyle\int \frac{\sin^2 x\cos x}{\sin x+\cos x}\,dx = ?$

**[459]** $\displaystyle\int \frac{1+\sin x}{1+\sin 2x}\,dx = ?$

**[460]** $\displaystyle\int \frac{1}{\cos 3x-\cos x}\,dx = ?$

**[461]** $\displaystyle\int \frac{x^2-1}{(x^4+3x^2+1)\tan^{-1}\left(x+\frac{1}{x}\right)}\,dx = ?$

**[462]** $\displaystyle\int \frac{x^3}{\sqrt[3]{(ax^3+b)^7}}\,dx = ?$

**[463]** $\displaystyle\int \frac{\sin 2x - \sin 2\alpha}{\sin x - \sin\alpha + \cos x - \cos\alpha}\,dx = ?$

**[464]** $\displaystyle\int \tan^{-1}\left(\sqrt{\sqrt{x}-1}\right) dx = ?$

**[465]** $\displaystyle\int \frac{1}{(1+\sin x)^4}\,dx = ?$

**[466]** $\displaystyle\int \frac{x^3}{\sqrt{x^2+2x+5}}\,dx = ?$

**[467]** $\displaystyle\int \frac{x^3}{\sqrt{x^2+2x+2}}\,dx = ?$

**[468]** $\displaystyle\int \frac{\sqrt{1+\sqrt{x}}}{x}\,dx = ?$

**[469]** $\displaystyle\int \frac{(1+x)}{x(1+xe^x)^2}\,dx = ?$

**[470]** $\displaystyle\int \sqrt{1+\sin\frac{x}{2}}\,dx = ?$

**[471]** $\displaystyle\int \frac{\ln x - 1}{(\ln x)^2}\,dx = ?$

**[472]** $\displaystyle\int \frac{1}{\sqrt{x}+\sqrt{1-x}}\,dx = ?$

**[473]** $\displaystyle\int \ln x \cdot \sin^{-1}x\,dx = ?$

**[474]** $\displaystyle\int \frac{1}{\sqrt{\cos^3(x+\alpha)\sin(x+\beta)}}\,dx = ?$

**[475]** $\displaystyle\int x\sin^{-1}\left(\frac{1}{2}\sqrt{\frac{2a-x}{a}}\right) dx = ?$

**[476]** $\displaystyle\int \left(x^{7m}+x^{2m}+x^m\right)\sqrt[m]{2x^{6m}+7x^m+14}\,dx = ?$

[477] $\int \frac{(x^2-1)}{(1+x^2)\sqrt{1+x^2+x^4}}\,dx = ?$

[478] $\int \frac{1+\sqrt{x}}{x\sqrt{1+\sqrt{x}}}\,dx = ?$

[479] $\int \frac{1+\sqrt[3]{x^2}}{1+\sqrt[3]{x}}\,dx = ?$

[480] $\int \frac{x^2+2x+3}{(x+1)\sqrt{x^2+1}}\,dx = ?$

[481] $a,b \in R,\ a \neq b,\ n \geq 2 \Rightarrow \int \frac{1}{(a+b\cos\theta)^n}\,d\theta = ?$

[482] $\int \frac{1}{e^{2x}+1}\,dx = ?$

[483] $|x| \leq \frac{\pi}{2} \Rightarrow \int \frac{1}{\sqrt{1+\sin x}}\,dx = ?$

[484] $\int \tan^{-1}\left(\frac{1}{1-x+x^2}\right)dx = ?$

[485] $\int x\tan^2 x\,dx = ?$

[486] $\int \frac{1}{x^2+x\sqrt{1+x^2}}\,dx = ?$

[487] $\int \frac{1}{(x+a)\sqrt{x+b}}\,dx = ?,\ (a > b > 0)$

[488] $\int \frac{\cos^2(2x)}{\sin^4 x\cos^2 x}\,dx = ?$

[489] $\int \frac{1+\sin x}{1-\sin x}\,dx = ?$

[490] $x > 1 \Rightarrow \int \sqrt{\frac{16x^2}{(x^2-1)(x^2+1)^3}}\,dx = ?$

[491] $\int \frac{\ln x - 1}{(1+\ln x)^3}\,dx = ?$

[492] $x > 0 \Rightarrow \int \frac{1}{\sqrt[3]{x^2}\,(\sqrt[3]{x}+1)^3}\,dx = ?$

[493] $x > 0 \Rightarrow \int \frac{1}{\sqrt{x}\,(\sqrt[3]{x}+1)^2}\,dx = ?$

[494] $x > 1 \Rightarrow \int \frac{x^7}{\sqrt{x^2-1}}\,dx = ?$

[495] $x > 1 \Rightarrow \int \frac{1}{x^6\sqrt{x^2-1}}\,dx = ?$

[496] $\int \frac{\sin x - 2\cos x}{1+2\sin 2x}\,dx = ?$

[497] $\int \frac{1}{(1+e^x)^2}\,dx = ?$

[498] $\int \frac{1}{e^{2x}+e^x-2}\,dx = ?$

[499] $\int \frac{1}{1+\sqrt{e^x}+\sqrt[3]{e^x}+\sqrt[6]{e^x}}\,dx = ?$

[500] $\int \frac{e^x\sqrt{e^x-1}}{e^x+3}\,dx = ?$

[501] $\int (\sin^{-1}x)^2\,dx = ?$

[502] $\int \frac{5\sin x + 6\cos x}{(2\sin^2 x + 3\cos^2 x)\sqrt{\sin^2 x + 4\cos^2 x}}\,dx = ?$

**[503]** $\displaystyle\int \frac{\cos x}{\sin^2(x+1)}\,dx = ?$

**[504]** $\displaystyle\int \frac{\sin x}{\sqrt{2+\sin 2x}}\,dx = ?$

**[505]** $\displaystyle\int \frac{1}{x^3\sqrt{1+\frac{1}{x}+\frac{1}{x^2}}}\,dx = ?$

**[506]** $\displaystyle\int x^{26}(x-1)^{17}(5x-3)\,dx = ?$

**[507]** $\displaystyle\int xe^x \cos x\,dx = ?$

**[508]** $\displaystyle\int (x-1)\sqrt[3]{x-2}\,dx = ?$

**[509]** $\displaystyle\int e^{2\tan^{-1}x}(1+x)\,dx = ?$

**[510]** $\displaystyle\int x^{-\frac{2}{3}}(1+\sqrt{x})^{-\frac{5}{3}}\,dx = ?$

**[511]** $\displaystyle\int \frac{x^2+20}{(x\sin x+5\cos x)^2}\,dx = ?$

**[512]** $\displaystyle\int \sqrt{\frac{1-\cos\theta}{\cos\theta(1+\cos\theta)(2+\cos\theta)}}\,d\theta = ?$

**[513]** $\displaystyle\int e^{\tan x}(\sec x-\sin x)\,dx = ?$

**[514]** $\displaystyle\int \frac{2a\sin x+b\sin 2x}{(b+a\cos x)^3}\,dx = ?$

**[515]** $\displaystyle\int \frac{x^2-2}{x^2}\sqrt{\frac{x^2-x+2}{x^2+x+2}}\,dx = ?$

**[516]** $\displaystyle\int \frac{(x-1)^4}{x^4+6x^2+8x+9+e^x}\,dx = ?$

**[517]** $\displaystyle\int \frac{x^2}{(x\cos x-\sin x)(x\sin x+\cos x)}\,dx=?$

**[518]** $y(x-y)^2=x \Rightarrow \displaystyle\int \frac{1}{x-3y}\,dx=?$

**[519]** $\displaystyle\int \frac{(x^2+1)(x^2+2x-1)}{x^6+14x^3-1}\,dx=?$

**[520]** $\displaystyle\int \frac{(x^2+x+1)}{\sqrt{4x^2+x+1}}\,dx=?$

**[521]** $\displaystyle\int \frac{a^2\sin^2 x+b^2\cos^2 x}{a^4\sin^2 x+b^4\cos^2 x}\,dx=?$

**[522]** $x>0 \Rightarrow \displaystyle\int \sqrt{1+\frac{1}{x^2}+\frac{1}{(x+1)^2}}\,dx=?$

**[523]** $\displaystyle\int x\sqrt{1-x^2}\sin^{-1}x\,dx=?$

**[524]** $\displaystyle\int e^x\frac{\sin 4x-4}{1-\cos 4x}\,dx=?$

**[525]** $\displaystyle\int \frac{1}{\sin(x+a)\sin(x+b)}\,dx=?$

**[526]** $\displaystyle\int \frac{1}{1+\sin x+\cos x}\,dx=?$

**[527]** $\displaystyle\int \frac{(e^{2x}-e^x)dx}{(e^x+1)\sqrt{e^{3x}+e^{2x}+e^x}}=?$

**[528]** $\displaystyle\int \frac{1}{x^7-x}\,dx=?$

**[529]** $\displaystyle\int \frac{1}{\sqrt{x^n+x^2}}\,dx=?$

**[530]** $f(x+1)=8x^4+32x^3+40x^2+16x+1 \Rightarrow \displaystyle\int f^n(\cos x)\,dx=?$

**[531]** $$\int \frac{x^2+2x+1+(3x+1)\sqrt{x+\ln x}}{x\sqrt{x+\ln x}\,(x+\sqrt{x+\ln x})}\,dx = ?$$

**[532]** $$\int \frac{1}{\left(x+\sqrt{x^2+1}\right)^n}\,dx = ?$$

**[533]** $$\int \frac{25\sin x+2\cos x}{625\sin^2 x+4\cos^2 x}\,dx = ?$$

**[534]** $$\int \frac{\ln\left(\cos x+\sqrt{\cos 2x}\right)}{\sin^2 x}\,dx = ?$$

**[535]** $$\int x^{2x}e^{x^x}\ln(x+1)\,dx = ?$$

**[536]** $$\int \frac{\sqrt{1-x^2}}{x+x^2}\,dx = ?$$

**[537]** $$\int \frac{2\cos 2x-7\sin 3x+1}{4\cos 2x+\sin 3x+2}\,dx = ?$$

**[538]** $$\int \frac{2\sin x-\cos 2x-3}{2\cos x+3\sin 2x}\,dx = ?$$

**[539]** $$\int \frac{1}{1+4\tan x}\,dx = ?$$

**[540]** $$0<x<4 \Rightarrow \int \frac{1}{\sqrt{2x\sqrt{x}-x^2}}\,dx = ?$$

**[541]** $$\int \sqrt{\frac{1}{x\sqrt{x}+x}}\,dx = ?$$

**[542]** $$\int \frac{x^4-1}{(x^4+6x^2+1)\sqrt{x^4+x^2+1}}\,dx = ?$$

**[543]** $$0<x<\pi \Rightarrow \int \frac{x^2}{(x^2-4)\sin x+4x\cos x}\,dx = ?$$

[544] $\int \sqrt[4]{\sec^3 x \operatorname{cosec}^5 x}\ dx = ?$

[545] $\int \frac{(n+1)\cos nx - n\cos(n+1)x - 1}{2-2\cos x} dx = ?$

[546] $x > 0 \Rightarrow \int 2\tan\left(\cos^{-1}\frac{1}{\sqrt{1+x^2}} - \cos^{-1}\frac{x}{\sqrt{1+x^2}}\right) dx = ?$

[547] $\int \frac{(1+x^2)(2+x^2)}{(x\cos x + \sin x)^4}\ dx = ?$

[548] $x > 0 \Rightarrow \int \frac{2\left(\tan^{-1}x - \frac{x}{1+x^2}\right)}{(x+\tan^{-1}x)(x-\tan^{-1}x)}\ dx = ?$

[549] $\int \sin^{-1}\sqrt{x}\ dx = ?$

[550] $\int \frac{1}{(1-x^4)\sqrt{1+x^2}}\ dx = ?$

[551] $\int \frac{1}{\cos x + \cos 3x} dx = ?$

[552] $\int \frac{\tan^{-1}(x+1)}{(x+1)^3}\ dx = ?$

[553] $\int \frac{\sin^{-1}x}{x^3}\ dx = ?$

[554] $\int \frac{1+x^2}{(1-x^2)\sqrt{1+x^4}}\ dx = ?$

[555] $\int \frac{1}{\sqrt{2}+\sqrt{1+x}+\sqrt{1-x}}\ dx = ?$

[556] $\int \sqrt{1+\frac{1}{x^2}}\ dx = ?$

**[557]** $\displaystyle\int \frac{\sqrt{x}\tan^{-1}\sqrt{x}}{x+1}\,dx = ?$

**[558]** $\displaystyle\int \frac{x}{\sin^4 x}\,dx = ?$

**[559]** $\displaystyle\int \frac{a(x^2-a^2)}{3a^2x^2+x^4+a^4}\,dx = ?$

**[560]** $\displaystyle b<a<x \Rightarrow \int \frac{1}{\sqrt{(x-a)(x-b)^5}}\,dx = ?$

**[561]** $\displaystyle\int \frac{x^2 e^{\tan^{-1}x}}{\sqrt{1+x^2}}\,dx = ?$

**[562]** $\displaystyle\int \frac{\tan^{-1}x}{x^2+x^4}\,dx = ?$

**[563]** $\displaystyle\int \frac{\sqrt{\sqrt{3}\sin x+\cos x+1}}{\sin x-\sqrt{3}\cos x}\,dx = ?$

**[564]** $\displaystyle\int \frac{1}{\sqrt[3]{(x-1)(x+1)^2}}\,dx = ?$

**[565]** $\displaystyle\int \frac{x^n}{\sqrt{x^2+a^2}}\,dx = ?$

**[566]** $\displaystyle\int \frac{e^{n\tan^{-1}x}}{(x^2+1)^2}\,dx = ?$

**[567]** $\displaystyle\int \frac{1}{x(1+\ln x)\sqrt{\ln x(2+\ln x)}}\,dx = ?$

**[568]** $\displaystyle\int \frac{3x^4-1}{(x^4+x+1)^2}\,dx = ?$

**[569]** $\displaystyle\int \frac{1}{x\sqrt{4-9(\ln x)^2}}\,dx = ?$

**[570]** $\int \sec^2 \sqrt{x}\, dx = ?$

**[571]** $\int \frac{x}{1+x^4}\, dx = ?$

**[572]** $\int \frac{\tan^3 x}{\tan^3 x + 1}\, dx = ?$

**[573]** $\int \left(1 + x - \frac{1}{x}\right) e^{x + \frac{1}{x}}\, dx = ?$

**[574]** $\int \sin^{-1}\left(\frac{2x+2}{\sqrt{4x^2+8x+13}}\right) dx = ?$

**[575]** $\int \frac{\sqrt{x}}{1+\sqrt[4]{x^3}}\, dx = ?$

**[576]** $\int \frac{x^2-1}{x(x^2+1)\sqrt{x^2+x^{-2}}}\, dx = ?$

**[577]** $\int \sin(101x)\sin^{99} x\, dx = ?$

**[578]** $\int \frac{1}{x\sqrt{x^3-1}}\, dx = ?$

**[579]** $\int \frac{1}{x^3(x+1)^2}\, dx = ?$

**[580]** $\int \frac{x^3}{\sqrt{1-x^2}} \ln\left(\frac{1+x}{1-x}\right) dx = ?$

**[581]** $\int \frac{7^x}{\sqrt{1+49^x}}\, dx = ?$

**[582]** $\int \frac{1}{x+\sqrt{x}}\, dx = ?$

[583] $\displaystyle\int \frac{1}{\sin^3 x \cos^3 x}\, dx = ?$

[584] $\displaystyle\int \frac{a \operatorname{cosec}^2 x}{1 - a^2 \operatorname{cosec}^2 x}\, dx = ?$

[585] $\displaystyle\int 2^x \sin x\, dx = ?$

[586] $\displaystyle\int \frac{1}{x\sqrt{1+x^2}}\, dx = ?$

[587] $\displaystyle\int \operatorname{cosech}^2 x\, dx = ?$

[588] $\displaystyle\int \frac{(x-1)^3}{(x+1)^4}\, dx = ?$

[589] $\displaystyle\int \frac{\sin x}{1 + \sin x - \cos x}\, dx = ?$

[590] $\displaystyle\int \frac{\cos^2 x}{\sin 2x - 2\cos 2x \tan^3 x}\, dx = ?$

[591] $\displaystyle\int \frac{1}{x^2\sqrt{4+x^2}}\, dx = ?$

[592] $\displaystyle\int x \tan^{-1} x \ln(1+x^2)\, dx = ?$

[593] $\displaystyle\int \frac{1}{(x+1)^5\sqrt{x^2+2x}}\, dx = ?$

[594] $\displaystyle\int \frac{x + \sqrt{1+x+x^2}}{1 + x + \sqrt{1+x+x^2}}\, dx = ?$

[595] $\displaystyle\int \frac{x\sqrt[3]{2+x}}{x + \sqrt[3]{2+x}}\, dx = ?$

[596] $\displaystyle\int \frac{\sqrt{\sqrt{\ln x}+1}}{x}\, dx = ?$

**[597]** $\displaystyle\int \frac{\sin x}{1-\sin x}\,dx = ?$

**[598]** $\displaystyle\int \frac{2^x 3^x}{9^x - 4^x}\,dx = ?$

**[599]** $\displaystyle\int \frac{x-\sqrt{x^2+3x+2}}{x+\sqrt{x^2+3x+2}}\,dx = ?$

**[600]** $\displaystyle\int \sqrt{x^5+x^6}\,dx = ?$

**[601]** $\displaystyle\int \frac{x^2-1}{x^4+x^3+x^2+x+1}\,dx = ?$

**[602]** $f''(x) = kf'(x)f(x) \Rightarrow \displaystyle\int f'(x)^2 f(x)^n dx = ?$

**[603]** $\displaystyle\int \sec^4 x \tan^n x\,dx = ?$

**[604]** $\displaystyle\int \sec^2 x(\sec x + \tan x)^6\,dx = ?$

**[605]** $\displaystyle\int \frac{x^2}{(4-2x+x^2)\sqrt{2+2x-x^2}}\,dx = ?$

**[606]** $\displaystyle\int \frac{\sin x(\sin x\cos x+2)}{\cos^4 x}\,dx = ?$

**[607]** $\displaystyle\int \frac{1}{(x^2-x+1)\sqrt{x^2+x+1}}\,dx = ?$

**[608]** $\displaystyle\int \frac{\sin x-\cos x - x(\sin x+\cos x)+1}{x^2-x(\sin x+\cos x)+\sin x\cos x}\,dx = ?$

**[609]** $\displaystyle\int \frac{\ln x - 1}{x^2-(\ln x)^2}\,dx = ?$

**[610]** $\displaystyle\int \frac{\sin x+\cos x}{\cos^4 x-\sin^4 x}\,dx = ?$

**[611]** $\displaystyle\int \frac{\sin x \cos x}{\cos^4 x - \sin^4 x}\, dx = ?$

**[612]** $\displaystyle\int \sqrt{x + \sqrt{x}}\, dx = ?$

**[613]** $\displaystyle\int \sin(4x)\ln(\tan x)\, dx = ?$

**[614]** $\displaystyle\int \cos(\sin(\sin x))\cos(\sin x)\cos x\, dx = ?$

**[615]** $\displaystyle\int \sqrt[3]{\cot x}\, dx = ?$

**[616]** $\displaystyle\int (\cosh x)^x (\ln(\cosh x) + x\tanh x)\, dx = ?$

**[617]** $\displaystyle\int \tan 4x \sec^4 4x\, dx = ?$

**[618]** $\displaystyle\int \sin x^2 + \frac{\cos x^2}{2x^2}\, dx = ?$

**[619]** $\displaystyle\int \frac{\cos x^2}{x^2} - \frac{3\sin x^2}{2x^4}\, dx = ?$

**[620]** $\displaystyle\int \sin x^2 + \frac{3\sin x^2}{4x^4}\, dx = ?$

**[621]** $\displaystyle\int \frac{1}{x^4\sqrt{3+x^2}}\, dx = ?$

**[622]** $\displaystyle\int \frac{dx}{x\ln x\ln(\ln x)\cdots\ln(\ln(\cdots(\ln x)\cdots))} = ?$

**[623]** $\displaystyle a \neq b > 2 \Rightarrow \int \frac{x^4\, dx}{(x^4+ax^2+1)(x^4+bx^2+1)} = ?$

**[624]** $\displaystyle\int \frac{1}{(1+x)(1+x^4)}\, dx = ?$

**[625]** $\displaystyle\int \frac{x}{(1+x)(1+x^4)}\,dx = ?$

**[626]** $\displaystyle\int \frac{x^2}{(1+x)(1+x^4)}\,dx = ?$

**[627]** $\displaystyle\int \frac{x^3}{(1+x)(1+x^4)}\,dx = ?$

**[628]** $\displaystyle\int \frac{x^4}{(1+x)(1+x^4)}\,dx = ?$

**[629]** $\displaystyle\int \frac{x}{1+\cos x}\,dx = ?$

**[630]** $x>0 \Rightarrow \displaystyle\int \left(\frac{\tan^{-1}x}{\tan^{-1}x - x}\right)^2 dx = ?$

**[631]** $\displaystyle\int x^x \log_a(ex)\,dx = ?$

**[632]** $\displaystyle\int \frac{1}{1+2^{-x}}\,dx = ?$

**[633]** $\displaystyle\int \frac{2x^2+1}{x^5(x^2+1)^3}\,dx = ?$

**[634]** $\displaystyle\int \frac{x^6-1}{x^4+x^3-x-1}\,dx = ?$

**[635]** $\displaystyle\int \frac{(x+2)^2}{(x+7)^5}\,dx = ?$

**[636]** $\displaystyle\int \frac{x^4+1}{x\sqrt{x^4-1}}\,dx = ?$

**[637]** $\displaystyle\int \frac{x^2+2x+3}{\sqrt{x^2+x+1}}\,dx = ?$

[638] $\int \frac{x^2+n^2-n}{(x\sin x+n\cos x)^2}\,dx = ?$

[639] $\int x^n\sqrt{a^2-x^2}\,dx = ?$

[640] $\int \frac{(f(x)-f'(x))e^x}{(e^x+f(x))^2}\,dx = ?$

[641] $\int \sqrt{x+\sqrt{x^2+a^2}}\,dx = ?$

[642] $\int \frac{x+\sin x-\cos x-1}{x+e^x+\sin x}\,dx = ?$

[643] $\int e^{\tan x}(\sec x-\sin x)\,dx = ?$

[644] $\int \sin^{-1}x+\cos^{-1}x\,dx = ?$

[645] $\int x\sqrt{\frac{2-x^2}{x^2+1}}\,dx = ?$

[646] $\int \frac{\sin x}{\sqrt{(1-\beta^2\sin^2 x)^3}}\,dx = ?$

[647] $\int \frac{\sin^2 x-\cos^2 x}{\sin^4 x+\cos^4 x}\,dx = ?$

[648] $\int \frac{1}{1+\sin x}\,dx = ?$, (without substitution)

[649] $\int \frac{x^2-1}{x^3\sqrt{2x^4-2x^2+1}}\,dx = ?$

[650] $\int \frac{\sin nx}{\sin x}\,dx = ?$

[651] $\int \frac{1}{x^2+2x\cosh a+1}\,dx = ?$

**[652]** $\int \frac{1}{x\sqrt{x^2+x+1}}\,dx=?$

**[653]** $\int \frac{\sqrt{\sqrt{\ln x}-1}}{x}\,dx=?$

**[654]** $\int \frac{1}{(x-a)^2(x-b)^3}\,dx=?$

**[655]** $\int \frac{1}{x^3\sqrt{x^2-1}}\,dx=?$

**[656]** $n>2 \Rightarrow \int \frac{1}{x\sqrt{\sqrt[n]{x}-1}}\,dx=?$

**[657]** $\int \frac{\sqrt{x^2+1}-\sqrt{x^2-1}}{\sqrt{x^4-1}}\,dx=?$

**[658]** $\int \sqrt{\operatorname{cosec} x-\sin x}\,dx=?$

**[659]** $\int \frac{x}{\sqrt{1-3x}}\,dx=?$

**[660]** $\int \frac{1}{\sin x\cos^2 x}\,dx=?$

**[661]** $\int \frac{1+x}{1-\sin x+x-x\sin x}\,dx=?$

**[662]** $m,n\in N, x>0 \Rightarrow \int \frac{\sqrt{m-x^n}}{x\sqrt{x^n}}\,dx=?$

**[663]** $\int \frac{1}{1+2\sin x+\cos x}\,dx=?$

**[664]** $\int \frac{x^2-2}{x^3e^{-x}}\,dx=?$

**[665]** $\int \frac{1}{\sqrt{x}\sqrt{(x+1)^3}}\,dx=?$

**[666]** $\int \frac{x^2-2}{x^3 e^x}\, dx = ?$

**[667]** $a \in Z \Rightarrow \int \frac{1}{x}\sqrt{\frac{x+a}{x-a}}\, dx = ?$

**[668]** $\int \frac{\sqrt[7]{\cot^3 x}}{1-\cos^2 x}\, dx = ?$

**[669]** $f_n(x) = \sum_{k=0}^{n} \frac{x^k}{k!} \Rightarrow \int \frac{x^n e^x}{(f_n(x))^2 + e^{2x}}\, dx = ?$

**[670]** $\int \frac{1}{e^{4x}+e^{2x}}\, dx = ?$

**[671]** $0 < x < \pi \Rightarrow \int \frac{\sin^{3n-1}x \cos^{n-1}x}{\sin^{4n}x + \cos^{4n}x}\, dx = ?$

**[672]** $\int \frac{x^{n-2}}{(x+1)^n}\, dx = ?$

**[673]** $\int \frac{x-2}{(x^2+4)\sqrt{x}}\, dx = ?$

**[674]** $\int \frac{\sqrt{x^2+\sqrt{x^4+1}}}{x^4+1}\, dx = ?$

**[675]** $\int x \ln\left(1+\frac{1}{x}\right) dx = ?$

**[676]** $\int e^{x^4}(x+x^3+2x^5)e^{x^2}\, dx = ?$

**[677]** $\int \frac{2+\sqrt{e^x}}{12\sqrt{x+\sqrt{e^x}}\,\sqrt[3]{\left(1+\sqrt{x+\sqrt{e^x}}\right)^2}}\, dx = ?$

**[678]** $\int (x^3-3x^2+2)^{2012}\, dx = ?$

**[679]** $\int \frac{x\sin^{-1}x}{\sqrt{1-x^2}}\,dx = ?$

**[680]** $\int \frac{x^4-2x^2}{(x^2\sin x+2x\cos x-2\sin x)(x^2\cos x-2x\sin x-2\cos x)}\,dx = ?$

**[681]** $\int \frac{\sin^3 x+\sin^2 x-2\sin x-2}{\sin^2 x+2\sin x+1}\,dx = ?$

**[682]** $x>0 \Rightarrow \int \frac{x^4-1}{(x^4-x^2+1)\sqrt{x^4+3x^2+1}}\,dx = ?$

**[683]** $\int \frac{x^3-x+1}{\sqrt{x^2+2x+2}}\,dx = ?$

**[684]** $a \neq 1, -1 \Rightarrow \int \frac{1}{\cosh x + a\sinh x}\,dx = ?$

**[685]** $x>0 \Rightarrow \int \frac{-x\sin x-2\cos x-2}{(x+\sin x)^2}\,dx = ?$

**[686]** $I(m,n) = \int \cos^m x\sin(nx)\,dx = ?$

**[687]** $\int \sqrt{2+\sqrt{2+\cdots+\sqrt{2+x}}}\,dx = ?$

**[688]** $\int \sqrt{\frac{x-1}{x^5}}\,dx = ?$

**[689]** $\int \frac{x\ln(1+3x)}{e^{3x}}\,dx = ?$

**[690]** $\int \frac{\cot x}{1-\sin x}\,dx = ?$

**[691]** $\int \frac{x}{x^6+a^6}\,dx = ?$

**[692]** $\int \sin(\ln x)+\cos(\ln x)\,dx = ?$

[693] $\int (1+2x^2)e^{x^2}\,dx = ?$

[694] $\int \frac{x+1}{x(1+xe^x)^2}\,dx = ?$

[695] $\int \frac{x^2}{(x\cos x - \sin x)^2}\,dx = ?$

[696] $\int \frac{\cos^2 x \sin x}{\sin x - \cos x}\,dx = ?$

[697] $\int \sqrt{\frac{x}{x-1}}\,dx = ?$

[698] $\int \frac{1}{\sqrt{1+\sqrt[3]{x}}}\,dx = ?$

[699] $\int x^{27}(x^2+x+1)^6(4+5x+6x^2)\,dx = ?$

[700] $\int \frac{1}{x\sqrt{1+x^a+x^{2a}}}\,dx = ?$

[701] $\int \frac{1}{x^8+x^4+1}\,dx = ?$

[702] $\int \sqrt{2e^{2x}+1}\,dx = ?$

[703] $\int \frac{1}{\sqrt[3]{(x^3+1)^4}}\,dx = ?$

[704] $\int \frac{\sin^2 x - \sin x - 1}{e^{\sin x} + \cos x}\,dx = ?$

[705] $\int \frac{1}{\cos a - \cos x}\,dx = ?$

[706] $\int \frac{1}{\sqrt{x\ln x}} + \sqrt{\frac{\ln x}{x}}\,dx = ?$

**[707]** $\int (\sin x \cos x - 1) e^x \ln(\cos x) \operatorname{cosec}^2 x \, dx = ?$

**[708]** $\int \frac{2 + \sin(x^2)}{1 + \cos(x^2)} x e^{\frac{1}{2}x^2} \, dx = ?$

**[709]** $\int \cos^{10} x + \sin^{10} x - \sin^4 x \cos^4 x \, dx = ?$

**[710]** $\int \frac{2}{\ln x} + \ln(\ln x) - \frac{1}{(\ln x)^2} \, dx = ?$

**[711]** $\int \frac{\sin x \left(\cos^2 x - \cos^2 \frac{\pi}{5}\right)\left(\cos^2 x - \cos^2 \frac{2\pi}{5}\right)}{\sin 5x} \, dx = ?$

**[712]** $\int \frac{1}{(\sec x + \tan x)^2} \, dx = ?$

**[713]** $\int \frac{\cos x}{(2 + \sin x)(3 + \sin x)^3} \, dx = ?$

**[714]** $n \ge 2, n \in N \Rightarrow \int \frac{2^{nx} - 2^x}{(2^x + 1)^{n+1}} \, dx = ?$

**[715]** $\int \frac{x^{n-1}}{(x^{2n} + x^n + 1)\sqrt{x^{2n} + x^n + 1}} \, dx = ?$

**[716]** $\int \frac{\sin^2 x}{a - b\cos x} \, dx = ?$

**[717]** $\int \frac{\sin^2 x \cos^2 x}{\sin^3 x + \cos^3 x} \, dx = ?$

**[718]** $\int 2\sin\sqrt{x} + \sqrt{x}\cos\sqrt{x} \, dx = ?$

**[719]** $\int \cos x \sqrt{1 - \cos x} \, dx = ?$

**[720]** $\int \frac{1 + (x+2)xe^{2x}}{1 + xe^x} \, dx = ?$

**[721]** $a \neq 0 \Rightarrow \int x^2 \cos(a \ln x)\, dx = ?$

**[722]** $\int (1-x^2)e^{-2x}\, dx = ?$

**[723]** $\int \frac{\cos x + \sin x}{\sqrt{\sin 2x}}\, dx = ?$

**[724]** $\int \frac{1}{x\sqrt{1+(\ln x)^2}}\, dx = ?$

**[725]** $\int \sin(x)\cos(2x)\tan(3x)\, dx = ?$

**[726]** $\int \frac{x^2+1}{(1-x^2)\sqrt{x^4+1}}\, dx = ?$

**[727]** $\int \sin^{n-1}x \cos(n+1)x\, dx = ?$

**[728]** $\int \frac{1+\sin x}{1+\cos x} e^x\, dx = ?$

**[729]** $\int \frac{5x^3+15x^2+15x+5}{\sqrt[3]{x^2+2x+1}}\, dx = ?$

**[730]** $\int \sqrt{\frac{x}{x^3+1}}\, dx = ?$

**[731]** $\int \frac{1}{(x^n+1)\sqrt[n]{1+x^n}}\, dx = ?$

**[732]** $\int \frac{\tan^4 x}{\cos 2x}\, dx = ?$

**[733]** $\int \frac{\sin\left(\frac{x}{2}\right)}{\cos\left(\frac{x}{3}\right)}\, dx = ?$

**[734]** $\int \frac{x-2(1+x^2)\tan^{-1}x}{x^5+x^3}\,dx = ?$

**[735]** $a \neq \pm 1 \Rightarrow \int \left(\sqrt{x^2+1}-x\right)^a dx = ?$

**[736]** $\int (2x^2+x+1)e^{x^2+x+1}\,dx = ?$

**[737]** $\int \frac{\cos x}{a\sin x + b\cos x}\,dx = ?$

**[738]** $\int \frac{\sin x}{a\sin x + b\cos x}\,dx = ?$

**[739]** $\int \frac{\sec x}{\sqrt{\sin(2x+\alpha)+\sin\alpha}}\,dx = ?$

**[740]** $\int \frac{x^4-1}{x^2\sqrt{x^4+x^2+1}}\,dx = ?$

**[741]** $\int (x^3+1)^{-\frac{4}{3}}\,dx = ?$

**[742]** $\int \frac{1}{\sqrt{1+\sqrt{1+\sqrt{x}}}}\,dx = ?$

**[743]** $\int \frac{x-1}{(x+1)\sqrt{x^3+x^2+x}}\,dx = ?$

**[744]** $\int \frac{3\sin 2x + 16\cos 2x + 5\sin 4x + 40\cos 4x}{\sin 2x + 2\cos 2x + 3\sin 4x + 4\cos 4x}\,dx = ?$

**[745]** $\int (\cos 2x + \sin 2x)\ln(\cos x + \sin x)\,dx = ?$

**[746]** $\int \frac{\sin x}{(\sin x + \cos x)^2}\,dx = ?$

**[747]** $\int \frac{\cos x}{(\sin x + \cos x)^2}\,dx = ?$

**[748]** $\int \frac{\tan x}{(\sin x + \cos x)^2}\,dx = ?$

# 03 정적분 문제

❑ 다음의 정적분을 구하여라.

**[1]** $\displaystyle\int_0^{\infty} \frac{x^3}{(1+x)^5}\,dx = ?$

**[2]** $\displaystyle\int_1^{\ln 3} \frac{e^x - e^{2x}}{1+e^x}\,dx = ?$

**[3]** $\displaystyle\int_0^{\frac{\pi}{2}} \sin^n x\,dx = ?$

**[4]** $\displaystyle\int_0^{\frac{\pi}{2}} \sin^m x \cos^n x\,dx = ?$

**[5]** $\displaystyle\int_0^{\frac{\pi}{2}} \frac{\sin^m x}{\sin^m x + \cos^m x}\,dx = ?$

**[6]** $\displaystyle\int_0^{\pi} \frac{x \sin x}{1+\cos^2 x}\,dx = ?$

**[7]** $\displaystyle\int_0^{\frac{1}{\sqrt{2}}} \frac{x \sin^{-1} x^2}{\sqrt{1-x^4}}\,dx = ?$

**[8]** $\displaystyle\int_0^{\pi} \frac{1}{\alpha - \cos x}\,dx = ? \quad (\alpha > 1)$

**[9]** $\displaystyle\int_0^{\pi} \frac{1}{(\alpha - \cos x)^2}\,dx = ? \quad (\alpha > 1)$

**[10]** $\displaystyle\int_0^{\pi} \ln\left(\frac{b-\cos x}{a-\cos x}\right) dx = ?\ ,\ (a, b > 1)$

**[11]** $\displaystyle\int_0^1 \frac{x-1}{\ln x}\,dx = ?$

**[12]** $\displaystyle\int_0^1 x^p(\ln x)^m\,dx = ?,\ (m>0)$

**[13]** $\displaystyle\int_0^{\frac{\pi}{2}} \ln(\sin x)\,dx = ?$

**[14]** $\displaystyle\int_0^{\pi} x\ln(\sin x)\,dx = ?$

**[15]** $\displaystyle\int_0^{\infty} \frac{1}{(1+x^2)^{n+1}}\,dx = ?$

**[16]** $\displaystyle\int_0^{\infty} \frac{e^{-ax}-e^{-bx}}{x\sec(rx)}\,dx = ?$

**[17]** $\displaystyle\int_0^{\infty} e^{-ax}\cdot\frac{1-\cos x}{x^2}\,dx = ?$

**[18]** $\displaystyle\int_0^{\infty} \frac{1-\cos x}{x^2}\,dx = ?$

**[19]** $\displaystyle\int_0^{\infty} \frac{\sin x}{x}\,dx = ?$

**[20]** $\displaystyle\int_0^{\infty} \frac{\sin^2 x}{x^2}\,dx = ?$

**[21]** $\displaystyle\int_0^{\infty} \frac{\sin^3 x}{x}\,dx = ?$

**[22]** $\displaystyle\int_0^{\infty} e^{-x^2}\cos(\alpha x)\,dx = ?$

**[23]** $\displaystyle\int_0^{\infty} e^{-\left(x-\frac{\alpha}{x}\right)^2}\,dx = ?$

**[24]** $\displaystyle\int_0^{\infty} e^{-(x^2+x^{-2})}\,dx = ?$

**[25]** $\displaystyle\int_{-\infty}^{\infty} \frac{1}{x^2+2ax+b^2}\,dx = ?$

**[26]** $\displaystyle\int_0^{\frac{4}{\pi}} (3x^2 \sin x^{-1} - x\cos x^{-1})\,dx = ?$

**[27]** $\displaystyle\int_0^{\infty} \frac{e^{-ax}-e^{-bx}}{x}\,dx = ?$

**[28]** $\displaystyle\int_0^{\infty} \frac{e^{-ax}-e^{-bx}}{x\,\mathrm{cosec}(rx)}\,dx = ?$

**[29]** $\displaystyle\int_0^{\infty} e^{-\alpha x}\left(\frac{\cos ax-\cos bx}{x}\right)dx = ?$

**[30]** $\displaystyle\int_0^{\infty} \frac{\cos ax-\cos bx}{x}\,dx = ?$

**[31]** $\displaystyle\int_0^{\infty} e^{-\alpha x^2}\,dx = ?$

**[32]** $\displaystyle\int_0^{\infty} x^{2p}e^{-\alpha x^2}\,dx = ?$

**[33]** $\displaystyle\int_0^{\infty} e^{-\frac{a}{x^2}} - e^{-\frac{b}{x^2}}\,dx = ?$

**[34]** $\displaystyle\int_0^{\infty} \frac{\tan^{-1}\left(\frac{x}{a}\right)-\tan^{-1}\left(\frac{x}{b}\right)}{x}\,dx = ?$

**[35]** $\displaystyle\int_0^{\infty} x^{-\frac{1}{2}}e^{-x}\,dx = ?$

**[36]** $\int_0^{\infty} \sqrt{x}\, e^{-x^3}\, dx = \ ?$

**[37]** $\int_0^{\infty} 3^{-4x^2}\, dx = \ ?$

**[38]** $\int_0^{1} \frac{1}{\sqrt{-\ln x}}\, dx = \ ?$

**[39]** $\int_0^{1} x^m (\ln x)^n\, dx = \ ?\ ,\ (n \in N)$

**[40]** $\int_0^{\infty} \frac{x^{p-1}}{1+x}\, dx = \ ?$

**[41]** $\int_0^{2} x\, \sqrt[3]{8-x^3}\, dx = \ ?$

**[42]** $\int_0^{\infty} \frac{1}{1+x^4}\, dx = \ ?$

**[43]** $\int_0^{\infty} \sqrt[4]{x}\, e^{-\sqrt{x}}\, dx = \ ?$

**[44]** $\int_0^{1} \left(\ln \frac{1}{x}\right)^{n-1} dx = \ ?\ ,\ (n \in N)$

**[45]** $\int_0^{1} (\ln x)^4\, dx = \ ?$

**[46]** $\int_0^{1} (x \cdot \ln x)^3\, dx = \ ?$

**[47]** $\int_0^{1} \sqrt{\frac{1-x}{x}}\, dx = \ ?$

**[48]** $\int_0^{4} x^{\frac{3}{2}} (4-x)^{\frac{5}{2}}\, dx = \ ?$

**[49]** $\int_0^{\frac{\pi}{2}} \sqrt{\tan x}\ dx = ?$

**[50]** $\int_0^{\infty} \frac{x}{1+x^6}\ dx = ?$

**[51]** $\int_0^{\infty} \frac{x^2}{1+x^4}\ dx = ?$

**[52]** $\int_{-\infty}^{\infty} \frac{e^{2x}}{ae^{3x}+b}\ dx = ?$

**[53]** $\int_{-\infty}^{\infty} \frac{e^{2x}}{(e^{3x}+1)^2}\ dx = ?$

**[54]** $\int_0^{\frac{\pi}{2}} \tan^p x\ dx = ?\ , (0 < p < 1)$

**[55]** $\int_0^{1} \frac{x^m - x^n}{\ln x}\ dx = ?$

**[56]** $\int_0^{2\pi} \frac{1}{\alpha + \sin x}\ dx = ?$

**[57]** $\int_0^{2\pi} \ln\left(\frac{5+3\sin x}{5+4\sin x}\right) dx = ?$

**[58]** $\int_{-\infty}^{\infty} \frac{1}{(x^3+x+1)^3}\ dx = ?$

**[59]** $\int_0^{\infty} \frac{\ln(1+\alpha^2 x^2)}{1+x^2}\ dx = ?$

**[60]** $\int_0^{\infty} \frac{\cos x}{x^n}\ dx = ?$

**[61]** $\int_0^{\infty} \frac{\sin x}{x^n}\ dx = ?$

**[62]** $\int_0^1 \frac{1}{\sqrt{1-\sqrt[4]{x}}}\,dx = ?$

**[63]** $\int_0^\infty e^{-\alpha x} \cdot \frac{\sin x}{x}\,dx = ?$

**[64]** $\int_0^\infty x^7 e^{-3x^2}\,dx = ?$

**[65]** $\int_0^\infty x \cdot e^{-2x} \cdot \cos x\,dx = ?$

**[66]** $\int_0^\infty e^{-4x} \sin\sqrt{x}\,dx = ?$

**[67]** $\int_0^\infty e^{-4x} \cdot \frac{\cos\sqrt{x}}{\sqrt{x}}\,dx = ?$

**[68]** $\int_0^\infty \frac{e^{-x}\sin^2 x}{x}\,dx = ?$

**[69]** $\int_0^\infty x^3 e^{-x^2}\,dx = ?$

**[70]** $\int_0^{\frac{\pi}{2}} \frac{1}{1+\alpha\cos x}\,dx = ?$

**[71]** $\int_0^{\frac{\pi}{2}} \sec x \cdot \ln\left(\frac{1+b\cos x}{1+a\cos x}\right)dx = ?$

**[72]** $\int_0^1 \frac{1-e^{-x^2}}{x^2}\,dx = ?$

**[73]** $\int_0^1 e^{\cos x}\,dx = ?$

**[74]** $\int_0^t e^{-x^2}\,dx = ?$

**[75]** $\int_0^\infty \cos x^2\, dx = ?$

**[76]** $\int_0^\infty \sin x^2\, dx = ?$

**[77]** $\int_0^\infty x^2 e^{-x} \sin x\, dx = ?$

**[78]** $\int_0^\infty e^{-2x} \cdot \frac{\sin^2 x}{x}\, dx = ?$

**[79]** $\int_0^\infty x^{-p-\frac{3}{2}} \cdot e^{-x}\, dx = ?$

**[80]** $\int_0^\infty \frac{x^{n-1}}{e^x - 1}\, dx = ?$

**[81]** $\int_0^{\frac{\pi}{2}} \frac{1}{\sqrt{\tan x}}\, dx = ?$

**[82]** $\int_a^b (x-a)^{\frac{1}{2}} (b-x)^{\frac{3}{2}}\, dx = ?$

**[83]** $\int_0^\pi \cos(\cos x)\, dx = ?$

**[84]** $\int_0^t \sin x \cdot \cos(t-x)\, dx = ?$

**[85]** $\int_{-\pi}^0 \frac{\sin\left(m+\frac{1}{2}\right)x}{2\sin\frac{x}{2}}\, dx = ?$

**[86]** $\int_0^\infty \frac{\cos \alpha x}{1+x^2}\, dx = ?$

**[87]** $\int_0^\infty \frac{\sin rx}{x(1+x^2)}\, dx = ?$

[88] $\int_0^{\infty} \frac{1-\cos rx}{x^2}\, dx = ?$

[89] $\int_0^{\infty} \frac{x\sin \alpha x}{1+x^2}\, dx = ?$

[90] $\int_0^{\infty} \sin \alpha x \cdot \frac{1-\cos \pi x}{x}\, dx = ?,\ (0<\alpha<\pi)$

[91] $\int_0^{\infty} \frac{x\sin rx}{a^2+x^2}\, dx = ?\ (a, r>0)$

[92] $\int_0^{\frac{\pi}{2}} \frac{1}{\sqrt{1-k^2\sin^2 x}}\, dx = ?,\ (0<k<1)$

[93] $\int_0^{\frac{\pi}{2}} \frac{1}{\sqrt{\sin x}}\, dx = ?$

[94] $\int_0^{2\pi} \frac{1}{1+\tan^4 x}\, dx = ?$

[95] $\int_0^{\pi} \frac{\cos\frac{x}{2} - \cos\left(2n+\frac{1}{2}\right)x}{2\sin\frac{x}{2}}\, dx = ?$

[96] $\int_{-\pi}^{\pi} \ln\left|\sin\left(\frac{x}{2}\right)\right| dx = ?$

[97] $\int_0^{1} \frac{\ln x}{x^2-1}\, dx = ?$

[98] $\int_0^{\infty} \frac{dx}{(1+x^{\alpha})(1+x^2)} = ?$

[99] $\int_1^{\infty} \frac{1}{e^{x+1}+e^{3-x}}\, dx = ?$

**[100]** $\int_{1}^{k}[x]f'(x)\,dx=?$ , $(k>1,\ [x]$:Gauss' notation)

**[101]** $\int_{1}^{k}[x^2]f'(x)\,dx=?$ , $(k>1,\ [x]$:Gauss' notation)

**[102]** $\int_{0}^{1}x^x\,dx=?$

**[103]** $\int_{0}^{\frac{\pi}{2}}\frac{1}{1+\tan^{\sqrt{2}}x}\,dx=?$

**[104]** $\int_{2}^{4}\frac{\ln^{\frac{1}{2}}(9-x)}{\ln^{\frac{1}{2}}(9-x)+\ln^{\frac{1}{2}}(3+x)}\,dx=?$

**[105]** $\int_{0}^{\infty}x^{-\frac{1}{2}}e^{-k\left(x+\frac{1}{x}\right)}\,dx=?$

**[106]** $\int_{0}^{\ln 2}\frac{2e^{3x}+e^{2x}-1}{e^{3x}+e^{2x}-e^x+1}\,dx=?$

**[107]** $\int_{0}^{2\pi}\frac{x\cos x}{1+\sin^2 x}\,dx=?$

**[108]** $\int_{0}^{1}\frac{\ln(1+x)}{1+x^2}\,dx=?$

**[109]** $\int_{\frac{\pi}{4}}^{\frac{\pi}{3}}\frac{(\sin^3\theta-\cos^3\theta-\cos^2\theta)(\sin\theta+\cos\theta+\cos^2\theta)^{2007}}{\sin^{2009}\theta\cdot\cos^{2009}\theta}\,d\theta=?$

**[110]** $\int_{0}^{\frac{\pi}{12}}\frac{dx}{(\sin x+\cos x)^4}=?$

**[111]** $\int_{0}^{\frac{\pi}{2}}\cos^{2006}x\cdot\sin 2008x\,dx=?$

**[112]** $\displaystyle\int_0^{\frac{\pi}{2}} \frac{x^2}{(\cos x + x\sin x)^2}\,dx = ?$

**[113]** $\displaystyle\int_0^1 e^{\sqrt{e^x}}\,dx + 2\int_e^{e^{\sqrt{e}}} \ln(\ln x)\,dx = ?$

**[114]** $\displaystyle\int_1^{\pi}\left(x^3\ln x - \frac{6}{x}\right)\sin x\,dx = ?$

**[115]** $\displaystyle\int_{e^e}^{e^{e+1}}\left\{\frac{1}{\ln x \cdot \ln(\ln x)} + \ln(\ln(\ln x))\right\}dx = ?$

**[116]** $\displaystyle\int_{e^2}^{e^3}\frac{\ln x \cdot \ln(x\ln x) \cdot \ln\{x\ln(x\ln x)\} + \ln x + 1}{\ln x \cdot \ln(x\ln x)}\,dx = ?$

**[117]** $\displaystyle\int_0^1 \frac{x}{(x^2+x+1)^{3/2}}\,dx = ?$

**[118]** $\displaystyle\int_0^1 (1-x^2)^{\frac{5}{2}}\,dx = ?$

**[119]** $\displaystyle a+b=1 \Rightarrow \min\left\{\int_0^{\pi}(a\sin x + b\sin 2x)^2\,dx\right\} = ?$

**[120]** $0 \le \alpha \le \beta,\ f(x) = x^2 - (\alpha+\beta)x + \alpha\beta$

$$\int_{-1}^{1} f(x) = 1 \Rightarrow \max\left\{\int_0^{\alpha} f(x)\,dx\right\} = ?$$

**[121]** $\displaystyle n = 0, 1, 2, \dots \Rightarrow \int_0^{\pi}\frac{\cos nx}{2-\cos x}\,dx = ?$

**[122]** $\displaystyle\int_0^1 \frac{4x+3}{(x^2-x+1)^2}\,dx = ?$

**[123]** $\displaystyle\int_0^{\frac{\pi}{2}} \ln(\tan x)\,dx = ?$

**[124]** $\int_0^1 \frac{x}{(x+1)}\sqrt{1-x^2}\,dx = ?$

**[125]** $1-f(x)=f(1-x),\ (0 \le x \le 1) \Rightarrow \int_0^1 f(x)dx = ?$

**[126]** $\int_0^x t^2 \sin(x-t)\,dt = x^2 \Rightarrow x = ?$

**[127]** $\int_{\frac{\pi}{4}}^{\frac{\pi}{2}} \left(\sqrt{\frac{\sin x}{x}} + \sqrt{\frac{x}{\sin x}}\cos x\right) dx = ?$

**[128]** $\int_0^{\pi} e^{x\sin x}\left(x^2\cos x + x\sin x + 1\right) dx = ?$

**[129]** $\int_{\frac{\pi}{4}}^{\frac{\pi}{3}} \frac{1+\cot x}{e^x \sin x}\,dx = ?$

**[130]** $\int_0^1 (1+2008x^{2008})e^{x^{2008}}\,dx = ?$

**[131]** $\int_{-2008}^{2008} \frac{f'(x)+f'(-x)}{2008^x+1}\,dx = ?$

**[132]** $\int_0^{n\pi} \frac{x|\sin x|}{1+|\cos x|}\,dx = ?,\ (n \in N)$

**[133]** $f(x) = xe^{-\frac{x}{a}} + \frac{1}{a+1}\int_0^a f(t)\,dt \Rightarrow \int_0^a f(t)dt = ?$

**[134]** $\int_0^{2008} (\pi x)|\sin \pi x|\,dx = ?$

**[135]** $\min\left\{\int_0^{\pi} \left[ax(\pi^2 - x^2) - \sin x\right]^2 dx\right\} \Rightarrow a = ?$

**[136]** $\int_0^1 (1+x+x^2+\cdots+x^{n-1})\{1+3x+\cdots+(2n-1)x^{n-1}\}dx = ?$

**[137]** $\int_{\frac{\pi}{4}}^{\frac{\pi}{2}} \cos\left(\frac{1}{\sin\left(\frac{1}{\sin x}\right)}\right)\cos\left(\frac{1}{\sin x}\right)\frac{\cos x}{\sin^2 x \sin^2\left(\frac{1}{\sin x}\right)}\,dx = ?$

**[138]** $\int_{\frac{\pi}{8}}^{\frac{3\pi}{8}} \frac{11+4\cos 2x+\cos 4x}{1-\cos 4x}\,dx = ?$

**[139]** 이차함수: $f(x),\ f'(2)=1 \Rightarrow \int_{2-\pi}^{2+\pi} f(x)\sin\left(\frac{x}{2}-1\right)dx = ?$

**[140]** $\int_0^{\frac{\pi}{2}} \frac{1}{\{\sin(x+a)+\cos x\}^2}\,dx = ?$

**[141]** $\dfrac{\int_0^{\pi} e^{-x}\sin^n x\,dx}{\int_0^{\pi} e^{x}\sin^n x\,dx} = ?\ ,\ (n \ge 2)$

**[142]** $\int_0^{\frac{\pi}{2}} \frac{1-\sin 2x}{(1+\sin 2x)^2}\,dx = ?$

**[143]** $\int_0^1 \frac{(1-x^2)}{(1+x^2)\sqrt{1+x^4}}\,dx = ?$

**[144]** $\int_0^{\frac{\pi}{2}} \frac{\sin^2 n\theta}{\sin^2\theta}\,d\theta = ?,\ (n \in N)$

**[145]** $\int_0^{\frac{\pi}{4}} \left(\frac{\cos x}{\sin x+\cos x}\right)^2 dx = ?$

**[146]** $\int_0^{\pi} \frac{\cos 4x-\cos 4\alpha}{\cos x-\cos\alpha}\,dx = ?$

**[147]** $0<a<1,\ f(x)=\frac{a-x}{1-ax},\ (-1<x<1)$

$\Rightarrow \int_0^a \frac{1-f(x)^6}{1-x^2}\,dx = ?$

**[148]** $f(x)=x^4+|x| \Rightarrow \dfrac{\int_0^{\pi} f(\cos x)\,dx}{\int_0^{\pi/2} f(\sin x)\,dx}=?$

**[149]** $f(x)=f\left(\dfrac{c}{x}\right),\ \int_1^{\sqrt{c}} \dfrac{f(x)}{x}dx=3 \Rightarrow \int_1^{c} \dfrac{f(x)}{x}dx=?,\ c>1$

**[150]** $\displaystyle\int_{\frac{\pi}{2}}^{\frac{2\pi}{3}} \frac{dx}{\sin x\sqrt{1-\cos x}}=?$

**[151]** $\displaystyle\int_{-\pi+a}^{3\pi+a} |x-a-\pi|\sin\left(\frac{x}{2}\right)dx=?$

**[152]** $\displaystyle\int_0^{\frac{\pi}{4}} \frac{x\cos 5x}{\cos x}\,dx=?$

**[153]** $\min\left\{\displaystyle\int_0^{\pi} (x-y)^2\sin x|\cos x|\,dx\right\}=?$

**[154]** $\displaystyle\int_0^{\frac{\pi}{2}} \frac{\sin^3 x}{\sin x+\cos x}\,dx=?$

**[155]** $\displaystyle\int_0^{\pi} xe^x\sin x\,dx=?$

**[156]** $\displaystyle\int_1^{e} (x+1)e^x\ln x\,dx=?$

**[157]** $\displaystyle\int_0^{\frac{\pi}{2}} \frac{d\theta}{1+\sin\theta+\cos\theta}=?$

**[158]** $\displaystyle\int_0^{\frac{\pi}{2}} x\left|\sin^2 x-\frac{1}{2}\right|dx=?$

**[159]** $\displaystyle\int_0^{\frac{\pi}{2}} \frac{\cos x}{a\cos x+b\sin x}\,dx=?$

**[160]** $\displaystyle\int_0^{\pi} \frac{x\sin^3 x}{4-\cos^2 x}\,dx = ?$

**[161]** $\displaystyle\int_{\frac{\pi}{2}}^{\frac{3\pi}{2}} \left|\left(\frac{2}{x^3}+\frac{1}{x}\right)\sin x\right|\,dx = ?$

**[162]** $\displaystyle\int_{-e}^{-e^{-1}} |\ln|x||\,dx = ?$

**[163]** $\displaystyle\int_0^{\pi} |\sqrt{2}\sin x + 2\cos x|\,dx = ?$

**[164]** $\displaystyle\int_{-\frac{\pi}{4}}^{\frac{\pi}{4}} \frac{(\pi-4\theta)\tan\theta}{1-\tan\theta}\,d\theta = ?$

**[165]** $\displaystyle\int_0^1 \ln(\sqrt{1-x}+\sqrt{1+x})\,dx = ?$

**[166]** $\displaystyle\int_{\frac{3a+b}{4}}^{\frac{a+b}{2}} \sqrt{\frac{x-a}{b-x}}\,dx = ?$

**[167]** $\displaystyle\int_0^1 \ln x \cdot \ln(1-x)\,dx = ?$

**[168]** $\displaystyle\int_0^{\infty} \frac{\sqrt{x}}{1+x^2}\,dx = ?$

**[169]** $\displaystyle\int_0^1 \frac{x}{(x^4+1)\sqrt{x^4+1}}\,dx = ?$

**[170]** $\displaystyle\int_0^{\frac{\pi}{2}} \cos(\pi\sin^2 x)\,dx = ?$

**[171]** $\displaystyle\int_0^1 \sqrt{1+\sqrt{1-x^2}}\,dx = ?$

**[172]** $\displaystyle\int_0^{\infty} \frac{\ln x}{1+x^3}\,dx = ?$

**[173]** $\displaystyle\int_0^{2\pi} \sqrt{2-2\sin\theta}\,d\theta = ?$

**[174]** $\displaystyle\int_0^{a} x^2\sqrt{a^2-x^2}\,dx = ?$

**[175]** $\displaystyle\int_0^{\pi} x\sin x\cos nx\,dx = ?,\ (n\in N)$

**[176]** $\displaystyle\int_0^{\infty} \frac{\ln(1+x^2)}{x(1+x^2)}\,dx = ?$

**[177]** $\displaystyle\int_0^{\infty} x-\ln(e^x-1)\,dx = ?$

**[178]** $\displaystyle\int_0^{\infty} \frac{e^{-x}-e^{-4x}}{x}\,dx = ?$

**[179]** $\displaystyle\int_0^{1}\int_0^{1} \frac{1}{1-xy}\,dx\,dy = ?$

**[180]** $\displaystyle\int_0^{1}\int_0^{1} \frac{(xy)^3}{1-xy}\,dx\,dy = ?$

**[181]** $\displaystyle\int_0^{a} \frac{\ln(1+ax)}{1+x^2}\,dx = ?$

**[182]** $\displaystyle\int_0^{\frac{\pi}{2}} \cos^n x\cos nx\,dx = ?$

**[183]** $\displaystyle\int_0^{\frac{\pi}{4}} \frac{dx}{\sin^4 x+\sin^2 x\cos^2 x+\cos^4 x} = ?$

**[184]** $\displaystyle\int_0^{1}\int_0^{1} \frac{1}{2-xy}\,dx\,dy = ?$

**[185]** $\displaystyle\int_0^{\frac{\pi}{2}} \frac{\ln(1+2\cot^2 x+\cot^4 x)}{\cot x}\,dx = ?$

**[186]** $\displaystyle\int_0^{2\pi} \ln\left(\sin x+\sqrt{1+\sin^2 x}\right)dx = ?$

**[187]** $\displaystyle\int_0^{n} \sum_{k=0}^{n-1}\left[x+\frac{k}{n}\right]dx = ?,\ [x]$: Gauss' notation

**[188]** $\displaystyle\int_0^{1} \frac{1}{2x}\ln\left(\frac{1+x}{1-x}\right)dx = ?$

**[189]** $\displaystyle\int_0^{1} \frac{\tan^{-1}\sqrt{1+x^2}}{(1+x^2)\sqrt{1+x^2}}\,dx = ?$

**[190]** $\displaystyle\int_0^{\pi} \ln(1-\cos\theta)\,d\theta = ?$

**[191]** $\displaystyle\int_0^{2} \sqrt{x^3+1}+\sqrt[3]{x^2+2x}\,\,dx = ?$

**[192]** $\displaystyle\int_0^{\frac{\pi}{2}} \frac{\ln(1+a\sin^2 x)}{\sin^2 x}\,dx = ?$

**[193]** $\displaystyle\int_0^{2}\int_{\frac{x}{2}}^{\frac{x}{2}+1} x^5(2y-x)e^{(2y-x)^2}\,dy\,dx = ?$

**[194]** $\displaystyle\int_0^{\infty} \frac{\tan^{-1}x}{\sqrt{x}\,(1+x)}\,dx = ?$

**[195]** $\displaystyle\int_0^{1}\int_0^{1}\cdot\cdot\int_0^{1}[x_1+x_2+\cdot\cdot+x_n]\,dx_1dx_2..dx_n = ?$

$[x]$: Gauss notation

**[196]** $\displaystyle\int_0^{1}\left(\frac{1}{1-x}+\frac{1}{\ln x}\right)dx = \lim_{k\to\infty}\left(1+\frac{1}{2}+\cdot\cdot+\frac{1}{k}-\ln k\right)$ 증명.

**[197]** $\displaystyle\int_0^1\int_0^1 \frac{x-1}{(1-xy)(\ln x+\ln y)}\,dx\,dy = ?$

**[198]** $\displaystyle\int_0^1\int_0^1 \frac{1}{(\ln x+\ln y)(1+x^2y^2)}\,dx\,dy = ?$

**[199]** $\displaystyle\int_0^1 \frac{x^\pi}{x^\pi+(1-x)^\pi}\,dx = ?$

**[200]** $\displaystyle F(x)=\int_0^x (4t^2-4t-1)e^{-t^2+t}\,dt \Rightarrow \int_0^1 F(x)dx = ?$

**[201]** $\displaystyle\int_0^\pi \frac{x\sin x}{1.25-\cos x}\,dx = ?$

**[202]** $\displaystyle\int_0^1\int_0^{\frac{\pi}{2}} \frac{1}{\sqrt{1-\sqrt{y}\sin^2 x}}\,dx\,dy = ?$

**[203]** $\displaystyle\int_{-1}^1 \frac{x^2}{1+e^x}\,dx = ?$

**[204]** $\displaystyle\int_{-1}^1 \frac{x^2}{1+e^{\tan^{-1}x}}\,dx = ?$

**[205]** $\displaystyle\int_0^1 \frac{\ln(1+x)}{x}\,dx = ?$

**[206]** $\displaystyle\int_{\ln\pi}^2 \sqrt{\frac{e^x+\pi}{e^x-\pi}}\,dx = ?$

**[207]** $\displaystyle\int_0^\pi \frac{x}{1+\cos^2 x}\,dx = ?$

**[208]** $\displaystyle\int_0^{2\pi} e^{\cos\theta}\cos(\sin\theta)\,d\theta = ?$

**[209]** $\displaystyle\int_{-\infty}^\infty \frac{x^8}{(1+x^6)^2}\,dx = ?$

**[210]** $\int_0^1 \int_0^1 \frac{y}{1-x^3y^3}\, dx\, dy = ?$

**[211]** $\int_1^2 \int_{\sqrt{x}}^{x} \sin\frac{\pi x}{2y}\, dy\, dx + \int_2^4 \int_{\sqrt{x}}^{2} \sin\frac{\pi x}{2y}\, dy\, dx = ?$

**[212]** $\int_{\frac{1}{a}}^{a} \frac{1}{x(1+x^n)}\, dx = ?$

**[213]** $\int_0^1 \frac{\{nx\}}{1-x+x^2}\, dx = ?$, $x-\{x\}=[x]$:Gauss notation.

**[214]** $\int_{-\infty}^{\infty} \frac{1}{(1+x^2)\sqrt{2+x^2}}\, dx = ?$

**[215]** $\int_0^1 \int_0^1 \frac{1}{\sqrt{1+x^2+y^2}}\, dx\, dy = ?$

**[216]** $\int_0^1 \int_y^{\sqrt{y}} \frac{y}{\sqrt{x^2+y^2}}\, dx\, dy = ?$

**[217]** $\int_0^1 \frac{x^{2n-1}}{\sqrt{x^n+1}}\, dx = ?$

**[218]** $\int_{-1}^1 \frac{x^{2n}}{1+e^x}\, dx = ?$, $(n \in N)$

**[219]** $\int_0^{\infty} \frac{e^{-\sqrt{3}x}\sin x}{x}\, dx = ?$

**[220]** $\int_0^1 \frac{\tan^{-1}x}{1+x}\, dx = ?$

**[221]** $\int_0^1 \int_0^1 \frac{2-4xy}{(9-xy)(8+xy)}\, dx\, dy = ?$

**[222]** $\int_{\frac{\pi}{4}}^{\frac{\pi}{2}} \ln(1+\cot x)\, dx = ?$

**[223]** $\int_0^{2\pi} e^{\cos x}\cos(\sin x) \cdot \cos x\, dx = ?$

**[224]** $\int_0^a \frac{(a-x)^{an-1}}{(a+x)^{an+1}}\, dx = ?,\ (a,n>0)$

**[225]** $\int_0^\infty x^2 e^{-3x}\, dx = ?$

**[226]** $\int_0^1 x^m (1-x)^n\, dx = ?$

**[227]** $\int_0^1 \frac{dx}{\sqrt{1-x^4}} \int_0^1 \frac{x^2\, dx}{\sqrt{1-x^4}} = ?$

**[228]** $\int_0^1 x\left(\tan^{-1}x\right)^2\, dx = ?$

**[229]** $\int_0^2 \sqrt{\frac{x}{4-x}}\, dx = ?$

**[230]** $\int_0^\infty \frac{\cos ax - \cos bx}{x^2}\, dx = ?$

**[231]** $\int_0^{\frac{\pi}{2}} 2\sec x \cdot \ln\left(\frac{1+\beta\cos x}{1+\alpha\cos x}\right) dx = ?$

**[232]** $\int_0^1 \frac{x}{\sqrt{1+x^4}}\, dx = ?$

**[233]** $\int_0^1 \sqrt{\frac{1-x}{1+x}}\, dx = ?$

**[234]** $\int_0^{\ln\frac{4}{3}} \sqrt{e^x - 1}\, dx = ?$

**[235]** $\int_1^e \frac{x^2+1}{x\sqrt{x^4-x^2+1}}\, dx = ?$

**[236]** $\displaystyle\int_0^6 \frac{1}{\sqrt{e^x+3}}\,dx = ?$

**[237]** $\displaystyle\int_2^4 \frac{\sqrt{\ln(9-x)}}{\sqrt{\ln(9-x)}+\sqrt{\ln(x+1)}}\,dx = ?$

**[238]** $\displaystyle\int_0^\infty \sin(x^n)\,dx = ?$

**[239]** $\displaystyle\int_{\frac{\pi}{2}}^{\pi} x^{\sin x}(1+x\cos x\ln x+\sin x)\,dx = ?$

**[240]** $\displaystyle\int_{-1}^1 \frac{xe^x+e^x+1}{x^2(e^x+1)^2}\,dx = ?$

**[241]** $\displaystyle\int_0^1 \frac{e^{2x}-e^{-2x}+4x}{(e^x+e^{-x})^2}\,dx = ?$

**[242]** $\displaystyle\int_0^1 \frac{(x^2-3x+1)e^x-(x-1)e^{2x}-x}{(x+e^x)^3}\,dx = ?$

**[243]** $f(x)f'(-x)=f(-x)f'(x),\ f(0)=3\ \Rightarrow \displaystyle\int_{-2}^2 \frac{dx}{3+f(x)} = ?$

**[244]** $\displaystyle\int_0^1 \ln(x!)\,dx = ?$

**[245]** $\phi=\dfrac{\sqrt{5}+1}{2} \Rightarrow \displaystyle\int_0^1\int_0^1 \frac{1}{(\phi-xy)\ln(xy)}\,dx\,dy = ?$

**[246]** $\displaystyle\int_1^e \left(\frac{1}{\sqrt{x\ln x}}+\sqrt{\frac{\ln x}{x}}\right)dx = ?$

**[247]** $\displaystyle\int_0^{2a} \frac{\sqrt[4]{\sin(3a-x)}}{\sqrt[4]{\sin(3a-x)}+\sqrt[4]{\sin(a+x)}}\,dx = ?$

**[248]** $\displaystyle\int_0^\infty \frac{x\ln x}{1+x^3}\,dx = ?$

**[249]** $\displaystyle\int_0^{\infty} \frac{x\ln x}{(1+x^3)^2}\,dx = ?$

**[250]** $\displaystyle\int_0^{\infty} \frac{x(\ln x)^2}{1+x^3}\,dx = ?$

**[251]** $\displaystyle\int_1^{2} \frac{\sqrt{8x^2-7}}{x^2+1}\,dx = ?$

**[252]** $\displaystyle\int_0^{2}\int_x^{2} y^2\sin(xy)\,dy\,dx = ?$

**[253]** $\displaystyle\int_0^{1}\int_0^{1} \max\{x^m, y^n\}\,dx\,dy = ?$

**[254]** $\displaystyle\int_0^{\frac{\pi}{6}} \frac{\tan^4 x}{\cos 2x}\,dx = ?$

**[255]** $\displaystyle\int_0^{\frac{\pi}{4}} \frac{\sin\left(x-\frac{\pi}{4}\right)}{\sin 2x+2(1+\sin x+\cos x)}\,dx = ?$

**[256]** $\displaystyle\int_0^{2006} x(x-1)(x-2)\cdot\cdot(x-2006)\,dx = ?$

**[257]** $\displaystyle\int_0^{\infty} \frac{\ln x}{(1+x^2)^2}\,dx = ?$

**[258]** $\displaystyle\int_0^{\frac{1+\sqrt{5}}{2}} \left(\frac{x^2+1}{x^4-x^2+1}\right)\ln\left(1+x-\frac{1}{x}\right)dx = ?$

**[259]** $\displaystyle\int_0^{1} \frac{\sin^{-1}\sqrt{x}}{1-x+x^2}\,dx = ?$

**[260]** $\displaystyle\int_{-1}^{1} \frac{1}{(1+e^x)(1+x^2)}\,dx = ?$

**[261]** $\displaystyle\int_0^{\frac{\pi}{2}} e^x\left\{\cos(\sin x)\cos^2\left(\frac{x}{2}\right)+\sin(\sin x)\sin^2\left(\frac{x}{2}\right)\right\}dx=?$

**[262]** $\displaystyle\int_0^{\frac{\pi}{3}} \frac{\cos^2 x+1}{\cos x\sqrt{\cos x}}\,dx=?$

**[263]** $\displaystyle\int_{e^{e^e}}^{e^{e^{e^e}}} \frac{1}{x\ln x\ln(\ln x)\ln(\ln(\ln x))}\,dx=?$

**[264]** $\displaystyle\int_0^{\frac{\pi}{2}} \sin|2x-a|\,dx=?$

**[265]** $\displaystyle\int_{\frac{\pi}{4}}^{\frac{\pi}{3}} (\sin x+\cos x)\sqrt{\frac{e^x}{\sin x}}\,dx=?$

**[266]** $\displaystyle\int_2^6 \ln\left(\frac{-1+\sqrt{1+4x}}{2}\right)dx=?$

**[267]** $2x=\tan x$: 다른 두 근 $\alpha,\beta \Rightarrow \displaystyle\int_0^1 \sin\alpha x\sin\beta x\,dx=?$

**[268]** $\displaystyle\int_0^{\frac{\pi}{4}} \frac{2(1+x)\ln(1+x)\cdot\sin x+\cos x}{(1+x)\cos^3 x}\,dx=?$

**[269]** $\displaystyle\int_0^{\frac{\pi^2}{4}} (2\sin\sqrt{x}+\sqrt{x}\cos\sqrt{x})\,dx=?$

**[270]** $\displaystyle\int_{-1}^1 {}_nC_k(1+x)^{n-k}(1-x)^k\,dx=?$, $(k=0,1,\ldots,n)$

**[271]** $\displaystyle\int_0^{\frac{\pi}{2}} \frac{1}{(1+\cos x)^n}\,dx=?$

**[272]** $\displaystyle\int_0^{\infty}\int_0^{\infty} \frac{\sin^3(x+y)}{(x+y)^3}\,dx\,dy=?$

**[273]** $\int_0^1 \left(\sin x + \sin\frac{1}{x}\right)\frac{1}{x}\,dx = ?$

**[274]** $\int_0^\infty \left(\frac{x^{p-1}}{1+x}\right)\ln x\,dx = ?$

**[275]** $\int_0^\infty x\cos\left(x^3\right)dx = ?$

**[276]** $\int_0^{\frac{\pi}{2}} \frac{1}{\left(\sqrt[n]{\sin x} + \sqrt[n]{\cos x}\right)^{2n}}\,dx = ?$

**[277]** $\int_0^{\frac{\pi}{4}} \frac{dx}{\sin^2 x + \sin x\cos x + \cos^2 x} = ?$

**[278]** $\int_0^1 \frac{x^2+1}{x^4+1}\,dx = ?$

**[279]** $\int_0^1 \frac{x^4+x^2}{x^4+1}\,dx = ?$

**[280]** $\int_0^1 \tan^{-1}(\sqrt{x})\,dx = ?$

**[281]** $\int_{-1}^1 \frac{|x|}{1+e^x}\,dx = ?$

**[282]** $a = 2007\times 2009 \Rightarrow \int_0^1 \frac{6x+5a\sqrt{x}}{4\sqrt{x+a\sqrt{x}}}\,dx = ?$

**[283]** $\int_0^1 \frac{1}{(2-x)\sqrt{1-x}}\,dx = ?$

**[284]** $\theta_1 = \frac{\pi}{2008},\ \theta_2 = \frac{1003\pi}{2008} \Rightarrow \int_{\theta_1}^{\theta_2} \frac{d\theta}{1+\tan\theta} = ?$

**[285]** $\int_0^\pi \left\{2x^2 + x(\cos x - \pi) + 1 - \frac{\pi}{2}\cos x\right\}e^{x^2+\sin x}\,dx = ?$

**[286]** $\int_0^{\pi} x\sqrt{1+|\cos x|}\, dx = ?$

**[287]** $\int_0^{\infty} \frac{x^3}{e^x - 1}\, dx = ?$

**[288]** $f(0)=0,\ f(1)=\frac{2009}{2},\ g(0)=\pi,\ g(1)=1$

$\Rightarrow \int_0^1 \frac{f(x)g'(x)\{g^2(x)-1\}+f'(x)g(x)\{g^2(x)+1\}}{g^2(x)}\, dx = ?$

**[289]** $\int_0^{\frac{\pi}{2}} \cos\theta\, f(\sin\theta+\cos^2\theta)\, d\theta = \int_0^{\frac{\pi}{2}} \sin 2\theta\, f(\sin\theta+\cos^2\theta)\, d\theta$ 증명.

**[290]** $\int_0^1 \left(\frac{1+\sin x}{1+\cos x}\right) e^x\, dx = ?$

**[291]** $\int_0^{\frac{\pi}{3}} \ln(1+\sqrt{3}\tan x)\, dx = ?$

**[292]** $\int_0^{\pi} x\cos^2 x\, dx = ?$

**[293]** $\int_0^{\frac{\pi}{4}} \frac{\sin x+\cos x}{\cos^2 x+\sin^4 x}\, dx = ?$

**[294]** $\int_0^{\infty} \frac{1}{x^{2n}+1}\, dx = ?$

**[295]** $\int_0^{\infty} \frac{x^{\alpha-1}}{1+x^2}\, dx = ?$

**[296]** $\int_{-\infty}^{\infty} \frac{\cos(nx)}{(x^2+1)^2}\, dx = ?$

**[297]** $\begin{cases} \dfrac{dx_1}{dt} = -3x_1 + x_2 \\ \dfrac{dx_2}{dt} = x_1 - 3x_2 + e^{-t} \end{cases}$, $x_1(0)=x_2(0)=0 \Rightarrow \int_0^{\infty} (x_1+x_2)dt = ?$

**[298]** $f'(x) = \dfrac{\cos x}{x},\ f\left(\dfrac{\pi}{2}\right) = a,\ f\left(\dfrac{3\pi}{2}\right) = b \Rightarrow \displaystyle\int_{\frac{\pi}{2}}^{\frac{3\pi}{2}} f(x)dx = ?$

**[299]** $\displaystyle\int_0^1 \frac{(x+1)^2}{(x^2+1)^2}\,dx = ?$

**[300]** $\displaystyle\int_0^{\sqrt{2}-1} \left(\frac{1+x^2}{1-x^2}\right)\ln\left(\frac{1+x}{1-x}\right) dx = ?$

**[301]** $\displaystyle\int_0^{2a}\int_0^{\sqrt{2ax-x^2}} \frac{nx(x^2+y^2)y^{n-1}}{\sqrt{4a^2x^2-(x^2+y^2)^2}}\,dydx = ?$

**[302]** $|a| > 1 \Rightarrow \displaystyle\int_0^{2\pi} \frac{1}{(a+\cos\theta)^2}\,d\theta = ?$

**[303]** $\displaystyle\int_0^1 \frac{2e^{2x}+xe^x+3e^x+1}{(e^x+1)^2(e^x+x+1)^2}\,dx = ?$

**[304]** $f(x)+f\left(\dfrac{1}{x}\right) = k \Rightarrow \displaystyle\int_{\frac{1}{a}}^{a} \frac{(x+1)f(x)}{x\sqrt{1+x^2}}\,dx = ?$

**[305]** $\displaystyle\int_{-\pi}^{\pi} \frac{\sin 3x}{(1+2009^x)\sin x}\,dx = ?$

**[306]** $-\dfrac{\pi}{2} < \theta < \dfrac{\pi}{2} \Rightarrow \displaystyle\int_0^{\theta} \ln(1+\tan\theta\tan x)dx = ?$

**[307]** $\displaystyle\int_0^{\frac{1}{2}} \sqrt{\frac{1-\sqrt{x}}{1+\sqrt{x}}}\,dx = ?$

**[308]** $\displaystyle\int_0^1 \frac{1}{\sqrt{1-\sqrt[7]{x}}}\,dx = ?$

**[309]** $\displaystyle\int_{-\infty}^{\infty} e^{-\frac{x^2}{2}}\cos(\alpha x)\,dx = ?$

**[310]** $f(x) = x^3 - \dfrac{3}{2}x^2 + x + \dfrac{1}{4} \Rightarrow \displaystyle\int_0^1 \overbrace{f\circ f\circ \circ f}^{2009}(x)dx = ?$

**[311]** $\displaystyle\int_0^{\pi} \frac{\ln(1+a\cos x)}{\cos x}\,dx = ?$

**[312]** $\displaystyle\int_{-1}^{1} \frac{1}{\sqrt{1+x^2}+\sqrt{1-x^2}}\,dx = ?$

**[313]** $\displaystyle\int_0^{1} \frac{1}{\sqrt[4]{1-x^4}}\,dx = ?$

**[314]** $\displaystyle\int_0^{\infty} \frac{x}{e^x-e^{-x}}\,dx = ?$

**[315]** $\displaystyle\int_0^{\infty} \frac{x-\sin x}{x^3}\,dx = ?$

**[316]** $\displaystyle\int_0^{\frac{\pi}{2}} \sqrt[3]{\cos x} - \sqrt[3]{\sin x}\,dx = ?$

**[317]** $\displaystyle\int_0^{\frac{\pi}{4}} (\cos^4 2x+\sin^4 2x)\ln(1+\tan x)\,dx = ?$

**[318]** $\displaystyle |b|<|a| \Rightarrow \int_0^{\pi} \frac{a-b\cos x}{a^2+b^2-2ab\cos x}\,dx = ?$

**[319]** $\displaystyle |b|>|a| \Rightarrow \int_0^{\pi} \frac{a-b\cos x}{a^2+b^2-2ab\cos x}\,dx = ?$

**[320]** $\displaystyle f(1)=1,\ \int_0^{x} t \cdot f(2x-t)\,dt = \frac{1}{2}\tan^{-1}(x^2) \Rightarrow \int_1^{2} f(x)\,dx = ?$

**[321]** $\displaystyle\int_0^{\frac{\pi}{2}} \sin^{-1}(\cos x)+\cos^{-1}(\cos x)\,dx = ?$

**[322]** $\displaystyle\left|\frac{\int_0^{\frac{\pi}{2}} (x\cos x+1)e^{\sin x}\,dx}{\int_0^{\frac{\pi}{2}} (x\sin x-1)e^{\cos x}\,dx}\right| = ?$

**[323]** $\int_0^{\frac{\pi}{2}} \frac{(\sin x)^{\cos x}}{(\cos x)^{\sin x} + (\sin x)^{\cos x}}\, dx = ?$

**[324]** $\int_0^{\infty} \frac{x^5}{e^{ax} - 1}\, dx = ?$

**[325]** $\int_0^{\pi} \frac{x}{a^2\cos^2 x + b^2 \sin^2 x}\, dx = ?$

**[326]** $\int_{-\pi}^{\pi} \ln\left(a^2 + b^2 - 2ab\cos x\right) dx = ?$

**[327]** $n \in Z \Rightarrow \int_0^{\pi} e^{\cos^2 x} \cos^3 (2n+1)x\, dx = ?$

**[328]** $\int_0^1 \tan^{-1}\left(\frac{2x-1}{1+x-x^2}\right) dx = ?$

**[329]** $\int_0^{\frac{\pi}{2}} \int_0^1 \left| \sqrt{1-x^2} - \sin\theta \right| dx\, d\theta = ?$

**[330]** $\int_0^4 (x-2)\sec(x-2)\, dx = ?$

**[331]** $\int_0^{\infty} \int_x^{\infty} \frac{1}{(1+x^2+y^2)^2}\, dy\, dx = ?$

**[332]** $\int_0^{\infty} \frac{1}{1+x^2+2x\cos\alpha}\, dx = ?$

**[333]** $\int_0^{\pi} \frac{x \tan x}{\sec x + \tan x}\, dx = ?$

**[334]** $\int_0^{\pi} \frac{x}{1+\cos a \sin x}\, dx = ?$

**[335]** $a > b \Rightarrow \int_0^{2\pi} \frac{2\sin^2 x}{a - b\cos x}\, dx = ?$

**[336]** $a < b \Rightarrow \int_0^{2\pi} \frac{2\sin^2 x}{a - b\cos x}\, dx = ?$

**[337]** $\int_0^{n\pi} \sin\left[\frac{2x}{\pi}\right] dx = ?$, $[x]$ :Gauss' notation

**[338]** $\int_0^{\infty} \frac{\cos x - e^{-x}}{x}\, dx = ?$

**[339]** $\int_0^{\infty} \frac{\tan^{-1}\pi x - \tan^{-1} x}{x}\, dx = ?$

**[340]** $\int_0^{\frac{\pi}{2}} \ln(1 + \tan x)\, dx = ?$

**[341]** $\int_0^{\pi} \frac{x^3 \cos^2 x \sin^2 x}{\pi^2 - 3\pi x + 3x^2}\, dx = ?$

**[342]** $\int_0^{\frac{\pi}{2}} \sin 2x \tan^{-1}(\sin x)\, dx = ?$

**[343]** $\int_0^{\frac{\pi}{4}} [\sin x + [\cos x + \tan x + [\sec x]]]\, dx = ?$, $[x]$ :Gauss 부호

**[344]** $\int_0^{\frac{\pi}{4}} \ln(1 + \tan x)\, dx = ?$

**[345]** $F'(a - x) = F'(x) \Rightarrow \int_0^{a} F(x)\, dx = ?$

**[346]** $\int_0^{\infty} \left[\frac{2}{e^x}\right] dx = ?$, $[x]$:Gauss 부호

**[347]** $\int_0^{\frac{\pi}{4}} \frac{x^2(\sin 2x - \cos 2x)}{(1 + \sin 2x)\cos^2 x}\, dx = ?$

**[348]** $\int_1^{2} e^{x^2} dx = \alpha \Rightarrow \int_e^{e^4} \sqrt{\ln x}\, dx = ?$

**[349]** $\int_{-\pi}^{\pi} \frac{\cos^2 x}{1+a^x}\, dx = ?,\ (a>0)$

**[350]** $\int_{-1}^{1} \frac{x^4}{1+e^{x^7}}\, dx = ?$

**[351]** $\int_0^t [x]\, dx = ?$, $[x]$ :Gauss' notation

**[352]** $\int_0^1 \int_0^1 (x+my)(x-y)^m\, dx\, dy = ?$

**[353]** $\int_0^{\frac{\pi}{2}} \left[\sin^{-1}(\cos x) + \cos^{-1}(\sin x)\right] = ?,\ [x]$:Gauss' notation

**[354]** $\int_{\frac{\pi}{6}}^{\frac{\pi}{3}} \frac{1}{1+\sqrt{\tan x}}\, dx = ?$

**[355]** $\int_0^{\frac{\pi}{2}} x(\sqrt{\tan x} + \sqrt{\cot x})\, dx = ?$

**[356]** $\int_0^{\frac{\pi}{4}} \cos 2x \ln(1+\tan x)\, dx = ?$

**[357]** $\int_0^1 \sqrt[b]{1-x^a} - \sqrt[a]{1-x^b}\, dx = ?$

**[358]** $I_1 = \int_{\sin^2 t}^{1+\cos^2 t} x f(x(2-x))\, dx,\ I_2 = \int_{\sin^2 t}^{1+\cos^2 t} f(x(2-x))\, dx \Rightarrow \frac{I_1}{I_2} = ?$

**[359]** $\int_0^{100} \{\sqrt{x}\} = ?,\ x - \{x\} = [x]$:Gauss' notation

**[360]** $\dfrac{\int_0^1 \cot^{-1}(1-x+x^2)dx}{\int_0^1 2\tan^{-1}x\, dx} = ?$

**[361]** $\int_0^1 \{x\tan^{-1}(\sqrt{x})\}^2\, dx = ?$

**[362]** $\int_0^{\frac{1}{4}} \frac{1}{1+\sqrt{\cot 2\pi x}}\, dx = ?$

**[363]** $\int_0^1 \frac{\ln x}{1-x} dx = ?$

**[364]** $\int_a^b \frac{\sqrt[a]{e^x} - \sqrt[x]{e^b}}{x}\, dx = ?,\ (a,b>0)$

**[365]** $\int_0^1 \sqrt[3]{2x^3-3x^2-x+1}\ dx = ?$

**[366]** $\int_0^{\frac{\pi}{2}} \frac{x+\sin x}{1+\cos x}\, dx = ?$

**[367]** $\int_0^{\frac{3\pi}{2}} \cos(2nx)\ln|\sin x|\, dx = ?,\ (n\in N)$

**[368]** $\int_0^{\infty} \frac{\ln x}{x^2+x+1}\, dx = ?$

**[369]** $\int_0^{\infty} \frac{\ln x}{x^2+ax+a}\, dx = ?$

**[370]** $\int_0^{\infty} \frac{\sin \alpha x}{x}\, dx = ?$

**[371]** $\int_0^{\infty} \frac{\sin(ax)\cos(bx)}{x}\, dx = ?$

**[372]** $\int_0^{\frac{\pi}{2}} \sin(2kx)\cot x\, dx = ?,\ (k\in N)$

**[373]** $\int_0^{a} \frac{1}{1-\cos a\cos x}\, dx = ?$

**[374]** $\displaystyle\int_0^{10\pi} \frac{\cos 6x \cos 7x \cos 8x \cos 9x}{1+e^{2\sin^3 4x}}\, dx = ?$

**[375]** $\displaystyle\int_0^{\frac{\pi}{2}} \ln\left(\sin^2 x + k^2 \cos^2 x\right) dx = ?$

**[376]** $\displaystyle\int_0^1 \cot^{-1}\left(1 - x + x^2\right) dx = ?$

**[377]** $\displaystyle\int_0^1 \tan^{-1}\left(1 - x + x^2\right) dx = ?$

**[378]** $\displaystyle\int_0^{\pi} \frac{x}{1+\sin x}\, dx = ?$

**[379]** $\displaystyle\int_0^{\frac{\pi}{2}} \frac{\sec^2 x}{(\sec x + \tan x)^n}\, dx = ? \quad (2 \le n)$

**[380]** $\displaystyle\int_0^{\pi} \frac{\sin^2 x}{a^2 \sin^2 x + b^2 \cos^2 x}\, dx = ?$

**[381]** $\displaystyle\int_{-\pi}^{\pi} \frac{\sin^2(nx)}{(e^x + 1)\sin^2 x}\, dx = ?$

**[382]** $\displaystyle\int_0^1 \frac{1}{(5 + 2x - 2x^2)(1 + e^{2-4x})}\, dx = ?$

**[383]** $\displaystyle\int_0^{\frac{\pi^2}{4}} \left(\frac{2}{\operatorname{cosec}\sqrt{x}} + \frac{\sqrt{x}}{\sec\sqrt{x}}\right) dx = ?$

**[384]** $\displaystyle\int_{\sqrt{2}-1}^{\sqrt{2}+1} \frac{x^4 + x^2 + 2}{\left(x^2+1\right)^2}\, dx = ?$

**[385]** $\displaystyle\int_0^1 \frac{1}{\sqrt{x}\sqrt{1+\sqrt{x}}\sqrt{1+\sqrt{1+\sqrt{x}}}}\, dx = ?$

**[386]** $\int_{\frac{\pi}{4}}^{\frac{\pi}{2}} \frac{dx}{(\sin x+\cos x+2\sqrt{\sin x\cos x})\sqrt{\sin x\cos x}} = ?$

**[387]** $F'(a-x)=F'(x) \Rightarrow \int_0^a F(x)\,dx = ?$

**[388]** $\int_0^{\frac{\pi}{2}} \frac{\sin 8x \ln(\cot x)}{\cos 2x}\,dx = ?$

**[389]** $\int_0^{\frac{\pi}{4}} \sqrt{\tan x}+\sqrt{\cot x}\,dx = ?$

**[390]** $\int_{\frac{\sqrt{3}}{2}}^{1} \frac{\sqrt{1+x}+\sqrt{1-x}}{\sqrt{1+x}-\sqrt{1-x}}\,dx = ?$

**[391]** $\int_0^{\frac{\pi}{6}} \frac{\sin x+\cos x}{1+\sin x\cos x}\,dx = ?$

**[392]** $\int_1^{\infty} \frac{(x^3+3)}{x^6(x^2+1)}\,dx = ?$

**[393]** $|a|<1 \Rightarrow \int_0^1 \frac{\ln\left(\frac{1+ax}{1-ax}\right)}{x\sqrt{1-x^2}}\,dx = ?$

**[394]** $\int_0^{\infty} \frac{1}{(x+\sqrt{x^2+1})^n}\,dx = ?$

**[395]** $\int_{-1}^{0} \frac{x^2+2x}{\ln(x+1)}\,dx = ?$

**[396]** $\int_0^1 \frac{(1-2x)e^x+(1+2x)e^{-x}}{(e^x+e^{-x})^3}\,dx = ?$

**[397]** $\int_{\frac{\pi}{6}}^{\frac{\pi}{4}} \frac{(1+x^2)(2+x^2)}{(x\cos x+\sin x)^4}\,dx = ?$

**[398]** $\displaystyle\int_1^4 \frac{6x+5\sqrt{x}}{\sqrt{x+\sqrt{x}}}\,dx = ?$

**[399]** $\displaystyle\int_0^{\frac{\pi}{2}} \frac{x\sin x\cos x}{\sin^4 x+\cos^4 x}\,dx = ?$

**[400]** $\displaystyle\int_0^{\pi} \frac{x^2\sin 2x\sin\left(\frac{\pi}{2}\cos x\right)}{2x-\pi}\,dx = ?$

**[401]** $\displaystyle\int_0^{\frac{\pi}{2}} \frac{1+2\cos x}{(2+\cos x)^2}\,dx = ?$

**[402]** $\displaystyle\int_0^{\infty} e^{-px}(\sin qx+\cos qx)\,dx = ?$

**[403]** $\displaystyle\int_0^{\pi} \frac{x^2\cos x}{(1+\sin x)^2}\,dx = ?$

**[404]** $\displaystyle\int_{\frac{\pi}{4}}^{\frac{\pi}{3}} \frac{x^2\sec^2 x}{(1+x\tan x)(x-\tan x)}\,dx = ?$

**[405]** $\displaystyle\int_0^{\ln 2} \frac{(2e^x+1)}{e^{3x}+2e^{2x}+e^x-e^{-x}}\,dx = ?$

**[406]** $\displaystyle x>0 \Rightarrow \min\left\{\int_0^{\frac{\pi}{2}} |x\sin t-\cos t|\,dt\right\} = ?$

**[407]** $\displaystyle\int_{-a}^{a} \frac{x^2\cos x+e^x}{e^x+1}\,dx = ?$

**[408]** $\displaystyle\int_1^{3\sqrt{3}} \frac{1}{\sqrt[3]{x^2}}-\frac{1}{1+\sqrt[3]{x^2}}\,dx = ?$

**[409]** $\displaystyle\int_{-\frac{\pi}{3}}^{\frac{\pi}{6}} \left|\frac{4\sin x}{\sqrt{3}\cos x-\sin x}\right|dx = ?$

**[410]** $\displaystyle\int_{\frac{\pi}{3}}^{\frac{\pi}{2}} \frac{1}{1+\sin\theta-\cos\theta}\,d\theta = ?$

**[411]** $\displaystyle\int_{1}^{e} \frac{(1+2x^2)\ln x}{\sqrt{1+x^2}}\,dx = ?$

**[412]** $\displaystyle\int_{0}^{1} \frac{(1-x+x^2)\cos\ln\left(x+\sqrt{1+x^2}\right)-\sqrt{1+x^2}\sin\ln\left(x+\sqrt{1+x^2}\right)}{\sqrt{(1+x^2)^3}}\,dx = ?$

**[413]**

$$\int_{0}^{\infty}\left(x-\frac{x^3}{2}+\frac{x^5}{2\cdot 4}-\frac{x^7}{2\cdot 4\cdot 6}+\cdot\right)\left(1+\frac{x^2}{2^2}+\frac{x^4}{2^2\cdot 4^2}+\frac{x^6}{2^2\cdot 4^2\cdot 6^2}+\cdot\right)dx = ?$$

**[414]** $\displaystyle\int_{0}^{0.5} \frac{x}{\left\{(2x+1)\sqrt{x^2-x+1}+(2x-1)\sqrt{x^2+x+1}\right\}\sqrt{x^4+x^2+1}}\,dx = ?$

**[415]** $\displaystyle\int_{0}^{1} \frac{1}{(1+x)(2+x)\sqrt{x(1-x)}}\,dx = ?$

**[416]** $\displaystyle\int_{-\pi}^{\pi} \frac{\sin(nx)}{\sin(x)(2^x+1)}\,dx = ?$

**[417]** $\displaystyle 0<\phi<\lambda<1 \Rightarrow \int_{0}^{\infty} \frac{x^{\phi-1}-x^{\lambda-1}}{(1+x)\ln x}\,dx = ?$

**[418]** $\displaystyle\int_{0}^{\infty} \frac{\sqrt[3]{x}\ln x}{1+x^2}\,dx = ?$

**[419]** $\displaystyle\int_{0}^{\infty} \frac{x\ln x}{1+x^2}\,dx = ?$

**[420]** $\displaystyle\int_{-1}^{1} \frac{x^2+1}{(x^4+x^2+1)(e^x+1)}\,dx = ?$

**[421]** $\displaystyle\int_{0}^{\infty} \frac{x^2}{(x^2+a^2)^2(x^2+b^2)}\,dx = ?$

**[422]** $\displaystyle\int_0^1 \frac{\ln(1+x)}{\ln(1+x)+\ln(2-x)}\,dx = ?$

**[423]** $\displaystyle\int_{\frac{\pi}{2}}^{\frac{\pi}{4}} \frac{1}{1+\sin 2x}\sqrt[2009]{\frac{\tan x-1}{\tan x+1}}\,dx = ?$

**[424]** $\displaystyle\int_{-0.5}^{0.5} \sin^{-1}(3x-4x^3)-\cos^{-1}(4x^3-3x)\,dx = ?$

**[425]** $\displaystyle\int_0^{\frac{n\pi}{4}} \frac{|\sin 2x|}{|\sin x|+|\cos x|}\,dx = ?$

**[426]** $\displaystyle\int_0^{2\alpha} \frac{\sqrt[4]{\sin(3\alpha-x)}}{\sqrt[4]{\sin(3\alpha-x)}+\sqrt[4]{\sin(\alpha+x)}}\,dx = ?$

**[427]** $\displaystyle\int_{-1}^1 \frac{1}{\sqrt{1+x}+\sqrt{1-x}}\,dx = ?$

**[428]** $\displaystyle\int_0^{\frac{\pi}{2}} \frac{\sin x-\cos x}{1+\sin x\cos x}\,dx = ?$

**[429]** $\displaystyle\int_0^{\infty} \frac{x\tan^{-1}x}{(1+x^2)^2}\,dx = ?$

**[430]** $\displaystyle\int_0^1 \frac{\tan^{-1}\left(\frac{x}{x+1}\right)}{\tan^{-1}\left(\frac{1+2x-x^2}{2}\right)}\,dx = ?$

**[431]** $\displaystyle\int_{-1}^7 \frac{1}{1+\sqrt[3]{1+x}}\,dx = ?$

**[432]** $\displaystyle\int_0^1 \frac{\tan^{-1}x}{\sqrt{(1+x^2)^3}}\,dx = ?$

**[433]** $\displaystyle\int_0^{\pi} \frac{x}{2+\tan^2 x}\,dx = ?$

[434] $\displaystyle\int_0^{\frac{\pi}{4}} \frac{\tan x}{1+\sin x}\,dx = ?$

[435] $\displaystyle\int_0^1 \frac{1}{(x^2-x+1)(e^{2x-1}+1)}\,dx = ?$

[436] $\displaystyle\int_{\frac{1+\sqrt{5}}{2}}^{\frac{1+\sqrt{2}+\sqrt{7+2\sqrt{2}}}{2}} \frac{(x^2+1)(x^2+2x-1)}{x^6+14x^3-1}\,dx = ?$

[437] $\displaystyle\int_0^1 \frac{(1-x)e^x}{x^2+e^{2x}}\,dx = ?$

[438] $\displaystyle\int_0^{\frac{\pi}{2}} \frac{\cos^4 x}{\sqrt{2}-\sin 2x}\,dx = ?$

[439] $\displaystyle\int_0^{\frac{\pi}{8}} \frac{\cos x}{\cos\left(x-\frac{\pi}{8}\right)}\,dx = ?$

[440] $\displaystyle\int_0^1 \frac{2a+3bx+4cx^2}{2\sqrt{a+bx+cx^2}}\,dx = ?,\ (a,b,c>0)$

[441] $\displaystyle\int_{\frac{1}{2}}^{2} \frac{1}{x}\operatorname{cosec}^{101}\left(x-\frac{1}{x}\right)dx = ?$

[442] $\displaystyle\int_0^1\int_y^1 x^2 e^{xy}\,dx\,dy = ?$

[443] $\displaystyle\int_0^{2\pi} \frac{1}{a+b\cos x}\,dx = ?,\ (0<b<a)$

[444] $\displaystyle\int_0^{\frac{\pi}{2}} \frac{\sin x}{1+\sin^2 x}\,dx = ?$

[445] $\displaystyle\int_0^{\frac{\pi}{2}} \frac{\sin 2x}{1+\sin^2 x}\,dx = ?$

**[446]** $\int_0^1 \frac{x^3}{1+\sqrt[3]{1+x^4}}\,dx = ?$

**[447]** $\int_{-0.5}^0 \frac{1}{1+\sqrt{-x-x^2}}\,dx = ?$

**[448]** $\int_0^{\frac{\pi}{2}} \frac{\sin^2 x}{\sin x + 2\cos x}\,dx = ?$

**[449]** $\int_0^{\frac{1}{2}} \frac{x^2}{\sqrt{1-x^2}}\,dx = ?$

**[450]** $\int_0^1 \frac{1-x}{(1+x^2)^2}\,dx = ?$

**[451]** $\int_0^1 \left(\sqrt[4]{1-x^7} - \sqrt[7]{1-x^4}\right) dx = ?$

**[452]** $\int_0^{\pi} \frac{1}{1+\sin x \cos x}\,dx = ?$

**[453]** $\int_0^{\frac{\pi}{4}} \sum_{k=1}^{\infty} (-1)^{k+1} \tan^{2k-1} x\,dx = ?$

**[454]** $a > 0 \Rightarrow \int_{a^{-1}}^{a} \frac{\sin^{-1}\left(\frac{x}{\sqrt{1+x^2}}\right)}{x}\,dx = ?$

**[455]** $\int_{\frac{\pi}{4}}^{\frac{\pi}{3}} \sec x \sqrt[6]{\frac{1+\sin x}{1-\sin x}}\,dx = ?$

**[456]** $\int_{-1}^{1} \sqrt[3]{\frac{\sin x - 1 + \sqrt{\sin^2 x + 1}}{\sin x + 1 + \sqrt{\sin^2 x + 1}}}\,dx = ?$

**[457]** $\int_0^1 \int_0^1 \{x-y\}\,dx\,dy = ?,\ a - \{a\} = [a]$ :Gauss 부호

**[458]** $m > -1 \Rightarrow \int_0^1 \{\ln x\} x^m\,dx = ?,\ x - \{x\} = [x]$ :Gauss 부호

[459] $\displaystyle\int_0^{\frac{\pi}{2}} \frac{\cos^{2010}x + 2010\sin^2 x}{2010 + \sin^{2010}x + \cos^{2010}x}\, dx = ?$

[460] $\displaystyle\int_0^{\pi} \frac{x}{1+\sin x\cos x}\, dx = ?$

[461] $\displaystyle\int_0^{1} \frac{\tan^{-1}\left(\sqrt{x^2+2}\right)}{(x^2+1)\sqrt{x^2+2}}\, dx = ?$

[462] $\displaystyle\int_{-\frac{\pi}{2}}^{\frac{\pi}{2}} \frac{\sin^{2m}x}{1+\sin^{2n+1}x + \sqrt{1+\sin^{4n+2}x}}\, dx = ?$

[463] $\displaystyle\int_0^{\infty} \frac{1}{x^4+4}\, dx = ?$

[464] $\displaystyle\int_0^{\pi} \frac{x\sin^3 x}{\sin^2 x + 8}\, dx = ?$

[465] $\displaystyle\int_0^{\ln 2} (x-\ln 2)e^{-2\ln(1+e^x)+x+\ln 2}\, dx = ?$

[466] $\displaystyle\int_{\frac{\pi}{6}}^{\frac{\pi}{3}} \sum_{n=1}^{\infty}\left(\frac{1}{2^n}\right)\tan\left(\frac{x}{2^n}\right) dx = ?$

[467] $\displaystyle\int_0^{\pi} \ln\left(\alpha^2+1-2\alpha\cos x\right) dx = ?$

[468] $\displaystyle\int_0^{1} \frac{x}{\left\{(2x-1)\sqrt{x^2+x+1}-(2x+1)\sqrt{x^2-x+1}\right\}\sqrt{x^4+x^2+1}}\, dx = ?$

[469] $\displaystyle\int_0^{1} \frac{x^{2n}}{1+x^2}\, dx = ?,\ n \in N$

[470] $\displaystyle\int_0^{\frac{\pi}{2}} e^{xe^x}\left\{(x+1)e^x(\cos x + \sin x) + \cos x - \sin x\right\} dx = ?$

[471] $\displaystyle\int_0^{1} \frac{(x^2+3x)e^x - (x^2-3x)e^{-x} + 2}{\sqrt{1+x(e^x+e^{-x})}}\, dx = ?$

**[472]** $\displaystyle\int_0^{\frac{\pi}{4}} \frac{(\cos\theta+\sin\theta)^{\frac{3}{2}}-(\cos\theta-\sin\theta)^{\frac{3}{2}}}{\sqrt{\cos 2\theta}}\,d\theta = ?$

**[473]** $\displaystyle\int_0^{\frac{\pi}{4}} \frac{x}{\cos x(\cos x+\sin x)}\,dx = ?$

**[474]** $\displaystyle\int_1^{\infty} \frac{1}{x\sqrt{x^2-1}}\,dx = ?$

**[475]** $\displaystyle\int_0^{1} \frac{x\cosh x-\sinh x}{x^2}\,dx = ?$

**[476]** $\displaystyle\int_0^{\frac{\pi}{3}} \frac{1}{\sqrt{1+\cos x}}\,dx = ?$

**[477]** $\displaystyle\int_{\frac{\pi}{6}}^{\frac{\pi}{4}} \sqrt{\cot x}\,dx = ?$

**[478]** $\displaystyle\int_1^{e} \frac{\ln x}{(\ln x+1)^2}\,dx = ?$

**[479]** $\displaystyle\int_0^{\pi} \frac{2(1+\cos x)-\cos(n-1)x-2\cos nx-\cos(n+1)x}{1-\cos x}\,dx = ?$

**[480]** $\displaystyle\int_0^{\frac{\pi}{4}} \sqrt{\tan^3 x}\,dx = ?$

**[481]** $\displaystyle\int_0^{\ln 2} \sqrt{1-e^{-2x}}\,dx = ?$

**[482]** $\displaystyle\min\left\{\int_0^1(\sqrt{x}-a-bx)^2\,dx\right\} \Rightarrow a, b = ?$

**[483]** $\displaystyle\int_0^1\left(\frac{\ln x}{1-x}\right)^2 dx = ?$

**[484]** $\displaystyle\int_{-\infty}^{\infty} e^{ax}f(x)\,dx = \sin^{-1}\left(a-\frac{1}{\sqrt{2}}\right) \Rightarrow \int_{-\infty}^{\infty} x f(x)\,dx = ?$

**[485]** $\displaystyle\int_0^{\frac{\pi}{2}} \frac{\sin 2x+\sin x}{\sqrt{1+3\cos x}}\,dx = ?$

**[486]** $\displaystyle\int_2^{a} \frac{1}{a^x-1}-\frac{xa^x\ln a}{(a^x-1)^2}\,dx = ?$

**[487]** $\displaystyle\int_0^{\infty} \frac{\sin x}{x\,e^{\sqrt{3}x}}\,dx = ?$

**[488]** $\displaystyle 0<b<a \Rightarrow \int_0^{\infty} \frac{e^{ax}-e^{bx}}{x(e^{ax}+1)(e^{bx}+1)}\,dx = ?$

**[489]** $\displaystyle\int_0^{1} \frac{1}{x^2+2x\cosh a+1}\,dx = ?$

**[490]** $\displaystyle\int_1^{\infty} \frac{1}{x^2+2x\sinh a-1}\,dx = ?$

**[491]** $\displaystyle\int_{\frac{1}{2}}^{2} \frac{\sin x}{x\left(\sin x+\sin\frac{1}{x}\right)}\,dx = ?$

**[492]** $\displaystyle\int_0^{\frac{\pi}{2}} \frac{\sin x}{\sin\left(x+\frac{\pi}{4}\right)}\,dx = ?$

**[493]** $\displaystyle\int_0^{\infty} \frac{1}{x^4+2x^2\cosh a+1}\,dx = ?$

**[494]** $\displaystyle\int_0^{1} \ln(1+x^2)\,dx = ?$

**[495]** $\displaystyle\int_0^{1} (x-x^2)^{\frac{3}{2}}\,dx = ?$

**[496]** $\displaystyle\int_0^{\infty} \frac{1}{1+x^6}\,dx = ?$

**[497]** $\displaystyle\int_0^{\infty} \frac{\ln(x^6+1)}{x^6+1}\,dx = ?$

**[498]** $\displaystyle\int_0^\infty \frac{e^{-x^2}}{\left(x^2+\frac{1}{2}\right)^2}\,dx = ?$

**[499]** $\displaystyle\int_0^1 \frac{x\ln x}{(1+x)^3}\,dx = ?$

**[500]** $\displaystyle\int_0^\infty \frac{\ln\left(1+e^{4x}\right)}{e^x}\,dx = ?$

**[501]** $\displaystyle\int_{-1}^1 \frac{\ln(13-6x)}{\sqrt{1-x^2}}\,dx = ?$

**[502]** $\displaystyle\int_0^\infty \frac{\sqrt{x}}{(1+x^2)^2}\,dx = ?$

**[503]** $\displaystyle\int_0^1 \frac{\sqrt{x-x^2}}{(1+x^2)^2}\,dx = ?$

**[504]** $\displaystyle\int_0^1 \sqrt[2012]{1-x^{2010}} - \sqrt[2010]{1-x^{2012}}\,dx = ?$

**[505]** $\displaystyle\int_0^{\frac{1}{\sqrt{2}}} \frac{\left(x+\sqrt{1-x^2}\right)e^{-x+\sqrt{1-x^2}}}{\sqrt{1-x^2}}\,dx = ?$

**[506]** $\displaystyle\int_0^2 (3x^2-3x+1)\cos\left(x^3-3x^2+4x-2\right)dx = ?$

**[507]** $\displaystyle\int_0^1 (x+3)\sqrt{xe^x}\,dx = ?$

**[508]** $\displaystyle\int_0^{\frac{\pi}{4}} \left(\frac{1}{1-\sin x}\right)\sqrt{\frac{\cos x}{1+\sin x+\cos x}}\,dx = ?$

**[509]** $\displaystyle\int_{-\infty}^\infty \frac{e^x x^2}{(1+e^x)^2}\,dx = ?$

**[510]** $\sqrt[n]{\sum_{k=1}^{n} \frac{x^k y^{n-k}}{(n+1)\int_0^1 t^{n-k}(1-t)^k dt}} = ?$

**[511]** $\int_0^\infty \left(\frac{2}{3}\right)^x \sin x \, dx = ?$

**[512]** $a > 0, a \neq 1, b \in N \Rightarrow \int_0^\pi a^x \cos bx \, dx = ?$

**[513]** $\int_0^\pi \frac{\sin(884x)\sin(1122x)}{2\sin x} dx = ?$

**[514]** $f(0) = f(\pi) = 0 \Rightarrow \int_0^{\frac{\pi}{2}} (f(2x) + f''(2x))\sin x \cos x dx = ?$

**[515]** $a, b > 0 \Rightarrow \int_1^\infty \frac{(\ln x)^a}{x^b} dx = ?$

**[516]** $b > 0, b \neq 1 \Rightarrow \int_0^\infty \frac{\ln x}{x^2 + b^2} dx = ?$

**[517]** $\int_0^\infty \frac{(\ln x)^2}{1 + x^2} dx = ?$

**[518]** $\int_{2\pi}^{4\pi} \frac{\sin^{-1}(\sin x)}{\tan^2 x + \cos^2 x} dx = ?$

**[519]** $\int_0^{\frac{\pi}{2}} \frac{x\cos x - \sin x}{x^2 + \sin^2 x} dx = ?$

**[520]** $\int_0^\infty \frac{(ax+c)^{-\mu} - (bx+c)^{-\mu}}{x} dx = ?$

**[521]** $p, q > 0 \Rightarrow \int_0^\infty \left( \frac{e^{-aqx} - e^{-apx}}{a} - \frac{e^{-bqx} - e^{-bpx}}{b} \right) \frac{dx}{x^2} = ?$

**[522]** $\displaystyle\int_0^\infty \left( \frac{a\exp(-ce^{ax})}{1-e^{-ax}} - \frac{b\exp(-ce^{bx})}{1-e^{-bx}} \right) dx = ?$

**[523]** $\displaystyle\int_0^\infty \frac{\ln(a+be^{-px}) - \ln(a+be^{-qx})}{x} dx = ?$

**[524]** $\displaystyle\int_0^\infty \left[ \left(1+\frac{a}{qx}\right)^{qx} - \left(1+\frac{a}{px}\right)^{px} \right] \frac{1}{x} dx = ?$

**[525]** $\displaystyle\int_0^\infty \left[ \frac{a+be^{-px}}{ce^{px}+g+he^{-px}} - \frac{a+be^{-qx}}{ce^{qx}+g+he^{-qx}} \right] \frac{dx}{x} = ?$

**[526]** $\displaystyle\int_0^\infty \sin\left(\frac{(b-a)x}{2}\right)\sin\left(\frac{(b+a)x}{2}\right)\frac{1}{x} dx = ?$

**[527]** $\displaystyle\int_0^\pi (x\sin x)^2 dx = ?$

**[528]** $\displaystyle\int_0^1\int_0^1 \frac{x^2-y^2}{(x^2+y^2)^2} dy\,dx = ?$

**[529]** $\displaystyle\int_0^1 (\tan^{-1}x)^2 dx = ?$

**[530]** $\displaystyle\int_{-1}^1 \frac{e^{2x}+1-(x+1)(e^x+e^{-x})}{x(e^x-1)} dx = ?$

**[531]** $\displaystyle\int_0^1 \frac{\ln(x+2)}{x+1} dx = ?$

**[532]** $\displaystyle\int_0^{\frac{\pi}{2}} \frac{\sin 9x}{\sin x} dx = ?$

**[533]** $a>0 \Rightarrow \displaystyle\int_0^{\frac{\pi}{2}} 2a\cos(2x+a\cot x)\,dx = ?$

**[534]** $\displaystyle\int_0^1 \frac{x\ln x}{(1+x)^3} dx = ?$

**[535]** $\int_0^1 \frac{\sin^{-1}x}{x}\,dx = ?$

**[536]** $\int_{\frac{1}{2}}^2 \frac{\tan^{-1}x}{x^2-x+1}\,dx = ?$

**[537]** $\int_0^a \frac{\sinh x}{2\cosh^2 x-1}\,dx = ?$

**[538]** $\int_0^a \frac{\cosh x}{1+2\sinh^2 x}\,dx = ?$

**[539]** $\int_0^\infty \frac{\cosh x-\sinh x}{1+2\sinh^2 x}\,dx = ?$

**[540]** $\int_0^a x\sqrt{\frac{a+x}{a-x}}\,dx = ?$

**[541]** $\int_0^1 \sqrt{1-x^2}\cdot\tan^{-1}x\,dx = ?$

**[542]** $\int_0^{\frac{\pi}{2}} \frac{\ln(\sec x)}{\tan x}\,dx = ?$

**[543]** $\int_0^\infty \left(\frac{1}{1+x^2}\right)\ln\left(x+\frac{1}{x}\right)dx = ?$

**[544]** $\int_0^\pi \frac{x\sin x}{3+\sin^2 x}\,dx = ?$

**[545]** $\int_0^1 \ln(\Gamma(x))\,dx = ?$

**[546]** $\int_0^1 \frac{x}{\sqrt{x-x^2}}\,dx = ?$

**[547]** $k\in N \Rightarrow \int_0^\infty \frac{\sin(kx)\cos^k x}{x}\,dx = ?$

**[548]** $\int_{-1}^{1} \frac{(\sqrt[x]{e})^{-1}}{x^2\left(1-(\sqrt[x]{e})^{-1}\right)^2} dx = ?$

**[549]** $\int_{0}^{3} \frac{\sqrt[4]{x^3(3-x)}}{5-x} dx = ?$

**[550]** $\int_{-1}^{1} \frac{1}{(x^2+1)\sqrt{1-x^2}} dx = ?$

**[551]** $f'(x)=e^{-x^2},\ \lim_{x\to\infty} f(x)=0 \Rightarrow \int_{0}^{\infty} x^2 f(x) dx = ?$

**[552]** $\int_{0}^{\infty} x^n \sin(\sqrt[4]{x}) e^{-\sqrt[4]{x}} dx = ?$

**[553]** $k \in R \Rightarrow \int_{0}^{\frac{\pi}{2}} \cos(k \ln(\tan x))\, dx = ?$

**[554]** $n \in N \Rightarrow \int_{-\frac{\pi}{2}}^{\frac{\pi}{2}} \frac{\sin(2n+1)x}{\sin x} dx = ?$

**[555]** $\int_{-\infty}^{\infty} \frac{1}{(x^2+x+1)^3} dx = ?$

**[556]** $|a| < 1 \Rightarrow \int_{0}^{\frac{\pi}{2}} \frac{\tan^{-1}(a \sin x)}{\sin x} dx = ?$

**[557]** $\int_{0}^{\frac{\pi}{2}} \ln(\sin x) \ln(\cos x) dx = \frac{\pi}{2}(\ln 2)^2 - \frac{\pi^3}{48} \Rightarrow \int_{0}^{\frac{\pi}{2}} \ln^2(\cos x) dx = ?$

**[558]** $\int_{0}^{\frac{1}{\sqrt{2}}} \ln\left(\frac{\sqrt{1-x^2}}{x}\right) dx = ?$

**[559]** $0 < a < 1 \Rightarrow \int_{0}^{\infty} \frac{1}{x^a(1+x)} dx = ?$

**[560]** $\int_{0}^{\infty} \ln\left(\frac{e^x+1}{e^x-1}\right) dx = ?$

**[561]** $a>0 \Rightarrow \int_0^\infty \frac{e^{\sqrt{x}}-e^{-\sqrt{x}}}{e^{ax}}\,dx = ?$

**[562]** $\int_{\frac{\pi}{4}}^{\frac{\pi}{3}} \frac{1}{\sqrt[4]{\sin^3 x\cos^5 x}}\,dx = ?$

**[563]** $a>0 \Rightarrow \int_0^{\frac{\pi}{2}} \frac{1}{1+a^2\tan^2 x}\,dx = ?$

**[564]** $\int_0^{\frac{\pi}{2}} \frac{x}{\tan x}\,dx = ?$

**[565]** $\int_{2\pi}^{4\pi} \frac{\sin^{-1}(\sin x)}{\tan^2 x+\cos^2 x}\,dx = ?$

**[566]** $\int_{\frac{3\pi}{4}}^{\pi} \frac{\tan^2 x-\tan x}{e^x}\,dx = ?$

**[567]** $\int_1^\infty \frac{1}{2[x]+3[x]^2+[x]^3}\,dx = ?,\ [x]$:Gauss' notation

**[568]** $\int_{\frac{\pi}{2}}^{\frac{5\pi}{2}} \frac{e^{\tan^{-1}(\sin x)}}{e^{\tan^{-1}(\sin x)}+e^{\tan^{-1}(\cos x)}}\,dx = ?$

**[569]** $\int_0^\infty \frac{\sin^3 x}{x^2}\,dx = ?$

**[570]** $\int_0^\infty \sin\left(\frac{x}{e^x}\right)dx = ?$

**[571]** $\int_0^1 \sum_{k=0}^{\infty} \frac{x(1-x)^k}{k+1}\,dx = ?$

**[572]** $\int_0^1 \frac{x^2\ln x}{\sqrt{1-x^2}}\,dx = ?$

**[573]** $a\in R \Rightarrow \int_0^\infty \frac{1}{(x^2+1)^a}\,dx = ?$

**[574]** $a \in R \Rightarrow \int_1^{\infty} \frac{1}{(x^2-1)^a} dx = ?$

**[575]** $a > 0 \Rightarrow \int_0^{\pi} \frac{x \sin x}{1+a^2-2a\cos x} dx = ?$

**[576]** $\int_0^{\infty} \frac{1-\cos x}{x} e^{-ax} dx = ?$

**[577]** $\int_0^{\infty} \frac{1-e^{-x}}{x} e^{-ax} dx = ?$

**[578]** $\int_0^{\infty} \sin\left(\frac{1}{x^2}\right) dx = ?$

**[579]** $\int_0^{\pi} \frac{x}{\sqrt{1+\sin^3 x}} \left[(3\pi\cos x + 4\sin x)\sin^2 x + 4\right] dx = ?$

**[580]** $\int_0^{3} \frac{\sqrt[4]{x^3(3-x)}}{5-x} dx = ?$

**[581]** $\int_0^{1} \frac{(2x^3+3x^2-2)\sqrt{x^2+x+1}}{x^6+x^5+6x^4+6x^3+11x^2+6x+5} dx = ?$

**[582]** $\int_0^{1} \frac{x^3}{(x^3+1)^2} dx = ?$

**[583]** $\int_0^{1} \sqrt[m]{1-x^n} \, dx = ?$

**[584]** $\int_0^{\infty} \frac{\sqrt{x}}{(1+x)^2} dx = ?$

**[585]** $\int_0^{1} (x-x^2)^n dx = ?$

**[586]** $|a| < 2, b \in R \Rightarrow \int_0^{\infty} \frac{1}{(x^2+ax+1)(x^b+1)} dx = ?$

[587] $\int_0^{\infty} \sin\left(\frac{\pi x^{\sqrt{2}}}{2}\right) dx = ?$

[588] $\int_0^1 (\ln x)^n \, dx = ?$

[589] $\int_0^x (\ln t)(x-t)^n \, dt = ?$

[590] $\int_0^1 \sqrt{|\ln x|} \, dx = ?$

[591] $\int_0^1 \sqrt{\frac{1}{x} - x} \, dx = ?$

[592] $\int_{-1}^1 \frac{2x^{1004} + x^{2008}\sin(x^{2007}) + x^{3014}}{1 + x^{2010}} dx = ?$

[593] $\int_0^1 \frac{\ln(x^2 - 2x\cos a + 1)}{x} dx = ?$

[594] $\int_0^{\frac{\pi}{2}} \sqrt{\cos x} \, dx = ?$

[595] $\int_0^1 \frac{1}{\sqrt{1-x^3}} dx = ?$

[596] $\int_0^1 \tan^{-1}\sqrt{1-x^2} \, dx = ?$

[597] $\int_0^{\infty} \left(\frac{\tan^{-1} x}{x}\right)^2 dx = ?$

[598] $\int_0^{\infty} \frac{\tan^{-1} x}{x(1+a^2x^2)} dx = ?$

[599] $\int_0^1 \frac{x^2+5}{(x+1)^2(x-2)} dx = ?$

**[600]** $\displaystyle\int_{-1}^{1} \cos^2(n\cos^{-1}x)\,dx = ?$

**[601]** $a>1 \Rightarrow \displaystyle\int_0^{\infty} \cos(x^a)\,dx = ?$

**[602]** $\displaystyle\int_0^{\pi}\left(1+\sum_{k=1}^{n} k\cos kx\right)^2 dx = ?$

**[603]** $\displaystyle\int_0^1\left(\frac{2a^2}{a^2+x^2}\right)\frac{\tan^{-1}\sqrt{2a^2+x^2}}{\sqrt{2a^2+x^2}}\,dx = ?$

**[604]** $\displaystyle\int_1^{n^3}[\sqrt[3]{x}]\,dx = ?,\quad [x]$:Gauss' notation

**[605]** $\displaystyle\int_0^{2k\pi}\frac{x^2\sin x}{1+\cos^2 x}\,dx = ?$

**[606]** $\displaystyle\int_0^{\infty}\frac{x^2}{(x^2+1)^2}\,dx = ?$

**[607]** $\displaystyle\int_0^1\frac{1-2x^2}{\sqrt{(1-x^2)(x^4-x^2+1)}}\,dx = ?$

**[608]** $\displaystyle\int_0^{\frac{1}{\sqrt{2}}}\frac{1-2x^2}{\sqrt{(1-x^2)(x^4-x^2+1)}}\,dx = ?$

**[609]** $\displaystyle\int_0^1 x^3\tan^{-1}\left(\frac{1-x}{1+x}\right)dx = ?$

**[610]** $\displaystyle\int_0^{\frac{\pi^2}{4}}\int_{\frac{2x}{\pi}}^{\sqrt{x}}\cos\left(\frac{x}{y}\right)dy\,dx = ?$

**[611]** $\displaystyle\int_0^{\frac{\pi}{4}}\frac{\ln(\cot x)\sin^{2008}(2x)}{(\sin^{2009}x+\cos^{2009}x)^2}\,dx = ?$

**[612]** $\displaystyle\int_0^1\frac{\ln(x^2-x+1)}{x-1}\,dx = ?$

**[613]** $\displaystyle\int_{-\infty}^{0} \frac{1-x}{x^2+e^{2x}}\,dx = ?$

**[614]** $\displaystyle\int_{0}^{\infty} [ne^{-x}]\,dx = ?$, $\quad [x]$:Gauss' notation

**[615]** $\displaystyle\int_{0}^{\frac{\pi}{2}} \frac{1}{(b-a)\sin^2 x + a}\,dx = ?$

**[616]** $\displaystyle\int_{0}^{\pi} \ln(1+\cos x)\,dx = ?$

**[617]** $\displaystyle\int_{\frac{\pi}{6}}^{\frac{5\pi}{6}} \frac{x}{1+\sin x}\,dx = ?$

**[618]** $\displaystyle\int_{3}^{4} \frac{x}{\sqrt{(x-3)(4-x)}}\,dx = ?$

**[619]** $\displaystyle\int_{1}^{e} \frac{1}{\sqrt{x^2\ln x + (x\ln x)^2}}\,dx = ?$

**[620]** $\displaystyle\int_{\frac{1}{2}}^{2} \frac{\tan^{-1}x}{x}\,dx = ?$

**[621]** $\displaystyle\int_{0}^{\pi} \frac{1}{1+2\sin^2 x}\,dx = ?$

**[622]** $\displaystyle\int_{0}^{\frac{\pi}{2}} \sqrt{1-2\sin 2x + 3\cos^2 x}\,\,dx = ?$

**[623]** $\displaystyle\int_{1}^{3} \frac{\ln(x+1)}{x^2}\,dx = ?$

**[624]** $\displaystyle\int_{0}^{\frac{1}{2}} \frac{\ln x \ln(1-x)}{x(1-x)}\,dx = ?$

**[625]** $m \in N \Rightarrow \displaystyle\int_{0}^{\infty} x^m e^{-x} \sin x\,dx = ?$

**[626]** $\int_0^1 \frac{1}{x}\ln\left(\frac{1}{1-x}\right)dx = ?$

**[627]** $a>-1,\, b, m>0,\, c>\frac{a+1}{b} \Rightarrow \int_0^\infty \frac{x^a}{(x^b+m)^c}dx = ?$

**[628]** $a, b \in R \Rightarrow \int_0^1 \frac{1}{x^a(-\ln x)^b}dx = ?$

**[629]** $a, b>0 \Rightarrow \int_0^\infty \frac{x^{a-1}}{(1+x)^{a+b}}dx = ?$

**[630]** $a \neq 0, -1 \Rightarrow \int_0^1 \left(\frac{1}{a+1-x}-\frac{1}{a+x}\right)\ln x\, dx = ?$

**[631]** $\int_a^b \frac{\ln x}{(x+a)(x+b)}dx = ?$

**[632]** $\alpha>\beta\geq 0 \Rightarrow \int_{-\infty}^\infty \frac{\cosh\beta x}{(\cosh x)^\alpha}dx = ?$

**[633]** $\int_0^1 \left(\frac{\sin^{-1}x}{x}\right)^3 dx = ?$

**[634]** $\int_0^1 \frac{(1-x)^3}{(1+x)^5}\tan^{-1}x\, dx = ?$

**[635]** $\int_0^1 \frac{\tan^{-1}\sqrt{x^2+2}}{(x^2+1)\sqrt{x^2+2}}dx = ?$

**[636]** $\int_0^{\frac{\pi}{3}} \cos^{-1}\left(\frac{1-\cos x}{2\cos x}\right)dx = ?$

**[637]** $\int_0^1 \frac{1}{\sqrt{(x+1)^3(3x+1)}}dx = ?$

**[638]** $\int_0^1 \sqrt{(x+1)^3(3x+1)}\, dx = ?$

**[639]** $\displaystyle\int_{u}^{u+1} \ln(\Gamma(x))\,dx = ?$

**[640]** $\displaystyle\int_{0}^{\infty} x^{-\frac{3}{2}} e^{-x-\frac{1}{x}}\,dx = ?$

**[641]** $\displaystyle\int_{0}^{\frac{\pi}{2}} \frac{\cos x + 4}{3\sin x + 4\cos x + 25}\,dx = ?$

**[642]** $\displaystyle\int_{0}^{\infty} \frac{\tan^{-1}(3x) + \tan^{-1}\left(\frac{x}{3}\right)}{1+x^2}\,dx = ?$

**[643]** $\displaystyle\int_{0}^{\infty} \frac{x\ln x}{(x^2+1)^2}\,dx = ?$

**[644]** $\displaystyle\int_{0}^{\infty} e^{-\left(x^2+\frac{a^2}{x^2}\right)}\,dx = ?$

**[645]** $\displaystyle\int_{0}^{\infty} e^{-(ax)^2}\cos(2bx)\,dx = ?$

**[646]** $i = \sqrt{-1} \Rightarrow \displaystyle\int_{-\infty}^{\infty} \frac{e^{ix}}{1+x^2}\,dx = ?$

**[647]** $\displaystyle\int_{0}^{\infty} \left(\frac{1}{1+ax^2} + \frac{1}{a+x^2}\right)\tan^{-1}x\,dx = ?$

**[648]** $\displaystyle\int_{0}^{1} (1+x^2)^n\,dx = ?$

**[649]** $f(0)=2, f(1)=3, f(x)^2 = 1 + g(x)^2 \Rightarrow \displaystyle\int_{0}^{1} \frac{f(x)g'(x) - f'(x)g(x)}{f(x)^2 g(x)}\,dx = ?$

**[650]** $\displaystyle\int_{0}^{a} \cos^{-1}\left(\frac{2x-a}{a}\right)dx = ?$

**[651]** $\displaystyle\int_{0}^{\frac{\pi}{4}} \sin^6 x - \cos^6 x\,dx = ?$

**[652]** $\displaystyle\int_0^1 (1-x^2)^n\,dx = ?$

**[653]** $\displaystyle\int_0^1 \frac{(x-x^2)^4}{1+x^2}\,dx = ?$

**[654]** $a\in R,\ M(a)=\max\left\{\displaystyle\int_0^{\pi} \sin(x-t)\sin(2t-a)dt\right\}$

$\displaystyle\Rightarrow \int_0^{\frac{\pi}{2}} M(a)\sin(2a)\,da = ?$

**[655]** $\dfrac{\displaystyle\int_0^{\pi} e^{-x}\sin^n x\,dx}{\displaystyle\int_0^{\pi} e^{x}\sin^n x\,dx} = ?$

**[656]** $\displaystyle\int_0^{2-\sqrt{3}} \frac{x(3-x^2)}{(1-3x^2)(1+x^2)}\,dx = ?$

**[657]** $n\in N, p>0 \ \Rightarrow\ \displaystyle\int_0^{\infty} x^{2n}e^{-px^2}\,dx = ?$

**[658]** $\displaystyle\int_0^{\infty} \frac{x^k}{(1+x)^{n+2}}\,dx = ?$

**[659]** $\displaystyle\int_{-\frac{\pi}{2}}^{\frac{\pi}{2}} \left(\frac{1}{2007^x+1}\right)\frac{\sin^{2008}x}{\sin^{2008}x+\cos^{2008}x}\,dx = ?$

**[660]** $\displaystyle\int_{-\infty}^{\infty} \left(1+\frac{x^2}{n-1}\right)^{-\frac{n}{2}}\,dx = ?$

**[661]** $\displaystyle\int_0^{\infty} \frac{x^{29}}{(5x^2+7^2)^{17}}\,dx = ?$

**[662]** $\displaystyle\int_0^{\frac{\pi}{2}} \sin^3(2x)\ln|\tan x|\,dx = ?$

**[663]** $\displaystyle\int_0^b \cos\theta(x)\,dx = ?$

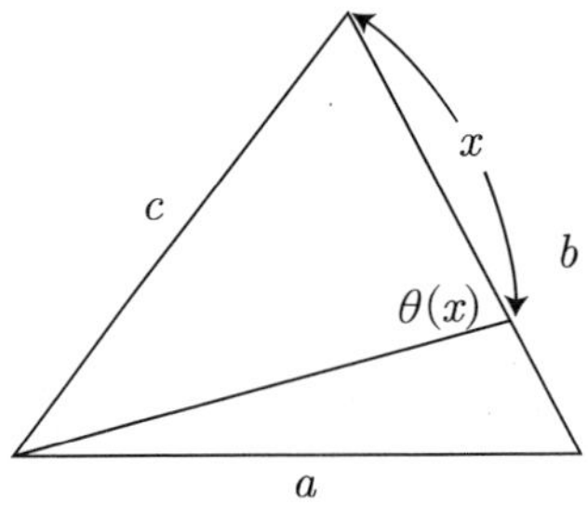


**[664]** $\displaystyle\int_0^1 \frac{\sqrt{1-x^2}}{1+x^2}\,dx = ?$

**[665]** $\displaystyle a>0 \Rightarrow \int_0^{\pi} e^{-ax}\sin^2 x\,dx = ?$

**[666]** $\displaystyle a>0 \Rightarrow \int_0^{\pi} e^{-ax}\cos^2 x\,dx = ?$

**[667]** $\displaystyle\int_0^1 \left[\log_b \frac{1}{x}\right] dx = ?,\ [x]$ :Gauss' notation

**[668]** $\displaystyle\int_0^{\frac{\pi}{12}} \frac{\tan^2 x-3}{3\tan^2 x-1}\,dx = ?$

**[669]** $\displaystyle\int_0^{\frac{\pi}{2}} \frac{\sin x+\cos x-1}{2\sin x\cos x}\,dx = ?$

**[670]** $\displaystyle\int_0^3 [x^2-3x+3]\,dx = ?,\ [x]$: Gauss' notation

**[671]** $\displaystyle\int_0^{\infty} \frac{x}{(x^2+1)(x^4+x^2+1)}\,dx = ?$

**[672]** $\displaystyle\int_{-1}^1 \frac{1}{1+x+x^2+\sqrt{x^4+3x^2+1}}\,dx = ?$

**[673]** $\displaystyle\int_0^{\infty} e^{-x^2}\cos x^2\,dx = ?$

**[674]** $\displaystyle\int_0^\infty \frac{\sinh(ax)}{\sinh(\pi x)}\,dx = ?$

**[675]** $\displaystyle\int_0^{\frac{\pi}{2}} \ln(\cos x)\ln(\sin x)\sin(2x)\,dx = ?$

**[676]** $\displaystyle\int_0^2 \overbrace{\sqrt{2+\sqrt{2+\sqrt{2+\sqrt{\cdots+\sqrt{2+x}}}}}}^{2n}\,dx = ?$

**[677]** $\displaystyle\int_0^{\frac{\pi}{2}} e^x\left(\frac{1+\sin x}{1+\cos x}\right)dx = ?$

**[678]** $\displaystyle\int_1^e \frac{1+xe^x}{xe^x+\ln x^x} = ?$

**[679]** $\displaystyle\int_0^{\frac{\pi}{2}} \sin x\ln(\sin x)\,dx = ?$

**[680]** $\displaystyle\int_0^\infty \frac{\sin(ax)}{e^{2\pi x}-1}\,dx = ?$

**[681]** $a>0 \;\Rightarrow\; \displaystyle\int_0^1 \left(\sqrt[a]{1-x^a}-x\right)^2 dx = ?$

**[682]** $\displaystyle\int_0^\infty\int_0^\infty e^{-\frac{x^2+y^2}{2}}\sin(xy)\,dxdy = ?$

**[683]** $\displaystyle\int_4^{10} \frac{[x^2]}{[x^2-28x+196]+[x^2]}\,dx = ?,\ [x]$ :Gauss' notation

**[684]** $\displaystyle\int_0^1 \frac{x^{2n}}{\sqrt{1-x^2}}\,dx = ?$

**[685]** $\displaystyle\int_0^\pi \cos x\cos 3x\cos 5x\,dx = ?$

**[686]** $\displaystyle\int_0^\pi \sin^{-1}(\sin x)\,dx = ?$

**[687]** $a > 0 \Rightarrow \int_{-\infty}^{\infty} \frac{\cos x - 1}{x^2(x^2+a)}\, dx = ?$

**[688]** $0 \le t \le \frac{\pi}{2} \Rightarrow 2\int_0^{1-\cos^2 t} \sin^{-1}\sqrt{x}\, dx + 2\int_0^{1-\sin^2 t} \cos^{-1}\sqrt{x}\, dx = ?$

**[689]** $\int_0^{\infty} \left(\frac{\sin x}{x}\right)^3 dx = ?$

**[690]** $\int_0^{\pi} \frac{x^2\cos^2 x - x\sin x - \cos x - 1}{(1+x\sin x)^2}\, dx = ?$

**[691]** $L = \{(x,y) \mid x^2 + y^2 \le 1\} \Rightarrow \iint_L x\cos x^3 + y^4 \sin y + 1\, dxdy = ?$

**[692]** $\int_{\frac{\pi}{6}}^{\frac{\pi}{3}} \sum_{n=1}^{\infty} \frac{1}{2^n} \tan\left(\frac{x}{2^n}\right) dx = ?$

**[693]** $\int_0^{\infty} \frac{1}{1+x^n}\, dx = ?$

**[694]** $\int_0^{\infty} \cos(x^n)\, dx = ?$

**[695]** $\int_0^1 \int_0^1 \ln(\Gamma(x+y))\, dxdy = ?$

**[696]** $a > 0 \Rightarrow \int_{-a}^{a} \frac{x^4}{1+2^x}\, dx = ?$

**[697]** $\int_0^{\frac{\pi}{4}} \frac{\sqrt{\tan x}}{\cos x}\, dx = ?$

**[698]** $\int_0^{\sqrt{\frac{\pi}{2}}} \int_x^{\sqrt{\frac{\pi}{2}}} \cos y^2\, dydx = ?$

**[699]** $\int_{-\infty}^{\infty} \frac{\cosh \beta x}{(\cosh x)^{\alpha}}\, dx = ?$

**[700]** $\int_0^{\infty} \frac{\cos nx}{(\cosh x)^5}\, dx = ?$

**[701]** $\int_{-2}^{2} \sqrt[3]{4-x^2}\, dx = ?$

**[702]** $\int_0^{\frac{\pi}{4}} \frac{1}{(\sin x + \cos x)^4}\, dx = ?$

**[703]** $\int_{-1}^{1} \frac{1}{1+x^3+\sqrt{1+x^6}}\, dx = ?$

**[704]** $\int_{\alpha}^{\beta} \frac{(x^2-\alpha\beta)\ln\left(\frac{x}{\alpha}\right)\ln\left(\frac{x}{\beta}\right)}{(x^2+\alpha^2)(x^2+\beta^2)}\, dx = ?$

**[705]** $\int_1^{\sqrt{3}} x^{2x^2+1} + \ln\left(x^{2x^{2x^2+1}}\right)\, dx = ?$

**[706]** $\int_0^{\pi} \frac{1}{1+(\sin x)^{\cos x}}\, dx = ?$

**[707]** $\int_{-1}^{1} \tan^{-1}(e^x)\, dx = ?$

**[708]** $\int_0^{2\pi} \frac{1}{1+e^{\sin x}}\, dx = ?$

**[709]** $\int_0^{\infty} 1 - x\sin\frac{1}{x}\, dx = ?$

**[710]** $a > 1, a \in R \Rightarrow \int_0^{\infty} \sin(x^a)\, dx = ?$

**[711]** $\int_e^{e^2} \frac{4(\ln x)^2+1}{\sqrt{(\ln x)^3}}\, dx = ?$

**[712]** $\int_{\frac{\pi}{4}}^{\frac{\pi}{3}} \frac{1}{\tan x(\ln \sin x)} + \frac{\tan x}{\ln \cos x}\, dx = ?$

**[713]** $\int_0^1 \frac{e^x}{1+x}dx = E \Rightarrow \int_0^1 \frac{x^2e^x}{1+x}dx = ?, \int_0^1 \frac{e^{\frac{1-x}{1+x}}}{1+x}dx = ?$

$\int_1^{\sqrt{2}} \frac{e^{x^2}}{x}dx = ?$

**[714]** $n \in N \Rightarrow \int_0^1 \left(\frac{\ln x}{x}\right)^{2n} dx = ?$

**[715]** $\int_0^3 \frac{\sqrt[4]{x^3(3-x)}}{5-x} dx = ?$

**[716]** $\int_0^x \sin t \cos t \sin(2\pi \cos t)\, dt = ?$

**[717]** $\int_1^e \frac{\{1-(x-1)e^x\}\ln x}{(1+e^x)^2} dx = ?$

**[718]** $a > 1 \Rightarrow \int_{a^{-1}}^{a} \frac{\ln x}{x} \ln(x^2+1)\, dx = ?$

**[719]** $\int_0^{\frac{\pi}{2}} \sqrt[3]{\tan x}\, dx = ?$

**[720]** $\int_0^{\frac{\pi}{2}} \left(1+\tan\frac{x}{2}\right)^2 dx = ?$

**[721]** $a > 0 \Rightarrow \int_0^1 \frac{-2x}{(1+ax)^3} dx = ?$

**[722]** $a > 0 \Rightarrow \int_0^1 \frac{(-1)^{n-1} n!\, x^{n-1}}{(1+ax)^{n+1}} dx = ?$

**[723]** $|a| < 1 \Rightarrow \int_0^{\frac{\pi}{2}} (\tan x)^a\, dx = ?$

**[724]** $\int_0^{\pi} \frac{1}{\sqrt{3-\cos x}} dx = ?$

**[725]** $a > 0 \Rightarrow \int_0^{\infty} \left( \frac{1}{e^x} - \frac{1}{(x+1)^a} \right) \frac{1}{x}\, dx = ?$

**[726]** $\int_0^1 \frac{(e^x+1)\{e^x+1+(1+x+e^x)\ln(1+x+e^x)\}}{1+x+e^x}\, dx = ?$

**[727]** $S = \{(x,y) \mid 0 < x \le y \le 2x,\ 1 \le x^2+y^2 \le 2\}$

$\Rightarrow \iint_S (x^2+y^2)\left(1+\frac{y^2}{x^2}\right)\cos(x^2+y^2)^2\, dxdy = ?$

**[728]** $f(x) = \cos^4 x + 3\sin^4 x \Rightarrow \int_0^{\frac{\pi}{2}} |f'(x)|\, dx = ?$

**[729]** $\int_0^{2\pi} \frac{x \sin^{2n} x}{\sin^{2n} x + \cos^{2n} x}\, dx = ?$

**[730]** $\int_{-\frac{\pi}{2}}^{\frac{\pi}{2}} \frac{\ln(1+b\sin x)}{\sin x}\, dx = ?$

**[731]** $5050 \frac{\int_0^1 (1-x^{50})^{100}\, dx}{\int_0^1 (1-x^{50})^{101}\, dx} = ?$

**[732]** $\int_0^{\frac{\pi}{2}} \cos(a \tan x)\, dx = ?$

**[733]** $\int_0^{\infty} \frac{1}{(x^n+1)^n}\, dx = ?$

**[734]** $\int_{-\infty}^{0} n^x (1+n)^x\, dx = ?$

**[735]** $\int_0^{\infty} e^{-x^2} \sin\left(\frac{1}{x^2}\right) dx = ?$

**[736]** $\int_0^1 \frac{x^4(1+x)^4}{1+x^2}\, dx = ?$

**[737]** $f(x)=\dfrac{2}{\sqrt{\pi}}\displaystyle\int_0^x e^{-t^2}dt \Rightarrow \int_0^\infty e^{-x} f(\sqrt{x})^2\,dx = ?$

**[738]** $\phi=\dfrac{1+\sqrt{5}}{2} \Rightarrow \displaystyle\int_0^\infty \frac{1}{\left(x+\sqrt{1+x^2}\right)^\phi}\,dx = ?$

**[739]** $\displaystyle\int_0^\infty \frac{x^{29}}{(5x^2+49)^{17}}\,dx = ?$

**[740]** $\displaystyle\int_0^{\frac{\pi}{3}} \cos^{-1}\left(\frac{1-\cos x}{2\cos x}\right)dx = ?$

**[741]** $\displaystyle\int_1^\infty \frac{\ln(1+x)-\ln 2}{1+x^2}\,dx = ?$

**[742]** $\displaystyle\int_0^{\frac{\pi^2}{4}} \frac{1}{1+\sin\sqrt{x}+\cos\sqrt{x}}\,dx = ?$

**[743]** $\displaystyle\int_{\frac{3\pi}{4}}^{\pi} (\tan^2 x-\tan x)e^{-x}\,dx = ?$

**[744]** $\displaystyle\int_0^{\frac{\pi}{6}} \left(\frac{\sin x+\cos x}{1-\sin 2x}\right)\ln(2+\sin 2x)\,dx = ?$

**[745]** $\displaystyle\int_0^{\frac{\pi}{2}} \cos x \ln\left(1+\sqrt[3]{\sin x}\right)dx = ?$

**[746]** $\displaystyle\int_0^\pi \frac{1-\cos nx}{1-\cos x}\,dx = ?$

**[747]** $\displaystyle\int_{\frac{1}{3}}^{\frac{1}{2}} \frac{\tan^{-1}(2x)-\cot^{-1}(3x)}{x}\,dx = ?$

**[748]** $F(n)=\displaystyle\int \frac{x^n}{e^x}dx \Rightarrow \int_{-1}^{\sqrt{3}-1} e^{\int \frac{F(1)}{F(2)}dx}\,dx = ?$

**[749]** $\displaystyle\int_0^1 x^{3n-1}(1-x^3)^{-\frac{1}{3}}\,dx = ?$

**[750]** $\displaystyle\int_{-1}^{1} \frac{2x^{332}+x^{998}+4x^{1664}\sin x^{691}}{1+x^{666}}\,dx = ?$

**[751]** $\displaystyle\int_{0}^{1} \ln\left(1+\sqrt[n]{x}\right)dx = ?$

**[752]** $\displaystyle\int_{0}^{\infty} \ln\left(1-e^{-ax}\right)dx = ?$

**[753]** $\displaystyle\int_{-\infty}^{\infty} \frac{\ln(1-2ix)}{1+x^2}\,dx = ?$

**[754]** $\displaystyle a, m>0 \Rightarrow \int_{-\infty}^{\infty} \frac{\ln(1-aix)}{x^2+m}\,dx = ?$

**[755]** $\displaystyle\int_{0}^{\infty} \frac{\ln x}{(x^2+e^4)^2}\,dx = ?$

**[756]** $\displaystyle\int_{\frac{\pi}{4}}^{\frac{\pi}{3}} \frac{x^2}{(1+x\tan x)(x-\tan x)\cos^2 x}\,dx = ?$

**[757]** $\displaystyle s>1 \Rightarrow \iint_{R^2} \frac{1}{(x^2-xy+y^2+1)^s}\,dxdy = ?$

**[758]** $\displaystyle\int_{0}^{\infty} \frac{\sqrt{x}\,\ln x}{1+x^2}\,dx = ?$

**[759]** $\displaystyle\int_{-2}^{0}\int_{\frac{1}{2}y+1}^{1} e^{-x^2}\,dx\,dy = ?$

**[760]** $\displaystyle\int_{0}^{\infty}\int_{0}^{\infty} \frac{x(\sin x\sin y)^2}{(x+y)^m}\,dxdy = ?$

**[761]** $\displaystyle\iiint_{0}^{\infty} \frac{1}{(x^2+y^2+z^2+1)^2}\,dxdydz = ?$

**[762]** $\displaystyle\int_{-\frac{\pi}{2}}^{\frac{\pi}{2}} \frac{x+\cos x}{4\cos^2 x+3\sin^2 x}\,dx = ?$

**[763]** $\displaystyle\int_0^{\frac{\pi}{4}} \frac{1}{\sqrt{\tan x}\,(1+\cos 2x)}\,dx = ?$

**[764]** $\displaystyle\int_0^1 \frac{\ln x}{\sqrt{x-x^2}}\,dx = ?$

**[765]** $\displaystyle\int_0^\infty \frac{(1-x)^{2n-1}}{(1+x)^{2n+1}}\,dx = ?$

**[766]** $\displaystyle\int_0^\pi \cos(2x+2\sin 3x)\,dx = ?$

**[767]** $\displaystyle\int_0^1 \cos^{-1}\sqrt{x} - \ln\sqrt{x}\;dx = ?$

**[768]** $n\in N \Rightarrow \displaystyle\int_0^1 x^n(2-x)^n\,dx = ?$

**[769]** $\displaystyle\int_0^\infty \frac{2-2\cos x - x\sin x}{x^4}\,dx = ?$

**[770]** $a>2 \Rightarrow \displaystyle\int_2^\infty \frac{a}{x(\ln x)^a}\,dx = ?$

**[771]** $\displaystyle\int_0^\infty (1-x)e^{-x}\ln x\,dx = ?$

**[772]** $\displaystyle\int_0^\infty \frac{\sin^2 x}{x^2(1+x^2)}\,dx = ?$

**[773]** $\displaystyle\int_{-\infty}^\infty \frac{x^2\cos(3x)}{(x^2+1)^2}\,dx = ?$

**[774]** $\displaystyle\int_{-\infty}^\infty \frac{\sin(3x)}{x(x^2+1)^2}\,dx = ?$

**[775]** $\displaystyle\int_{-\infty}^\infty \frac{x\sin(3x)}{(x^2+1)^2}\,dx = ?$

**[776]** $\displaystyle\int_{-\infty}^{\infty} \frac{x^3 \sin(3x)}{(x^2+1)^2}\, dx = ?$

**[777]** $\displaystyle\int_0^{\frac{\pi}{2}} \cos^2(\cos x) + \sin^2(\sin x)\, dx = ?$

**[778]** $a, b > 0 \Rightarrow \displaystyle\int_0^{\frac{\pi}{2}} \ln\left(a\sin^2 x + b\cos^2 x\right) dx = ?$

**[779]** $\displaystyle\int_0^{\infty} \frac{x^k}{1+\cosh x}\, dx = ?$

**[780]** $\displaystyle\int_0^{\infty} \cot^{-1}(ax)\cot^{-1}(bx)\, dx = ?,\ (a, b > 0)$

**[781]** $\displaystyle\int_0^{\pi} \sin(x)\sin(2x)\sin(3x)\, dx = ?$

**[782]** $\displaystyle\int_0^{2\pi} \tan^{-1}\left(\frac{1+\cos x}{1+\sin x}\right) dx = ?$

**[783]** $f(x) - 2f\left(\dfrac{x}{2}\right) + f\left(\dfrac{x}{4}\right) = x^2,\ f(0) = 0 \Rightarrow \displaystyle\int_0^1 f(x) dx = ?$

**[784]** $\displaystyle\int_{\frac{\pi}{6}}^{\frac{\pi}{2}} \frac{x}{\tan x \sin x}\, dx = ?$

**[785]** $\displaystyle\int_0^{\sqrt{3}} \sin^{-1}\left(\frac{2x}{1+x^2}\right) dx = ?$

**[786]** $\displaystyle\int_0^{a} \frac{a}{\left(x+\sqrt{a^2-x^2}\right)^2}\, dx = ?$

**[787]** $\displaystyle\int_{-\frac{\pi}{4}}^{\frac{\pi}{4}} \frac{1+x^3}{\cos^2 x}\, dx = ?$

**[788]** $\displaystyle\int_0^1 \int_{\sqrt{y}}^1 \sin\left(x^3\right) dx\, dy = ?$

**[789]** $\displaystyle\int_0^1 \left\{(2x+2010)e^{x^2}+2009x^{2008}+2010x^{2009}\right\}e^{2010x}\,dx=?$

**[790]** $\displaystyle f(x)=\frac{2}{\sqrt{\pi}}\int_x^{\infty} e^{-t^2}dt \Rightarrow \int_0^{\infty} f(x)\,dx=?$

**[791]** $\displaystyle f(x)=\frac{2}{\sqrt{\pi}}\int_x^{\infty} e^{-t^2}dt \Rightarrow \int_0^{\infty} f^2(x)\,dx=?$

**[792]** $\displaystyle f(x)=\frac{2}{\sqrt{\pi}}\int_x^{\infty} e^{-t^2}dt \Rightarrow \int_0^{\infty} f(x)\sin(x^2)\,dx=?$

**[793]** $\displaystyle a\neq b \Rightarrow \int_{-\infty}^{\infty}\frac{\sin(x+a)\sin(x+b)}{(x+a)(x+b)}\,dx=?$

**[794]** $\displaystyle f(x)=\int_1^x \frac{\sin xt}{t}dt \Rightarrow \int_0^1 x f(x)\,dx=?$

**[795]** $\displaystyle\int_0^{\frac{\pi}{2}}\int_0^{\frac{\pi}{2}}\sqrt{\frac{\sin x}{\sin y}}\,dxdy=?$

**[796]** $\displaystyle\int_3^{2011}\left[\log_{[x]}x\right]dx=?,\ [x]$:Gauss' notation

**[797]** $\displaystyle 0\le t\le 1,\ f(t)=\int_0^{2\pi}|\sin x-t|\,dx \Rightarrow \int_0^1 f(t)dt=?$

**[798]** $\displaystyle\int_0^{\frac{\pi}{2}}\frac{\sin^{2012}x+\cos^2 x}{1+\sin^{2012}x+\cos^{2012}x}\,dx=?$

**[799]** $\displaystyle f(0)=1,\ \left\{\int_0^{\pi}(\sin x+\cos x)f(x)dx\right\}^2=\pi\int_0^{\pi}f(x)^2\,dx$

$\displaystyle\Rightarrow \int_0^{\pi}f(x)^3\,dx=?$

**[800]** $\displaystyle\int_0^{\pi}|\sin 2011x|-|\sin 2012x|\,dx=?$

**[801]** $\displaystyle\int_0^{\frac{\pi}{6}}\frac{\sqrt{1+\sin x}}{\cos x}\,dx=?$

**[802]** $\displaystyle\int_0^{\frac{\pi}{2}} \frac{2\sin x - x\cos x}{\sqrt{\sin^3 x}}\,dx = ?$

**[803]** $\displaystyle\int_0^{\pi} \frac{x\sin^{2n}x}{\sin^{2n}x + \cos^{2n}x}\,dx = ?$

**[804]** $f(a-x) = f(x),\ f\left(\frac{a}{2}+x\right)+f\left(\frac{a}{2}-x\right)=1 \Rightarrow \displaystyle\int_0^{a} x f(x)dx = ?$

**[805]** $\displaystyle\int_{-1}^{1} \frac{x^3}{\sqrt{1-x^2}} \ln\left(\frac{1+x}{1-x}\right)dx = ?$

**[806]** $\displaystyle\int_0^{1} \cos\left(2\cot^{-1}\sqrt{\frac{1-x}{1+x}}\right)dx = ?$

**[807]** $f'(x)$ : 비감소 함수, $f'(0)=0, f(0)=5, f''(x)-f'(x) \le 0$
$\Rightarrow \displaystyle\int_{0.5}^{11.5} f(x)dx = ?$

**[808]** $\begin{cases} f(0)=0, \\ f(1)=1, \end{cases} f'(x) > 0,\ \displaystyle\int_0^1 f(x)dx = \frac{1}{3} \Rightarrow \int_0^1 f^{-1}(y)dy = ?$

**[809]** $\displaystyle\int_{-1}^{1} (x^8+x^4+1)\cos^{-1}x\,dx = ?$

**[810]** $\displaystyle\int_0^{1} \left(\frac{\ln x}{x+1}\right)^2 dx = ?$

**[811]** $\displaystyle\int_{-3}^{3} x^8\{x^{11}\}\,dx = ?,\ x - \{x\} = [x]$ : Gauss' notation

**[812]** $\displaystyle\int_{-1}^{1} \frac{x^{12}+31}{2011^x+1}\,dx = ?$

**[813]** $\displaystyle\int_0^{1} |\sin(\ln x)|\,dx = ?$

**[814]** $\begin{matrix} n \in N \\ 0 < a < \pi \end{matrix} \Rightarrow \displaystyle\int_0^{\pi} \frac{\cos nx - \cos na}{\cos x - \cos a}\,dx = ?$

[815] $\displaystyle\int_0^{\frac{\sqrt{3}}{4}} \frac{2x\sin^{-1}(2x)}{\sqrt{1-4x^2}}\,dx = ?$

[816] $\displaystyle\int_1^{\sqrt{3}} x^{2x^2+1} + \ln\left(x^{2x^{2x^2+1}}\right) dx = ?$

[817] $\displaystyle\int_1^2 \left(\cot^{-1}\sqrt{x-1}\right)^2 dx = ?$

[818] $\displaystyle\int_0^1\int_0^1 \frac{y^2-x^2}{(x^2+y^2)^2}\,dxdy = ?$

[819] $\displaystyle\int_1^2 \frac{(x-1)e^{2x-3}}{1+(x-1)\left(e^{2x-3}-1\right)}\,dx = ?$

[820] $\displaystyle\int_0^\infty \frac{x}{e^x-1}\,dx = ?$

[821] $\displaystyle\int_0^{\frac{\pi}{2}} \frac{\cos 2x}{1+\sin^2 x}\,dx = ?$

[822] $\displaystyle\int_0^\infty \frac{\tan^{-1}x+\ln x}{(1+x)^2}\,dx = ?$

[823] $\displaystyle\int_0^1 \frac{1}{1-[\log_2 x]}\,dx = ?$, $[x]$:Gauss' notation

[824] $\displaystyle\int_0^2 [e^x]\,dx = ?$, $[x]$:Gauss' notation

[825] $\displaystyle\int_0^\infty x^n e^{-x}(\sin x+\cos x)\,dx = ?$

[826] $\displaystyle\int_a^b \frac{1}{\sqrt{(x-a)(b-x)}}\,dx = ?$

[827] $\displaystyle\int_0^{\sqrt{2}} \frac{1+x^4}{x^4+7x^2+10}\,dx = ?$

**[828]** $\displaystyle\int_{e^{-1}}^{\tan x}\frac{t}{1+t^2}\,dt+\int_{e^{-1}}^{\cot x}\frac{1}{t(t^2+1)}\,dt=?$

**[829]** $\displaystyle\int_0^{\pi}x\sin(\sin^2 x)\cos(\cos^2 x)\,dx=?$

**[830]** $\displaystyle\int_{\frac{1-\sqrt{5}}{2}}^{\frac{1+\sqrt{5}}{2}}(2x^2-1)e^{2x}\,dx=?$

**[831]** $\displaystyle\int_0^{\frac{3\pi}{2}}\frac{\sin^8 x+\cos^2 x}{1+\sin^8 x+\cos^8 x}\,dx=?$

**[832]** $\displaystyle\int_{\frac{1}{n}}^{1}\cos(\pi\{nx\})\,dx=?,\ x-\{x\}=[x]$:Gauss' notation

**[833]** $\displaystyle\int_0^{\infty}\tan^{-1}\left(\frac{1}{x^2}\right)dx=?$

**[834]** $1:y^2-my+1=0$의 두 근 사이에 존재, $[x]$:Gauss 부호

$\displaystyle\Rightarrow\int_0^{10}\left[\left(\frac{4|x|}{x^2+16}\right)^m\right]dx=?$

**[835]** $\displaystyle\int_{-1}^{1}x\ln(1+2^x+3^x+6^x)\,dx=?$

**[836]** $\displaystyle\int_{\frac{1}{2}}^{2}\left(1+x-\frac{1}{x}\right)e^{x+\frac{1}{x}}\,dx=?$

**[837]** $\displaystyle\int_0^{e^{\pi}}|\cos(\ln x)|\,dx=?$

**[838]** $\displaystyle\int_0^{\infty}\frac{\sin(tx)}{e^x-1}\,dx=?$

**[839]** $\displaystyle\int_0^{1}\left\{\frac{1}{x}\right\}^2dx=?,\ x-\{x\}=[x]$:Gauss' notation

[840] $c\in R, 0<a<1 \Rightarrow \int_a^1 \sqrt{u'(t)^2+v'(t)^2}\,dt = ?$

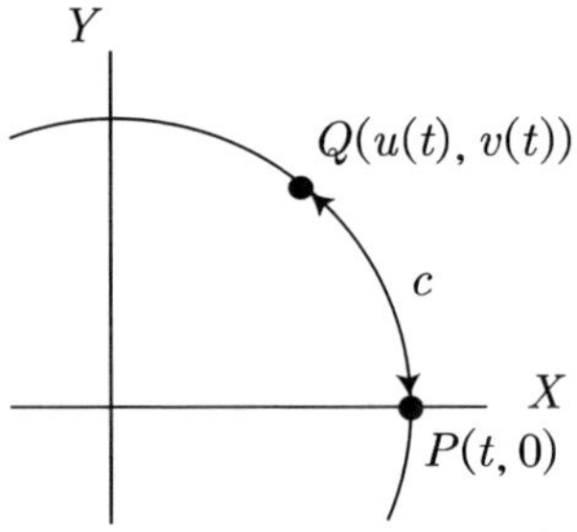


[841] $\begin{cases} f(x+y)=f(x)f(y)-g(x)g(y), f'(0)=1 \\ g(x+y)=f(x)g(y)+g(x)f(y), g'(0)=2 \end{cases} \Rightarrow \int_0^1 f(x)^2+g(x)^2\,dx = ?$
$(f(0)>0)$

[842] $\int_0^\infty \frac{\sin x\sin(nx)}{x^2}\,dx = ?$

[843] $\int_0^\pi \frac{8x^3\cos^4 x\sin^2 x}{\pi^2-3\pi x+3x^2}\,dx = ?$

[844] $n\ge 0 \Rightarrow \int_0^1 x^n\cos(\pi x)\,dx = ?$

[845] $\int_0^{\frac{\pi}{4}} \sec^2 x\tanh^{-1}(\sin x)\,dx = ?$

[846] $f(x)=\sin x - x \Rightarrow \int_{-2\pi}^{2\pi} |f^{-1}(x)|\,dx = ?$

[847] $f(x)$ : 전단사, $\begin{cases} f(a)=c \\ f(b)=d \end{cases} \Rightarrow \int_a^b f(x)dx + \int_c^d f^{-1}(x)dx = ?$

[848] $a>0 \Rightarrow \int_0^a \sin^{-1}\left(\frac{x}{\sqrt{a^2+x^2}}\right)dx = ?$

[849] $\int_0^{\frac{\pi}{4}} \frac{\sin^2 x\cos^2 x}{\sin^3 x+\cos^3 x}\,dx = ?$

[850] $\int_0^\infty \int_y^\infty \frac{(x-y)^2\ln\left(\frac{x+y}{x-y}\right)}{xy\sinh(x+y)}\,dx\,dy = ?$

**[851]** $\displaystyle\int_0^{2\pi}\frac{1}{(1+a\cos x)^2}dx=?$

**[852]** $\begin{cases}f''(x)=-f(x),\ f(x)>f'(x)\\ f(b)-f'(b)=f(a)-f'(a)\end{cases}\Rightarrow\displaystyle\int_a^b\frac{f(x)}{f(x)-f'(x)}dx=?$

**[853]** $\displaystyle\int_{-\frac{\pi}{2}}^{\frac{\pi}{2}}\frac{\cos x(\cos x-\sin x)}{1+|\sin(2x)|}dx=?$

**[854]** $\displaystyle\int_0^{\frac{\pi}{6}}\ln\left(1+\tan x\tan\frac{\pi}{6}\right)dx=?$

**[855]** $\displaystyle\int_1^{\infty}\frac{6^x}{9^x-4^x}dx=?$

**[856]** $0<a<b\Rightarrow\displaystyle\int_a^b\frac{\sqrt[a]{e^x}-\sqrt[x]{e^b}}{\sqrt{x}\sqrt{ab+x^2}}dx=?$

**[857]** $\displaystyle\int_0^1\left[\frac{1}{x}\right]dx=?$, $[x]$: Gauss' notation

**[858]** $\displaystyle\int_0^1\frac{x^{m-1}(1-x)^{n-1}}{(bx+a)^{n+m}}dx=?$

**[859]** $\displaystyle\int_0^1 x\left[\frac{1}{x}\right]\left\{\frac{1}{x}\right\}dx=?$, $x-\{x\}=[x]$: Gauss' notation

**[860]** $0\le\theta<2\pi\Rightarrow\displaystyle\int_0^1\frac{\ln(1-2x\cos\theta+x^2)}{x}dx=?$

**[861]** $\displaystyle\iint_{R^2}e^{-(x^2+y^2)}\cos(x^2+y^2)\,dxdy=?$

**[862]** $\displaystyle\int_0^1\frac{x^k-1}{\ln x}dx=?$

**[863]** $0<a<b\Rightarrow\displaystyle\int_a^b\frac{x^2\ln x}{x^6+(ab)^3}dx=?$

**[864]** $\displaystyle\int_0^{\pi}\frac{x}{1+e\sin x}\,dx=?$

**[865]** $f(x)>0,\ f(x)+f\left(\frac{1}{2}+x\right)=1 \Rightarrow \displaystyle\int_0^1 f(x)dx=?$

**[866]** $\displaystyle\int_{-\infty}^{\infty}\frac{\cos x}{1+(1-x)^2}\,dx=?$

**[867]** $\displaystyle\int_0^1 x^5\sqrt{(1-x^2)^7}\,dx=?$

**[868]** $0<\alpha<\pi \Rightarrow \displaystyle\int_{-1}^{1}\frac{1}{x^2-2x\cos\alpha+1}\,dx=?$

**[869]** $\displaystyle\int_{-1}^{1}\frac{x^{12}+31}{1+2011^x}\,dx=?$

**[870]** $\displaystyle\int_0^{2\pi}\frac{1}{\sin^4 x+\cos^4 x}\,dx=?$

**[871]** $\displaystyle\int_0^{\infty}\frac{1-\cos x}{x(e^x-1)}\,dx=?$

**[872]** $\displaystyle\int_0^{\pi}\int_x^{\pi}\frac{\sin y}{y}\,dy\,dx=?$

**[873]** $\displaystyle\int_0^{\frac{\pi}{2}}\frac{1+\cos x}{1+\cos^2 x}\,dx=?$

**[874]** $\displaystyle\int_{\sqrt{2}}^{2}\frac{x^2+2}{x^4-3x^2+4}\ln\left(\frac{x^2+x-2}{x}\right)dx=?$

# 04 곡선의 면적

❑ 다음 곡선으로 둘러싸인 면적을 구하여라.

**[1]** $xy^3 = 15,\ xy^3 = 5,\ xy = 8,\ xy = 4$

**[2]** $y = 4x^3,\ y = x^3,\ x = y^3,\ x = 4y^3$

**[3]** $73x^2 - 72xy + 52y^2 + 30x + 40y - 75 = 0$

**[4]** $x = 2r\cos\theta - r\cos 2\theta,\ y = 2r\sin\theta - r\sin 2\theta$

**[5]** $x^{\frac{2}{3}} + y^{\frac{2}{3}} = 1$

**[6]** $(x^2+y^2)^2 = ax(x^2-3y^2)$

**[7]** $(x^2+y^2)^2 = a^2(x^2-y^2)$

**[8]** $x^2 - y^2 = 1,\ y = \tanh(1)x,\ y = 0$

**[9]** $x = 3r\cos\theta + r\cos 3\theta,\ y = 3r\sin\theta - r\sin 3\theta$

**[10]** $x = 5r\cos\theta - r\cos 5\theta,\ y = 5r\sin\theta - r\sin 5\theta$

**[11]** $x = a(\theta - \sin\theta),\ y = a(1-\cos\theta),\ (0 \le \theta \le 2\pi)$

**[12]** $x = \frac{1}{2}\cos t - \frac{1}{4}\cos 2t,\ y = \frac{1}{2}\sin t - \frac{1}{4}\sin 2t$

**[13]** $y = \frac{x}{1+\sqrt{x}},\ y = 0,\ x = 4$

**[14]** $r = a(1 + \cos\theta),\ (a > 0)$

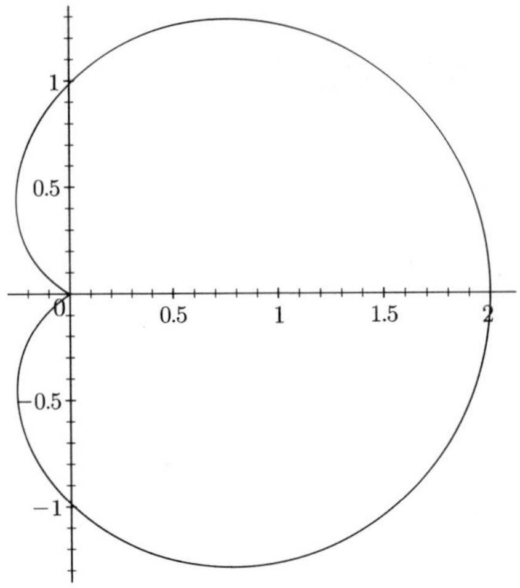


**[15]** $r = 3\cos\theta$ 내부, $r = 1 + \cos\theta$ 외부

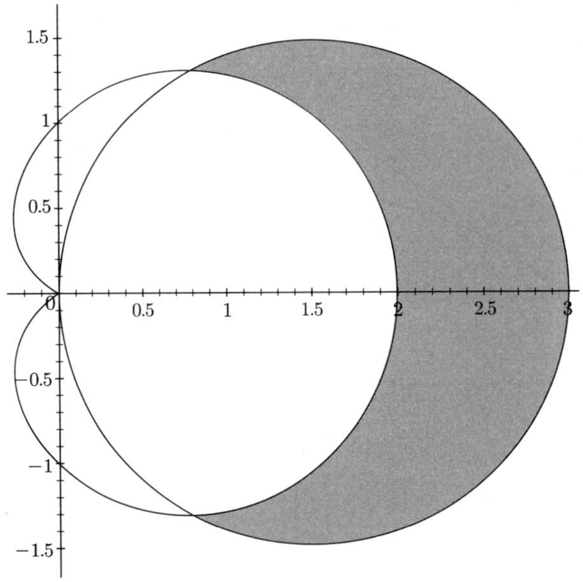

**[16]** $r=2(1+\cos\theta),\ r=2(1-\cos\theta)$

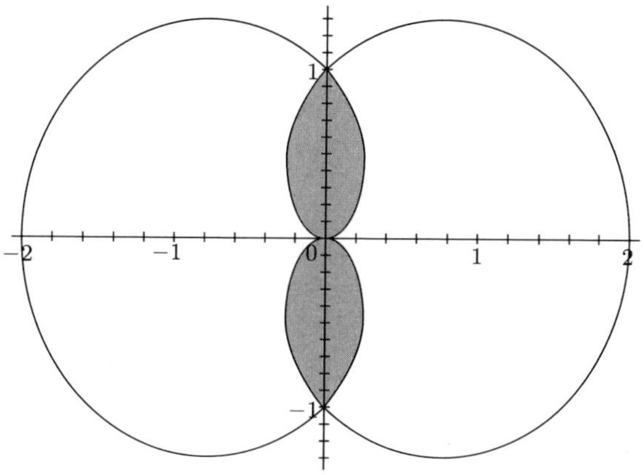


**[17]** $r=3-2\cos\theta,\ r=2$

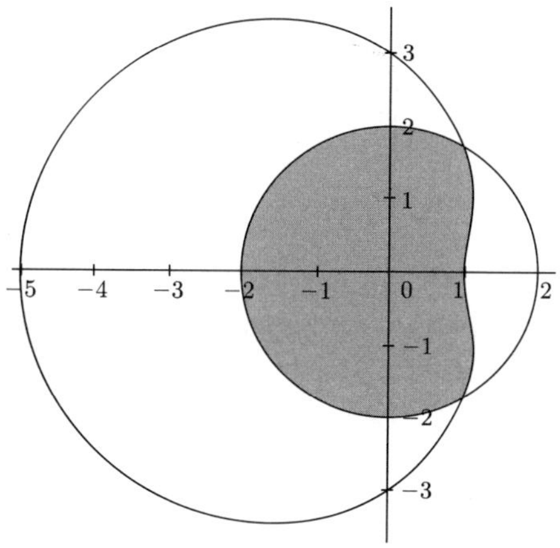


**[18]** $r^2=4\sin 2\theta$

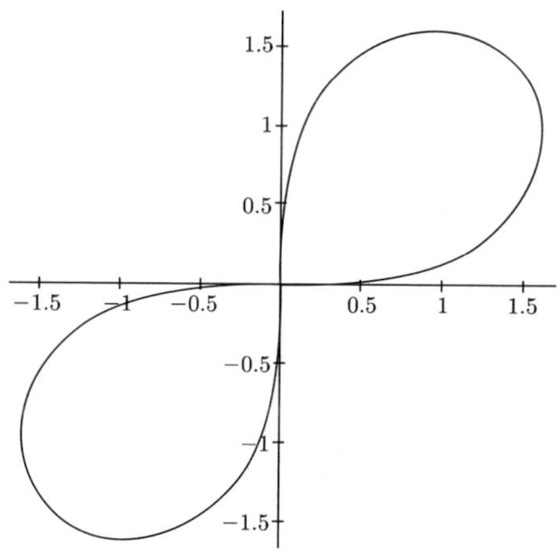

**[19]** $r = 2 - \cos\theta$

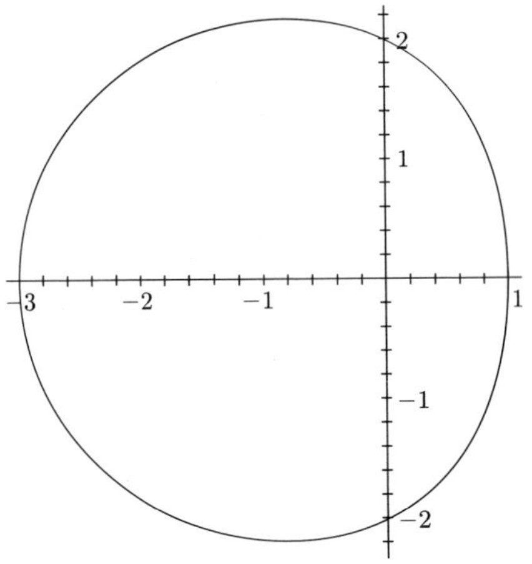

**[20]** $r = 4 + 2\cos\theta$

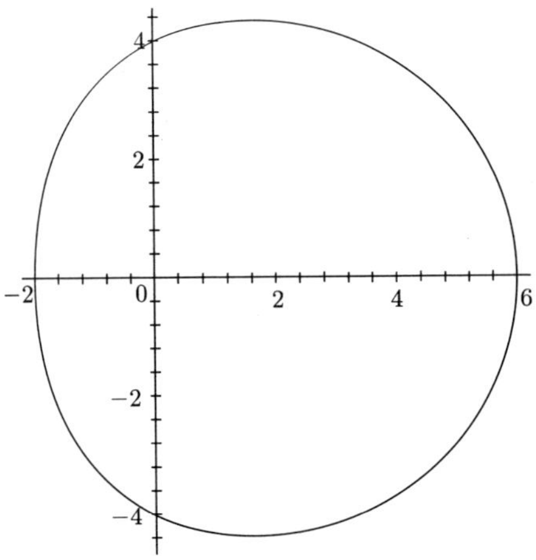

**[21]** $y = \sin x,\ y = \cos x,\ x = 0, x = \pi$

**[22]** $r = 3\sin(2m\theta)$

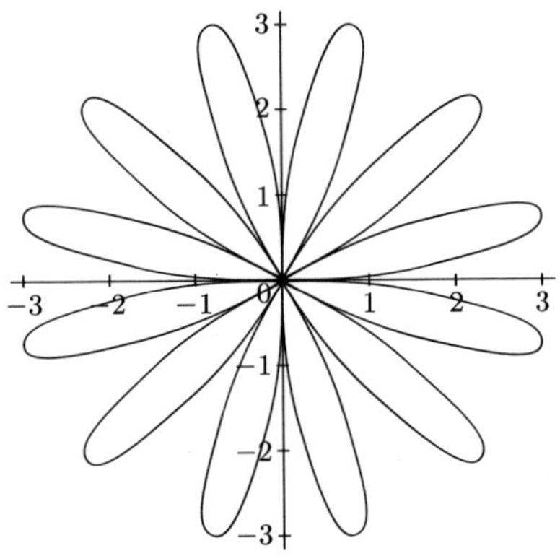

**[23]** $r = 3\sin(2m-1)\theta$

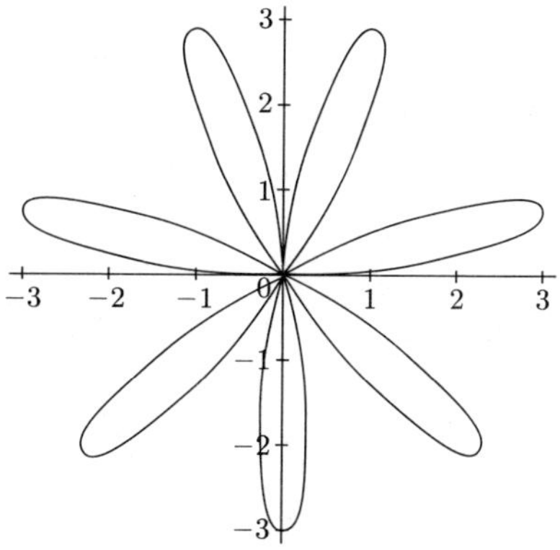


**[24]** $r = \dfrac{1}{2} + \cos\theta$

**[25]** $r = \dfrac{6}{1+\cos\theta}$, $x = 0$

**[26]** $A(x_1, y_1)$, $B(x_2, y_2)$, $C(x_3, y_3)$삼각형 넓이는? (두 축의 각 : 60°)

**[27]** $A(r_1, \theta_1)$, $B(r_2, \theta_2)$, $C(r_3, \theta_3)$삼각형 넓이는? (두 축의 각 : 90°)

**[28]** $A(x_1, y_1, z_1), B(x_2, y_2, z_3), C(x_3, y_3, z_3)$ 삼각형 넓이는?

**[29]** $a^2 \le x^2 - y^2 \le b^2$, $0 \le y \le \dfrac{1}{2}x$로 둘러싸인 넓이는?

**[30]** $0 \le x^2 - xy + y^2 \le 2$로 둘러싸인 넓이는?

**[31]** $\sqrt{x} + \sqrt{y} = \sqrt{a}$, $x + y = a$로 둘러싸인 넓이는?

**[32]** $r = 5\sin\theta$의 내부 및 $r = 3 - \sin\theta$의 외부로 둘러싸인 넓이는?

**[33]** 아래 그림의 색칠한 부분의 넓이를 각각 구하여라.

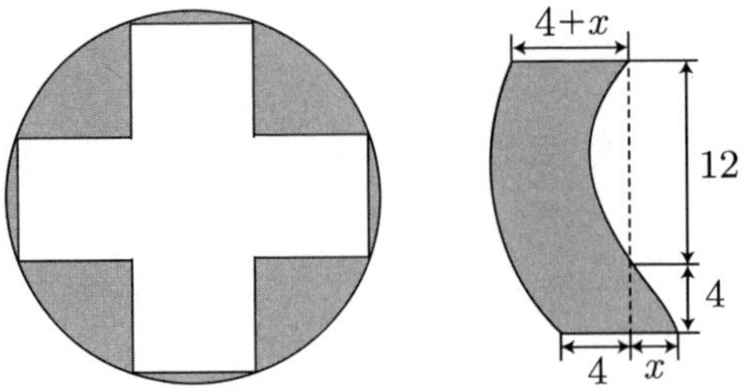


**[34]** 원에 내접하는 정 $n$각형의 면적을 행렬식으로 나타내어라.

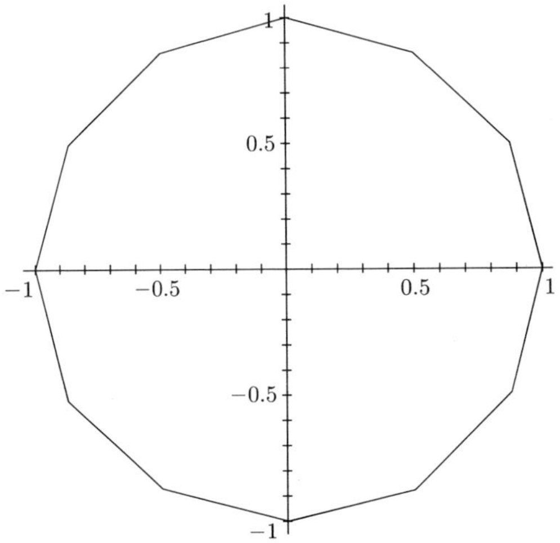


**[35]** 모든 원판들의 넓이 합을 구하여라.

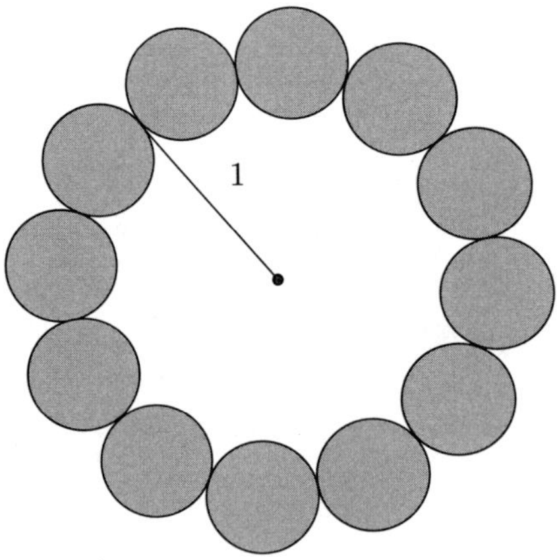

**[36]** 정사각형의 중심과 변에서 중심에 더 가까운 거리에 있는 영역들로 구성된 넓이는?

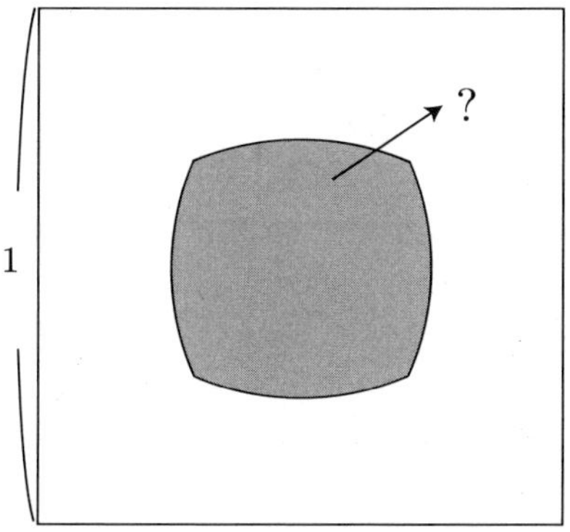


**[37]** 그림 영역의 넓이는?

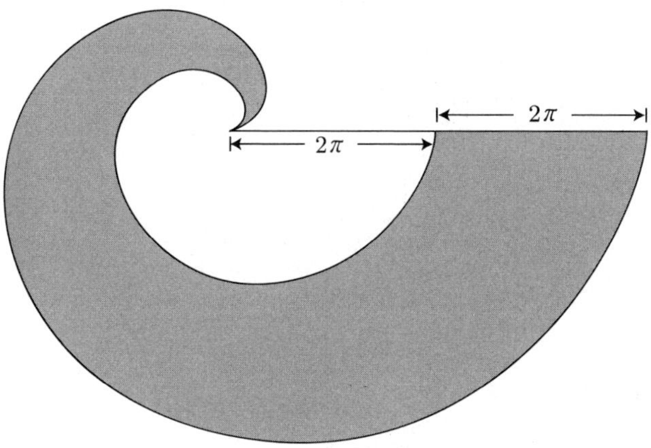


**[38]** $\tan a = \dfrac{22}{7} \Rightarrow \triangle ABC = ?$

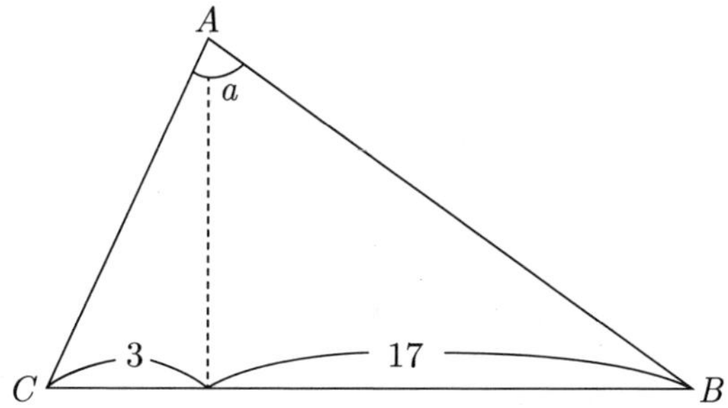

**[39]** 회색 부분의 넓이는?

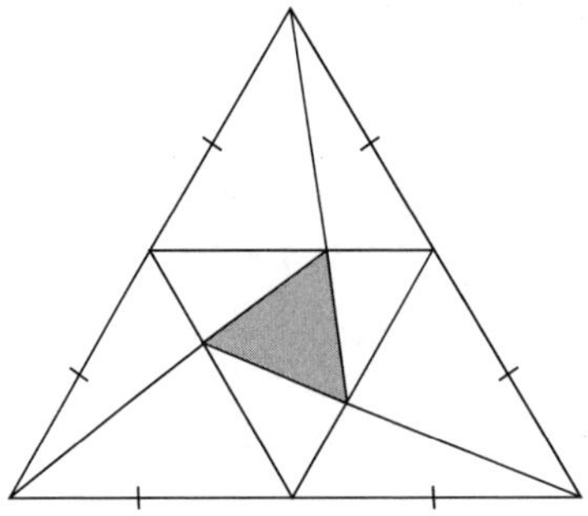

**[40]** 회색 부분의 넓이는?

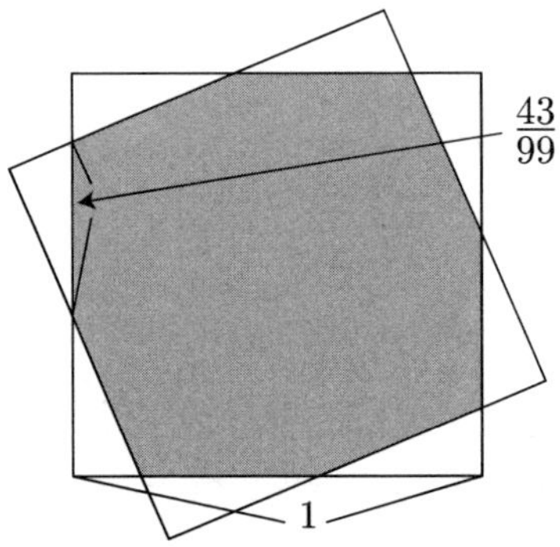


**[41]** $\triangle ABC + \triangle CDE + \triangle CFG = ?$

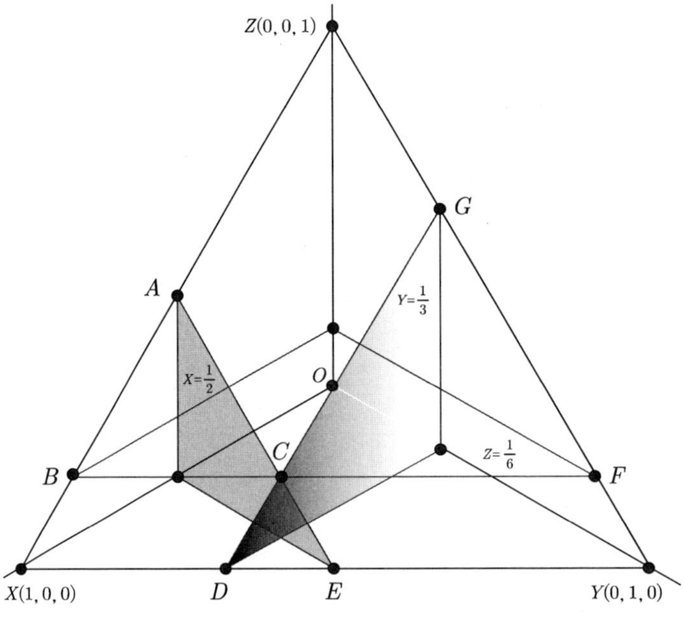

**[42]** 회색 부분의 넓이는?

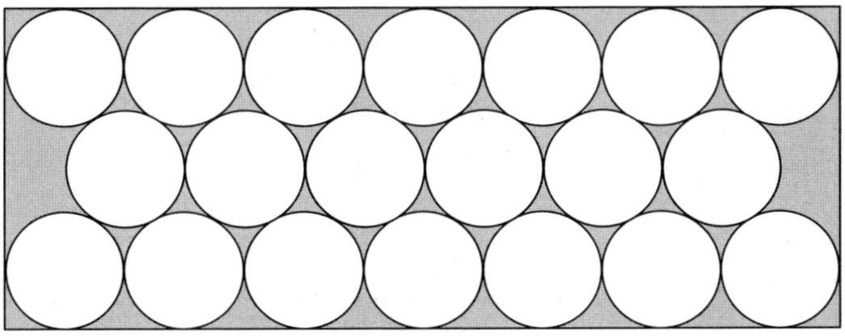

**[43]** 회색 부분의 넓이는?

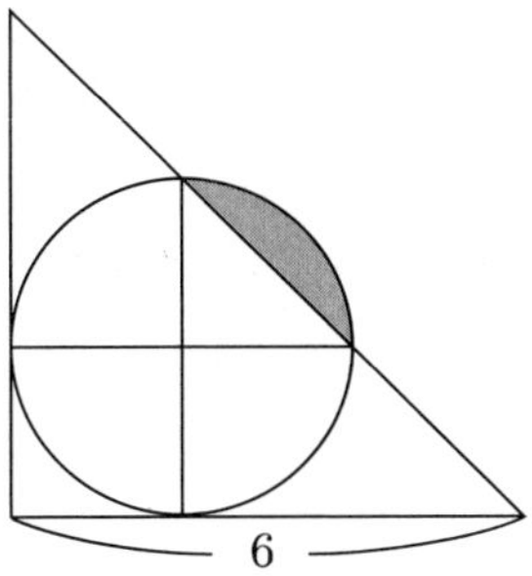


**[44]** 내접하는 두 정사각형의 최소 면적을 구하여라.

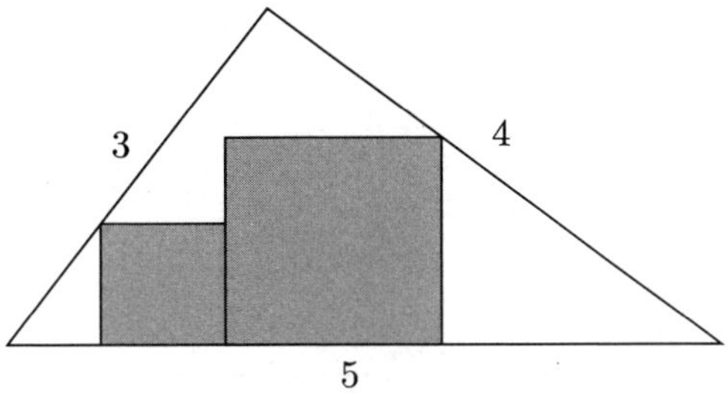


**[45]** 회색 부분의 넓이는?

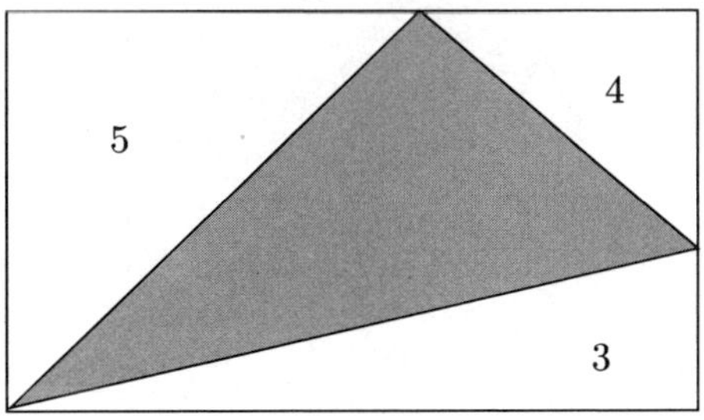

**[46]** 사각형의 넓이는?

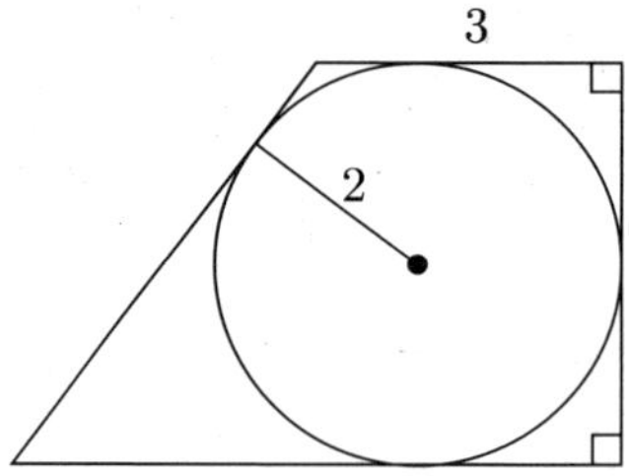


**[47]** $x = e^t - e^{-t}, y = e^{3t} + e^{-3t}, (-1 \le x \le 1)$: 넓이는?

**[48]** $y = x, y = a^3x^2 - a^4x, (a > 0)$ 사이의 최소가 되는 넓이는?

**[49]** 작은 정삼각형 한 변의 길이가 1일 때, $\triangle WAT = ?$

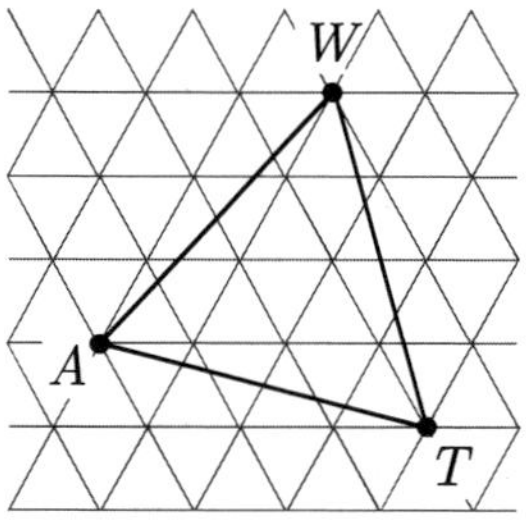


**[50]** $0 < a < 1, x, y \ge 0, \sqrt{\frac{x}{a}} + \sqrt{\frac{y}{1-a}} \le 1 \Rightarrow$ 넓이=?

**[51]** S의 넓이 =?

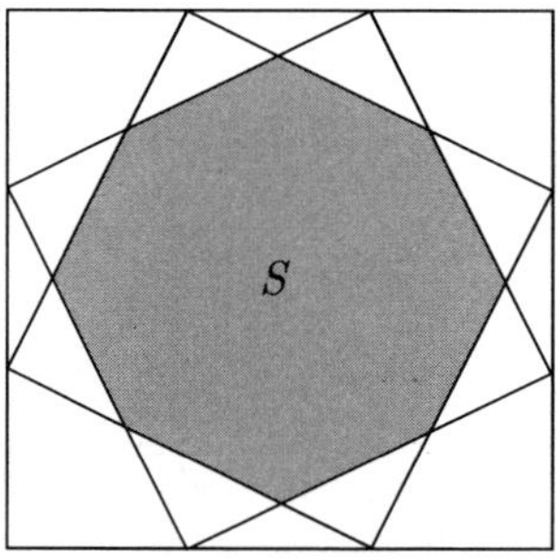

**[52]** 회색부분의 넓이 = ?

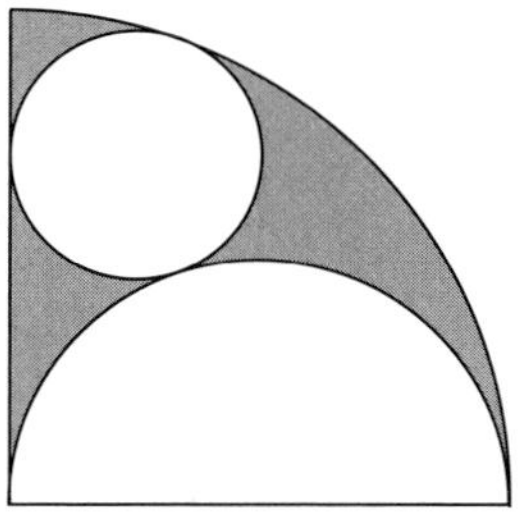

**[53]** $\triangle ABC + 2\triangle BDE = ?$

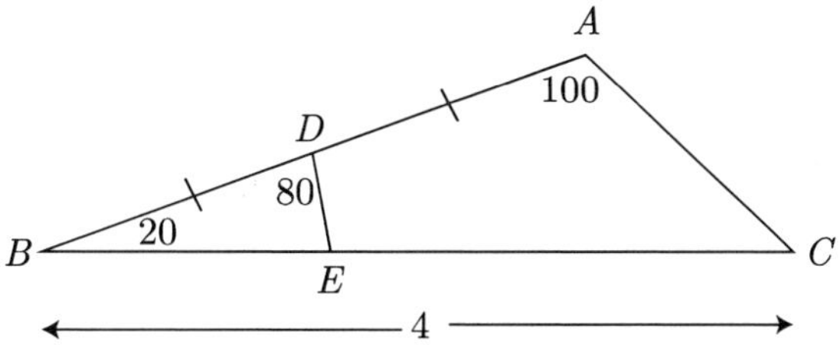


**[54]** 반원의 넓이는?

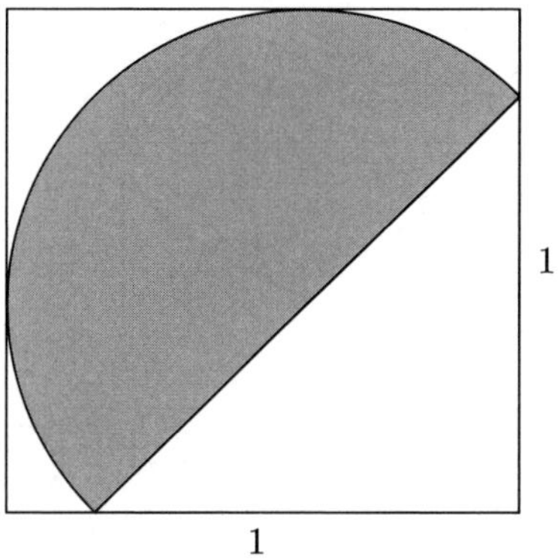


**[55]** $\square ABCD$ 넓이 $\geq 4$ 임을 증명.

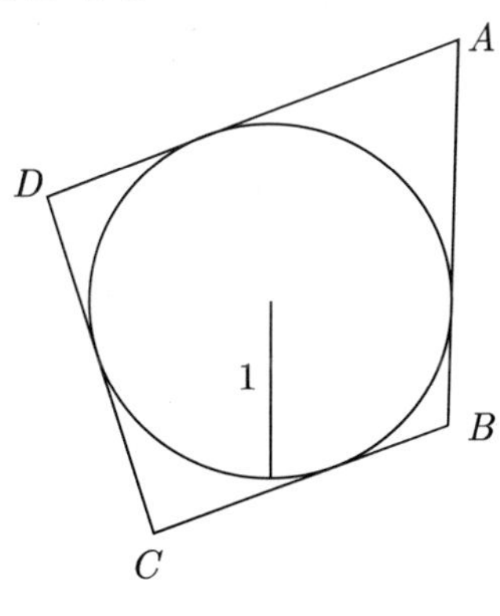

**[56]** $x=\frac{t}{3}(6-t),\ y=\frac{t^2}{8}(6-t) \Rightarrow$ loop의 넓이?

**[57]** 회색 부분의 넓이는?

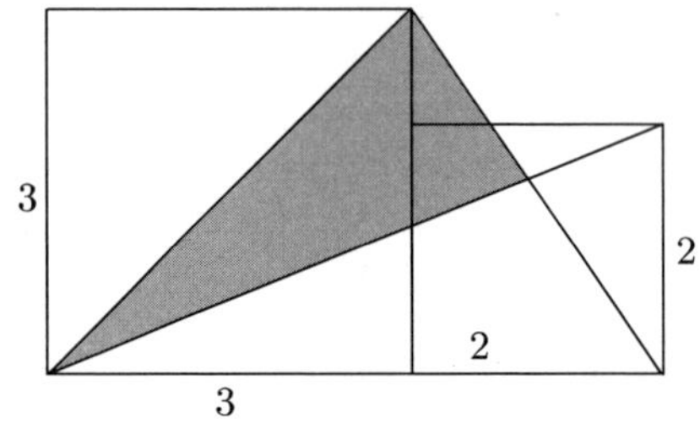


**[58]** $AB=\sqrt{30},\ BC=\sqrt{15},\ CA=\sqrt{6} \Rightarrow \frac{\triangle ABD}{\triangle ABC}=?$

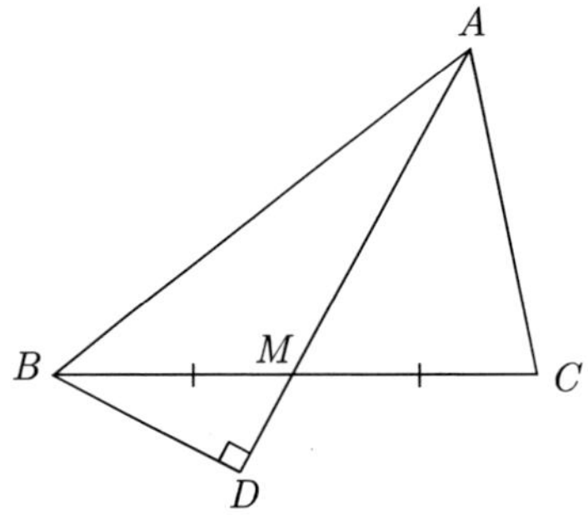


**[59]** $A=B=C \Rightarrow a, b=?$

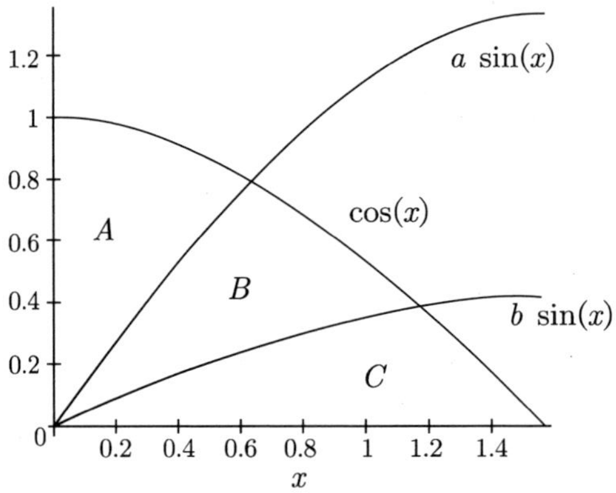


**[60]** $a=12,\ b=15,\ c=20 \quad \Rightarrow$ 삼각형 넓이?

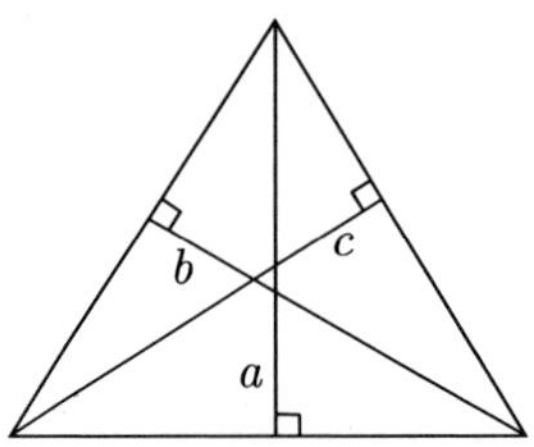

**[61]** 정사각형들의 넓이 - 원들의 넓이 = ?

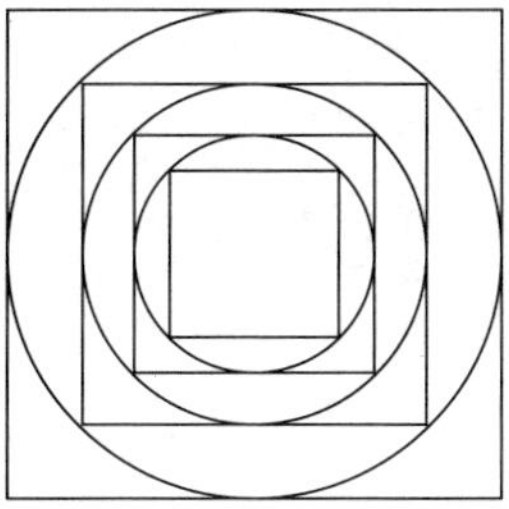

**[62]** $\sin\theta, \sin 2\theta, \sin 3\theta$ : 삼각형 세변 $\Rightarrow$ 삼각형 넓이=?

**[63]** $\overline{AC} = e, \overline{BD} = f \Rightarrow \square(ABCD) = ?$

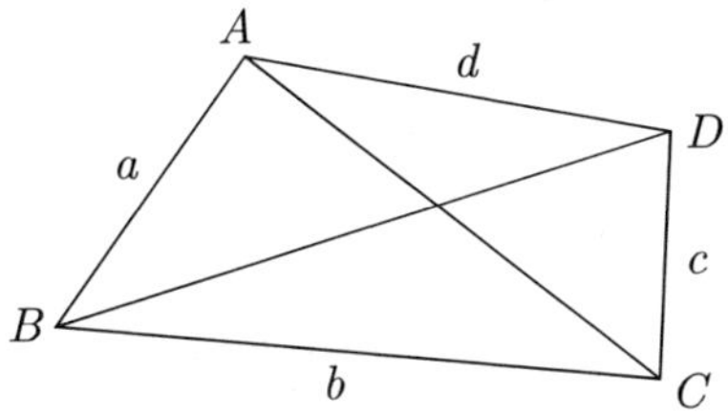


**[64]** 뚜껑이 열린 직육면체의 부피가 32이다. 이 때 입체의 최소 면적은?

**[65]** 회색 부분의 넓이?

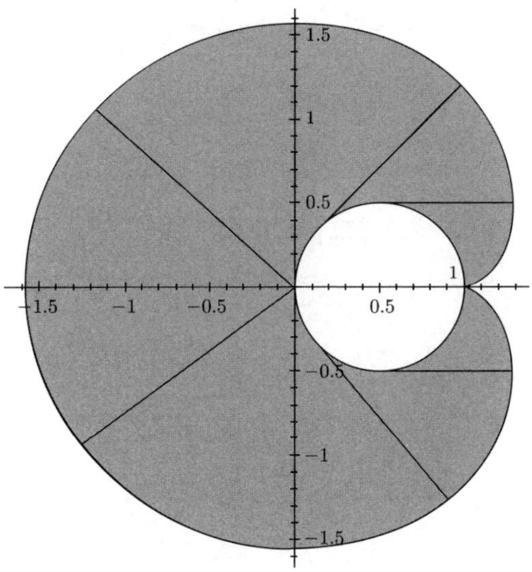

**[66]** 회색부분과 정사각형의 넓이가 같음을 증명.

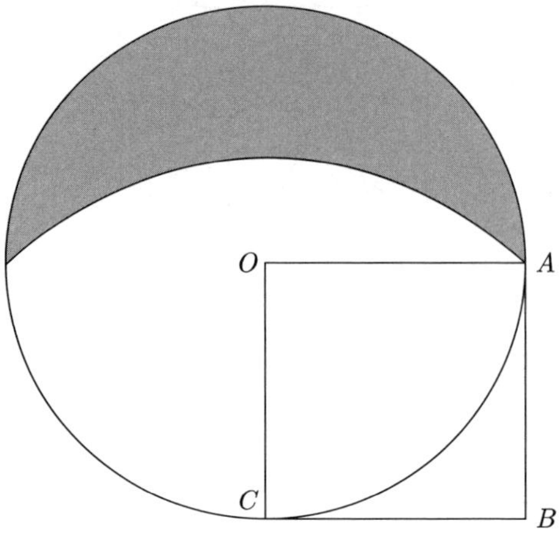


**[67]** 좌표 변환으로 회색부분의 넓이를 구하라.

①. $\begin{cases} x = r\cos\theta \\ y = r\sin\theta \end{cases}$

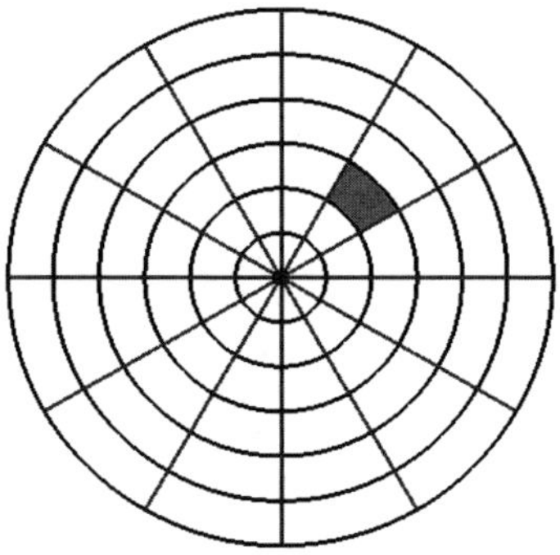

②. $x = \dfrac{\sinh v}{\cosh v - \cos u}$, $y = \dfrac{\sin u}{\cosh v - \cos u}$

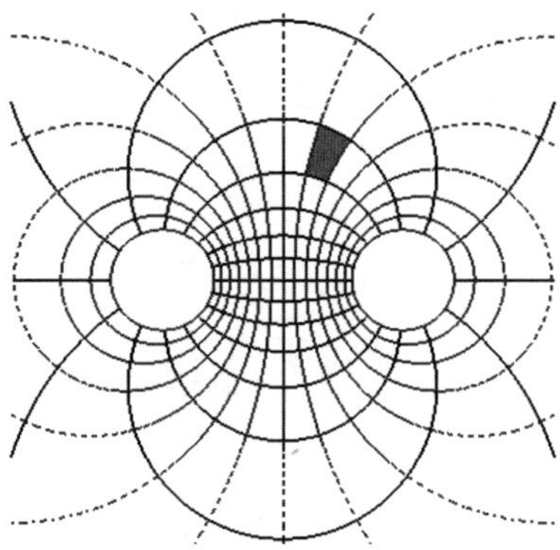

③. $x = \dfrac{u^2 - v^2}{2(u^2+v^2)^2}$ , $y = \dfrac{uv}{(u^2+v^2)^2}$

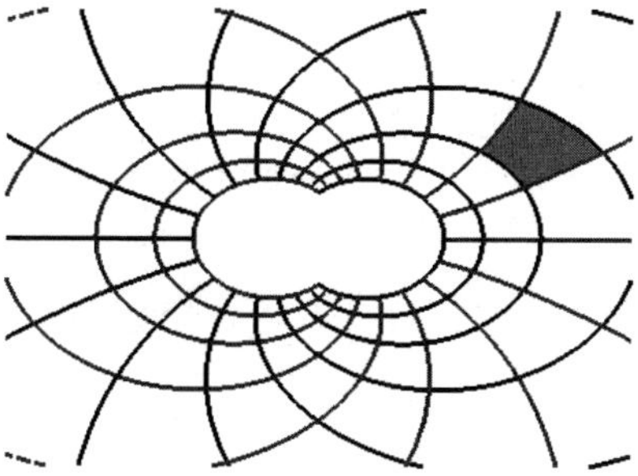

④. $x = \dfrac{u}{u^2+v^2}$ , $y = \dfrac{v}{u^2+v^2}$

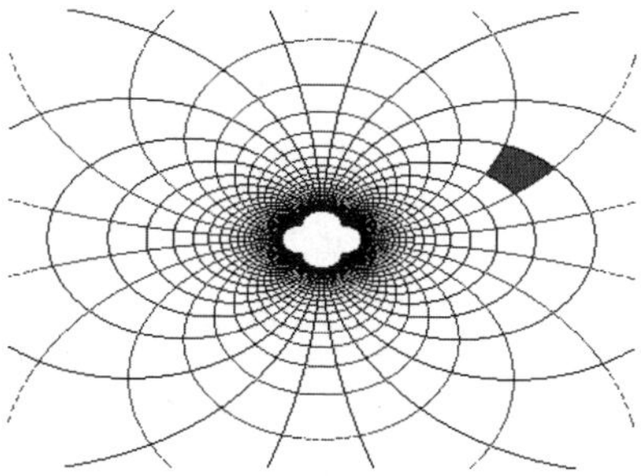

⑤. $x = \dfrac{u^2 - v^2}{2}$ , $y = uv$

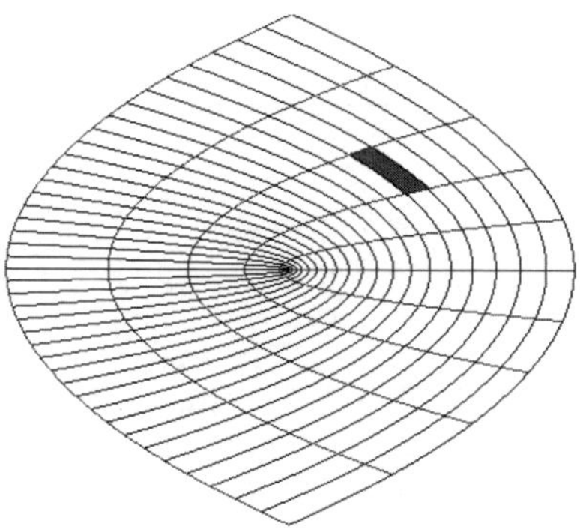

⑥. $x=\sqrt{\sqrt{u^2+v^2}+u}\ ,\ y=\sqrt{\sqrt{u^2+v^2}-u}$

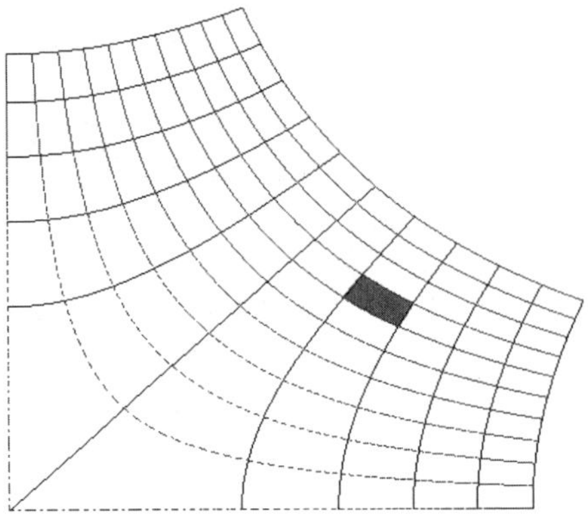

⑦. $x=\cosh u\cos v,\ y=\sinh u\sin v$

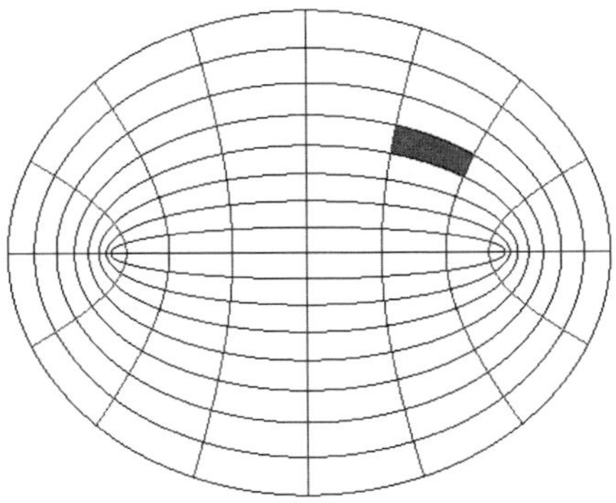

⑧. $x=\dfrac{\sqrt{\sqrt{u^2+v^2}+u}}{\sqrt{u^2+v^2}}\ ,\ y=\dfrac{\sqrt{\sqrt{u^2+v^2}-u}}{\sqrt{u^2+v^2}}$

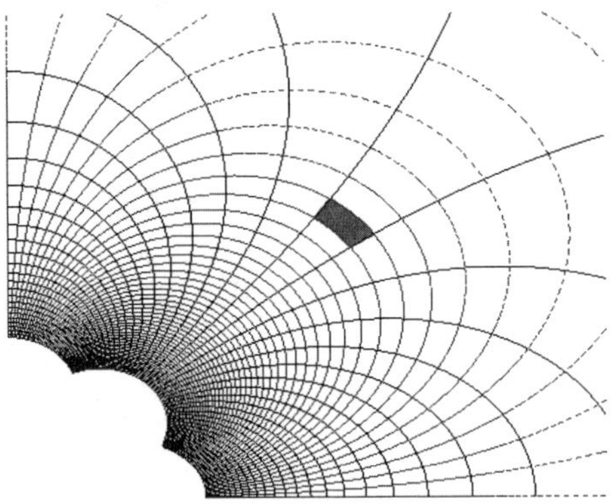

⑨. $x = \dfrac{a}{\pi}\ln(u^2+v^2),\ y = \dfrac{2a}{\pi}\tan^{-1}\left(\dfrac{v}{u}\right)$

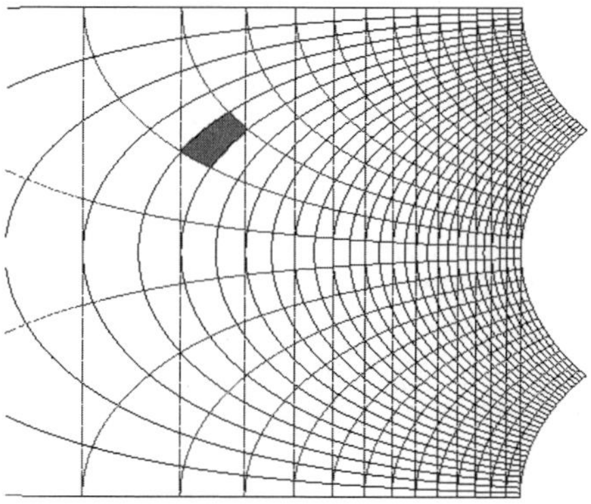

**[68]** $x=2y, x=3y, x^2-y^2=1, 4x^2-4y^2=1$로 둘러싸인 넓이=?

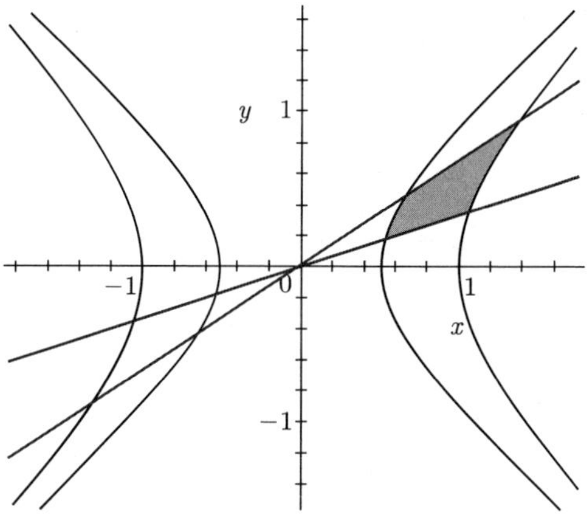


**[69]** $y=\sqrt{3}\,x, y=\dfrac{x}{\sqrt{3}}$와 두 타원 사이로 둘러싸인 넓이=?

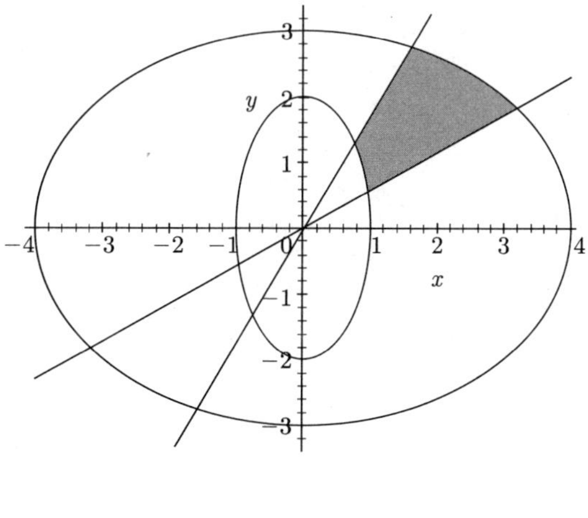

**[70]** 정삼각형 $\triangle ABC$ 의 넓이=?

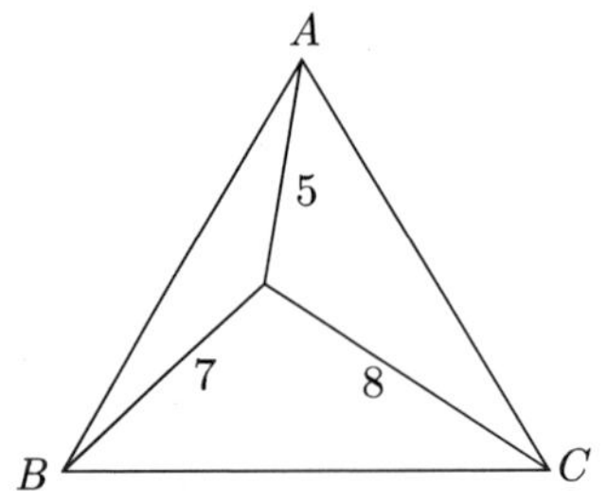


**[71]** $0 \le x \le 2, 0 \le y \le x^2 \Rightarrow 2x+3y-5z=7$ 의 면적?

**[72]** $x^2+y^2 \le d^2 \Rightarrow z=a+bx+cy$ 의 면적?

**[73]** $y=-x, 5x^2-6xy+5y^2-28\sqrt{2}x+20\sqrt{2}y=-8$로 둘러싸인 넓이.

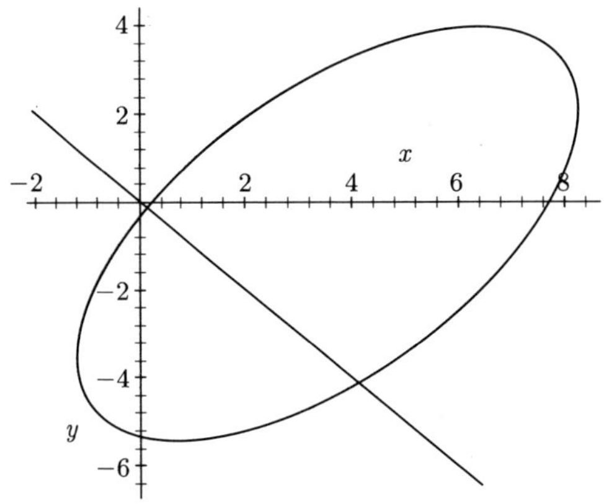


**[74]** $AE:ED=4:1, DF:FC=3:1 \Rightarrow$ 전체에서 회색 부분의 면적?

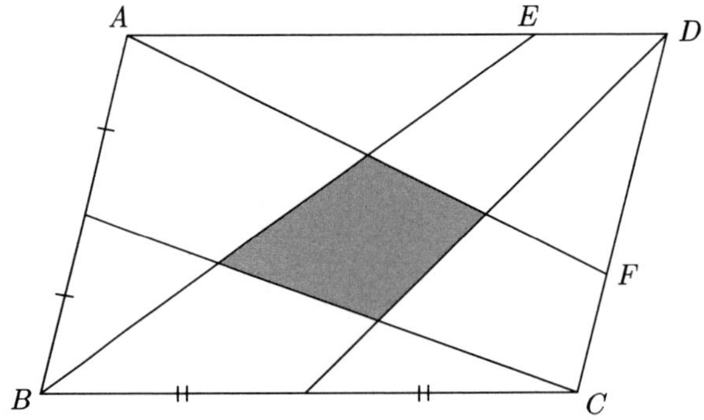

**[75]** $x^2-y^2=8,\ x^2-25y^2=-16 \Rightarrow$ 둘러싸인 면적?

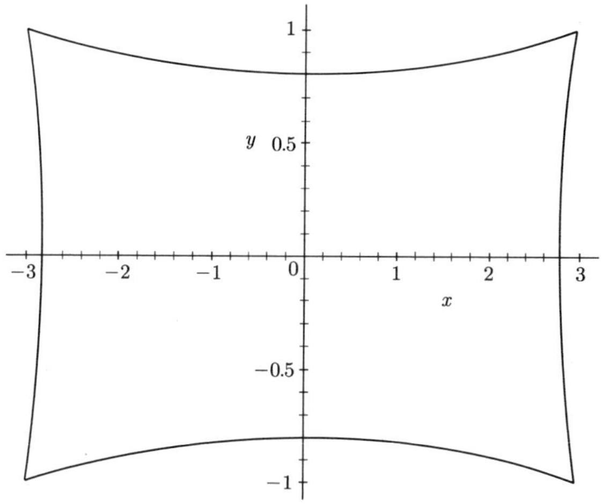


**[76]** $z=4-(x^2+y^2),\ z=x \Rightarrow$ 절단면의 넓이?

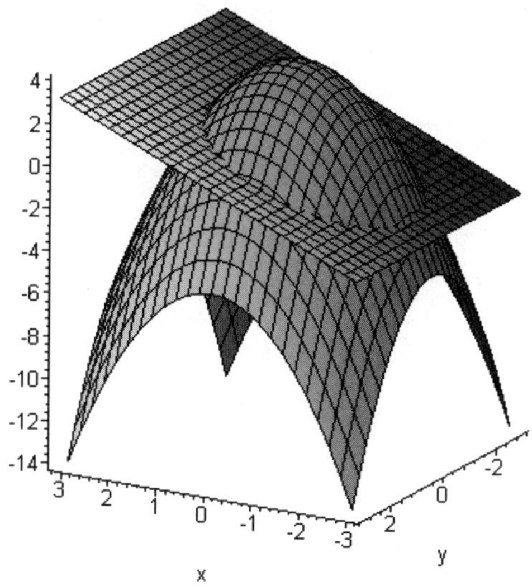


**[77]** 넓이: $\triangle ABCD = h^2 \tan\left(\dfrac{\alpha+\beta}{4}\right)$ 증명.

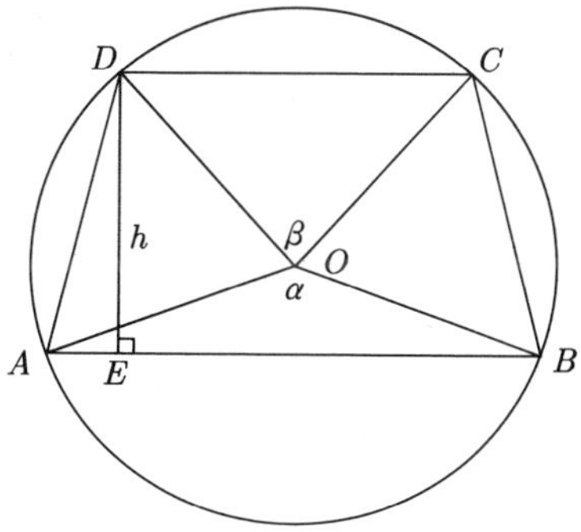

**[78]** $x^2+y^2=a^2, (x^2+y^2)^2=4a^2(x^2-y^2) \Rightarrow$ 회색부분의 넓이?

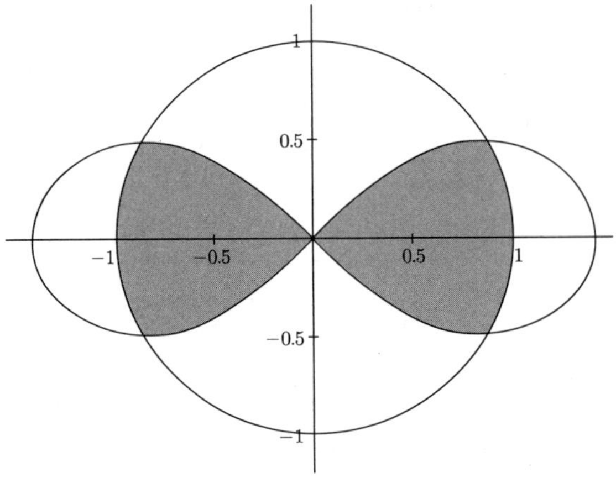


**[79]** $x^2+y^2=a^2, (x^2+y^2)^2=4a^2xy \Rightarrow$ 회색부분의 넓이?

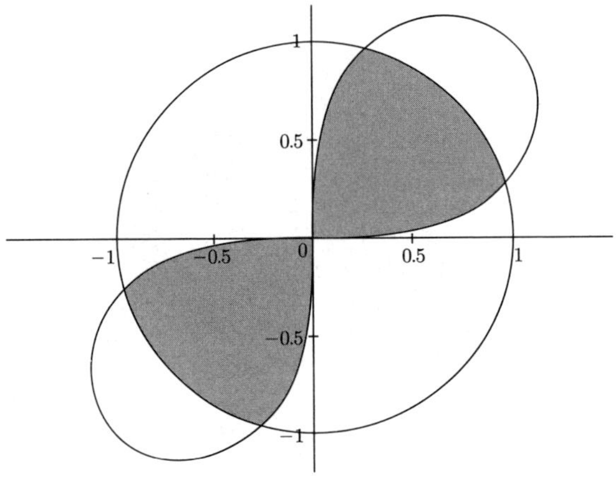


**[80]** 회색 부분의 넓이?

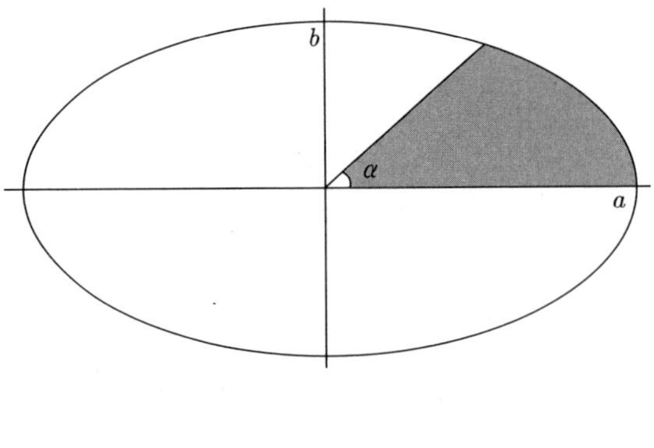


**[81]** $f(1)=0, \int_1^a f(x)dx=2f(a)+3a+b \Rightarrow f(x)$와 축 사이 면적

**[82]** $a, b>0,\ a^2x^4+y^2=b^2x^2 \Rightarrow$ 둘러싸인 면적?

**[83]** $y = mx + b, y = x^2 \Rightarrow \max\{\triangle ABP\} = ?$

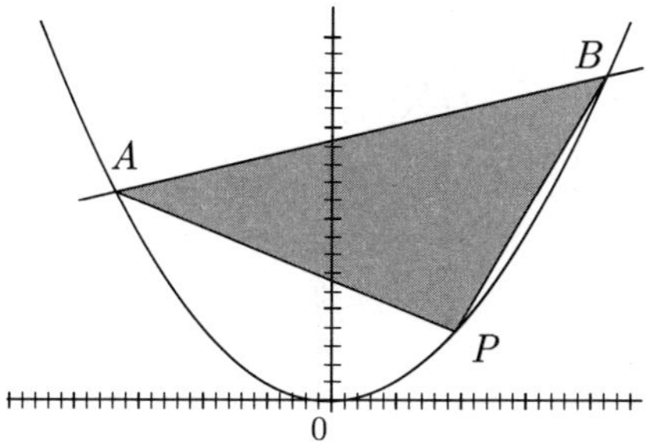


**[84]** $x^5 + y^5 = 5ax^2y^2, (a > 0) \Rightarrow$ 둘러싸인 면적?

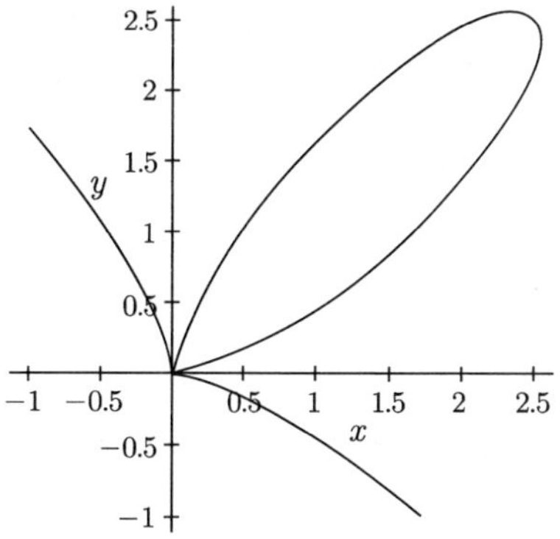


**[85]** 회색 부분의 넓이?

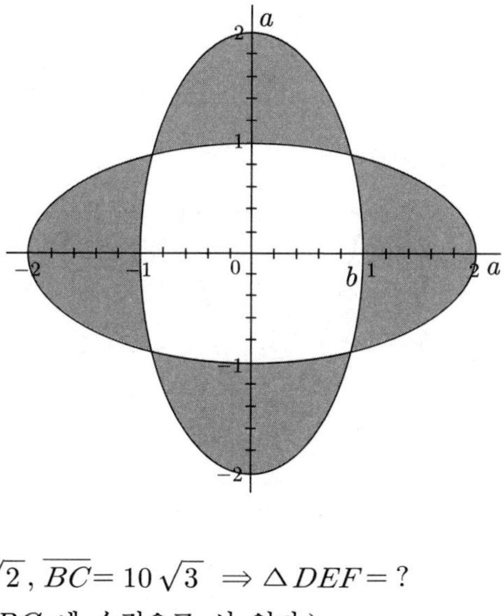


**[86]** $\overline{AB} = \overline{AC} = 10\sqrt{2}, \overline{BC} = 10\sqrt{3} \Rightarrow \triangle DEF = ?$
(단, 반원들은 $\triangle ABC$ 에 수직으로 서 있다.)

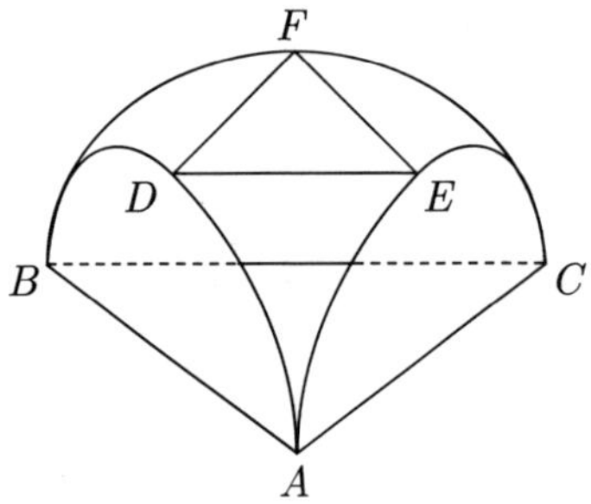


**[87]** 큰 사각형의 넓이: 3000, 점 $A, B, C, D$ : 선분의 중심 ⇒ 넓이는?

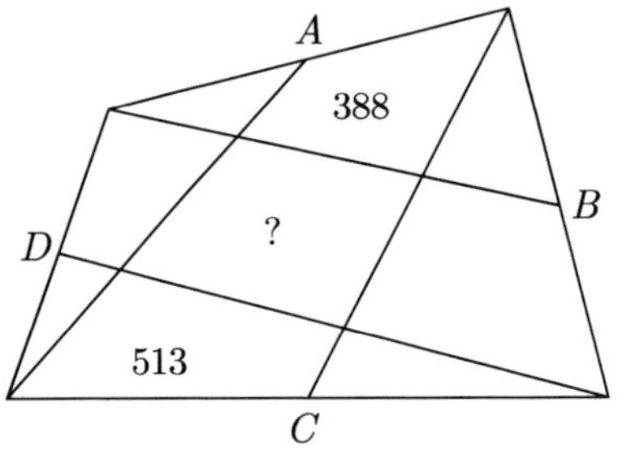


**[88]** $f(x) = \sqrt[n]{x}, g(x) = x^n, (n \in N)$ ⇒둘러싸인 면적?

**[89]** $y = \sin x, y = \sin 2x, (0 \le x \le \frac{7\pi}{4})$ ⇒ 둘러싸인 면적?

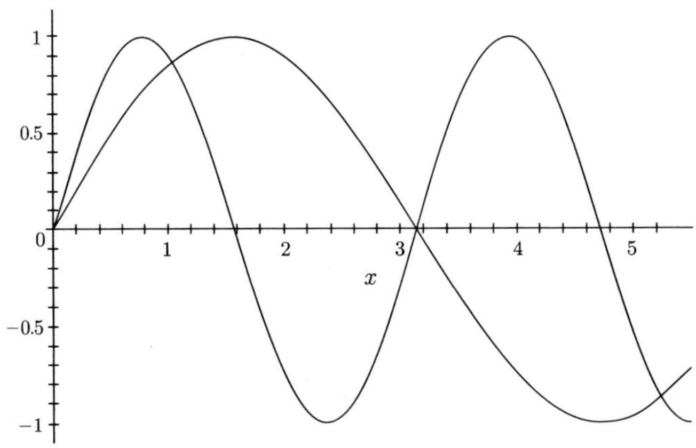


**[90]** $c_1 : y = x^2 + x - 2,\ c_2$ :점$(p, 2p)$의 대칭곡선 ⇒ $S$의 최대 넓이=?

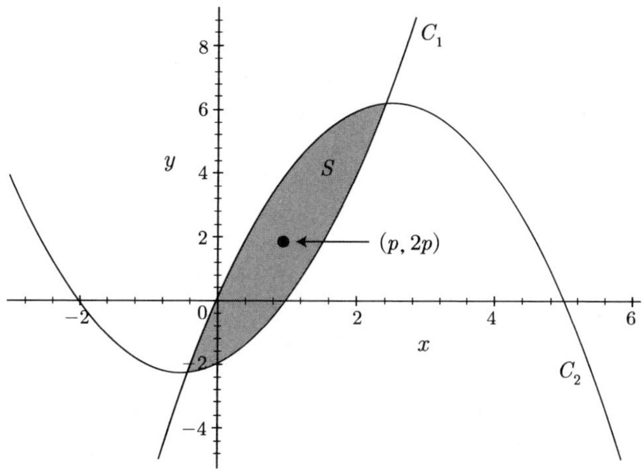


**[91]** 정육면체 중심 $O$, 정사각형 중심 $P$, $\overline{AG}=1 \Rightarrow \triangle AOP=?$

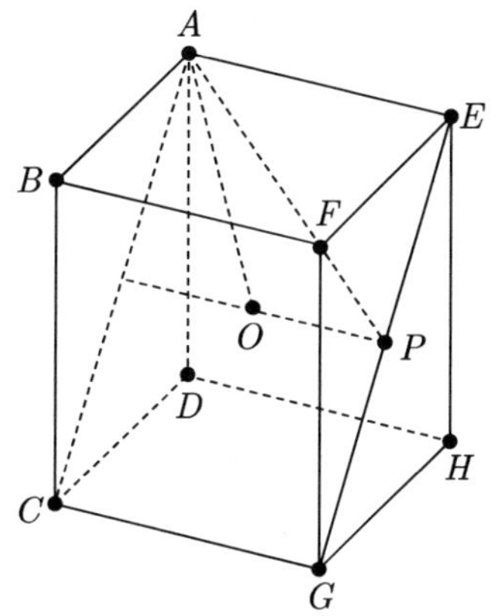


**[92]** $x^2+y^2=4,\, y=\left[\sin^2\left(\frac{x}{4}\right)+\cos\left(\frac{x}{4}\right)\right]$, $x$축 $\Rightarrow$ 둘러싸인 넓이?

$[x]$:Gauss' notation

**[93]** $y=\frac{x^2}{2}-3a,\, y=-\frac{x^2}{2}+2ax-a^3-a^2,\,(a>0)\Rightarrow$ 둘러싸인 최대 넓이?

**[94]** $y=x^4-8x^3+22x^2-23x+10$, 다른 두 점에서 접한 접선 식 사이의 넓이?

**[95]** $S=\{(x,y)\,|\,x=s+u,\, y=t+v,\, -1\le s,t\le 1,\, u^2+v^2=1\}$

$\Rightarrow S$로 둘러싸인 넓이?

**[96]** $S=\{(x,y)\,|\,x=s+u,\, y=t+v,\, |s|+|v|=1,\, u^2+v^2=1\}$

$\Rightarrow S$로 둘러싸인 넓이?

**[97]** 반지름이 1인 원 내부에 2개의 내접원을 만들고, 그 원 속에 각각 3개의 내접원을 계속적으로 무한 회 만들어 간다. 그러면, 짝수 횟수에서 만들어진 원들의 넓이 합은? (단, 홀수 횟수에서 만들어진 원을 제외한다. 짝수 횟수에서 만들어진 원들은 짝수개가 있다.)

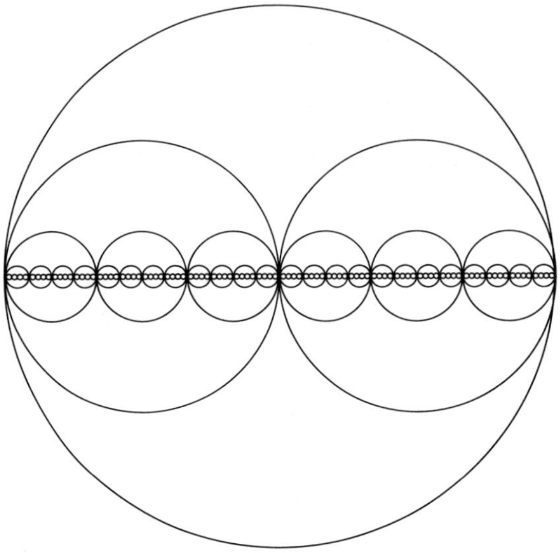

# 05 곡선의 길이

❑ 다음 곡선의 길이를 구하여라.

[1] $x = a\cos t,\ y = a\sin t,\ z = bt,\ (0 \le t \le 2\pi)$

[2] $x = 2a\left(\sin^{-1}t + t\sqrt{1-t^2}\right), y = 2at^2, z = 4at\ (a \le t \le b)$

[3] $r = a(1-\cos\theta)$

[4] $y = \cosh x,\ z = 0,\ (0 \le x \le 1)$

[5] $y = x^{\frac{3}{2}},\ z = 0,\ (0 \le x \le 4, 0 \le y \le 8)$

[6] $x = \cos t + t\sin t, y = \sin t - t\cos t, (1,0) \le (x,y) \le (-1,\pi)$

[7] Cycloid의 한 호의 길이

[8] $4r = r_0$인 Epicycloid의 길이

[9] $4r = r_0$인 Hypocycloid의 길이

[10] $x = 2\cos\theta - \cos 2\theta, y = 2\sin\theta - \sin 2\theta, (0 \le \theta \le \pi)$

[11] $x^{2/3} + y^{2/3} = 1$

[12] $y = \frac{a}{2}\left(e^{\frac{x}{a}} + e^{-\frac{x}{a}}\right),\ (0 \le x \le a)$

[13] $y = \ln(1-x^2),\ \left(0 \le x \le \frac{1}{2}\right)$

[14] $x = 3\sin t,\ y = 3(\cos t - 1),\ (0 \le t \le 2\pi)$

**[15]** $r = \dfrac{2}{\cos\theta}$, $\left(0 \le \theta \le \dfrac{\pi}{3}\right)$

**[16]** $r = |\sin\theta|$, $(0 \le \theta \le 2\pi)$

**[17]** $y = \ln x - \dfrac{x^2}{8}$, $(1 \le x \le 2)$

**[18]** $y = \dfrac{x^3}{3}$, $(-1 \le x \le 1)$

**[19]** $y = x^2 - \dfrac{\ln x}{8}$, $(2 \le x \le 3)$

**[20]** $y = x^4 + \dfrac{1}{32x^2}$, $(1 \le x \le 2)$

**[21]** $y = \ln(1+x^2) - \dfrac{1}{8}\left(\dfrac{x^2}{2} + \ln x\right)$, $(1 \le x \le 2)$

**[22]** $y = -\dfrac{\sin x}{4} + \ln(\sec x + \tan x)$, $\left(\dfrac{\pi}{4} \le x \le \dfrac{\pi}{3}\right)$

**[23]** $y = \dfrac{x^3}{3} + x - \dfrac{\tan^{-1}x}{4}$, $(0 \le x \le 1)$

**[24]** $y = \ln x$, $(\sqrt{3} \le x \le \sqrt{8})$

**[25]** $y = x^2$, $(0 \le x \le 1)$

**[26]** $y = \dfrac{3}{2}\sqrt{4-x^2}$, $(-1 \le x \le 1)$

**[27]** $y = x^{\frac{3}{2}}$, $(0 \le x \le 1)$

**[28]** $y = x^{\frac{2}{3}}$, $(0 \le x \le 8)$

**[29]** $y = \dfrac{1}{16}\sin 4\pi x$, $(0 \le x \le 2)$

[30] $y=\left(\frac{x+1}{3}\right)^{2/3}, (-1 \le x \le 23)$

[31] $6xy = x^4+3,\ (1 \le x \le 2)$

[32] $27y^2 = 4(x-2)^3,\ (2,0) \le (x,y) \le (11, 6\sqrt{3})$

[33] $y=\ln\left(\frac{e^x-1}{e^x+1}\right),\ (2 \le x \le 4)$

[34] $y=\ln(1-x^2),\ \left(\frac{1}{4} \le x \le \frac{3}{4}\right)$

[35] $y=\frac{1}{2}x^2-\frac{1}{4}\ln x\ ,\ (1 \le x \le e)$

[36] $y=\ln(\cos x),\ \left(\frac{\pi}{6} \le x \le \frac{\pi}{4}\right)$

[37] $x=e^t\cos t,\ y=e^t\sin t,\ (0 \le t \le 4)$

[38] $x=\ln\sqrt{1+t^2}\ ,y=\tan^{-1}t\ ,\ (0 \le t \le 1)$

[39] $x=2\cos\theta+\cos 2\theta+1\ ,\ y=2\sin\theta+\sin 2\theta$

[40] $r=\theta,\ (0 \le \theta \le 3\pi)$

[41] $x=\cos^3 t\ ,y=\sin^3 t\ ,\ (0 \le t \le 2\pi)$

[42] $x=\frac{1}{3}(1+t)^{3/2}\ ,\ y=\frac{1}{3}(1-t)^{3/2},\ z=\frac{1}{2}t,(-1 \le t \le 1)$

[43] $x=e^t, y=e^{-t}, z=\sqrt{2}t\ ,(0 \le t \le 1)$

[44] $x=2(t^2-1)^{3/2},\ y=3t^2, z=3t^2\ ,(1 \le t \le \sqrt{8})$

[45] $x=\cos 2t, y=\sin 2t,\ z=\frac{4}{5}t^{5/2}\ ,(0 \le t \le 2)$

**[46]** $x=\frac{1}{2}t^2, y=\frac{1}{3}t^3, z=\frac{1}{4}t^4, (0 \le t \le 1)$

**[47]** $x=2t, y=\sin t, z=-\cos t, (0 \le t \le \pi)$

**[48]** $2x+3y+5=0$, $P(1,1)$ 사이의 거리는? (두 축의 각 : $60°$)

**[49]** 두 점 $P(x_1,y_1)$, $Q(x_2,y_2)$ 사이의 거리는? (두 축의 각 : $60°$)

**[50]** 원점 $O(0,0,0)$에서 $P(x,y,z)$까지 거리는?
(각각 축들의 각 : $60°$, $\overline{OP}$가 $x, y, z$축과 이루는 각 : $\alpha, \beta, \gamma$)

**[51]** 곡선의 길이와 아래 면적이 같을 때, 곡선의 길이는?

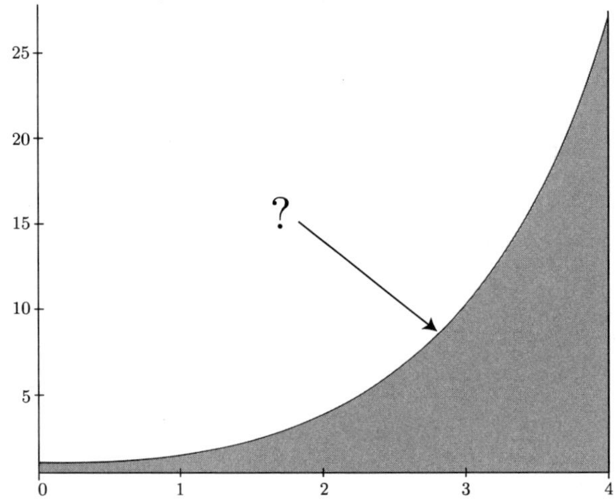


**[52]** 정삼각형과 직사각형의 넓이가 같다면, $x=?, y=?$

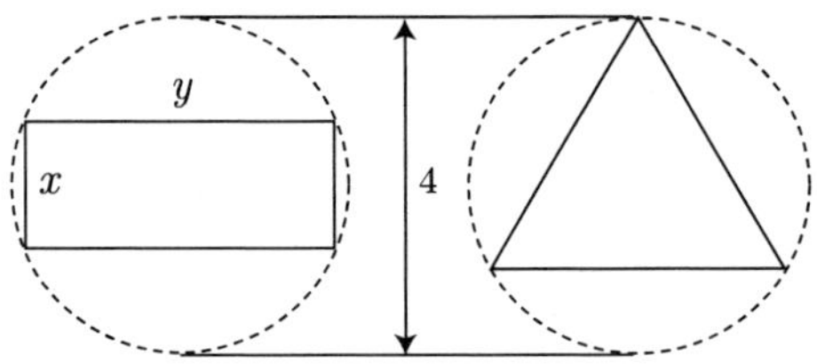


**[53]** 모서리를 통과할 수 있는 막대의 최대길이는?

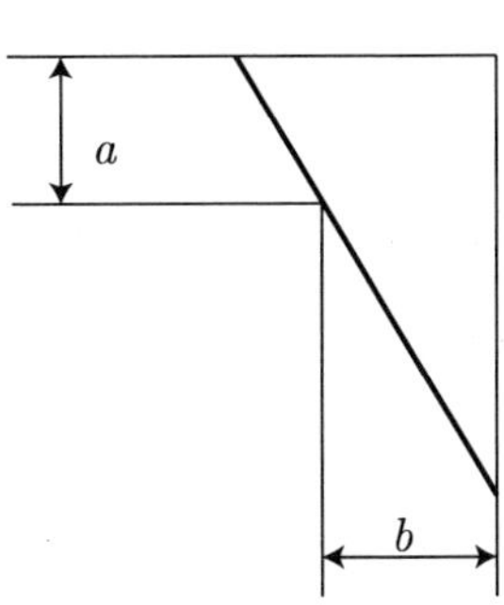


**[54]** 정$n$각형의 굵은 선의 길이는?

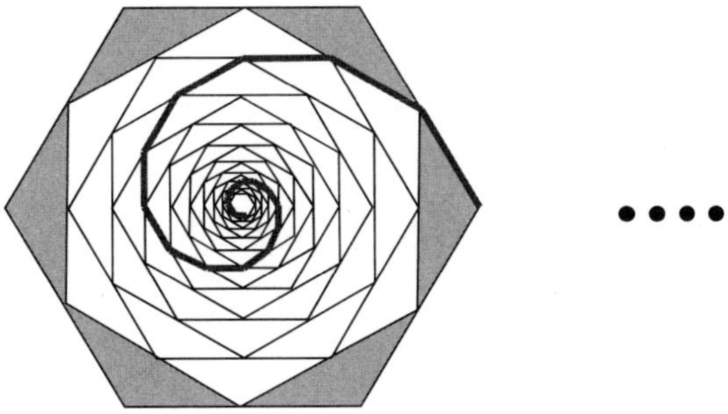

**[55]** 원 내부의 곡선식은?

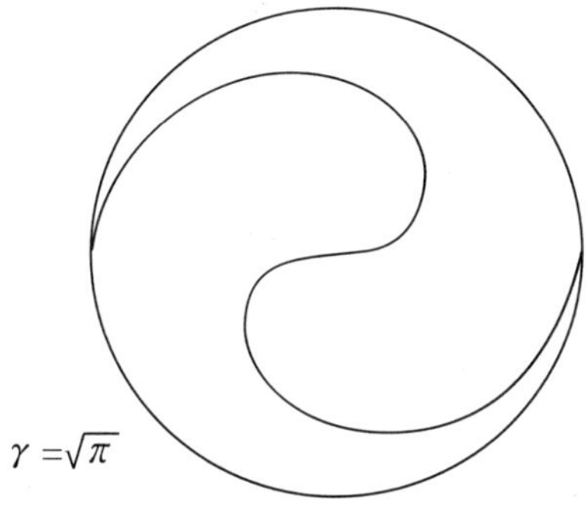


**[56]** 점$P(x_1, y_1, z_1)$에서 $ax + by + cz = d$ 까지의 거리 식을 유도하라.

**[57]** 길이의 비 $a : b : d$을 구하여라.

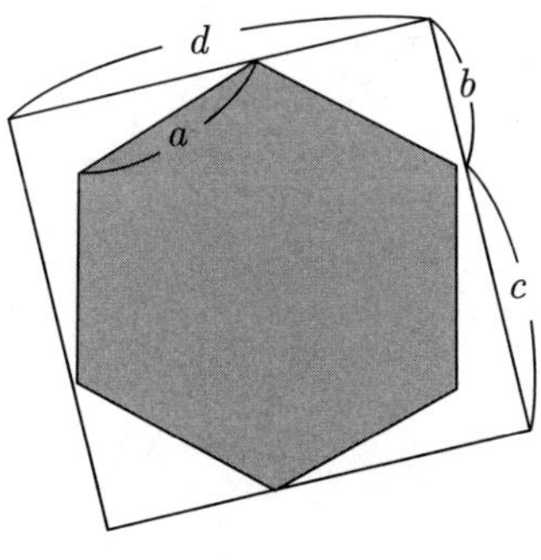

**[58]** 작은 원의 반경이 1이면, 길이 $a = ?$, $b = ?$

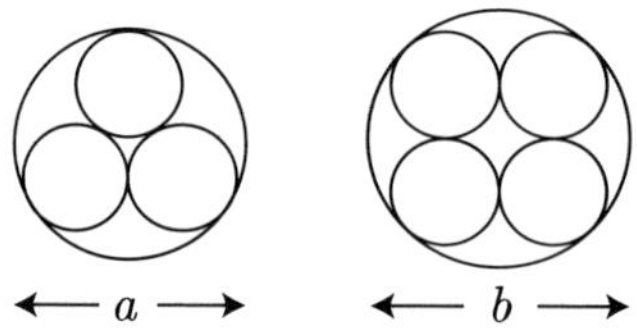


**[59]** 원에 내접하는 정 $n$각형 둘레의 길이를 구하여라.

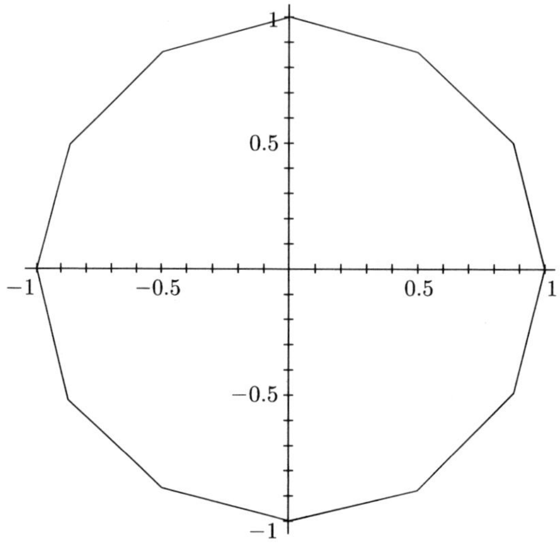


**[60]** $\overline{XP_1}\,\overline{XP_2} \cdot\cdot \overline{XP}_{12} + \overline{OP}_1^{12} = \overline{OX}^{12}$ 임을 증명하여라.

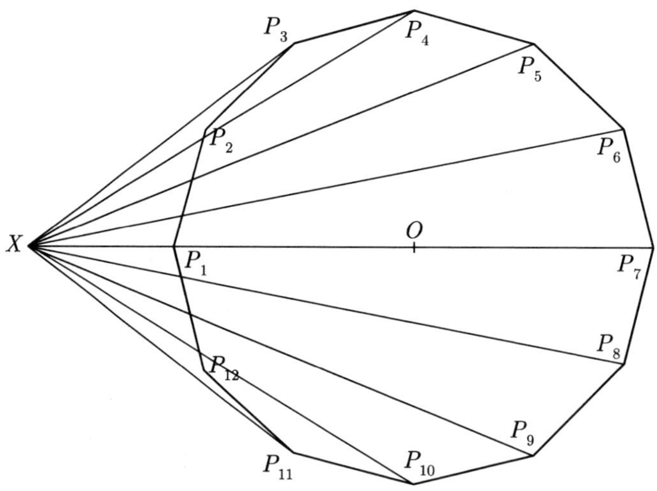

**[61]** 모든 선분들의 길이 합을 구하여라.

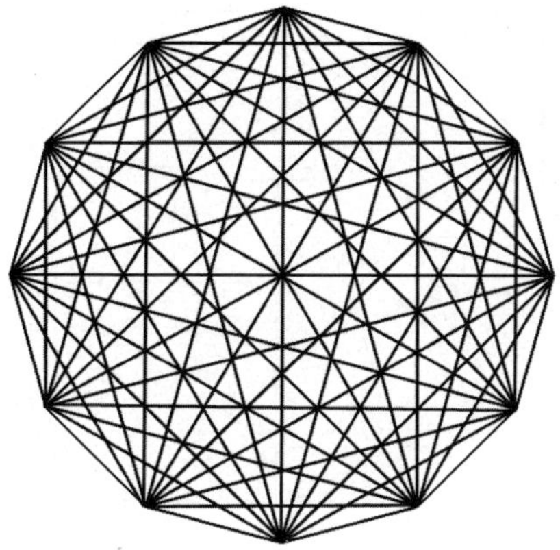

**[62]** 모든 사선의 길이 합을 구하여라.

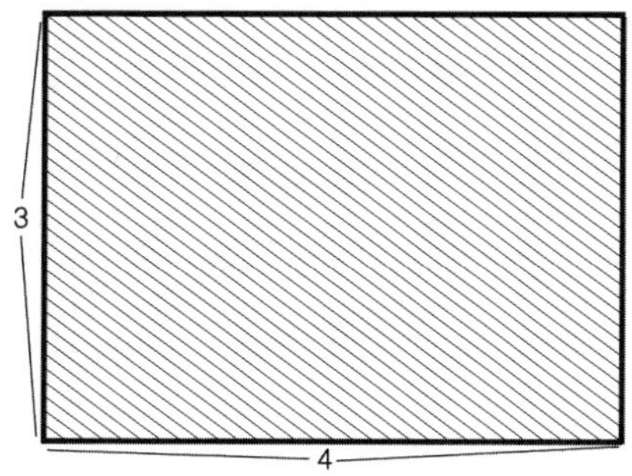


**[63]** $n = 40$일 때 처음 시작점에서 마지막 끝점까지의 길이는?

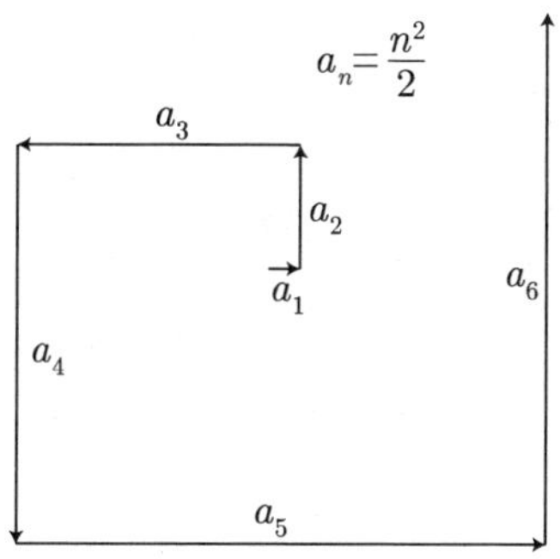


**[64]** 아래 정사각형들로 모아진 모양에서 $a, b$의 길이를 구하여라.

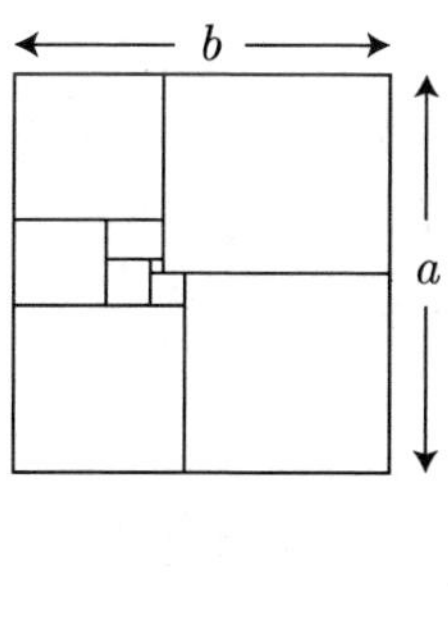

**[65]** 아래 정사각형들로 모아진 모양에서 $a, b$의 길이를 구하여라.

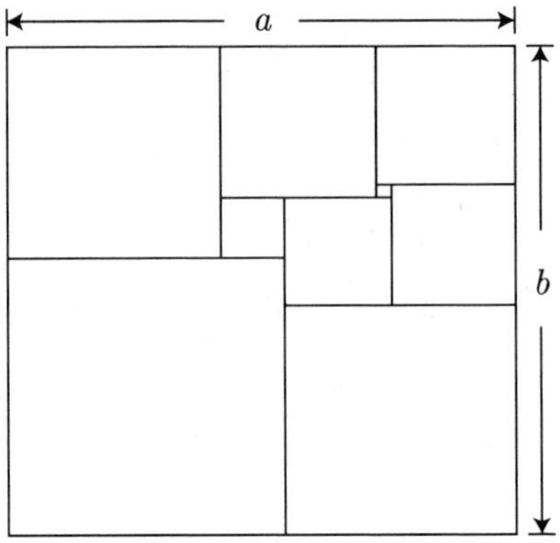


**[66]** 길이에 사용되고 있는 $n=?$

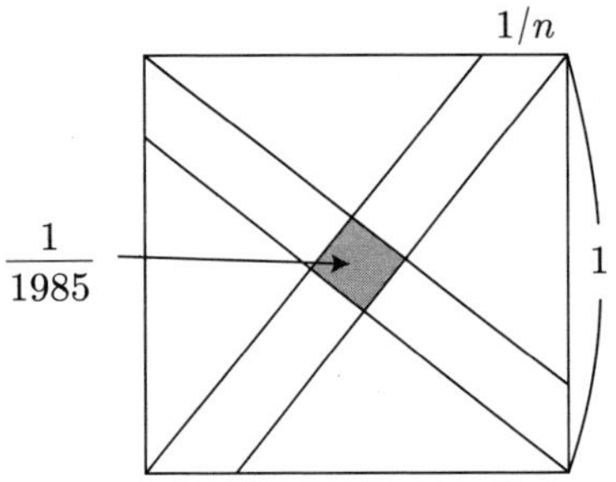


**[67]** 타원 초점$(9,20), (49,55)$일 때 $F_1X+F_2X=?$

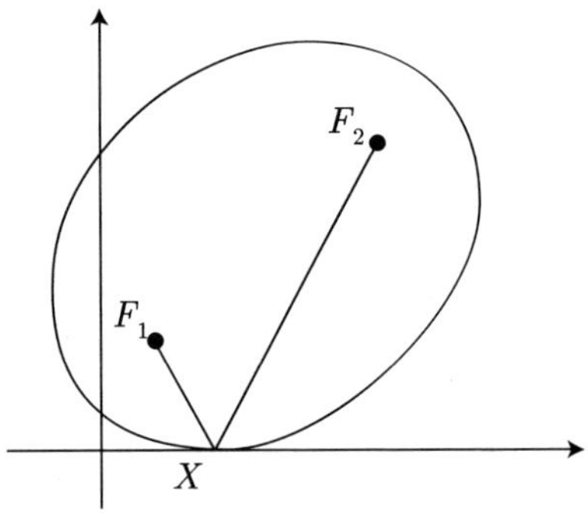


**[68]** 삼각형 내부의 3선분의 길이가 같다면 그 길이는?

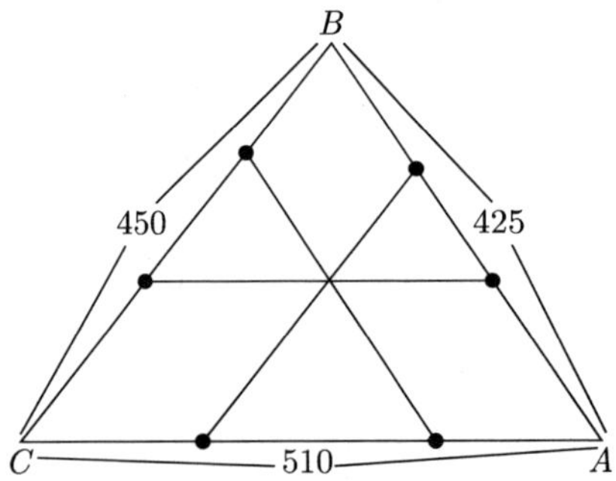

**[69]** $XY = ZW = YB + BC + CZ = WD + DA + AX$, 4개 영역의 넓이가 같다면 $AB = ?$ $(PQ = 87, BC = 19)$

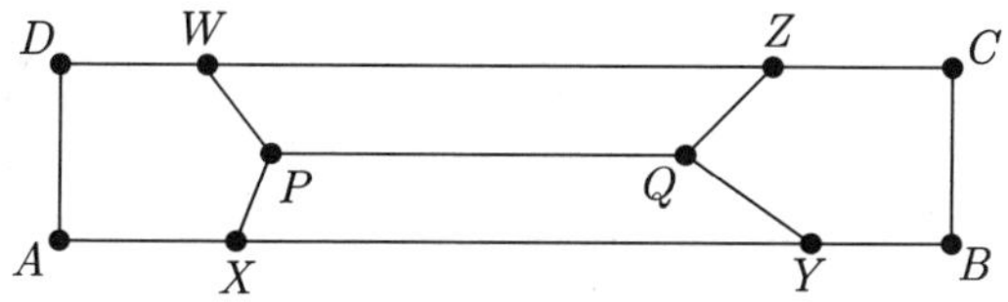


**[70]** $AC + CB = ?$

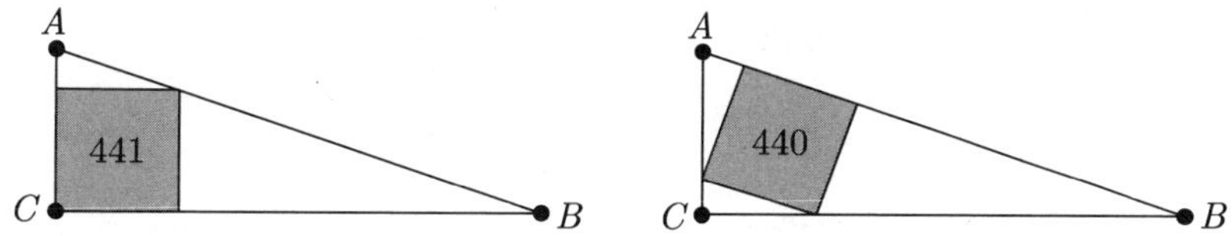


**[71]** 4개의 원( 반지름 : 5, 5, 8, $r$ )이 서로 외접할 때 $r = ?$

**[72]** 물음표의 길이는?

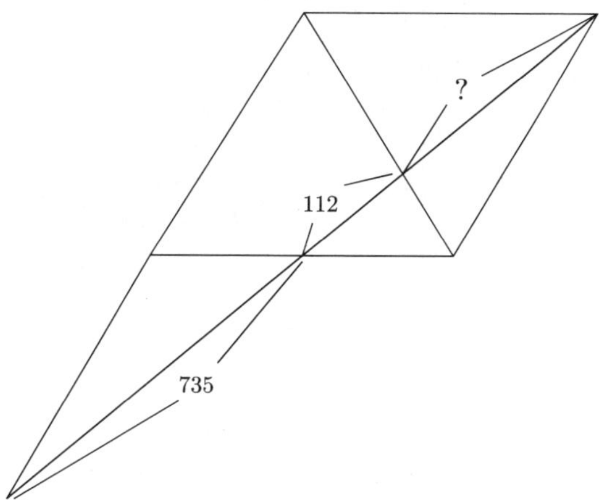


**[73]** 바닥에 있는 9개 구에서 작은 구 반지름이 1이면 큰 구의 반지름은?

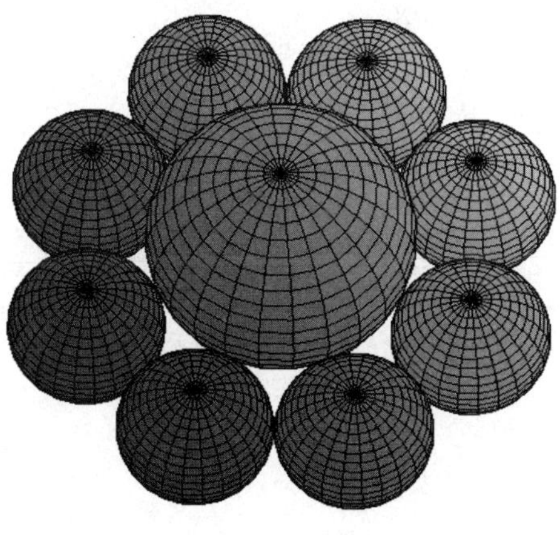

**[74]** 삼각형 둘레의 길이는?

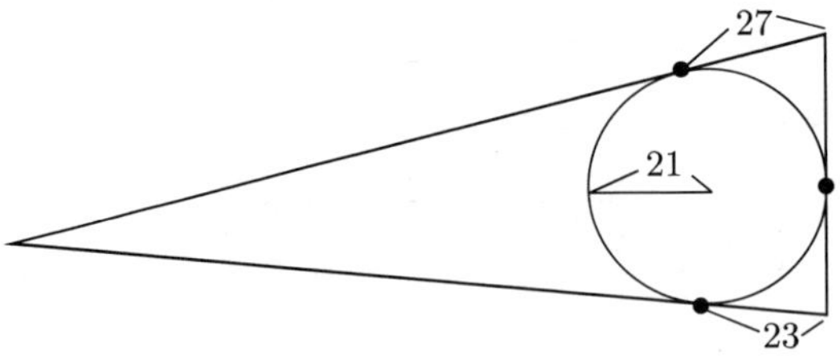


**[75]** 물음표 높이의 길이: $m-n\sqrt[3]{p} \Rightarrow m+n+p=?$

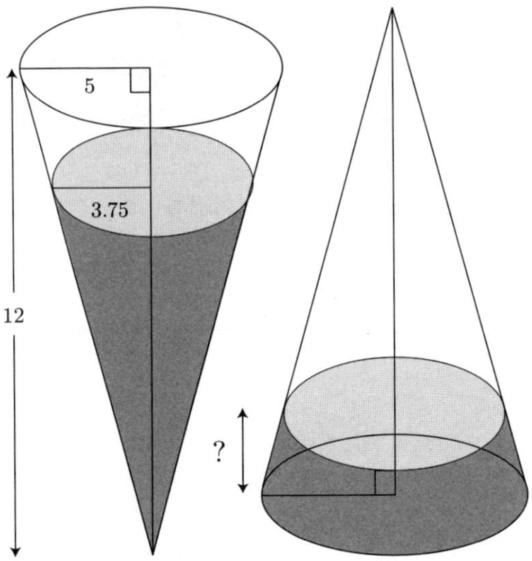


**[76]** 구의 중심에서 삼각형까지 길이 : $\dfrac{m\sqrt{n}}{k} \Rightarrow m+n+k=?$

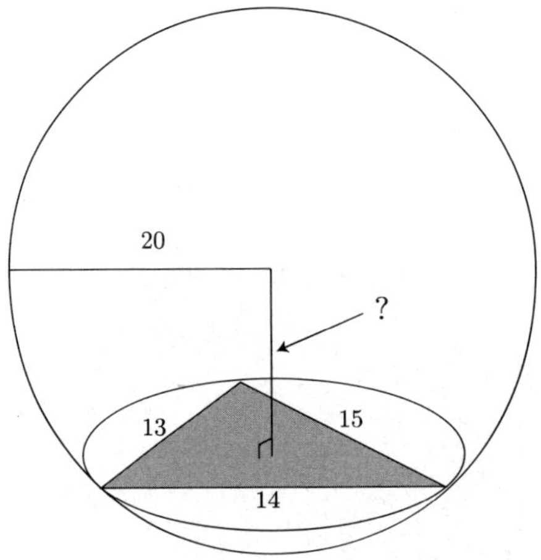

**[77]** 물음표의 길이는?

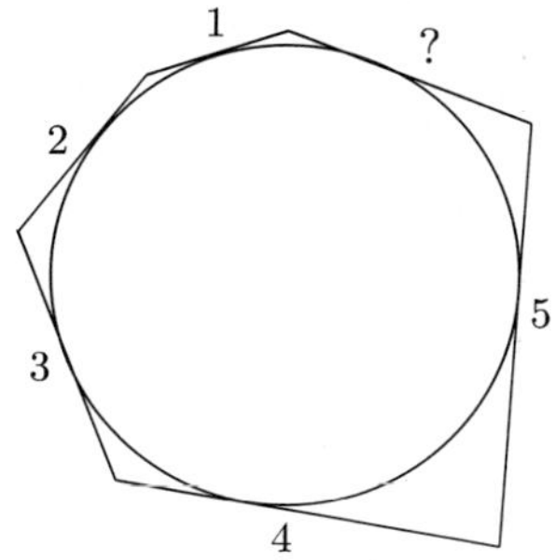


**[78]** 반지름이 4이면 $x$의 길이는?

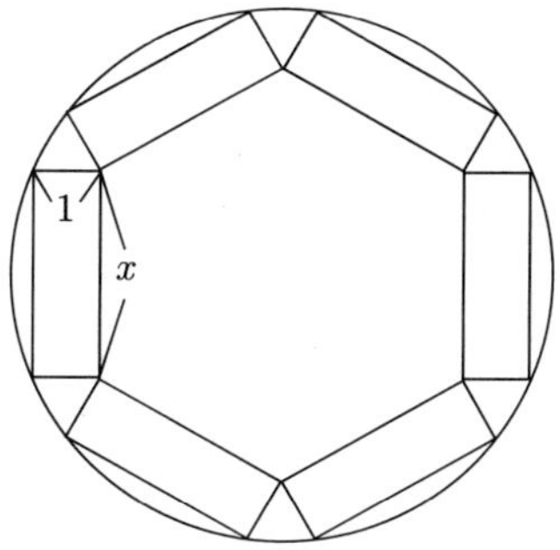


**[79]** 물음표의 길이는?

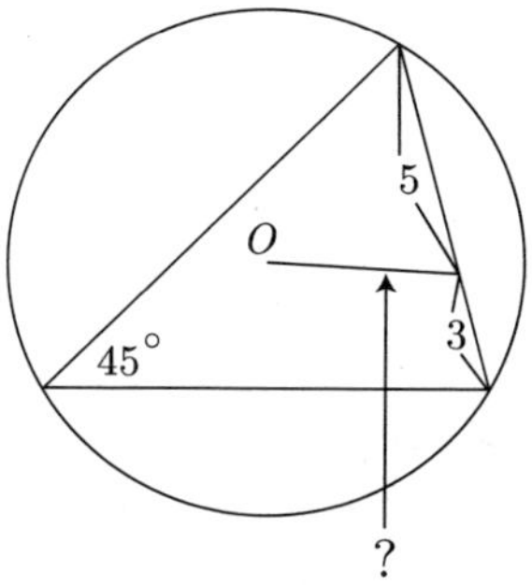


**[80]** $\triangle ABC$ 의 둘레는?

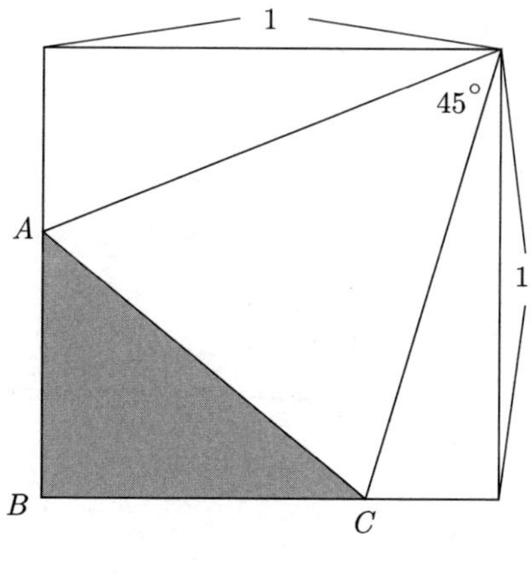

**[81]** $AB = AY = XC = CD \Rightarrow$ 원의 지름은?

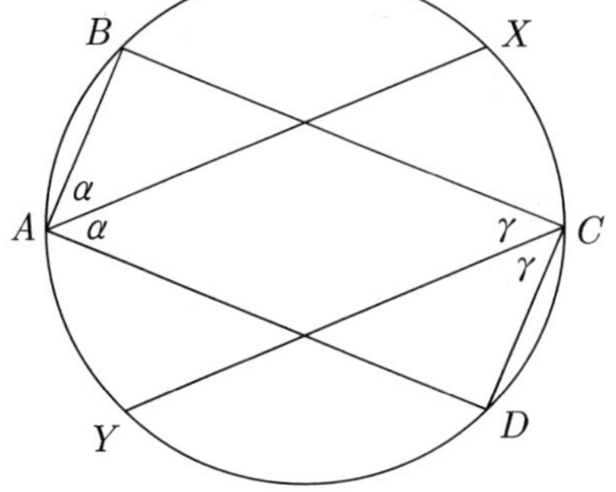


**[82]** $BD = 20,\ DC = 16 \Rightarrow \overline{AC}^2 = ?$

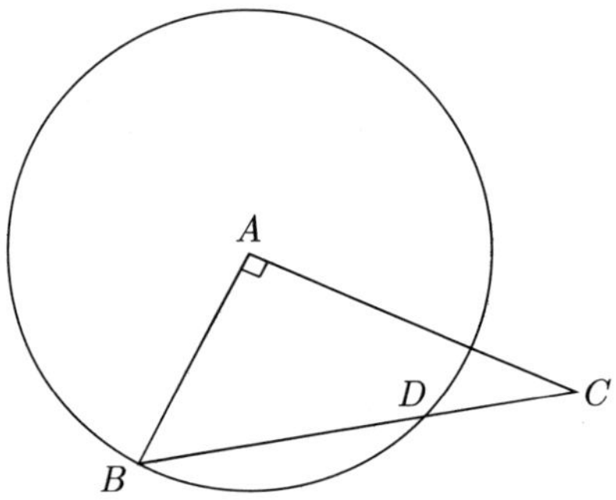


**[83]** 큰 직사각형의 대각선의 길이는?

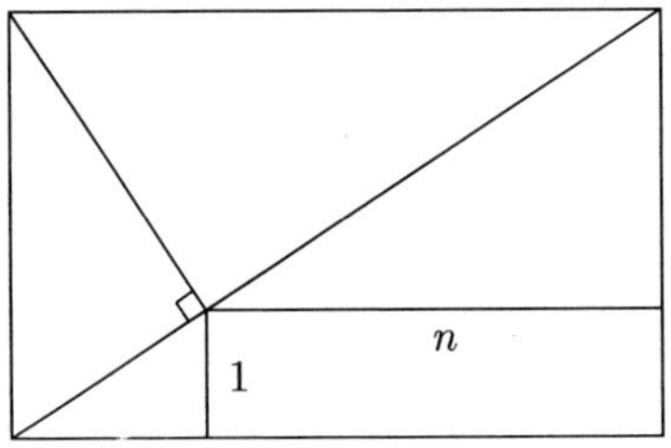


**[84]** 물음표의 길이는?

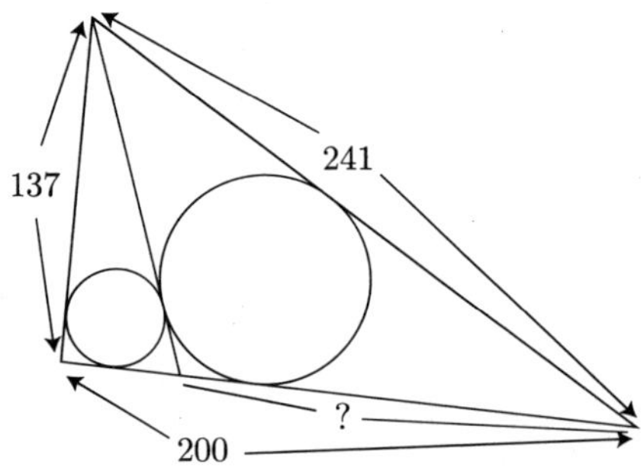

**[85]** 정사각형의 넓이는 직각 이등변 삼각형 넓이의 $\frac{2}{5}$ $\Rightarrow a:b=\ ?$

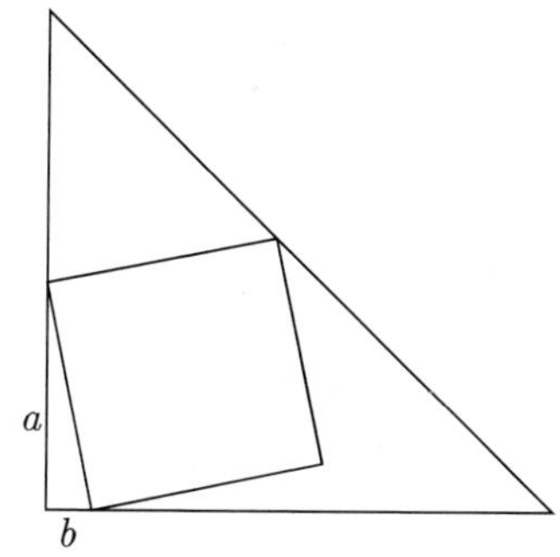


**[86]** $AB+AC=\ ?$

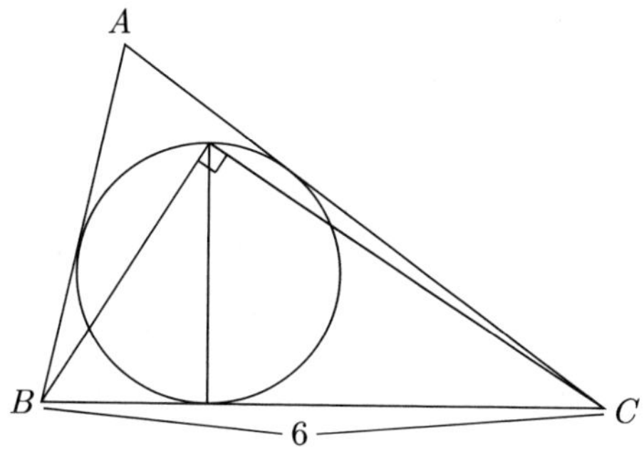


**[87]** 부채꼴의 둘레가 12이며 최대 넓이가 되게 하는 원의 반지름은?

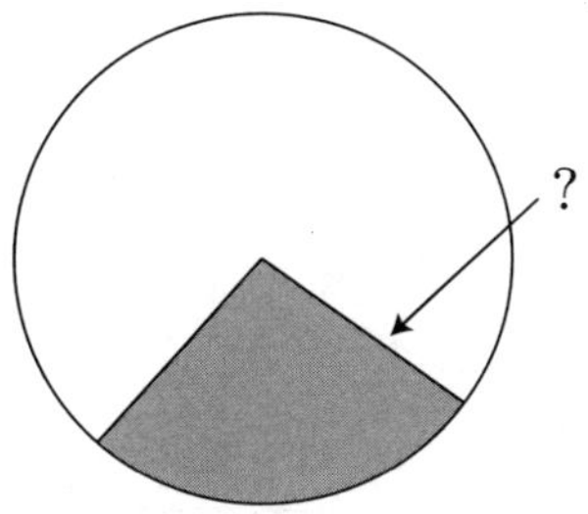


**[88]** $AB+AC=\ ?$

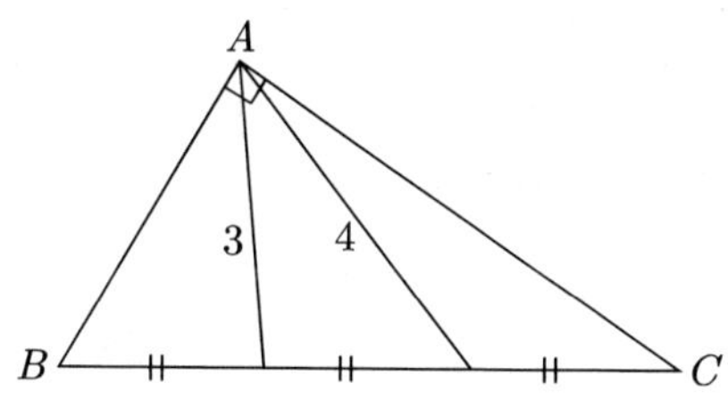

**[89]** 정삼각형 내부 원의 반지름이 1이면 큰 원의 반지름은?

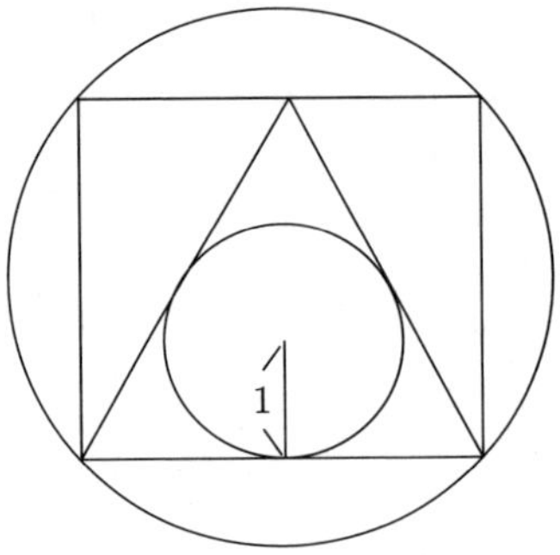


**[90]** 물음표의 길이는?

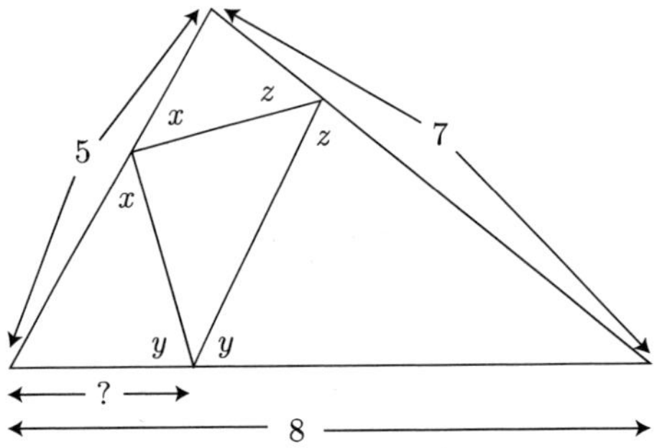


**[91]** $b : c = ?$

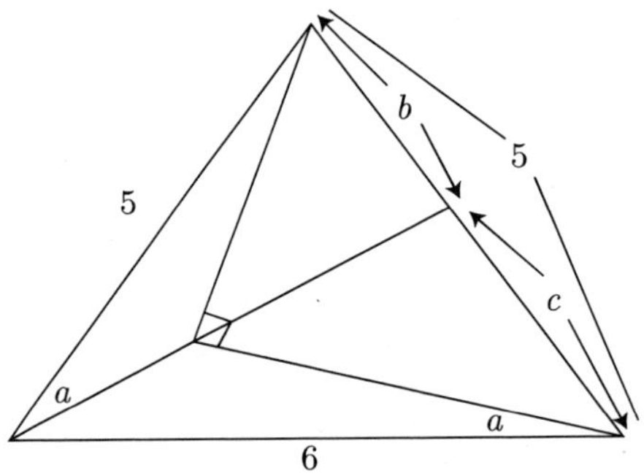


**[92]** 유리 벽면에 대한 광선 화살표의 총 길이는?

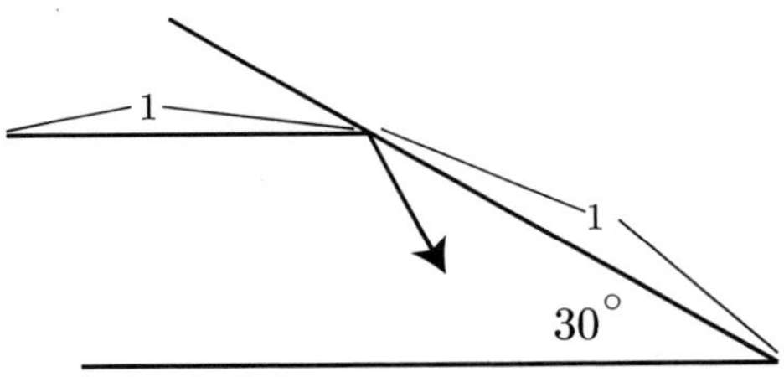

**[93]** 원의 반지름은?

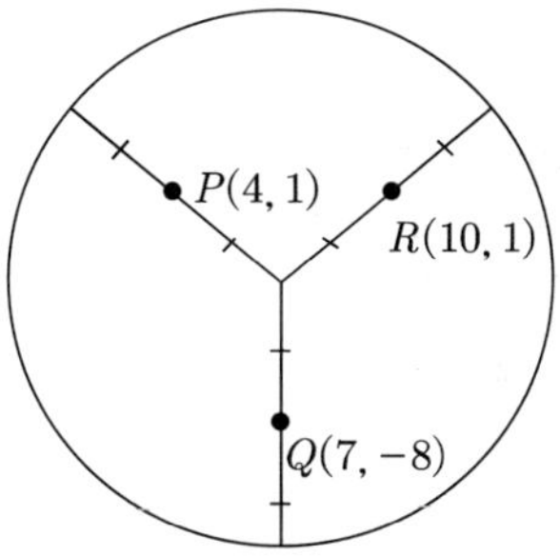


**[94]** 물음표의 길이는?

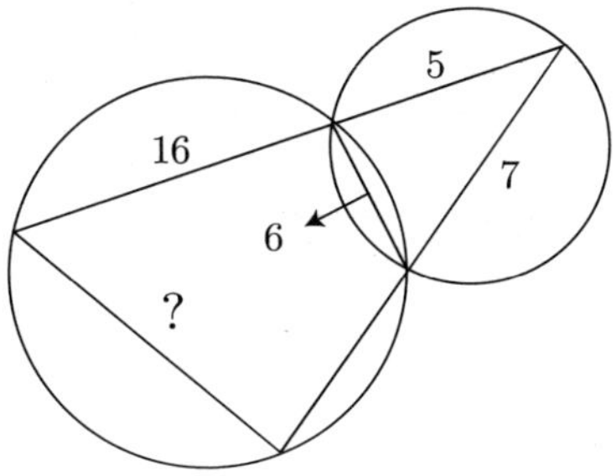


**[95]** $\angle EAC = ?,\ \overline{EC} = ?$

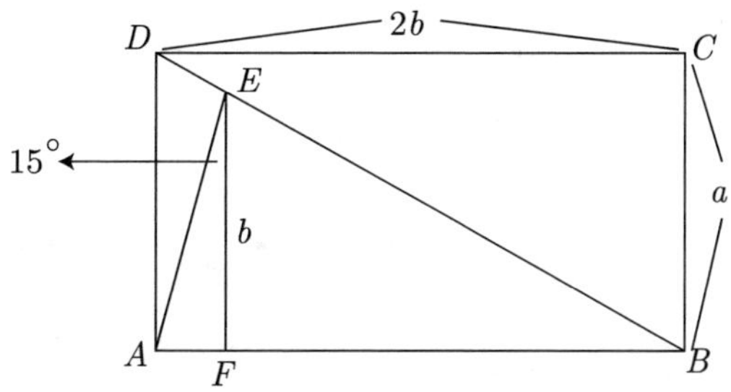


**[96]** $512^3 + 675^3 + 720^3$: 직육면체의 부피일 때 적당한 한 변의 길이는?

**[97]** 반지름 1인 원에 모든 삼각함수들을 표시하라.

**[98]** $DA = 6 \Rightarrow DE = ?$

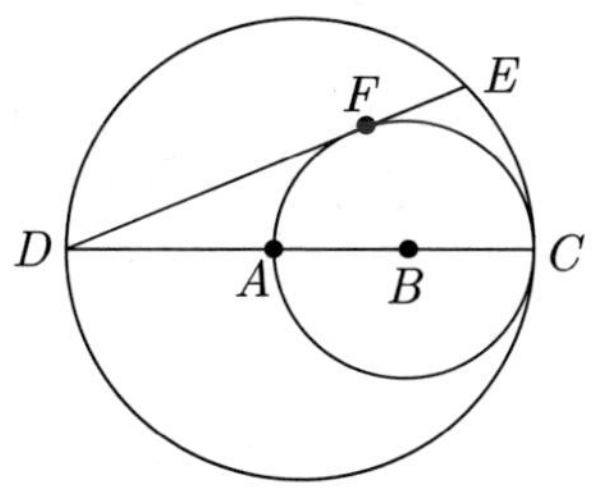

**[99]** $AC=?$

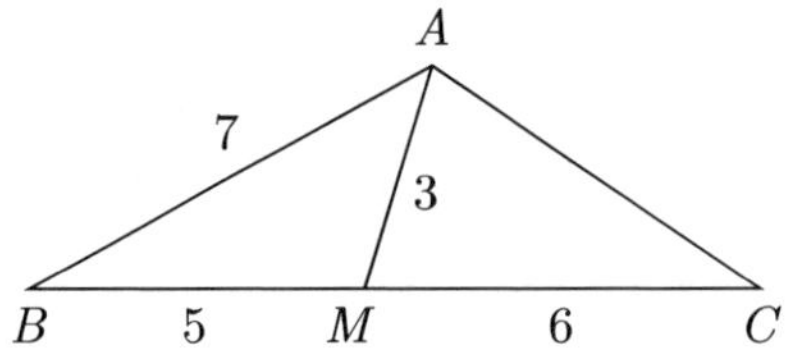


**[100]** $A+B=C \Rightarrow x=?$

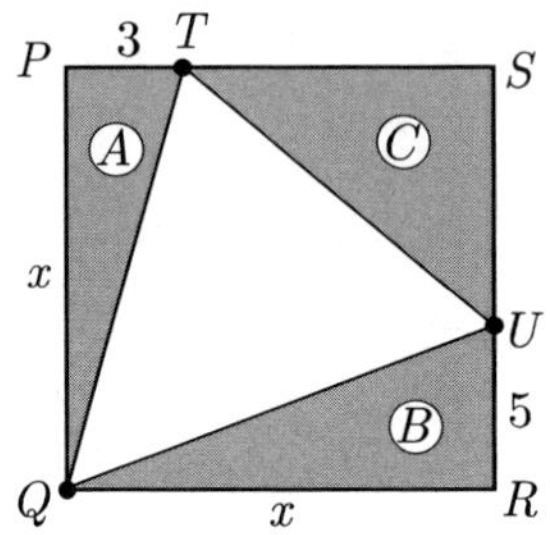


**[101]** $\bigcirc ABCD=80 \Rightarrow x=?$

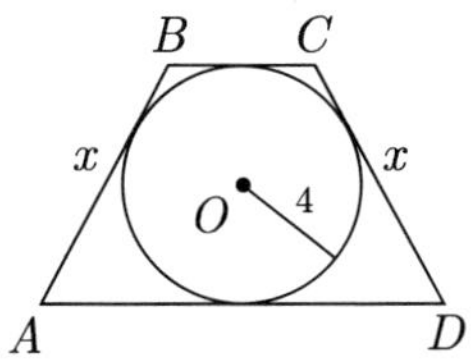


**[102]** $\overline{PR}=?$

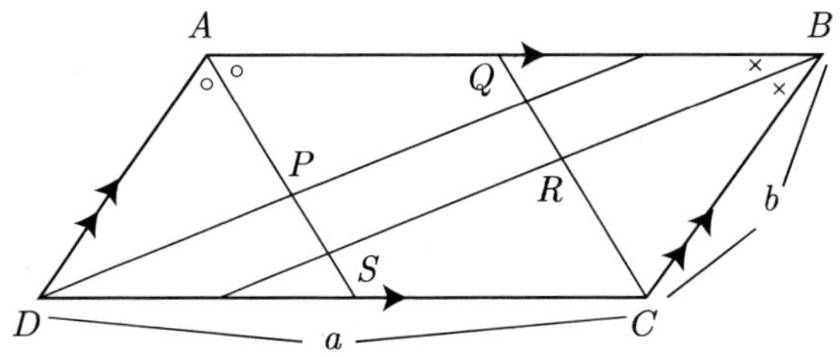


**[103]** $AE=EC \Rightarrow AE=?$

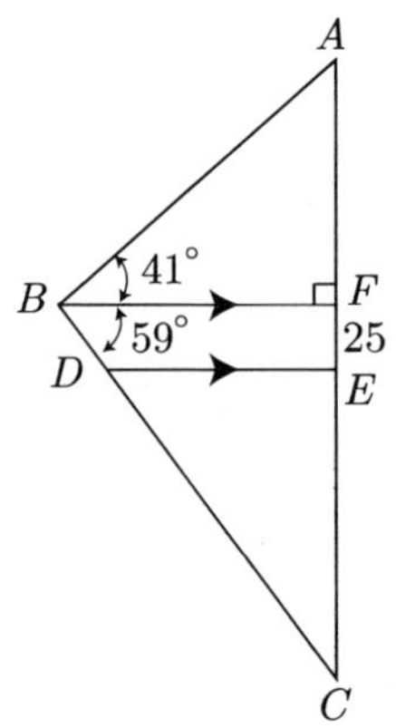

**[104]** 물음표의 길이는?

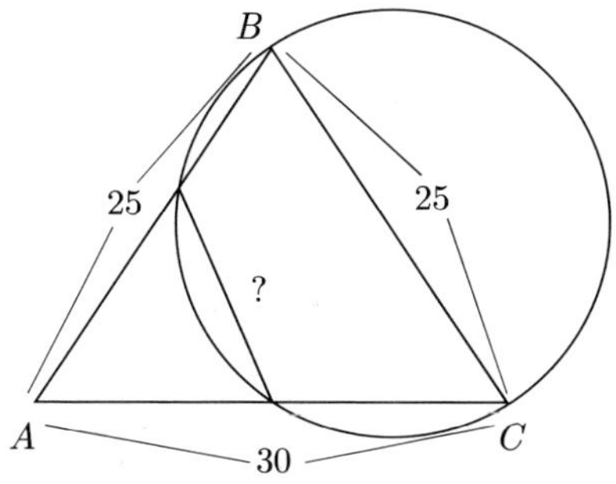


**[105]** $\triangle ABC = 9 \times \triangle PQR \Rightarrow \triangle ABC$ 정수변의 각각 길이는?

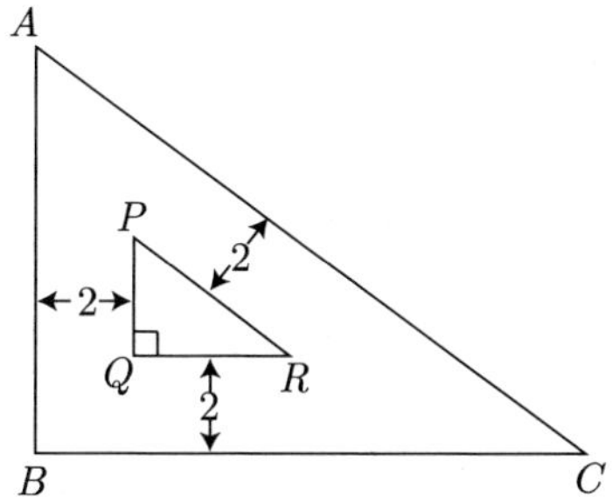


**[106]** 정삼각형ABC $\Rightarrow a = ?$

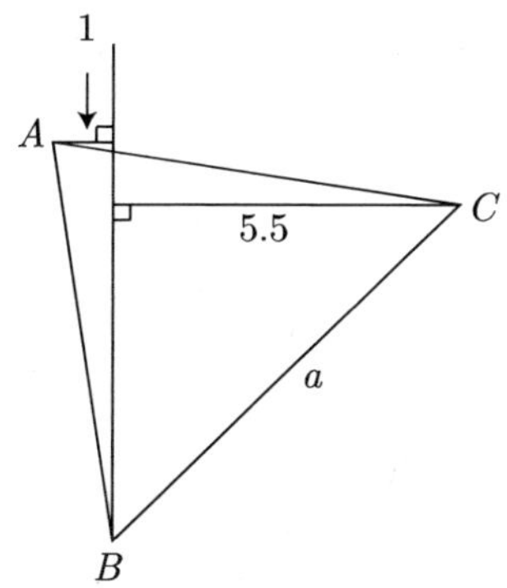


**[107]** 반원 반지름의 길이는?

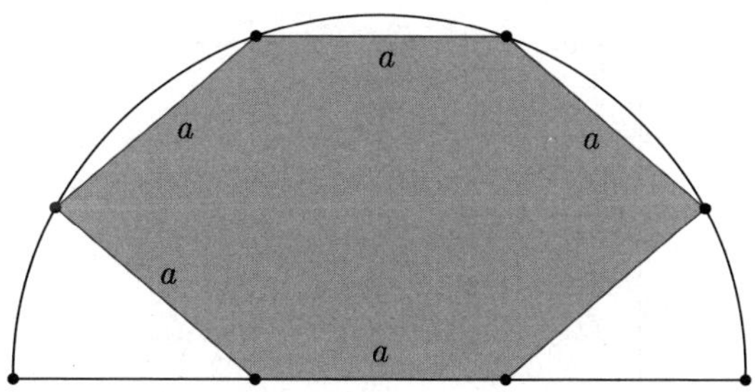

**[108]** $P$: 원의 중심 $\Rightarrow \overline{AB} = ?$

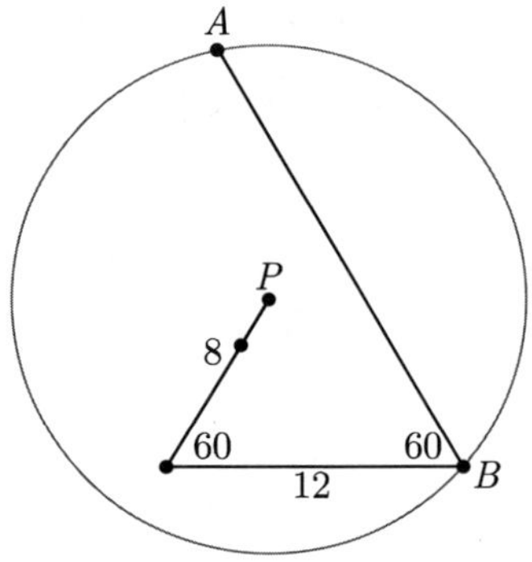


**[109]** $AB+BD=25,\ AC-CD=4 \Rightarrow AD=?$

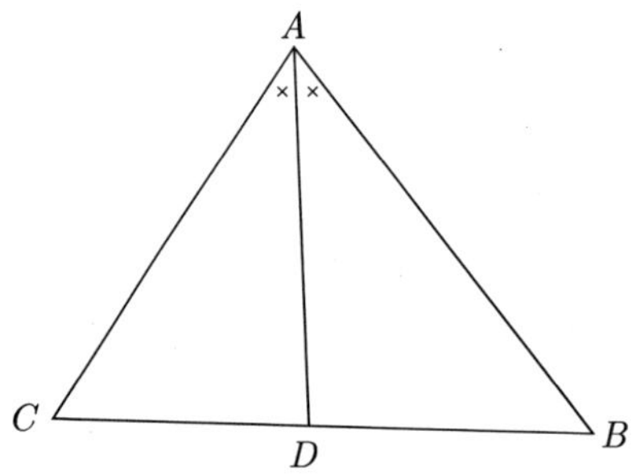


**[110]** 구의 높이와 같은 높이에 원뿔 꼭짓점이 있을 때, 구의 반경은?

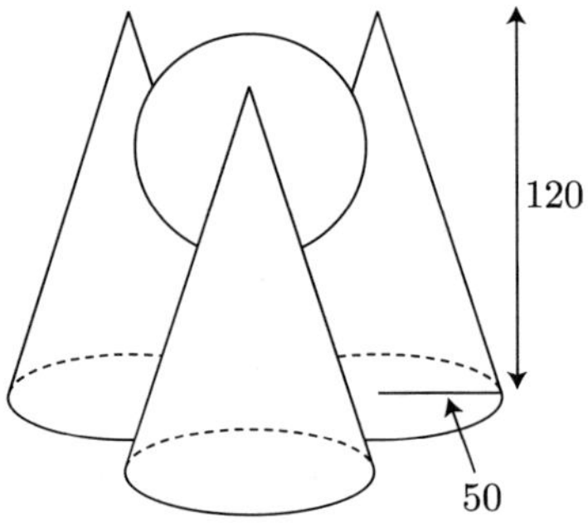


**[111]** 작은 원의 반경과 s의 길이는?

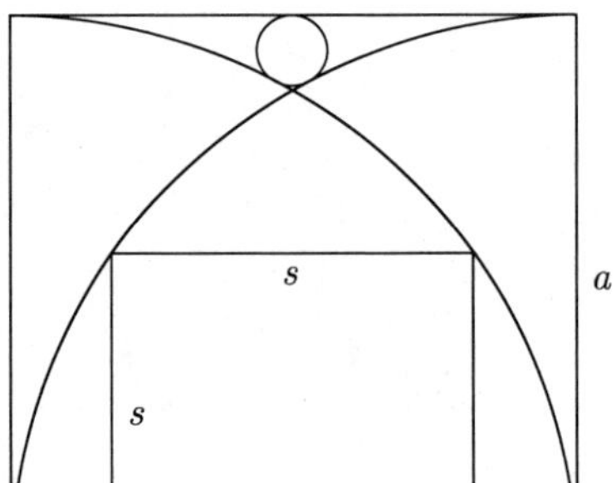

**[112]** 정삼각형 $\triangle ABC$에서 물음표의 길이는?

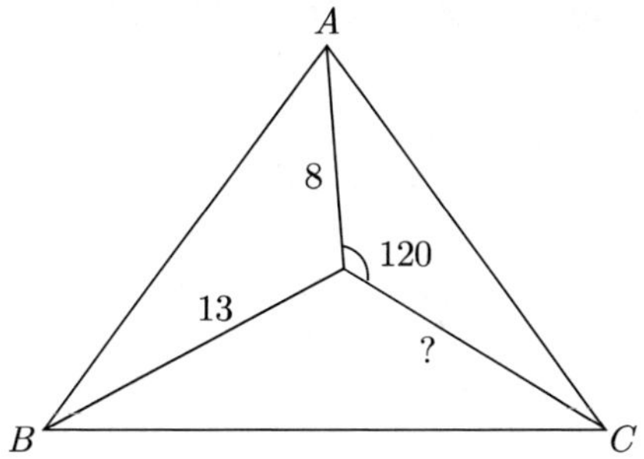


**[113]** $\begin{cases} \dfrac{x-5}{4} = y+1 = \dfrac{z-3}{-2} \\ \dfrac{x+1}{2} = \dfrac{y+1}{3} = \dfrac{z-1}{5} \end{cases}$ $\Rightarrow$ 두 직선 사이의 거리는?

**[114]** $\dfrac{AD}{AB} = ?$

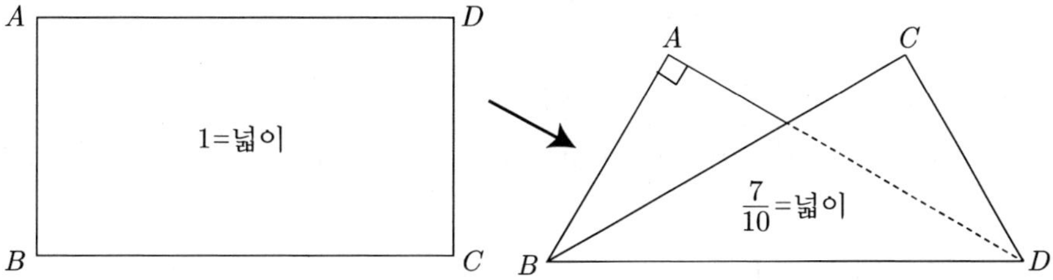


**[115]** $AE : EB = 4 : 1,\ BF : FC = 2 : 3 \ \Rightarrow\ DO : OB = ?$

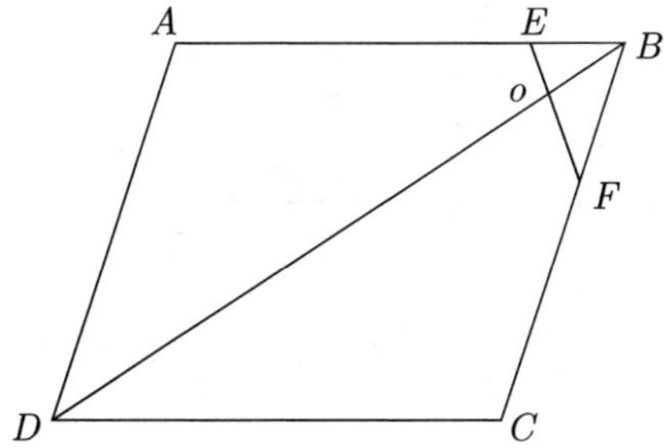


**[116]** $\overline{AD} = \overline{DB} \Rightarrow \overline{DE} : \overline{DF} = ?$

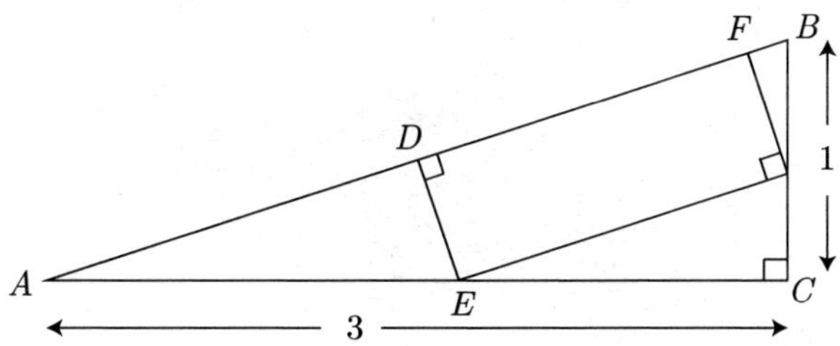

**[117]** $\dfrac{1}{AB \cdot CE}+\dfrac{1}{BC \cdot AF}+\dfrac{1}{CA \cdot BD}$:내접원, 외접원 반지름과의 관계식?

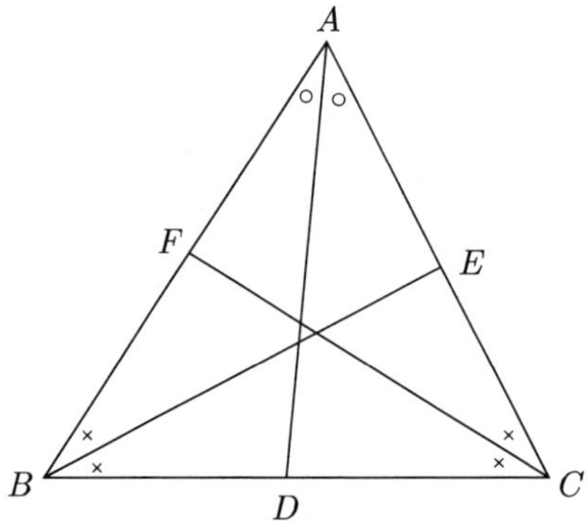


**[118]** $\overline{AD}=?$

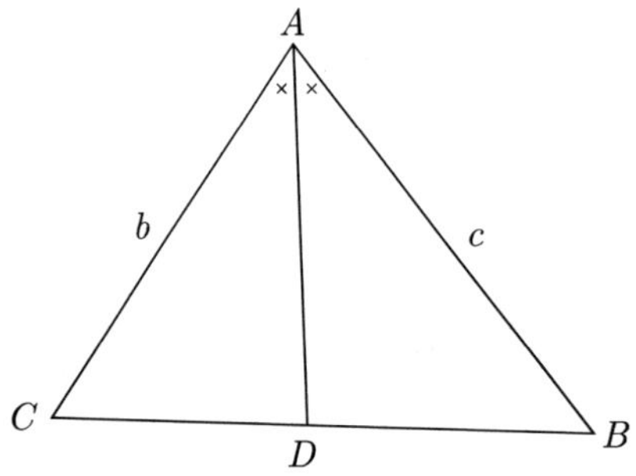


**[119]** $F$:초점, $y=ax^2 \Rightarrow \dfrac{1}{\overline{FP}}+\dfrac{1}{\overline{FQ}}=?$

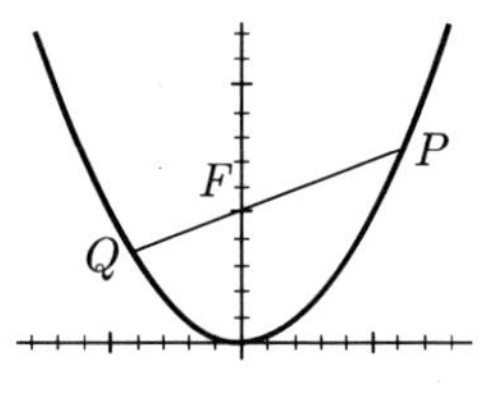


**[120]** $x^2+y^2+2x-4y-z=-5, 2x+4y-z=50 \Rightarrow$ 거리=?

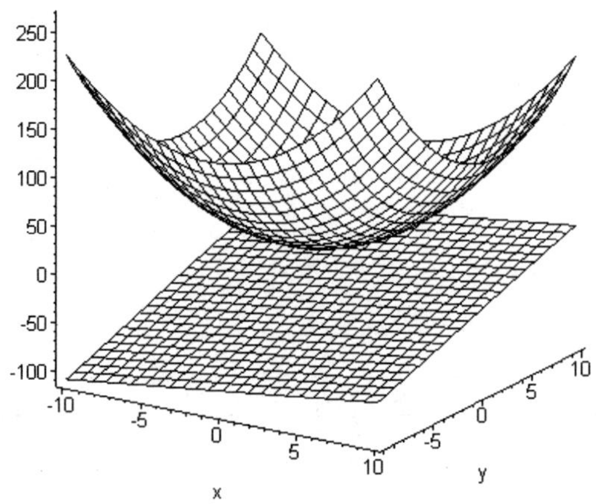

**[121]** $x^2+8xy+7y^2=225 \Rightarrow$ 원점에서 곡선까지의 거리=?

**[122]** $z=x+y, \dfrac{x^2}{4}+\dfrac{y^2}{5}+\dfrac{z^2}{25}=1 \Rightarrow$ 원점에서 교선까지의 거리=?

**[123]** $xy+2xz=5\sqrt{5} \Rightarrow$ 원점에서 곡면까지의 거리=?

**[124]** 곡선의 길이 : ABC=?

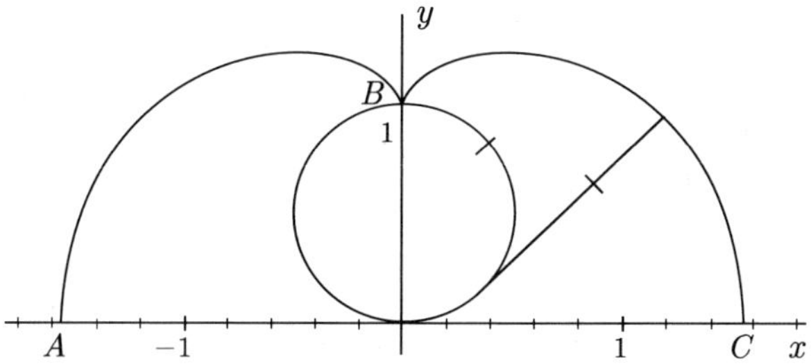


**[125]** 원 둘레에 있는 실을 풀었을 때 모양에서 곡선의 길이는?

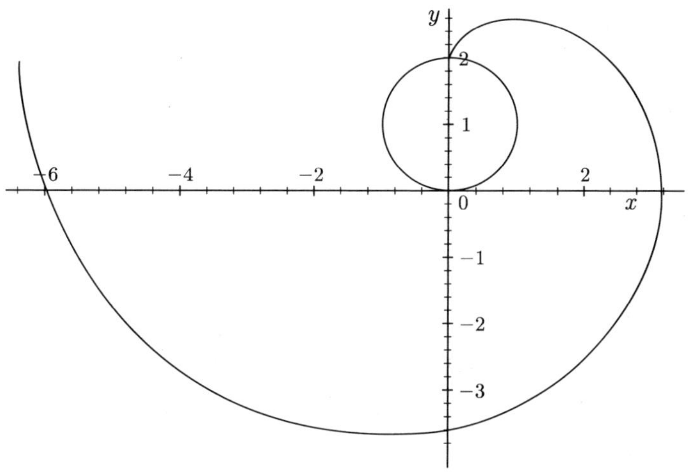


**[126]** 반지름 12, 36인 두 원기둥 사이의 밴드 길이를 구하여라.

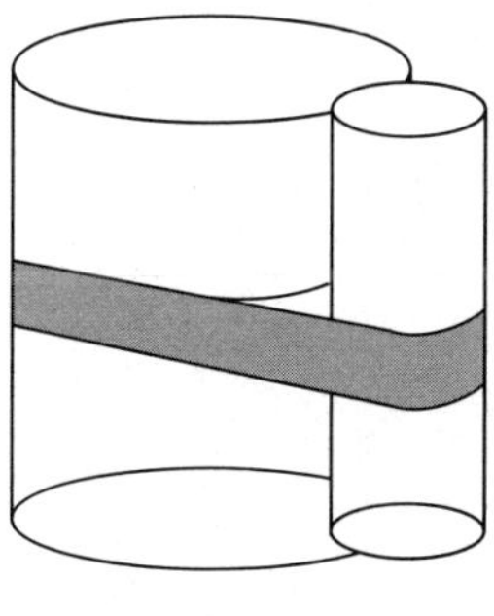

**[127]** $\dfrac{r}{s} = ?$

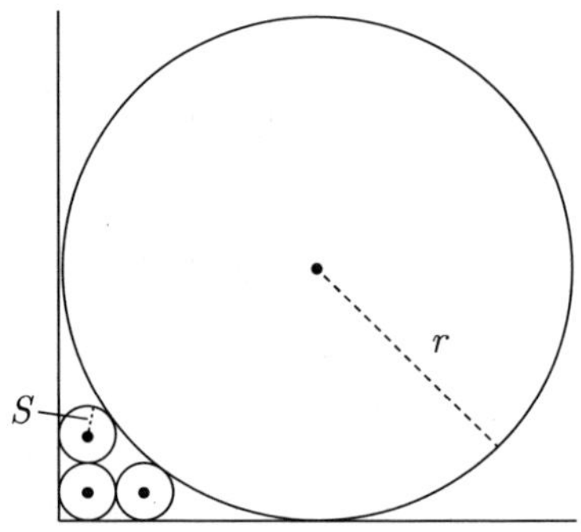


**[128]** $\overline{MN} // \overline{BC} \Rightarrow \triangle AMN$ 둘레의 길이는?

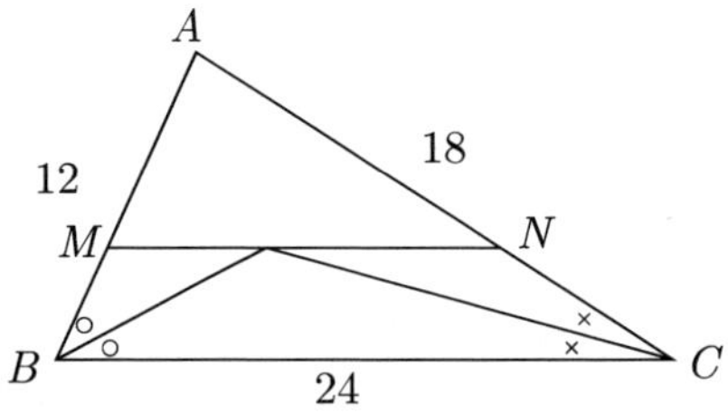


**[129]** $\overline{CN} = \overline{NB} \Rightarrow \overline{CM} = ?$

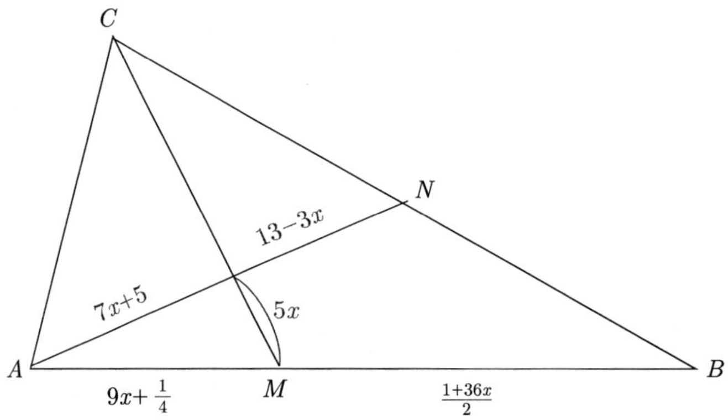


**[130]** $\overset{\frown}{AE} = \overset{\frown}{ED} = \dfrac{1}{2}\overset{\frown}{CB} \Rightarrow \overline{AB} = ?$

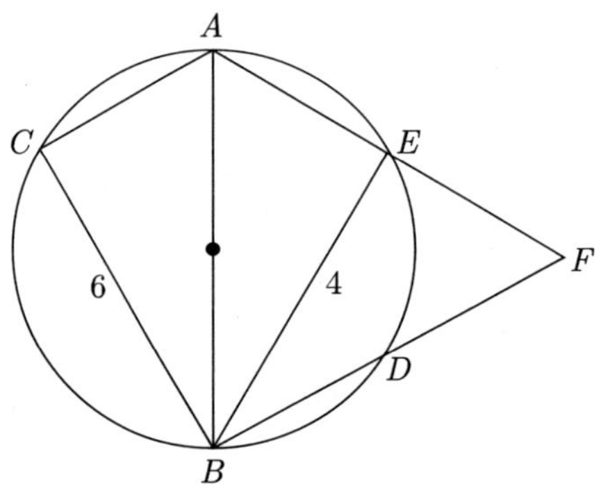

**[131]** $\overline{AB} // \overline{CD} \Rightarrow \overline{AC} = \overline{CE}$ 증명.

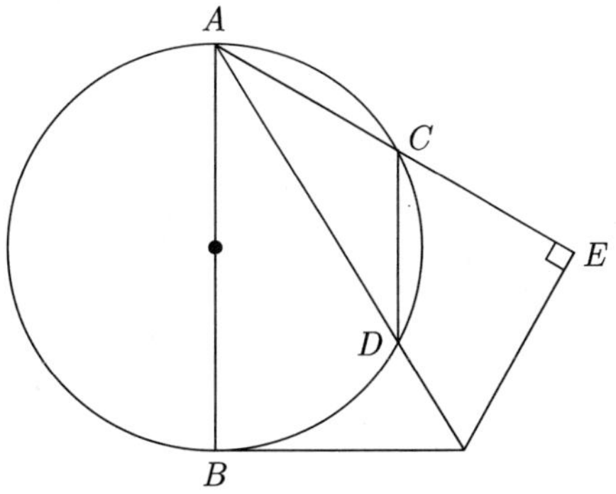


**[132]** $\overline{AC} : \overline{BC} = ?$

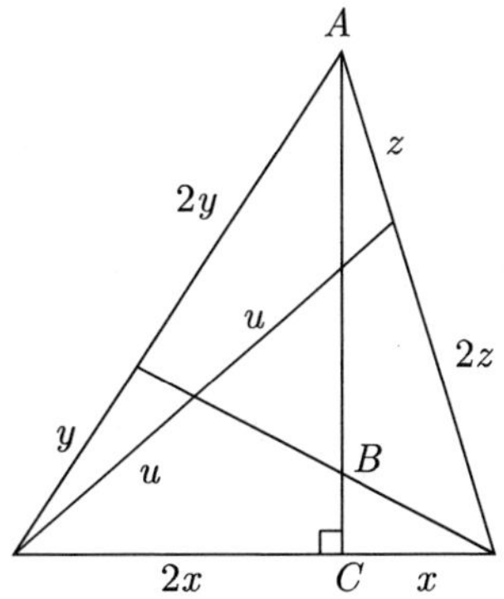


**[133]** $x = ?$

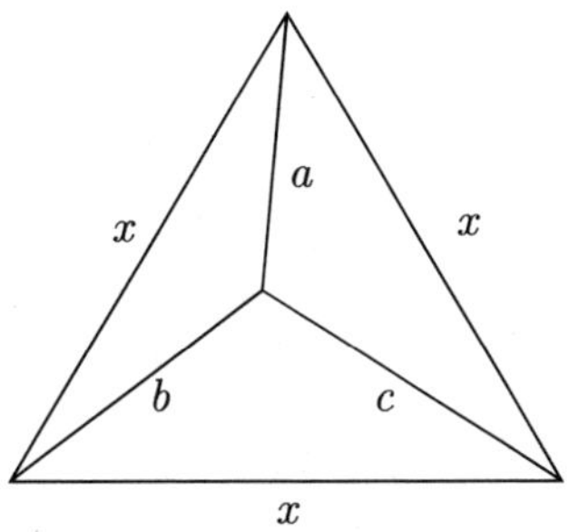


**[134]** $\dfrac{AT}{DT} = 3,\ \dfrac{BT}{ET} = 4 \Rightarrow \dfrac{CD}{BD} = ?$

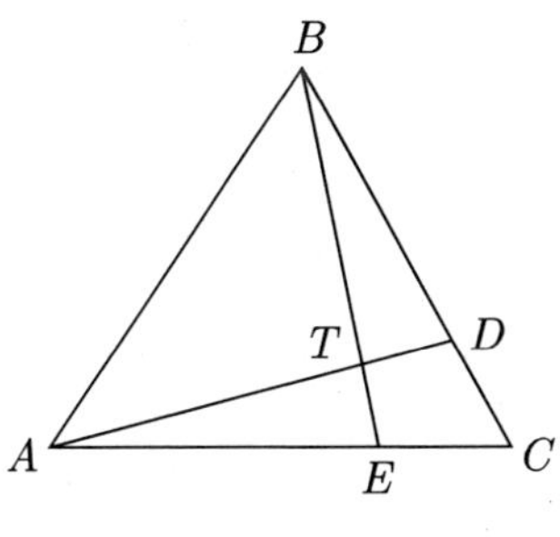

**[135]** $\dfrac{AB}{AC}=\dfrac{3}{4}, BM=4, MN=5 \;\Rightarrow\; NC=?$

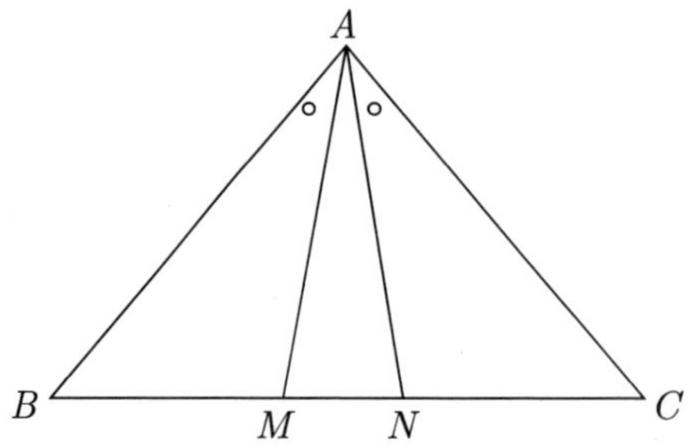


**[136]** $r=1+\cos t, \theta=t-\tan\dfrac{t}{2}, (0\le t\le \beta) \Rightarrow$ 곡선의 길이?

**[137]** $\theta=\dfrac{1}{2}\left(r+\dfrac{1}{r}\right), (1\le r\le 3) \Rightarrow$ 곡선의 길이?

**[138]** $r=\dfrac{1}{1+\cos\theta}, \left(-\dfrac{\pi}{2}\le\theta\le\dfrac{\pi}{2}\right) \Rightarrow$ 곡선의 길이?

**[139]** 높이와 반지름이 $2\pi$인 원뿔의 $A$ 지점에 $B$점까지의 호의 길이?

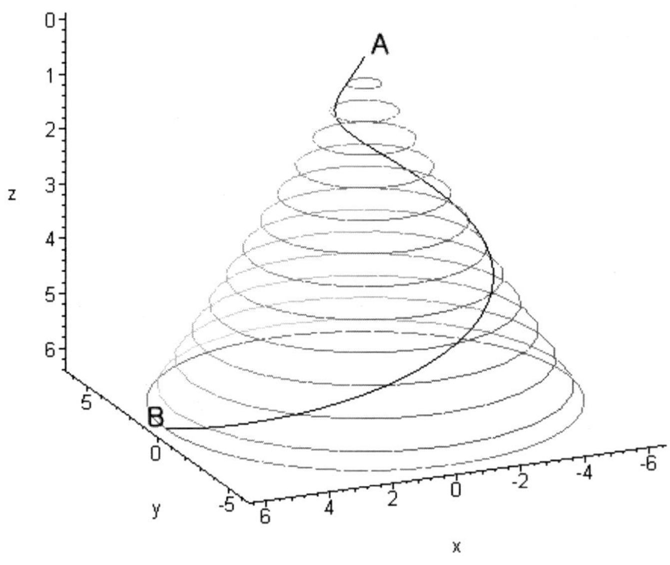

**[140]** $\overline{AC} = \overline{BD} \Rightarrow x = ?$

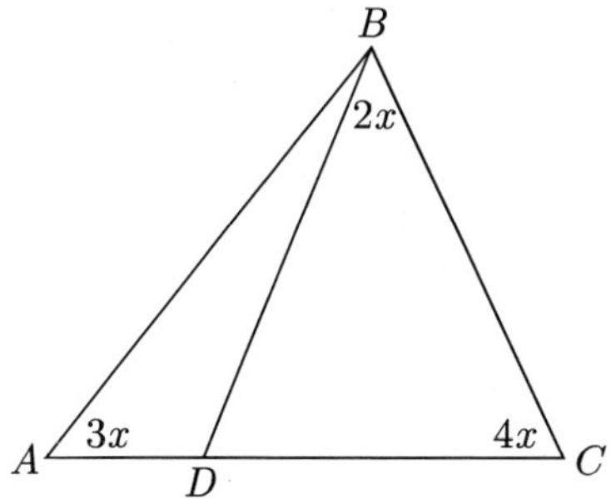


**[141]** 각각의 그림에서 원의 반지름?

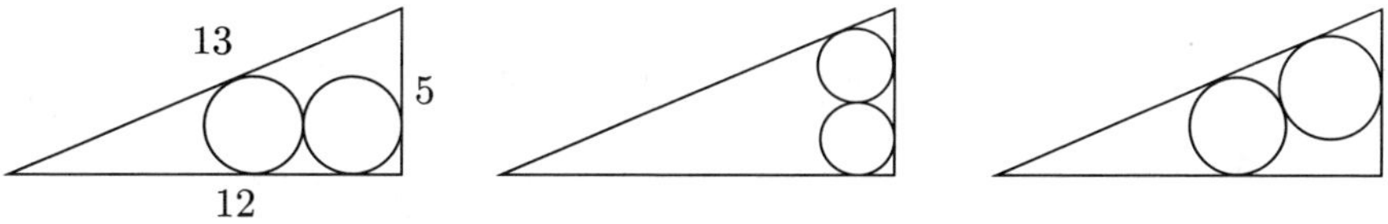


**[142]** $x(x-3)^2 = 9y^2$에 따라 놓여 있는 고리의 길이?

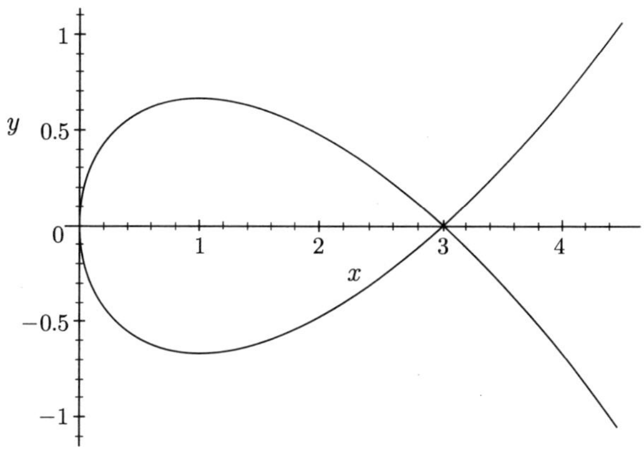


**[143]** $\angle FBP = \angle PBD,\ \angle FDP = \angle PDE \Rightarrow \angle BPD = ?$

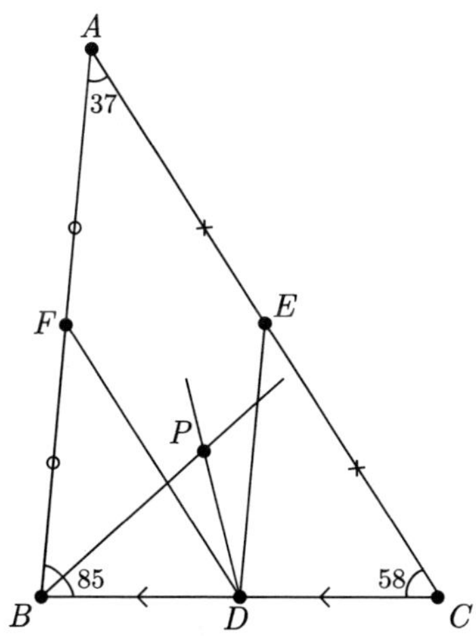

**[144]** $S_1 : \dfrac{x^2}{9}+\dfrac{y^2}{4}=4,\ S_2 : x+2=\dfrac{\sqrt{3}-y}{\sqrt{3}}=\dfrac{z-1}{2} \Rightarrow S_1, S_2$ 사이의 거리

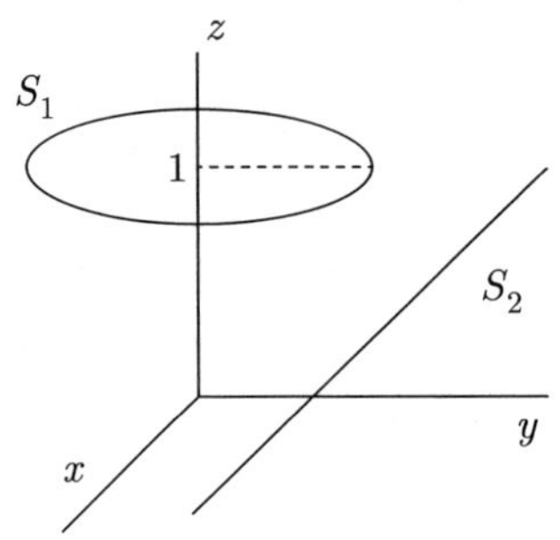


**[145]** 원점에서 개미가 양의 $x$축 방향으로 1만큼 걸어간다. 그 지점에서 반시계방향으로 $\sin^{-1}\left(\dfrac{3}{5}\right)$돌고 다시 1만큼 걸어간다. 이 방법을 계속할 때, 원점에서 가장 먼 지점까지의 거리는?

# 06 이차곡선 식

❏ 다음 그림에서 성립하는 이유를 증명하여라.

**[1]** 포물선에서 직선들이 한 점으로 모이는 이유를 증명

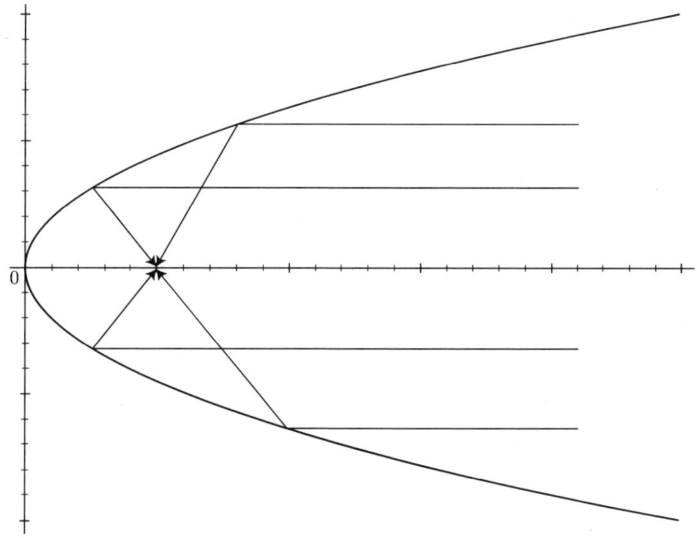


**[2]** 타원에서 직선들이 한 점으로 모이는 이유를 증명

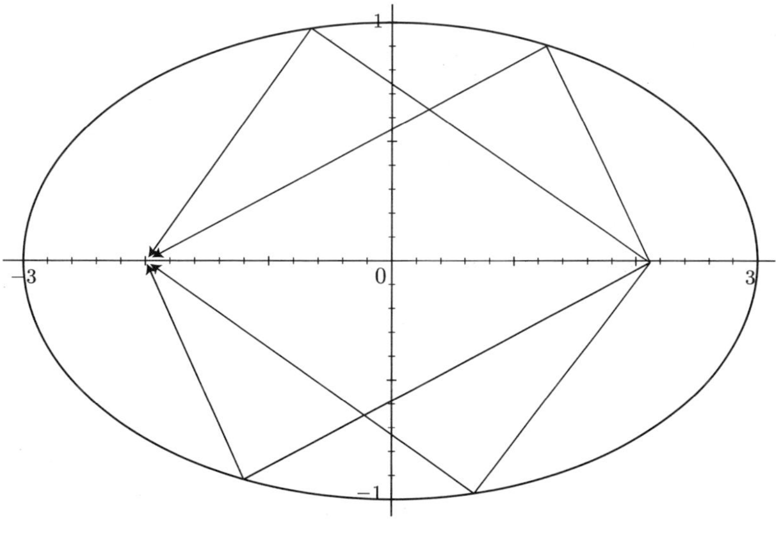

**[3]** 쌍곡선에서 직선들이 한 점으로 모이는 이유를 증명

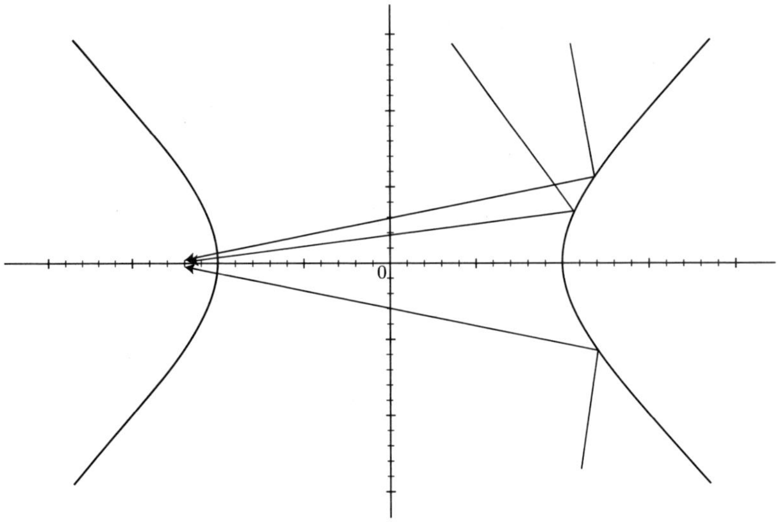


**[4]** 타원에 접한 직선들의 교점의 자취를 구하여라.

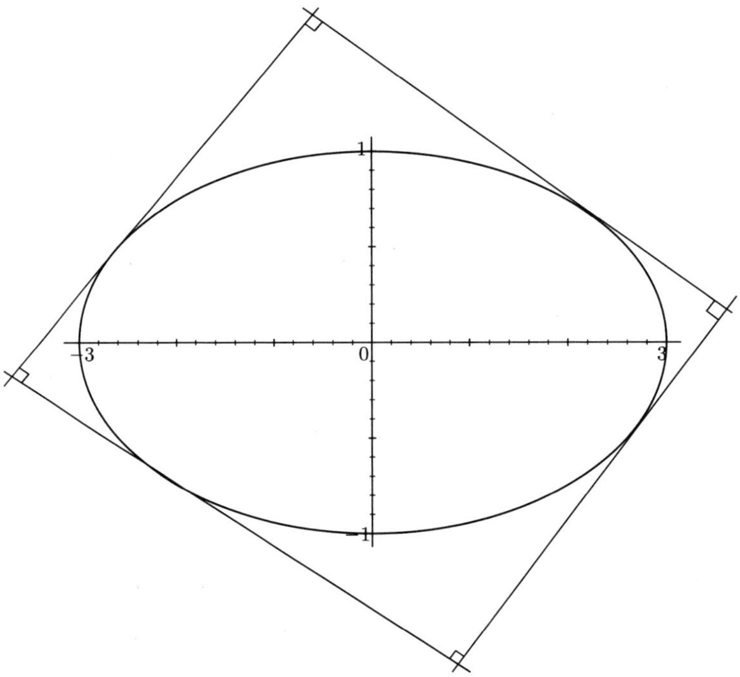

**[5]** 타원과 쌍곡선이 직각으로 만날 때 계수들의 조건식은?

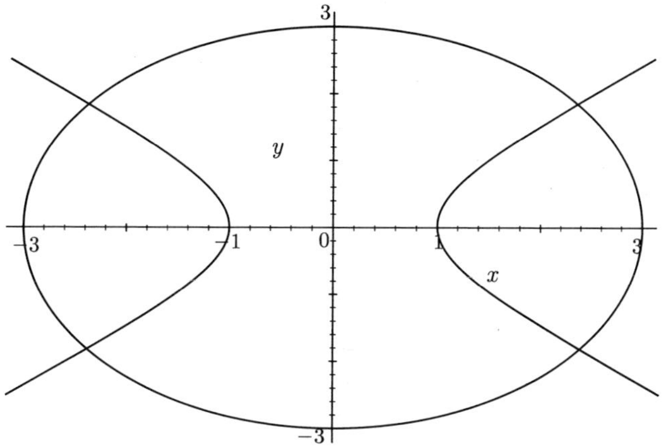


**[6]** 타원 위의 점 $P(x_1, x_2)$일 때 물음표의 좌표를 구하라.

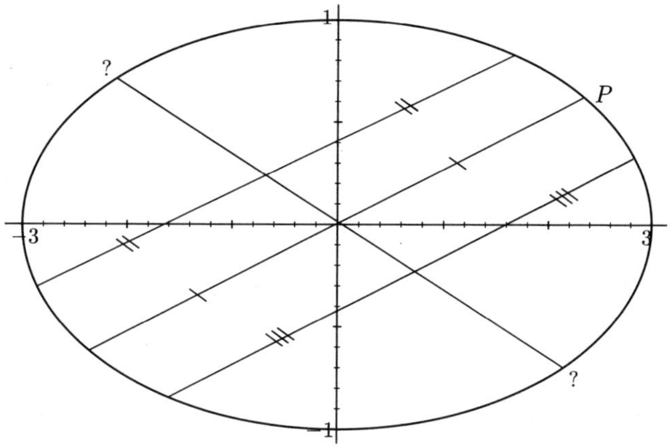


**[7]** 쌍곡선 위의 점 $P(x_1, x_2)$일 때 물음표의 좌표를 구하라.

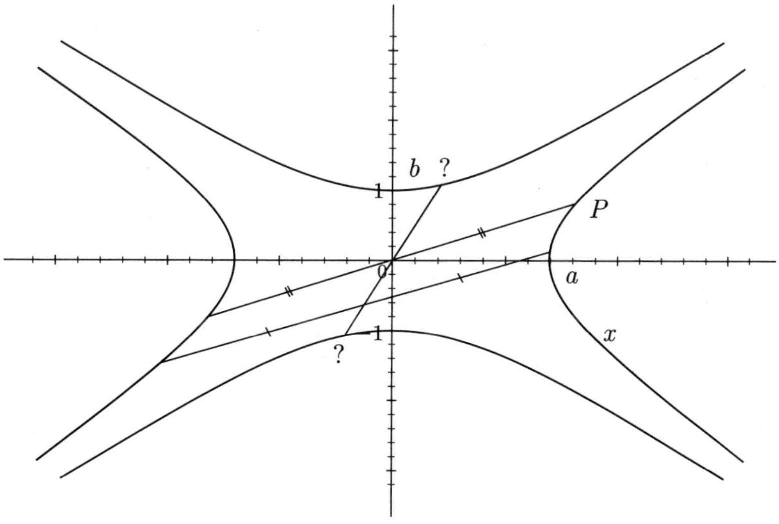

**[8]** 점 $P(x_1, x_2)$일 때 가장 큰 사각형 내부의 면적을 구하라.

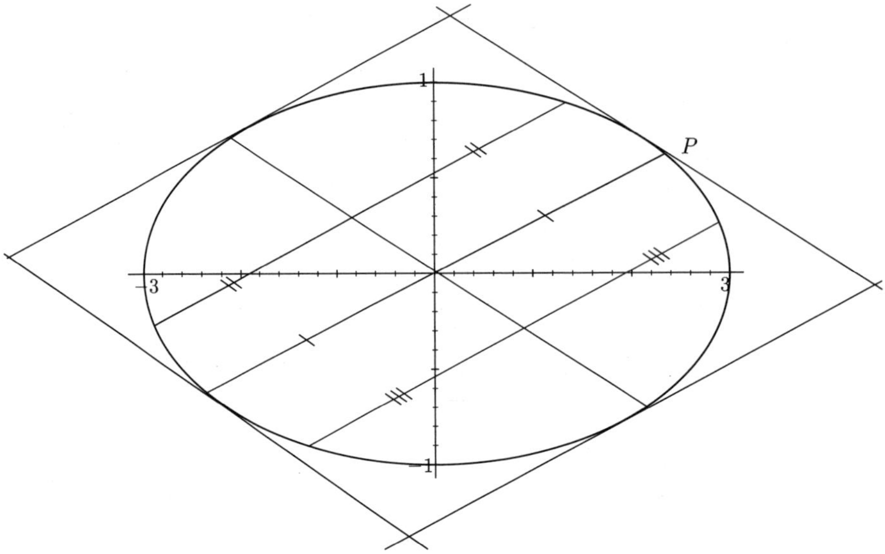


**[9]** 점 $P(x_1, x_2)$일 때 P,R,S,T에 각각 접한 접선식으로 만든 사각형의 면적?

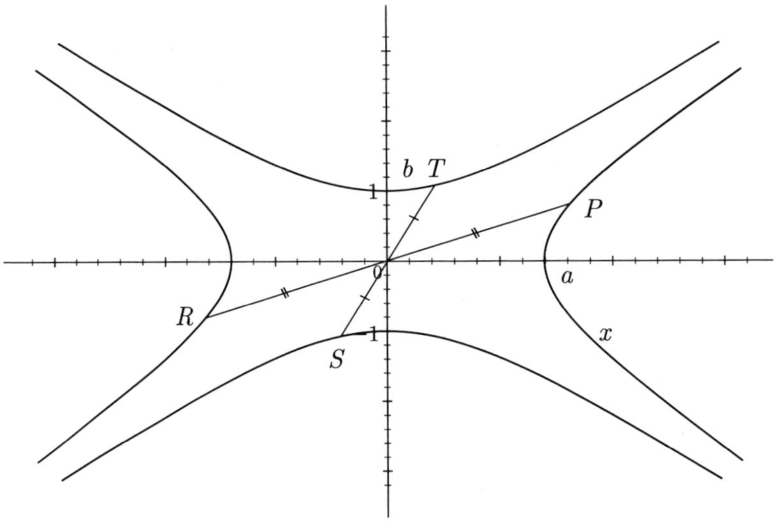


**[10]** 2번, 3번 직선이 1번 직선과 만남을 증명하여라.

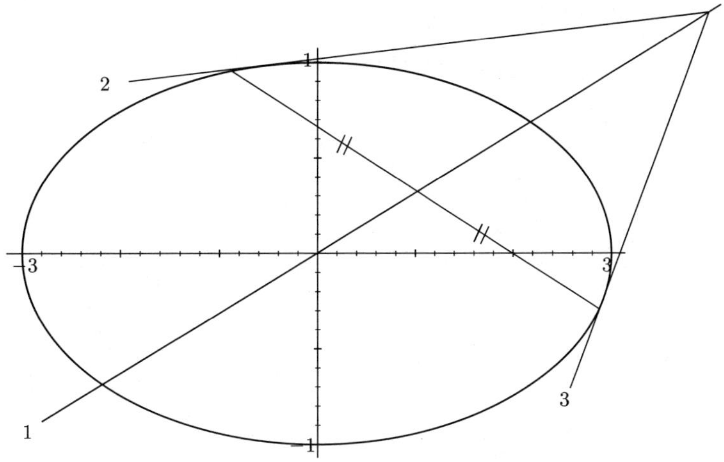


**[11]** 2번, 3번 직선이 1번 직선과 만남을 증명하여라.

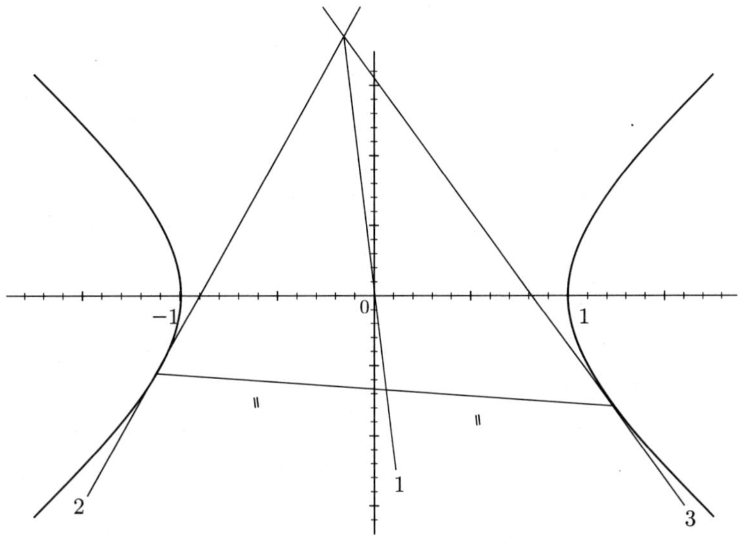


**[12]** 2번, 3번 직선이 1번 직선과 만남을 증명하여라.

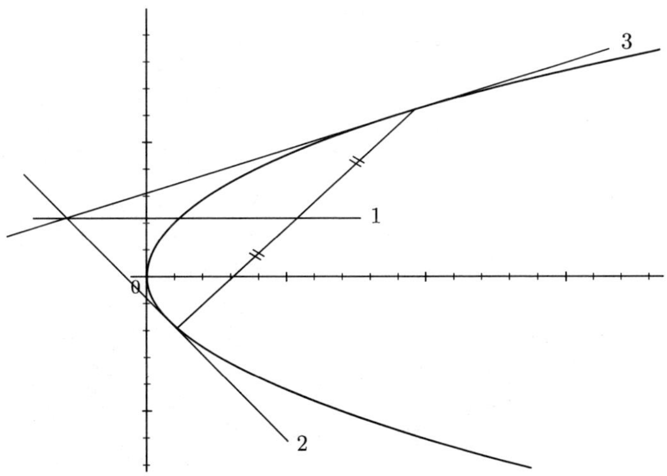

**[13]** 1번 직선 식을 구하여라. (F: 초점)

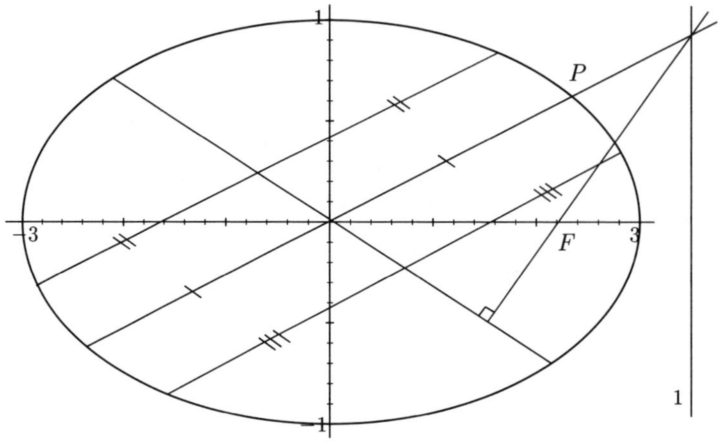


**[14]** 1번 직선 식을 구하여라. (F: 초점)

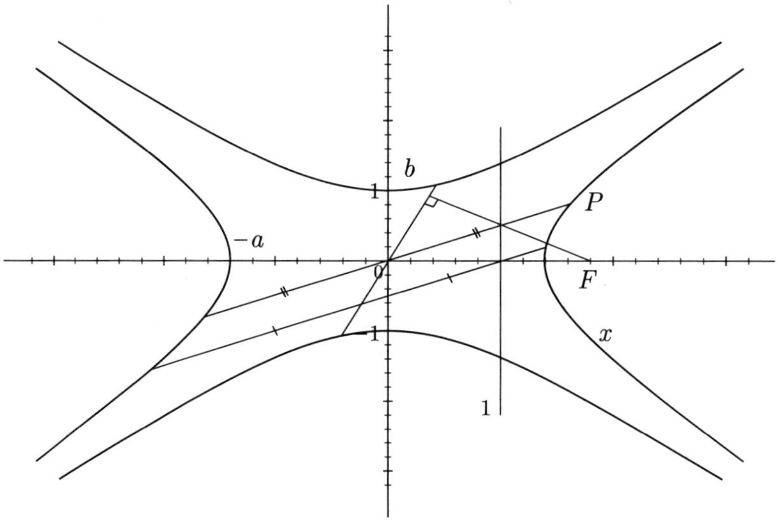


**[15]** $c^2+d^2$를 $a, b$로 표시하여라. (PQ 길이 : $2c$, RS 길이 : $2d$)

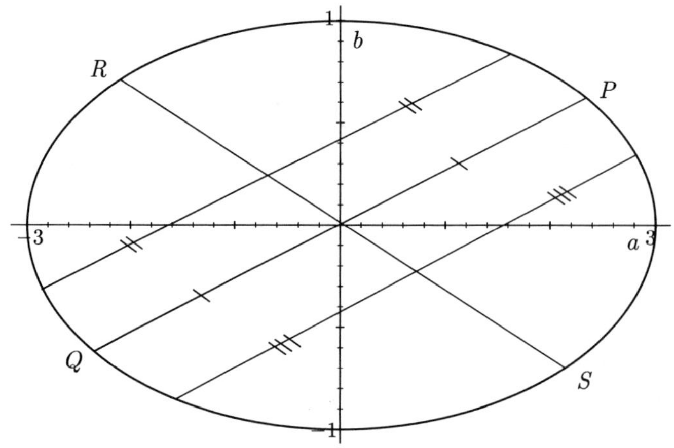

**[16]** $c^2 - d^2$를 $a, b$로 표시하여라. (PQ 길이 : $2c$, RS 길이 : $2d$)

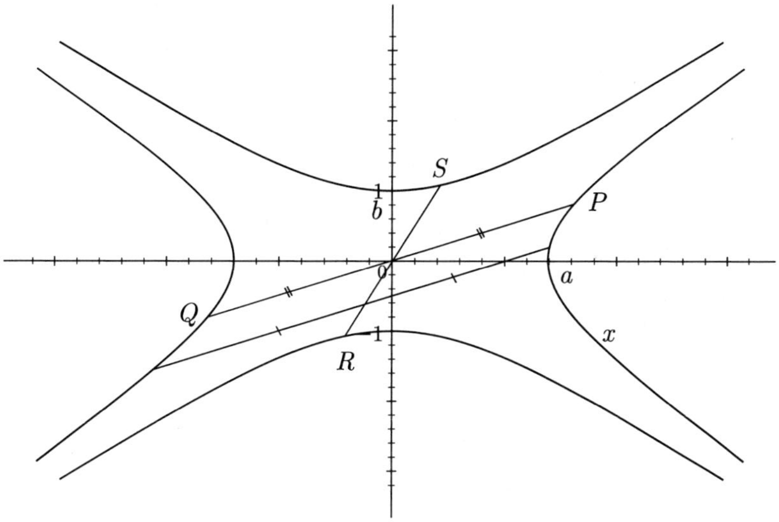


**[17]** R의 좌표를 구하여라.

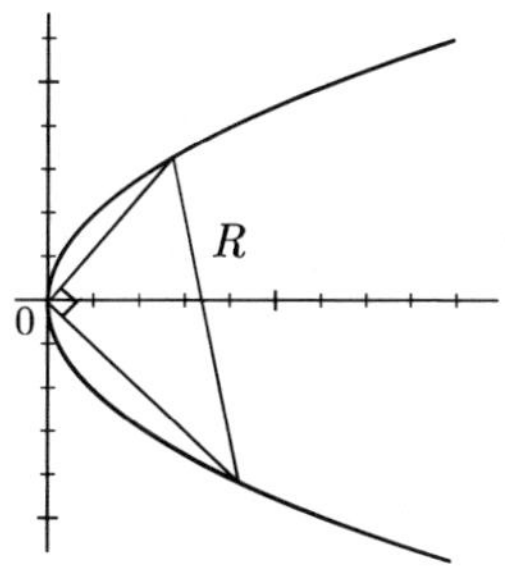


**[18]** 두 접선이 직각임을 증명하여라. (F : 초점)

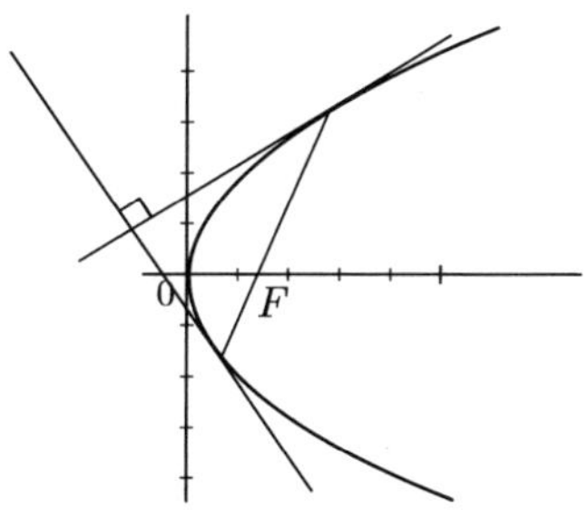


**[19]** $\overline{OM} \cdot \overline{OP} = ?$

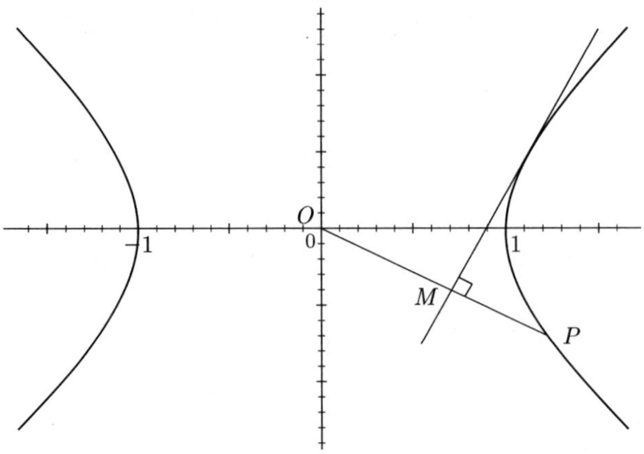


**[20]** 접선식들의 교점의 자취를 구하여라.

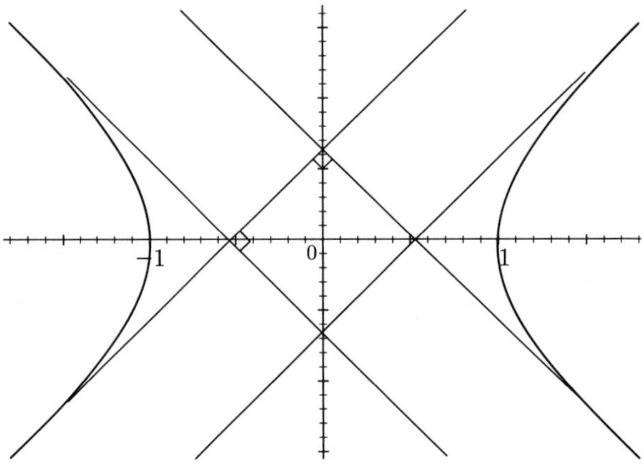


**[21]** R점의 자취를 구하여라. (F : 초점)

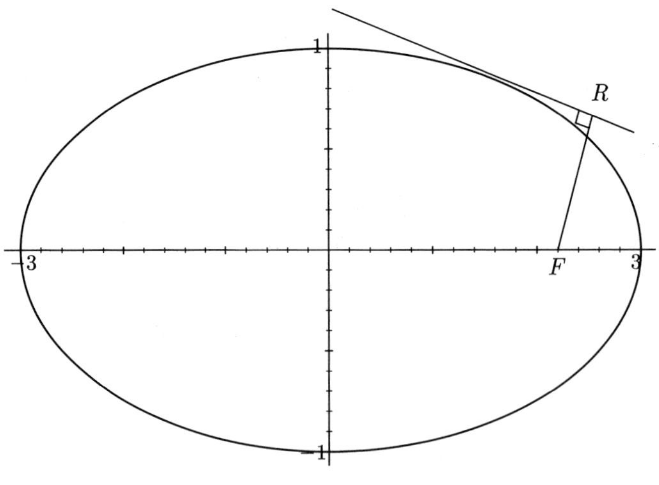

**[22]** $\overline{MN}^2 = \overline{FP} \cdot \overline{FQ}$임을 증명하여라. (F : 초점)

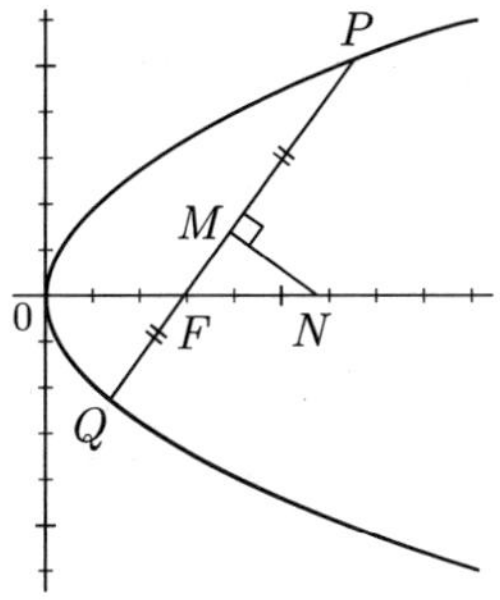


**[23]** $(\overline{PQ})^{-1} + (\overline{RS})^{-1}$ 값이 항상 일정함을 증명. (F : 초점)

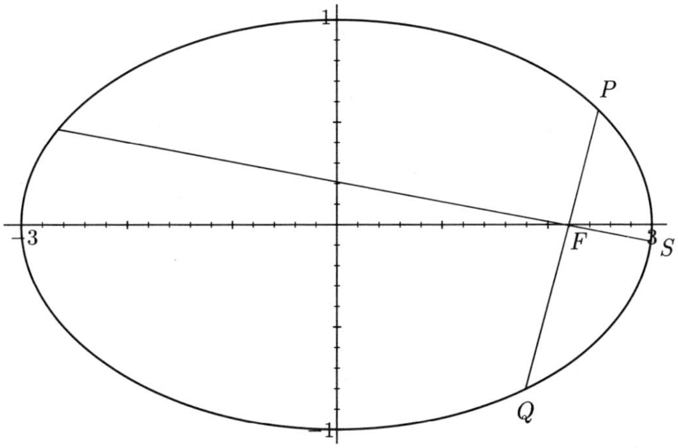


**[24]** $(\overline{OP})^{-2} + (\overline{OS})^{-2}$ 값이 항상 일정함을 증명.

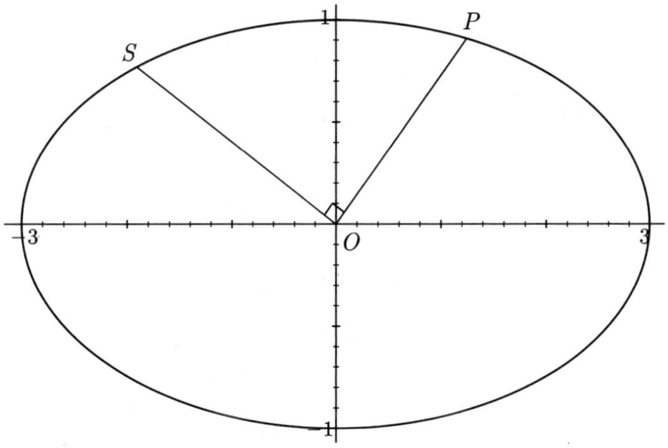

**[25]** $(\overline{OP})^{-2}+(\overline{OR})^{-2}+(\overline{OS})^{-2}$ 값이 항상 일정함을 증명.

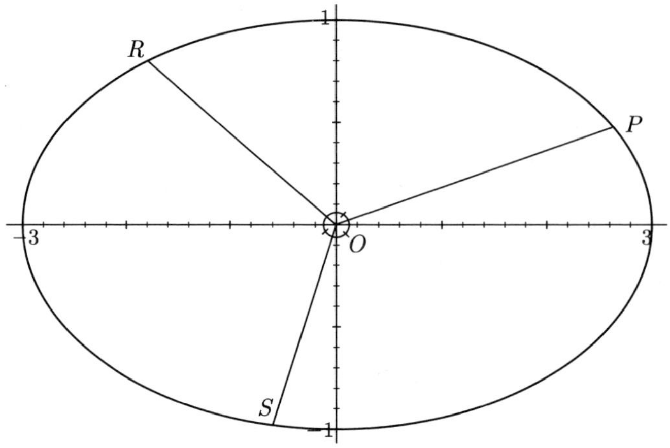


**[26]** $\overline{PQ} : \overline{RS} = \overline{RS} : \overline{AB}$ 임을 증명. (F : 초점)

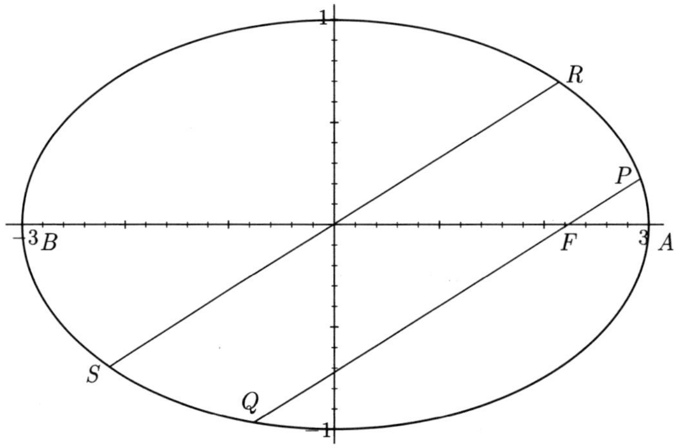


**[27]** $\angle PFT = \angle TFQ$ 임을 증명. (F : 초점)

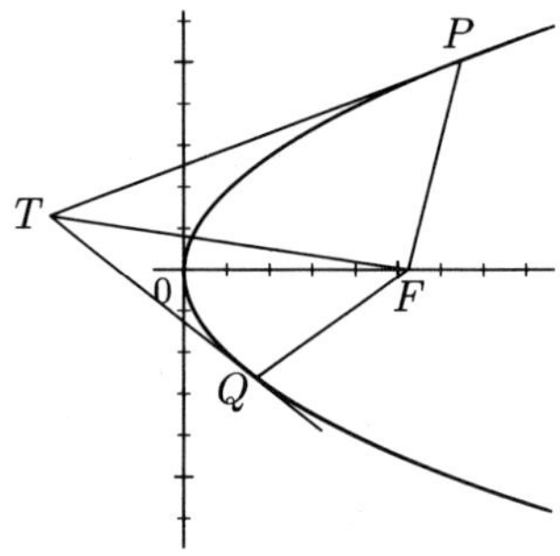

**[28]** $\angle PFT = \angle TFQ$ 임을 증명. (F : 초점)

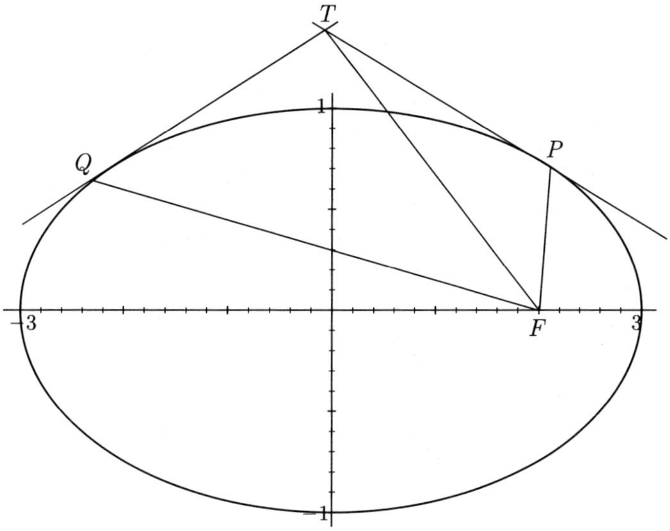


**[29]** $\angle PFT = \angle TFQ$ 임을 증명. (F : 초점)

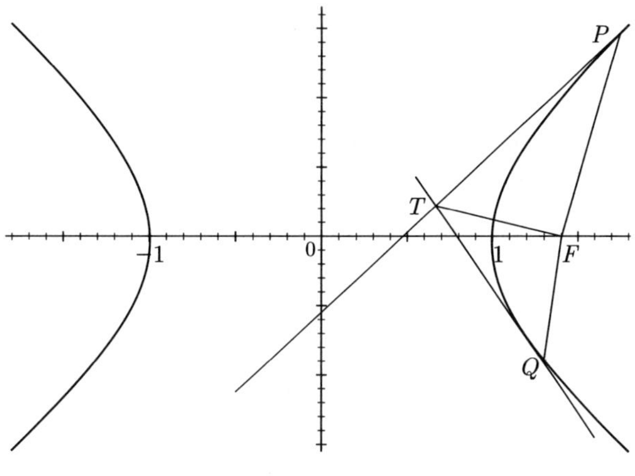


**[30]** $\overline{ST} \mathbin{//} \overline{AP}$ 임을 증명.

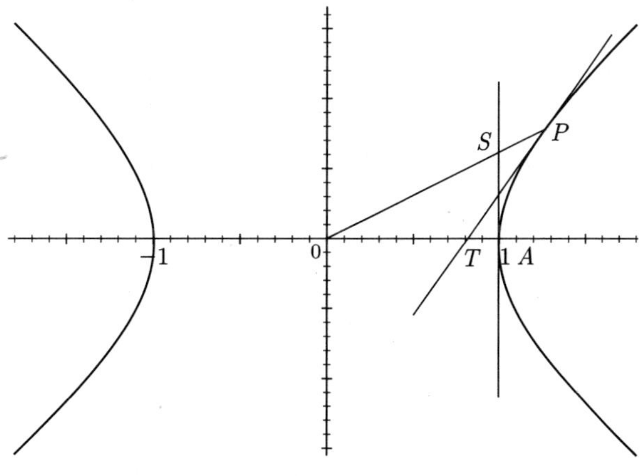

**[31]** T점의 좌표를 구하여라.

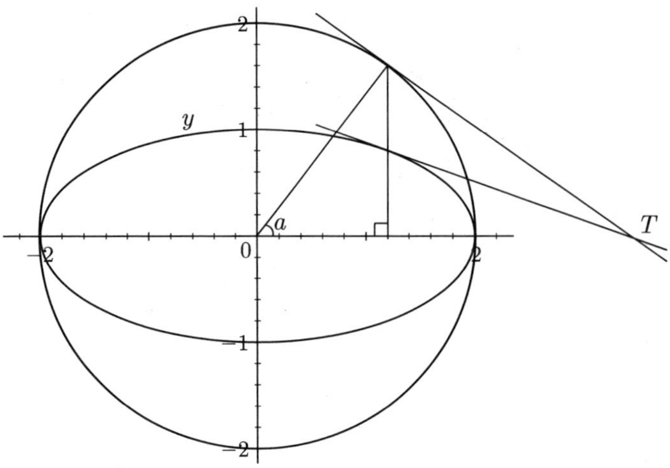


**[32]** $\overline{MT} = \overline{TN}$ 임을 증명.

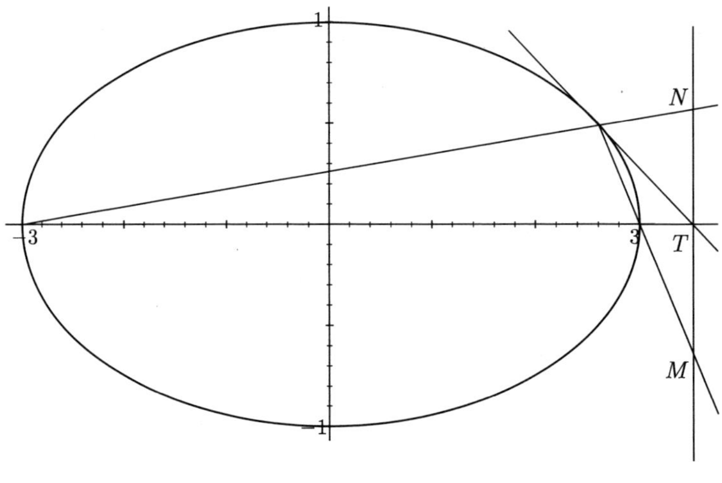


**[33]** $\overline{OT} = \overline{OM}$ 임을 증명.

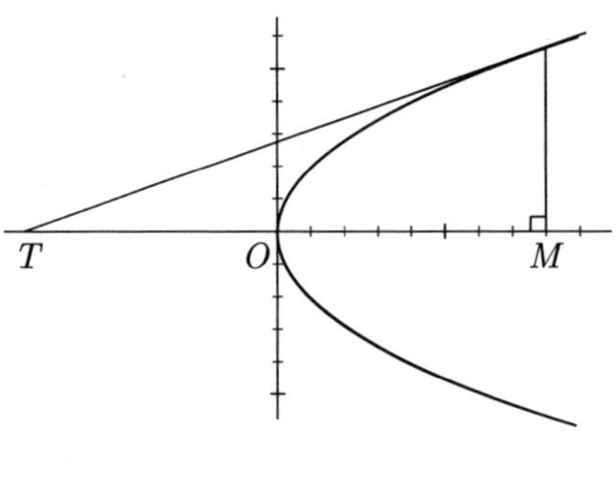

**[34]** 각각 $M \in Y$축, $\overline{TF} = \overline{FN} = \overline{FP}$, $\overline{SN}$의 길이는 항상 일정함을 증명.

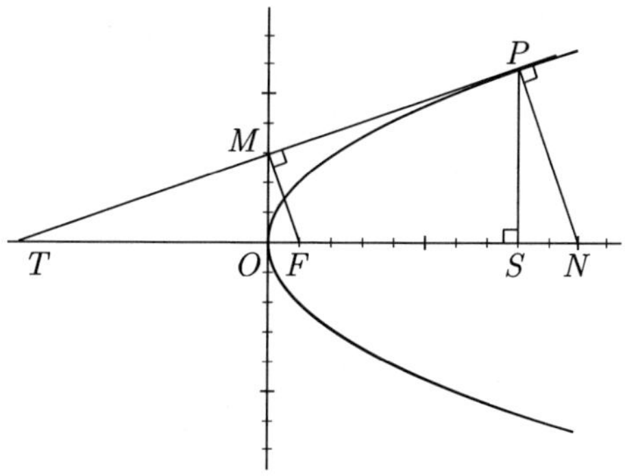


**[35]** $\overline{PN} \cdot \overline{PM} = \overline{FP} \cdot \overline{UP}$임을 증명. (F, U : 초점)

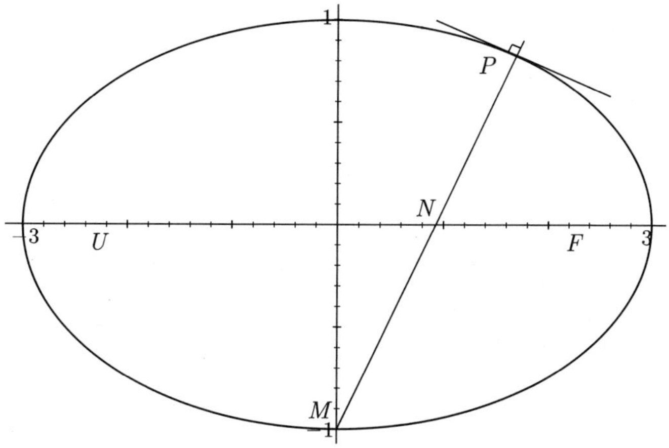


**[36]** $\overline{NS} \perp L$ 임을 증명.

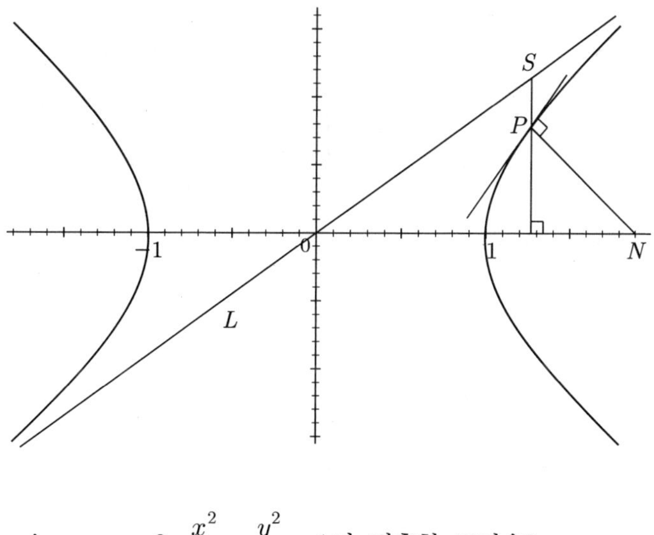


**[37]** $x\cos\alpha + y\sin\alpha - p = 0$, $\dfrac{x^2}{a^2} - \dfrac{y^2}{b^2} = 1$가 접촉할 조건은?

**[38]** $|\overline{FM} \cdot \overline{UN}| = ?$ ((1) : $x\cos\alpha + y\sin\alpha - p = 0$)

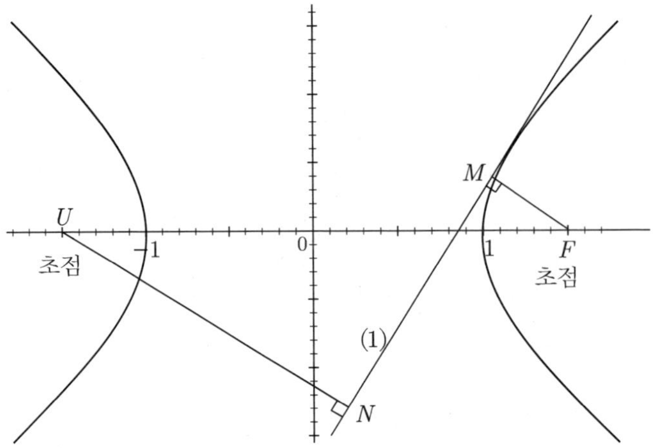


**[39]** $x\cos\alpha + y\sin\alpha - p = 0,\ \dfrac{x^2}{a^2} + \dfrac{y^2}{b^2} = 1$가 접촉할 조건은?

**[40]** $|\overline{FM} \cdot \overline{UN}| = ?$ (U, F : 초점)

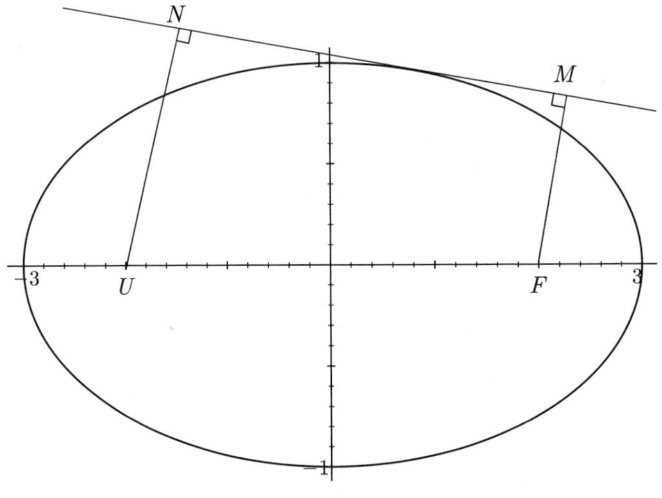


**[41]** $\overline{OP} \cdot \overline{OS} = (\overline{OT})^2$ 임을 증명.

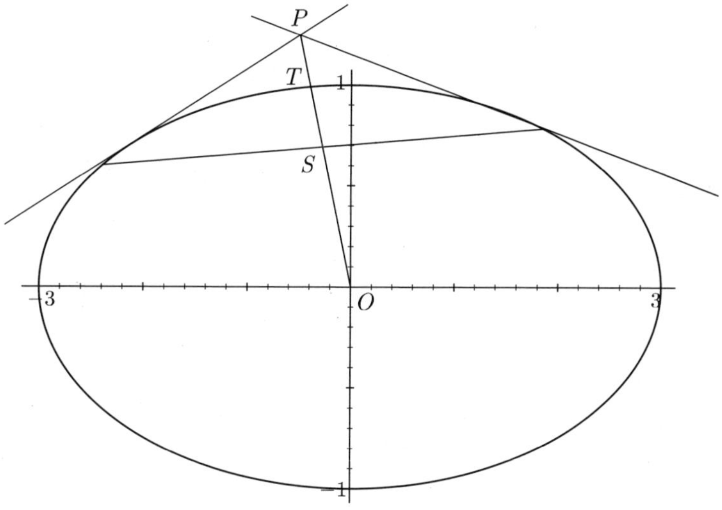


**[42]** $\overline{PQ} = \overline{RS}$ 임을 증명.

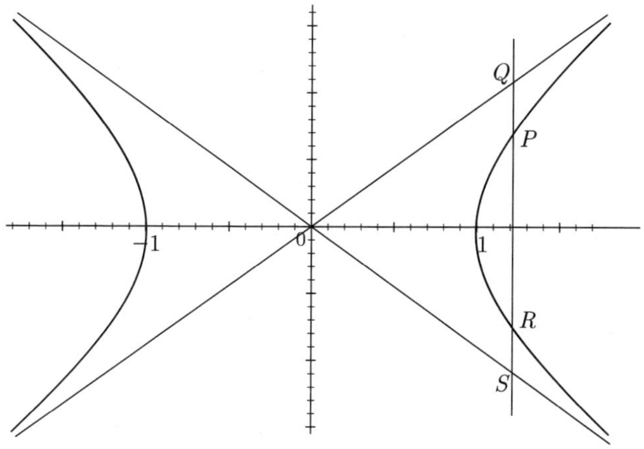


**[43]** 각각 P는 $\overline{RS}$의 중점, $\triangle ORS$의 넓이는 일정함을 증명.

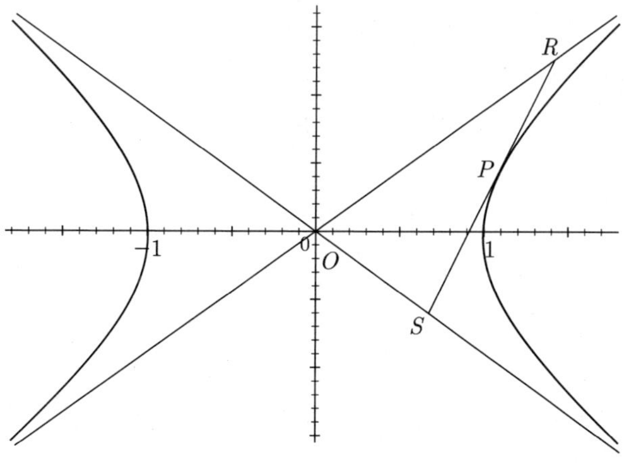

**[44]** Q 점의 자취를 구하여라.

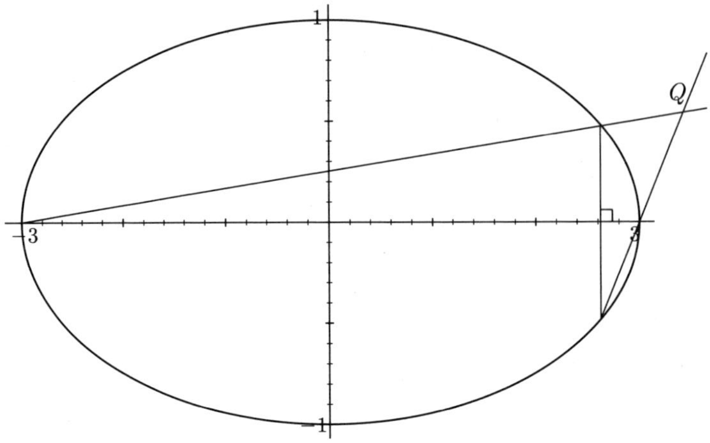


**[45]** $\dfrac{2}{PS} = \dfrac{1}{PQ} + \dfrac{1}{PR}$ 을 만족하면 S의 자취를 구하여라.

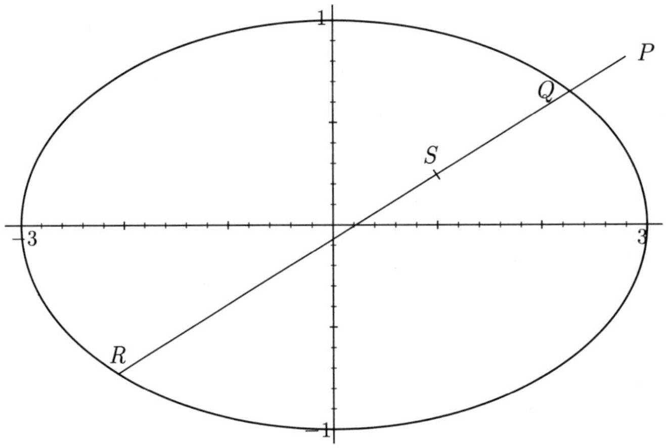


**[46]** $\triangle PQR = k^2$ 일 때, P의 자취를 구하여라.

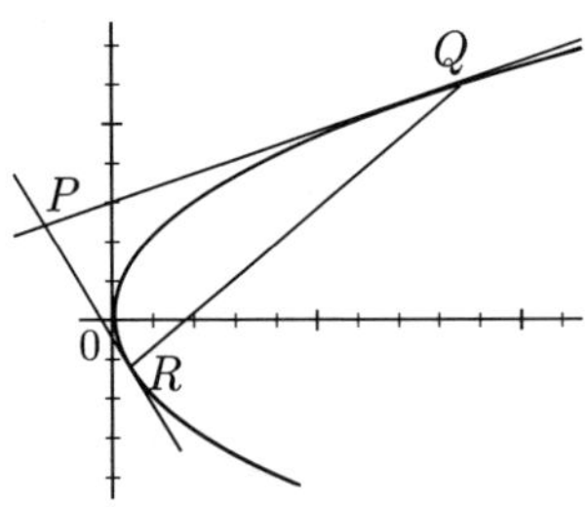

**[47]** 두 직선의 기울기 곱이 $k$일 때, 점 P의 자취를 구하여라.

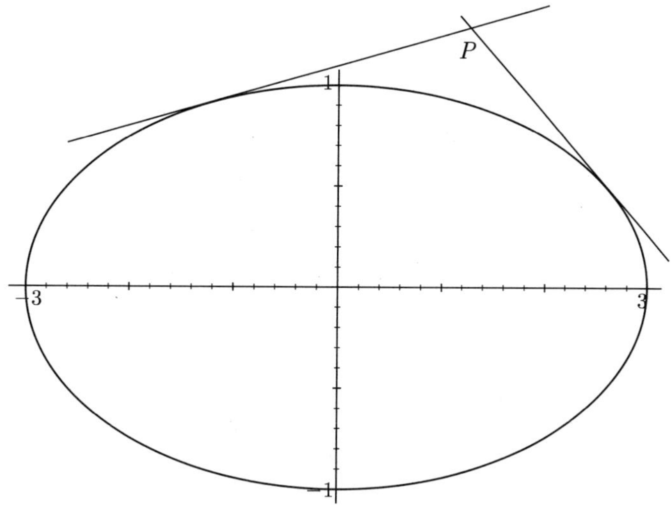


**[48]** 점 M의 자취를 구하여라.

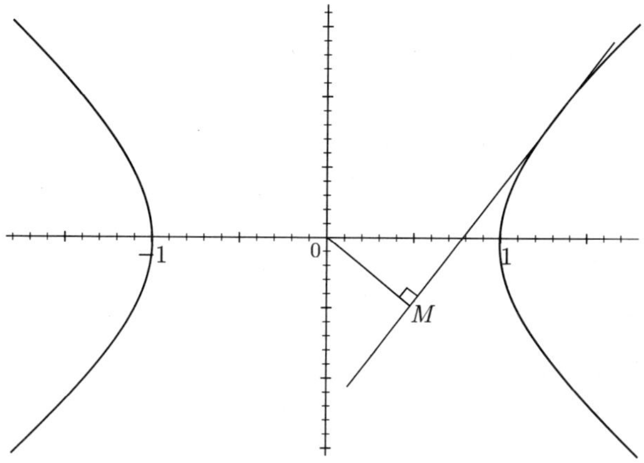


**[49]** 점 M의 자취를 구하여라. (F : 초점)

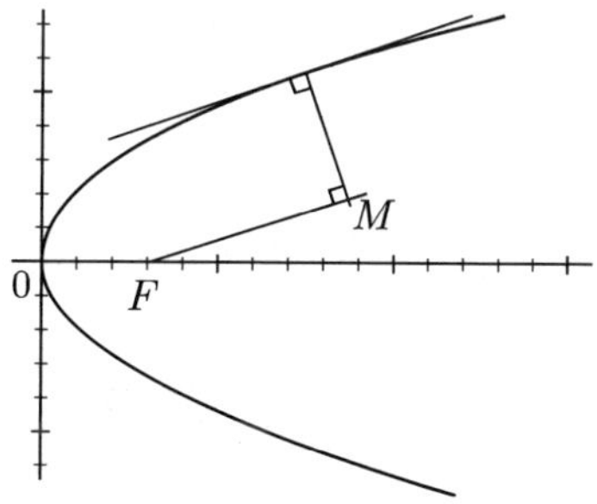

**[50]** $\triangle OPQ$의 넓이는? (F : 초점)

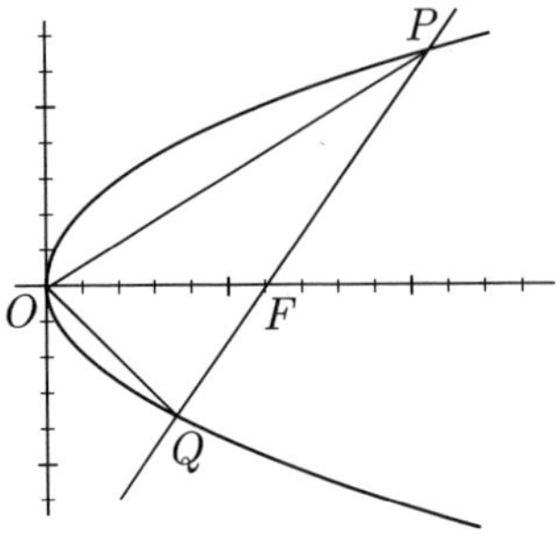


**[51]** 반지름 1인 원에 내접하는 모든 직선들의 길이 곱은?

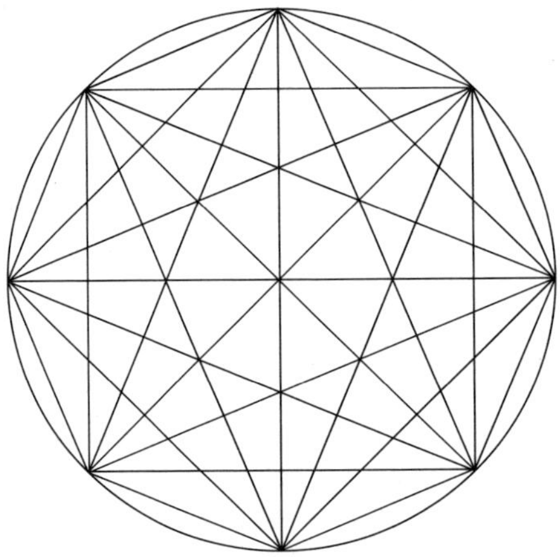

**[52]** 다음 세 직선이 한 점에서 만남을 증명하여라.

$$\begin{cases} x+ay+a^2-bc=0 \\ x+by+b^2-ca=0 \\ x+cy+c^2-ab=0 \end{cases}$$

**[53]** 다음 세 직선이 한 점에서 만나게 $\lambda$를 정하여라.

$$\begin{cases} (\lambda-1)x+2y=2\lambda-1 \\ 2x+4y=3\lambda \\ (3\lambda-2)x-2y=\lambda-2 \end{cases}$$

**[54]** 세 점 $A(x_1, y_1), B(x_2, y_2), C(x_3, y_3)$을 포함한 원의 행렬식?

**[55]** 다음 세 직선이 한 점에서 만남을 증명하여라.

$$\begin{cases} (a-b)x+(l-m)y+(u-v)=0 \\ (b-c)x+(m-n)y+(v-w)=0 \\ (c-a)x+(n-l)y+(w-u)=0 \end{cases}$$

**[56]** $\dfrac{2}{\overline{OR}} = \dfrac{1}{\overline{OP}} + \dfrac{1}{\overline{OQ}}$ 를 만족하면 R의 자취? (CQ : $a$, OC : $r_0$)

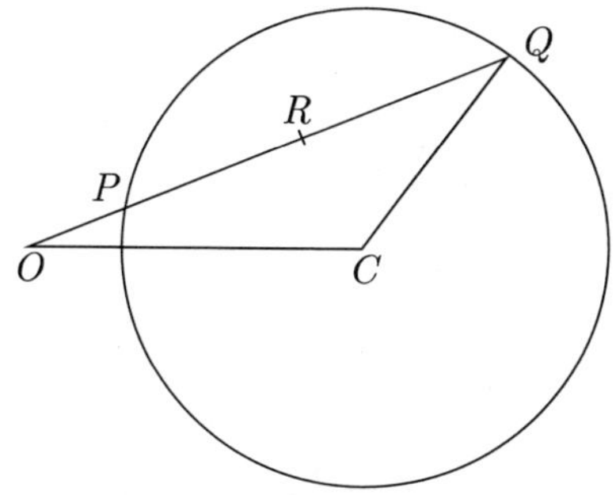


**[57]** $2x^2 + 2\lambda xy + y^2 - 4x + 3y + 2 = 0$이 두 직선을 나타내도록 $\lambda$=?

**[58]** $6x^2 + \lambda xy - 6y^2 - x + 5y - 1 = 0$이 두 직선을 나타내도록 $\lambda$=?

**[59]** $3x^2 - 8xy + 4y^2 + 6x - 4y - 4 = 0$의 그래프를 그려라.

**[60]** $5x^2 - 4xy + 4y^2 - 4x - 8y - 8 = 0$의 그래프를 그려라.

**[61]** $x^2 + 2xy + y^2 - 3x - 2y - 1 = 0$의 그래프를 그려라.

**[62]** 준선 : $x + y = 1$, 초점 : (1,2) 인 포물선의 식?

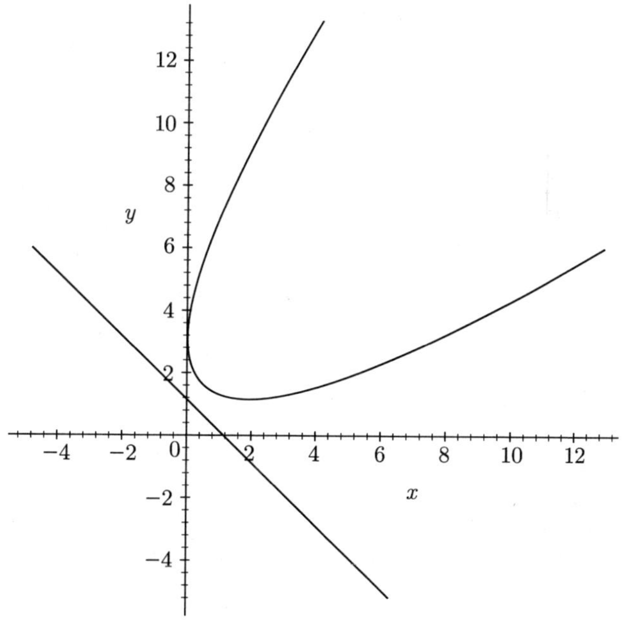

**[63]** 준선 : $x+y=2$, 초점 : (-2,1), 이심률 : 2인 쌍곡선의 식?

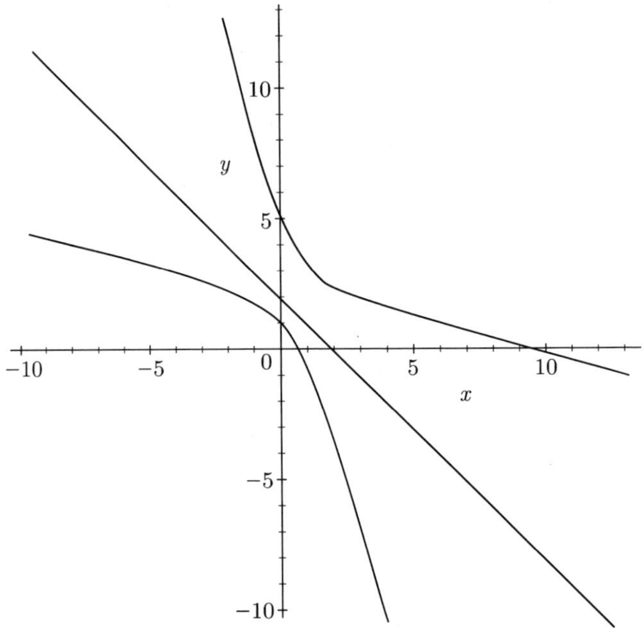


**[64]** 준선 : $3x-4y+10=0$, 초점:(1,2), 이심률 : $\dfrac{1}{2}$인 타원의 식?

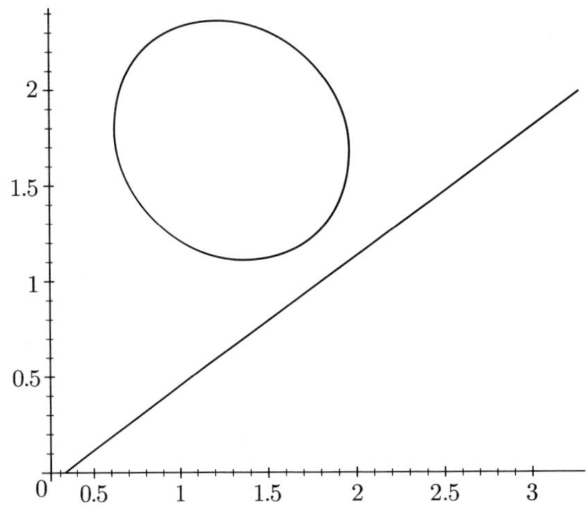


**[65]** Cycloid 식을 유도하여라.

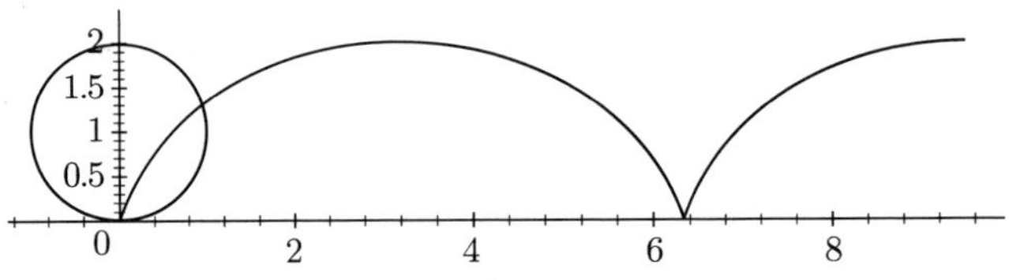

**[66]** Trochoid 식을 유도하여라.

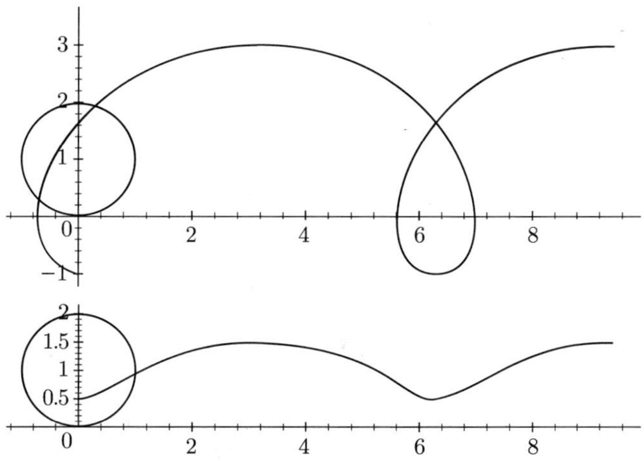


**[67]** Hypocycloid 식을 유도하여라.

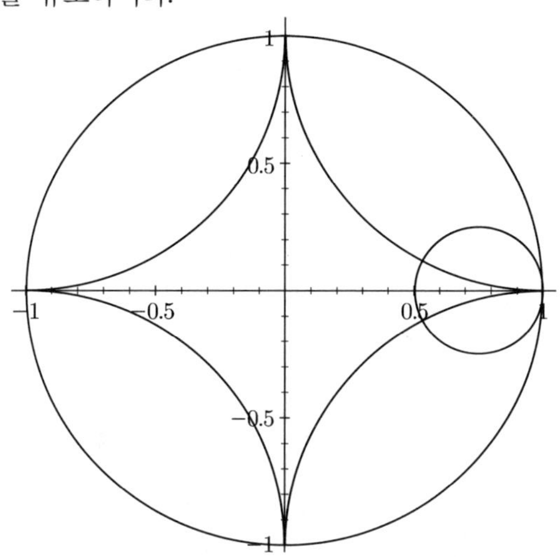


**[68]** Epicycloid 식을 유도하여라.

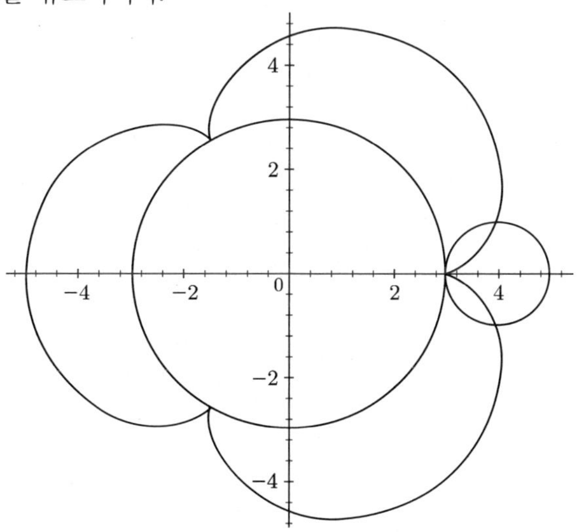

**[69]** Cissoid of Diocles 식을 유도하여라.

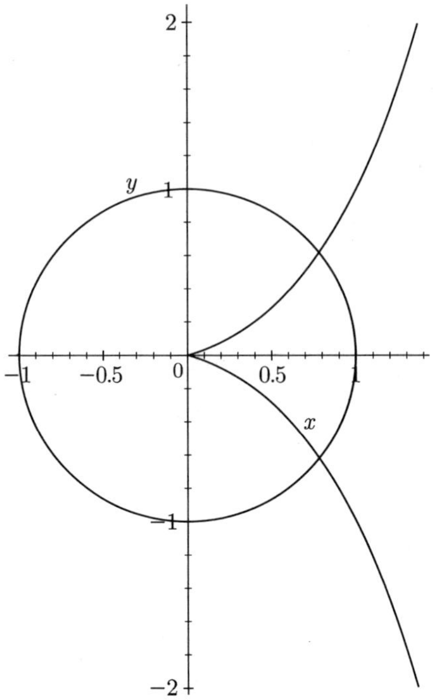


**[70]** Lemniscate 식을 유도하여라.

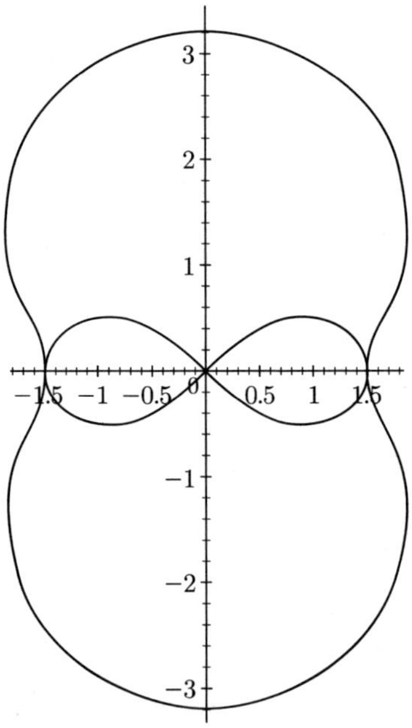

**[71]** Witch 식을 유도하여라.

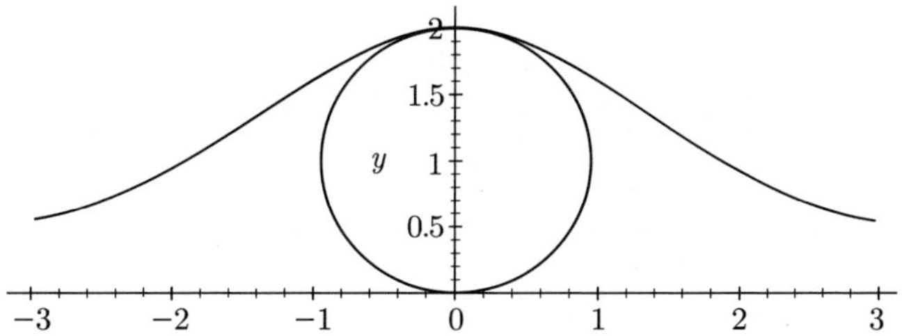


**[72]** Conchoid 식을 유도하여라.

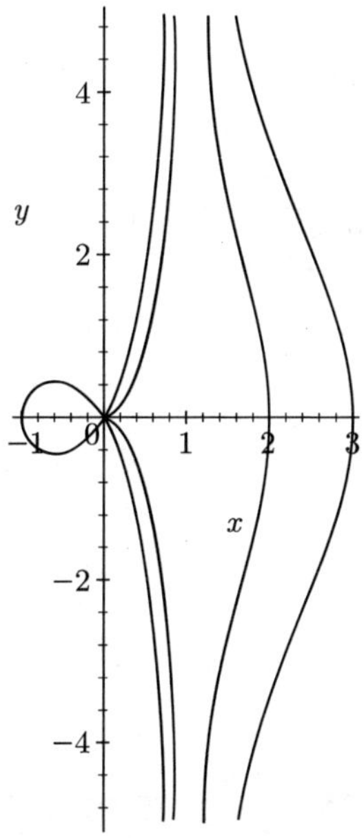


**[73]** Limacon 식을 유도하여라.

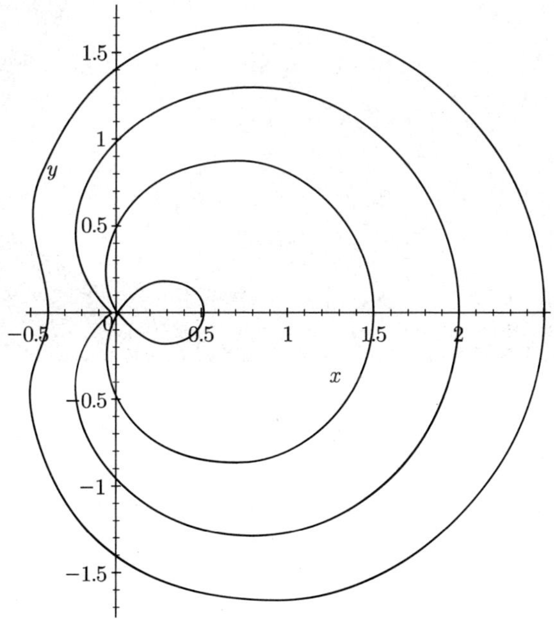

**[74]** 황금분할의 비를 유도하여라.

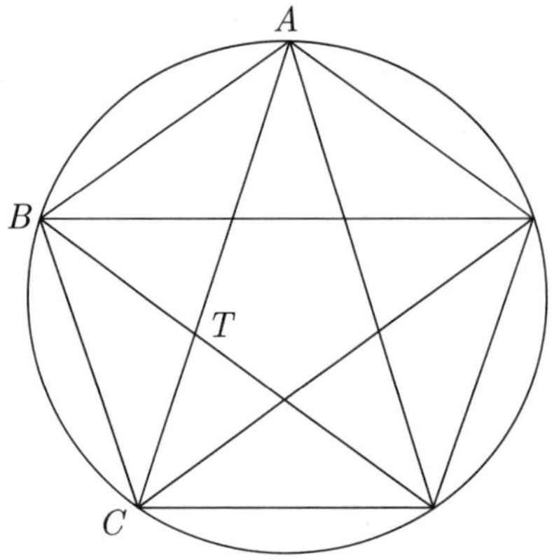


**[75]** Fibonacci 수열의 네 가지 성질을 유도하여라.

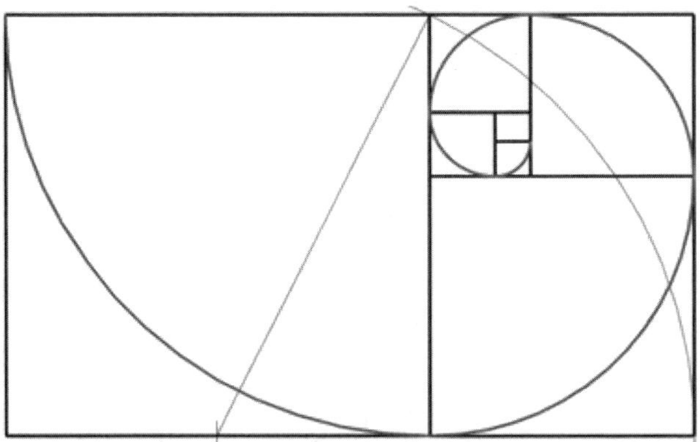

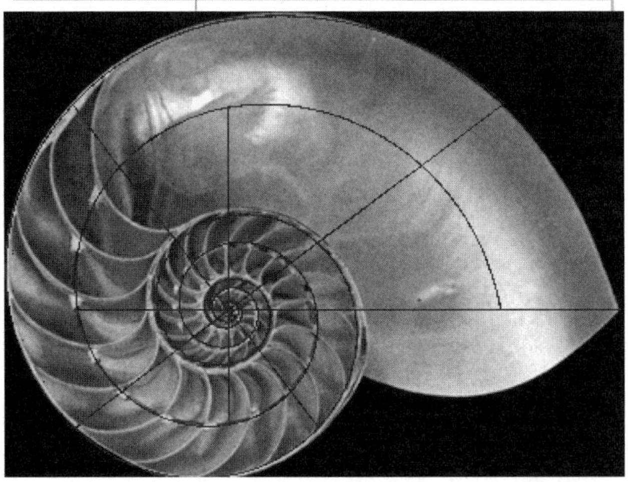

**[76]** 정다면체가 총 5가지 밖에 없음을 증명하여라.

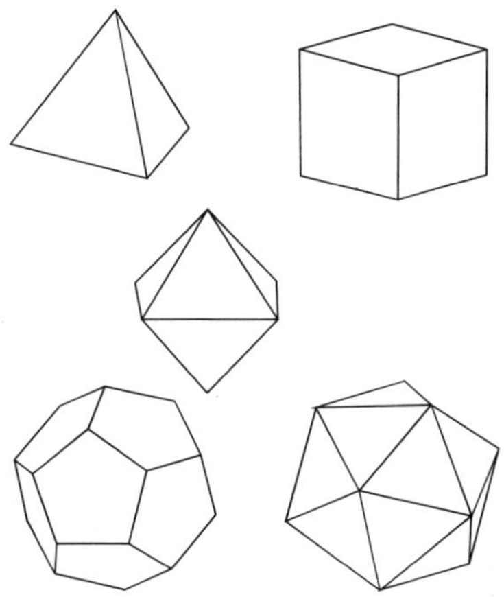

**[77]** Lucas 수열 및 Fibonacci 수열의 같은점과 차이점을 분석하여라.

**[78]** 타원면의 방정식을 유도하여라.

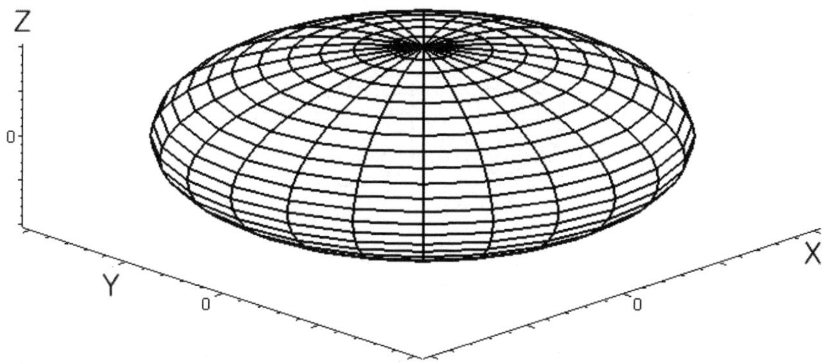


**[79]** 일엽쌍곡면의 방정식을 유도하여라.

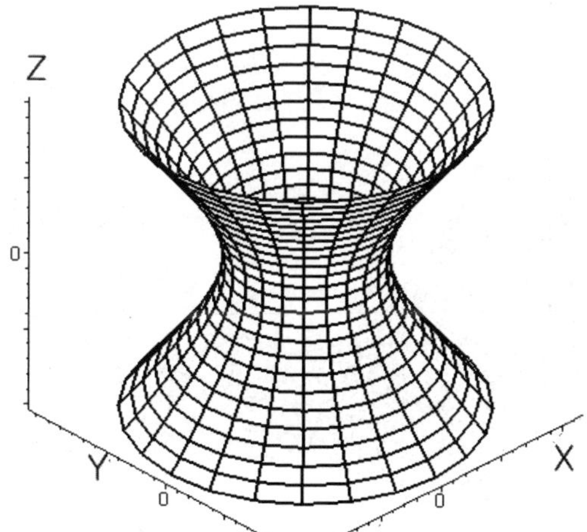

**[80]** 이엽쌍곡면의 방정식을 유도하여라.

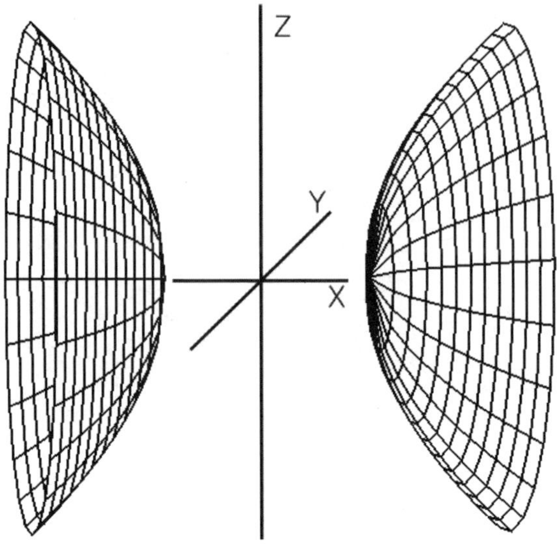


**[81]** 타원포물면의 방정식을 유도하여라.

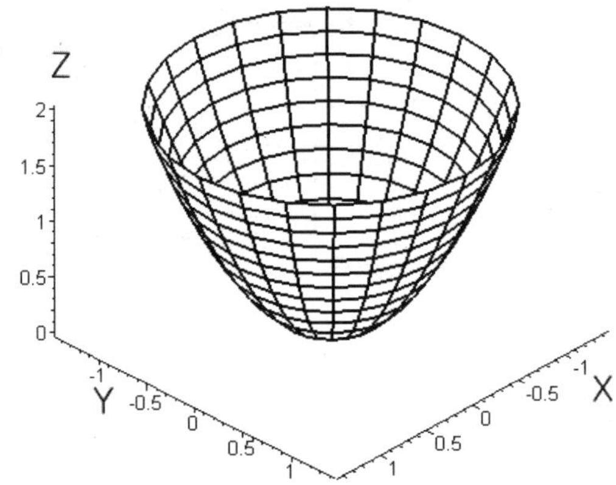


**[82]** 쌍곡포물면의 방정식을 유도하여라.

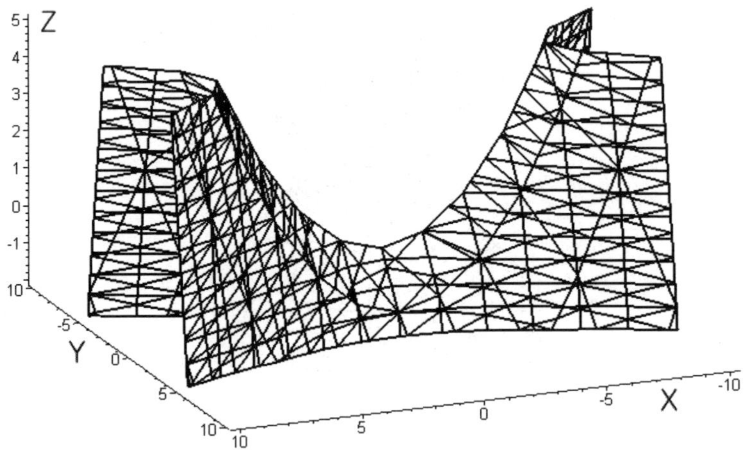

**[83]** 변환 T에 의해 90도에서 60도로 줄어든 그림에 대응한 행렬은?

**[84]** 굵은 정사각형의 바닥에서 배꼽까지의 길이는?

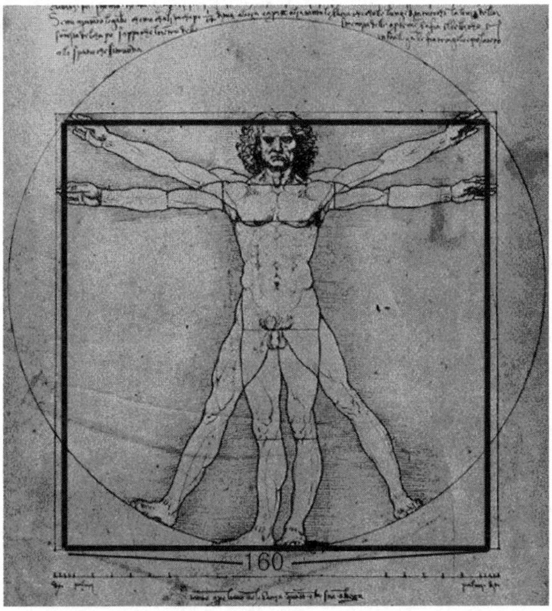


**[85]** 다음 함수의 등위선 그래프를 아래 그림에서 골라라.

$z = \sin x + \sin y$, $z = y^2 - x^2$, $z = \sin x \sin y$

$z = |x| + |y|$, $z = x^2 + y$, $z = xe^{-(x^2+y^2)}$

**[86]** 다음 함수의 P점에서 접평면과 법선의 방정식을 구하여라.

① $z=4x^2-y^2\ ;P(5,-8,36)$

② $xy+2yz-xz^2+10=0\ ;P(-5,5,1)$

③ $x^3-2xy+z^3+7y+6=0\ ;P(1,4,-3)$

④ $z=2e^{-x}\cos y\ ;\ P\left(0,\dfrac{\pi}{3},1\right)$

⑤ $z=\ln(xy)\ ;\ P\left(\dfrac{1}{2},2,0\right)$

⑥ $z=\ln\left(\dfrac{y}{2z}\right)\ ;\ P(1,2,0)$

⑦ $xyz - 4xz^3 + y^3 = 10$ ; $P(-1,2,1)$

⑧ $\sin(xy) = 2 - z^2$ ; $P\left(\pi, \frac{1}{2}, -1\right)$

**[87]** 다음 교선상의 P점에서 법평면과 접선의 방정식을 구하여라.

① $x = t - \cos t,\ y = 3 + \sin 2t,\ z = 1 + \cos 3t$ ; $P\left(t = \frac{\pi}{2}\right)$

② $3x^2y + y^2z = -2,\ 2xz - x^2y = 3$ ; $P(1, -1, 1)$

③ $x = 6\sin t,\ y = 4\cos 3t,\ z = 2\sin 5t$ ; $P\left(t = \frac{\pi}{4}\right)$

④ $x + y + z = 3,\ x^2 - y^2 + 2z^2 = 2$ ; $P(1,1,1)$

**[88]** Tractrix 식을 유도하여라.

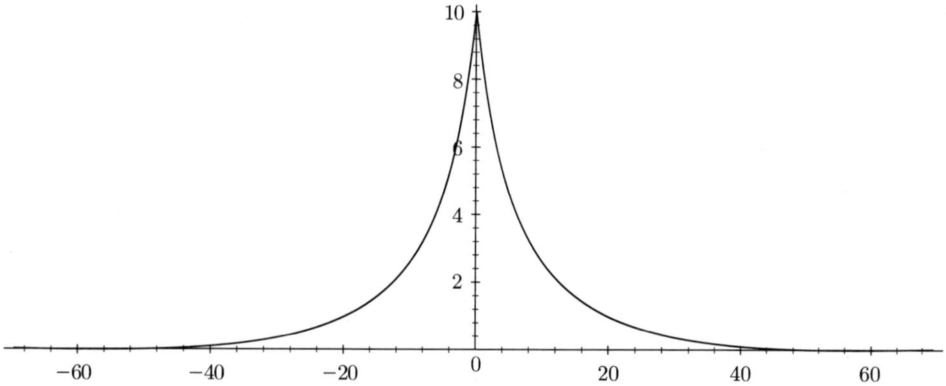


**[89]** 원둘레에 감아져 있는 실이 풀어지면서 만든 식을 유도하여라.

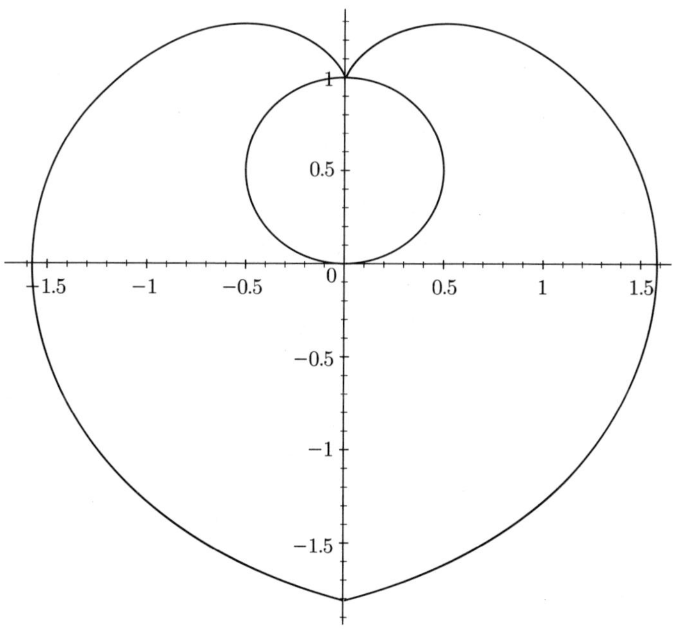

**[90]** P점이 $(1,0)$에서 $(\infty,0)$으로 움직일 때, Q점의 자취는?

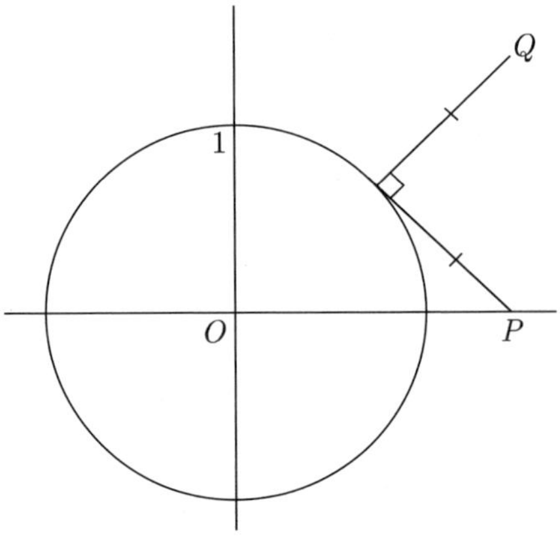


**[91]** 원점에서 $x^2 - y^2 = 1$의 수족곡선을 구하여라.

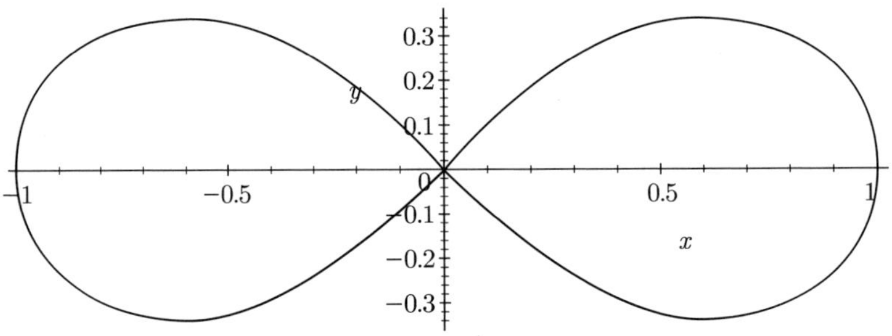


**[92]** 원점에서 $y^2 + 8x = 0$의 수족곡선을 구하여라.

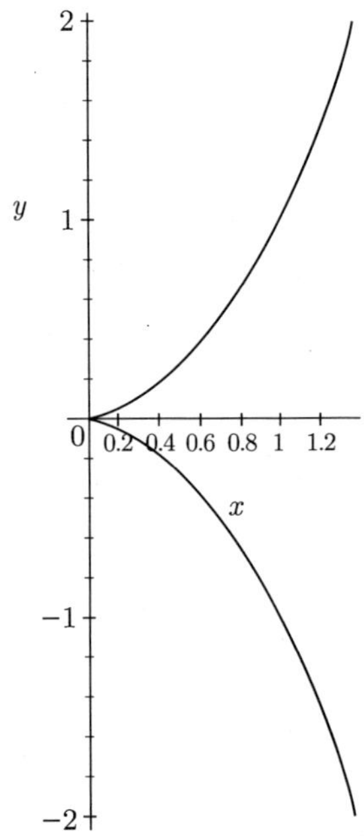

**[93]** 원점에서 $\dfrac{x^2}{4}+y^2=1$의 수족곡선을 구하여라.

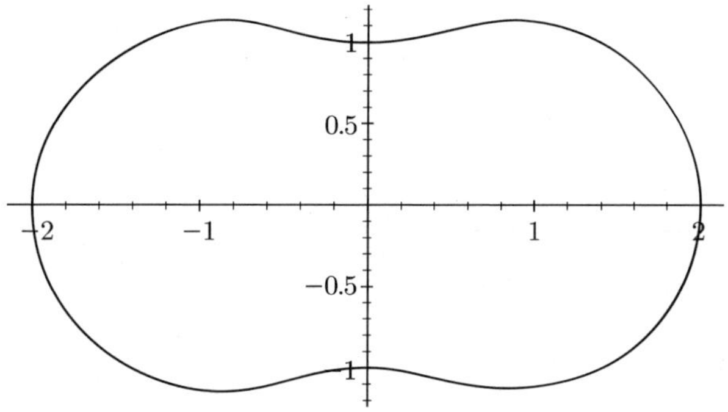


**[94]** 점 $Q=?$

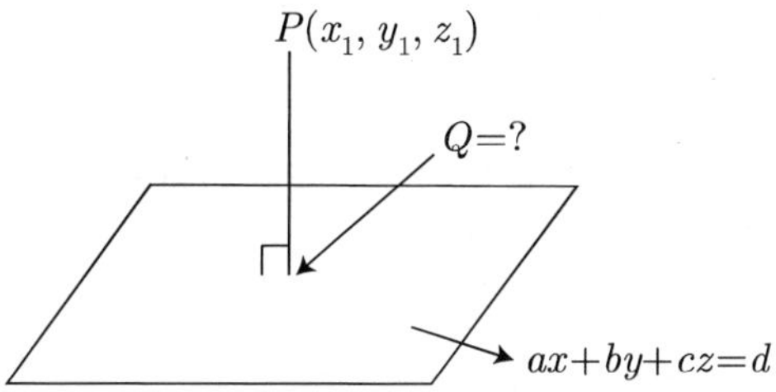


**[95]** $\begin{cases} x=8\cos\dfrac{t}{4}-7\cos t \\ y=8\sin\dfrac{t}{4}-7\sin t \end{cases}$ $,(0\le t\le 8\pi)\Rightarrow t=4\pi$에서 속도벡터를 그려라.

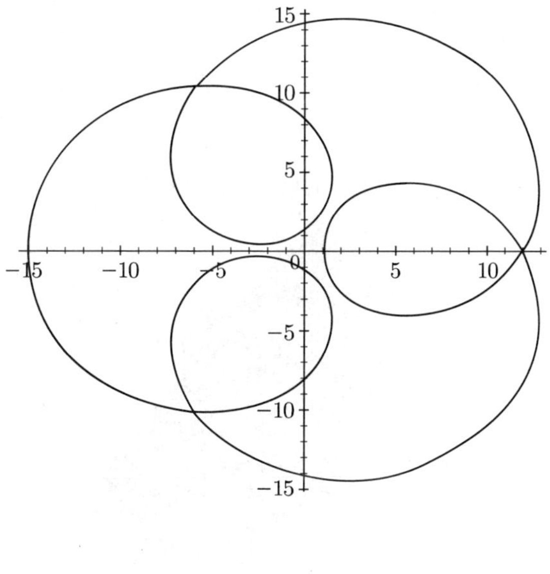


**[96]** $\begin{cases} x=8\sin\dfrac{3t}{4} \\ y=7\sin t \end{cases}$ $\Rightarrow t$ 의 구간을 구하라.

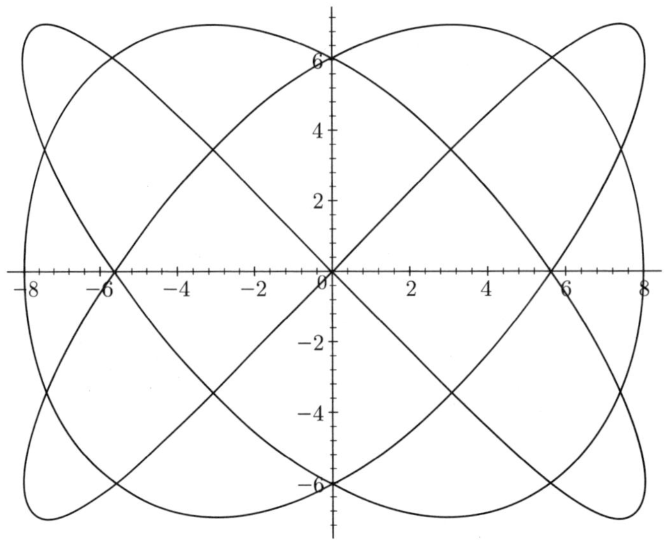

**[97]** $z=\frac{1}{3}x^3-xy^2$ , $\frac{1}{3}x^3-xy^2=c \Rightarrow 1 \le c \le 2$부분을 색칠하여라.

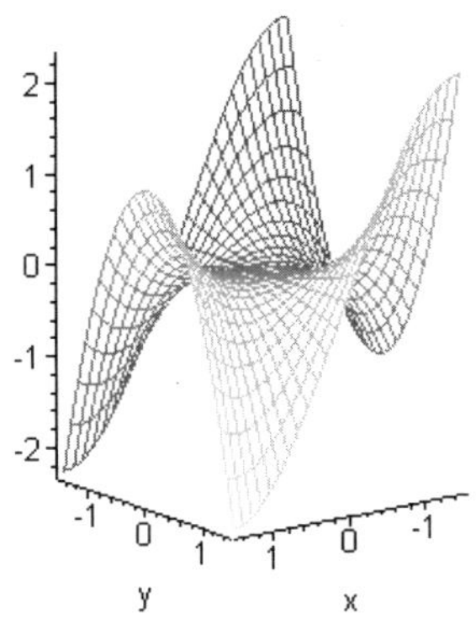

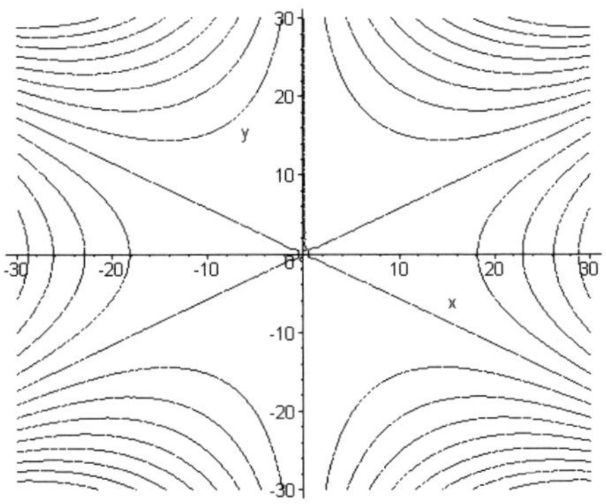

**[98]** $x^2+y^2=4, z=x \Rightarrow$ 두 곡면이 만나는 타원의 식=?

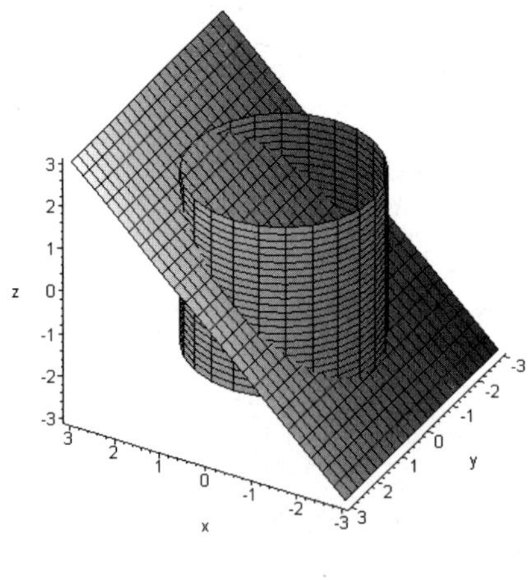

**[99]** 회색부분의 면적: $\frac{4}{3} \Rightarrow \overline{PQ}$ 중점의 자취는?

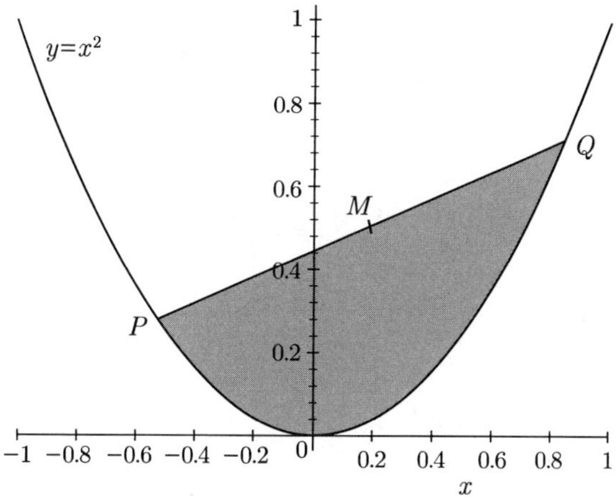


**[100]** $\triangle ABC$, $B(2,0)$, $C(8,0)$, $4\tan\frac{B}{2}\tan\frac{C}{2}=1 \Rightarrow A$의 자취=?

**[101]** 닫힌 원기둥의 표면적이 일정, 최대 부피가 되게 $\frac{h}{r}=?$

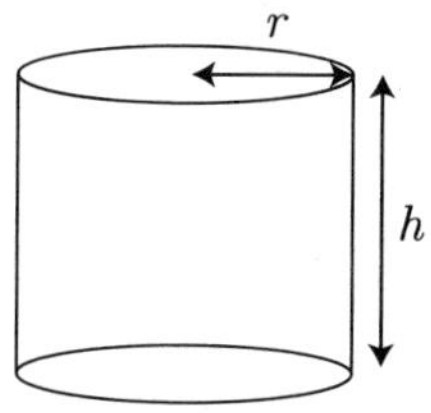


**[102]** 점$(-1,1)$에서 곡선 $xy=1$의 접하는 접선 식은?

**[103]** $(s,t) \Rightarrow$ 자취 식은?

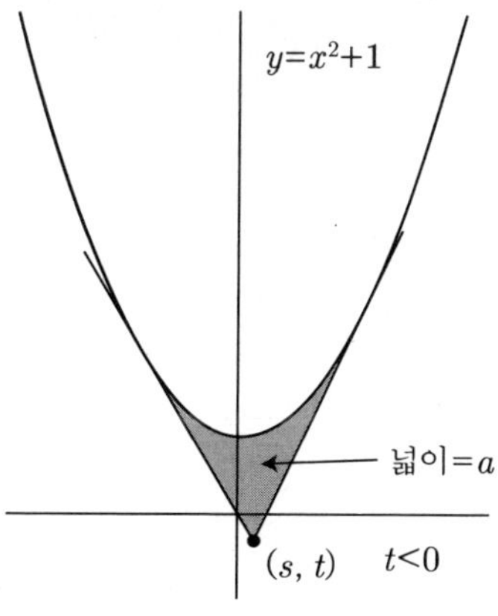

**[104]** 넓이$OAP$ = 넓이$OBP$ $\Rightarrow f(x) = ?$

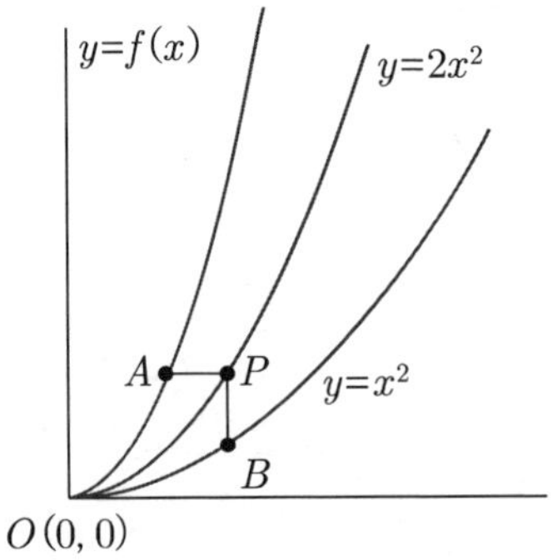


**[105]** $\triangle OAP = \triangle OBP$ $\Rightarrow f(x) = ?$

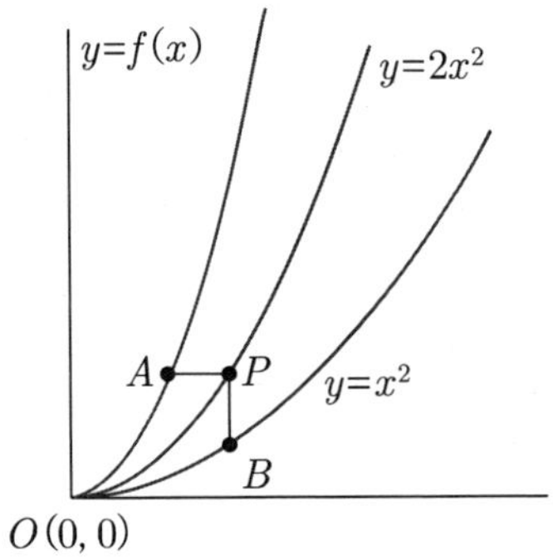


**[106]** 20개 삼각형, 12개 오각형으로 구성된 다면체에서 정점의 개수는?

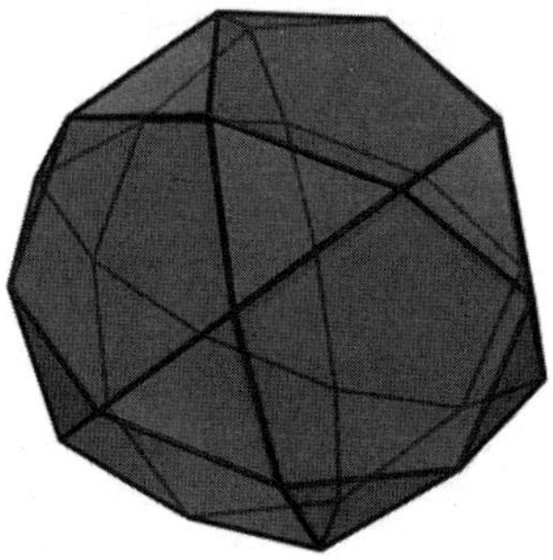

# 07 입체의 부피

❑ 다음 영역 안에서 입체의 부피를 구하여라.

**[1]** $f(x,y)=x^2+y^2,\ (1 \le x^2-y^2 \le 9,\ 2 \le xy \le 4)$

**[2]** $f(x,y)=\sqrt{x^2+y^2}\,,(4 \le x^2+y^2 \le 9)$

**[3]** $f(x,y)=x^2+y^2,\ (0 \le x^2+y^2 \le a^2)$

**[4]** $f(x,y)=\cos\left(\dfrac{x-y}{x+y}\right),\ (x+y=1, x=0, y=0)$

**[5]** $f(x,y)=e^{\frac{y}{x+y}}\,, (x=0, y=0, x+y=1)$

**[6]** $f(x,y)=e^{-(x^2+xy+y^2)}\,,(0 \le x^2+xy+y^2 \le 1)$

**[7]** $1 \le xy \le 9,\ 4 \le xz \le 36,\ 25 \le yz \le 49$로 둘러싸인 부피.

**[8]** $z=\sqrt{x^2+y^2}\,,\ z=x^2+y^2$로 둘러싸인 부피.

**[9]** $f(x,y)=e^{-(x^2+y^2)},\ (0 \le x^2+y^2 \le a^2)$

**[10]** $f(x,y)=x^2+y^2,(\theta \le r \le 2\theta,\ 0 \le \theta \le 3\pi)$

**[11]** $f(x,y)=16-\sqrt{x^2+y^2}\,,(0 \le r \le \cos\theta,\ -\dfrac{\pi}{2} \le \theta \le \dfrac{\pi}{2})$

**[12]** $f(x,y)=xy,\ \ (0 \le r \le 5, 0 \le \theta \le \dfrac{\pi}{4})$

**[13]** $f(x,y)=x+y,(0 \le x,\ 0 \le y \le \sqrt{3}\,x\,, 0 \le r \le 2)$

**[14]** $f(x,y)=x^2+y^2,\ \ (0 \le r \le 2(1+\sin\theta))$

**[15]** $0 \le z \le 4+x+2y,\ x^2+y^2=1$로 둘러싸인 부피.

**[16]** $0 \le z \le \sqrt{4-(x^2+y^2)},\ x^2+y^2=1$의 외부로 둘러싸인 부피.

**[17]** $0 \le z \le \sqrt{x^2+y^2},\ x^2+y^2-4x=0$로 둘러싸인 부피.

**[18]** $f(x,y)=\dfrac{1}{\sqrt{x^2+y^2}},\ \left(0 \le y \le \sqrt{9-x^2},\ \dfrac{3}{\sqrt{2}} \le x \le 3\right)$

**[19]** $f(x,y)=\sin(x^2+y^2),\ \left(0 \le x \le \sqrt{1-y^2},\ 0 \le y \le 1\right)$

**[20]** $f(x,y)=e^{-(x^2+y^2)},\ \left(0 \le y \le \sqrt{1-x^2},\ 0 \le x \le 1\right)$

**[21]** $f(x,y)=x^2+y^2,\ \left(-\sqrt{x-x^2} \le y \le \sqrt{x-x^2},\ 0 \le x \le 1\right)$

**[22]** $\angle BOC=\lambda,\ \angle COA=\mu,\ \angle AOB=\nu$일 때 사면체의 부피.

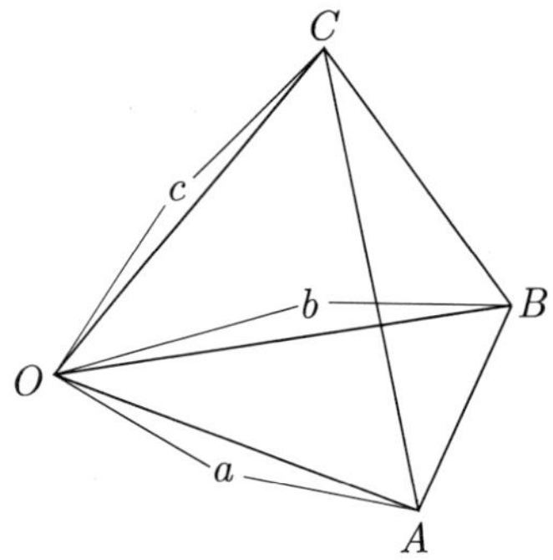


**[23]** $1 \le x^2+y^2+z^2 \le 9,\ z^2=3(x^2+y^2)$로 둘러싸인 부피.

**[24]** $\rho=3\sin\phi$로 둘러싸인 부피.

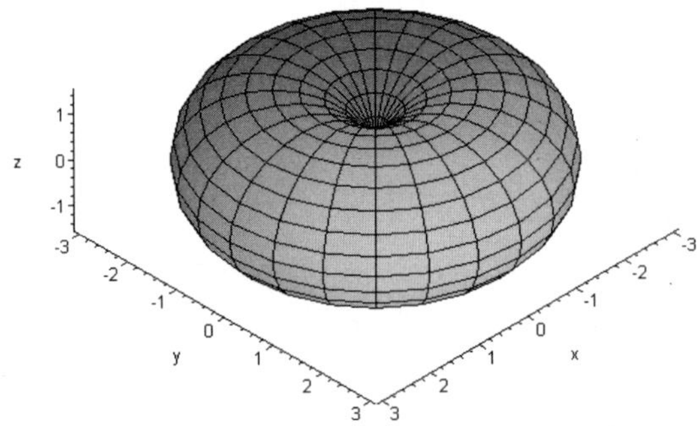

[25] $0 \le \rho \le 2,\ 0 \le \phi \le \dfrac{\pi}{4}$ 로 둘러싸인 부피.

[26] $-4\sqrt{3} \le z \le \sqrt{64-x^2-y^2}$ 로 둘러싸인 부피.

[27] $\rho = \cos\phi$로 둘러싸인 부피.

[28] $f(x,y) = \dfrac{\sin(x-y)}{\cos(x+y)},\quad \left(0 \le y \le x,\ x+y = \dfrac{\pi}{4}\right)$

[29] $f(x,y) = x^3 y\ ,(x \le y \le 2x,\ 1 \le xy \le 3)$

[30] $f(x,y) = 7xy,\ (1 \le 2x+3y \le 3,\ -2 \le x-2y \le 2)$

[31] $f(x,y) = x^2+y^2\ ,\left(0 \le x^2 + \dfrac{y^2}{4} \le 1\right)$

[32] $f(x,y) = \dfrac{y}{x} - 3y\ ,\ \left(1 \le y \le \dfrac{1}{4}x,\ x-3y = e\right)$

[33] $f(x,y) = xy^2, (-1 \le x-y \le 2,\ 0 \le 2x+3y \le 1)$

[34] $f(x,y) = \dfrac{y}{x}e^{x^2-y^2}, (1 \le x^2-y^2 \le 4,\ \sqrt{2}\,y \le x \le 2y, x,y > 0)$

[35] $f(x,y) = x^2+y^2, (x^2+y^2 \le z \le 4(x^2+y^2), 1 \le z \le 4, x,y > 0)$

[36] $f(x,y) = e^{x^2-y^2}, \left(1 \le x^2-y^2 \le 4,\ 0 \le y \le \dfrac{3}{5}x,\ x,z > 0\right)$

[37] $f(x,y) = \left(\dfrac{x-2y}{x+2y}\right)^3, (1 \le x-2y \le 2,\ 1 \le x+2y \le 3)$

[38] $f(x,y) = x^2,\ \left(0 \le \dfrac{x^2}{a^2} + \dfrac{y^2}{b^2} \le 1\right)$

[39] $f(x,y) = \sin\left\{\pi\left(\dfrac{y-x}{y+x}\right)\right\},\ (1 \le x+y \le 2,\ x = 0, y = 0)$

[40] $f(x,y) = e^{\frac{2x-y}{x+y}}\ , \left(\dfrac{x}{2} \le y \le 2x,\ 1 \le x+y \le 2\right)$

**[41]** $f(x,y) = 3x - 5,\ (-x+7 \le y \le x+5,\ 0 \le x \le 1)$

**[42]** $z = x^2 + y^2\ ,\ x^2 + y^2 = z^2$

**[43]** $r = 4\sin\theta\ ,\ r = z,\ z \ge 0$

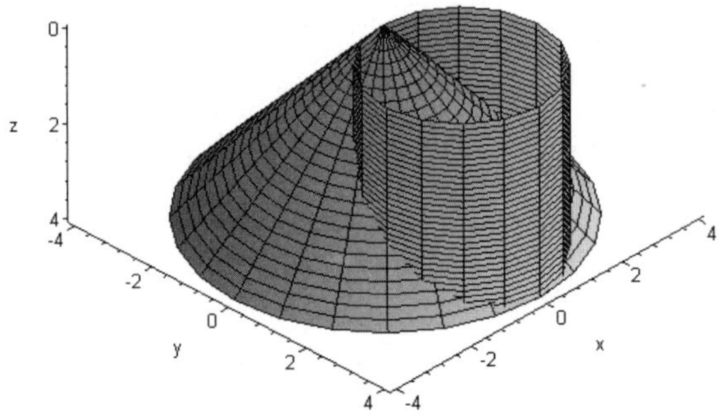


**[44]** $4x^2 + y^2 \le z \le 16 - 3y^2$

**[45]** $z = x + 2y,\ 6 = x + 3y\ ,\ (x, y, z \ge 0)$

**[46]** $x^2 + y^2 + z^2 = 49,\ x^2 + y^2 = 3z + 21$

**[47]** 꼭짓점 $A(x_1, y_1, z_1), B(x_2, y_2, z_2), C(x_3, y_3, z_3), D(x_4, y_4, z_4)$으로 만들어진 사면체의 부피.

**[48]** $f(x,y) = (y^2 - x^2)^{xy}(x^2 + y^2),\ (0 \le x \le y, y^2 - x^2 \le 1 \le xy \le 9)$

**[49]** $s = 6\sqrt{2}\ ,\ \overline{AB}\ //\ \overline{EF}$일 때 입체의 부피는?

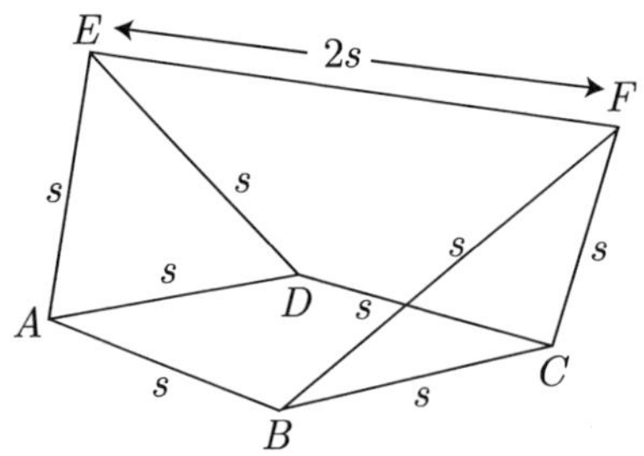

**[50]** $\triangle ABD=12, \triangle ABC=15 \Rightarrow$ 사면체의 부피는?

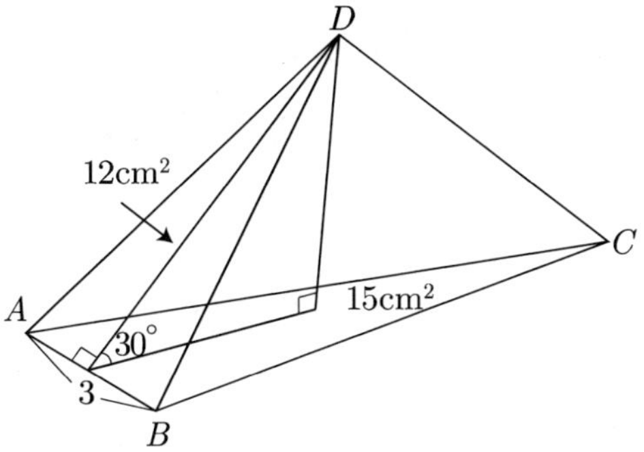


**[51]** 사면체의 부피는?

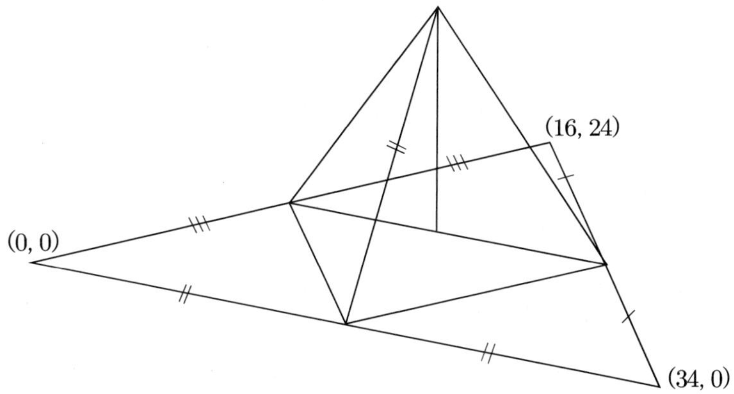


**[52]** $0<a<1, x,y \ge 0, \sqrt{\dfrac{x}{a}}+\sqrt{\dfrac{y}{1-a}} \le 1, x$축 회전 $\Rightarrow$ 최대부피?

**[53]** $a,b,c>0 \Rightarrow \left(\dfrac{x}{a}\right)^{\frac{2}{3}}+\left(\dfrac{y}{b}\right)^{\frac{2}{3}}+\left(\dfrac{z}{c}\right)^{\frac{2}{3}} \le 1$ 부피?

**[54]** 모든 모서리의 길이 합이 1인 사면체의 최대 부피는?

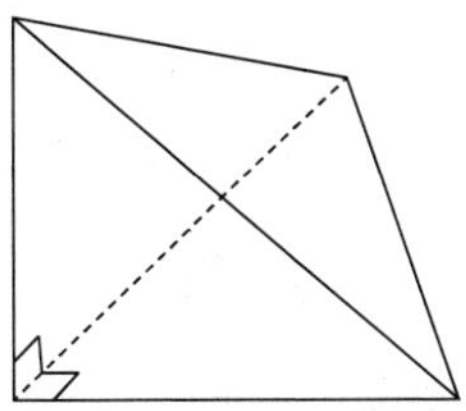

**[55]** $|OA| = 1, |OB| = |OC| = |OD| = 4 \Rightarrow \max\{ABCD\} = ?$

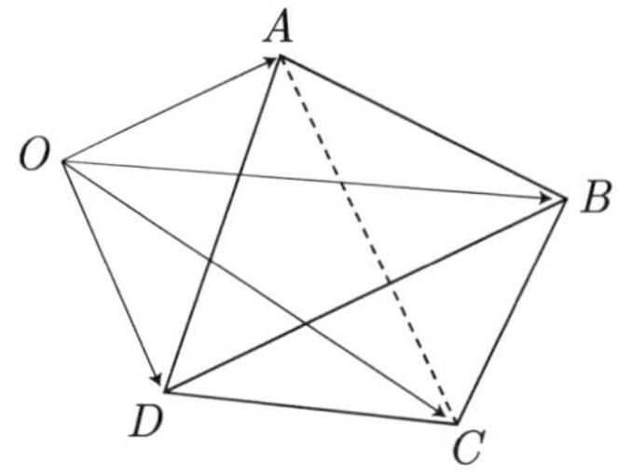


**[56]** $my + nz = 0, nz + lx = 0, lx + my = 0, lx + my + nz = p$

$\Rightarrow$ 네 평면으로 구성된 사면체의 부피?

**[57]** 정육면체 안의 두 개 사면체로 만들어진 모양의 부피?

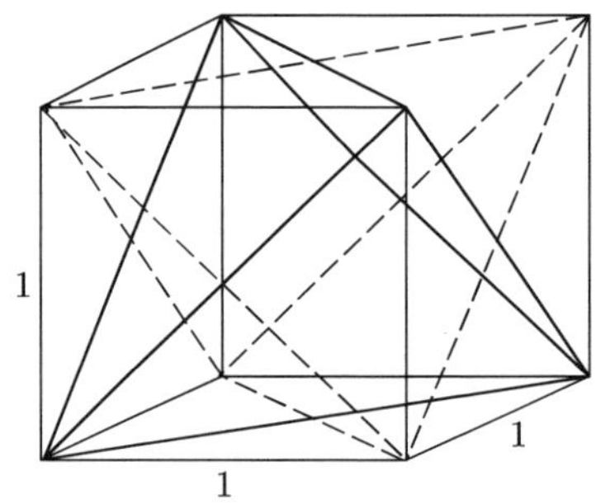


**[58]** 반지름 1이고, 원기둥 높이 4인 모양의 부피는?

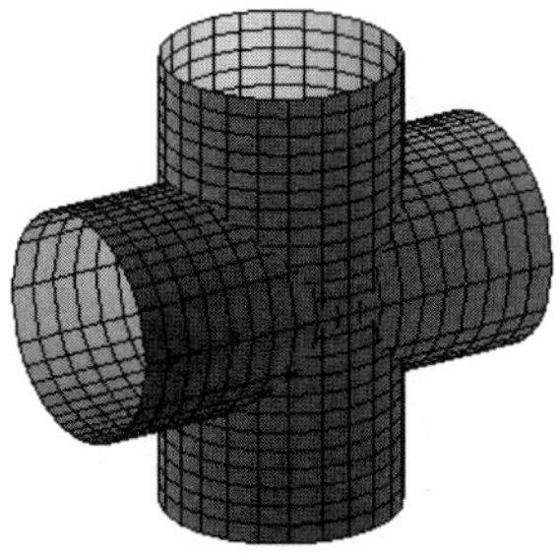

**[59]** 반지름 1이고, 원기둥 높이 8인 모양의 부피는?

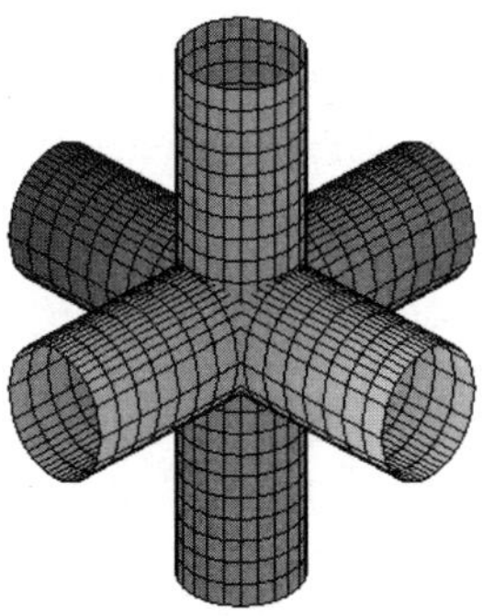

**[60]** 좌표변환으로 만들어진 한 구역의 부피를 구하라.

① $x = u\cos v\sin w,\ y = u\sin v\sin w,\ z = u\cos w$

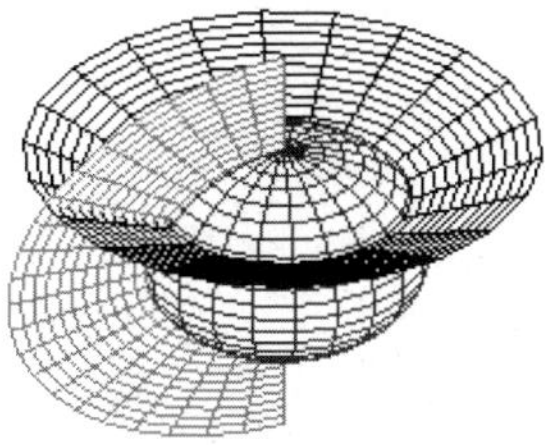

② $x = \dfrac{a\sinh v}{\cosh v - \cos u},\ y = \dfrac{a\sin u}{\cosh v - \cos u},\ z = w$

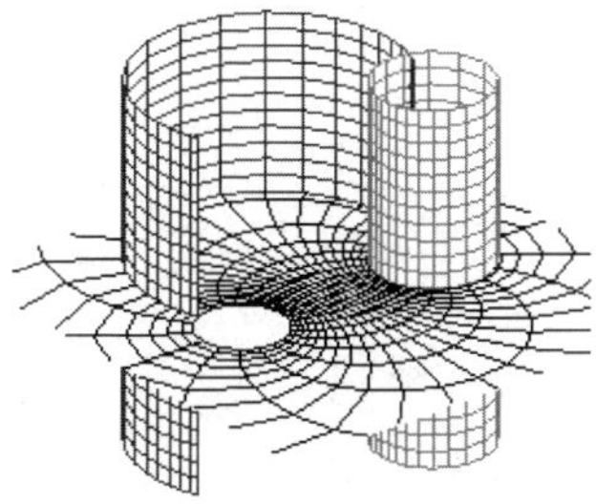

③ $x = \dfrac{\sin u\cos w}{\cosh v - \cos u},\ y = \dfrac{\sin u\sin w}{\cosh v - \cos u},\ z = \dfrac{\sinh v}{\cosh v - \cos u}$

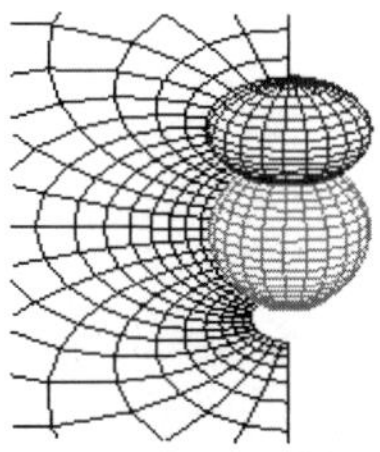

④ $x = \dfrac{a}{\sqrt{2}}\left(\sqrt{e^{2u} + 2e^u\cos v + 1} + e^u\cos v + 1\right)^{\frac{1}{2}}$

$y = \dfrac{a}{\sqrt{2}}\left(\sqrt{e^{2u} + 2e^u\cos v + 1} - e^u\cos v - 1\right)^{\frac{1}{2}},\ z = w$

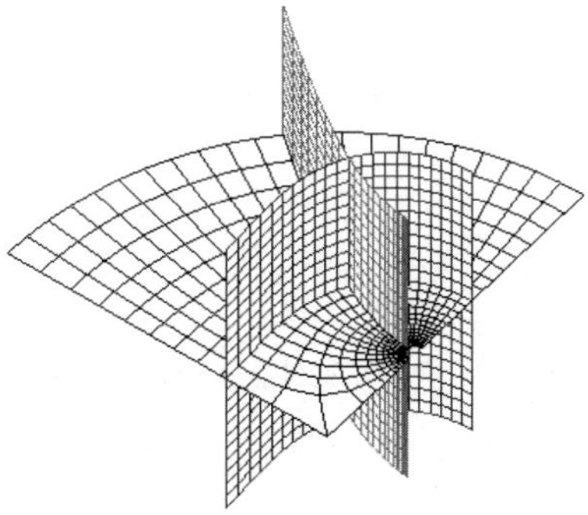

⑤ $x = u\cos v,\ y = u\sin v,\ z = w$

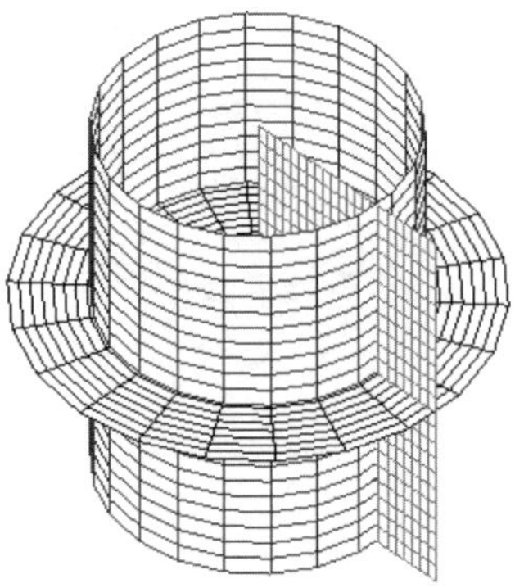

⑥ $x = a\cosh u\cos v,\ y = a\sinh u\sin v,\ z = w$

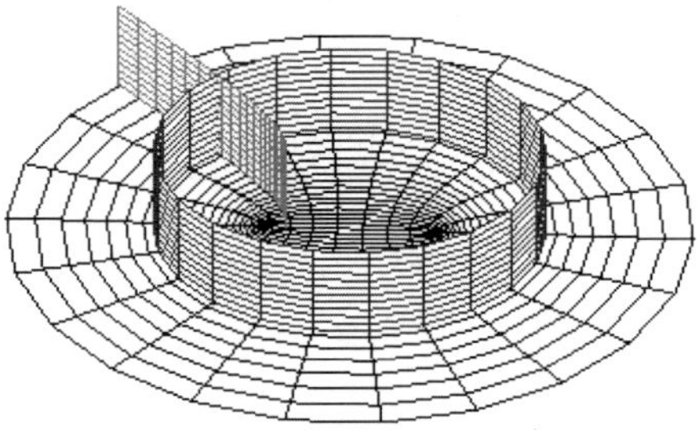

⑦ $x = \sqrt{\sqrt{u^2+v^2}+u},\ y = \sqrt{\sqrt{u^2+v^2}-u},\ z = w$

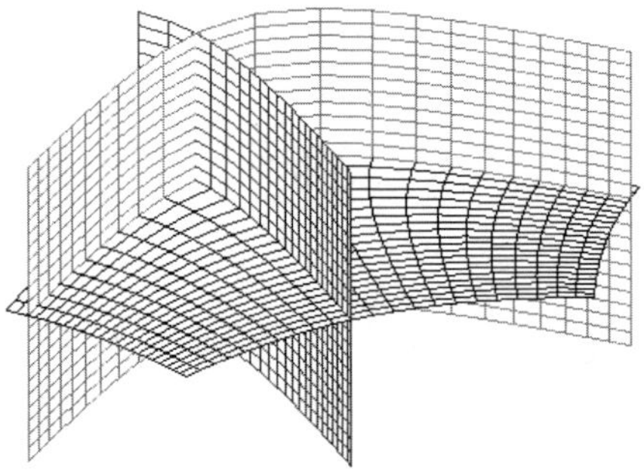

⑧ $x = \dfrac{a}{\pi}\ln(u^2+v^2),\ y = \dfrac{2a}{\pi}\arctan\left(\dfrac{v}{u}\right),\ z = w$

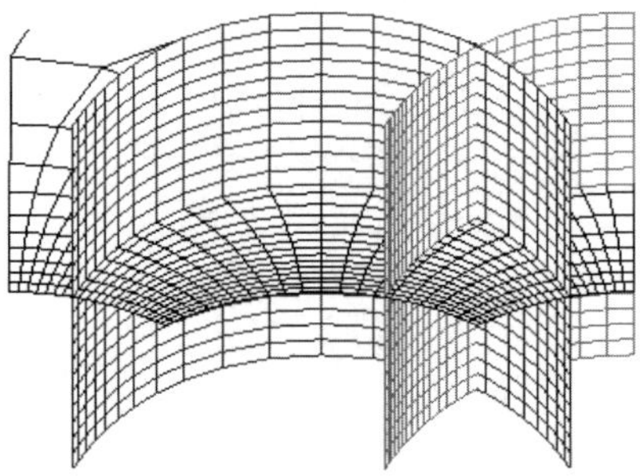

**[61]** $x^2+y^2+z^2=a^2,\ z^2\sin^2\alpha=(x^2+y^2)\cos^2\alpha$

**[62]** $2x^2+2y^2+2z^2+2xy+2xz+2yz=5$ 내부의 부피

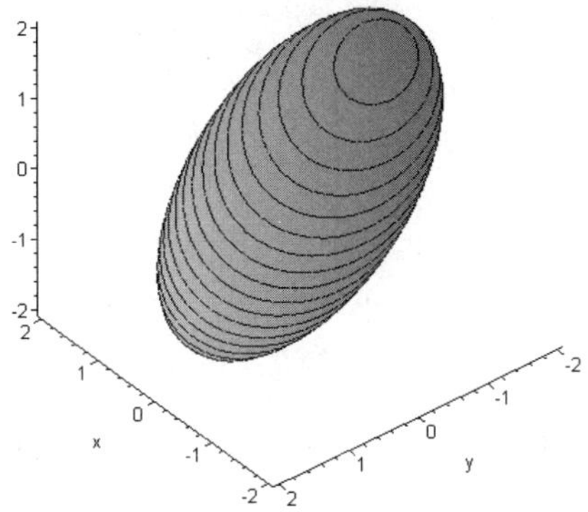


**[63]** $0\le x,y,z,\ \sqrt[5]{\dfrac{x^2}{a^2}}+\sqrt[5]{\dfrac{y^2}{b^2}}+\sqrt[5]{\dfrac{z^2}{c^2}}=1\Rightarrow$ 둘러싸인 부피?

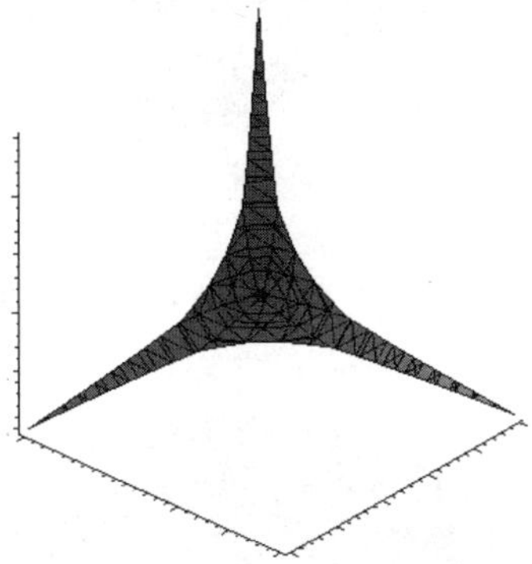

**[64]** $x^2+y^2=z,\ x^2+y^2+z=4\Rightarrow$ 둘러싸인 부피?

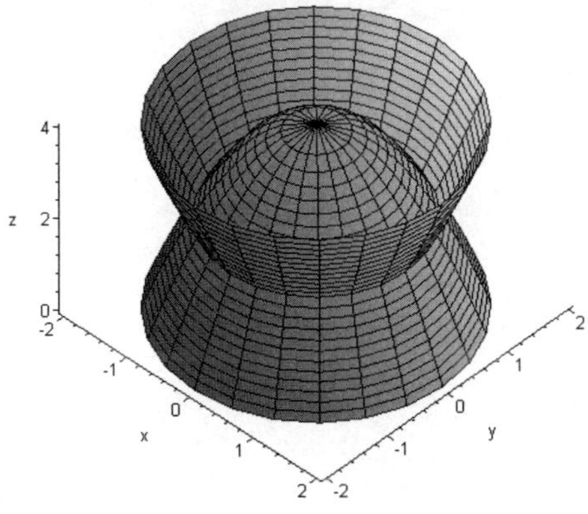

**[65]** $x^2+y^2=4, x^2+y^2+z^2=16 \Rightarrow$ 두 내부 공통부분의 부피?

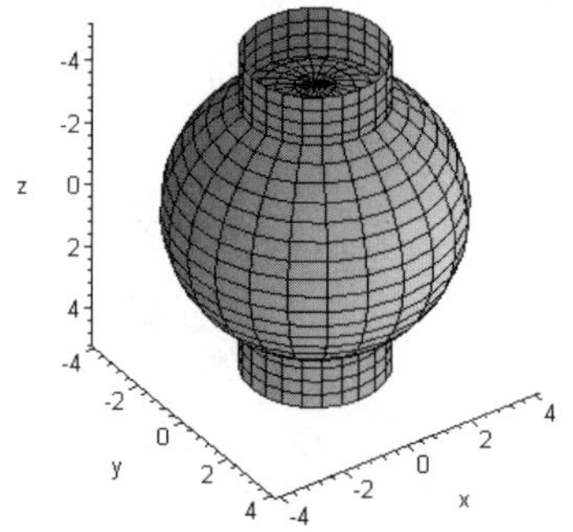


**[66]** $x^2+y^2=4x, x^2+y^2+z^2=16 \Rightarrow$ 두 내부 공통부분의 부피?

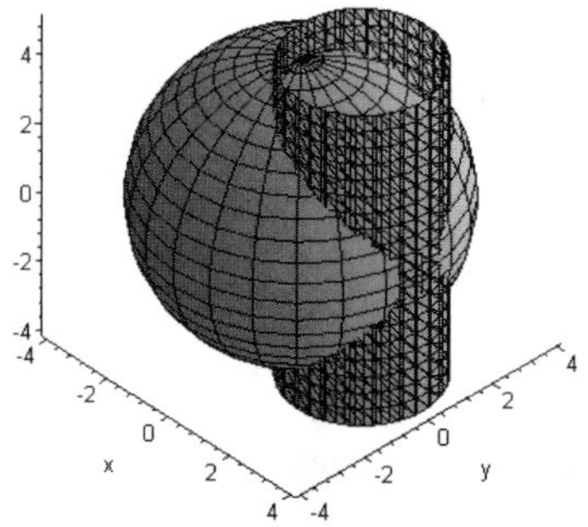


**[67]** $x^2+y^2+z^2=a^2, z^2\tan^2\alpha=x^2+y^2, z^2\tan^2\beta=x^2+y^2$
$\Rightarrow$ 둘러싸인 부피?

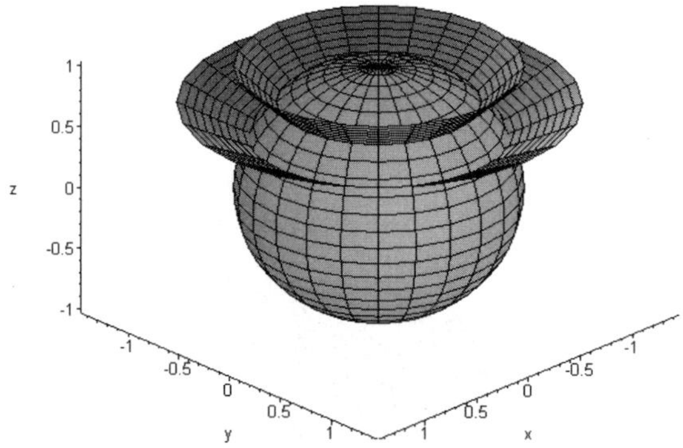


**[68]** $\left(\dfrac{x}{a}\right)^2+\left(\dfrac{y}{b}\right)^2+\left(\dfrac{z}{c}\right)^2=1 \Rightarrow$ 내부의 부피?

**[69]** $\left(\dfrac{x}{a}\right)^2+\left(\dfrac{y}{b}\right)^2+\left(\dfrac{z}{c}\right)^2=1\,, 3\left(\dfrac{z}{c}\right)^2=\left(\dfrac{x}{a}\right)^2+\left(\dfrac{y}{b}\right)^2, z\geq 0 \Rightarrow$ 둘러싸인 부피?

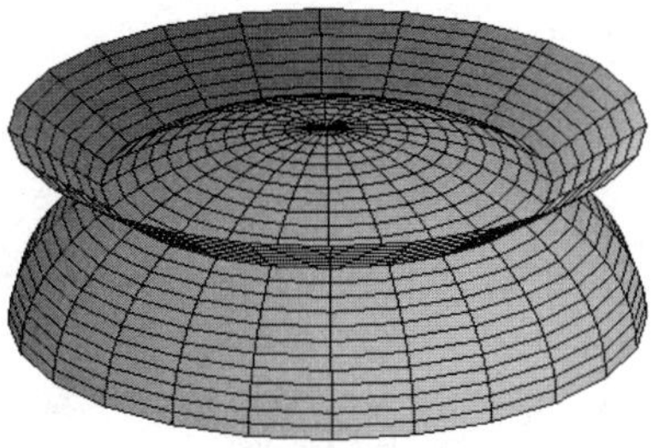

**[70]** 절단면이 반원인 입체의 부피?

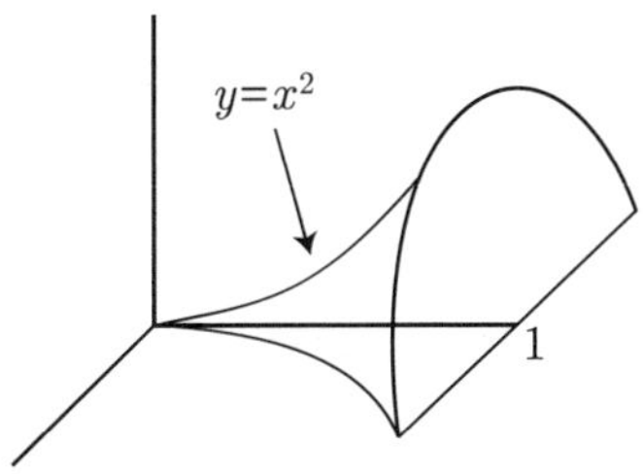


**[71]** 반경이 3인 쐐기 모양의 부피?

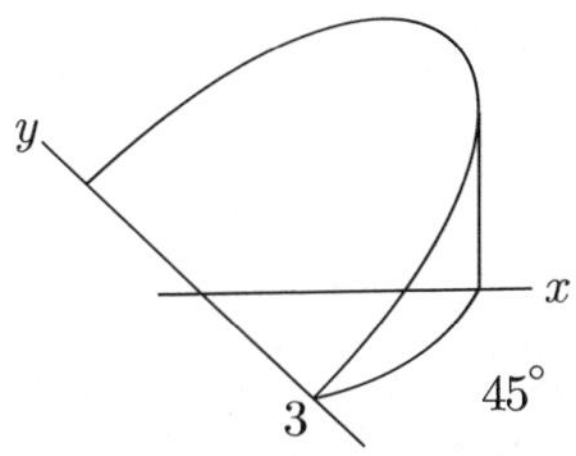


**[72]** 곡선$y=2\sqrt{\sin x}$과 절단면이 정삼각형으로 구성된 입체의 부피?

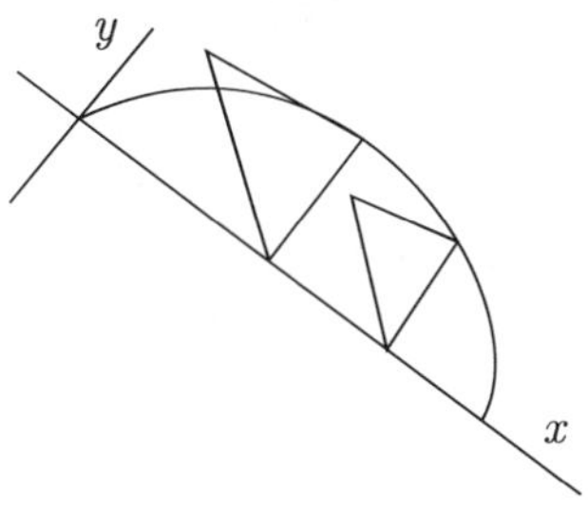


**[73]** $\begin{matrix} x=a(1+\cos\theta)\cos\theta \\ y=a(1+\cos\theta)\sin\theta \end{matrix}$, $(0\le\theta\le\pi)\Rightarrow x$축 회전시 부피?

**[74]** $y=\sin x, (0\le x\le\pi)\Rightarrow y$축 회전시 부피?

**[75]** $y=e^{x^2}, (1\le x\le 2)\Rightarrow y$축 회전시 부피?

**[76]** $z=2y, z=1-2x^2-y^2 \Rightarrow$ 둘러싸인 부피?

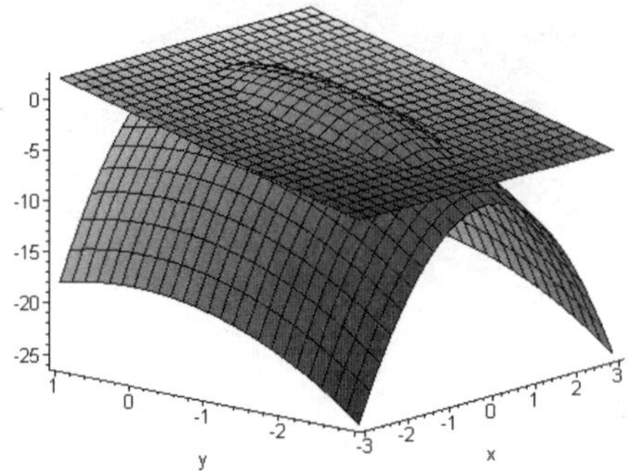

**[77]** $x=0, y=0, z=x+y, z=1-x-y \Rightarrow$ 둘러싸인 부피?

**[78]** $x^2-x \le y \le x \Rightarrow y=x$을 축으로 회전시 부피?

**[79]** $x^2-x \le y \le x \Rightarrow y=-x$을 축으로 회전시 부피?

**[80]** $z=x+y, z=x^2+y^2 \Rightarrow$ 둘러싸인 부피?

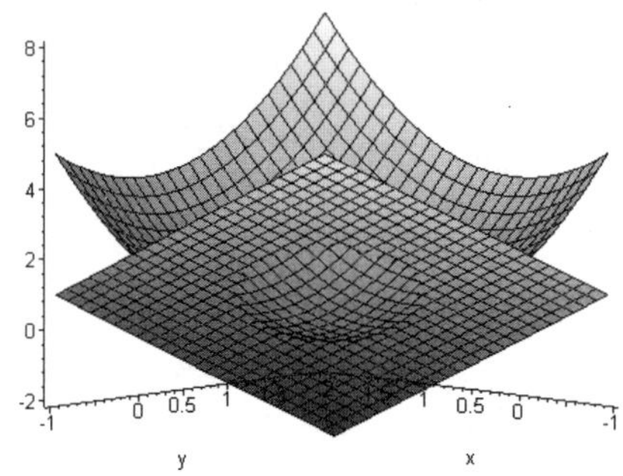

**[81]** $x^{\frac{2}{3}}+(y-2)^{\frac{2}{3}}=1 \Rightarrow x$축 회전시 부피?

**[82]** $f(x,y)=\dfrac{xy}{1+(xy)^2}, (1 \le xy \le 5, 1 \le x \le 5) \Rightarrow$ 부피?

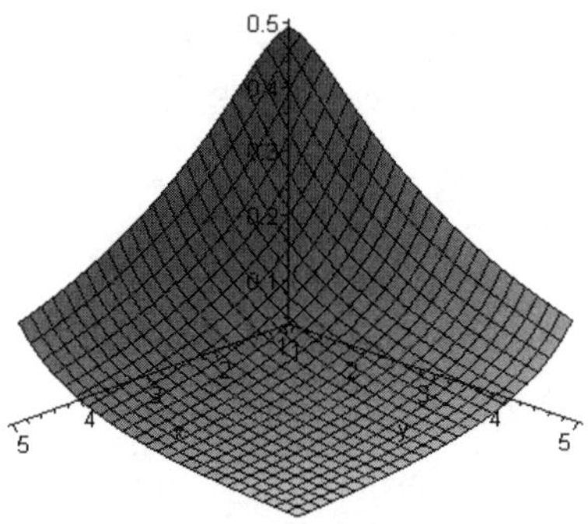

**[83]** 바닥이 타원인 모양의 부피?

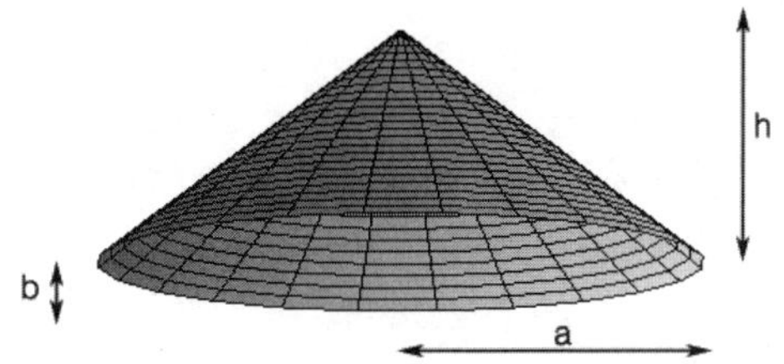


**[84]** $z=x^2+y^2+4,\ z=1-\dfrac{x}{2},\ x^2+y^2=4 \Rightarrow$ 둘러싸인 부피?

**[85]** $z=x^2+\dfrac{y^2}{9},\ z=8-x^2-\dfrac{y^2}{9} \Rightarrow$ 둘러싸인 부피?

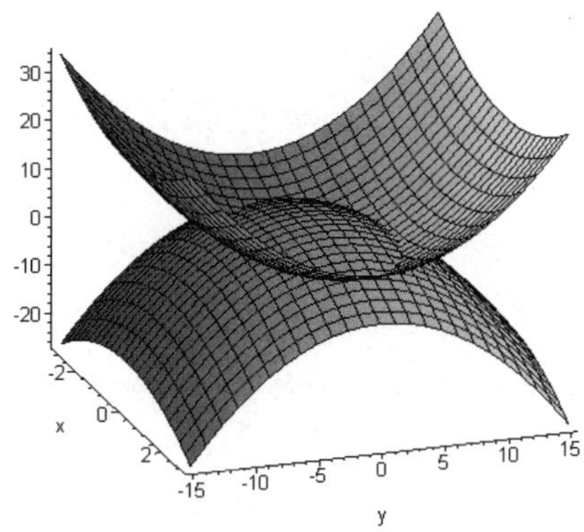


**[86]** 축 $\overline{PM}$ 으로 한 변이 $a$인 정사면체 $PSRQ$을 회전 시 부피?

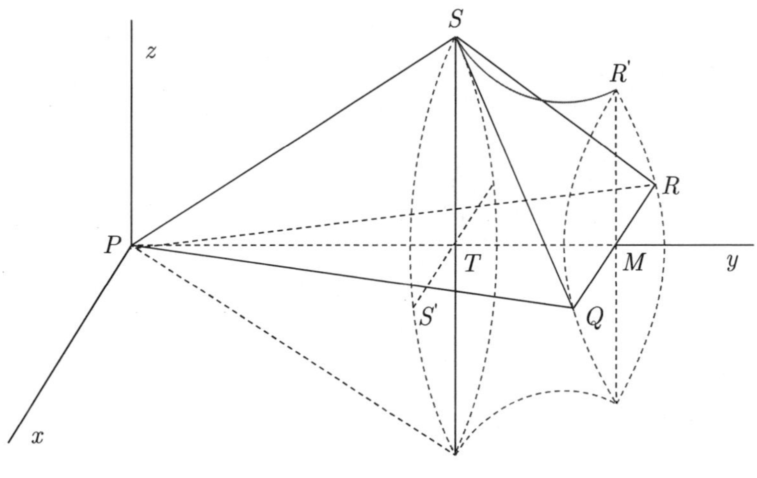

**[87]** 직선 $h$을 $Z$축으로 회전 시 부피?

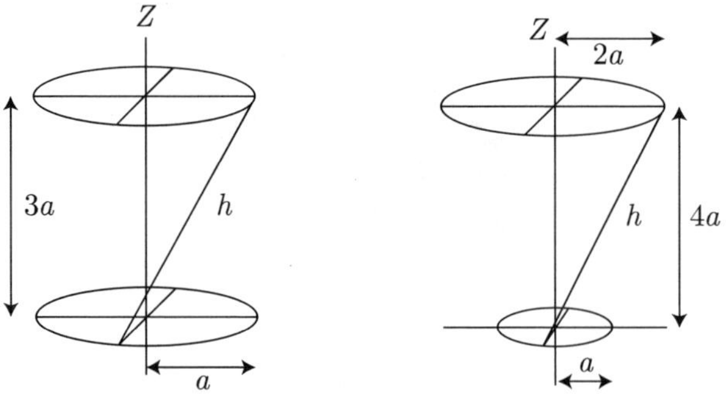


**[88]** 물통 속의 물에 부피?

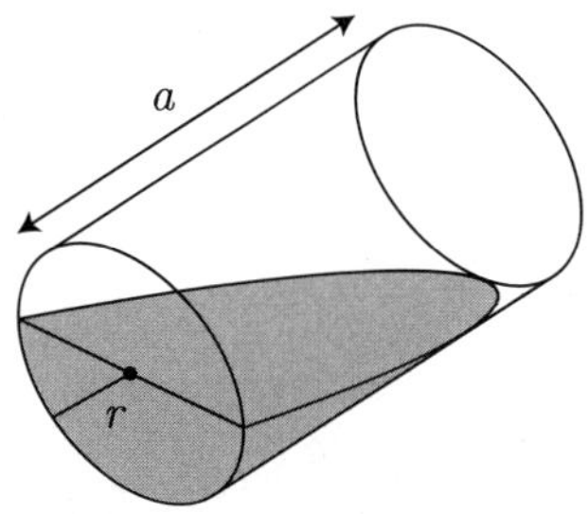


**[89]** $y=x, y=x^2-2x \Rightarrow x$축으로 회전시 둘러싸인 부피?

**[90]** $x^2+y^2 \le z \le \sqrt{3}y+1 \Rightarrow$ 둘러싸인 부피?

**[91]** $A(2,0,2), B(1,1,0), C(0,0,3)$의 $\triangle ABC$을 $Z$축 회전시 부피?

**[92]** 점 $E, F, G$ : $\triangle OAB, \triangle OBC, \triangle OCA$의 무게중심점
$\Rightarrow$ 사면체 부피 $OABC$: 사면체 부피 $OEFG = ?$

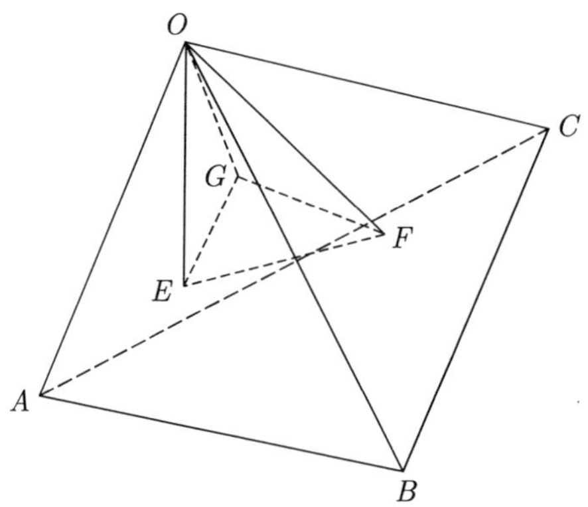


**[93]** 4차원 단위 구의 부피 = ?

**[94]** $P(0,0,2)$, $A(0,2,0)$, $B(\sqrt{3},-1,0)$, $C(-\sqrt{3},-1,0)$
$S=\{(x,y,z) \mid x^2+y^2 \ge 1\} \Rightarrow S \cap$ 사면체$PABC$ 의 부피?

**[95]** $C_1=\left\{(x,y) \mid 0 \le y \le \dfrac{x}{x+k}, 0 \le x \le a\right\}$ , $a,k>0$
$C_2=\left\{(x,y) \mid \dfrac{x}{x+k} \le y \le \dfrac{a}{a+k}, 0 \le x \le a\right\}$
$V_1 : C_1$의 $X$축 회전한 부피, $V_2 : C_2$의 $Y$축 회전한 부피 $\Rightarrow \dfrac{V_2}{V_1}=?$

**[96]** 영역:$x^2+xy+y^2 \le 4$ $\Rightarrow f(x,y)=x^2+y^2$ 의 부피?

**[97]** 한 변의 길이가 1인 8개의 정삼각형과 6개의 정사각형으로 이루어진 다면체의 부피는?

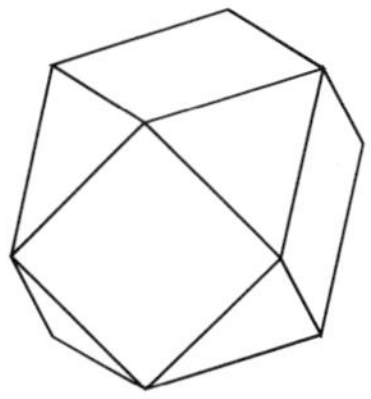

# 08 입체 표면적

❏ 다음 영역 안에서 입체의 표면적을 구하여라.

**[1]** $f(x,y)=\frac{2}{3}x^{\frac{3}{2}}$, $(0 \le x \le 3,\ 0 \le y \le 2)$

**[2]** $0 \le z \le 4-x^2-y^2$

**[3]** $f(x,y)=a\sqrt{x^2+y^2}$, $\left(r_1 \le x^2+y^2 \le r_2\right)$

**[4]** $x+2y+3z=1$, $(0 \le x,y,z)$

**[5]** $x^2+y^2+z^2=16$, $x^2-4x+y^2=0$의 내부영역.

**[6]** $x^2+y^2+z^2=14z$, $x^2+y^2=5z$상의 영역.

**[7]** $f(x,y)=xy$, $\left(0 \le x^2+y^2 \le 1\right)$

**[8]** $8a^2y^2=a^2x^2-x^4$, ($x$축 회전)

**[9]** $\frac{x^2}{16}+\frac{y^2}{4}=1$, ($x$축 회전)

**[10]** $x^{\frac{2}{3}}+y^{\frac{2}{3}}=1$, ($x$축 회전)

**[11]** $x=2\cos\theta-\cos 2\theta$, $y=2\sin\theta-\sin 2\theta$, ($x$축 회전)

**[12]** $r=a(1-\cos\theta)$, ($x$축 회전)

**[13]** $r^2=a^2\cos 2\theta$, ($x$축 회전)

**[14]** $2z=x^2+y^2$, $z=\sqrt{x^2+y^2}$로 둘러싸인 영역

**[15]** 반지름이 $a$인 두 원기둥의 교차되는 영역의 표면적

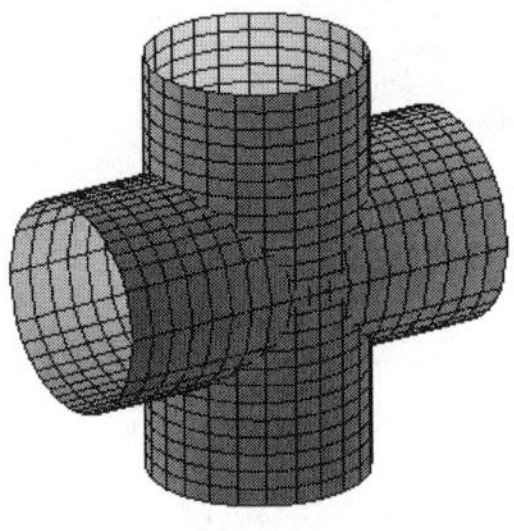

**[16]** $x^2+y^2+z^2=a^2$, $z\tan\alpha=\sqrt{x^2+y^2}$ 로 둘러싸인 영역의 표면적

**[17]** 반지름이 $a$인 세 원기둥의 교차되는 영역의 표면적

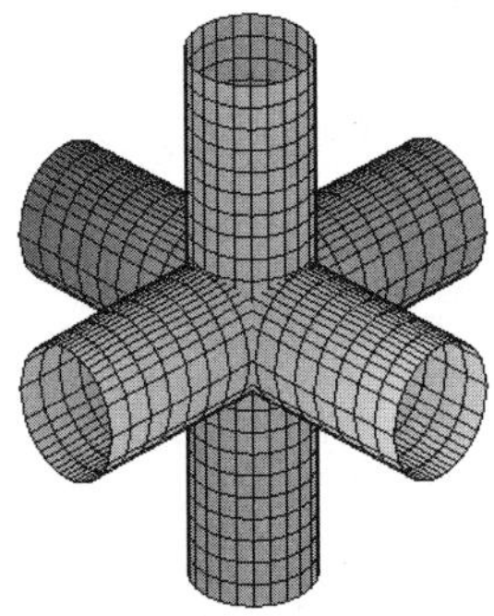

**[18]** $2x^2+2y^2+2z^2+2xy+2xz+2yz=5$의 표면적

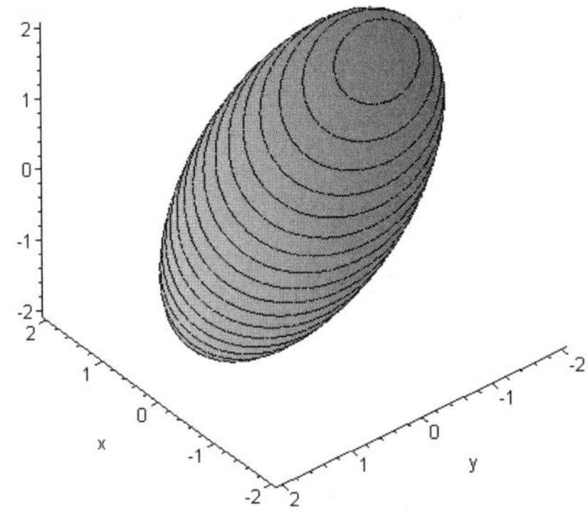


**[19]** $x^2+y^2+z^2=a^2$, $z^2\tan^2\alpha=x^2+y^2$, $z^2\tan^2\beta=x^2+y^2$

$\Rightarrow$ 둘러싸인 표면적?

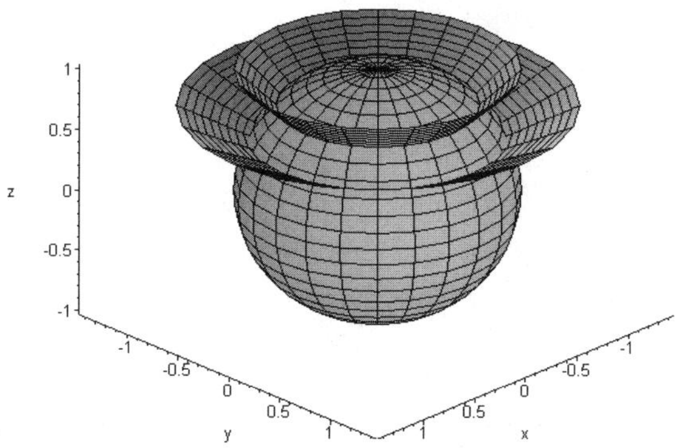


**[20]** 실통의 실이 풀어진 모양에서 $x$축으로 회전시 표면적?

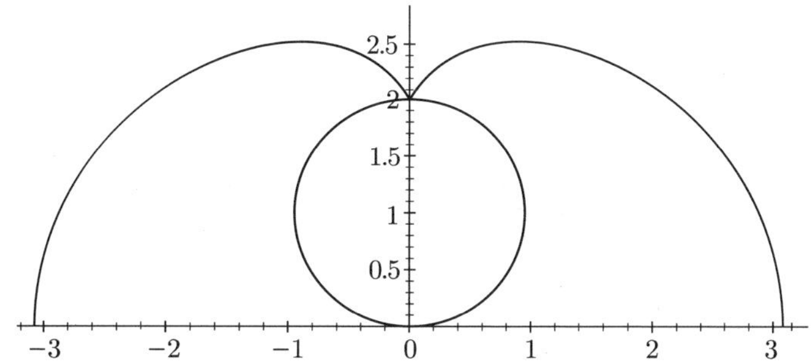


**[21]** $z = 3\sqrt{x^2+y^2}, z = x+y+2 \Rightarrow$ 둘러싸인 표면적?

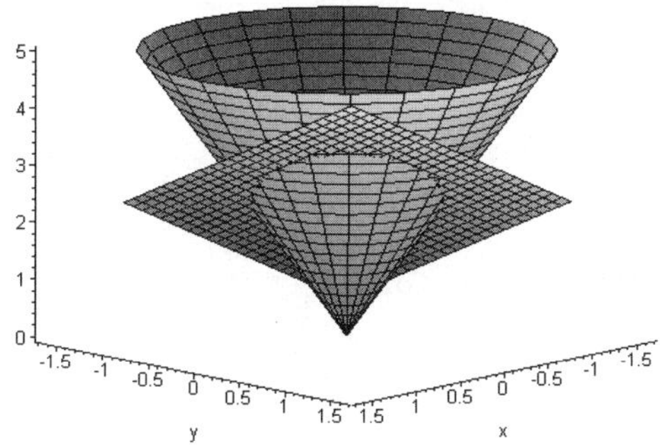


**[22]** 아래 원환체의 표면적?

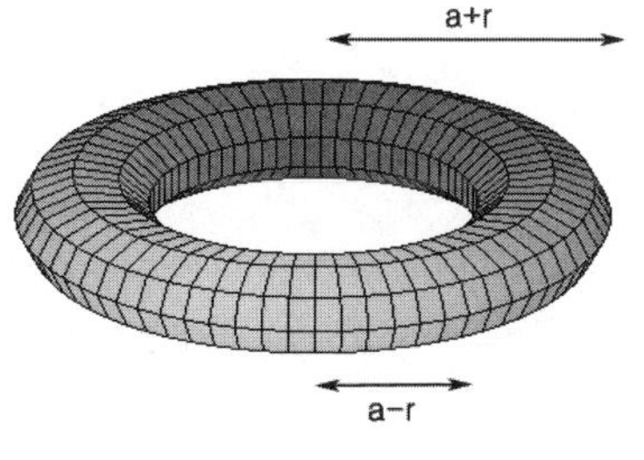

**[23]** $y = e^{-x}, (0 \le x) \Rightarrow x$축 회전시 표면적?

**[24]** $x(x-3)^2 = 9y^2$의 고리를 $x$축 회전시 표면적?

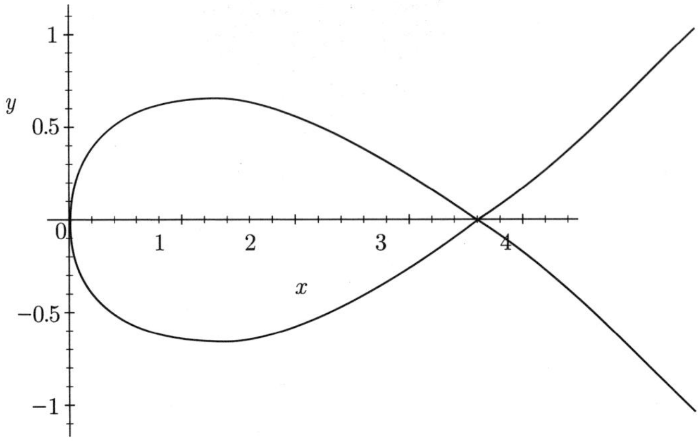

# 09 확률과 통계

❑ 확률 및 통계에 관한 문제

[1] 정규분포 확률밀도 함수식 $f(x) = \frac{1}{\sqrt{2\pi}\,\sigma} e^{-\frac{(x-m)^2}{2\sigma^2}}$ 을 유도하라.

[2] 이항분포의 평균과 표준편차의 공식을 유도하라.

[3] 베이즈 정리를 설명하고, 공식을 유도하라.

[4] 평균, 중위수, 최빈수의 장단점을 설명하라.

[5] 확률에 관한 모든 법칙들을 설명하여라.

[6] 포아송 분포를 설명하고, 평균, 분산을 구하여라.

[7] Chebyshev의 부등식을 증명하여라.

[8] 감마분포 확률밀도 함수식 $f(x) = \frac{x^{\alpha-1} e^{-\frac{x}{\theta}}}{\Gamma(\alpha)\theta^{\alpha}}$ 을 유도하라.

[9] 초기하 분포를 설명하고, 평균, 분산을 구하여라.

[10] 중심극한정리를 설명하고, 증명하여라.

[11] 기하분포를 설명하고 평균, 분산을 구하여라.

[12] 분기당 명목할인율 8%로 최초 5년간, 실할인율 7%로 다음 5년간, 마지막 5년간은 반년 마다 전환 가능한 6%의 복할인으로 천만 원을 15년간 투자할 때, 원리금합계를 구하여라.

[13] 다음 표 x, y의 상관계수를 구하여라.

| x | 12 | 10 | 14 | 11 | 12 | 9 |
|---|---|---|---|---|---|---|
| y | 18 | 17 | 23 | 19 | 20 | 15 |

**[14]** 점 C의 개수는?

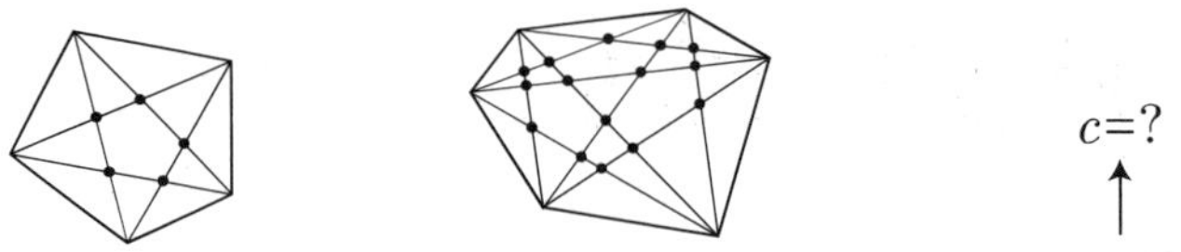


$n=5,\ c=5$ $n=6,\ c=15$ $n=10$

**[15]** 거미는 초당 2, 파리는 초당 1만큼 동시에 움직이면 가장 짧게, 또는 멀게 만나는 시간을 계산해보자.

**[16]** 3계단을 내려오는 예제처럼 10계단을 내려오는데 총 몇 가지 방법?

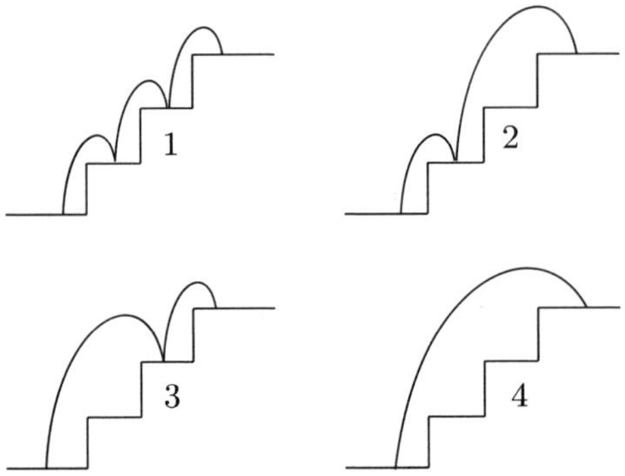


**[17]** A에서 출발하여 A로 돌아오는 경우의 총 수는? (단, 역행 불가능)

**[18]** 불균형 상태가 되도록 무게 1에서 10까지를 원 내부에 기입하라.

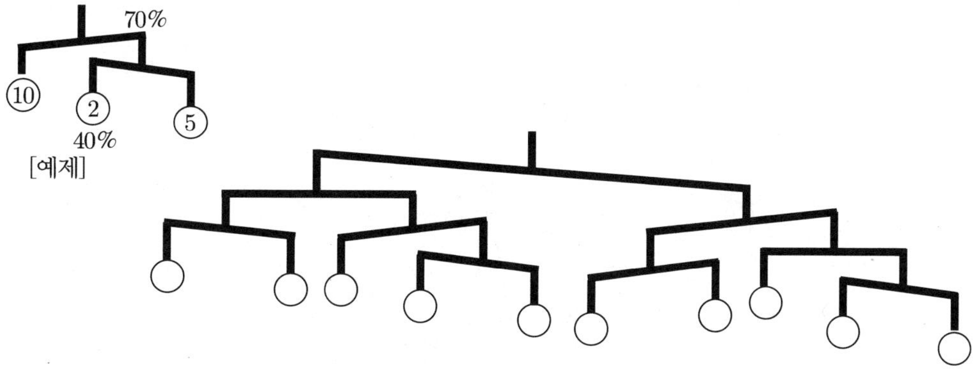


**[19]** A에서 B로 가는 방법의 총 가지 수는?

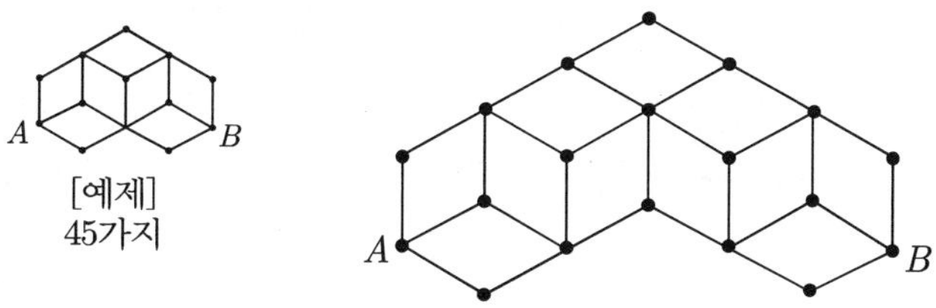


**[20]** 원들의 간격이 $2m$이면, $1km^2$에 총 몇 개의 원들을 만들 수 있는가?

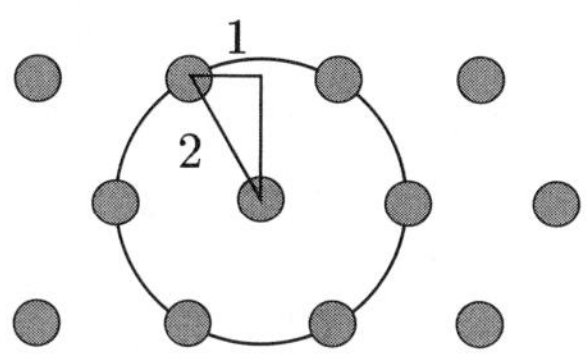


**[21]** A에서 출발하여 B로 가는 방법의 수는?
(단, 정점은 한 번만 통과하고 위로는 이동 불가)

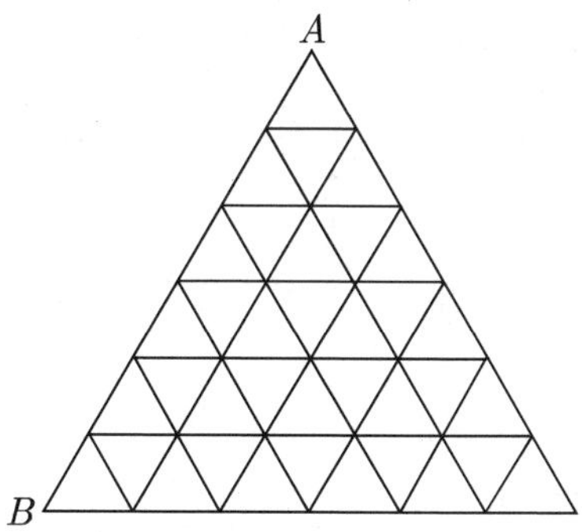

**[22]** 점 $A$에서 $n$번의 곡선의 길이를 경유하여 점 $C$까지 가는 경우의 수는?

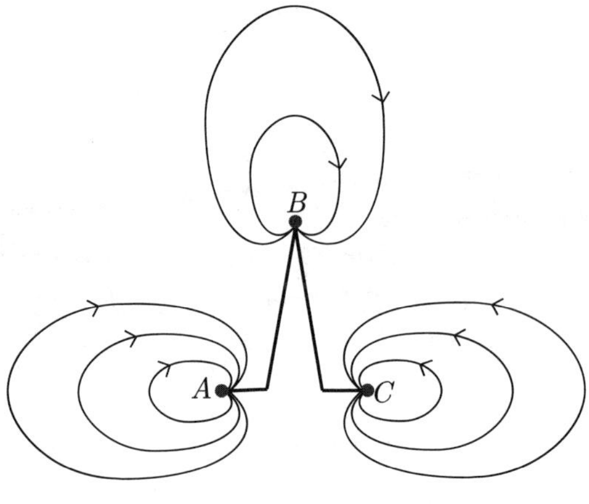


**[23]** $10,000 \times 10,000$ 영역에 $2 \times 2$크기의 타일 한 개는 정중앙에, 나머지 부분은 $1 \times 3$ 크기의 타일들로 공사하고자 한다. 어떤 모양으로 배열하여야 하는지, 또한 필요한 타일의 개수는?

**[24]** $v, w$: $z^{1997} - 1 = 0$의 서로 다른 근 $\Rightarrow$ $P\left(\sqrt{2+\sqrt{3}} \le |v+w|\right) = ?$

**[25]** $a_i \in N \cup \{0\}, k \in N, \sum_{i=1}^{n} a_i = k \Rightarrow$ 총 몇 종류의 해가 있겠는가?

**[26]** 삼각형 내부에 P점을 떨어뜨리면 $\Rightarrow$ $P(\overline{AB} > 5\sqrt{2}) = ?$

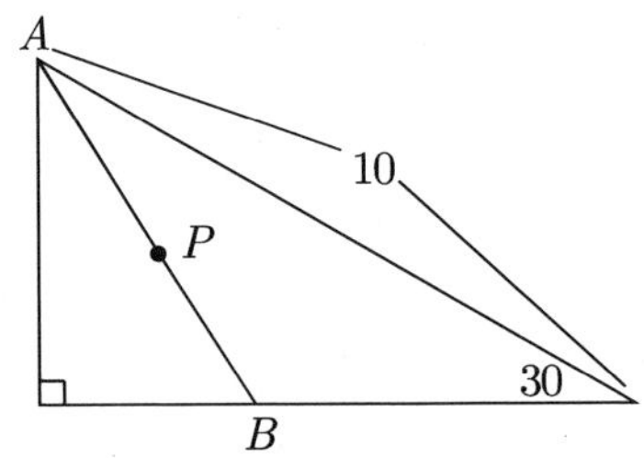


**[27]** 사건 $A$에 대하여 $P(A) = 0$ 또는 $P(A) = 1$ 이면 $A$는 임의의 사건과 서로 독립임을 증명하라.

**[28]** 배반사건 $A$와 $B$ 에 대하여 $P(A) > 0, P(B) > 0$ 이면, $A$와 $B$는 서로 종속임을 증명하라.

**[29]** 주머니 속에 $2^3, 4^3, 6^3, \dots, (2n)^3$ 이 각각 쓰여진 구슬이 들어 있다. 이 주머니에서 3개의 구슬을 복원 추출하여 나오는 숫자의 최댓값을 확률변수 $X$라 할 때, $\lim_{n \to \infty} \frac{E(X)}{n^3}$ 의 값을 구하라.

**[30]** 방사능 검사는 피폭된 자와 피폭되지 않은 사람 모두 95% 정확하게 판단할 수 있다고 한다. 모집단의 0.5%가 피폭되었다고 할 때, 어떤 사람이 검사 결과 피폭되었다고 판단하면, 이 사람이 실제로 피폭될 확률을 구하여라.

**[31]** 중간고사의 성적의 평균이 70점이고, 표준편차가 20점이었다. 보충 수업을 실시한 후 임의 추출한 25명의 기말고사 성적을 조사하였더니 평균이 $x$이었다. 기말고사 성적은 중간고사 성적보다 오르지 않았다는 가설에 대하여 검정하였더니 5%로는 기각되고 1%로는 기각되지 못한다고 한다. $x$의 값의 범위를 구하여라.

**[32]** 국회의원 선거에서 어느 후보의 지지율을 조사하고자 한다. 전에 조사 결과 후보 지지율이 54%이었다. 지지율의 오차가 4% 이하일 확률이 95%가 되기 위한 표본의 크기를 구하여라.

**[33]** 한 도시의 취업 가능 인원 중 1600명을 임의 추출하여 조사한 결과 96명이 실업자이었다. 이 도시의 취업률을 추정하고 이에 대한 90% 신뢰구간을 구하여라.

**[34]** 어느 공장에서 생산되는 전구의 수명의 표준편차가 200시간인 것으로 알려져 있다. 전구의 수명을 추정하는데, 오차가 20시간을 벗어나지 않을 확률이 90%가 되도록 요구되는 표본의 크기를 구하여라.

**[35]** 각 전구의 평균 수명이 2개월이고 표준편차가 $\frac{1}{4}$개월일 때, 연이어 40개의 전구를 사용하여 총 84개월 이상 불을 밝힐 확률을 구하여라. (단, 전구가 수명을 다하는 즉시 새로운 전구로 교체한다.)

**[36]** 생산되는 반도체는 1000개당 평균적으로 한 개가 불량품이라고 한다. 8000개의 제품 중에서 불량품이 7개 미만일 확률을 구하여라.

**[37]** 일주일 동안 어느 공장에서 생산된 품목의 수의 평균은 500이다. 일주일 동안 생산되는 품목의 수의 분산이 100일 때, 이 주간의 생산 품목의 수가 400이상 600 이하일 확률을 구하여라.

**[38]** 음이 아닌 값의 확률변수 $X$, $\forall \epsilon > 0 \Rightarrow P(X \ge \epsilon) \le \dfrac{E(X)}{\epsilon}$

**[39]** 세 사건 $A, B, C$ : 독립 $\Rightarrow A, B, C^c$ : 독립임을 증명.

**[40]** 사건 $A, B$에 대하여 $P(A) = 0.9, P(B) = 0.8 \Rightarrow P(A \cap B) \ge 0.7$

**[41]** 사건 $A_i$에 대하여 $P\left(\bigcup_{i=1}^{n} A_i\right) \le \sum_{i=1}^{n} P(A_i)$ 증명.

**[42]** 연속확률변수 $X$, $Y$의 결합밀도함수: $f(x,y)=\begin{cases} cxy, & (0<x<4, 1<y<5) \\ 0 & ,(otherwise) \end{cases}$

$\Rightarrow P(X \ge 3,\ Y \le 2) = ?$

**[43]** 연속확률변수 $X$, $Y$의 결합밀도함수: $f(x,y)=\begin{cases} cxy, & (0<x<4, 1<y<5) \\ 0 & ,(otherwise) \end{cases}$

$\Rightarrow X$의 주변분포함수를 구하라.

**[44]** 연속확률변수 $X$, $Y$의 결합밀도함수: $f(x,y)=\begin{cases} cxy, & (0<x<4, 1<y<5) \\ 0 & ,(otherwise) \end{cases}$

$\Rightarrow$ $X$, $Y$에 대한 결합분포함수를 구하라.

**[45]** 연속확률변수 $X$, $Y$의 결합밀도함수: $f(x,y)=\begin{cases} cxy, & (0<x<4, 1<y<5) \\ 0 & ,(otherwise) \end{cases}$

$\Rightarrow P(X+Y<3) = ?$

**[46]** 연속확률변수 $X$, $Y$의 결합밀도함수:$f(x,y)=\begin{cases} \frac{3}{4}+xy, & (0<x<1, 0<y<1) \\ 0 & ,(otherwise) \end{cases}$

$\Rightarrow P\left(Y>\frac{1}{2} \,\middle|\, \frac{1}{2}<X<\frac{1}{2}+dx\right) = ?$

**[47]** 이산확률변수$X$, $Y$의 결합확률함수:$f(x,y)=\begin{cases} c(2x+y), & (0 \le x \le 2, 0 \le y \le 3) \\ 0 & ,(otherwise) \end{cases}$

$\Rightarrow P(X \ge 1,\ Y \le 2) = ?$

**[48]** 이산확률변수$X$, $Y$의 결합확률함수:$f(x,y)=\begin{cases} c(2x+y), & (0 \le x \le 2, 0 \le y \le 3) \\ 0 & ,(otherwise) \end{cases}$

$\Rightarrow P(Y=1 \mid X=2) = ?$

**[49]** 표적지 중심에서 떨어진 거리: $R$, 회색부분의 반경: $b$,

$P(r \le R \le r+dr) = c\left[1-\left(\frac{r}{a}\right)^2\right]dr \Rightarrow$ 회색부분에 적중할 확률?

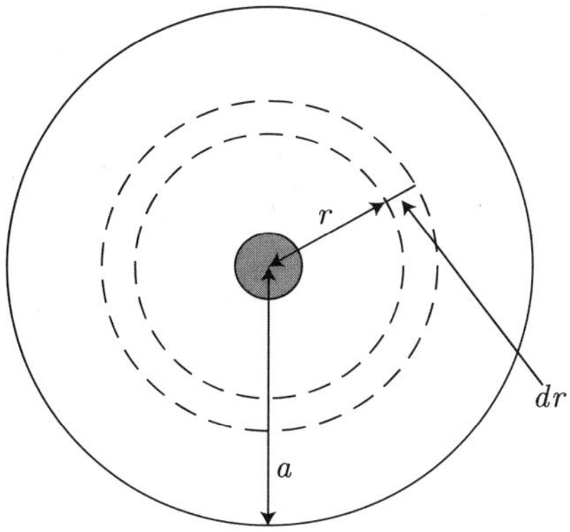


**[50]** 두 사람이 오후 2시에서 오후 3시 사이에 만나기로 약속했다. 각각 15분 이상 기다리지 않기로 한다면, 이 두 사람이 만날 확률은?

**[51]** 이산확률변수 $X$, $Y$의 결합확률함수: $f(x,y)=\begin{cases} c(2x+y), & (0 \le x \le 2, 0 \le y \le 3) \\ 0 & ,(otherwise) \end{cases}$

$\Rightarrow E(Y \mid X=2)=?$

**[52]** 이산확률변수 $X$, $Y$의 결합확률함수: $f(x,y)=\begin{cases} 8xy, & (0 \le x \le 1, 0 \le y \le x) \\ 0 & ,(otherwise) \end{cases}$

$\Rightarrow X$ 의 조건부 밀도함수 $f_1(x|y)=?$

**[53]** 이산확률변수 $X$, $Y$의 결합확률함수: $f(x,y)=\begin{cases} 8xy, & (0 \le x \le 1, 0 \le y \le x) \\ 0 & ,(otherwise) \end{cases}$

$\Rightarrow Y$ 의 조건부 밀도함수 $f_2(y|x)=?$

**[54]** 이산확률변수 $X$, $Y$의 결합확률함수: $f(x,y)=\begin{cases} 8xy, & (0 \le x \le 1, 0 \le y \le x) \\ 0 & ,(otherwise) \end{cases}$

$\Rightarrow E(Y|X=x)=?$ , $E(X|Y=y)=?$

**[55]** 이산확률변수 $X$, $Y$의 결합확률함수: $f(x,y)=\begin{cases} 8xy, & (0 \le x \le 1, 0 \le y \le x) \\ 0 & ,(otherwise) \end{cases}$

$\Rightarrow$ 주어진 $X$에 $Y$의 조건부 분산 $E\left[(Y-\mu_2)^2 \mid X=x\right]=?$

**[56]** 어느 심리학자가 반응시간의 평균을 측정하는데 표준편차가 0.05초라는 것을 알았다. 오차의 허용범위가 $\pm 0.01$초를 초과하지 않고 95%의 신뢰도를 가지기 위한 표본의 크기는?

**[57]** 주식회사는 그들의 제품 중에서 불량품의 비율을 조사하려고 한다. 99%의 신뢰도를 가지고 추정할 때 허용할 수 있는 최대의 오차를 0.05로 한다면 표본의 크기는?

**[58]** 연속확률변수 $X$의 밀도함수: $f(x)=\begin{cases}\dfrac{4x}{81}(9-x^2), & (0 \le x \le 3) \\ 0 & , otherwise\end{cases}$

$\Rightarrow$ 최빈수, 중위수, 평균값, 제1사분위수, 제3사분위수 $=?$

**[59]** 세 봉투 1, 2, 3에 한 편지가 들어갈 확률이 각각 같다고 하자. 봉투 $i$에 편지가 실제로 들어 있을 때, 우체국의 편지 검색기가 봉투 $i$를 조사하여 편지가 들어있는 것을 알 확률을 $a_i$라 하자. 봉투 1을 보고 편지가 없다고 하였을 때, 봉투 1에 편지가 실제로 들어 있을 확률을 구하여라.

**[60]** 각각의 문이 있는 4개의 벽으로 둘러싸인 어떤 방에 있는 쥐 한 마리가 문을 통하여 도피하려고 한다. 그러나 네 개의 문 $d_1, d_2, d_3, d_4$에 각각 함정이 놓여 있으며, 그 함정에 빠질 확률은 각각 $0.3, 0.2, 0.3, 0.5$이다. 만약 쥐가 임의로 1개의 문을 택할 경우 다음 확률을 구하여라.

① 쥐가 무사히 도피할 확률

② 쥐가 도피했다고 가정하고, $d_3$문으로 도피했을 확률

**[61]** 1에서 9까지 숫자 중에서 임의로 하나의 숫자를 뽑아내고, 그 다음 정상적인 동전과 주사위를 각각 한 번씩 던진다고 하자. 이 때, 뽑힌 숫자가 홀수이고, 동전은 앞면, 주사위의 눈은 3의 배수일 확률을 구하여라.

**[62]** 한 상자에 10개의 베어링이 들어 있다. 임의의 4개의 표본을 뽑아 검사하여 불량품인 베어링의 수가 2개를 넣지 않으면 양호하다고 판정하여 선적한다. 그 상자에 3개의 불량품이 들어있다고 할 때, 이 상자가 선적될 확률을 구하여라.

**[63]** 신장 수술을 받은 환자가 회복할 수 있는 확률은 $0.6$이라고 한다. 6명의 환자가 이 수술을 받았을 때 적어도 반 이상이 회복할 확률을 구하라.

**[64]** 3개의 동전을 던지는 실험에서 모두가 앞면이 나오거나 뒷면이 나오면 성공이라 한다. 이러한 실험을 반복 시행할 때 5번만에 2번 성공하게 될 확률을 구하여라.

**[65]** 1년 동안 한 노동자가 사고를 낼 확률이 $0.4$라고 한다. 어떤 공장에 200명의 노동자가 있을 때 1년에 75명보다 많은 사람이 사고가 날 확률은 얼마인가?

**[66]** 백신의 효과를 시험하기 위하여 100명에게 투여하였다. 이 백신을 맞은 임의의 사람은 확률 $0.8$로 면역성을 갖게 된다고 주장할 때, 74명 이상 85명 이하가 면역성을 갖게 될 확률을 구하라.

**[67]** 성인 남자의 모집단(1000명)으로부터 임의로 36명의 표본을 취했다. 모집단의 신장 분포의 표준 편차는 3cm로 알려져 있다. 그러면 평균의 표준 오차를 구하여라.

**[68]** 학생 1인당 월평균 교육비는 50만원, 표준편차는 8만원이라 한다. 64명의 학생을 임의로 뽑았을 때, 평균 교육비가 48만원에서 51만 2천원 사이에 있을 확률을 구하여라.

**[69]** 멘델의 분리 법칙에 따르면 어떤 종류의 완두콩을 교배시켰을 때, 노란 완두콩이 나올 확률은 $\frac{3}{4}$이고, 녹색 완두콩이 나올 확률은 $\frac{1}{4}$이다. 400개의 완두콩이 생산되었을 때, 노란 완두콩 비율의 표준오차는?

**[70]** $16 \times 16$칸에 1부터 자연수들을 기입할 때, 어떤 행이나 열에 최소 4개의 다른 정수들이 오게 모두 기입하면, 가장 큰 자연수는 무엇인가?

**[71]** $a,b,c,d,e \in N$, $abcde \le a+b+c+d+e \le 10$을 만족하는 얼마나 많은 수열 $(a,b,c,d,e)$의 집합이 있는지 조사하라.

**[72]** 스도쿠 문제의 3번째 행에서 물음표에 3이 올 확률을 구하여라.

| 1 | | | | | | | | |
|---|---|---|---|---|---|---|---|---|
| | 2 | | | | | | | |
| | | | ? | | | | | |
| | | | | | | | | |
| | | | | | | | | |
| | | | | | | | | |
| | | | | | | | | |
| | | | | | | | | |
| | | | | | | | | |

**[73]** 아래 지뢰 찾기 게임에서 총 몇 가지의 모양이 나오는가?

| | | | | | |
|---|---|---|---|---|---|
| | 2 | | 1 | | 2 |
| | | | | | |

**[74]** 좌측 그림의 블록이 싸여 있는 문제에서 우측 그림처럼 5개의 블록을 선택하는 경우는 총 몇 종류가 있는가? (단, 최상단에서 최하단까지 연결되게 블록들을 선택하여야 한다.)

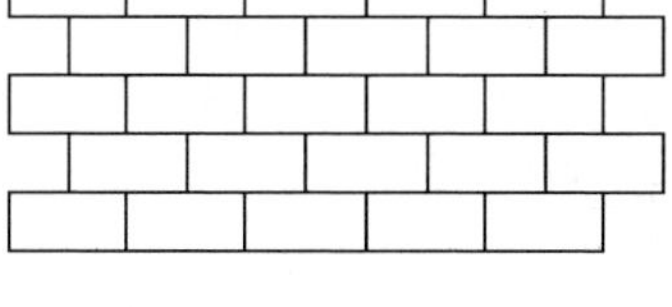
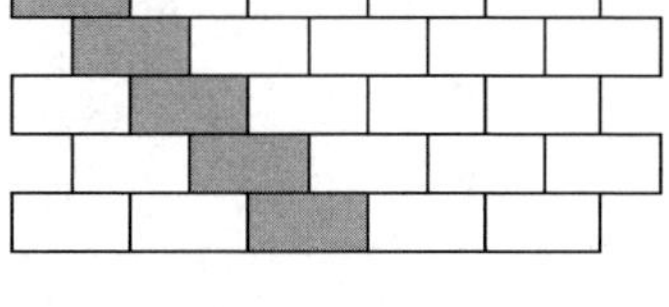

**[75]** 개구리가 $(0,0)$좌표에서 한 번에 우측 한 칸이나 한 칸의 상단으로만 점프하는데, 최종 $(8,14)$좌표에 도달하는 총 몇 가지 방법이 있는가? (단, $(x,y)$에서 동시에 $x,y$가 홀수인 지점에는 개구리가 있을 수 없다.)

**[76]** $\begin{matrix} S=\{1,2,3,4,5,6,7,8,9,10\},\ T_k \subseteq S, \\ x \in T_k,\ 2x \in S \Rightarrow 2x \in T_k \end{matrix} \Rightarrow \#(T_k)=?$

**[77]** 1에서 240까지 자연수 중에서 서로 다른 계승(factorials)의 합으로 표현할 수 있는 숫자들의 총 개수는?

**[78]** 2005년 우리나라 인구는 47,278,951명이고, 서울, 인천, 경기도 인구의 합, 즉 수도권 인구는 22,766,850명이다. 2006년 수도권에서 비수도권으로 전출한 인구는 475,000명이고, 비수도권에서 수도권으로 전입한 인구는 586,000명이다.

① 인구이동에 대한 정규추이행렬인 확률행렬을 구하여라.

② 안정상태의 확률행렬을 구하여라.

③ 안정상태일 때의 수도권과 비수도권의 인구를 구하여라.

**[79]** 서로 다른 기술을 갖고 있는 기술자 A, B, C가 있다. 각자 자신의 작업실이 있는데 10일 동안 서로 작업실을 보수하려고 한다. 소요된 날의 수는 아래 표와 같을 때, 세 사람의 임금은 어떻게 결정하면 되겠는가? (단, 자신의 작업실에서 일한 날의 임금도 포함하여 계산한다.)

| | 각각 일한 날수 | | |
|---|---|---|---|
| | A | B | C |
| A의 작업실에서 일한 날수 | 6 | 1 | 1 |
| B의 작업실에서 일한 날수 | 2 | 7 | 1 |
| C의 작업실에서 일한 날수 | 2 | 2 | 8 |

**[80]** $f_i : \{0,1\} \to \{0,1\}$, $(f_{2010} \circ f_{2009} \circ \cdots \circ f_1)$:상수함수일 때, 몇 종류의 합성함수 모양이 있겠는가?

**[81]** 85개의 블록이 있다. 한 번에 한 번씩 블록을 빼낸다. 아래 그림에서 5개 블록을 빼내는 방법의 총 개수는? (단, 위쪽부터 블록을 빼내야 한다.)

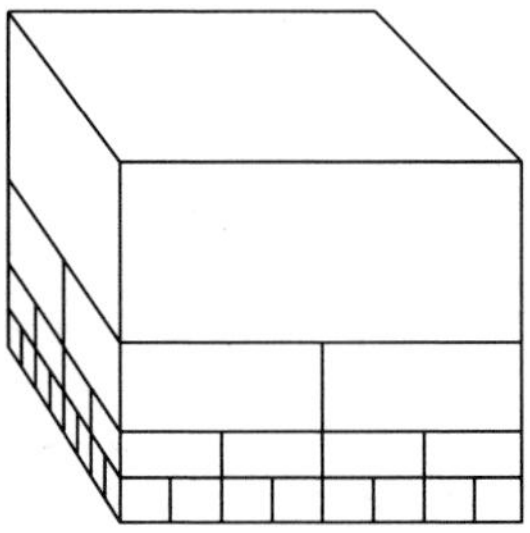

**[82]** 한 교실에 $5\times6$배열로 책상이 있다. 15명의 남학생과 15명의 여학생을 의자에 앉게 할 총 방법은? (단, 한 남학생의 앞, 뒤, 옆에는 여학생이 오고, 여학생도 마찬가지다.)

**[83]** $0\le a_k\le k, a_1+a_2+a_3+a_4+2b_1+3b_2+4b_3+5b_4=19$, $a_i, b_k$:음이 아닌 정수 $\Rightarrow \#\{(a_1,a_2,a_3,a_4,b_1,b_2,b_3,b_4)\}=?$

**[84]** $f:\{1,2,3,4,5\}\to\{1,2,3,4,5\}$, $\forall x\in\{1,2,3,4,5\}, f(f(x))=f(x)$의 조건을 만족하는 함수 $f$들의 개수는?

**[85]** $S=\{1,2,3,4,5,6,7,8,9,10,11,12\}$의 부분집합에서 그 부분집합의 어떤 원소보다 작고, 또 큰 수의 합이 13일 때 그 부분집합들의 총 개수는?

**[86]** 3개 주사위를 던졌을 때, 나오는 숫자들이 삼각형의 세 변에 해당하는 숫자들로 나올 확률은?

**[87]** $1\le a\le 200, a\in N$, $a^a$ :완전 제곱 $\Rightarrow a$의 총 개수는?

**[88]** $a,b,c\in Z^+$ , $a^4b^2c=54000 \Rightarrow \#\{(a,b,c)\}=?$

**[89]** $f:\{1,2,\dots,10\}\to\{1,2,\dots,10\}$, $\forall i,j,\ i+j=11\to f(i)+f(j)=11$
이런 조건을 만족하는 함수 $f$들의 개수는?

**[90]** 성은과 미영은 숫자게임을 하는데, 이들이 선택할 수 있는 숫자는 $-1$에서 $1$까지 실수이다. 각각 선택한 숫자들의 제곱의 합이 $1$보다 작거나 같으면, 성은이 승리하고, $1$보다 크면, 미영이 승리한다. 성은이 승리할 확률은?

**[91]** 미영은 빨강, 노랑, 파랑, 녹색의 양말을 무한 공급할 수 있다. 이 때, 2012개 양말을 한 줄로 배열하고자 할 때 총 몇 가지 종류로 배열 가능한가? (단, 빨강 옆에는 파랑이 올 수 없고, 노랑 옆에는 녹색이 올 수 없다.)

**[92]** $0<a,b\le 1,\ c=\dfrac{a}{a+b} \Rightarrow P\left(\dfrac{1}{4}\le c\le\dfrac{3}{4}\right)=?$

**[93]** $M$: $8\times8$행렬, $i$행의 각각 원소들은 적어도 숫자 $i$가 오고, $i$열의 각각 원소들은 적어도 숫자 $i$가 온다. 그러면 이 행렬의 모든 숫자 합의 최솟값은? $(1\le i\le 8)$

**[94]** 넓이가 1인 정사각형 내부에 점 $A, B, C, D$가 있다. 네 점을 각각 연결하는 모든 선분들의 기울기가 양수일 확률을 구하여라. (단, 기울기 $\ne 0,\infty$)

**[95]** 길이가 1인 $\overline{HT}$의 중간 지점 $P$에 미영이 서있다. 동전을 2010번 던진 후의 $P$에서 미영까지의 기대되는 거리는? (단, 동전의 앞면이 나오면 미영의 현 위치에서 $H$까지의 중간지점으로 이동한다. 또한 동전의 뒷면이 나오면 미영의 현 위치에서 $T$까지의 중간지점으로 이동한다.)

**[96]** $f:\{1,2,3,4,5\}\to\{1,2,3,4,5\}$, $f(\{1,2,3\})\cap f(f(\{1,2,3\}))=\varnothing$ 의 조건을 만족하는 함수 $f$들의 개수는?

**[97]** 반지름이 1인 원 위에 2008개의 점들이 있다. 두 점을 선택하여 선분을 그리고 또 다른 두 점을 선택하여 선분을 그린다. 그러면 두 선분이 교차할 확률을 구하여라.

**[98]** $a,b,c,d\in\{1,2,\ldots,9\}$, $b<a$, $b<c$, $d<c$ $\Rightarrow \#\{(a,b,c,d)\}=?$

**[99]** 아래 그림처럼 $2\times 2008$개의 사각형에 3개 다른 색으로 칠하는 방법의 가지 수는? (단, 연결되는 사각형에는 항상 다른 색이 온다.)

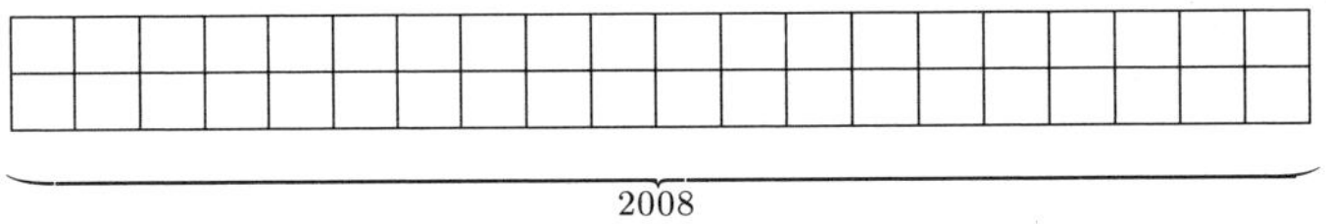


**[100]** 집합$\{1,2,\ldots,63\}$에 어떤 부분집합 원소들의 합이 2008이 되는 부분집합의 총 개수는?

**[101]** 자연수 $2\cdot 6\cdots(4n-2)$이 $n!$로 나누어지는 $n$의 개수는? (단, $1\le n\le 2012$)

**[102]** 아래 그림은 L 모양의 한 번 분할한 모습이다. 2005번 연속적으로 분할하면, L 모양의 같은 방향은 총 몇 가지 나오는가?

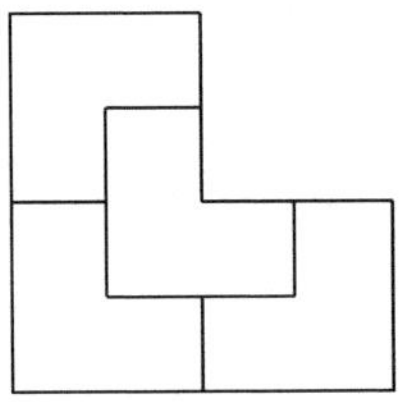

**[103]** 곡예사가 32m 줄 중앙에 서 있다. 매분 앞쪽으로 1m 움직이는 확률은 $\dfrac{3}{4}$이고, 뒤쪽으로 1m 움직이는 확률은 $\dfrac{1}{4}$이다. 뒤쪽 끝부분에 도착하기 전, 먼저 앞쪽 끝부분에 도착할 확률은?

**[104]** 점$(0,0)$에서 점$(8,8)$까지 최단 길이로 가는 방법의 가지 수는? (단, 대각선 위쪽으로 올라갈 수는 없다.)

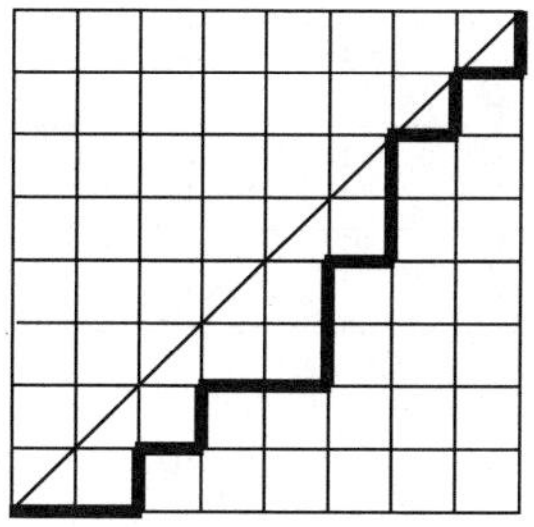

**[105]** $abcd$ 사이에 괄호를 넣는 방법은 다음과 같은 5가지 방법이 있다.
$(((ab)c)d)$, $((a(bc))d)$, $((ab)(cd))$, $(a((bc)d))$, $(a(b(cd)))$
그러면 $n+1$문자 사이에 괄호를 넣는 방법은 총 몇 가지가 있겠는가?

**[106]** 4개 정점을 지나는 나무뿌리 가지 수는 다음과 같은 5가지 방법이 있다. $n+1$개 정점을 지나는 나무뿌리 총 가지 수는?

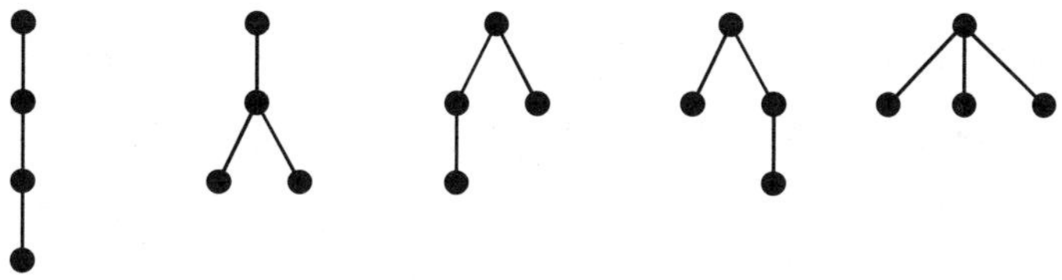

**[107]** 밑바닥에 3개의 원통을 두고 쌓을 수 있는 5가지의 방법이 있다. 그러면 밑바닥에 $n$개의 원통을 두고 쌓을 수 있는 총 가지 수는?

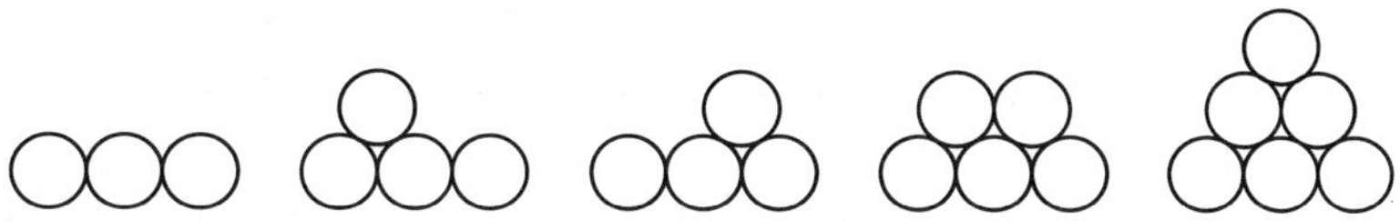

**[108]** 3개의 직사각형으로 5종류의 3단 계단을 만들 수 있다. 그러면 $n$개의 직사각형으로 총 몇 종류의 $n$단 계단을 만들 수 있는가?

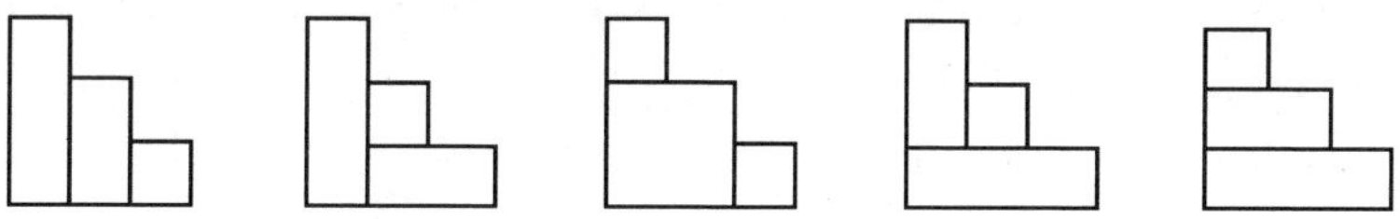

**[109]** A, B, C, D 팀이 축구 게임할 방법은 5가지가 있다. 그러면 $n$개 팀이 축구 게임할 총 방법의 가지 수는?

**[110]** 1에서 9까지 숫자를 $3\times3$칸 속에 모두 기입하는데 바로 이웃하는 칸에는 서로 소가 되게 기입하는 방법의 총 가지 수는?

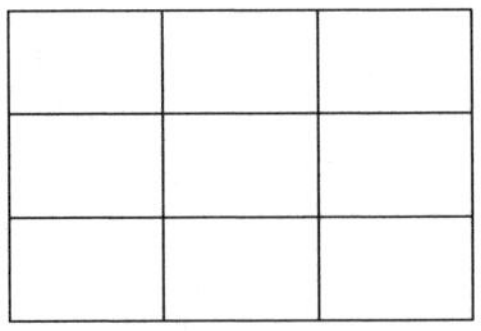

**[111]** 우측 또는 위쪽으로 움직일 수 있는 규칙으로 그림을 그린다. 아래 그림은 동시에 원점에서 출발하여 4단계를 거친 후 최종 지점에서만 만나는 그림의 5종류가 있다. 그러면 동시에 원점에서 출발하여 $n$단계를 거친 후 최종 지점에서만 만나는 그림은 총 몇 종류가 있겠는가?

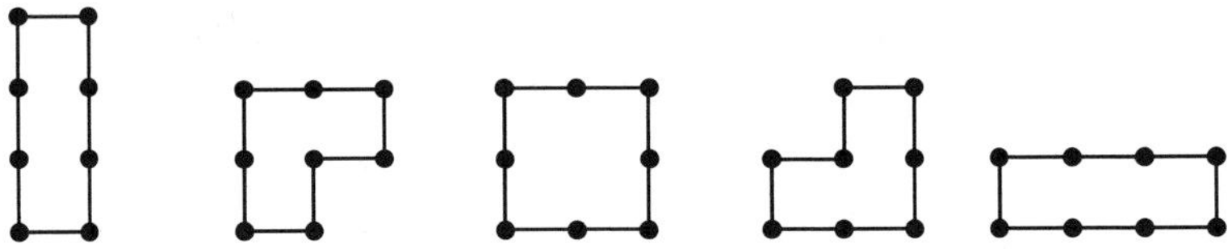

**[112]** 3단계로 산을 오르고 내려오는 방법은 아래 그림처럼 5가지가 있다. 그러면 10단계로 산을 오르고 내려오는 총 방법의 가지 수는?

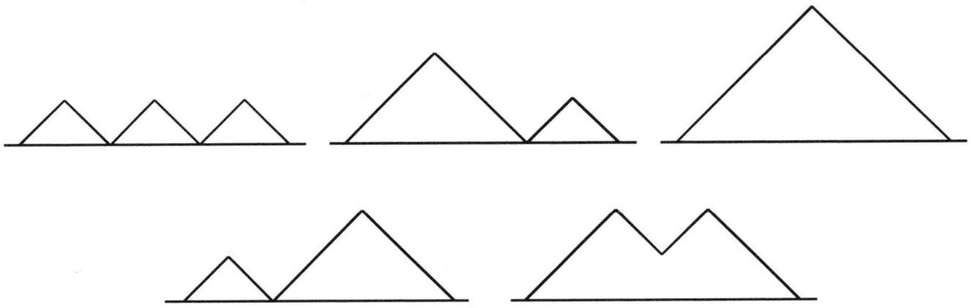

**[113]** 성은은 한 개의 20면체 주사위, 미영은 세 개의 6면체 주사위를 동시에 굴렸을 때 미영의 주사위에 나오는 숫자 합보다 성은의 숫자가 더 클 확률은?

**[114]** 아래 그림처럼 15개의 정점을 이용하여 $\triangle ABC$ 내부에 총 몇 가지의 삼각형을 만들 수 있겠는가?

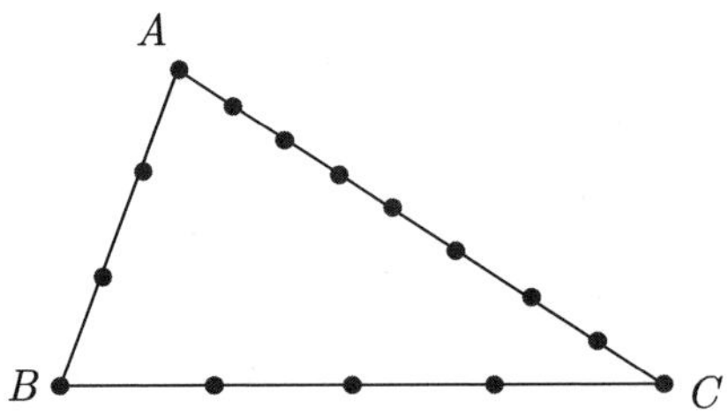


**[115]** 미영은 $(0,0)$지점에서 한 칸$(1,0)$지점으로 이동한다. 그리고 다음 단계는 한 칸 직진하거나, 반시계 방향으로 $90^\circ$ 회전한 후 한 칸 직진한다. 계속 반복하여 최종$(6,6)$지점에 도착한다. 최종 지점에 도착하는 방법의 가지 수는? (단, $(x,y)$, $|x| \le 6$, $|y| \le 6$ 구간에서만 가능하고 같은 장소에 중복으로 지날 수 없다.)

**[116]** 거미가 A지점에서 B지점으로 5단계 이내로 도착하는 방법의 가지 수는? (단, 모서리로만 이동하고, 한 모서리가 1단계이다.)

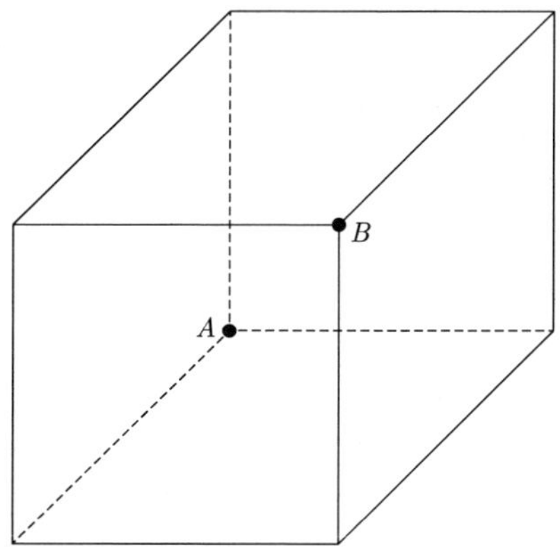


**[117]** 상하좌우 구별된 $8\times8$ 체크보드에 네 모서리는 체크할 수 없고, 어떤 행이나 열에는 두 번 이상 체크할 수 없다는 조건상에서 총 몇 종류로 체크할 수 있는가? (단, 모든 행이나 열에 한 번은 체크해야 한다.)

**[118]** 개미가 어떤 다면체의 적당한 정점에서 선분을 따라 지나가는데 모든 선분들을 한 번만 지나갈 수 있는 다면체의 정점, 선분, 면의 최소 합은?

**[119]** 10명의 학생이 수학 시험을 보았다. 각 문제마다 7명의 학생이 풀었다. 9명의 학생들은 각각 4문제를 풀었다면, 마지막 학생은 몇 문제를 풀었겠는가?

**[120]** 3장의 카드가 아래 그림처럼 놓여있다. 2012회 이동할 때 ○표 카드가 중앙에 있을 확률은? (단, ×○× $\xrightarrow{\text{1회 이동}}$ ○×× or ××○ 이다.)

| × | ○ | × |
|---|---|---|

**[121]** 집합 $S=\{1,2,\ldots,10\}$ 속의 모든 정수들에 세 가지 색을 칠하려고 한다.
$a, b\in S$, $a-b$:홀수이면 $a, b$는 다른 색이 되는 조건으로 모두 몇 종류의 집합에 색을 칠할 수 있겠는가?

**[122]** $b=a+c$, $d=c+e$을 만족하는 총 몇 개의 5자리 $\overline{abcde}$ 수가 존재하는가?

**[123]** 아래 규칙으로 표$4\times4$에 표시할 수 있는 방법의 총 가지 수는?
① 모든 행에는 1에서 4까지 한 번씩 들어간다.
② 모든 열에는 1에서 4까지 한 번씩 들어간다.
③ 굵은 테두리 내부에도 1에서 4까지 한 번씩 들어간다.

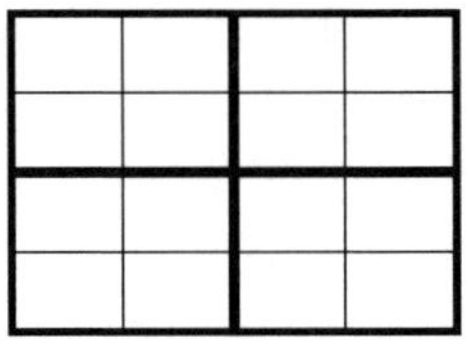

**[124]** 개미는 $(0,0)$위치에서 출발하는데 4020단계를 지나서 최종 $(2010,2010)$위치에 도달하고자 한다. 총 몇 가지의 방법이 있겠는가?

(단, $(x,y)\xrightarrow{1\text{단계}}(x-1,y-1),(x-1,y+1),(x+1,y-1),(x+1,y+1)$중에 하나로 이동)

# 10 실용적 수학

❑ 물리, 화학, 생물, 전기, 전자에 적용되는 문제.

**[1]** 끓는 물을 불에서 옮겨 20°C의 방으로 가져갔다고 하자. 2분 후 물의 온도는 80°C이다. 옮긴 다음 5분 후 물의 온도는 어떻게 될까?

**[2]** 코끼리 화석의 $C^{14}$의 양이 살아 있는 코끼리의 40%일 때 화석의 나이는 얼마인가? (단, $C^{14}$의 반감기 : 5730년)

**[3]** 박테리아 수의 증가율은 그 수의 크기에 비례한다. 최초의 박테리아 수가 10,000이고 10일 후에 25,000이라면, 20일 후와 30일 후의 박테리아 수의 크기는 각각 얼마인가?

**[4]** 어떤 도시의 인구가 1년에 6%씩 증가한다고 하자. 1970년의 인구가 250,000명일 때, 1980년과 2000년의 인구는 각각 얼마인가?

**[5]** 방사성 베릴륨은 깊은 바다 속에 침전되어 있는 화석의 연대를 측정하는데 이용된다. 베릴륨의 붕괴방정식은 다음과 같다. 그럼 베릴륨의 반감기는 얼마인가?

$\frac{dA}{dt} = -\alpha t$, $(\alpha = 1.5 \times 10^{-7})$

**[6]** 박테리아의 수가 지수적으로 감소하고 있다고 하자. 다음과 같은 자료가 수집되었다.

| 시간 | 12 | 24 | 48 |
|---|---|---|---|
| 박테리아의 수 | 5969 | 3563 | 1269 |

① 최초의 박테리아 수는 얼마인가?
② 일주일 후 남아있는 박테리아 수는 얼마인가?
③ 언제 박테리아가 모두 없어지는가?

**[7]** 지구의 중력에서 벗어나기 위한 탈출속도를 구하여라.

**[8]** 인구 변화에 대한 로지스틱 식을 유도하여라.

**[9]** 인덕턴스 2헨리와 저항 10옴이 기전력 100볼트와 직렬로 연결되어 있다. 시간이 0일 때 전류가 0암페어이면, 0.1초 후의 전류는 얼마인가?

**[10]** 저항 2000옴과 정전용량 $5\times10^{-6}$이 기전력 100볼트와 직렬로 연결되어 있을 때, 시간이 0일 때 전류가 0.01암페어이면, 0.1초에서의 전류는 얼마인가?

**[11]** 50파운드의 소금이 녹아 있는 100갤론의 물이 들어있는 수조가 있다. 1분에 1갤론당 3파운드의 소금이 녹아 있는 2갤론의 소금물이 수조 속으로 흘러들어가고 있다. 빠른 속도로 저어 고르게 혼합된 소금물이 분당 2갤론의 비율로 수조로부터 흘러나간다. 임의의 시간에서 수조 속에 있는 소금의 양을 구하여라.

**[12]** 짙은 안개 속에 있는 구축함이 안개가 걷히면서 4마일 떨어진 해상에서 적 잠수함을 발견하였다. 잠수함은 즉시 잠수하였고, 미지의 방향으로 최대속도로 항진하였다. 구축함의 속도가 잠수함의 속도의 3배라면, 잠수함을 바로 따라 잡기 위해서 구축함은 어떤 경로를 택해야 하는가?

[구축함의 경로]

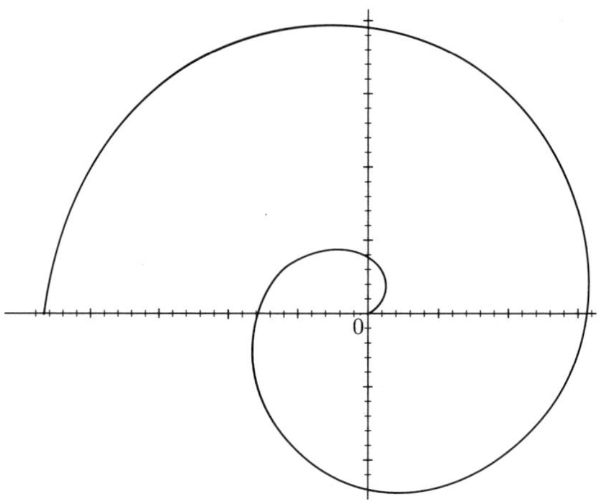


**[13]** 어느 바람이 심한 날 2시간 간격으로 바람의 속력이 시속 몇 마일인가 쟀다. Simpson 공식을 사용하여 바람의 평균속력의 근사값을 구하여라.

| 시 | 8 | 10 | 12 | 2 | 4 | 6 | 8 |
|---|---|---|---|---|---|---|---|
| 속력 | 20 | 24 | 18 | 28 | 21 | 15 | 10 |

**[14]** 함수 그래프가 $[a,b]$ 구간에서 연속이라고 하고 $\int_a^b f(x)dx$에 대하여 중점 리만 합, 사다리꼴 공식, Simpson 공식을 써서 구한 근사값을 $M_n$, $T_n$ $S_n$으로 나타내면, 서로 연결되는 방정식을 만들어라.

**[15]** Simpson 공식을 유도하여라.

**[16]** 무게가 각각 15, 20kg인 두 어린이가 회전축에서 2m떨어진 시소의 양쪽에 앉아 있다. 균형점을 얻기 위해 10kg의 어린이가 어디에 앉아야 되는가?

**[17]** 지구와 달로 이루어진 계에서 질량중심이 지구의 안쪽인지 바깥쪽인지를 결정하라. 단, 지구의 반경은 $6.37 \times 10^3 km$, 질량은 $5.98 \times 10^{24} kg$이고 달의 질량은 $7.35 \times 10^{22} kg$, 지구와 달의 중심 사이의 거리는 $3.84 \times 10^5 km$이다. 질량중심을 구할 때 지구와 달을 점 질량으로 간주한다.

**[18]** 주어진 구간에서 $f$와 $g$의 그래프 사이의 영역에 무게중심을 구하라.

① $f(x) = x,\ g(x) = -2\ ;\ [0,2]$

② $f(x) = 2 - x,\ g(x) = -(2-x)\ ;\ [0,2]$

③ $f(x) = (x+1)^2,\ g(x) = (x-1)^2\ ;\ [1,2]$

④ $f(x) = \sqrt{1-x^2},\ g(x) = -(1+x)\ ;\ [0,1]$

⑤ $f(x) = \sin x + \cos x,\ g(x) = \sin x - \cos x\ ;\ \left[0, \dfrac{\pi}{2}\right]$

⑥ $f(x) = 1 + \ln x,\ g(x) = 1 - \ln x\ ;\ [1,2]$

⑦ $f(x) = 2 - x^2,\ g(x) = |x|$

⑧ $y = x+2,\ y = -3x+6,\ y = \dfrac{2-x}{3}$

**[19]** Pappus와 Guldin의 정리를 증명하고, 이를 이용하여 원환면의 체적을 구하여라.

**[20]** 두 그림의 판이 받는 유체정력을 각각 구하여라.

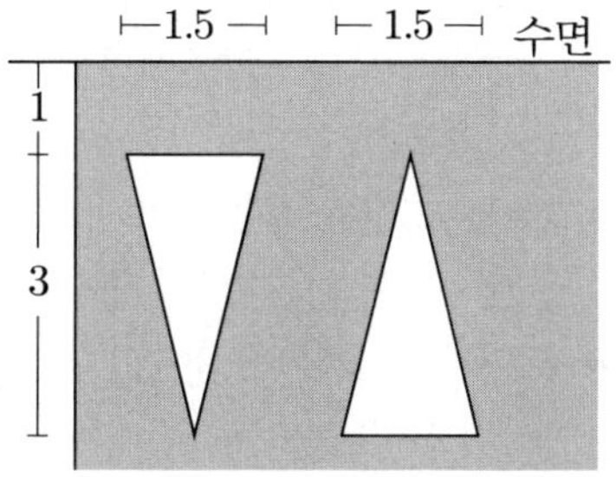


**[21]** 다음 행성의 법칙들을 증명하여라.

① 행성운동은 평면적이다.

② 행성은 타원궤도로 태양 주위를 회전한다.

③ 태양에서 행성에 이르는 위치벡터가 지나가는 영역의 면적은 단위시간당 항상 일정하다.

④ 행성의 주기를 제곱한 값은 그 궤도의 장축의 길이의 절반을 세제곱한 값의 $4\pi^2/GM$ 배이다. (단, $G$ : 중력상수, $M$ : 태양의 질량)

**[22]** 제트 여객기의 외부 기압은 0.28이다. 이 여객기의 고도를 구하여라.

**[23]** 아킬레스는 거북이보다 100배 빨리 달린다고 하자. 만약 거북이가 아킬레스보다 1000m 전방에서 출발한다면, 아킬레스가 거북이를 따라 잡을 때까지 달린 총 거리는 얼마인가?

**[24]** 어떤 영화관에서 정면에 있는 15ft 높이의 스크린의 밑바닥 모서리는 눈높이보다 5ft 위에 있다. 각 $\theta$을 가능한 크게 하기 위해 스크린으로부터 얼마나 떨어져 앉아야 하는가? (단, $\theta$ : 관람자가 보는 스크린상단과 하단 사이의 각)

**[25]** 대기압은 해수면을 기준으로 한 고도의 함수이고, $\frac{dP}{da} = \beta P$로 주어진다.
(단, $\beta$는 상수, $a$는 고도, $P$는 압력)
해수면에서 $P(0) = 1013.25mbar$인데, 이것은 표준온도 15℃일 때, 해수면에서 대기가 수은기둥을 $1013.25mm$ 높이만큼 유지시키는 압력이다. 고도 $a = 1500m$에서 대기압은 $845.6mbar$이다.

① $a = 4000m$일 때 대기압은 얼마인가?
② 고도 $10km$에서 대기압은 얼마인가?
③ 캘리포니아에서 가장 높은 곳은 해발 $4418m$이고 가장 낮은 곳은 해수면보다 아래로 $86m$이다. 대기압 차는 얼마인가?
④ 에베레스트산($8848m$)에서의 대기압은 얼마인가?
⑤ 대기압이 $1mbar$가 되는 곳의 높이는 얼마인가?

**[26]** 점$(a,0)$에서 매 P가 속도 $v$로 $y$축을 따라 날아가는 비둘기 Q를 원점에서 발견하였다. 매가 $w$의 속도로 비둘기를 향하여 즉시 날기 시작했다.

① 매의 비행경로는 어떻게 되겠는가?
② $v = w$이면 매의 비행경로는 어떻게 되겠는가?
③ $v = w$이면 매가 점$(x,y)$에 있을 때, 매와 비둘기와의 거리는?
④ $v > w$이면 매의 비행경로는 어떻게 되겠는가?
⑤ $v > w$이면 매와 비둘기와의 거리는?

**[27]** 한 수조에 최초 $100l$의 순수한 물이 담겨져 있다. $1l$당 $20g$의 소금이 녹아있는 소금물이 분당 $4l$의 비율로 수조 속으로 흘러 들어간다. 잘 저어서 균일화된 혼합물이 같은 비율로 흘러나간다.

① 수조 속에 있는 소금물이 $1kg$이 되기 위하여 걸리는 시간은?
② 소금의 양이 $1kg$에서 $1.5kg$이 되는데 걸리는 시간은?

**[28]** 한 수조 속에 $50l$의 물이 들어있다. $1l$당 $xg$의 소금이 있는 소금물이 분당 $1.5l$의 비율로 수조 속으로 들어간다. 잘 저어진 혼합물은 1분에 $1l$의 비율로 수조를 빠져 나간다. 20분 후의 농도가 $1l$당 $20g$이라면 $x$는?

**[29]** $y$축과 직선 $x=b$가 어떤 강의 둑이고 강물의 유속은 $v$($y$축의 음의 방향)이다. 한 사람이 원점에 있고, 그의 개가 점 $(b,0)$에 있다. 주인이 개를 불렀을 때, 개는 강물에 뛰어들어 주인을 향하여 상수 속도 $w(>v)$로 헤엄치기 시작했다.

① 개의 경로는 어떻게 되는가?

② $v=w$일 때, 어디서 개가 땅에 오르겠는가?

**[30]** 잔잔한 연못에 떨어진 돌은 초당 $0.5ft^2$의 일정한 비율로 넓이가 증가하는 원형의 파문을 일으킨다. 반지름이 $1ft$일 때 파문의 반지름은 얼마나 빨리 증가하는가?

**[31]** 공깃돌이 밑바닥까지 걸리는 시간은? (단, $0 \le \theta \le \pi$)

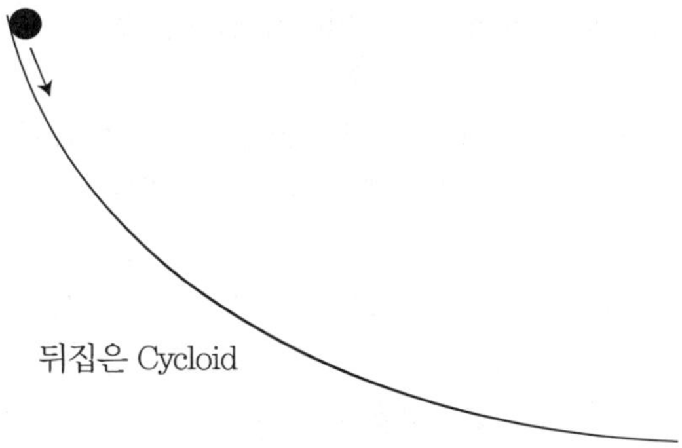


**[32]** 공깃돌이 밑바닥까지 걸리는 시간은? (단, $t_0 \le \theta \le \pi$)

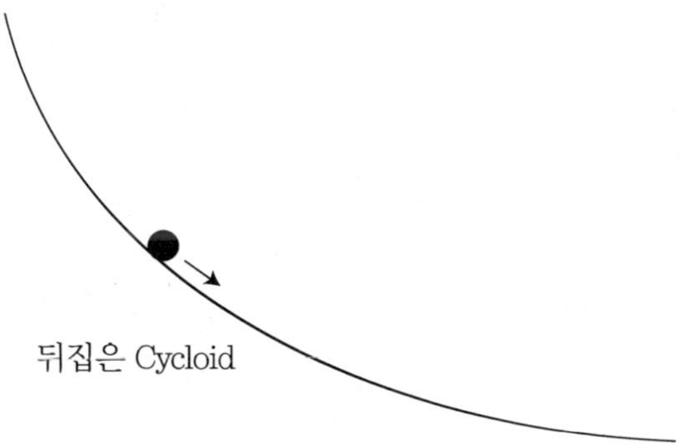

**[33]** 야구공이 지면과 $30^\circ$ 의 각을 이루면서 $100 ft/\mathrm{sec}$ 속력으로 지상 $4ft$ 위를 날아가고 있다. 이 야구공이 지면에 닿기까지 걸리는 시간은?

**[34]** $m_i$는 그 꼭지점의 질량일 때, 무게중심점을 구하여라.

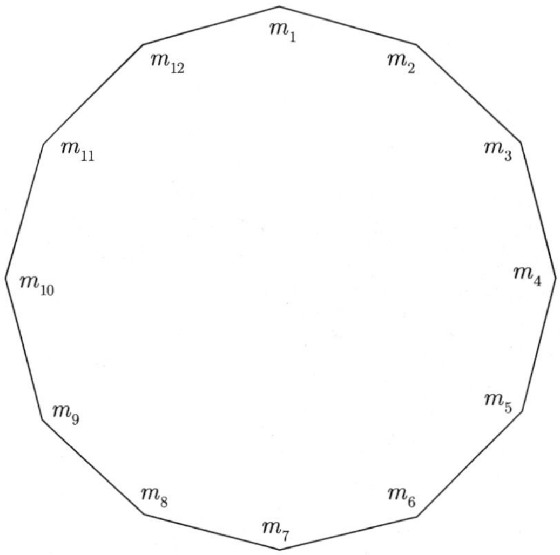


**[35]** 어떤 스프링을 본래의 길이에서 1cm 잡아 늘이는데 필요한 일이 $10^5$ergs라고 할 때, 1cm에서 본래의 길이보다 3cm만큼 늘이는데 필요한 일을 구하여라.

**[36]** 수영장은 반경이 10ft, 깊이가 8ft인 직원기둥모양이다. 5ft 깊이까지 물이 담겨져 있다면 1ft를 제외하고 나머지 물을 수영장 맨 위까지 퍼올리는데 필요한 일을 구하여라.

**[37]** $x = 3t, y = -2, z = t^2$의 곡선에서 곡률이 최대가 되는 점은?

**[38]** $x = 2\sin t, y = t, z = 2\cos t$의 곡률을 구하여라.

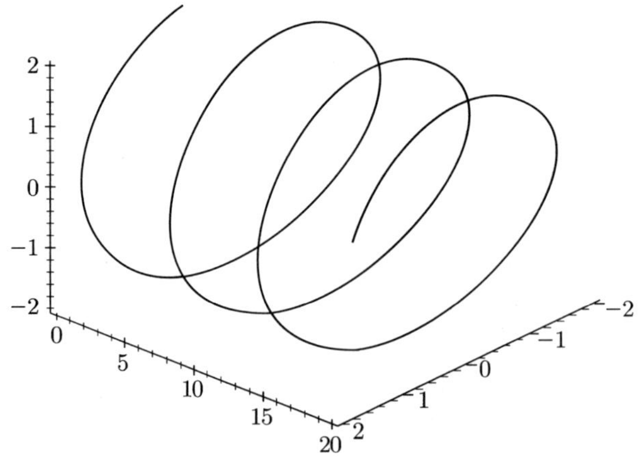

**[39]** 곡률의 공식을 유도하여라.

**[40]** 열률의 공식을 유도하여라.

**[41]** 원의 곡률과 열률을 구하여라.

**[42]** Circular helix의 곡률과 열률을 구하여라.

**[43]** 뉴턴의 운동 2법칙은 지구 표면 가까이의 물체는 수직으로 낙하한다. 어떤 무거운 물체를 초기변위와 초기속도를 모르는 체로 투하하고서 어떤 고정된 기준점에서부터의 낙하거리를 측정하였다. 특별히 시각 0.1, 0.2, 0.3, 0.4, 0.5초에서 그 물체는 기준점으로부터 각각 거리는 -0.18, 0.31, 1.03, 2.48, 3.73피트로 낙하되었음을 알았다. 이 자료를 이용하여 중력가속도의 근사값을 구하여라.

**[44]** 후크의 법칙은 균질 용수철에 힘$y$을 작용했을 때 힘은 용수철의 길이에 1차함수임을 뜻한다. 이 때 1차함수의 기울기를 용수철상수라 한다. 특별히 늘어나지 않는 용수철의 길이가 6.1인치로 측정되었다 가정하자. 2, 4, 6파운드의 힘이 이 용수철에 가해졌을 때 용수철의 대응길이는 7.6, 8.7, 10.4인치로 구해졌다. 이 용수철의 용수철상수를 구하여라.

**[45]** 다음 주어진 영역내부 부피의 무게중심점을 구하여라.

① $z = 4 - x^2, x = 0, y = 0, y = 6, z = 0$

② $x + y + z = 1, x = y = z = 0$

③ $x^2 + y^2 + z^2 = a^2,\ z^2\tan^2\alpha = x^2 + y^2,\ 0 \le \alpha \le \pi$

④ $z = 4 - x^2 - y^2,\ z = 0$

⑤ $z = x^2 + y^2,\ x^2 + y^2 = a^2,\ z = 0$

⑥ $z = x^2 + y^2,\ z = 0, -a \le x, y \le a$

⑦ $a^2 \le x^2 + y^2 + z^2 \le b^2,\ z \ge 0$

⑧ $x^2 + y^2 + z^2 = a^2,\ z \ge b,\ a > b$

**[46]** 다음 주어진 영역내부 곡면의 무게중심점을 구하여라.

① $z = 2 - x^2 - y^2,\ z = 0$

② $z = 1 - x - y, 0 \le x \le 1, 0 \le y \le 1 - x$

③ $z = 1 + x + y, 0 \le x \le 2, 0 \le y \le 1$

④ $z = a + bx + cy,\ x^2 + y^2 \le d^2$

⑤ $x + 3y - 4z = 12, 0 \le x \le 2, 0 \le y \le x^2$

⑥ $(a,0,0), (0,b,0), (0,0,c)$을 꼭짓점으로 하는 삼각형

⑦ $z = 3 + \sqrt{2xy}, 0 \le x \le a, 0 \le y \le b$

⑧ $z = \dfrac{x^2+y^2}{a^2},\ x^2+y^2 \le a^2$

⑨ $z = \dfrac{x^2}{a^2}+\dfrac{y^2}{b^2},\ 0 \le x \le a,\ 0 \le y \le b$

⑩ $z = \sqrt{a^2-x^2-y^2},\ x^2+y^2 \le a^2,\ 0 \le y \le mx$

**[47]** 철판 위의 점에서 온도는 $T(x,y) = 20 - x^2 + 2y^2$이라 한다. 개미 한 마리가 철판 위의 점P(1,3)에 있다. 개미는 열이 가장 빨리 식는 방향으로 움직일 때, 개미가 지나는 길을 찾아라.

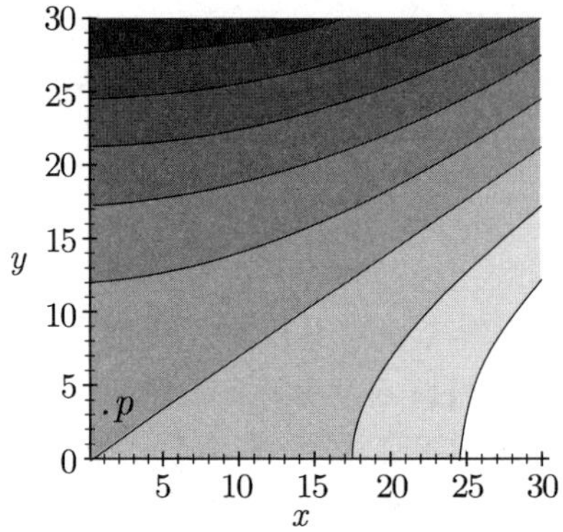


**[48]** 철판 위의 점에서 온도는 $f(x,y) = 16 - x^2 - 2y^2$이다. 점P(1,4)에서 출발하는 열 추적 입자의 길을 찾아라.

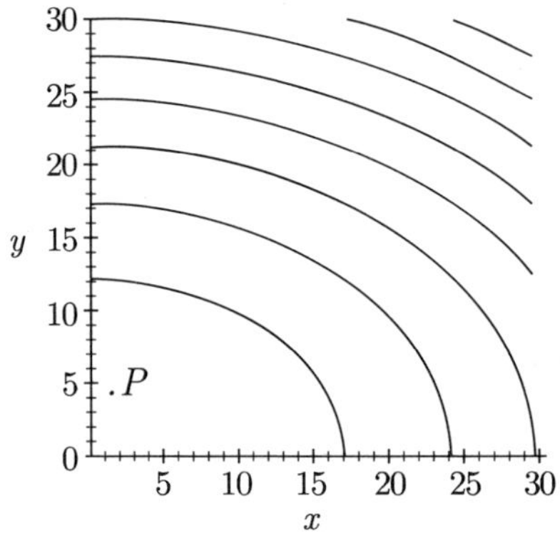

**[49]** 개 주인이 A지점에서 B지점까지 이동하였다면 개의 이동거리(C에서 D까지)는?

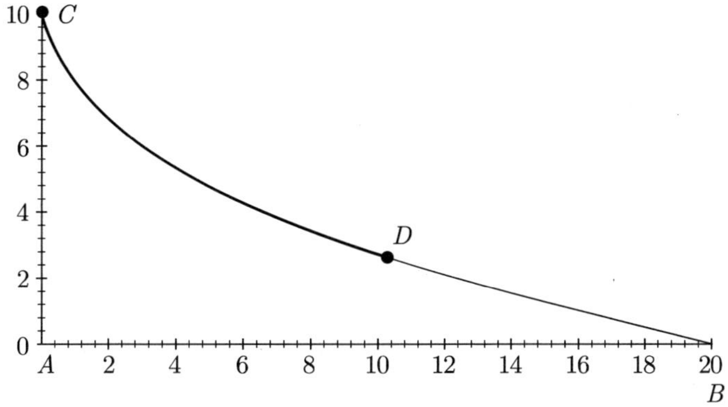


**[50]** 경쟁하는 3개의 제품 A, B, C에 대하여 소비자의 선호도를 조사하였다.

$$\begin{bmatrix} A & B & C & \\ 80\% & 20\% & 5\% & A \\ 15\% & 70\% & 5\% & B \\ 5\% & 10\% & 90\% & C \end{bmatrix}$$ : A제품을 구매한 사람 중 80%는 A를 다시 구매, 15%는 B를, 5%는 C제품을 구매한다는 의견을 나타낸다. 조사한 선호도가 계속된다고 할 때, 각 제품별 선호도를 %로 나타내어라.

# ❑ 해답

## 01 | 극한값 문제

[1] $e^{\lambda a_1}$ , [2] $\ln x$ [3] 1, [4] $\ln 2$ , [5] $\frac{1-\cos t}{t}$ , [6] 0 , [7] $\frac{1}{4}$, [8] $\frac{\pi}{4}$, [9] $\frac{1}{1+p}$

[10] $\ln(1+\sqrt{2})$ , [11] $\frac{e}{2}$, [12] $\frac{1}{6}$, [13] $\frac{1}{3}$, [14] 1, [15] 1, [16] 1, [17] $e^2$, [18] 1, [19] 0,

[20] 0, [21] 0, [22] 1, [23] $-\frac{1}{6}$, [24] $a$, [25] $\frac{3}{2}$, [26] 2, [27] 1, [28] $\frac{2}{3}(2\sqrt{2}-1)$, [29] $\frac{e}{2\pi}$

[30] 0, [31] $\frac{1}{2}$, [32] $-\frac{1}{9}$, [33] 0, [34] 1, [35] $\frac{1+\sqrt{5}}{2}$, [36] 0, [37] $\frac{\pi}{2}$, [38] $\frac{1+\sqrt{5}}{2}$,

[39] $\sqrt{p}$, [40] $\frac{1}{2}$, [41] 0, [42] 0, [43] 0, [44] 0, [45] $\frac{1}{6}$, [46] 0, [47] $\frac{1}{e}$, [48] 1, [49] 2, [50] 1,

[51] $\infty$, [52] $\frac{\ln 2}{3}+\frac{\pi}{3\sqrt{3}}$, [53] $\alpha$, [54] $\frac{2\cos t+1}{3}$, [55] $a=-2, b=1$, [56] 2, [57] $\frac{1}{\sqrt[4]{e}}$,

[58] $\frac{1}{2}$, [59] $\frac{3}{8}$, [60] 1, [61] $2\ln 2$, [62] $\sqrt{e}$, [63] $\sqrt[4]{e}$, [64] $\sqrt{e}$ [65] $\frac{1}{m}$, [66] $1, \frac{1}{2}, \frac{4}{3}$,

[67] $\frac{4}{\pi^2}$, [68] $\frac{1}{2}$, [69] $\frac{2}{2n+3}$, [70] $-\frac{2\pi e^{\pi}}{(e^{\pi}-)^2}$, [71] $\pi$, [72] $2\ln 2-1$, [73] $\frac{\pi}{4}$, [74] $\frac{2\sqrt{2}-1}{3}$,

[75] $\frac{e^{\pi}+1}{2(e^{\pi}-1)}$, [76] $\ln(\sqrt{2}+\sqrt{3})$, [77] $\pi$, [78] $\frac{3e}{8}$, [79] $\frac{\pi}{4(\pi-1)}$, [80] 4, [81] 1, [83] $\frac{27}{16}$,

[84] $\frac{2}{5}$, [85] $\frac{1}{\pi}$, [86] $\frac{\pi}{4}+\frac{1}{2}$, [87] $-4$, [88] $\frac{2}{3}\pi^2$, [89] $\cos a$, [90] $\frac{1}{2}e^{\sqrt{a}}\sin\sqrt{a}$, [91] 0, [92] 1,

[93] 1, [94] $-\frac{5}{96}$, [95] 4,4, [96] 3, [97] $e^{\frac{\pi^2}{12}}$, [98] $\frac{1}{8n^2+4n+1}$, [99] 26, [100] $\frac{1}{\sqrt{e}}$ [101] $\ln 2$,

[102] $a^a(\ln a-1)$, [103] $\frac{e}{e-1}$, [104] 1, [105] $e$, [106] 1, [107] 0, [108] $-2$, [109] 1, [110] $\frac{1}{2}$,

[111] $2^{-4016}$, [112] $\frac{2}{\pi}$, [113] 1, [114] $\frac{27}{4e}$, [115] $\frac{1}{2}$, [116] $\frac{n(n+1)(2n+1)}{12}$, [117] $-\frac{2}{3}$,

[118] $\sinh 1$, [119] $\frac{\sinh\pi}{4\pi}$, [120] $\frac{1}{\sqrt{2}}$, [121] 1, [122] $\ln 2$, [123] $3\ln\frac{13}{4}$, [124] $\frac{1}{6}$, [125] 2,

[126] $\pi$, [127] $e$, [128] $25e^{2\tan^{-1}2-4}$, [129] $(z-1)!$, [130] $92e^4$, [131] 0, [132] $\frac{\sin x}{x}$, [133] 0,

[134] $\frac{1-\ln\pi}{1+\ln\pi}$, [135] $\frac{1}{4}$, [136] 0, [137] $\pi$, [138] $\frac{\pi}{2}$, [139] $e^{\frac{\pi^2}{72}}$, [140] $e^{-2}$, [141] $\sqrt{ab}$,

[142] $\sqrt{2}$, [143] $-1$, [144] 15, [145] 6, [146] $-\frac{1}{2}$, [147] $\left(\frac{4m+1}{4n+1}\right)^2$, [148] $-1$, [149] $\frac{5}{14}$,

[150] 0, [151] $\frac{3}{2}$, [152] $-\frac{3}{2}$, [153] $\frac{1}{2}$, [154] $-\frac{5}{6}$, [155] $\frac{\tan^{-1}x}{x}$, [156] $\frac{9}{4}$, [157] $\theta$, [158] $\frac{p_1}{n}$,

[159] $\frac{1}{3}$, [160] $\frac{1}{77520}$, [161] $\frac{1}{\pi}$, [162] $e$, [163] $-\frac{a+b}{2}$, [164] $\frac{n}{n-1}$, [165] $-\frac{1}{2}$, [166] $\frac{1}{2}$,

[167] $\frac{4}{e}$, [168] $e$, [169] $\sqrt{e}$, [170] $-\frac{\pi}{2}$, [171] $a$, [172] $\frac{1}{2}$, [173] $\frac{\pi}{3}$, [174] $\frac{4\pi^2}{9}$, [175] $e^2$,

[176] $f''(x_0)$, [177] $\sqrt{e}$, [178] 0, [179] $e^{-\frac{1}{4}}$, [180] 1, [181] $\frac{1}{3}$, [182] 0, [183] $\ln a$, [184] $\frac{x}{2}$,

[185] $\frac{1}{e}$, [186] $\frac{2}{7}$, [187] 2, [188] $\frac{1}{2}$, [189] $\frac{a+b+c+d}{4}$, [190] $\pm 1$, [191] $\frac{1}{2}$, [192] 1, [193] 2,

[194] $\frac{1}{2}$, [195] $\frac{4}{\pi}$, [196] $\frac{1}{\sqrt{2\pi}}$, [197] $\frac{33}{32}$, [198] $\frac{1}{4}$, [199] 4, [200] 2,

[201] $e^{\cos\sqrt{2}}\sin(\sin\sqrt{2})$, [202] $\frac{\sqrt{3}}{2}$, [203] 2, [204] $\frac{1}{\sqrt{2}}$, [205] $\frac{1}{160}$, [206] $\frac{a^2+b^2+c^2+d^2}{2}$,

[207] 1, [208] $\frac{\sin\theta}{\theta}$, [209] $\frac{\sqrt{3}}{2}$, [210] $\sqrt{2}\pi$, [211] 0, [212] $\frac{1}{2}$, [213] $-1$, [214] 1,

[215] $\left(\frac{2\sqrt{e^\pi}}{e^2}\right)^m$, [216] 0, [217] $\frac{2}{\pi^2}$, [218] $\sqrt{5}$, [219] $\pi$, [220] 1, [221] 0, [222] $e^{\frac{f'(x_0)}{f(x_0)}}$,

[223] $x_0 f'(x_0)-f(x_0)$, [224] 1, [225] 1, [226] $\frac{4}{e}$, [227] $\frac{a+2b}{3}$, [228] $e^3$, [229] $\frac{4}{3}$,

[230] $\frac{n(n+1)(2n+1)}{6}$, [231] 16, [232] $e-2$, [233] $\frac{11e}{24}$, [234] $\frac{1}{\sqrt{2}}$,

[235] $\frac{1}{a(a+1)}, (a=b), \frac{1}{a-b}\ln\frac{a(b+1)}{b(a+1)}, (a\neq b)$, [236] $-1<x<5$, [237] $\frac{-67}{9}$, [238] $n!$,

[239] 1, [240] $\frac{1}{e}$, [241] 1, [242] $\frac{1}{\sqrt{e}}$, [243] 40, [244] $\frac{nm(n-m)}{2}$, [245] $\frac{n(n+1)}{2}$, [246] $\frac{1}{2}$,

[247] $-1$, [248] $\sqrt{2}$, [249] $e$, [250] $\frac{3\sqrt{2}}{4}$, [251] 1, [252] 1, [253] 2, [254] $\max\left\{1, x, \frac{x^2}{2}\right\}$,

[255] $\frac{1}{6}$, [256] $e^2$, [257] $\frac{12}{5}$, [258] $\frac{1}{2}$, [259] $e^7$, [260] 9, [261] $\frac{2}{\pi}$, [262] $\left(\frac{k-1}{k}\right)^k$, [263] $\ln a$,

[264] $\sqrt{ab}$, [265] $4\sqrt{6}$, [266] $\ln\frac{4}{3}$, [267] $\frac{\pi}{4}$, [268] $\frac{1}{2}$, [269] $\frac{1}{\ln 3}$, [270] $\frac{3}{4}$,

[271] $1-\ln(1-x)+\frac{\ln(1-x)}{x}$, [272] $\frac{2}{3}$, [273] $\frac{7}{12}$, [274] 1, [275] $\frac{1}{2}$, [276] $-\frac{9}{2}$, [277] $\frac{1}{\sqrt{5}}$,

[278] $-\frac{5}{3}$, [279] $\frac{a(1+a)}{(1-a)^3}$, [280] $\ln 2$, [281] $\frac{e^x}{3}-1+\frac{2}{3\sqrt{e^x}}\left[\cos\frac{\sqrt{3}x}{2}+\sin\frac{\sqrt{3}x}{2}\right]$,

[282] $\sqrt{2}\ln(1+\sqrt{2})$, [283] $\frac{137}{24}-8\ln 2$, [284] $-\frac{7}{2}$, [285] $1-n$, [286] 0,

[287] $-\frac{(n-1)(n+2)}{4}$, [288] $\frac{1}{6}$, [289] 1, [290] $\frac{14}{47}$, [291] $\frac{1}{\sqrt[18]{e}}$, [292] 1, [293] $n$,

[294] $\frac{a+b}{2}-\frac{1}{4}$, [295] $\frac{1}{n!}$, [296] 1, [297] 5, [298] $\frac{\pi}{2}$, [299] $\int_0^1 xf(x)dx$, [300] $\frac{112}{27}$,

[301] $\frac{\pi}{4}+\tan^{-1}\frac{1}{2}$, [302] $\frac{1}{36}$, [303] $3\ln\frac{3}{2}$, [304] $2qr, q^2-2pqr$, [305] 1, [306] $-4$, [307] $\frac{1}{5}$,

[308] 0, [309] 1, [310] $\frac{\pi^2}{6}$, [311] $\frac{3\cos x}{4}$, [312] $\frac{5}{2}$, [313] $\frac{2}{3}$, [314] $a$, [315] $\frac{1}{2}$, [316] $\ln\frac{11}{7}$,

[317] $\frac{4\pi^2}{3}-10$, [318] $7-\frac{2\pi^2}{3}$, [319] $\frac{1}{q}$, [320] $\frac{87}{8}$, [321] $\frac{e^x-(1+2x)e^{-x}}{4}$, [322] $\frac{4}{\pi}$,

[323] $\ln\frac{8}{\pi^2}$, [324] 1, [325] $\frac{1}{16}$, [326] $\frac{\pi}{2}$, [327] $\frac{\pi}{4}$, [328] $\frac{3}{4}$, [329] $\frac{3}{16}$, [330] $\ln 7$, [331] $\frac{\pi}{2}$,

[332] $\frac{3+\sqrt{5}}{2}$, [333] $\sqrt[4]{27}$, [334] 1, [335] 1, [336] $\frac{1}{4}$, [337] $(\ln 2)^2$, [338] $\frac{1}{2}$, [339] $\frac{1}{4}$,

[340] $2^{a+1}-1$, [341] $\frac{1}{2}$, [342] $\ln(1+\sqrt{2})-\sqrt{2}$, [343] $\ln\frac{3}{4}$, [344] $e-1$, [345] $\sqrt{2}$, [346] $\frac{1}{2}$,

[347] $\frac{f'(1)-f'(0)}{24}$, [348] $\frac{f(1)-f(0)}{2}$, [349] $\frac{1}{3}+\frac{\pi}{8}$, [350] 1, [351] $n$, [352] $\frac{12}{7}$,

[353] $\frac{q}{(p-q)^2}$, [354] 2, [355] $\sqrt{3}$, [356] 2, [357] $\frac{2}{\pi}$, [358] $\frac{1}{4}$, [359] $\frac{8\sqrt{2}}{5}$, [360] $\ln m$,

[361] $\frac{2}{3}$, [362] 2, [363] $\frac{f'(0)}{3}$, [364] $\cosh 1-1$, [365] $e-1$, [366] $\frac{1}{2}\int_0^{\pi} f(x)dx$, [367] $\frac{1}{k\cdot k!}$,

[368] 1, [369] $\frac{1}{2}+\frac{1}{2\sqrt{2}}$, [370] $\frac{\pi}{2}-2$, [371] $\ln 4-1$, [372] $\frac{2}{\pi}$, [373] $a^2+\frac{\cos 2a-1}{2}$,

[374] $\frac{2+x^2}{\left(1-\sqrt{2+x^2}\right)^2}$, [375] $16\ln\frac{4}{3}-4$, [376] $\frac{16}{\pi^2}\cosh\frac{\pi}{4}+\frac{4^3}{\pi^3}\sinh\frac{\pi}{4}$, [377] $\frac{3x^4}{2}\ln\frac{3+x}{3-x}$,

[378] $\frac{3\sqrt{3}}{2}\ln(2+\sqrt{3})$, [379] 4, [380] $\frac{3\cos x-1}{10-6\cos x}$, [381] $\frac{1}{e}$, [382] $a^{a+a^a}\left(\ln a+\frac{1}{a}\right)$, [383] 1,

[384] $\frac{1}{\sqrt{e}}$, [385] 4, [386] $e$, [387] $\frac{2^{p-1}}{2^{p-1}-1}$, [388] $\frac{1}{4\ln 2}$, [389] $\frac{1}{4014}$, [390] $\frac{1}{2}$, [391] $\frac{3}{2}-\frac{3}{e}$,

[392] $\frac{1}{a}$, [393] $\frac{1}{2}$, [394] $\frac{5}{24}$, [395] 0, [396] $\frac{1}{2}$, [397] $\sqrt{\lambda}$, [398] $-1$, [399] $\sqrt{2}$, [400] $\frac{2}{3}$,

[401] $\frac{e}{2}$, [402] 1, [403] $f(0)$, [404] $2a$, [405] $2^{13}$, [406] $\frac{el}{2}$, [407] $x^x\ln x$, [408] $x^{n-1}x$,

[409] $x^x(\ln x+1)$, [410] $\frac{e}{2}$, [411] $\ln 2$, [412] 2, [413] $\ln\frac{e}{e-1}$, [414] $1-\cos 1$, [415] 1,

[416] $2\ln 2-1$, [417] $\frac{mb^2-na^2}{2mn}$, [418] $\frac{1}{2}$, [419] $e^2$, [420] 1, [421] 0, [422] $\frac{2}{e}$, [423] $\frac{\pi}{2}$,

[424] 1, [425] $\frac{1}{4}$, [426] $\frac{e}{2}$, [427] 1, [428] $\sum_{k=1}^{n}\frac{1}{k}$, [429] $\frac{1}{e}$, [430] 3, [431] 1, [432] $\frac{\pi^2}{4}$, [433] 1,

[434] 1, [435] 1, [436] $\frac{-e}{2}$, [437] $\frac{-1}{2}$, [438] 1, [439] $2\sqrt{2}-2$, [440] $\frac{1}{2}$, [441] $\frac{1}{6}$,

[442] $\frac{e}{e-1}$, [443] $\frac{1}{2}$, [444] 1, [445] $\frac{-1}{3}$, [446] $\frac{3\pi}{4}$, [447] $\frac{3\sin 2a}{2}$, [448] $\frac{-1}{1220}$, [449] $\frac{1}{3}$,

[450] $\sqrt{2\pi}$, [451] $\frac{1}{2}$, [452] $\frac{1}{e^2}$, [453] $e$, [454] $-\sin a$, [455] $\sqrt{21}$, [456] 4, [457] $\frac{1}{3}$,

[458] $\sqrt[6]{e^{\pi^2}}$, [459] $\frac{3}{4}$, [460] $\frac{\sqrt{2}-2}{2}$, [461] $\frac{\pi^2}{8}$, [462] $\frac{\pi^2}{16}$, [463] $\sqrt{e}$, [464] $\frac{33}{8}$, [465] $\frac{e}{e-1}$,

[466] 1, [467] $e$, [468] $e-1$, [469] $\frac{1}{2}$, [470] $e$, [471] $\sqrt{\frac{3}{2}}$, [472] $\frac{\pi}{4}$, [473] $\frac{1}{\sqrt[4]{e}}$, [474] $\frac{1}{\sqrt{2}}$,

[475] $\frac{9\pi^2}{32}$, [476] $\frac{1}{\sqrt{3}}$, [477] $\frac{n(n-1)}{2a}$, [478] $\frac{3}{2}$, [479] 0, [480] 1, [481] 1, [482] 2, [483] 2,

[484] $\frac{\pi-2}{\pi}$, [485] $\frac{1}{e}$, [486] 1, [487] $k!$, [488] $e$, [489] $\frac{\pi}{2}$, [490] $e^2$, [491] 1, [492] $\frac{\pi^2}{12}$,

[493] 0, [494] 1, [495] $\ln 2$, [496] 1, [497] $\sqrt{e}$, [498] $e^{-\frac{x^2}{2}}$, [499] $\frac{\pi}{2}$, [500] 1, [501] $\frac{1}{4}$,

[502] 0, [503] $e^{2\ln 2+\frac{1}{2e}}$, [504] 2, [505] 0, [506] 8, [507] 0, [508] $a^2$, [509] $\frac{\ln(1+\sqrt{2})}{\sqrt{2}}$, [510] $e$,

[511] $\left(\frac{b^b}{a^a}\right)^{\frac{1}{b-a}}$, [512] $\frac{(\cos^{-1}a_0)^2}{2}$, [513] $\ln\frac{a+1}{a}$, [514] $\frac{\pi}{2}$, [515] ln2, [516] 1, [517] $e-2$,

[518] 1, [519] $\frac{\sqrt{\pi}}{2}$, [520] $e^{-\frac{a^4}{2}}$, [521] $\sqrt{ab}$, [522] $\frac{1}{2}$, [523] $e$, [524] $\frac{a}{k}$, [525] 1, [526] 1,

[527] 1, [528] $\frac{1}{2}$, [529] $a^a(1+\ln a)$, [530] 1, [531] 1, [532] 1, [533] $\frac{1}{2}$, [534] $-1$, [535] 0,

[536] $\frac{1}{2e}$, [537] $\sqrt{e}$, [538] $\frac{z}{4\sqrt[4]{y^3}}$, [539] $\frac{y_0-\sqrt{y_0^2-4}}{2}$, [540] 1, [541] 0, [542] $\frac{\pi^3}{32}$,

[543] $1, (x\le e), \ln x, (x>e)$, [544] $x^{-2}, (x<1), 1 (x\ge 1)$, [545] $\frac{1}{2}$, [546] $\frac{-1}{4\pi}$, [547] $e^b+a$,

[548] 0, [549] $\frac{1}{2}$, [550] $1+\ln 5$, [551] $\frac{1}{\sqrt[3]{abc}}$, [552] 1, [553] 0, [554] $\frac{\pi^2}{8}$, [555] 1, [556] $\frac{2}{e}$,

[557] $\frac{\pi}{4}$, [558] $\frac{\pi}{2}$, [559] $\frac{1}{2}$, [560] $\frac{1}{3}$, [561] 1,

[562] $2(\sqrt{1+e}-\sqrt{2})+\ln\left|\frac{\sqrt{e+1}-1}{(\sqrt{2}-1)^2(\sqrt{e+1}+1)}\right|$, [563] $\frac{1}{\sqrt{\pi}}$, [564] 1, [565] $\frac{1}{3}$, [566] $\pi$,

[567] $\frac{f'(0)}{2}$, [568] $2\ln 2-1$, [569] $\frac{\pi}{2}$, [570] $\frac{3}{e}$, [571] $\frac{2}{e}$, [572] $\pi^2$, [573] $\sin\frac{a\pi}{4}$, [574] $\sqrt{\frac{\lambda}{2}}$,

[575] $e$, [576] $2\pi$, [577] $\ln\frac{\pi}{2}$, [578] 1, [579] $\frac{\sqrt{\pi}}{2}$, [580] $\ln\frac{1}{2\sqrt{3}-3}$, [581] $p!$ [582] 4,

[583] $-1$, [584] $\sqrt{2}$, [585] $\frac{1}{\ln a}$, [586] $e^{-2-2\sqrt{2}\ln(\sqrt{2}-1)}$, [587] $\frac{4}{e}$, [588] $\frac{2\sqrt{3}\pi}{9}$, [589] $\frac{4}{3\pi}$,

[590] 0, [591] $\sqrt{e}$, [592] 0, [593] 576, [594] $\sqrt[m]{a_1a_2\cdots a_m}$, [595] 2, [596] $\frac{1}{3}$, [597] 1, [598] $\frac{1}{a}$,

[599] 1, [600] $\sqrt{2}$, [601] $2\pi$, [602] 1, [603] $\frac{\sqrt{\pi}}{2}$, [604] 1, [605] 1, [606] $\frac{\pi}{2}$, [607] 1,

[608] 0, [609] $\frac{1}{4}\int_0^1 f(t)dt$, [610] $-\frac{1}{2}$, [611] $\frac{\ln 2}{3}$, [612] $e^{-2}$, [613] 0, [614] $\frac{2^m}{m+1}$,

[615] $\int_0^1 (f(x))^2\,dx$, [616] $\sqrt{2}$, [617] $\frac{\pi f(0)}{2}$, [618] $\frac{\sqrt{3}}{2}$, [619] 0, [620] $\frac{4}{e}$, [621] $-\infty$,

[622] $\frac{\cos^2 2}{5}$, [623] 1, [624] $\ln a$, [625] $\frac{a}{3}$, [626] 1, [627] $\infty$, [628] $\frac{1}{2}$, [629] ln2, [630] ln2,

[631] ln2, [632] $\frac{p^2}{\pi}$, [633] $-\ln 2$, [634] 0, [635] $\infty$, [636] 1, [637] $\frac{\sqrt{5}-1}{2}$, [638] $\frac{1}{p+1}$,

[639] $e^{\frac{2}{\pi}}$, [640] $a$, [641] $b$, [642] $e$, [643] $\ln\frac{1}{a}$, [644] $\frac{1}{2}$, [645] $\frac{1}{12}$, [646] $\frac{1}{6}$, [647] $n$,

[648] $\frac{a^2}{b^2}$, [649] $e$, [650] $\frac{ab^2}{2}$, [651] $\sum_{k=1}^{n}\frac{\alpha_k\beta_k^2}{2}$, [652] $\frac{1}{\ln a}$, [653] $\frac{1}{2}$, [654] $\frac{n^2}{2}$, [655] $-\frac{1}{8}$,

[656] $\frac{3}{2\sqrt{2}}$, [657] $\frac{1}{4}$, [658] $b^{\frac{1}{a}}$, [659] $\frac{b}{ae}$, [660] 1, [661] $\frac{1}{2}$, [662] 0, [663] $\frac{1}{e-1}$, [664] $\sqrt{a}$,

[665] $\frac{1}{2}$, [666] $f(1)$, [667] $1-a$, [668] 1, [669] $\frac{\ln 2}{2}$, [670] $\frac{(n-1)a^2}{n^2}$, [671] $\frac{c^2+b^2-a^2}{2bc}$,

[672] 1, [673] 0, [674] $1-\frac{1}{e}$, [675] $\ln\left(\frac{a+1}{a}\right)$, [676] $4\ln 2-4$, [677] $\frac{\pi}{2}$, [678] $\frac{1}{2}$, [679] $\sqrt{\frac{\pi}{2}}$,

[680] $\frac{1}{2}$, [681] 1, [682] $\frac{1}{2}$, [683] $\sqrt[3]{e}$, [684] $\frac{1}{\ln 2}$, [685] $-\ln a$, [686] $\sqrt{2}$, [687] $-\frac{2a+b}{2}$,

[688] $\frac{3}{64}$, [689] $(1+\sqrt{2})e^{1-\sqrt{2}}$, [690] 1, [691] $\frac{\alpha}{\beta}a^{\alpha-\beta}$, [692] $2e$, [693] $\frac{1}{2n}$, [694] $-\infty$,

[695] $-\frac{1}{12}$, [696] $\sqrt[n]{\prod_{i=1}^{n}a_i}$, [697] $e^{-\frac{1}{\sqrt{2}}}$, [698] 2, [699] $\ln 2$, [700] $e^{-\frac{1}{4}}$, [701] $\frac{2}{3}$, [702] $e^4$,

[703] $\frac{1}{3}$, [704] $\frac{1}{2}f'(0)$, [705] $\ln 2$, [706] $\frac{ac}{(1-c)(1-bc)}$, [707] 1, [708] $\sqrt[p+1]{e}$, [709] $\pi$,

[710] $\frac{-2}{\ln 3}$, [711] 2, [712] $\frac{1}{8}$, [713] $\frac{2}{3}$, [714] $\frac{1}{2}$, [715] 0, [716] 1, [717] $\infty$, [718] $-1$, [719] 0,

[720] $-\frac{1}{2}$, [721] $\sqrt[3]{e}$, [722] $\frac{\sqrt{3}}{2}$, [723] 0, [724] $\infty$, [725] $\frac{a}{2}$, [726] 0, [727] 0, [728] $\frac{5}{4}$,

[729] $-\frac{1}{2}$, [730] $\frac{2}{5}$, [731] 1, [732] $\sqrt[3]{a}$, [733] $\frac{17}{200}$, [734] $\frac{1}{e}$, [735] $e^2$, [736] 1, [737] $-2$,

[738] $\frac{5}{12}$, [739] $\frac{1}{n}$, [740] $-\frac{\sin a}{2a}$, [741] $\frac{n}{6}$, [742] $-1$, [743] 1, [744] $\frac{1}{4}$, [745] $\prod_{k=1}^{p}\frac{1}{k!}$,

[746] $\ln k$, [747] $\frac{a_1-r}{a_1}$, [748] 1, [749] 1, [750] 0, [751] $e$, [752] $2\ln(1+\sqrt{2})$, [753] $\frac{1}{3r}$,

[754] $\frac{\ln 2\ln 7}{\ln 3\ln 5}$, [755] $\infty(a>0.5), 0(a<0.5), 1(a=0.5)$, [756] $\frac{9}{4}$, [757] $\frac{1}{\sqrt{2}}$, [758] $\frac{1}{\pi}$,

[759] $\frac{1}{\sqrt[6]{e}}$, [760] $\ln 2$, [761] $-1$, [762] $e^{\frac{3}{2}}$, [763] $\frac{x_0+y_0}{2}$, [764] $1-\frac{1}{2012!}$, [765] $\frac{1}{b}\ln\left|\frac{a+b}{a}\right|$,

[766] $-\ln a$, [767] $\ln a$, [768] $-1$, [769] $e^{-\frac{1}{3}}$, [770] $e^{-\frac{1}{4}}$, [771] $e^{\frac{1}{3}}$, [772] $\frac{1}{e-1}$, [773] $\frac{27}{4e}$,

[774] $\frac{1}{2}f'(0)$, [775] $-f'(1)$, [776] 24, [777] $\sqrt{e}$, [778] $\sqrt[3]{e}$, [779] $(abc)^{\frac{2}{3}}$, [780] $\frac{1}{9}$,

[781] $f(0)$, [782] $\frac{1}{2}$, [783] $\frac{1}{2}$, [784] $\frac{1}{2}$, [785] $\frac{1}{2}$, [786] $\frac{1}{\sqrt{3}}$, [787] $\frac{1}{\sqrt[n]{n+1}}$, [788] $-\frac{1}{2}$,

[789] $\ln 2$, [790] 2, [791] $-\ln a$, [792] $e^{\int_0^1 \ln f(x)dx}$, [793] $\frac{\pi}{4}$, [794] $\frac{4}{\sqrt{e}}$, [795] $\frac{4}{3}$, [796] 1000,

[797] $\frac{1}{2\pi}\int_0^{2\pi}f(\sin x)dx$, [798] $\frac{1}{4\pi}\int_0^{2\pi}f(\sin x)dx$, [799] 1, [800] $\frac{2}{\pi}\int_0^{\pi}f(x)dx$,

[801] $\frac{2\sqrt{2}}{\pi}\ln 2$, [802] $-1$, [803] $2\pi^2$, [804] $\frac{1}{2}$, [805] 1, [806] 0, [807] 0, [808] $\ln(1+\sqrt{2})$,

[809] 2010, [810] $\frac{1}{2}\left(1-\frac{1}{n+1}\right)$, [811] 1, [812] 1, [813] $f(0)$, [814] $\sqrt[4]{e}$, [815] $\sqrt{e}$,

[816] $\frac{1-\ln 2}{2}$, [817] $\ln\left|\frac{b}{a}\right|$, [818] 8, [819] $\frac{m}{n}$, [820] $\pi$, [821] $\frac{1}{3}$, [822] $-1$, [823] $2\sqrt{2}-2$,

[824] $\frac{\pi^2}{12}$, [825] $\Gamma(x)$, [826] $\frac{a}{\pi}$, [827] 1, [828] $e^{3+\sqrt{2}}$, [829] 1, [830] $\frac{1-\ln a}{1+\ln a}$, [831] $\frac{25}{81}$,

[832] $\frac{e^{\pi}-1}{\sqrt{2}}$, [833] $-1$, [834] 1, [835] $\frac{b}{a}$, [836] $\frac{1}{2}$, [837] $\frac{n}{2}$, [838] $\frac{a(1-a)}{2}e^a$, [839] $\frac{1}{6}$,

[840] $\frac{1}{\sqrt{e}}$, [841] $\left(\frac{a-b}{2}\right)^2$, [842] $\frac{2}{3\pi}$, [843] 0, [844] 1, [845] $\frac{\sqrt{2}}{8}$,

[846] $\infty(a<2b), 2^b(a=2b), 0(a>2b)$, [847] 14, [848] 1, [849] $-1$, [850] 1, [851] 2011!,

[852] $\frac{1}{\sqrt{3}}$, [853] 1, [854] $\frac{1}{4}$, [855] $\frac{\pi}{12}$, [856] 1, [857] $\sqrt{2011}$, [858] $\sqrt[3]{2}$, [859] $\frac{a}{2}$,

[860] ln3, [861] $\frac{1}{2}$, [862] $\frac{\pi}{2}\ln 2$, [863] $\frac{\sqrt{ab}}{8}\left(\ln\frac{a}{b}\right)^2$, [864] ln2, [865] $0, \frac{2a}{1-a}$, [866] 0,

[867] 0, [868] 1, [869] $-1$, [870] $1, -1$, [871] 0, [872] $\frac{3}{16\pi^2}$, [873] $\frac{2\ln 2}{\pi}$, [874] $\sqrt{2}$, [875] $\frac{\pi}{4}$,

[876] $\frac{\ln 2}{12}\pi^2$, [877] $\int_0^1 \frac{f(x)}{x}dx$, [878] $f(1)\int_0^1 \frac{g(x)}{x}dx$, [879] $f(1)\int_0^1 g(x)dx$,

[880] $(f(1)+f'(1))\int_0^1 \frac{H(x)}{x}dx, H(x)=\int_0^x h(t)dt$, [881] $(f(1)+f'(1))\int_0^1 \frac{1}{x}\int_0^x \frac{g(t)}{t}dtdx$,

[882] $\frac{\pi}{4}f(1)$, [883] $\frac{\pi^2}{12}$, [884] $\frac{15}{2}$, [885] $\frac{2}{\pi}$, [886] 2, [887] 3, [888] $2\ln 2-1$, [889] 1,

[890] $-\ln 2$, [891] 0, [892] 1, [893] $e$, [894] $\sqrt{6}$, [895] $\frac{\pi}{4}$, [896] $\frac{1}{4}$, [897] $-\frac{3}{8}$, [898] $\frac{\pi^2}{6}$,

[899] $2\pi$, [900] $\infty$, [901] $-3$, [902] $\ln\frac{3}{2}$, [903] $\frac{n(n+1)}{2}$, [904] $\frac{\pi}{6}$, [905] 1, [906] $e$,

[907] $\frac{\lambda+\mu}{\sqrt{\lambda\mu}}$, [908] $2n$, [909] $\frac{1-n}{n^2}$, [910] 1, [911] $\frac{4\sqrt{2}}{3\pi}\sqrt{2010^3}$, [912] $\frac{256}{27e}$, [913] $e^{-3}$,

[914] $\frac{a^a}{b^b}e^{b-a}$, [915] $\frac{1}{2}$, [916] 1, [917] 5, [918] $\frac{2(e^\pi-1)}{\pi}$, [919] $-\frac{1}{4}$, [920] $\frac{1}{2}$, [921] 0,

[922] $\frac{2}{3\pi}$, [923] $4^{2004}$, [924] 1, [925] 0, [926] $0(a<b), 1(a=b), \infty(a>b)$, [927] $\frac{8\sqrt{2}\pi}{3}$, $2\pi$,

[928] 2, [929] $\frac{2^p}{p+1}$, [930] 0, [931] $\frac{1}{2}$, [932] $\sqrt[3]{9}$, [933] $0(a<8), 2^{-7}(a=8), \infty(a>8)$,

[934] 1, [935] 1, [936] 1, [937] 0, [938] 2, [939] 1, [940] $\ln\frac{2012}{2011}$, [941] $\tan^{-1}\alpha$, [942] ln3,

[943] 1, [944] $\frac{e}{2}$, [945] $\frac{1}{2}$, [946] 2, [947] $-\frac{1}{4}$, [948] 0, [949] $-2\sqrt{\pi}$, [950] $\frac{1}{4}$,

[951] $\frac{a}{e}\left(\frac{b}{a}\right)^{\frac{b}{b-a}}$, [952] $e$, [953] 2, [954] $\frac{9\ln 3}{\pi}$, [955] $\frac{1}{2}$, [956] $\frac{1}{k+1}$, [957] 1, [958] $\frac{\pi}{2}$,

[959] $\frac{1}{2e}$, [960] $e^2$, [961] $\ln x$, [962] 0, [963] $2e^4$, [964] $-1$, [965] $e^{ak}$, [966] 2, [967] $\frac{1}{4}$,

[968] $\frac{3}{2}$, [969] ln2, [970] $e^{-\frac{1}{2}}$, [971] $\frac{1}{c}$, [972] $\frac{8^8}{7^8 e}$, [973] $\frac{11}{2}$, [974] $4\sqrt{2}, 8$, [975] 0, [976] 2,

[977] 1, [978] $a+1$, [979] 0, [980] 2, [981] $2^{10}$, [982] $\sqrt[48]{e^{\pi^2}}$, [983] $1, 1, -2$, [984] $\frac{1}{2}$,

[985] $\frac{1}{e-1}$, [986] 0, [987] $\pi$, [988] 24, [989] $\sqrt{5}-1$, [990] $\sqrt{3}$, [991] 1,

[992] $\frac{x_n^2}{1-\pi x_n\cot(\pi x_n)}$, [993] $\frac{\pi}{2}+\ln 2$, [994] $\sqrt[n]{\prod_{k=1}^n a_k}$, [995] 0, [996] $\infty$, [997] $\frac{1}{2}$, [998] $\infty$,

[999] $1(a\le 1), a(a>1)$, [1000] ln2, [1001] $f(1)\ln 2$, [1002] $\frac{2\sqrt{3}}{3}$, [1003] $e^{-1}$, [1004] $\frac{1}{480}$,

[1005] $\frac{9}{4}$, [1006] 0, [1007] $e$, [1008] $\sqrt{e^5}$, [1009] 2, [1010] $\frac{1}{2}$, [1011] $\frac{\pi}{2}$, [1012] ${}_{2n}C_n$,

[1013] 0, [1014] 0, [1015] $-\frac{5}{6}$, [1016] 6, [1017] 0, [1018] $\frac{1+2a}{2a(a+\sqrt{a})}$, [1019] $\frac{4}{45}$, [1020] $\infty$,

[1021] $-\frac{4}{3}$, [1022] $\frac{2}{\pi}$, [1023] $\frac{\lambda^\lambda}{(\lambda-1)^{\lambda-1}}$, [1024] $\frac{b^2-4ac}{2}$,

[1025] $\frac{1}{2}\left(a^2\ln\left(a^2+\sqrt{a^4+1}\right)-\sqrt{a^4+1}+1\right)$, [1026] $0,\left(p<\frac{1}{2}\right),-p,\left(p=\frac{1}{2}\right),-\infty,\left(p>\frac{1}{2}\right)$,

[1027] $\frac{2}{\sqrt{e}}$, [1028] $a$, [1029] 1, [1030] $\frac{1}{2}$, [1031] 0, [1032] $\frac{4}{3}\ln2+\frac{\pi}{3}+\frac{2}{3}$, [1033] 0,

[1034] $a_1$, [1035] $\frac{1}{2}$, [1036] 1, [1037] $\frac{1}{30}$, [1038] 2, [1039] 1, [1040] $e^{-2e^{-x}}$, [1041] $\frac{3}{8}$,

[1042] $\frac{1}{4}$, [1043] $e^{a(\alpha-\beta)}$, [1044] 0, [1045] 0, [1046] 0, [1047] $\frac{3}{5}$, [1048] 1, [1049] $4e^{\frac{\pi}{\sqrt{3}}-3}$,

[1050] 1, [1051] 0, [1052] $\infty$, [1053] $xe^x$, [1054] $e$, [1055] $\frac{1}{2}-\ln2$, [1056] $\sqrt{2}$, [1057] $n$,

[1058] $\frac{a-b}{2}$, [1059] ln2, [1060] 1, [1061] $e$, [1062] $\frac{e}{2(e-1)^2}$, [1063] $\frac{3}{2}$, [1064] $\frac{1}{e-1}$,

[1065] $1, -1$, [1066] 2, [1067] $\sqrt{2}$, [1068] 0, [1069] $\frac{1}{2}\left[\frac{\pi e^\pi}{(e^\pi-1)^2}+\frac{e^\pi}{e^\pi-1}\right]$, [1070] $\frac{1}{2}$,

[1071] $(\ln2)^3, 3(\ln2)^4$, [1072] $\frac{2}{\pi}$

## 02 | 부정적분 해

[1] $\ln(x\sin x+\cos x)$, [2] $-2x-3\ln|\sin x+\cos x|$ ,

[3] $6\left(\frac{\sqrt[6]{x^7}}{7}-\frac{\sqrt[6]{x^5}}{5}+\frac{\sqrt[6]{x^3}}{3}-\sqrt[6]{x}+\tan^{-1}\sqrt[6]{x}\right)$ , [4] $-\frac{x}{2}\cos^2x+\frac{\sin2x}{8}+\frac{x}{4}$,

[5] $\frac{1}{2}\tan^{-1}\left(\frac{1}{2}\tan\frac{x}{2}\right)$ , [6] $\frac{\ln\frac{x^2+2x+2}{x^2-2x+2}}{16}+\frac{\tan^{-1}(x+1)+\tan^{-1}(x-1)}{8}$, [7] $\ln\frac{e^x}{1+e^x}$,

[8] $2\ln(\sec\sqrt{x}+\tan\sqrt{x})$, [9] $\frac{1}{9}\sec^{-1}\left(\frac{2x}{3}\right)$, [10] $\frac{x}{3\sqrt{(1+x^2)^3}}+\frac{2x}{3\sqrt{1+x^2}}$,

[11] $\frac{x\sqrt{(x^2+9)^3}}{4}+\frac{27}{8}\{x\sqrt{9+x^2}+9\ln(x+\sqrt{9+x^2})\}$,

[12] $\frac{x}{4(1-x^2)^2}+\frac{3x}{8(1-x^2)}+\frac{3}{16}\ln\left|\frac{1+x}{1-x}\right|$, [13] $\frac{x\sqrt{(4-x^2)^3}}{4}+6\sin^{-1}\frac{x}{2}+\frac{3x\sqrt{4-x^2}}{2}$,

[14] $\frac{1}{\sqrt{2}}\ln\left|\operatorname{cosec}\left(\frac{\pi}{4}-x\right)-\cot\left(\frac{\pi}{4}-x\right)\right|$, [15] $-\frac{\sqrt{(1-x^3)^3}}{9}+\frac{2\sqrt{(1-x^3)^5}}{15}$,

[16] $-\frac{2\sqrt{\left(\frac{1-x}{x}\right)^5}}{5}-\frac{2\sqrt{\left(\frac{1-x}{x}\right)^3}}{3}$, [17] $\frac{2}{3}\sqrt{\left(\frac{x}{1+x}\right)^3}-\frac{2}{5}\sqrt{\left(\frac{x}{1+x}\right)^5}$ , [18] $\frac{2\sin^{-1}x^{\frac{3}{2}}}{3}$,

[19] $-e^{-e^x}$ , [20] $-\sin^{-1}\left(\frac{1-x}{2x}\right)$, [21] $e^x-3\ln(e^x+1)$, [22] $\cos x+\ln(1-\cos x)$,

[23] $-\dfrac{\sqrt{4-x^2}}{4x}$, [24] $-\dfrac{1}{4x}+\dfrac{1}{8}\tan^{-1}\dfrac{2}{x}$, [25] $\dfrac{4}{5}(1+\sqrt{x})^{\frac{5}{2}}-\dfrac{4}{3}(1+\sqrt{x})^{\frac{3}{2}}$,

[26] $\dfrac{2}{9\sqrt{\dfrac{x+1}{1-x}}-3}$, [27] $-x^4\cos x+4x^3\sin x+12x^2\cos x-24x\sin x-24\cos x$,

[28] $\dfrac{\sin^{m+1}x\cos^{n-1}x}{m+n}+\dfrac{n-1}{m+n}\displaystyle\int\sin^m x\cos^{n-2}x\,dx$,

$-\dfrac{\sin^{m-1}x\cos^{n+1}x}{m+n}+\dfrac{m-1}{m+n}\displaystyle\int\sin^{m-2}x\cos^n x\,dx$, [29] $\ln(x-a_1)^{c_1}\cdots(x-a_n)^{c_n}$,

[30] $\dfrac{1}{6}\tan^{-1}\left(\dfrac{2\sec x}{3}\right)$, [31] $\ln\dfrac{1}{(1-\sqrt{x})^2}$, [32] $\dfrac{3}{2}\ln\left(1+\sqrt[3]{x^2}\right)$, [33] $\dfrac{\ln|\mathrm{cosec}3x-\cot3x|}{3}$,

[34] $\dfrac{x}{2}\{\sin(\ln x)-\cos(\ln x)\}$, [35] $\dfrac{4\sqrt{2}}{3}\sin\dfrac{3x}{2}-\dfrac{4\sqrt{2}}{9}\sin^3\dfrac{3x}{2}$, [36] $\dfrac{1}{10}\ln\left|\dfrac{x^{10}}{x^{10}-1}\right|$,

[37] $-\dfrac{3}{5}\sqrt[3]{\cot^5 x}$, [38] $2\sqrt{\sec x}$, [39] [54] $\dfrac{2}{\sqrt{3}}\tan^{-1}\left\{\dfrac{2}{\sqrt{3}}\tan^{-1}\left(\dfrac{x}{2}\right)+\dfrac{1}{\sqrt{3}}\right\}$,

[55] $\dfrac{1}{\sqrt{3}}\ln\left|\dfrac{\tan^{-1}\left(\dfrac{x}{2}\right)-2-\sqrt{3}}{\tan^{-1}\left(\dfrac{x}{2}\right)-2+\sqrt{3}}\right|$, [63] $\dfrac{1}{2\sqrt{2}}\ln\left|\dfrac{\sqrt{2}x+1}{\sqrt{2}x-1}\right|$,

[64] $\dfrac{1}{2}\left[\sqrt{x}+\sqrt{x+1}-\ln(\sqrt{x}+\sqrt{x+1})+\dfrac{1-2(\sqrt{x}+\sqrt{x+1})}{2(\sqrt{x}+\sqrt{x+1})^2}\right]$,

[65] $\dfrac{x}{2}[\sin(\ln x)+\cos(\ln x)]$, [66] $x\ln\left(\dfrac{-1+\sqrt{1+4x}}{2}\right)-\dfrac{1}{2}\left(x+\dfrac{-1+\sqrt{1+4x}}{2}\right)$,

[67] $\dfrac{1}{\sqrt{2}}\tan^{-1}\left(\dfrac{t-t^{-1}}{\sqrt{2}}\right)+\dfrac{1}{2\sqrt{2}}\ln\left|\dfrac{t+t^{-1}-\sqrt{2}}{t+t^{-1}+\sqrt{2}}\right|$, $(t=\sqrt{\tan x})$, [68] $\sec^{-1}\sqrt{x}+\sqrt{x-x^2}$,

[69] $2\sqrt{\sin 2x}(\sqrt{\sin x}-\sqrt{\cos x})$, [70] $e^{e^{e^{e^x}}}$, [71] $2\sqrt{1+\ln x}+\ln\dfrac{\sqrt{1+\ln x}-1}{\sqrt{1+\ln x}+1}$,

[72] $\dfrac{x^2}{2}\tan^{-1}\sqrt{x}-\dfrac{\sqrt{x^3}}{6}+\dfrac{\sqrt{x}}{2}-\dfrac{\tan^{-1}\sqrt{x}}{2}$, [73] $-\mathrm{cosec}^{-1}x^2$, [74] $\dfrac{e^{2x}}{8x+4}$, [75] $\dfrac{-x}{x^5+x+1}$,

[76] [77] $\left(\dfrac{3}{4}x^{\frac{4}{3}}+1\right)\ln\left(1+x^{\frac{4}{3}}\right)-\dfrac{3}{4}x^{\frac{4}{3}}$, [78] $\dfrac{1}{2\sqrt{2}n}\ln\left(\dfrac{x^n+x^{-n}-\sqrt{2}}{x^n+x^{-n}+\sqrt{2}}\right)$, [79] $\ln(\ln(\tan x))$,

[80] $2\sqrt{1-\dfrac{1}{x}}$, [81] $-\dfrac{1}{5}(x^{-3}+2)^{\frac{5}{3}}$, [82] $e^x\ln x(x\ln x-2)$, [83] $\dfrac{\ln(x^2+1)}{4}+\dfrac{x^2\ln x}{2(x^2+1)}$,

[84] $\ln\left(x+\sqrt{1+x^2}\right)-(1+\ln x)\dfrac{\sqrt{1+x^2}}{x}$, [85] $\dfrac{\sin x-x\cos x}{x\sin x+\cos x}$,

[86] $-\ln[1+e^{-x}(x+1)]-\dfrac{1}{1+e^{-x}(x+1)}$, [87] $\dfrac{(x\sin x)^2}{2}$,

[88] $\dfrac{1}{4}\ln\dfrac{\tan^{\frac{4}{3}}x-\tan^{\frac{2}{3}}x+1}{\left(\tan^{\frac{2}{3}}x+1\right)^2}-\dfrac{\sqrt{3}}{2}\tan^{-1}\dfrac{2-\tan^{\frac{2}{3}}x}{\sqrt{3}\tan^{\frac{2}{3}}x}$, [89] $\dfrac{1}{2}\tan^{-1}(\tan^2 x)$, [90] $-\dfrac{x^4}{4(1+x^8)}$,

[91] $i\left(\dfrac{\cos^{-1}x}{2}+\dfrac{x\sqrt{1-x^2}}{2}-\sqrt{1-x^2}\right)$, [92] $\dfrac{e^{x^2}}{2(1+x^2)}$, [93] $\dfrac{1}{\sqrt{2}}\tan^{-1}\left[\dfrac{1}{\sqrt{2}}\left(\tan x-\dfrac{1}{\tan x}\right)\right]$,

[94] $\frac{2}{2a+3}\left[\frac{\sqrt{2}}{8}\ln\left(\frac{t^2+\sqrt{2}t+1}{t^2-\sqrt{2}t+1}\right)+\frac{\sqrt{2}}{4}\tan^{-1}\left(\sqrt{2}t+\frac{1}{2}\right)+\tan^{-1}\left(\sqrt{2}t-\frac{1}{2}\right)\right]$, $t=x^{a+\frac{3}{2}}$,

[95] $\tan^{-1}\left(\frac{\tan 2x}{2}\right)$, [96] $-\frac{\sqrt{2x+3}}{x}$, [97] $\frac{1}{2\sqrt{2}}\tan^{-1}\frac{x-x^{-1}}{\sqrt{2}}+\frac{1}{2\sqrt{2}}\ln\frac{x+x^{-1}-\sqrt{2}}{x+x^{-1}+\sqrt{2}}$,

[98] $\frac{1}{4n\sqrt{2}}\left(2\tan^{-1}\frac{x^n-x^{-n}}{\sqrt{2}}+\ln\frac{x^n+x^{-n}-\sqrt{2}}{x^n+x^{-n}+\sqrt{2}}\right)$, [99] $\ln\frac{x+\sin x}{\sin x}$, [100] $\frac{\left(\ln(x+\sqrt{1+x^2})\right)^2}{2}$,

[101] $\frac{1}{2a}\ln\left|\frac{\sqrt{(a^2+1)\sec^2 x-1}-a}{\sqrt{(a^2+1)\sec^2 x-1}+a}\right|$, [102] $\frac{2\sqrt{3}}{9}\tan^{-1}\frac{2x-1}{\sqrt{3}}+\frac{16x-27}{38(x^2-x+1)}$,

[103] $\frac{\tan^{-1}(\sqrt{2}\tan x)}{\sqrt{2}}$, [104] $-2\sqrt{2}\cos\left(\frac{x}{2}+\frac{\pi}{4}\right)$, [105] $\sum_{k=0}^{m}\frac{(-1)^k\ln(x+k)}{k!(m-k)!}$,

[106] $-\frac{\operatorname{cosec}x\cot x}{2}+\frac{3\ln(\operatorname{cosec}x+\cot x)}{2}-\cos x$, [107] $\frac{3}{7}\cos^{\frac{7}{3}}x-3\cos^{\frac{1}{3}}x$,

[108] $2\cos^{-1}\sqrt{x}-2\ln\left(\frac{1}{\sqrt{x}}+\sqrt{\frac{1-x}{x}}\right)$, [109] $\frac{x^{1-n}(1+x^n)^{1-\frac{1}{n}}}{1-n}$,

[110] $e^x\ln x-\ln x+\sum_{k=1}^{\infty}\frac{x^k}{k\cdot k!}$, [111] $\ln\frac{x}{1+\sqrt{1-x^2}}+\sqrt{1-x^2}$,

[112] $-\frac{1}{2}\ln\left(\frac{1}{2}+\frac{1}{x^2}+\sqrt{\left(\frac{1}{x^2}+\frac{1}{2}\right)^2+\frac{3}{2}}\right)$,

[113] $\frac{t+\sqrt{t^2-4}}{2}-\frac{2}{t+\sqrt{t^2-4}}-\ln\frac{t+\sqrt{t^2-4}}{2}-2\sqrt{3}\tan^{-1}\left(\frac{t+\sqrt{t^2-4}+1}{\sqrt{3}}\right)$, $t=x+1+\frac{1}{x}$,

[114] $-\frac{\cos x}{x+\cos x}$, [115] $\ln\left(\sec\frac{x^2+1}{2}\right)$, [116] $-\frac{\sin^{-1}x}{x}-\ln\frac{1+\sqrt{1+x^2}}{x}$,

[117] $\frac{1}{2}\tan^{-1}x-\frac{x}{2(1+x^2)}$, [118] $\sin^{-1}x-\frac{1-\sqrt{1-x^2}}{x}$, [119] $\tan x-\frac{1}{\tan x}$,

[120] $\pm 2\left(\sin\frac{x}{2}+\cos\frac{x}{2}\right)$, [121] $-2\sin^{-1}\frac{\cos\frac{x}{2}}{\cos\frac{\alpha}{2}}$, [122] $(x+a)\sin^{-1}\sqrt{\frac{x}{x+a}}-\sqrt{ax}$,

[123] $\frac{2\tan^{-1}x^n}{3n}+\frac{\tan^{-1}(x^n-x^{-n})}{3n}$, [124] $2^x\left(\frac{x}{\ln 2}-1\right)$, [125] $\frac{2}{\sqrt{\sin x}}-\left(\frac{\cos x}{\sin x}\right)^3$, [126] $\frac{x}{1+\ln x}$,

[127] $-\frac{\sqrt{(a^2-x^2)^3}}{3a^2x^3}$, [128] $\ln\frac{1+\sqrt{\frac{e^x-1}{e^x+1}}}{1-\sqrt{\frac{e^x-1}{e^x+1}}}-2\tan^{-1}\sqrt{\frac{e^x-1}{e^x+1}}$, [129] $-\frac{\left(\ln(1+\frac{1}{x})\right)^2}{2}$,

[130] $2\sqrt{\frac{x}{4-x}}+2\tan^{-1}\sqrt{\frac{4-x}{x}}$, [131] $\pm 2\sqrt{1+\cos x}$, [132] $\ln\frac{(x-2)^8}{|x-1|^7}+\frac{4}{x-1}+\frac{1}{2(x-1)^2}$,

[133] $\frac{1}{2}\ln\left|\frac{x^2-x+1}{x^2+x+1}\right|$, [134] $\frac{1}{2\sqrt{3}}\tan^{-1}\left(\frac{x-x^{-1}}{\sqrt{3}}\right)-\frac{1}{4}\ln\left|\frac{x^2-x+1}{x^2+x+1}\right|$,

[135] $\frac{1}{2cy}\ln\left|\frac{2x+\sqrt{4x^2+c^2}}{c}\right|$, [136] $2\sin^{-1}\frac{x}{2}+\sqrt{4-x^2}$,

[137] $\sqrt{x^2-x+1}-\frac{1}{2}\ln\frac{2\sqrt{x^2-x+1}+2x-1}{\sqrt{3}}$, [138] $\frac{1}{3}\left(x^3\ln\frac{1-x}{1+x}-x^2-\ln(1-x^2)\right)$,

[139] $2\sin^{-1}\frac{x}{2}+\frac{x}{4}\sqrt{4-x^2}\,(x^2-2)$, [140] $-\tan^{-1}(\cos 2x)$, [141] $\tan^{-1}\left(\frac{x}{e^x}\right)$,

[142] $\frac{1}{4}\ln\left|\frac{x-\ln x}{x+\ln x}\right|+\frac{1}{2}\tan^{-1}\frac{x}{\ln x}$, [143] $\frac{1}{2}\ln\left|\frac{x-\tan^{-1}x}{x+\tan^{-1}x}\right|$, [144] $\ln\frac{x+\sqrt{x^2+\sqrt{1+x^4}}}{\sqrt{\sqrt{1+x^4}}}$,

[145] $-\frac{1}{\sqrt{3}}\ln\left(\frac{1}{x-2}+\frac{2}{3}+\sqrt{\frac{1}{(x-2)^2}+\frac{4}{3(x-2)}+\frac{1}{3}}\right)$, [146] $\frac{1}{2}\ln\left|\frac{\sqrt{e^{2x}+1}-1}{\sqrt{e^{2x}+1}+1}\right|$,

[147] $2\ln\left(1+e^{-\frac{x}{2}}\right)-2e^{-\frac{x}{2}}$, [148] $\frac{1}{\sqrt{6}}\tan^{-1}\left(\sqrt{\frac{3}{2}}\ln x\right)$, [149] $\frac{1}{2}e^{\tan^{-1}x}\frac{1+x}{\sqrt{1+x^2}}$,

[150] $\sqrt{1+x}-2\sqrt{1-x}\sin^{-1}x$, [151] $\ln\frac{x}{\sqrt[6]{1+x^6}}+\frac{1}{6(1+x^6)}$, [152] $\ln\frac{x}{\sqrt[n]{1+x^n}}$,

[153] $\frac{t}{2}+\frac{3}{2t-1}+\ln\frac{t-2}{t}+\frac{\ln(2t-1)}{2},\ t=\sqrt{x^2+x+1}-x$, [154] $-\frac{\cos 2x+\frac{p}{2}\sin 2x}{e^p(p^2+4)}$,

[155] $\frac{\left(x+\sqrt{4+x^2}\right)^4}{64}-\frac{4}{\left(x+\sqrt{4+x^2}\right)^4}-2\ln\frac{x+\sqrt{x^2+4}}{2}$,

[156] $\frac{\sec^6 x}{6}-\frac{3\sec^4 x}{4}+\frac{3\sec^2 x}{2}+\ln\cos x$, [157] $2\sqrt{\tan\left(\frac{2x+\pi}{4}\right)}$,

[158] $e^x(x\ln x-1)+\frac{x\ln x+1}{e^x}$, [159] $\frac{1}{2010}\left(\frac{x^2}{1+x^2}\right)^{1005}$,

[160] $\frac{\ln\left[\sec\left(x-\frac{\pi}{4}\right)+\tan\left(x-\frac{\pi}{4}\right)\right]}{2\sqrt{2}}+\frac{1}{2(\cos x+\sin x)}$, [161] $2\sqrt{x+\sqrt{x^2+1}}$,

[162] $\frac{2}{3}\tan^{-1}x+\frac{1}{3}\tan^{-1}\left(x-\frac{1}{x}\right)$,

[163] $\frac{\sqrt{3}}{12}\ln\frac{x^2+\sqrt{3}x+1}{x^2-\sqrt{3}x+1}+\frac{1}{3}\tan^{-1}x+\frac{\tan^{-1}(2x-\sqrt{3})}{6}+\frac{\tan^{-1}(2x+\sqrt{3})}{6}$,

[164] $\frac{7}{2\left(x+2\sqrt{x^2+x+1}+1\right)}+\ln\frac{\left(x+\sqrt{x^2+x+1}\right)^2}{\sqrt{\left(2x+2\sqrt{x^2+x+1}+1\right)^3}}$, [165] $\sqrt{1+x+\sqrt{2x+\sqrt{3x}}}$,

[166] $\tan^{-1}\sqrt{x^2-6x+8}$, [167] $-2\ln\cos\left(\frac{x}{2}+\frac{\pi}{4}\right)$, [168] $2x\tan^{-1}x-\ln(1+x^2)$,

[169] $\frac{-1}{3(1+\tan^3 x)}$, [170] $\frac{1}{2}x^{2x^2}$, [171] $\frac{e^x}{(1+x)^2}$, [172] $\frac{\ln(6\tan^2 x+4\tan x-4)}{4}$,

[173] $\frac{5}{12}\sqrt{\frac{x}{x+24}}$, [174] $x\ln(\sqrt{1+x}+\sqrt{1-x})-\frac{x}{2}+\sin^{-1}x$, [175] $\ln\frac{\sin^2 x}{1+\cos x}$,

[176] $x\ln\left(\frac{1+\sqrt{1-x^2}}{\sqrt{1-x^2}}\right)+\sin^{-1}x-x$, [177] $\ln(1+e^{-x})-(1+e^{-x})$, [178] $x-\frac{2\ln(1+e^{ax})}{a}$,

[179] $\frac{1}{16}\ln\frac{t}{t+4}+\frac{1}{4}\left(\frac{t-1}{t^2}\right),\ t=\sqrt{\frac{3x+1}{1-x}}$, [180] $\ln\frac{\cos^3\frac{x}{3}\cos^6\frac{x}{6}}{\cos^2\frac{x}{2}}$,

[181] $-\frac{2\sqrt{\cos\alpha+\cot x\sin\alpha}}{\sin\alpha}$, [182] $\frac{1}{2\sqrt{\cot x}+2}$,

[183] $\frac{1}{2}\ln\frac{\sqrt{1+\sec 2x}-\sqrt{2}}{\sqrt{1+\sec 2x}+\sqrt{2}}-\frac{1}{\sqrt{2}}\ln\frac{\sqrt{1+\sec 2x}-1}{\sqrt{1+\sec 2x}+1}$, [184] $-\frac{\sin 2x+2\sin x}{2}$,

[185] $\frac{1}{40}\ln\frac{4(\sin x-\cos x)+5}{4(\sin x-\cos x)-5}$, [186] $\frac{\sin x}{2+\cos x}$, [187] $\frac{1}{6(m+1)}(2x^{3m}+3x^{2m}+6x^m)^{\frac{m+1}{m}}$,

[188] $\frac{3\tan^{-1}(\sin x-2\cos x)}{5}+\frac{\sqrt{6}}{60}\ln\frac{\sqrt{6}+2\sin x+\cos x}{\sqrt{6}-2\sin x-\cos x}$, [189] $x\tan\frac{x}{2}$, [190] $x^x$,

[191] $\frac{-1}{\sqrt{1+2\sqrt{1-e^{2x}}}}+\frac{1}{4}\ln\frac{\sqrt{1+\sqrt{1-e^{2x}}}-\sqrt{2}}{\sqrt{1+\sqrt{1-e^{2x}}}+\sqrt{2}}$, [192] $e^{x\sin x+\cos x}\left(x-\frac{\sec x}{x}\right)$,

[193] $e^x\sqrt{\frac{1+x^n}{1-x^n}}$, [194] $-\frac{1}{13}\ln\frac{\sqrt{1+x^{-13}}-1}{1+\sqrt{1+x^{-13}}}$, [195] $\ln\frac{\sqrt[6]{(\cos x-1)(\cos x+1)^3}}{\sqrt[8]{(2\cos x+1)^3}}$,

[196] $x-\frac{\sin 6x}{6}$, [197] $\frac{xe^x}{\sqrt{1+x^2}}$, [198] $\tan^{-1}\sqrt{x^2-1}-\frac{\ln x}{\sqrt{x^2-1}}$,

[199] $\frac{3}{2\sqrt{52+26\sqrt{13}}}\ln\frac{t+\frac{\sqrt{13}}{t}-\sqrt{4+2\sqrt{13}}}{t+\frac{\sqrt{13}}{t}+\sqrt{4+2\sqrt{13}}}-\frac{3}{2\sqrt{52-26\sqrt{13}}}\ln\frac{t-\frac{\sqrt{13}}{t}-\sqrt{4-2\sqrt{13}}}{t-\frac{\sqrt{13}}{t}+\sqrt{4-2\sqrt{13}}}$,

$t=\sqrt{2+3\cot x}$, [200] $\frac{\operatorname{cosec}^{-1}\left(x+\frac{1}{x}\right)}{\sqrt{2}}$, [201] $\frac{1-2x^2}{4}$,

[202] $\frac{1}{18}\tan^{-1}\left(\frac{x}{3}-\frac{1}{x}\right)-\frac{1}{12\sqrt{3}}\ln\frac{x+\frac{3}{x}-\sqrt{3}}{x+\frac{3}{x}+\sqrt{3}}$, [203] $\frac{-2}{\sqrt{\tan x}}-\frac{4}{5\sqrt{\tan^5 x}}-\frac{2}{9\sqrt{\tan^9 x}}$,

[204] $-3\sqrt[3]{\frac{x+1}{x-1}}$, [205] $\frac{1}{\sqrt{a^2-b^2}}\tan^{-1}\sqrt{\frac{x^2+b^2}{a^2-b^2}}$, $(a^2>b^2)$,

$\frac{1}{2\sqrt{b^2-a^2}}\ln\frac{\sqrt{x^2+b^2}-\sqrt{b^2-a^2}}{\sqrt{x^2+b^2}+\sqrt{b^2-a^2}}$, $(b^2>a^2)$, [206] $\frac{\sin 2x}{2}\left(\ln\sin x-\frac{1}{2}\right)-\frac{x}{2}$,

[207] $-\cos a\sin^{-1}\frac{\cos x}{\cos a}+\sin a\ln\left(\sin x+\sqrt{\sin^2 x-\sin^2 a}\right)$, [208] $\ln\frac{xe^{\cos x}}{\sqrt[3]{x^3e^{3\cos x}-1}}$,

[209] $\frac{x-\ln(\cos x-\sin x)}{2}$, [210] $2\sqrt{\tan x}$, [211] $2\ln(\sqrt{x-a}+\sqrt{x-b})$, [212] $\frac{e^x}{x}$,

[213] $\frac{1}{\sin(a-b)}\ln\frac{\cos(x-a)}{\cos(x-b)}$, [214] $\frac{\ln(a^2\cos^2 x+b^2\sin^2 x)}{b^2-a^2}$, [215] $\frac{x\cos^{-1}x-\sqrt{1-x^2}}{2}$,

[216] $\frac{2}{9}\sqrt{\left(\frac{x^2+1}{x^2}\right)^3}-\frac{1}{3}\sqrt{\left(\frac{x^2+1}{x^2}\right)^3}\ln\frac{x^2+1}{x^2}$, [217] $-e^x\cot\frac{x}{2}$, [218] $\frac{2}{3}\tan^{-1}(2\tan x)-\frac{x}{3}$,

[219] $\sin^{-1}(\sin x-\cos x)$, [220] $\frac{x+\ln|\sin x-\cos x|}{2}$ [221] $e^x\tan x$,

[222] $\frac{4}{\pi}\left(x\sin^{-1}\sqrt{x}+\frac{\sqrt{x-x^2}}{2}-\frac{1}{2}\sin^{-1}\sqrt{x}\right)-x$, [223] $x\cos a+\sin a\ln|\sin(x-a)|$,

[224] $-\sqrt[4]{\frac{1+x^4}{x^4}}$, [225] $\frac{e^x}{1+x}$, [226] $x\ln(\ln x)-\frac{x}{\ln x}$, [227] $-\frac{\sin 2x}{2}$,

[228] $\frac{1}{4\sqrt{2}}\ln\frac{1+\sqrt{2}\sin x}{1-\sqrt{2}\sin x}-\frac{1}{8}\ln\frac{1+\sin x}{1-\sin x}$, [229] $\frac{e^x}{(x-1)^2}$, [230] $\frac{e^x(x+1)}{x^2+1}$,

[231] $\frac{8\sqrt{3}}{9}\tan^{-1}\frac{2t-1}{\sqrt{3}}+\frac{4}{9}\ln\frac{(t+1)^2}{t^2+t-1}-\frac{8t}{3(t^3+1)}, t=\sqrt[3]{\frac{8}{x^3}-1}$,

[232] $-3t+\ln\frac{\sqrt{t^2+t+1}}{t-1}+\sqrt{3}\tan^{-1}\left(\frac{2t+1}{\sqrt{3}}\right)$, $t^3=\sin\theta, \tan\theta=x$, [233] $\ln\frac{\sqrt{x+\frac{1}{x}-1}-1}{\sqrt{x+\frac{1}{x}+1}+1}$,

[234] $-\tan^{-1}(x-1)-\frac{\ln(1+x^2)(x^2-2x+2)}{2}+x\tan^{-1}\frac{2x-1}{1+x-x^2}$, [235] $\sin^{-1}\frac{ax^2+b}{cx}$,

[236] $\tan^{-1}(x-1)+\frac{1}{2}\ln\frac{x^2-2x+2}{1+x^2}+x\cot^{-1}(1-x+x^2)$, [237] $\frac{x}{1+(\ln x)^2}$,

[238] $\frac{1}{6}\ln\frac{x^4-x^2+1}{(x^2+1)^2}$, [239] $\frac{3}{5}\sin\frac{5x}{12}+3\sin\frac{x}{12}-\frac{3}{13}\sin\frac{13x}{12}-\frac{3}{7}\sin\frac{7x}{12}$, [240] $\frac{\sin x}{b+a\cos x}$,

[241] $(x+1)\tan^{-1}\frac{2(x+1)}{3}+\frac{3}{2}\ln\frac{3}{\sqrt{4x^2+8x+13}}$, [242] $\frac{1+x}{\sqrt{1-x^2}}$,

[243] $\ln|2x+1+\sqrt{x^2+x}|$, [244] $\frac{21}{32}\sqrt[7]{(\sqrt[3]{x^4}+1)^8}$, [245] $\frac{12}{7}\sqrt[3]{(\sqrt[4]{x}+1)^7}-\sqrt[3]{(\sqrt[4]{x}+1)^4}$,

[246] $\frac{\sqrt{x^2+2x}}{8(x+1)^2}\left(\frac{2}{(x+1)^2}-1\right)+\frac{3}{8}\cos^{-1}\frac{1}{x+1}+\frac{\sqrt{x^2+2x}}{2(x+1)^2}$, [247] $\frac{1}{15}(x+\sqrt{1+x^2})^{15}$,

[248]

$$\frac{-1}{2}[x-2\ln(x+2)]+13(\sqrt{x^2+2x+4}-x)$$

$$+\frac{1}{3}(\sqrt{x^2+2x+4}-x)^3+18\ln(t^2-4t)+22\ln\left(1-\frac{4}{t}\right),, t=\sqrt{x^2+2x+4}-x,$$

[249] $\ln\sqrt[3]{\frac{(v+2)^4}{v-1}}-\frac{\ln(v^2+v+1)}{2}-\frac{1}{\sqrt{3}}\tan^{-1}\frac{2v+1}{\sqrt{3}}, v=\sqrt[3]{1-\frac{1}{x}}$,

[250] $\cos^{-1}\sqrt{x}+\sqrt{1-x}(\sqrt{x}-2)$, [251] $4\left|\sin\frac{x}{4}-\cos\frac{x}{4}\right|$,

[252]

$$\frac{1}{4}\sqrt{(2x^2+5x+7)^3}-\frac{45}{8}\sqrt{2x^2+5x+7}$$

$$+\frac{\sqrt{2}}{32}\left(x+\frac{5}{4}\right)\sqrt{x^2+\frac{5x+7}{2}}+\left(\frac{509}{16\sqrt{2}}+\frac{31\sqrt{2}}{32}\right)\ln\left|\frac{4}{\sqrt{31}}\left(\sqrt{x^2+\frac{5x+7}{2}}+x+\frac{5}{4}\right)\right|,$$

[253] $\ln\sqrt[8]{\frac{(1+t)^2}{1+t^2}}+\frac{1}{2}\tan^{-1}t+\frac{1+t}{4(1+t^2)}$, $t=\tan x$,

[254] $\frac{\sin x-\cos x}{2}-\frac{1}{2\sqrt{2}}\ln\left|\frac{\sqrt{2}-1+\tan\frac{x}{2}}{\sqrt{2}+1-\tan\frac{x}{2}}\right|$, [255] $2\sqrt{e^x-1}-2\tan^{-1}\sqrt{e^x-1}$,

[256] $\tan(xe^x)$, [257] $\sin^{-1}\frac{\sin x}{\sqrt{2}}+\ln|\tan x+\sqrt{2+\tan^2 x}|$, [258] $\frac{\ln(x+\sqrt{x^2-1})}{2}-\frac{\sec^{-1}x}{2}$,

[259] $\frac{2}{9}\sqrt{(x^3+1)^3}-\frac{2}{3}\sqrt{x^3+1}$, [260] $\frac{\ln(\sin^n x+\cos^n x)}{n}$, [261] $\ln\sqrt{\frac{\cot x}{1+\cot x}}-\tan^{-1}\sqrt{\cot x}$,

[262] $\frac{1}{2\sqrt{2}}\tan^{-1}\frac{x^2-1}{\sqrt{2}x}-\frac{1}{4\sqrt{2}}\ln\left|\frac{x+\frac{1}{x}-\sqrt{2}}{x+\frac{1}{x}+\sqrt{2}}\right|$, [263] $\frac{\pi x-x^2}{4}$, [264] $\frac{\pi x-x^2}{2}$, [265] $\frac{x^2}{2}$,

[266] $\frac{7}{a+b}\sqrt[7]{\frac{x-b}{x+a}}$, [267] $\frac{x-\ln|\sin x+\cos x|}{2}$, [268] $x+\ln x-\ln(1+x\ln x)$,

[269] $\ln\cos^2\left(\frac{\pi-2x}{4}\right)-x\tan\left(\frac{\pi-2x}{4}\right)$, [270] $2\sin x+2x\cos\alpha$,

[271] $\frac{\tan^{-1}\sqrt{\sin\theta}}{2}+\frac{1}{4}\ln\frac{1+\sqrt{\sin\theta}}{1-\sqrt{\sin\theta}}, \sin\theta=\frac{x^2}{\sqrt{1+x^4}}$,

[272] $\frac{1}{2\sqrt{3}}\ln\frac{\sqrt{3}+\sin x-\cos x}{\sqrt{3}+\cos x-\sin x}+\tan^{-1}(\sin x+\cos x)$, [273] $\sqrt{2}\sin^{-1}(\sin x-\cos x)$,

[274] $\frac{2}{\sin a}\tan^{-1}\left(\tan\frac{x}{2}\tan\frac{a}{2}\right)$, [275] $2\tan\frac{x}{2}-x$, [276] $\frac{1}{na}\tan^{-1}\frac{x^n}{a}$,

[277] $2\sqrt{x+1}-\frac{1}{\sqrt{3}}\tan^{-1}\frac{x}{\sqrt{3x+3}}-\frac{1}{2}\ln\left|\frac{x+2+\sqrt{x+1}}{\sqrt{x+1}-x-2}\right|$, [278] $\frac{-1}{\tan x}+2\tan x+\frac{1}{3}\tan^3 x$,

[279] $\ln|\tan^{-1}(\sec x+\cos x)|$, [280] $e^x-\frac{2e^x}{1+x}$, [281] $-\frac{1}{2}\ln\left|\operatorname{cosec}\left(x+\frac{\pi}{6}\right)+\cot\left(x+\frac{\pi}{6}\right)\right|$,

[282] $e^x\tan x$, [283] $-\sin^{-1}(2\cos x-1)$, [284] $I_{n+1}=\frac{1-4n}{4n}I_n-\frac{x}{4n(x^4-1)^n}$,

[285] $\left(\frac{2x^2-1}{4}\right)\sin^{-1}x+\frac{x\sqrt{1-x^2}}{4}$, [286] $\frac{\sin x}{\ln x}$,

[287] $\frac{1}{2}\ln\frac{\sqrt{1-\cot^2 x}+1}{\sqrt{1-\cot^2 x}-1}+\frac{1}{\sqrt{2}}\ln\left|\frac{\sqrt{1-\cot^2 x}-\sqrt{2}}{\sqrt{1-\cot^2 x}+\sqrt{2}}\right|$,

[288] $\frac{1}{6\sqrt{14}}\tan^{-1}\left(\frac{x-\frac{3}{x}}{\sqrt{14}}\right)+\frac{1}{6\sqrt{2}}\tan^{-1}\left(\frac{x+\frac{3}{x}}{\sqrt{2}}\right)$, [289] $\frac{-2}{x+1}+x-2\ln(x+1)$,

[290] $-\frac{1}{a}\sqrt{\frac{x+a}{x-a}}$, [291] $-\frac{\sqrt{1+x^4}}{2x^2}$, [292] $\frac{x}{2}+\ln\frac{\sqrt{\sec x}}{\sqrt{\tan x}-1}+\frac{1}{2\sqrt{2}}\ln\left|\frac{t+\frac{1}{t}-\sqrt{2}}{t+\frac{1}{t}+\sqrt{2}}\right|$,

$\tan x=t^2$, [293] $\frac{39x+2\ln(5\sin x+6\cos x)}{61}$, [294] $n!\left[x-\ln\left(\sum_{k=0}^{n}\frac{x^k}{k!}\right)\right]$, [295] $\frac{2}{3}\sin^{-1}\sqrt{\left(\frac{x}{a}\right)^3}$,

[296] $\sqrt{2\tan x}+\frac{\sqrt{2}}{5}\sqrt{\tan^5 x}$, [297] $-\sqrt{\cot x}$, [298] $\left(\frac{x}{e}\right)^x-\left(\frac{e}{x}\right)^x$,

[299] $-2\sqrt{2}\sin\left(\frac{\pi-2x}{4}\right)+\sqrt{2}\ln\left|\sec\left(\frac{\pi-2x}{4}\right)+\tan\left(\frac{\pi-2x}{4}\right)\right|$, [300] $-\frac{2}{9}\ln\frac{\sqrt{1+\frac{1}{x^9}}-1}{\sqrt{1+\frac{1}{x^9}}+1}$,

[301] $\frac{e^x\sin x}{1+\cos x}$, [302] $2\tan^{-1}\sqrt{1+x+\frac{1}{x}}$, [303] $-2t^3-9t^2-18t-6\ln t, t=\sqrt[6]{x+1+\frac{1}{x}}-1$,

[304] $\frac{1}{2\sqrt{3}}\ln\left|\frac{\sqrt{1+x^2+\frac{1}{x^2}}+\sqrt{3}}{\sqrt{1+x^2+\frac{1}{x^2}}-\sqrt{3}}\right|$, [305] $\ln|\cos(x+a)\cos(x-a)\sqrt{\sec 2x}|$,

[306] $\frac{-\cos a}{\sqrt{x^2-2x\cos a+1}}+\frac{1+\cos^2 a}{\sin^2 a}\sqrt{1-\frac{\sin^2 a}{x^2-2x\cos a+1}}$,

[307] $x\left[\tan^{-1}(1+x)-\tan^{-1}x\right]+\tan^{-1}(1+x)+\ln\sqrt{\dfrac{1+x^2}{2+2x+x^2}}$, [308] $\dfrac{\ln(e^x+x^e)}{e}$,

[309] $\sqrt{\dfrac{4t-1-3t^2}{9}}-\dfrac{2}{3\sqrt{3}}\sin^{-1}(3t-2), t=\dfrac{1}{2+\sin x}$,

[310] $\ln\sqrt{\dfrac{\sin x+\cos x-1}{\sin x+\cos x+1}}+\dfrac{1}{4\sqrt{7}}\ln\dfrac{\sqrt{7}+2(\sin x-\cos x)}{\sqrt{7}-2(\sin x-\cos x)}$, [311] $\sin^{-1}\dfrac{2+e^x}{3}$,

[312] $7\tan^{-1}(\sin x-2)+2\ln(\sin^2 x-4\sin x+5)$, [313] $e^x\left(1-\dfrac{4}{x+4}\right)$, [314] $\ln\dfrac{\sqrt[3]{\sec 3x}}{\sec x\sqrt{\sec 2x}}$,

[315] $\dfrac{\tan^{-1}(\sqrt{2}\tan x)}{2\sqrt{2}}+\dfrac{\tan x}{2}$, [316] $\dfrac{x^2+x\sqrt{x^2-4a^2}}{8a^2}-2\ln\left|x+\sqrt{x^2-4a^2}\right|$,

[317] $\cos x(1-\ln(\sin x))-\ln|\operatorname{cosec}x+\cot x|$, [318] $-e^x\ln\cos x$, [319] $\dfrac{-1}{2\tan x}-\dfrac{1}{2\sqrt{2}}\tan^{-1}\dfrac{\tan x}{\sqrt{2}}$,

[320] $\dfrac{\tan^2 x}{2}+\ln|\tan x|$, [321] $-4\sqrt[4]{\dfrac{x+2}{x+1}}$,

[322] $\dfrac{2\tan^{-1}(\sin x-\cos x)}{3}+\dfrac{1}{3\sqrt{2}}\ln\dfrac{\sqrt{2}+\sin x-\cos x}{\sqrt{2}+\cos x-\sin x}$, [323] $\sin x-2\operatorname{cosec}x-6\tan^{-1}(\sin x)$,

[324] $\dfrac{\tan^{-1}(\sin x+\cos x)}{2}$, [325] $\dfrac{\tan^{-1}(\sin x-\operatorname{cosec}x)-\tan^{-1}(\cos x-\sec x)}{2}$

$+\dfrac{1}{4\sqrt{3}}\ln\dfrac{(\cos x+\sec x-\sqrt{3})(\sin x+\operatorname{cosec}x+\sqrt{3})}{(\cos x+\sec x+\sqrt{3})(\sin x+\operatorname{cosec}x-\sqrt{3})}$, [326] $\dfrac{\tan^{-1}(x^5+x^{-5})}{5}$,

[327] $\dfrac{e^{ax}(a\sin bx-b\cos bx)}{a^2+b^2}$, [328] $x+\dfrac{x}{1+x^2}$, [329] $8\sqrt{1+\sqrt{1+\sqrt{x}}}$,

[330] $2\tan^2 x+\dfrac{\tan^4 x}{4}-\dfrac{1}{2\tan^2 x}-\dfrac{1}{4\tan^4 x}+6\ln(\tan x)$, [331] $2\sin^{-1}\left(\sin\dfrac{x}{2}-\cos\dfrac{x}{2}\right)$,

[332] $\dfrac{1}{\sqrt{2}}\ln\left[\sec\left(x+\dfrac{\pi}{4}\right)+\tan\left(x+\dfrac{\pi}{4}\right)\right]$, [333] $\dfrac{1}{8}\ln\dfrac{\sec 2x+\tan 2x}{\cos 2x}+\dfrac{\cos 2x-\sin 2x}{8}$,

[334] $\dfrac{2\sqrt{x}-2}{\sqrt{1-x}}$, [335] $\dfrac{x+1}{4\sqrt{5+2x+x^2}}$, [336] $\dfrac{1+x^2}{4x^2}-\dfrac{1+x^2}{2x^2}\ln\sqrt{1+\dfrac{1}{x^2}}$, [337] $na^{\sqrt[n]{x}}\dfrac{1}{\ln a}$,

[338]

$$\frac{\ln(x+1)}{5}+\frac{\sqrt{5}-1}{20}\ln\left(x^2-\frac{\sqrt{5}+1}{2}x+1\right)$$

$$-\frac{\sqrt{5}+1}{20}\ln\left(x^2+\frac{\sqrt{5}-1}{2}x+1\right)-\frac{\sqrt{10-2\sqrt{5}}}{10}\tan^{-1}\frac{\sqrt{5}-1+4x}{\sqrt{10+2\sqrt{5}}}$$

$-\dfrac{\sqrt{10+2\sqrt{5}}}{10}\tan^{-1}\dfrac{\sqrt{5}+1+4x}{\sqrt{10-2\sqrt{5}}}$, [339] $\dfrac{1}{\sqrt{2}}\tan^{-1}\sqrt{\dfrac{2x^2}{1-x^2}}$, [340] $\ln\dfrac{\sqrt{2xe^{\sin x}+1}-1}{\sqrt{2xe^{\sin x}+1}+1}$,

[341] $\dfrac{1}{3x^3}+\dfrac{1}{3}\ln\dfrac{1-x^3}{x^3}$, [342] $\dfrac{-\ln(x^2+1)}{6}+\dfrac{\ln(x^4-x^2+1)}{12}+\dfrac{1}{2\sqrt{3}}\tan^{-1}\dfrac{2x^2-1}{\sqrt{3}}$,

[343]

$$\frac{3}{2\sqrt{2}}\ln\frac{x+\frac{1}{x}-\sqrt{2}}{x+\frac{1}{x}+\sqrt{2}}+x-\frac{(1-x)^5}{5}-\ln(1+x^4)$$

$+\frac{3}{\sqrt{2}}\tan^{-1}\frac{x-\frac{1}{x}}{\sqrt{2}}-2\tan^{-1}(\sqrt{2}x-1)+2\tan^{-1}(\sqrt{2}x+1)$, [344] $e^{\sin x}(x-\sec x)$,

[345] $-\frac{x}{2}+\frac{\sin x-\cos x}{2}$, [346] $\ln\left|x+\frac{1}{x}+\sqrt{x^2+\frac{1}{x^2}}\right|$, [347] $\tan x-\tan^{-1}x$,

[348] $-x-3\sqrt[3]{(a+x)^2}-6\sqrt[3]{a+x}-6\ln(\sqrt[3]{a+x}-1)$, [349] $\ln\left|\frac{1}{2}+\sin x+\sqrt{\sin^2 x+\sin x}\right|$,

[350] $\frac{3\sin 2x-2\sin 3x}{6}$, [351] $-\frac{1}{\sqrt{2}}\tan^{-1}\frac{\cot x-1}{\sqrt{2\cot x}}-\frac{1}{2\sqrt{2}}\ln\left|\frac{\sqrt{\cot x}+\frac{1}{\sqrt{\cot x}}-\sqrt{2}}{\sqrt{\cot x}+\frac{1}{\sqrt{\cot x}}+\sqrt{2}}\right|$,

[352] $\frac{1}{x}-\frac{1}{3x^3}+\tan^{-1}x$, [353] $\ln\left|\frac{\sqrt{\sec x+1}-1}{\sqrt{\sec x+1}+1}\right|$, [354] $\frac{\tan^{-1}(2\tan x+1)}{2}$,

[355] $\frac{1}{6}\ln\frac{(t+1)^2}{t^2-t+1}-\frac{1}{\sqrt{3}}\tan^{-1}\left(\frac{2t-1}{\sqrt{3}}\right)$, $t=\sqrt[3]{x^{-3}-1}$,

[356] $2\sqrt{x}-3\sqrt[3]{x}+6\sqrt[6]{x}-6\ln(1+\sqrt[6]{x})$, [357] $\sin x+\frac{\sin 2x}{2}$, [358] $\frac{1}{1-x^2}$,

[359] $\frac{1}{2}\left(1+\frac{1}{x^2}+\frac{1}{x^5}\right)^{-2}$, [360] $e^{3x}\tan x$, [361] $xe^{\tan x}-\cos^2 x\, e^{\tan x}$, [362] $\frac{3}{n+3}\tan^{\frac{n+3}{3}}x$,

[363] $\frac{2}{3(a-b)}\left(\sqrt{(x+a)^3}-\sqrt{(x+b)^3}\right)$, [364] $\frac{1}{2}\tan^{-1}\frac{\tan x}{2}$, [365] $\tan^{-1}\frac{e^x}{2}-\frac{1}{2(e^{2x}-1)}$,

[366] $-e^a(2e^{-t}+2te^{-t}+t^2e^{-t}), t=a+\ln x$, [367] $\frac{1}{2(b-a)}\ln|(a+b)+(a-b)\cos 2x|$,

[368] $\frac{\tan^{-1}\left(\frac{\sin x-\cos x}{\sqrt{1+\sqrt{2}}}\right)}{\sqrt{2+2\sqrt{2}}}+\frac{1}{2\sqrt{2+2\sqrt{2}}}\ln\left|\frac{\sin x-\cos x+\sqrt{1+\sqrt{2}}}{\sin x-\cos x-\sqrt{1+\sqrt{2}}}\right|$, [369] $e^{-\frac{x}{2}}\sec\frac{x}{2}$,

[370] $\frac{1}{3a^{\frac{3}{2}}}\ln\left|\frac{x^{\frac{3}{2}}+a^{\frac{3}{2}}}{x^{\frac{3}{2}}-a^{\frac{3}{2}}}\right|$, [371] $\frac{1}{6}\ln\left(1+\frac{1}{x^2}\right)-\frac{1}{6}\left(1+\frac{1}{x^2}\right)-\frac{\tan^{-1}x}{3x^3}$, [372] $x-\frac{1}{a}\tan\frac{ax}{2}$,

[373] $\tan^{-1}(e^x-e^{-x})$, [374] $\frac{\tan^{-1}x}{4}+\frac{1}{8}\ln\left|\frac{x+1}{x-1}\right|+\frac{1}{4\sqrt{2}}\tan^{-1}\frac{x-\frac{1}{x}}{\sqrt{2}}-\frac{1}{8\sqrt{2}}\ln\left|\frac{x+\frac{1}{x}-\sqrt{2}}{x+\frac{1}{x}+\sqrt{2}}\right|$,

[375] $\frac{1}{\sqrt{3}}\tan^{-1}\left(\frac{\tan x-\cot x}{\sqrt{3}}\right)$, [376] $\frac{1}{2}\ln\left(\tan\frac{x}{2}\right)-\frac{1}{4}\left(\tan\frac{x}{2}\right)^2$,

[377] $\frac{1}{24}\ln\left|\frac{3\cos x+3\sin x+4}{3\cos x+3\sin x-4}\right|$, [378] $\sqrt{x^2-\frac{1}{x^2}}$, [379] $\frac{1}{2\sqrt{3}}\ln\left|\frac{\tan x+\sqrt{3}}{\tan x-\sqrt{3}}\right|$,

[380] $-\frac{1}{2}\sqrt[5]{(\cot^5 x+1)^2}$, [381] $-\frac{1}{6+4\tan x}$, [382] $\sqrt{2}\sin^{-1}(\sin x-\cos x)$,

[383] $\frac{2}{3}\sqrt{(x^2+x+1)^3}+\frac{1}{2}\left(x+\frac{1}{2}\right)\sqrt{x^2+x+1}+\frac{3}{8}\ln\left(x+\frac{1}{2}+\sqrt{x^2+x+1}\right)$,

[384] $\ln(x+\sqrt{1+x^2})-\tan^{-1}x$, [385] $\frac{\ln|\sin(x-a)\sec(x-b)|}{\cos(b-a)}$, [386] $2\sqrt{\frac{x-2}{x-1}}$,

[387] $\ln\left|x+\frac{1}{x}+\sqrt{x^2+\frac{1}{x^2}+3}\right|$, [388] $2\sqrt{1+\ln x}+\ln\left|\frac{\sqrt{1+\ln x}-1}{\sqrt{1+\ln x}+1}\right|$, [389] $x\sin^2 n$,

[390] $\dfrac{\ln\left(1+\sqrt[3]{\tan^2 x}\right)}{\sqrt[3]{4}}$, [391] $x\cot^{-1}x^2+\dfrac{1}{\sqrt{2}}\tan^{-1}\dfrac{x-\dfrac{1}{x}}{\sqrt{2}}+\dfrac{1}{2\sqrt{2}}\ln\left|\dfrac{x+\dfrac{1}{x}-2}{x+\dfrac{1}{x}+2}\right|, x=\tan\theta-1$,

[392] $\dfrac{2}{3\sqrt{a^3}}\tan^{-1}\sqrt{\dfrac{x^3}{a^3}}$, [393] $\sqrt{2}\sin^{-1}(\sqrt{2}\sin x)-\sin^{-1}(\tan x)$, [394] $2\sqrt{x+1}+3\sqrt[3]{x+1}$ $+6\sqrt[6]{x+1}+6\ln(\sqrt[6]{x+1}-1)$, [395] $-\dfrac{2}{5}\ln\left(1+x^{-\frac{5}{2}}\right)$, [396] $\dfrac{-2}{\sin a}\sqrt{\dfrac{\sin(x+a)}{\sin x}}$,

[397] $(b-a)\sin^{-1}\sqrt{\dfrac{x-a}{b-a}}-\sqrt{(x-a)(b-x)}$, [398] $\dfrac{2}{3}\sqrt{\tan^3 x}-\dfrac{2}{\sqrt{\tan x}}$,

[399] $\dfrac{4}{9}\sqrt{\dfrac{5-x}{x-2}}-\dfrac{10}{9}\sqrt{\dfrac{x-2}{5-x}}$, [400] $2\sqrt{\tan x}+\dfrac{2}{5}\sqrt{\tan^5 x}$,

[401] $0<m<1 \Rightarrow 2\sum_{k=1}^{\infty}\dfrac{m^k(-1)^{k-1}\sin kx}{k^2}, m>1 \Rightarrow 2x\ln m+2\sum_{k=1}^{\infty}\dfrac{(-1)^{k-1}\sin kx}{k^2 m^k}$,

[402] $\dfrac{3}{\sqrt{10}}\ln\left|\dfrac{\sqrt{\dfrac{10}{3}}-\sqrt{3}\tan\dfrac{\tan^{-1}\sqrt{x^2+2x}}{2}+\dfrac{1}{\sqrt{3}}}{\sqrt{\dfrac{10}{3}}+\sqrt{3}\tan\dfrac{\tan^{-1}\sqrt{x^2+2x}}{2}-\dfrac{1}{\sqrt{3}}}\right|+\ln\left|\sqrt{x^2+2x}+x+1\right|$,

[403] $\dfrac{1}{2\sqrt{2}}\ln\left|\sec\left(x-\dfrac{\pi}{4}\right)+\tan\left(x-\dfrac{\pi}{4}\right)\right|-\dfrac{1}{2(\sin x+\cos x)}$, [404] $\sqrt{2}\tan^{-1}(\sqrt{2}\tan x)-x$,

[405] $\dfrac{1+\dfrac{1}{\sqrt{3}}}{\sqrt[4]{12}}\tan^{-1}\left(\dfrac{\sqrt{3}t-\dfrac{1}{t}}{\sqrt[4]{12}}\right)+\dfrac{\dfrac{1}{\sqrt{3}}-1}{2\sqrt[4]{12}}\ln\left|\dfrac{\sqrt{3}t+\dfrac{1}{t}-\sqrt[4]{12}}{\sqrt{3}t+\dfrac{1}{t}+\sqrt[4]{12}}\right|, t=\sec x+\tan x$,

[406] $\dfrac{2}{\sqrt{x+\dfrac{1}{x}+1}}-2\tan^{-1}\dfrac{1}{\sqrt{x+\dfrac{1}{x}+1}}$, [407] $\dfrac{1}{e^x}\left(\tan^{-1}\dfrac{1}{e^x}-\dfrac{\pi}{2}\right)-\dfrac{1}{2}\ln\left(1+\dfrac{1}{e^{2x}}\right)$,

[408] $\sin^{-1}\dfrac{\sin x+\cos x}{3}$, [409] $(x-b)\cos(b-a)+\sin(b-a)\ln|\cos(x-b)|$,

[410] $x+\dfrac{6\sin 2x+3\sin 4x+2\sin 6x}{6}$,

[411] $2\sqrt{x+\sqrt{25+x^2}}+\dfrac{5}{\sqrt{5}}\ln\left|\dfrac{\sqrt{x+\sqrt{25+x^2}}-\sqrt{5}}{\sqrt{x+\sqrt{25+x^2}}+\sqrt{5}}\right|-\dfrac{10}{\sqrt{5}}\tan^{-1}\dfrac{\sqrt{x+\sqrt{25+x^2}}}{\sqrt{5}}$,

[412] $\tan^{-1}\dfrac{\sin 2x}{\sin x+\cos x}$, [413] $\dfrac{\sin x-\cos x}{1+\sin 2x}+\dfrac{5}{2\sqrt{2}}\ln\dfrac{\sin x-\cos x+\sqrt{2}}{\sin x-\cos x-\sqrt{2}}+2\ln\dfrac{\sin x-\cos x-1}{\sin x-\cos x+1}$,

[414] $2\sqrt{2}\ln\left|\sec\left(\dfrac{2x+\pi}{4}\right)+\tan\left(\dfrac{2x+\pi}{4}\right)\right|$, [415] $\dfrac{1}{\sqrt{2}}\tan^{-1}\dfrac{x^x-x^{-x}}{\sqrt{2}}$, [416] $-\tan^{-1}(x\,\mathrm{cosec}\,x)$,

[417] $\dfrac{1}{3}\ln\tan\dfrac{x}{2}-2\ln\left(\tan\dfrac{x}{2}-1\right)+\dfrac{5}{3}\ln\left(\tan\dfrac{x}{2}-3\right)$,

[418] $\dfrac{1+\dfrac{1}{\sqrt{2}}}{2\sqrt{2+2\sqrt{2}}}\ln\left|\dfrac{t+\dfrac{\sqrt{2}}{t}-\sqrt{2+2\sqrt{2}}}{t+\dfrac{\sqrt{2}}{t}+\sqrt{2+2\sqrt{2}}}\right|+\dfrac{1-\dfrac{1}{\sqrt{2}}}{\sqrt{2\sqrt{2}-2}}\tan^{-1}\dfrac{t-\dfrac{\sqrt{2}}{t}}{\sqrt{2\sqrt{2}-2}}, t=\sqrt{1+\tan x}$,

[419] $\frac{1}{5}\ln\left|\frac{\tan\frac{x}{2}+\frac{1}{3}}{\tan\frac{x}{2}-3}\right|$, [420] $\frac{1}{x^3}-\frac{3}{5x^5}-\frac{1}{2x^2}-\frac{3}{x}-3\tan^{-1}x-\ln\left|\frac{x}{\sqrt{1+x^2}}\right|$,

[421] $\frac{\operatorname{cosec}x}{2}(\cot x+\operatorname{cosec}x)+\operatorname{cosec}x-\cot x-\frac{1}{2}\ln|\operatorname{cosec}x+\cot x|$,

[422] $\sqrt{x^2+ax}+\frac{a}{2}\ln\left|x+\frac{a}{2}-\sqrt{x^2+ax}\right|$, [423] $\frac{\pi x-x^2}{2}$, [424] $\frac{\cos\left(x+\frac{\pi}{6}\right)}{e^{\cos\left(2x+\frac{\pi}{3}\right)}}$,

[425] $\frac{1}{2\sqrt{3}}\ln\left|\frac{\sin x-\cos x+\sqrt{3}}{\sin x-\cos x-\sqrt{3}}\right|-\tan^{-1}(\sin x+\cos x)$, [426] $\ln\frac{x}{x+\cos x}$,

[427] $\ln\left|1-\sqrt{1-x^2}\right|+\sqrt{1-x^2}$, [428] $-\sqrt[4]{1+\frac{1}{x^4}}$,

[429] $\left(x\sin^{-1}x+\sqrt{1-x^2}\right)\ln a+\sqrt{1-x^2}(2-\ln x)+\frac{1}{2}\ln\left|\frac{\sqrt{1-x^2}-1}{\sqrt{1-x^2}+1}\right|+x\sin^{-1}x(1-\ln x)$,

[430] $3\tan^{-1}\sqrt[3]{x}$, [431] $-\frac{1}{6}\ln\left|1+\frac{1}{x^6}\right|$, [432] $\sec x-\tan x+x$, [433] $\frac{1}{3}\sin^{-1}(1-2\cos^3 x)$,

[434] $\frac{2}{\sqrt{3}}\tan^{-1}\frac{2}{\sqrt{3}}\left(\tan^2 x-\frac{1}{2}\right)$, [435] $\frac{2}{3}\sqrt{(1+x)^3}$, [436] $e^{\sec x}(\tan x+\sec x)$,

[437] $\frac{1}{3}\ln|\sin 3x|-\frac{1}{5}\ln|\sin 5x|$, [438] $\frac{4}{15}\sqrt{\left(\sqrt{x^5}+1\right)^3}$, [439] $\frac{1}{2}(\tan^{-1}e^x)^2$,

[440] $5x+(\ln\sin x)^2$, [441] $\frac{2}{3}\tan^{-1}(\sin x+\cos x)-\frac{1}{3\sqrt{2}}\ln\left|\frac{\sin x+\cos x-\sqrt{2}}{\sin x+\cos x+\sqrt{2}}\right|$,

[442] $\frac{7}{5}\sqrt[7]{\frac{x-2}{x+3}}$ [443] $-\frac{3}{8}\sqrt[3]{\left(\frac{1}{x^2}-1\right)^4}$, [444] $\sqrt{e^{x^2-2}}\ln x$, [445] $4\tan^{-1}\sqrt{\sqrt{x}+\frac{1}{\sqrt{x}}}$,

[446] $\ln\sqrt{\frac{\sin 2x}{\cos 2x}}+\frac{\ln|\sin 3x|}{3}-\frac{2}{5}\ln|\cos 5x|+\frac{\ln|\cos 7x|}{7}$, [447] $\frac{1}{8\sqrt{2}}\ln\frac{\sqrt{1+x^2}-\sqrt{2x^2}}{\sqrt{1+x^2}+\sqrt{2x^2}}$

$-\frac{1}{4\sqrt{2}}\tan^{-1}\sqrt{\frac{2x^2}{1+x^2}}$, [448] $\frac{1}{4\sqrt{2}}\ln\frac{\sqrt{2x^2}+\sqrt{1+x^2}}{\sqrt{2x^2}-\sqrt{1+x^2}}+\frac{1}{2\sqrt{2}}\tan^{-1}\sqrt{\frac{2x^2}{1+x^2}}$,

[449] $\sqrt{\frac{x^2}{1-x^4}}$, [450] $\frac{a}{b}\ln\frac{ce^x}{ce^x+b}$, [451] $e^{4x}(x-4)^{15}\sqrt{1+x^2}$, [452] $e^{12x}(x-1)^{23}\sqrt{1+x^2}$,

[453] $e^{4x}(x-2)^7\sqrt{x^2+x^4}$, [454] $-\frac{1}{3}\sqrt{\left(\frac{1-x^2}{x^2}\right)^3}$, [455] $2\sin^{-1}\left(2\sqrt{x}-\frac{2}{\sqrt{x}}-1\right)$,

[456] $\frac{3\sqrt{3}}{4}\left(\tan^{-1}\left(\frac{2x+\sqrt{5}}{\sqrt{3}}\right)+\tan^{-1}\left(\frac{2x-\sqrt{5}}{\sqrt{3}}\right)\right)$, [457] $\frac{-9}{\sqrt[9]{\tan x}}$, [458] $\frac{1}{4}\ln|\sin x+\cos x|$

$-\frac{1}{8}(1+\sin 2x+\cos 2x)$, [459] $\frac{1-2\cos x}{2(\sin x+\cos x)}+\frac{1}{2\sqrt{2}}\ln\left|\sec\left(x-\frac{\pi}{4}\right)+\tan\left(x-\frac{\pi}{4}\right)\right|$,

[460] $\frac{4}{\sin x}+\frac{1}{8}\ln\left|\frac{\sin x-1}{\sin x+1}\right|$, [461] $\ln\tan^{-1}\left(x+\frac{1}{x}\right)$, [462] $\frac{1}{4b}\sqrt[3]{\left(\frac{x^3}{ax^3+b}\right)^4}$,

[463] $\sin x-\cos x+x(\sin\alpha+\cos\alpha)$, [464] $y\tan^2 y(2+\tan^2 y)-\tan y+y-\frac{\tan^3 y}{3}, y=\sec^{-1}\sqrt[4]{x}$,

[465] $\dfrac{-12}{\left(\tan\dfrac{x}{2}+1\right)^3}+\dfrac{6}{\left(\tan\dfrac{x}{2}+1\right)^2}-\dfrac{2}{\tan\dfrac{x}{2}+1}$, [466] [467] $\dfrac{\cosh^3 u}{3}+2\cosh u-\dfrac{3}{4}\sinh(2u)+\dfrac{u}{2}$, $\sinh u=x+1$, [468] $4\sqrt{1+\sqrt{x}}+2\ln\left|\dfrac{\sqrt{1+\sqrt{x}}-1}{\sqrt{1+\sqrt{x}}+1}\right|$, [469] $\dfrac{1}{1+xe^x}+\ln\dfrac{xe^x}{1+xe^x}$,

[470] $4\left(\sin\dfrac{x}{4}-\cos\dfrac{x}{4}\right)$, [471] $\dfrac{x}{\ln x}$, [472] $\sqrt{x}-\sqrt{1-x}+\dfrac{1}{\sqrt{2}}\ln\left|\dfrac{\sqrt{2}+\sqrt{1-x}-\sqrt{x}}{x+\sqrt{1-x}}\right|$,

[473] $x(\ln x-1)\sin^{-1}x+\sqrt{1-x^2}(\ln x-2)+\dfrac{1}{2}\ln\left|\dfrac{1+\sqrt{1-x^2}}{1-\sqrt{1-x^2}}\right|$,

[474] $\dfrac{2\sqrt{\tan(x+\alpha)\cos(\beta-\alpha)+\sin(\beta-\alpha)}}{\cos(\beta-\alpha)}$,

[475] $\dfrac{a^2x^2-2a^4}{2}\sin^{-1}\left(\dfrac{1}{2}\sqrt{\dfrac{2a-x}{a}}\right)-\dfrac{x\sqrt{4a^2-x^2}}{8}$, [476] $\dfrac{1}{14(m+1)}\left(2x^{7m}+7x^{2m}+14x^m\right)^{1+\frac{1}{m}}$,

[477] $\sec^{-1}\left(x+\dfrac{1}{x}\right)$, [478] $4\sqrt{1+\sqrt{x}}+2\ln\left|\dfrac{\sqrt{1+\sqrt{x}}-1}{\sqrt{1+\sqrt{x}}+1}\right|$,

[479] $6\ln(1+\sqrt[3]{x})-x+3\sqrt[3]{x^2}-6\sqrt[3]{x}+\dfrac{3}{4}\sqrt[3]{x^4}$,

[480] $\sqrt{1+x^2}+\ln\left|x+\sqrt{1+x^2}\right|+\sqrt{2}\ln\left|\sec\left(\theta-\dfrac{\pi}{4}\right)+\tan\left(\theta-\dfrac{\pi}{4}\right)\right|, x=\tan\theta$,

[481] $I_n=\dfrac{a}{a^2-b^2}\left(\dfrac{2n-3}{n-1}\right)I_{n-1}-\dfrac{1}{a^2-b^2}\left(\dfrac{n-2}{n-1}\right)I_{n-2}-\dfrac{b}{a^2-b^2}\left(\dfrac{\sin\theta}{(n-1)(a+b\cos\theta)^{n-1}}\right)$,

[482] $\ln\sqrt{\dfrac{e^{2x}}{1+e^{2x}}}$, [483] $\dfrac{1}{\sqrt{2}}\ln\left|\dfrac{\sqrt{1-\sin x}-\sqrt{2}}{\sqrt{1-\sin x}+\sqrt{2}}\right|$, [484] $x\tan^{-1}x-(x-1)\tan^{-1}(x-1)+\ln\sqrt{\dfrac{x^2-2x+2}{x^2+1}}$, [485] $x\tan x+\ln|\cos x|-\dfrac{x^2}{2}$, [486] $\ln\left|\dfrac{x}{x+\sqrt{1+x^2}}\right|-x+\sqrt{1+x^2}$,

[487] $\dfrac{2}{\sqrt{a-b}}\tan^{-1}\sqrt{\dfrac{x+b}{a-b}}$ [488] $\cot\left(2-\dfrac{\cot^2}{3}\right)+\tan x$,

[489] $\tan x(1+\sin x)^2+2\cos x-x+\dfrac{\sin 2x}{2}$, [490] $2\sqrt{\dfrac{x^2-1}{x^2+1}}$, [491] $\dfrac{x}{(1+\ln x)^2}$,

[492] $-\dfrac{3}{2(\sqrt[3]{x}+1)^2}$, [493] $3\tan^{-1}\sqrt[6]{x}-\dfrac{3\sqrt[6]{x}}{1+\sqrt[3]{x}}$,

[494] $\sqrt{x^2-1}+(\sqrt{x^2-1})^3+\dfrac{3(\sqrt{x^2-1})^5}{5}+\dfrac{(\sqrt{x^2-1})^7}{7}$,

[495] $\dfrac{\sqrt{x^2-1}}{x}-\dfrac{2}{3}\left(\dfrac{\sqrt{x^2-1}}{x}\right)^3+\dfrac{1}{5}\left(\dfrac{\sqrt{x^2-1}}{x}\right)^5$,

[496] $-\dfrac{1}{2}\left(\dfrac{\sqrt{2}}{4\sqrt{3}}\ln|A|+\dfrac{3\sqrt{2}}{4}\ln|B|\right), A=\dfrac{\sqrt{\dfrac{3}{2}}+\sin x-\cos x}{\sqrt{\dfrac{3}{2}}-\sin x+\cos x}, B=\dfrac{\sin x+\cos x-\dfrac{1}{\sqrt{2}}}{\sin x+\cos x+\dfrac{1}{\sqrt{2}}}$,

[497] $\dfrac{-e^x}{1+e^x}-\ln(e^{-x}+1)$, [498] $\dfrac{\ln(e^x-1)^2(e^x+2)}{6}-\dfrac{x}{2}$,

[499] $x-3\tan^{-1}e^{\frac{x}{6}}-\dfrac{\ln\left(e^{\frac{x}{3}}+1\right)^2\left(e^{\frac{x}{6}}+1\right)^9}{3}$, [500] $2\sqrt{e^x-1}-2\tan^{-1}\dfrac{\sqrt{e^x-1}}{2}$,

[501] $x(\sin^{-1}x)^2+2\sqrt{1-x^2}\sin^{-1}x-2x$,

[502] $\dfrac{6}{\sqrt{15}}\tan^{-1}\left(\dfrac{\tan^2\frac{q}{2}-1}{\sqrt{20}\tan\frac{q}{2}}\right)-\dfrac{5}{2\sqrt{10}}\ln\left|\dfrac{\sqrt{15}\cos x+\sqrt{6+18\cos^2x}}{\sqrt{15}\cos x-\sqrt{6+18\cos^2x}}\right|$, $\sin q=\dfrac{\sqrt{3}\sin x}{2}$,

[503] $\dfrac{-\cos 1}{\sin(x+1)}-\sin 1\ln|\mathrm{cosec}(x+1)+\cot(x+1)|$,

[504] $\dfrac{1}{2}\sin^{-1}\dfrac{\sin x-\cos x}{\sqrt{3}}-\dfrac{\ln(\sin x+\cos x+\sqrt{2+\sin 2x})}{2}$,

[505] $\ln\left(\dfrac{1}{x}+\dfrac{1}{2}+\sqrt{1+\dfrac{1}{x}+\dfrac{1}{x^2}}\right)-\sqrt{1+\dfrac{1}{x}+\dfrac{1}{x^2}}$, [506] $\dfrac{x^{27}(x-1)^{18}}{9}$,

[507] $\dfrac{e^x(x\cos x+(x-1)\sin x)}{2}$, [508] $\dfrac{3\sqrt[3]{(x-2)^7}}{7}+\dfrac{3\sqrt[5]{(x-2)^4}}{4}$, [509] $\dfrac{1}{2}e^{2\tan^{-1}x}(1+x^2)$,

[510] $\dfrac{3}{\sqrt[3]{\left(x^{-\frac{1}{2}}+1\right)^2}}$, [511] $\dfrac{x\cos x-5\sin x}{x\sin x+5\cos x}$, [512] $-\tan^{-1}\sqrt{\cos\theta(2+\cos\theta)}$, [513] $e^{\tan x}\cos x$,

[514] $\dfrac{a^2+2ab\cos x+b^2}{a^2(a\cos x+b)^2}$,

[515] $\dfrac{1}{\sqrt{2}}\sqrt{\dfrac{1+x}{2}+\dfrac{4}{x}}\sqrt{x+\dfrac{2}{x}-1}-2\ln\left|\sqrt{\dfrac{1+x}{2}+\dfrac{4}{x}}+\dfrac{1}{\sqrt{2}}\sqrt{x+\dfrac{2}{x}-1}\right|$,

[516] $x-\ln(x^4+6x^2+8x+9+e^x)$, [517] $\ln\left|\dfrac{x\sin x+\cos x}{x\cos x-\sin x}\right|$, [518] $\ln\sqrt{(x-y)^2-1}$,

[519] $\dfrac{1}{\sqrt{6}}\tan^{-1}\dfrac{x-\frac{1}{x}-1}{\sqrt{6}}$, [520] $\dfrac{21}{64}\ln\left|\sqrt{\dfrac{14}{13}}\left(2x+\dfrac{1}{4}+\sqrt{4x^2+x+1}\right)\right|$,

[521] $\dfrac{1}{a^2+b^2}\tan^{-1}\dfrac{a^2\tan x}{b^2}+\dfrac{x}{a^2+b^2}$, [522] $x+\ln\left|\dfrac{x}{x+1}\right|$,

[523] $\dfrac{1}{3}\left(x-\dfrac{x^3}{3}\right)-\dfrac{\sqrt{(1-x^2)^3}}{3}\sin^{-1}x$, [524] $e^x\cot 2x$, [525] $\dfrac{1}{\sin(a-b)}\ln\dfrac{\sin(x+b)}{\sin(x+a)}$,

[526] $\ln\left|1+\tan\dfrac{x}{2}\right|$, [527] $2\tan^{-1}\sqrt{e^x+e^{-x}+1}$, [528] $\ln\sqrt[6]{\dfrac{x^6-1}{x^6}}$,

[529] $\dfrac{1}{n-2}\ln\left|\dfrac{\sqrt{x^{n-2}+1}-1}{\sqrt{x^{n-2}+1}+1}\right|$, [530] $\dfrac{\sin(4^n x)}{4^n}$, [531] $2\ln(x+\sqrt{x+\ln x})+2\sqrt{x+\ln x}$,

[532] $\dfrac{x+n\sqrt{1+x^2}}{(1-n^2)\left(x+\sqrt{1+x^2}\right)^n}$, [533] $t=\cos x, s=\sin x, \dfrac{\sqrt{69}}{207}\left(\tanh^{-1}\dfrac{3\sqrt{69}s}{2}-\tanh^{-1}\dfrac{3\sqrt{69}t}{25}\right)$,

[534] $-x+\dfrac{\sqrt{\cos 2x}}{\sin x}-\cot x(1+\ln(\cos x+\sqrt{\cos 2x}))$, [535] $e^{x^x}(x^x-1)$,

[536] $-\sin^{-1}x-\sinh^{-1}\dfrac{\sqrt{1-x^2}}{x}$, [537] $10\sqrt{3}\tan^{-1}\dfrac{\sqrt{3}}{3}\left(2\tan\dfrac{x}{2}+1\right)-7x$,

[538] $\dfrac{\ln(1+\sin x)}{2}-\dfrac{5\ln(1+3\sin x)}{6}$, [539] $\dfrac{x}{17}+\dfrac{4}{17}\ln(\cos x+4\sin x)$,

[540] $-4\tan^{-1}\sqrt{\dfrac{2}{\sqrt{x}}-1}$, [541] $4\sqrt{1+\sqrt{x}}$, [542] $\dfrac{1}{\sqrt{5}}\tan^{-1}\sqrt{\dfrac{x^4+x^2+1}{5x^2}}$,

[543] $\ln\left|\operatorname{cosec}\left(2\tan^{-1}\left(\dfrac{x}{2}\right)-x\right)+\cot\left(2\tan^{-1}\left(\dfrac{x}{2}\right)-x\right)\right|$, [544] $-4\sqrt[4]{\cot x}$,

[545] $\sin\left(\dfrac{n+1}{2}\right)x\sin\dfrac{nx}{2}\operatorname{cosec}\dfrac{x}{2}$, [546] $\dfrac{x^2}{2}-\ln x$, [547] $-\dfrac{1}{3}\left(\dfrac{1-x\tan x}{x+\tan x}\right)^3-\dfrac{1-x\tan x}{x+\tan x}$,

[548] $\ln\left|\dfrac{x-\tan^{-1}x}{x+\tan^{-1}x}\right|$, [549] $\left(x-\dfrac{1}{2}\right)\sin^{-1}\sqrt{x}+\dfrac{\sqrt{x-x^2}}{2}$,

[550] $\dfrac{x}{2\sqrt{1+x^2}}+\dfrac{\sqrt{2}}{8}\ln\left|\dfrac{x\sqrt{2}+\sqrt{1+x^2}}{x\sqrt{2}-\sqrt{1+x^2}}\right|$, [551] $\dfrac{1}{4}\ln\left|\dfrac{\sin x-1}{\sin x+1}\right|-\dfrac{\sqrt{2}}{4}\ln\left|\dfrac{\sin x-2^{-\frac{1}{2}}}{\sin x+2^{-\frac{1}{2}}}\right|$,

[552] $-\dfrac{\tan^{-1}(x+1)}{2}\left(1+\dfrac{1}{(x+1)^2}\right)-\dfrac{1}{2(x+1)}$, [553] $-\dfrac{\sin^{-1}x}{2x^2}-\dfrac{\sqrt{1-x^2}}{2x}$,

[554] $\dfrac{1}{\sqrt{2}}\ln\left|\dfrac{\sqrt{1+x^4}+x\sqrt{2}}{1-x^2}\right|$, [555] $\sqrt{1+x}-\sqrt{1-x}-\dfrac{1}{\sqrt{2}}\sin^{-1}x$, [556] $\dfrac{1}{2}\ln\left|\dfrac{\sqrt{1+x^2}-1}{\sqrt{1+x^2}+1}\right|$ $+\sqrt{x^2+1}$, [557] $2\sqrt{x}\tan^{-1}\sqrt{x}-(\tan^{-1}\sqrt{x})^2-\ln|1+x|$,

[558] $\dfrac{2}{3}\ln|\sin x|-\dfrac{1}{6\sin^2 x}-x\left(\dfrac{\cot^3 x}{3}+\cot x\right)$,[559] $-\tan^{-1}\left(\dfrac{ax}{x^2+a^2}\right)$,

[560] $\dfrac{2}{(a-b)^2}\sqrt{\dfrac{x-a}{x-b}}\left(1-\dfrac{x-a}{3(x-b)}\right)$, [561] $\dfrac{(x-1)\sqrt{1+x^2}}{2}e^{\tan^{-1}x}$,

[562] $\ln\left|\dfrac{x}{\sqrt{1+x^2}}\right|-\dfrac{\tan^{-1}x}{x}-\dfrac{(\tan^{-1}x)^2}{2}$,

[563] $\ln\left|\dfrac{\sqrt{2\cos\left(x-\frac{\pi}{3}\right)}-\sqrt{3}}{\sqrt{2\cos\left(x-\frac{\pi}{3}\right)}+\sqrt{3}}\right|^{\frac{\sqrt{3}}{2}}\left|\dfrac{\sqrt{2\cos(x-\frac{\pi}{3})}+1}{\sqrt{2\cos(x-\frac{\pi}{3})}-1}\right|^{\frac{1}{2}}$,

[564] $\ln(y-1)\sqrt{y^2+y+1}+\sqrt{3}\tan^{-1}\dfrac{2y+1}{\sqrt{3}}$, $\left(y=\sqrt[3]{\dfrac{x+1}{x-1}}\right)$,

[565] $\dfrac{x^{n-1}}{n}\sqrt{x^2+a^2}-\dfrac{(n-1)a^2}{n}I_{n-2}$, [566] $\dfrac{e^{nt}}{2n}+\dfrac{e^{nt}}{n^4+4}\left(\sin 2t+\dfrac{n\cos 2t}{2}\right)$, $(t=\tan^{-1}x)$,

[567] $\tan^{-1}\sqrt{\ln x(2+\ln x)}$, [568] $\dfrac{-1}{x^3+1+x^{-2}}$, [569] $\dfrac{1}{3}\sin^{-1}\left(\dfrac{3}{2}\ln x\right)$,

[570] $2\sqrt{x}\tan\sqrt{x}+2\ln|\cos\sqrt{x}|$, [571] $\dfrac{1}{2}\tan^{-1}x^2$,

[572] $-\dfrac{1}{2}\ln|\sec x|+\dfrac{1}{3}\ln|\sec^2 x-\tan x|-\dfrac{1}{6}\ln|\tan x+1|+\dfrac{x}{2}$, [573] $xe^{x+\frac{1}{x}}$,

[574] $(x+1)\tan^{-1}\dfrac{2x+2}{3}+\ln\dfrac{3}{\sqrt{4x^2+8x+13}}$, [575] $\dfrac{4}{3}\left(1+\sqrt[4]{x^3}-\ln\left(1+\sqrt[4]{x^3}\right)\right)$,

[576] $\dfrac{1}{\sqrt{2}}\sec^{-1}\left(\dfrac{x+x^{-1}}{\sqrt{2}}\right)$, [577] $\dfrac{\sin(100x)\sin^{100}x}{100}$, [578] $\dfrac{2}{3}\tan^{-1}\sqrt{x^3-1}$,

[579] $\dfrac{1}{x}+\dfrac{5}{2}-\dfrac{1}{2x^2}+\dfrac{x}{1+x}-3\ln\dfrac{x+1}{x}$,

[580] $\frac{5}{3}\sin^{-1}x-\frac{1}{3}x\sqrt{1-x^2}-\frac{(2+x^2)\sqrt{1-x^2}}{3}\ln\left(\frac{1+x}{1-x}\right)$, [581] $\frac{1}{\ln 7}\ln\left|\sqrt{1+49^x}+7^x\right|$,

[582] $2\ln(1+\sqrt{x})$, [583] $2\ln|\tan x|+\frac{1}{2}(\tan^2x-\cot^2x)$, [584] $\frac{1}{2\sqrt{1-a^2}}\ln\left|\frac{a-\sqrt{1-a^2}\tan x}{a+\sqrt{1-a^2}\tan x}\right|$,

[585] $\frac{2^x(\sin x\ln 2-\cos x)}{1+(\ln 2)^2}$, [586] $\frac{1}{2}\ln\left(\frac{\sqrt{1+x^2}-1}{\sqrt{1+x^2}+1}\right)$, [587] $\frac{2}{1-e^{2x}}$,

[588] $\ln|x+1|+\frac{18x^2+18x+8}{3(x+1)^3}$, [589] $\frac{x}{2}+\ln\left|\sin\frac{x}{2}+\cos\frac{x}{2}\right|$, [590] $\frac{1}{2}\ln|\tan x|-\frac{1}{12}\ln(1+\tan^6x)$,

[591] $-\frac{1}{4}\sqrt{\frac{4}{x^2}+1}$, [592] $\frac{(1+x^2)}{2}(\ln(1+x^2)-1)\tan^{-1}x-\frac{3}{2}x-\tan^{-1}x-\frac{x}{2}\ln(1+x^2)$,

[593] $\frac{3}{8}\sec^{-1}(x+1)+\frac{\sqrt{x^2+x}}{2(x+1)^2}+\frac{(1-2x-x^2)\sqrt{x^2+2x}}{8(1+x)^4}$,

[594]
$\frac{1}{2}(1+x+\sqrt{1+x+x^2})-4\ln(1+x+\sqrt{1+x+x^2})+\frac{7}{4(2\sqrt{1+x+x^2}+2x+1)}$
$+\frac{7}{2}\ln(2\sqrt{1+x+x^2}+2x+1)$,

[595] $\frac{3}{4}u^3-\frac{3}{2}u^2-\frac{3}{4}\ln|u-1|+\frac{15}{8}\ln(u^2+u+2)-\frac{27}{4\sqrt{7}}\tan^{-1}\left(\frac{2u+1}{\sqrt{7}}\right), u=\sqrt[3]{x+2}$,

[596] $\frac{4}{5}(1+\sqrt{\ln x})^{\frac{5}{2}}-\frac{4}{3}(1+\sqrt{\ln x})^{\frac{3}{2}}$, [597] $\sec x+\tan x-x$,

[598] $\frac{1}{2\ln\frac{2}{3}}\left\{\ln\left(\left(\frac{2}{3}\right)^{2x}-1\right)-2\left(\frac{2}{3}\right)^x\right\}$,

[599] $\frac{-1}{6(t+1)^2}-\frac{5}{18(t+1)}-\frac{7\ln|t+1|}{108}+\frac{3\ln|t-1|}{4}-\frac{16\ln|t-2|}{27},\ t=\frac{\sqrt{x^2+3x+2}}{x+1}$,

[600] $t=\sqrt{1+\frac{1}{x}}, \int\frac{-2t^2dt}{(t^2-1)^5}$, [601] $\frac{1}{\sqrt{5}}\ln\left|\frac{2x^2-(\sqrt{5}-1)x+2}{2x^2+(\sqrt{5}+1)x+2}\right|$,

[602] $\frac{f'(x)f(x)^{n+1}}{n+1}-\frac{kf(x)^{n+3}}{(n+1)(n+3)}$

[603] $\frac{\sec^2x\tan^{n+1}x}{n+1}-\frac{2\tan^{n+3}x}{(n+1)(n+3)}$, [604] $\frac{\sec x}{5}(\sec x+\tan x)^6-\frac{1}{35}(\sec x+\tan x)^7$,

[605] $\sin^{-1}\left(\frac{x-1}{\sqrt{3}}\right)-\frac{1}{\sqrt{6}}\ln\left|\frac{\sqrt{6}+\sqrt{2+2x-x^2}}{\sqrt{6}-\sqrt{2+2x-x^2}}\right|-\frac{\sqrt{2}}{3}\tan^{-1}\left(\frac{\sqrt{2}(x-1)}{\sqrt{2+2x-x^2}}\right)$,

[606] $\frac{\sec x\tan x}{2}+\frac{2\sec^3x}{3}-\frac{1}{2}\ln|\sec x+\tan x|$,

[607] $\frac{1}{2\sqrt{6}}\ln\left|\frac{\sqrt{9+3t^2}+\sqrt{8}}{\sqrt{9+3t^2}-\sqrt{8}}\right|-\frac{1}{\sqrt{2}}\tan^{-1}\left(\frac{\sqrt{8}t}{\sqrt{3+t^2}}\right), t=\frac{1-x}{1+x}$,

[608] $\ln|\sin x-x|-\ln|\cos x-x|$, [609] $\frac{1}{2}\ln\left|\frac{x-\ln x}{x+\ln x}\right|$, [610] $\frac{1}{\sqrt{2}}\ln\left|\operatorname{cosec}\left(\frac{\pi}{4}-x\right)+\cot\left(\frac{\pi}{4}-x\right)\right|$,

[611] $-\frac{1}{4}\ln|\cos 2x|$,

[612] $\frac{2}{3}(x+\sqrt{x})\sqrt{x+\sqrt{x}}-\frac{1}{4}\sqrt{x+\sqrt{x}}(1+2\sqrt{x})+\frac{1}{4}\ln(\sqrt[4]{x}+\sqrt{1+\sqrt{x}})$,

[613] $\frac{\sin^2(2x)}{2}\ln(\tan x)+\frac{1}{2}\cos(2x)$, [614] $\sin(\sin(\sin x))$,

[615] $\frac{1}{\sqrt{3}}\tan^{-1}\frac{2t-1}{\sqrt{3}}-\frac{1}{2}\ln(t^2-t+1)-\ln(t+1)-3t, t=\sqrt[3]{\cot x}$, [616] $(\cosh x)^x$,

[617] $\frac{\tan^2 4x}{8}+\frac{\tan^4 4x}{16}$, [618] $-\frac{\cos x^2}{2x}$, [619] $\frac{\sin x^2}{2x^3}$, [620] $-\frac{\cos x^2}{2x}-\frac{\sin x^2}{4x^3}$,

[621] $\frac{\sqrt{3t^2+1}}{9}-\frac{\sqrt{(3t^2+1)^3}}{27}, t=\frac{1}{x}$, [622] $\overbrace{\ln(\cdots(\ln x)\cdots)}^{n+1}$,

[623] $\frac{1}{2(b-a)}\left[\frac{1}{\sqrt{a+2}}\tan^{-1}\left(\frac{x-x^{-1}}{\sqrt{a+2}}\right)+\frac{1}{\sqrt{a-2}}\tan^{-1}\left(\frac{x+x^{-1}}{\sqrt{a-2}}\right)\right]$
$-\frac{1}{2(b-a)}\left[\frac{1}{\sqrt{b+2}}\tan^{-1}\left(\frac{x-x^{-1}}{\sqrt{b+2}}\right)+\frac{1}{\sqrt{b-2}}\tan^{-1}\left(\frac{x+x^{-1}}{\sqrt{b-2}}\right)\right]$,

[624] $K=\ln|1+x|$, $J_1=\frac{1}{2}\tan^{-1}(x^2)$,

$J_0=\frac{\sqrt{2}}{4}\tan^{-1}\left(\frac{x^2-1}{\sqrt{2}x}\right)-\frac{1}{4\sqrt{2}}\ln\left|\frac{x^2-\sqrt{2}x+1}{x^2+\sqrt{2}x+1}\right|$, $J_2=\frac{\sqrt{2}}{4}\tan^{-1}\left(\frac{x^2-1}{\sqrt{2}x}\right)+\frac{1}{4\sqrt{2}}\ln\left|\frac{x^2-\sqrt{2}x+1}{x^2+\sqrt{2}x+1}\right|$,

$J_3=\frac{1}{4}\ln(1+x^4) \Rightarrow \frac{1}{2}(J_0+K-J_1+J_2-J_3)$, [625] $\frac{1}{2}(J_0-K+J_1-J_2+J_3)$,

[626] $\frac{1}{2}(K-J_0+J_1+J_2-J_3)$, [627] $\frac{1}{2}(J_0-K-J_1+J_2+J_3)$, [628] $\frac{1}{2}(K-J_0+J_1-J_2+J_3)$,

[629] $x\tan\frac{x}{2}+2\ln\left|\cos\frac{x}{2}\right|$, [630] $(1+x^{-2})(\tan^{-1}x)^2\frac{1}{\tan^{-1}x-x}-\frac{\tan^{-1}x}{x^2}-\frac{1}{x}-\tan^{-1}x$,

[631] $\frac{x^x}{\ln a}$, [632] $\frac{\ln(2^x+1)}{\ln 2}$, [633] $\frac{-1}{4x^4(x^2+1)^2}$, [634] $\frac{x^3}{3}-\frac{x^2}{2}+x$, [635] $\frac{(x+2)^3(22-x)}{300(x+7)^4}$,

[636] $\frac{1}{2}\sqrt{x^4-1}+\frac{1}{2}\tan^{-1}\sqrt{x^4-1}$, [637] $\frac{(2x+5)\sqrt{x^2+x+1}}{4}+\frac{15}{8}\ln\left|(x+\frac{1}{2})+\sqrt{x^2+x+1}\right|$,

[638] $\frac{n\tan x-x}{n+x\tan x}$, [639] $\frac{-x^{n-1}\sqrt{(a^2-x^2)^3}}{n+2}+\frac{(n-1)a^2}{n+2}I_{n-2}$, [640] $\frac{e^x}{f(x)+e^x}$,

[641] $\frac{1}{3}\sqrt{(x+\sqrt{x^2+a^2})^3}-\frac{a^2}{\sqrt{x+\sqrt{x^2+a^2}}}$, [642] $x-\ln|x+e^x+\sin x|$, [643] $\cos x e^{\tan x}$,

[644] $\frac{\pi x}{2}$, [645] $\frac{3}{2}\sin^{-1}\sqrt{\frac{x^2+1}{3}}+\frac{\sqrt{(x^2+1)(2-x^2)}}{2}$, [646] $\frac{\cos x}{(\beta^2-1)\sqrt{1-\beta^2\sin^2 x}}$,

[647] $\frac{1}{2\sqrt{2}}\ln\left|\frac{\sin 2x-\sqrt{2}}{\sin 2x+\sqrt{2}}\right|$, [648] $\frac{\sin x-1}{\cos x}$, [649] $\frac{\sqrt{2x^4-2x^2+1}}{2x^2}$,

[650] $2\sin x+2\sum_{k=1}^{n-1}\frac{\sin(2k+1)x}{2k+1}$, $(n:even)$, $x+2\sum_{k=1}^{n}\frac{\sin 2kx}{2k}$, $(n:odd)$,

[651] $\frac{1}{2\sinh a}\ln\left|\frac{x+\cosh a-\sinh a}{x+\cosh a+\sinh a}\right|$, [652] $-\sinh^{-1}\left(\frac{x+2}{\sqrt{3}x}\right)$,

[653] $4\sqrt{\sqrt{\ln x}-1}\left(\frac{(\sqrt{\ln x}-1)^2}{5}+\frac{\sqrt{\ln x}-1}{3}\right)$,

[654] $\dfrac{-1}{(a-b)^4}\left[\dfrac{a-b}{x-a}-\dfrac{(x-a)(5x+a-6b)}{2(x-b)^2}-3\ln\left(\dfrac{x-b}{x-a}\right)\right]$, [655] $\dfrac{\sqrt{x^2-1}}{2x^2}-\dfrac{1}{2}\tan^{-1}\dfrac{1}{\sqrt{x^2-1}}$,

[656] $2n\tan^{-1}\sqrt{\sqrt[n]{x}-1}$, [657] $\ln\dfrac{\sqrt{x^2-1}+x}{\sqrt{x^2+1}+x}$, [658] $2\sqrt{\sin x}$, [659] $-\dfrac{2}{27}\sqrt{1-3x}\,(2+3x)$,

[660] $\sec x-\ln|\operatorname{cosec} x+\cot x|$, [661] $\sec x+\tan x$, [662] $\dfrac{-2}{n}\left(\sqrt{\dfrac{m}{m-x^n}}+\sin^{-1}\sqrt{\dfrac{x^n}{m}}\right)$,

[663] $\dfrac{1}{2}\ln\left|1+2\tan\dfrac{x}{2}\right|$, [664] $\dfrac{e^x(x+1)}{x^2}$, [665] $2\sqrt{\dfrac{x}{x+1}}$, [666] $\dfrac{1-x}{x^2e^x}$,

[667] $\ln\left|\dfrac{\sqrt{\dfrac{x+a}{x-a}}+1}{\sqrt{\dfrac{x+a}{x-a}}-1}\right|-2\tan^{-1}\sqrt{\dfrac{x+a}{x-a}}$, [668] $-\dfrac{7}{10}\sqrt[7]{\cot^{10}x}$, [669] $(-n!)\tan^{-1}\left(\dfrac{f_n(x)}{e^x}\right)$,

[670] $\dfrac{1}{2}\ln(1+e^{-2x})-\dfrac{1}{2}e^{-2x}$,

[671] $\dfrac{1}{2\sqrt{2}\,n}\tan^{-1}\left\{\dfrac{1}{\sqrt{2}}\left(\tan^n x-\dfrac{1}{\tan^n x}\right)\right\}+\dfrac{1}{4\sqrt{2}\,n}\ln\left|\dfrac{\tan^n x+\dfrac{1}{\tan^n x}-\sqrt{2}}{\tan^n x+\dfrac{1}{\tan^n x}+\sqrt{2}}\right|$,

[672] $\dfrac{1}{n-1}\left(\dfrac{x}{1+x}\right)^{n-1}$, [673] $\dfrac{1}{2}\ln\left|\dfrac{x-2\sqrt{x}+2}{x+2\sqrt{x}+2}\right|$, [674] $-\tan^{-1}\sqrt{\dfrac{\sqrt{1+x^4}}{x^2}-1}$,

[675] $\dfrac{x^2}{2}\ln\left(1+\dfrac{1}{x}\right)+\dfrac{x}{2}-\dfrac{\ln(x+1)}{2}$, [676] $\dfrac{x^2}{2}e^{x^4+x^2}$, [677] $\sqrt[3]{1+\sqrt{x+\sqrt{e^x}}}$,

[678] $\displaystyle\sum_{n=0}^{2012}{}_{2012}C_n(-3)^{2012-n}\frac{(x-1)^{2n+2013}}{2n+2013}$, [679] $x-\sqrt{1-x^2}\sin^{-1}x$,

[680] $\ln\left|\dfrac{x^2\sin x+2x\cos x-2\sin x}{x^2\cos x-2x\sin x-2\cos x}\right|$, [681] $\sec x-\tan x-\cos x-x$, [682] $\dfrac{1}{4}\ln\left|\dfrac{\sqrt{x^2+x^{-2}+3}-2}{\sqrt{x^2+x^{-2}+3}+2}\right|$,

[683] $\left(\dfrac{x^2}{3}-\dfrac{5x}{6}+\dfrac{2}{3}\right)\sqrt{x^2+2x+2}+\dfrac{5}{2}\ln|(x+1)+\sqrt{x^2+2x+2}|$,

[684] $\dfrac{1}{\sqrt{a^2-1}}\ln\left|\dfrac{e^x\sqrt{a+1}-\sqrt{a-1}}{e^x\sqrt{a+1}+\sqrt{a-1}}\right|$, [685] $\dfrac{\cos x+1}{x+\sin x}$,

[686] $-\dfrac{\cos(nx)\cos^m x}{m+1}+\dfrac{m}{m+1}I(m-1,n-1)$, [687] $\dfrac{2^n}{2^n+1}\left(\dfrac{x}{2}+\sqrt{\dfrac{x^2}{4}-1}\right)^{1+2^{-n}}$

$+\dfrac{2^n}{2^n+1}\left(\dfrac{x}{2}-\sqrt{\dfrac{x^2}{4}-1}\right)^{1+2^{-n}}+\dfrac{2^n}{2^n-1}\left(\dfrac{x}{2}+\sqrt{\dfrac{x^2}{4}-1}\right)^{1-2^{-n}}+\dfrac{2^n}{2^n-1}\left(\dfrac{x}{2}-\sqrt{\dfrac{x^2}{4}-1}\right)^{1-2^{-n}}$,

[688] $\dfrac{2}{3}\left(1-\dfrac{1}{x}\right)^{\frac{3}{2}}$, [689] $-\dfrac{1+(3x+1)\ln(1+3x)}{9e^{3x}}$, [690] $\ln\left|\dfrac{\sin x}{1-\sin x}\right|$,

[691] $\dfrac{1}{6a^4}\ln(x^2+a^2)-\dfrac{\ln(x^4-a^2x^2+a^4)}{12a^4}+\dfrac{\sqrt{3}}{6a^4}\tan^{-1}\left(\dfrac{2a^{-2}x^2-1}{\sqrt{3}}\right)$, [692] $x\sin(\ln x)$,

[693] $xe^{x^2}$, [694] $\dfrac{1}{1+xe^x}+\ln\dfrac{xe^x}{1+xe^x}$, [695] $\dfrac{1}{\sin x}\left(\dfrac{x}{x\cos x-\sin x}-\cos x\right)$,

[696] $\dfrac{-1}{8}\left(\ln\left|\dfrac{1+\sin 2x}{\cos^2 2x}\right|-\sin 2x-\cos 2x\right)$,

[697] $(x-1)\sqrt{\dfrac{x}{x-1}}+\dfrac{1}{2}\ln(x-1)+\ln\left(1+\sqrt{\dfrac{x}{x+1}}\right)$,

[698] $\sqrt{1+\sqrt[3]{x}}\left(\dfrac{6}{5}(1+\sqrt[3]{x})^2-4\sqrt[3]{x}+2\right)$, [699] $\dfrac{1}{7}(x^6+x^5+x^4)^7$,

[700] $-\dfrac{1}{a}\ln\left|x^{-1}+\dfrac{\sqrt{3}}{2}+\sqrt{1+x^{-a}+x^{-2a}}\right|$, [701] $\dfrac{1}{2\sqrt{3}}\tan^{-1}\left(\dfrac{x^2-1}{x\sqrt{3}}\right)$

$+\dfrac{1}{4\sqrt{3}}\ln\left|\dfrac{x^2+x\sqrt{3}+1}{x^2-x\sqrt{3}+1}\right|$, [702] $\sqrt{2e^{2x}+1}-x+\ln\left(\sqrt{2e^{2x}+1}-1\right)$, [703] $\dfrac{x}{\sqrt[3]{1+x^3}}$,

[704] $-\sin x+\ln(e^{\sin x}+\cos x)$, [705] $\dfrac{1}{\sin a}\ln\left|\dfrac{\sin\left(\dfrac{x-a}{2}\right)}{\sin\left(\dfrac{x+a}{2}\right)}\right|$, [706] $2\sqrt{x\ln x}$,

[707] $e^x\cot x\ln(\cos x)+e^x$, [708] $e^{\frac{1}{2}x^2}\tan\left(\dfrac{x^2}{2}\right)$, [709] $\dfrac{15}{32}x+\dfrac{1}{8}\sin 4x+\dfrac{1}{256}\sin 8x$,

[710] $\dfrac{x}{\ln x}+x\ln(\ln x)$, [711] $\dfrac{x}{16}$, [712] $2\tan x-2\sec x-x$,

[713] $\dfrac{1}{2(3+\sin x)^2}+\dfrac{1}{3+\sin x}+\ln\left|\dfrac{2+\sin x}{3+\sin x}\right|$, [714] $\dfrac{1}{n\ln 2}\left(\dfrac{2^{nx}+1}{(2^x+1)^n}-1\right)$,

[715] $\dfrac{2}{3n}\dfrac{(2x^n+1)}{\sqrt{x^{2n}+x^n+1}}$, [716] $\dfrac{\sin x}{b}+\dfrac{ax}{b^2}+\dfrac{2(b^2-a^2)}{b^2\sqrt{a^2-b^2}}\tan^{-1}\left(\sqrt{\dfrac{a+b}{a-b}}\tan\dfrac{x}{2}\right)$,

[717] $\dfrac{\cos x-\sin x}{2}$

$+\dfrac{2}{3}\left[\tan^{-1}\left((1+\sqrt{3})\tan\dfrac{x}{2}-1\right)-\tan^{-1}\left((\sqrt{3}-1)\tan\dfrac{x}{2}+1\right)\right]-\dfrac{1}{6\sqrt{2}}\ln\left|\dfrac{\tan\dfrac{x}{2}-1-\sqrt{2}}{\tan\dfrac{x}{2}-1+\sqrt{2}}\right|$,

[718] $2x\sin\sqrt{x}$, [719] $2\sqrt{1+\cos x}-\dfrac{2}{3}\sqrt{(1+\cos x)^3}$, [720] $x+(x+1)e^x-2\ln(1+xe^x)$,

[721] $\dfrac{3x^3\cos(a\ln x)+ax^3\sin(a\ln x)}{a^2+9}$, [722] $\dfrac{1}{4}(2x^2+2x-1)e^{-2x}$, [723] $\sin^{-1}(\sin x-\cos x)$,

[724] $\ln\left(\ln x+\sqrt{1+(\ln x)^2}\right)$,

[725] $\dfrac{1}{6}\ln\left[\tan\left(\dfrac{3x}{2}+\dfrac{\pi}{4}\right)\right]-\dfrac{\sin 3x}{6}+\dfrac{\sin x}{2}+\dfrac{1}{12}\ln\left(\dfrac{2\sin^2 x-3\sin x+1}{2\sin^2 x+3\sin x+1}\right)$,

[726] $\dfrac{1}{\sqrt{2}}\operatorname{cosech}^{-1}\left(\dfrac{x-x^{-1}}{\sqrt{2}}\right)$, [727] $\dfrac{1}{n}\sin^n x\cos nx$, [728] $e^x\tan\dfrac{x}{2}$, [729] $\dfrac{3}{2}\sqrt[3]{(x+1)^{10}}$,

[730] $\dfrac{2}{3}\sinh^{-1}(\sqrt{x^3})$, [731] $\dfrac{x}{\sqrt[n]{1+x^n}}$, [732] $-\left(\tan x+\dfrac{\tan^3 x}{3}\right)-\dfrac{1}{2}\ln\left|\dfrac{\tan x-1}{\tan x+1}\right|$,

[733] $-12\cos\dfrac{x}{6}+\dfrac{3\sqrt{2}}{2}\ln\left|\dfrac{\sqrt{2}\cos\left(\dfrac{x}{6}\right)+1}{\sqrt{2}\cos\left(\dfrac{x}{6}\right)-1}\right|$, [734] $\dfrac{\tan^{-1}x}{x^2}$, [735] $\dfrac{a\sqrt{x^2+1}+x}{1-a^2}\left(\sqrt{x^2+1}-x\right)^a$,

[736] $xe^{x^2+x+1}$, [737] $\dfrac{a}{a^2+b^2}\ln(a\sin x+b\cos x)+\dfrac{bx}{a^2+b^2}$,

[738] $\dfrac{ax}{a^2+b^2}-\dfrac{b}{a^2+b^2}\ln(a\sin x+b\cos x)$, [739] $\dfrac{\sqrt{2}}{\cos\alpha}\sqrt{\tan x\cos\alpha+\sin\alpha}$, [740] $\sqrt{x^2+x^{-2}+1}$,

[741] $\frac{x}{\sqrt[3]{x^3+1}}$, [742] $\frac{8}{7}y^7-\frac{24}{5}y^5+\frac{16}{3}y^3, \left(y=\sqrt{1+\sqrt{1+\sqrt{x}}}\right)$, [743] $2\tan^{-1}\sqrt{x+\frac{1}{x}+1}$,

[744] $\ln|\sin 2x+2\cos 2x+3\sin 4x+4\cos 4x|+7x$,

[745] $\frac{1}{2}(1+\sin 2x-\cos 2x)\ln(\cos x+\sin x)+\frac{x}{2}+\frac{1}{4}(\cos 2x-\sin 2x)$,

[746] $\frac{1}{2(\sin x+\cos x)}+\frac{1}{2\sqrt{2}}\ln\left|\tan\left(\frac{x}{2}+\frac{\pi}{8}\right)\right|$, [747] $\frac{-1}{2(\sin x+\cos x)}+\frac{1}{2\sqrt{2}}\ln\left|\tan\left(\frac{x}{2}+\frac{\pi}{8}\right)\right|$,

[748] $\ln|1+\tan x|+\frac{1}{1+\tan x}$

## 03 정적분 문제

[1] $\frac{1}{4}$, [2] $e-3+\ln\frac{16}{(1+e)^2}$, [3] $\frac{1\cdot 3\cdots(n-1)}{2\cdot 4\cdots n}\times\frac{\pi}{2}$,($n$:짝수), $\frac{2\cdot 4\cdots(n-1)}{1\cdot 3\cdots n}$,($n$:홀수),

[4] $\frac{2\cdot 4\cdots(n-1)}{(m+1)(m+3)\cdots(m+n)}$,($n$:홀수), $\frac{2\cdot 4\cdots(m-1)}{(n+1)(n+3)\cdots(n+m)}$,($m$:홀수),

$\frac{1\cdot 3\cdots(m-1)\cdot 1\cdot 3\cdots(n-1)}{2\cdot 4\cdots(m+n)}\times\frac{\pi}{2}$, ($n,m$:짝수), [5] $\frac{\pi}{4}$, [6] $\frac{\pi^2}{4}$, [7] $\frac{\pi^2}{144}$,

[8] $\frac{\pi}{\sqrt{\alpha^2-1}}$, [9] $\frac{\pi\alpha}{\sqrt{(\alpha^2-1)^3}}$, [10] $\pi\ln\left(\frac{b+\sqrt{b^2-1}}{a+\sqrt{a^2-1}}\right)$, [11] $\ln 2$, [12] $\frac{(-1)^m m!}{(p+1)^{m+1}}$,

[13] $-\frac{\pi}{2}\ln 2$, [14] $-\frac{\pi^2}{2}\ln 2$, [15] $\frac{1\cdot 3\cdots(2n-1)}{2\cdot 4\cdots(2n)}\times\frac{\pi}{2}$, [16] $\frac{1}{2}\ln\left(\frac{b^2+r^2}{a^2+r^2}\right)$,

[17] $\tan^{-1}\frac{1}{a}-\frac{a}{2}\ln\left(1+\frac{1}{a^2}\right)$, [18] $\frac{\pi}{2}$, [19] $\frac{\pi}{2}$, [20] $\frac{\pi}{2}$, [21] $\frac{\pi}{4}$, [22] $\frac{\sqrt{\pi}}{2}e^{-\frac{\alpha^4}{4}}$

[23] $\frac{\sqrt{\pi}}{2}$, [24] $\frac{\sqrt{\pi}}{2}e^{-2}$, [25] $\frac{\pi}{\sqrt{b^2-a^2}}$, [26] $\frac{32\sqrt{2}}{\pi^3}$, [27] $\ln\frac{b}{a}$,

[28] $\tan^{-1}\frac{b}{r}-\tan^{-1}\frac{a}{r}$ , [29] $\frac{1}{2}\ln\frac{a^2+\alpha^2}{b^2+\alpha^2}$, [30] $\ln\frac{a}{b}$, [31] $\sqrt{\frac{\pi}{4\alpha}}$,

[32] $\frac{1\cdot 3\cdots(2p+1)\sqrt{\pi}}{2^{p+1}\sqrt{\alpha^{2p+1}}}$, [33] $\sqrt{\pi}(\sqrt{b}-\sqrt{a})$, [34] $\frac{\pi}{2}\ln\frac{b}{a}$, [35] $\sqrt{\pi}$, [36] $\frac{\sqrt{\pi}}{3}$,

[37] $\frac{\sqrt{\pi}}{4\sqrt{\ln 3}}$, [38] $\sqrt{\pi}$, [39] $\frac{(-1)^n n!}{(m+1)^{n+1}}$, [40] $\frac{\pi}{\sin p\pi}$, [41] $\frac{16\pi}{9\sqrt{3}}$, [42] $\frac{\pi\sqrt{2}}{4}$,

[43] $\frac{\sqrt{3}\pi}{2}$, [44] $(n-1)!$, [45] $4!$, [46] $-\frac{3}{128}$, [47] $\frac{\pi}{2}$, [48] $12\pi$, [49] $\frac{\pi}{\sqrt{2}}$,

[50] $\frac{\pi}{3\sqrt{3}}$, [51] $\frac{\pi}{2\sqrt{2}}$, [52] $\frac{2\pi}{3\sqrt{3}\sqrt[3]{a^2b}}$, [53] $\frac{2\pi}{9\sqrt{3}}$, [54] $\frac{\pi\sec\left(\frac{p\pi}{2}\right)}{2}$,

[55] $\ln\frac{m+1}{n+1}$, [56] $\frac{2\pi}{\sqrt{\alpha^2-1}}$, [57] $2\pi\ln\frac{9}{8}$, [58] $\frac{4\pi}{3\sqrt{3}}$, [59] $\pi\ln(\alpha+1)$,

[60] $\frac{\pi}{2\cdot(n-1)!\cos\frac{n\pi}{2}}$, [61] $\frac{\pi}{2\cdot(n-1)!\sin\frac{n\pi}{2}}$, [62] $\frac{128}{35}$, [63] $\tan^{-1}\frac{1}{\alpha}$, [64] $\frac{1}{3^3}$

[65] $\frac{3}{25}$, [66] $\frac{\sqrt{\pi}}{16\sqrt[16]{e}}$, [67] $\frac{\sqrt{\pi}}{2\sqrt[16]{e}}$, [68] $\frac{\ln 5}{4}$, [69] $\frac{1}{2}$, [70] $\frac{\cos^{-1}\alpha}{\sqrt{1-\alpha^2}}$,

[71] $\frac{1}{2}\{(\cos^{-1}a)^2-(\cos^{-1}b)^2\}$, [72] $1-\frac{1}{3\cdot 2!}+\frac{1}{5\cdot 3!}-\frac{1}{7\cdot 4!}+\cdots$,

[73] $e\left(1-\frac{1}{6}+\frac{1}{30}-\frac{31}{720\cdot 7}+\cdots\right)$, [74] $t-\frac{t^3}{3}+\frac{t^5}{5\cdot 2!}-\frac{t^7}{7\cdot 3!}+\frac{t^9}{9\cdot 4!}-\cdots$ [75] $\sqrt{\frac{\pi}{8}}$

[76] $\sqrt{\frac{\pi}{8}}$, [77] $\frac{1}{2}$, [78] $\frac{\ln\sqrt{2}}{2}$, [79] $\frac{(-2)^{p+1}\sqrt{\pi}}{1\cdot 3\cdot 5\cdots(2p+1)}$,

[80] $(n-1)!\left(1+\frac{1}{2^n}+\frac{1}{3^n}+\cdots\right)$, [81] $\frac{\pi}{\sqrt{2}}$, [82] $\frac{\pi(b-a)^3}{16}$,

[83] $\pi-\frac{\pi}{2^2}+\frac{\pi}{2^2 4^2}-\frac{\pi}{2^2 4^2 6^2}+\cdots$, [84] $\frac{t\sin t}{2}$, [85] $\frac{\pi}{2}$, [86] $\frac{\pi}{2}e^{-\alpha}$,

[87] $\frac{\pi}{2}(1-e^{-r})$, [88] $\frac{\pi r}{2}$, [89] $\frac{\pi}{2}e^{-\alpha}$, [90] $\frac{\pi}{2}$, [91] $\frac{\pi}{2}e^{-ar}$,

[92] $\frac{\pi}{2}\left\{1+\left(\frac{k}{2}\right)^2+\left(\frac{1\cdot 3k^2}{2\cdot 4}\right)^2+\left(\frac{1\cdot 3\cdot 5k^3}{2\cdot 4\cdot 6}\right)^2+\cdots\right\}$,

[93] $\frac{\pi}{\sqrt{2}}\left\{1+\left(\frac{1}{2\sqrt{2}}\right)^2+\left(\frac{1\cdot 3}{2\cdot 4\sqrt{2^2}}\right)^2+\left(\frac{1\cdot 3\cdot 5}{2\cdot 4\cdot 6\sqrt{2^3}}\right)^2+\cdots\right\}$, [94] $\pi$,

[95] $2\left(1+\frac{1}{3}+\frac{1}{5}+\cdots+\frac{1}{2n-1}\right)$, [96] $-2\pi\ln 2$, [97] $\frac{\pi^2}{8}$, [98] $\frac{\pi}{4}$, [99] $\frac{\pi}{4e^2}$,

[100] $[k]f(k)-\sum_{n=1}^{[k]}f(n)$, [101] $[k^2]f(k)-\sum_{n=1}^{k^2}f(\sqrt{[n]})$, [102] $1-\frac{1}{2^2}+\frac{1}{3^3}-\frac{1}{4^4}+\cdots$, [103] $\frac{\pi}{4}$,

[104] 1, [105] $\sqrt{\frac{\pi}{k}}e^{-2k}$, [106] $\ln\frac{11}{4}$, [107] 0, [108] $\frac{\pi\ln 2}{8}$,

[109] $\frac{2^{2008}}{2008}\left[\left(1+\frac{\sqrt{3}}{2}\right)^{2008}-\left(\frac{1}{2}+\sqrt{2}\right)^{2008}\right]$, [110] $\frac{1}{3}-\frac{5}{18\sqrt{3}}$, [111] $\frac{1}{2007}$, [112] $\frac{2}{\pi}$,

[113] $e^{\sqrt{e}}$, [114] $(\pi^3-6\pi)\ln\pi-5\pi+10\sin 1-5\cos 1$, [115] $e^{e+1}\ln(\ln(e+1))$,

[116] $e^3(2+\ln(3+\ln 3))-e^2(1+\ln(2+\ln 2))$, [117] $\frac{4}{3}-\frac{2}{\sqrt{3}}$, [118] $\frac{5\pi}{32}$, [119] $\frac{\pi}{4}$,

[120] $\frac{1}{18\sqrt{6}}$, [121] $\frac{\pi}{\sqrt{3}}(2-\sqrt{3})^n$, [122] [123] 0, [124] $1-\frac{\pi}{4}$, [125] $\frac{1}{2}$, [126] $2n\pi,(n\in Z)$,

[127] $\sqrt{2\pi}-\sqrt{\frac{\pi}{\sqrt{2}}}$, [128] $\pi$, [129] $\sqrt{2}e^{-\frac{\pi}{4}}-\frac{2}{\sqrt{3}}e^{-\frac{\pi}{3}}$, [130] $e$, [131] $f(2008)+f(-2008)$,

[132] $\pi n^2\ln 2$, [133] $a^2(1+a)\left(1-\frac{2}{e}\right)$, [134] $2008^2$, [135] $\frac{315}{4\pi^6}$, [136] $n^2$,

[137] $\sin(\mathrm{cosec}1)-\sin(\mathrm{cosec}\sqrt{2})$, [138] $6-\frac{\pi}{4}$, [139] 8, [140] $\frac{1}{\cos a(1+\sin a)}$, [141] $e^{-\pi}$,

[142] $\frac{1}{3}$, [143] $\frac{\pi}{4\sqrt{2}}$, [144] $\frac{n\pi}{2}$, [145] $\frac{1+\ln 2}{4}$, [146] $4\pi\cos 2\alpha\cos\alpha$, [147] $\frac{a^5}{5}+\frac{a^3}{3}+a$,

[148] 2, [149] 6, [150] $\frac{1}{\sqrt{2}}\ln\left(\frac{2+\sqrt{3}}{\sqrt{2}+\sqrt{3}}\right)+1-\sqrt{\frac{2}{3}}$, [151] $-16\cos\frac{a}{2}$, [152] $\frac{3\pi^2}{124}-\frac{11}{32}$,

[153] $\frac{\pi^2}{64}-\frac{1}{4}$, [154] $\frac{\pi-1}{4}$, [155] $\frac{\pi e^{\pi}-e^{\pi}-1}{2}$, [156] $e^e(e-1)+e$, [157] $\ln 2$, [158] $\frac{\pi}{8}$,

[159] $\frac{1}{a^2+b^2}\left(\frac{\pi a}{2}+b\ln\frac{b}{a}\right)$, [160] $\pi\left(1-\frac{3}{4}\ln 3\right)$, [161] $\frac{2}{3\pi}-\frac{32}{9\pi^2}$, [162] $2-\frac{2}{e}$, [163] $2\sqrt{6}$,

[164] $\frac{\pi}{4}(\ln 2-1)$, [165] $\ln\sqrt{2}+\frac{\pi}{4}-\frac{1}{2}$, [166] $\frac{b-a}{2}\left(\frac{\sqrt{3}}{2}-1-\frac{\pi}{6}\right)$, [167] $2-\frac{\pi^2}{6}$, [168] $\frac{\pi}{\sqrt{2}}$,

[169] $\frac{1}{2\sqrt{2}}$, [170] 0, [171] $\frac{4}{3}$, [172] $-\frac{2\pi^2}{27}$, [173] 8, [174] $\frac{a^4\pi}{16}$, [175] $\frac{(-1)^n\pi}{1-n^2}$, [176] $\frac{\pi^2}{12}$,

[177] $\frac{\pi^2}{6}$, [178] 2ln2, [179] $\frac{\pi^2}{6}$, [180] $\frac{\pi^2}{6}-\frac{49}{36}$, [181] $\frac{1}{2}\tan^{-1}a\ln(1+a^2)$, [182] $\frac{\pi}{2^{n+1}}$,

[183] $\frac{\pi}{2\sqrt{3}}$, [184] $\frac{\pi^2}{12}-\frac{\ln^2 2}{2}$, [185] $\frac{\pi^2}{6}$, [186] 0, [187] $\frac{n(n^2-1)}{2}$, [188] $\frac{\pi^2}{8}$,

[189] $\frac{(1-2\sqrt{2})\pi}{4}+\frac{3}{\sqrt{2}}\tan^{-1}\sqrt{2}$, [190] $-\pi\ln 2$, [191] 6, [192] $\pi(\sqrt{a+1}-1)$,

[193] $\frac{8}{3}(e^4-1)$, [194] $\frac{\pi^2}{4}$, [195] $\frac{n-1}{2}$, [197] $\gamma$:Euler - Mascheroni constant, [198] $-\frac{\pi}{4}$,

[199] $\frac{1}{2}$, [200] $-1$, [201] $\pi\ln\frac{9}{4}$, [202] $\frac{20}{9}$, [203] $\frac{1}{3}$, [204] $\frac{1}{3}$, [205] $\frac{\pi^2}{12}$,

[206] $\pi-2\tan^{-1}\beta+\ln\frac{\beta+1}{\beta-1}, \beta=\sqrt{\frac{e^2+\pi}{e^2-\pi}}$, [207] $\frac{\pi^2}{2\sqrt{2}}$, [208] $2\pi$, [209] $\frac{\pi}{6}$, [210] $\frac{2\pi}{3\sqrt{3}}$,

[211] $\frac{4(\pi+2)}{\pi^3}$, [212] $\ln a$, [213] $\frac{\pi}{3\sqrt{3}}$, [214] $\frac{\pi}{2}$, [215] $\ln(2+\sqrt{3})-\frac{\pi}{6}$, [216] $\frac{2-\sqrt{2}}{6}$,

[217] $\frac{2(2-\sqrt{2})}{3n}$, [218] $\frac{1}{2n+1}$, [219] $\frac{\pi}{6}$, [220] $\frac{\pi\ln 2}{8}$, [221] $\left(\ln\frac{8}{9}\right)^2$, [222] $\frac{\pi\ln 2}{8}$, [223] $\pi$,

[224] $\frac{1}{2a^2n}$, [225] $\frac{2}{27}$, [226] $\frac{n!m!}{(m+n+1)!}$, [227] $\frac{\pi}{4}$, [228] $\frac{\pi^2}{16}-\frac{\pi}{4}+\frac{\ln 2}{2}$, [229] $\pi-2$,

[230] $\frac{\pi}{2}(b-a)$, [231] $(\cos^{-1}\alpha)^2-(\cos^{-1}\beta)^2$, [232] $\frac{\ln 2\sqrt{2}}{2}$, [233] $\frac{\pi}{2}-1$, [234] $\frac{2}{\sqrt{3}}-\frac{\pi}{3}$,

[235] $\ln\left(e-\frac{1}{e}+\sqrt{e^2+\frac{1}{e^2}-1}\right)$, [236] $\frac{1}{\sqrt{3}}\left(\ln\frac{\sqrt{e^6+3}-\sqrt{3}}{\sqrt{e^6+3}+\sqrt{3}}-\ln\frac{\sqrt{4}-\sqrt{3}}{\sqrt{4}+\sqrt{3}}\right)$, [237] 1,

[238] $\frac{\pi}{2n\cos\left(\frac{\pi}{2n}\right)\Gamma\left(1-\frac{1}{n}\right)}$, [239] $\pi-\left(\frac{\pi}{2}\right)^2$, [240] $-1$, [241] $16\left(\frac{e^2-1}{e^2+1}\right)-12\ln\frac{e^{-1}+e}{2}$,

[242] $\frac{1}{1+e}$, [243] $\frac{2000}{3}$, [244] $\ln\sqrt{2\pi}-1$, [245] $\ln\frac{2}{3+\sqrt{5}}$, [246] $2\sqrt{e}$, [247] $a$, [248] $\frac{2\pi^2}{27}$,

[249] $\frac{2\pi^2}{81}-\frac{2\sqrt{3}\pi}{27}$, [250] $\frac{10\pi^3}{81\sqrt{3}}$,

[251] $\sqrt{8}\left(\cosh^{-1}2\sqrt{\frac{8}{7}}-\cosh^{-1}\sqrt{\frac{8}{7}}\right)-\sqrt{15}\left(\sinh^{-1}\sqrt{\frac{5}{7}}-\sinh^{-1}\frac{1}{\sqrt{14}}\right)$, [252] $2-\frac{\sin 4}{2}$,

[253] $\frac{m+n}{mn+m+n}$, [254] $\frac{\ln(2+\sqrt{3})}{2}-\frac{10}{9\sqrt{3}}$, [255] $\frac{4-3\sqrt{2}}{4}$, [256] 0, [257] $-\frac{\pi}{4}$,

[258] $\frac{\pi\ln 2}{8}$, [259] $\frac{\pi^2}{6\sqrt{3}}$, [260] $\frac{\pi}{4}$, [261] $\frac{1}{2}\left(e^{\frac{\pi}{2}}\cos 1-1\right)$, [262] $\sqrt{6}$, [263] 1, [264] 1,

[265] $2\left(\sqrt{\frac{\sqrt{3}e^{\frac{\pi}{3}}}{2}}-\sqrt{\frac{\sqrt{2}e^{\frac{\pi}{4}}}{2}}\right)$, [266] $6\ln 2-\frac{3}{2}$, [267] 0, [268] $2\ln\left(1+\frac{\pi}{4}\right)$, [269] $\frac{\pi^2}{2}$,

[270] $\frac{2^{n+1}}{n+1}$, [271] $\frac{1}{1+2n}+\frac{n}{1+2n}\int_0^{\frac{\pi}{2}}\frac{dx}{(1+\cos x)^{n-1}}$, [272] $\frac{3}{4}\ln 3$, [273] $\frac{\pi}{2}$,

[274] $-\pi^2\mathrm{cosec}(p\pi)\cot(p\pi)$, [275] $\frac{1}{6}\Gamma\left(\frac{2}{3}\right)$, [276] $\frac{2(n!)^2}{(2n)!}$, [277] $\frac{\pi}{3\sqrt{3}}$, [278] $\frac{\pi}{2\sqrt{2}}$,

[279] $1+\frac{1}{2\sqrt{2}}\ln\frac{2-\sqrt{2}}{2+\sqrt{2}}$, [280] $\frac{\pi}{2}-1$, [281] $\frac{1}{2}$, [282] 2008, [283] $\frac{\pi}{2}$, [284] $\frac{501\pi}{2008}$,

[285] $\frac{\pi}{2}\left(1+e^{\pi^2}\right)$, [286] $2\pi$, [287] $\frac{\pi^4}{15}$, [288] 2009, [290] $\frac{e\sin 1}{1+\cos 1}$, [291] $\frac{\pi\ln 4}{6}$, [292] $\frac{\pi^2}{4}$,

[293] $\frac{\pi}{4}-\frac{\ln(2-\sqrt{3})}{2\sqrt{3}}$, [294] $\frac{\pi}{2n\sin\frac{\pi}{2n}}$, [295] $\frac{\pi}{2\sin\frac{\alpha\pi}{2}}$, [296] $\frac{\pi(m+1)}{2e^m}$, [297] $\frac{1}{2}$,

[298] $2-\frac{\pi}{2}(a-3b)$, [299] $\frac{2+\pi}{4}$, [300] $\frac{(\ln(\sqrt{2}-1))^2}{2}+(\sqrt{2}-2)\ln(\sqrt{2}-1)+2\ln\sqrt{2}$,

[301] $\frac{\pi a^{n+3}}{n+1}$, [302] $\frac{2\pi|a|}{\sqrt{(a^2-1)^3}}$, [303] $\frac{1}{4}-\frac{1}{(e+1)(e+2)}$, [304] $k\ln\frac{a^2+a\sqrt{1+a^2}}{1+\sqrt{1+a^2}}$, [305] $2\pi$,

[306] $\frac{\theta\ln(1+\tan^2\theta)}{2}$, [307] $\frac{5}{4}-\frac{1}{\sqrt{2}}-\frac{\pi}{8}$, [308] $\frac{2^{11}}{3\cdot 11\cdot 13}$, [309] $\sqrt{2\pi}\,e^{-\frac{1}{2}\alpha^2}$, [310] $\frac{1}{2}$,

[311] $\pi\sin^{-1}a$, [312] $\frac{2\ln(\sqrt{2}+1)-2\sqrt{2}-\pi}{2}$, [313] $\frac{\sqrt{2}\,\pi}{4}$, [314] $\frac{\pi^2}{8}$, [315] $\frac{\pi}{4}$, [316] 0,

[317] $\frac{\pi\ln 2}{8}$, [318] $\frac{\pi}{a}$, [319] 0, [320] $\frac{3}{4}$, [321] $\frac{\pi^2}{4}$, [322] $e$, [323] $\frac{\pi}{4}$, [324] $\frac{5!\pi^6}{945a^6}$,

[325] $\frac{\pi^2}{2ab}$, [326] $2\pi\ln\frac{(a^2+b^2)+|a^2-b^2|}{2}$, [327] 0, [328] 0, [329] $\frac{4-\pi^2}{8}$, [330] 0, [331] $\frac{\pi}{8}$,

[332] $\frac{\alpha}{\sin\alpha}$, [333] $\frac{\pi^2}{2}-\pi$, [334] $\frac{a\pi}{\sin a}$, [335] $\frac{4\pi}{b^2}\left(a-\sqrt{a^2-b^2}\right)$, [336] $\frac{4a\pi}{b^2}$,

[337] $\frac{\pi\sin n\sin\left(n-\frac{1}{2}\right)}{2\sin\frac{1}{2}}$, [338] 0, [339] $\frac{\pi\ln\pi}{2}$, [340] $\frac{\pi\ln 2}{4}+0.915$, [341] $\frac{\pi^2}{16}$, [342] $\frac{\pi-2}{2}$,

[343] $\frac{\pi}{2}$, [344] $\frac{\pi}{8}\ln 2$, [345] $\frac{a[F(0)+F(a)]}{2}$, [346] $\ln 2$, [347] $\frac{\pi^2}{16}-\frac{\pi\ln\sqrt{2}}{2}$,

[348] $2e^4-e-\alpha$, [349] $\frac{\pi}{2}$, [350] $\frac{1}{5}$, [351] $t[t]-\frac{[t]([t]+1)}{2}$, [352] $\frac{(-1)^m(m+1)+2}{(m+2)(m+3)}$,

[353] $\frac{3\pi-6}{2}$, [354] $\frac{\pi}{12}$, [355] $\frac{\pi^2}{2\sqrt{2}}$, [356] $\ln 2-\frac{\pi}{8}$, [357] 0, [358] 1, [359] $\frac{155}{3}$, [360] 1,

[361] $\frac{\pi^2}{24}-\frac{13\pi+13}{90}+\frac{46}{45}\ln\sqrt{2}$, [362] $\frac{1}{8}$, [363] $-\frac{\pi^2}{6}$, [364] 0, [365] 0, [366] $\frac{\pi}{2}$,

[367] $-\frac{3\pi}{4n}$, [368] 0, [369] $\frac{2\pi\ln a}{4\sqrt{4a-a^2}}$, [370] $\frac{\pi}{2}$, [371] $\frac{\pi}{2}$, [372] $\frac{\pi}{2}$, [373] $\frac{\pi}{2}\mathrm{cosec}\,a$,

[374] $\frac{5\pi}{4}$, [375] $\pi\ln\frac{k+1}{2}$, [376] $\frac{\pi}{2}-\ln 2$, [377] $\frac{\pi}{2}+\ln 2-2\tan^{-1}1$, [378] $\pi$, [379] $\frac{n}{n^2-1}$,

[380] $\frac{\pi}{a(a+b)}$, [381] $n\pi$, [382] $\frac{1}{2\sqrt{11}}\ln\left|\frac{\sqrt{11}+1}{\sqrt{11}-1}\right|$, [383] $\frac{\pi^2}{2}$, [384] 2,

[385] $8\left(\sqrt{1+\sqrt{2}}-\sqrt{2}\right)$, [386] 1, [387] $a \cdot F\left(\frac{a}{2}\right)$, [388] 0, [389] $\frac{\pi}{\sqrt{2}}$, [390] $2\ln\sqrt{2}-\frac{1}{2}$,

[391] $\frac{1}{\sqrt{3}}\ln\frac{(\sqrt{2}+1)(\sqrt{3}+1)}{(\sqrt{3}-1)(3\sqrt{3}-1)}$, [392] $\frac{31}{10}-\frac{\ln 4-3\pi}{4}$, [393] $\pi\sin^{-1}a$, [394] $\frac{n}{n^2-1}$,

[395] ln3, [396] $\left(\frac{e}{1+e^2}\right)^2$, [397] $\frac{\cot^3\left(\frac{\pi}{6}+\frac{1}{\sqrt{3}}\right)-\cot^3\left(\frac{\pi}{4}+1\right)}{3}+\cot\left(\frac{\pi}{6}+\frac{1}{\sqrt{3}}\right)-\cot\left(\frac{\pi}{4}+1\right)$,

[398] $4(4\sqrt{6}-\sqrt{2})$, [399] $\frac{\pi^2}{16}$, [400] $\frac{8}{\pi}$, [401] $\frac{1}{2}$, [402] $\frac{p+q}{p^2+q^2}$, [403] $\pi-\pi^2$,

[404] $\ln\frac{(3+\sqrt{3}\pi)(4-\pi)}{(3\sqrt{3}-\pi)(4+\pi)}$, [405] $\ln\sqrt{\frac{15}{7}}$, [406] $\sqrt{3}-1$, [407] $(a^2-2)\sin a+a(2\cos a+1)$,

[408] $\frac{\pi}{4}$, [409] $\frac{\pi+3\sqrt{3}\ln 3}{6}$, [410] $\ln\frac{\sqrt{3}+1}{2}$, [411] $\frac{e\sqrt{1+e^2}+\sqrt{2}}{2}-\frac{1}{2}\ln\left|\frac{1+\sqrt{2}}{e+\sqrt{1+e^2}}\right|$,

[412] $\sin\ln(1+\sqrt{2})+\frac{\cos\ln(1+\sqrt{2})}{\sqrt{2}}-1$, [413] $\sqrt{e}$, [414] $\frac{\sqrt{7}-\sqrt{3}}{6}$, [415] $\frac{\pi(\sqrt{3}-1)}{\sqrt{6}}$,

[416] $n:even \Rightarrow 0, n:odd \Rightarrow \pi$, [417] $\ln\left|\frac{\cot\pi\phi-\operatorname{cosec}\pi\phi}{\cot\pi\lambda-\operatorname{cosec}\pi\lambda}\right|$, [418] $\frac{\pi^2}{6}$, [419] $\infty$, [420] $\frac{\pi}{2\sqrt{3}}$,

[421] $\frac{\pi}{4a(a+b)^2}$, [422] $\frac{1}{2}$, [423] $\frac{-2009}{4020}$, [424] $-\frac{3\pi}{2}$, [425] $n-\frac{\ln(\sqrt{2}+1)}{\sqrt{2}}$, [426] $\alpha$,

[427] $2\sqrt{2}+\ln\frac{\sqrt{2}-1}{\sqrt{2}+1}$, [428] 0, [429] $\frac{\pi}{8}$, [430] $\frac{1}{2}$, [431] 3ln3, [432] $\frac{(4+\pi)\sqrt{2}}{8}-1$,

[433] $\frac{\pi^2}{4}(2-\sqrt{2})$, [434] $\frac{1-\sqrt{2}+\ln(1+\sqrt{2})}{2}$, [435] $\frac{\pi}{3\sqrt{3}}$, [436] $\frac{\pi}{6\sqrt{6}}$, [437] $\tan^{-1}\frac{1}{e}$,

[438] $\frac{2+\pi\sqrt{2}}{8}$, [439] $\frac{\pi}{8}\cos\frac{\pi}{8}-\sin\frac{\pi}{8}\ln\cos\frac{\pi}{8}$, [440] $\sqrt{a+b+c}$, [441] 0, [442] $\frac{e-2}{2}$,

[443] $\frac{2\pi}{\sqrt{a^2-b^2}}$, [444] $\frac{1}{2\sqrt{2}}\ln\frac{\sqrt{2}+1}{\sqrt{2}-1}$, [445] ln2, [446] $\frac{3}{4}\left[\frac{\sqrt[3]{4}}{2}-\sqrt[3]{2}+\frac{1}{2}+\ln\frac{1+\sqrt[3]{2}}{2}\right]$,

[447] $\frac{9-4\sqrt{3}}{18}\pi$, [448] $\frac{2}{5\sqrt{5}}\ln\frac{\sqrt{5}+1}{\sqrt{5}-1}-\frac{1}{5}$, [449] $\frac{\pi}{12}-\frac{\sqrt{3}}{8}$, [450] $\frac{\pi}{8}$, [451] 0, [452] $\frac{2\pi}{\sqrt{3}}$,

[453] $\frac{1}{4}$, [454] $\frac{\pi}{2}\ln a$, [455] $3\sqrt[6]{\frac{2+\sqrt{3}}{2-\sqrt{3}}}-3\sqrt[6]{\frac{2+\sqrt{2}}{2-\sqrt{2}}}$, [456] 0, [457] $\frac{1}{2}$,

[458] $\frac{e^{m+1}}{(m+1)(e^{m+1}-1)}-\frac{1}{(m+1)^2}$, [459] $\frac{\pi}{4}$, [460] $\frac{7\pi^2}{6\sqrt{3}}$, [461] $\frac{5\pi^2}{96}$, [462] $\frac{(2m)!\pi}{2^{2m+1}(m!)^2}$,

[463] $\frac{\pi}{8}$, [464] $\pi\left(1-\frac{4\ln 2}{3}\right)$, [465] $\ln\frac{8}{9}$, [466] $\ln\frac{2}{\sqrt{3}}$, [467] $\pi\ln\frac{(\alpha^2+1)(1+\sqrt{1-\alpha^2})}{2}$,

[468] $\frac{\sqrt{3}-1}{3}$, [469] $1-\frac{1}{3}+\frac{1}{5}-\cdots+\frac{1}{2n-1}-\frac{\pi}{4}, n:odd\ \frac{\pi}{4}-1+\frac{1}{3}-\cdots+\frac{1}{2n-1}, n:even$,

[470] $e^{\left(\frac{\pi}{2}\right)^{e^{\frac{\pi}{2}}}}-1$, [471] $2\sqrt{1+e+e^{-1}}$, [472] $4-2\sqrt{\frac{\sqrt{2}}{2}}$, [473] $\frac{\pi\ln 2}{8}$, [474] $\frac{\pi}{2}$,

[475] $\sinh 1-1$, [476] $\sqrt{2}\ln\sqrt{3}$, [477] $\frac{1}{\sqrt{2}}\tan^{-1}\frac{\sqrt[4]{3}-\sqrt[4]{3^{-1}}}{\sqrt{2}}$

$+\frac{1}{2\sqrt{2}}\ln\frac{2+\sqrt{2}}{2-\sqrt{2}}\times\frac{\sqrt[4]{3}+\sqrt[4]{3^{-1}}-\sqrt{2}}{\sqrt[4]{3}+\sqrt[4]{3^{-1}}+\sqrt{2}}$, [478] $\frac{e}{2}-1$, [479] $4n\pi-2\pi$,

[480] $\dfrac{4\sqrt{2}-\pi+\ln\dfrac{(2-\sqrt{2})^2}{2}}{2\sqrt{2}}$, [481] $2-\sqrt{3}$, [482] $\dfrac{4}{15}, \dfrac{4}{5}$, [483] $\dfrac{\pi^2}{3}$, [484] $\sqrt{2}$, [485] $\dfrac{34}{27}$,

[486] $\dfrac{a}{a^a-1}-\dfrac{2}{a^2-1}$, [487] $\dfrac{\pi}{6}$, [488] $\dfrac{1}{2}\ln\dfrac{a}{b}$, [489] $\dfrac{a}{2\sinh a}$, [490] $\dfrac{\ln\dfrac{1+e^a}{1-e^{-a}}}{2\cosh a}$, [491] $\ln 2$,

[492] $\dfrac{\pi\sqrt{2}}{4}$, [493] $\dfrac{\pi}{4\cosh\dfrac{a}{2}}$, [494] $\ln 2-2+\dfrac{\pi}{2}$, [495] $\dfrac{3\pi}{128}$, [496] $\dfrac{\pi}{3}$ [497] $\dfrac{\pi\ln 432-\sqrt{3}\pi^2}{6}$,

[498] $\sqrt{\pi}$, [499] $\dfrac{1}{4}-\dfrac{\ln 2}{2}$, [500] $\ln 2+\dfrac{\pi}{\sqrt{2}}-\dfrac{1}{\sqrt{2}}\ln\dfrac{2-\sqrt{2}}{2+\sqrt{2}}$, [501] $\pi\ln\dfrac{13+\sqrt{133}}{2}$,

[502] $\dfrac{\pi}{4\sqrt{2}}$, [503] $\dfrac{\pi}{4\sqrt[4]{2}}\sin\dfrac{\pi}{8}$, [504] 0, [505] $e-1$, [506] $2\sin 2$, [507] $2\sqrt{e}$,

[508] $2\sqrt{2+\sqrt{2}}-2\sqrt{2}$, [509] $\dfrac{\pi^2}{3}$, [510] $\sqrt[n]{(x+y)^n-y^n}$, [511] $\dfrac{1}{1+\left(\ln\dfrac{3}{2}\right)^2}$,

[512] $\dfrac{((-1)^b a^\pi-1)\ln a}{b^2+(\ln a)^2}$, [513] $\displaystyle\sum_{k=120}^{1003}\frac{1}{2k-1}$, [514] 0, [515] $\dfrac{\Gamma(a+1)}{(b-1)^{a+1}}$, [516] $\dfrac{\pi\ln b}{2b}$, [517] $\dfrac{\pi^3}{8}$,

[518] 0, [519] $\tan^{-1}\dfrac{2}{\pi}-\dfrac{\pi}{4}$, [520] $c^{-\mu}\ln\dfrac{b}{a}$, [521] $(p-q)\ln\dfrac{b}{a}$, [522] $e^{-c}\ln\dfrac{b}{a}$,

[523] $\ln\dfrac{p}{q}\ln\dfrac{a}{a+b}$, [524] $(e^a-1)\ln\dfrac{q}{p}$, [525] $-\dfrac{a+b}{c+g+h}\ln\dfrac{p}{q}$, [526] $\ln\sqrt{\dfrac{b}{a}}$, [527] $\dfrac{\pi^3}{6}-\dfrac{\pi}{4}$,

[528] $\dfrac{\pi}{4}$, [529] $\dfrac{\pi^2+4\pi\ln 2}{16}-\displaystyle\sum_{k=0}^{\infty}\frac{(-1)^k}{(2k+1)^2}$, [530] $e-e^{-1}$, [531] $\dfrac{(\ln 2)^2}{2}-\dfrac{\pi^2}{12}+\displaystyle\sum_{n=1}^{\infty}\frac{(-1)^{n+1}2^n}{n^2}$,

[532] $\dfrac{\pi}{2}$, [533] $-2a^2\pi e^{-a}$, [534] $\dfrac{1}{4}-\ln\sqrt{2}$, [535] $\dfrac{\pi\ln 2}{2}$, [536] $\dfrac{\pi^2}{3\sqrt{3}}$,

[537] $\dfrac{1}{2\sqrt{2}}\ln\dfrac{\sqrt{2}(\sqrt{2}+1)^2(\cosh a-1)}{\sqrt{2}\cosh a+1}$, [538] $\dfrac{\tan^{-1}(\sqrt{2}\sinh a)}{\sqrt{2}}$, [539] $\dfrac{\pi+\ln\dfrac{2-\sqrt{2}}{2+\sqrt{2}}}{2\sqrt{2}}$,

[540] $\dfrac{\pi a^2}{4}+a^2$, [541] $\dfrac{\pi-2\ln 2}{4}$, [542] $\dfrac{\pi^2}{24}$, [543] $\pi\ln 2$, [544] $\dfrac{\pi\ln 3}{4}$, [545] $\dfrac{\ln 2\pi}{2}$, [546] $\dfrac{\pi}{2}$,

[547] $\dfrac{\pi}{2}(1-2^{-k})$, [548] $\dfrac{e+1}{e-1}$, [549] $\dfrac{17\sqrt{2}\pi}{4}-\sqrt[4]{10^3}\pi$, [550] $\dfrac{\pi}{\sqrt{2}}$, [551] $-\dfrac{1}{6}$, [552] 0,

[553] $\dfrac{\pi}{e^{\frac{k\pi}{2}}+e^{-\frac{kpi}{2}}}$, [554] $\pi$, [555] $\dfrac{4\pi}{3\sqrt{3}}$, [556] $\dfrac{\pi}{2}\ln\left|a+\sqrt{1+a^2}\right|$, [557] $\dfrac{\pi^3}{24}+\dfrac{\pi\ln^2 2}{2}$,

[558] $\ln(1+\sqrt{2})$, [559] $\dfrac{\pi}{\sin\pi a}$, [560] $\dfrac{\pi^2}{4}$, [561] $\dfrac{\sqrt{\pi}\sqrt[4a]{e}}{a\sqrt{a}}$, [562] $4(\sqrt[8]{3}-1)$, [563] $\dfrac{\pi}{2(a+1)}$,

[564] $\dfrac{\pi\ln 2}{2}$, [565] 0, [566] $\dfrac{1}{e^\pi}$, [567] $\dfrac{1}{4}$, [568] $\pi$, [569] $\dfrac{3\ln 3}{4}$, [570] $\displaystyle\sum_{n=0}^{\infty}\frac{(-1)^n}{(2n+1)^{2n+2}}$,

[571] $\dfrac{\pi^2}{6}-1$, [572] $\dfrac{\pi}{8}(1-\ln 4)$, [573] $\dfrac{\sqrt{\pi}\,\Gamma\left(a-\dfrac{1}{2}\right)}{2\Gamma(a)}$, [574] $\dfrac{\Gamma(1-a)\Gamma\left(a-\dfrac{1}{2}\right)}{2\sqrt{\pi}}$,

[575] $\dfrac{\pi}{a}\ln\dfrac{a+1}{a}$, [576] $\ln\dfrac{\sqrt{1+a^2}}{a}$, [577] $\ln\left|\dfrac{1+a}{a}\right|$, [578] $\sqrt{\dfrac{\pi}{2}}$, [579] $2\pi^2$,

[580] $\left(\frac{17}{2\sqrt{2}}-\sqrt[4]{10^3}\right)\pi$, [581] $2\tan^{-1}\frac{1}{2}-\frac{\pi}{3}$, [582] $\frac{\pi}{9\sqrt{3}}+\frac{\ln 2}{9}-\frac{1}{6}$, [583] $\frac{\Gamma\left(\frac{1}{m}\right)\Gamma\left(\frac{1}{n}\right)}{mn\Gamma\left(1+\frac{1}{m}+\frac{1}{n}\right)}$,

[584] $\frac{\pi}{2}$, [585] $\frac{(n!)^2}{(2n+1)!}$, [586] $\frac{1}{\sqrt{4-a^2}}\left(\frac{\pi}{2}-\tan^{-1}\frac{a}{\sqrt{4-a^2}}\right)$,

[587] $\frac{\pi}{\sqrt{2}}\times\left(\frac{2}{\pi}\right)^{\sqrt{2^{-1}}}\frac{1}{\Gamma(1-\frac{1}{\sqrt{2}})\cos\frac{\pi}{2\sqrt{2}}}$, [588] $(-1)^n\Gamma(n+1)$,

[589] $\frac{1}{n+1}\{x^{n+1}\ln x-H_{n+1}\}$, [590] $\frac{\sqrt{\pi}}{2}$, [591] $\frac{\left\{\Gamma\left(\frac{1}{4}\right)\right\}^2}{6}\sqrt{\frac{2}{\pi}}$, [592] $\frac{2}{1005}\left(1+\frac{\pi}{4}\right)$,

[593] $\pi a-\frac{a^2}{2}-\frac{\pi^2}{3}$, [594] $\frac{2\sqrt{2}\pi}{\Gamma\left(\frac{1}{4}\right)}$, [595] $\frac{\sqrt{\pi}\,\Gamma\left(\frac{1}{3}\right)}{3\Gamma\left(\frac{5}{6}\right)}$, [596] $\frac{\pi}{2}(\sqrt{2}-1)$, [597] $\pi\ln 2$,

[598] $\frac{\pi}{2}\ln\left|\frac{a+1}{a}\right|$, [599] $-(1+\ln 2)$, [600] $\frac{4n^2-2}{4n^2-1}$, [601] $\frac{\Gamma(a^{-1})}{a}\cos\frac{\pi}{2a}$,

[602] $\frac{\pi(12+n+3n^2+2n^3)}{12}$, [603] $\pi\tan^{-1}\frac{1}{\sqrt{1+2a^2}}-\left(\tan^{-1}\frac{1}{a}\right)^2$, [604] $\frac{3n^4}{4}-\frac{n^3}{2}-\frac{n}{4}$,

[605] $-k^2\pi^3$, [606] $\frac{\pi}{4}$, [607] 0, [608] $\frac{\pi}{12}$, [609] $\frac{\pi}{16}-\frac{1}{6}$, [610] $\frac{\pi^2}{8}-1$, [611] $\frac{2^{2008}\ln 2}{2009^2}$,

[612] $\frac{\pi^2}{18}$, [613] $\infty$, [614] $\ln\frac{n^n}{n!}$, [615] $\frac{\pi}{2\sqrt{ab}}$, [616] $-\pi\ln 2$, [617] $\frac{\pi}{\sqrt{3}}$, [618] $\frac{7\pi}{2}$,

[619] $\ln(3+2\sqrt{2})$, [620] 0, [621] $\frac{\pi}{\sqrt{3}}$, [622] $2\sqrt{5}-3$, [623] $\ln\frac{3\sqrt[3]{2}}{2}$, [624] 1.202,

[625] $2^{-\frac{m+1}{2}}(m!)\sin\left(\frac{m+1}{4}\pi\right)$, [626] $\frac{\pi^2}{6}$, [627] $\frac{\Gamma\left(\frac{a+1}{b}\right)\Gamma\left(c-\frac{a+1}{b}\right)}{bm^{c-\frac{a+1}{b}}\Gamma(c)}$

[628] $\frac{\Gamma(1-b)}{(1-a)^{1-b}}$, [629] $\frac{\Gamma(a)\Gamma(b)}{\Gamma(a+b)}$, [630] $\frac{1}{2}\left\{\ln\left(\frac{a}{a+1}\right)\right\}^2$, [631] $\frac{\ln ab}{2(b-a)}\ln\frac{(a+b)^2}{4ab}$,

[632] $\frac{\Gamma\left(\frac{\alpha+\beta}{2}\right)\Gamma\left(\frac{\alpha-\beta}{2}\right)}{2^{1-\alpha}\Gamma(\alpha)}$, [633] $\frac{3\pi}{2}\ln 2-\frac{\pi^3}{16}$, [634] $\frac{\pi}{32}-\frac{1}{12}$, [635] $\frac{5\pi^2}{96}$, [636] $\frac{11\pi^2}{72}$,

[637] $\sqrt{2}-1$, [638] $\frac{7\sqrt{2}}{3}-\frac{2}{9}+\frac{\ln(10+5\sqrt{3}-6\sqrt{2}-4\sqrt{6})}{18\sqrt{3}}$, [639] $u(\ln u-1)+\ln\sqrt{2\pi}$,

[640] $\sqrt{\pi}e^{-2}$, [641] $\frac{1}{25}\left(2\pi+3\ln\frac{28}{29}\right)$, [642] $\frac{\pi^2}{4}$, [643] 0, [644] $\frac{\sqrt{\pi}}{2}e^{-2a}$, [645] $\frac{\sqrt{\pi}}{2a}e^{-\frac{b^2}{a^2}}$,

[646] $\frac{\pi}{e}$, [647] $\frac{\pi^2}{4\sqrt{a}}$, [648] $\frac{1}{2n+1}(2^n+2nI_{n-1})$, [649] $\frac{1}{2}\ln\left(\frac{3}{4}\right)-\frac{1}{6}$, [650] $\frac{\pi a}{2}$, [651] $-\frac{11}{24}$,

[652] $\frac{2n}{2n+1}I_{n-1}$, [653] $\frac{22}{7}-\pi$, [654] $\frac{28}{27}$, [655] $e^{-\pi}$, [656] $\frac{\ln 2}{6}$, [657] $\frac{(2n)!\sqrt{\pi}}{2^{2n+1}n!p^{n+\frac{1}{2}}}$,

[658] $\frac{1}{n+1}\frac{1}{{}_nC_k}$, [659] $\frac{\pi}{4}$, [660] $\frac{\sqrt{\pi}\sqrt{n-1}}{\Gamma\left(\frac{n}{2}\right)}\Gamma\left(\frac{n-1}{2}\right)$, [661] $\frac{1}{2(49)^2 5^{15}(15)(16)}$, [662] 0,

[663] $a-c$, [664] $\frac{\pi}{2}(\sqrt{2}-1)$, [665] $\frac{1-e^{-a\pi}}{2}\left(\frac{1}{a}-\frac{a}{a^2+4}\right)$, [666] $\frac{1-e^{-a\pi}}{2}\left(\frac{1}{a}+\frac{a}{a^2+4}\right)$,

[667] $\frac{1}{b-1}$, [668] $\frac{\pi}{12}-\frac{1}{\sqrt{3}}\ln\left|\frac{\sqrt{3}-2}{\sqrt{3}-1}\right|$, [669] $\ln 2$, [670] $5-\sqrt{5}$, [671] $\frac{\pi}{6\sqrt{3}}$, [672] $\frac{\pi}{4}$,

[673] $\frac{1}{4}\sqrt{\pi(1+\sqrt{2})}$, [674] $\frac{1}{2}\tan\frac{a}{2}$, [675] $\frac{1}{2}-\frac{\pi^2}{24}$, [676] $2\left(\frac{1+\sin\frac{\pi}{2^{2n+1}}}{1+2^{-2n}}+\frac{1-\sin\frac{\pi}{2^{2n+1}}}{1-2^{-2n}}\right)$,

[677] $e^{\frac{\pi}{2}}$, [678] $\ln(e^e+1)-1$, [679] $\ln 2-1$, [680] $\frac{e^a+1}{4(e^a-1)}-\frac{1}{2a}$, [681] $\frac{1}{3}$,

[682] $\frac{1}{\sqrt{2}}\ln(1+\sqrt{2})$, [683] 3, [684] $\frac{\pi}{2^{n+1}}\prod_{k=1}^{n}(2k-1)$, [685] 0, [686] $\frac{\pi^2}{2}$,

[687] $\frac{\pi}{a}\left(\frac{1}{\sqrt{a}}-\frac{1}{\sqrt{a}\,e^{\sqrt{a}}}-1\right)$, [688] $\frac{\pi}{2}$, [689] $-\frac{\pi}{8}$, [690] 0, [691] $\pi$, [692] $\ln 2-\frac{\ln 3}{2}$,

[693] $\frac{\pi}{n\sin\frac{\pi}{n}}$, [694] $\frac{\Gamma\left(\frac{1}{n}\right)\cos\frac{\pi}{2n}}{n}$, [695] $\frac{\ln 2\pi}{2}-\frac{3}{4}$, [696] $\frac{a^5}{5}$, [697] $\sqrt{2}-\frac{\Gamma^2\left(\frac{3}{4}\right)}{\sqrt{\pi}}$, [698] $\frac{1}{2}$,

[699] $2^{\alpha-1}\frac{\Gamma\left(\frac{\alpha+\beta}{2}\right)\Gamma\left(\frac{\alpha-\beta}{2}\right)}{\Gamma(\alpha)}$, [700] $\frac{\pi(n^2+1)(n^2+9)}{48\cosh\frac{n\pi}{2}}$, [701] $2^{\frac{10}{3}}\frac{\Gamma^2\left(\frac{4}{3}\right)}{\Gamma\left(\frac{8}{3}\right)}$, [702] $\frac{1}{3}$, [703] 1,

[704] 0, [705] 13, [706] $\frac{\pi}{2}$, [707] $\frac{\pi}{2}$, [708] $\pi$, [709] $\frac{\pi}{4}$, [710] $\Gamma\left(\frac{1}{a}+1\right)\sin\frac{\pi}{2a}$,

[711] $3\sqrt{2}e^2-2e$, [712] $\ln\left(\ln\frac{\sqrt{3}}{2}\right)-\ln\left(\ln\frac{1}{2}\right)$, [713] $E-e+2$, $E$, $\frac{e}{2}E$, [714] $\frac{(2n)!}{(1-2n)^{2n+1}}$,

[715] $\pi\left(\frac{17\sqrt{2}}{4}-10^{\frac{3}{4}}\right)$, [716] $\frac{\cos x}{2\pi}\cos(2\pi\cos x)-\frac{1}{2\pi}-\frac{\sin(2\pi\cos x)}{4\pi^2}$,

[717] $\frac{e}{1+e^e}+\ln\left(\frac{1+e^{-e}}{1+e^{-1}}\right)$, [718] $\frac{2}{3}(\ln a)^3$, [719] $\frac{\pi}{\sqrt{3}}$, [720] $2(1+\ln 2)$, [721] $\frac{-1}{(1+a)^2}$,

[722] $\frac{(-1)^{n-1}(n-1)!}{(1+a)^n}$, [723] $\frac{\pi}{2\cos\frac{a\pi}{2}}$, [724] $\frac{\Gamma\left(\frac{1}{4}\right)^2}{4\sqrt{\pi}}$, [725] $\frac{\Gamma'(a)}{\Gamma(a)}$,

[726] $(e+3)\ln(e+2)-3\ln 2-e$, [727] $\frac{\sin 4-\sin 1}{4}$, [728] $\frac{5}{2}$, [729] $\pi^2$, [730] $\pi\sin^{-1}b$,

[731] 5051, [732] $\frac{\pi}{4}(e^a+e^{-a})$, [733] $\frac{\Gamma\left(n-\frac{1}{n}\right)\Gamma\left(1+\frac{1}{n}\right)}{\Gamma(n)}$, [734] $\frac{1}{\ln(n^2+n)}$,

[735] $\frac{\sqrt{\pi}}{4}\sin\sqrt{2}\,(e^{-\sqrt{2}}-e^{\sqrt{2}})$, [736] $\frac{104}{21}-\pi$, [737] $\frac{2\sqrt{2}}{\pi}\tan^{-1}\frac{1}{\sqrt{2}}$, [738] 1,

[739] $\frac{14!}{2\cdot 49^2\cdot 5^{15}\cdot 16!}$, [740] $\frac{11\pi^2}{72}$, [741] $-\frac{\pi}{8}\ln 2+\sum_{k=0}^{\infty}\frac{(-1)^k}{(2k+1)^2}$, [742] $\frac{\pi\ln 2}{2}$, [743] $e^{-\pi}$,

[744] $\frac{2}{\sqrt{3}-1}\ln\left(1+\frac{\sqrt{3}}{4}\right)-\frac{1}{\sqrt{3}}\ln\left(\frac{2+\sqrt{3}}{5-\sqrt{3}}\right)$, [745] $2\ln 2-\frac{5}{6}$, [746] $n\pi$, [747] 0,

[748] $\sqrt{3}+\frac{1}{2}\ln(2+\sqrt{3})$, [749] $\frac{\Gamma(n)\Gamma\left(\frac{2}{3}\right)}{3\Gamma\left(n+\frac{2}{3}\right)}$, [750] $\frac{1}{333}\left(2+\frac{\pi}{2}\right)$, [751] $2\ln2-I_{n-1}-\frac{1}{n}$,

[752] $\frac{-\pi^2}{6a}$, [753] $\pi\ln3$, [754] $\frac{\pi}{\sqrt{m}}\ln(a\sqrt{m}+1)$, [755] $\frac{\pi}{4e^6}$, [756] $\ln\frac{(3+\pi\sqrt{3})(4-\pi)}{(3\sqrt{3}-\pi)(4+\pi)}$,

[757] $\frac{2\pi}{(s-1)\sqrt{3}}$, [758] $\frac{\pi^2}{2\sqrt{2}}$, [759] $1-e^{-1}$, [760] $\frac{2^{m-6}}{\Gamma(m)}B\left(\frac{m-3}{2},\frac{7-m}{2}\right)$

$+\frac{2^{m-5}}{\Gamma(m)}B\left(\frac{m-1}{2},\frac{7-m}{2}\right)$, [761] $\frac{\pi^2}{8}$, [762] $\frac{\ln3}{2}$, [763] 1, [764] $-\pi\ln2$, [765] 0, [766] 0,

[767] $\frac{\pi}{4}+\frac{1}{2}$, [768] $\frac{2^{2n}(n!)^2}{(2n+1)!}$, [769] $\frac{\pi}{12}$, [770] $\frac{a}{a-1}(\ln2)^{1-a}$, [771] $-1$, [772] $\frac{\pi}{4}\left(1+\frac{1}{e^2}\right)$,

[773] $-\frac{\pi}{e^3}$, [774] $\pi-\frac{5\pi}{2e^3}$, [775] $\frac{3\pi}{2e^3}$, [776] $-\frac{\pi}{2e^3}$, [777] $\frac{\pi}{2}$, [778] $\pi\ln\left(\frac{\sqrt{a}+\sqrt{b}}{2}\right)$,

[779] $2\Gamma(n+1)\zeta(k)(1-2^{1-k})$, [780] $\frac{\pi}{2}\left[\frac{1}{a}\ln\left(\frac{a+b}{b}\right)+\frac{1}{b}\ln\left(\frac{a+b}{a}\right)\right]$, [781] 1, [782] $\frac{\pi^2}{2}$,

[783] $\frac{16}{27}$, [784] $\ln(2+\sqrt{3})-\frac{\pi}{6}$, [785] $\frac{\pi}{\sqrt{3}}+2\ln2$, [786] $\sqrt{2}\ln(1+\sqrt{2})$, [787] 2,

[788] $\frac{1-\cos1}{3}$, [789] $e^{2010}+e^{2011}-1$, [790] $\frac{1}{\sqrt{\pi}}$, [791] $\frac{(2-\sqrt{2})}{\sqrt{\pi}}$,

[792] $\frac{1}{4\sqrt{2\pi}}\left(\pi+\ln\frac{2-\sqrt{2}}{2+\sqrt{2}}\right)$, [793] $\frac{\pi\sin(a-b)}{a-b}$, [794] $\frac{\sin1-1}{2}$, [795] $\pi$, [796] 2008,

[797] $\frac{3\pi}{2}$, [798] $\frac{\pi}{4}$, [799] $\frac{10}{3}$, [800] 0, [801] $\sqrt{2}\ln(2\sqrt{2}+\sqrt{6}-\sqrt{3}-2)$, [802] $\pi$, [803] $\frac{\pi^2}{4}$,

[804] $\frac{a^2}{4}$, [805] $\frac{5\pi}{3}$, [806] $-\frac{1}{2}$, [807] 55, [808] $\frac{2}{3}$, [809] $\frac{14\pi}{45}$, [810] $\frac{\pi^2}{6}$, [811] $3^7$,

[812] $\frac{404}{13}$, [813] $\frac{1}{2}\coth\frac{\pi}{2}$, [814] $\frac{\pi\sin na}{\sin a}$, [815] $\frac{\sqrt{3}}{4}-\frac{\pi}{12}$, [816] 13, [817] $\frac{\pi}{2}-\frac{\pi^2}{8}+\ln2$,

[818] $\frac{\pi}{4}$, [819] $\frac{1}{2}$, [820] $\frac{\pi^2}{6}$, [821] $\left(\frac{3\sqrt{2}-4}{4}\right)\pi$, [822] $\frac{\pi}{4}$, [823] $2\ln2-1$, [824] $14-\ln7!$,

[825] $\frac{n!\cos\left(\frac{n\pi}{4}\right)}{\sqrt{2^n}}$, [826] $\pi$, [827] $\frac{24+5\pi}{12\sqrt{2}}-\frac{26}{3\sqrt{5}}\tan^{-1}\sqrt{\frac{2}{5}}$, [828] 1, [829] $\frac{\pi^2}{4}\sin1$,

[830] $e^{1+\sqrt{5}}-e^{1-\sqrt{5}}$, [831] $\frac{3\pi}{4}$, [832] 0, [833] $\frac{\pi}{\sqrt{2}}$, [834] 0, [835] $\frac{\ln6}{3}$, [836] $\frac{3}{2}\sqrt{e^5}$,

[837] $\frac{1}{2}e^{\pi}+\sqrt{e^{\pi}}\ \frac{1}{1-e^{-\pi}}$, [838] $\frac{\pi t\coth(\pi t)-1}{2t}$, [839] $\sum_{n=1}^{\infty}\left(1+\frac{n}{n+1}-2n\ln\left(\frac{n+1}{n}\right)\right)$,

[840] $\frac{c}{4}\ln\left(\frac{(\sqrt{c^2+1}-c)(\sqrt{c^2+a^4}+c)}{(\sqrt{c^2+1}+c)(\sqrt{c^2+a^4}-c)}\right)+\frac{\sqrt{c^2+1}-\sqrt{c^2+a^4}}{2}$, [841] $\frac{e^2-1}{2}$, [842] $\frac{\pi}{2}$,

[843] $\frac{\pi^2}{4}$, [844] $I_n=\frac{-1}{n+1}-\frac{\pi^2}{(n+1)(n+2)}I_{n+2}$, [845] $\frac{1}{2}\ln(3+\sqrt{2})+1-\sqrt{2}$, [846] $4\pi^2$,

[847] $bd-ac$, [848] $\frac{a\pi}{4}-\frac{a}{2}\ln2$, [849] $\frac{\pi-3}{6}-\frac{\sqrt{2}\ln(\sqrt{2}-1)}{12}$, [850] $-\frac{\pi^2}{2}\left(1+\frac{\pi^2}{8}\right)$,

[851] $\frac{2\pi}{\sqrt{(1-a^2)^3}}$, [852] $\frac{b-a}{2}$, [853] 1, [854] $\frac{\pi}{6}\ln\frac{4}{3}$, [855] $\frac{\ln 5}{2(\ln 3-\ln 2)}$, [856] 0, [857] $\infty$,

[858] $\frac{B(m,n)}{(a+b)^m a^n}$, [859] $\frac{\pi^2}{12}-\frac{1}{2}$, [860] $\pi\theta-\frac{\theta^2}{2}-\frac{\pi^2}{3}$, [861] $\frac{\pi}{2}$, [862] $\ln(k+1)$,

[863] $\frac{2}{3}\ln\sqrt{ab}\times\left[\tan^{-1}\left(\sqrt{\frac{a}{b}}-\sqrt{\frac{b}{a}}\right)+\tan^{-1}\sqrt{\frac{b}{a}}\right]$, [864] $\frac{\pi}{2\sqrt{e^2-1}}\ln\left(\frac{e+\sqrt{e^2-1}}{e-\sqrt{e^2-1}}\right)$,

[865] $\frac{1}{2}$, [866] $\frac{\pi\cos 1}{e}$, [867] $\frac{8}{1287}$, [868] $\frac{\pi}{2\sin\alpha}$, [869] $\frac{404}{13}$, [870] $2\sqrt{2}\pi$,

[871] $\frac{1}{2}\ln\left(\frac{\sinh\pi}{\pi}\right)$, [872] 2, [873] $\frac{\pi}{2\sqrt{2}}+2\ln(\sqrt{2}+1)$, [874] $\frac{\pi}{8}\ln 2$

## 04 | 곡선의 면적

[1] 2ln3, [2] $\frac{1}{8}$, [3] $2\pi$, [4] $6r^2\pi$, [5] $\frac{3}{8}\pi$, [6] $\frac{\pi}{4}a^2$, [7] $a^2$, [8] $\frac{1}{2}$, [24] $\frac{\pi}{4}-\frac{3\sqrt{3}}{8}$, [25] 24,

[26] $\frac{\sqrt{3}}{4}\begin{vmatrix} x_1 & y_1 & 1 \\ x_2 & y_2 & 1 \\ x_3 & y_3 & 1 \end{vmatrix}$, [27] $\frac{1}{2}\{r_1r_2\sin(\theta_2-\theta_1)+r_2r_3\sin(\theta_3-\theta_2)+r_3r_1\sin(\theta_1-\theta_3)\}$,

[29] $\frac{b^2-a^2}{4}\ln 3$, [30] $\frac{4\pi}{\sqrt{3}}$, [31] $\frac{a^2}{3}$, [32] $\pi+6\sqrt{3}$, [33] $\frac{10a^2\pi}{4}-5a^2$, $32\pi$,

[34] $\sum_{k=0}^{n-1}\frac{1}{2}\begin{vmatrix} \cos\frac{2k\pi}{n} & \cos\frac{2(k+1)\pi}{n} \\ \sin\frac{2k\pi}{n} & \sin\frac{2(k+1)\pi}{n} \end{vmatrix}$, [35] $12(7-4\sqrt{3})\pi$, [36] $\frac{4\sqrt{2}-5}{3}$, [37] $4\pi^3$, [38] 110,

[39] $\frac{\sqrt{3}}{4}(7-3\sqrt{5})$, [40] $\frac{86}{99}$, [41] $\frac{7\sqrt{3}}{36}$, [42] $\{28(1+\sqrt{3})-20\pi\}r^2$, [43] $\pi-2$, [44] $\frac{144}{49}$,

[45] $2\sqrt{21}$, [46] 18,

[47] $\frac{\sinh(4\sinh^{-1}\frac{1}{2})-\sinh(4\sinh^{-1}(-\frac{1}{2}))}{2}+\sinh(2\sinh^{-1}\frac{1}{2})-\sinh(2\sinh^{-1}(-\frac{1}{2}))$,

[48] $\frac{4}{3}$, [49] $\frac{13\sqrt{3}}{4}$, [50] $\frac{a(1-a)}{6}$, [51] $\frac{25}{6}$, [52] $\frac{\pi r^2}{16}$, [53] $2\sqrt{3}$, [54] $\pi(3-2\sqrt{2})$,

[56] $\frac{27}{5}$, [57] $\frac{135}{38}$, [58] $\frac{27}{38}$, [59] $\frac{4}{3}$, $\frac{5}{12}$, [60] 150, [61] $2-\frac{\pi}{2}$, [62] $\frac{\sin\theta\sin 2\theta\sin 3\theta}{2}$,

[63] $\frac{\sqrt{4e^2f^2+a^2+c^2-b^2-d^2}}{4}$, [64] 48, [65] $\frac{\pi^3}{12}$, [68] $\frac{3\ln(3/2)}{16}$,

[69] $6\left(\tan^{-1}\frac{4\sqrt{3}}{3}-\tan^{-1}\frac{4\sqrt{3}}{9}\right)+\tan^{-1}\frac{1}{2\sqrt{3}}-\tan^{-1}\frac{\sqrt{3}}{2}$, [70] $\frac{129\sqrt{3}}{4}$, [71] $\frac{8\sqrt{38}}{15}$,

[72] $\pi d^2\sqrt{1+b^2+c^2}$, [73] $18\sin^{-1}\frac{2\sqrt{2}}{3}-4\sqrt{2}$, [74] $\frac{629}{3080}$, [75] $\frac{72}{5}\ln 2$, [76] $\frac{17\pi}{2\sqrt{2}}$,

[78] $a^2\left(2-\sqrt{3}+\frac{\pi}{3}\right)$, [79] $a^2\left(2-\sqrt{3}+\frac{\pi}{3}\right)$, [80] $\frac{ab}{2}\tan^{-1}\left(\frac{a}{b}\tan\alpha\right)$, [81] $\frac{6}{\sqrt{e}}-3$, [82] $\frac{4b^3}{3a^2}$,

[83] $\frac{1}{8}(m^2+4b)^{\frac{3}{2}}$, [84] $\frac{5a^2}{2}$, [85] $8ab\tan^{-1}\left(\frac{b}{a}\right)-2\pi ab$, [86] 24, [87] 599,

[88] $n:even \Rightarrow \frac{n-1}{n+1}, n:odd \Rightarrow \frac{2(n-1)}{n+1}$, [89] $\frac{11-\sqrt{2}}{2}$, [90] 9, [91] $\frac{\sqrt{2}}{24}$, [92] $\frac{2\pi}{3}+\sqrt{3}$,

[93] $\frac{8\sqrt{2}}{3}$, [94] $\frac{16}{15}$, [95] $12+\pi$, [96] $2+4\sqrt{2}+\pi$, [97] $\frac{\pi}{e}$

## 05 | 곡선의 길이

[1] $2\pi\sqrt{a^2+b^2}$, [2] $4\sqrt{2}(b-a)a$, [3] $8a$, [4] $\sinh 1-\sinh 0$, [5] $\frac{8}{27}(\sqrt{10^3}-1)$, [6] $\frac{\pi^2}{2}$, [7] 8,

[8] $\frac{5r_o}{2}$, [9] $\frac{3r_o}{2}$, [12] $\frac{a}{2}\left(e-\frac{1}{e}\right)$, [17] $\ln 2+\frac{3}{8}$, [18] $2(1.0894)$, [19] $5+\frac{1}{8}\ln\frac{3}{2}$, [20] $\frac{1923}{128}$,

[21] $\ln 5-\frac{7}{8}\ln 2+\frac{3}{16}$, [22] $\frac{\sqrt{3}-\sqrt{2}}{8}+\ln\frac{2+\sqrt{3}}{1+\sqrt{2}}$, [23] $\frac{4}{3}+\frac{\pi}{16}$, [24] $1-\frac{\ln 2}{2}+\frac{\ln 3}{2}$,

[25] $\frac{\sqrt{5}}{2}+\frac{\ln(\sqrt{5}+2)}{4}$, [26] 2.2028, [27] $\frac{8}{27}\left(\frac{13\sqrt{13}}{8}-1\right)$, [28] $\frac{8}{27}(10\sqrt{10}-1)$, [29] 2.54,

[30] $\frac{8}{243}(82\sqrt{82}-1)$, [31] $\frac{17}{12}$, [32] 14, [33] $\ln(e^4+1)-2$, [34] $\ln\left(\frac{21}{5}\right)-\frac{1}{2}$, [35] $\frac{e^2}{2}-\frac{1}{4}$,

[36] $\ln\frac{1+\sqrt{2}}{\sqrt{3}}$, [37] $\sqrt{2}(e^4-1)$, [38] $\frac{\pi}{4}$, [39] 16, [40] [41] 6, [42] $\sqrt{3}$, [43] $e-e^{-1}$,

[44] $54-4\sqrt{2}$, [45] 6.4825, [46] 0.66845, [47] $\sqrt{5}\pi$, [48] [51] 27.29,

[52] $x=\sqrt{8-\sqrt{37}}, y=\sqrt{8+\sqrt{37}}$, [53] $\sqrt{(\sqrt[3]{a^2}+\sqrt[3]{b^2})^3}$, [54] $\frac{1}{2-2\cos\frac{\pi}{n}}$,

[57] $\sqrt{6}-\sqrt{2}:\sqrt{3}-1:2$, [58] $a=2+\frac{4\sqrt{3}}{3}, b=2+2\sqrt{2}$, [59] $2nr\sin\frac{\pi}{n}$,

[61] $12(2+\sqrt{2}+\sqrt{3}+\sqrt{6})$, [62] 150, [63] 580, [64] $a=61, b=69$, [65] $a=33, b=32$,

[66] 32, [67] 85, [68] 306, [69] 193, [70] 462, [71] $\frac{8}{9}$, [72] 308, [73] $1+\frac{1}{\sqrt{2}}$, [74] 345,

[75] 52, [76] 118, [77] 3, [78] $\frac{3\sqrt{7}-\sqrt{3}}{2}$, [79] $\sqrt{17}$, [80] 2, [81] $\overline{BD}$, [82] 936,

[83] $\sqrt{(\sqrt[3]{n^2}+1)^3}$, [84] 152, [85] 2 : 1, [86] 10, [87] 3, [88] $\sqrt{12}+\sqrt{33}$, [89] $\sqrt{21}$, [90] $\frac{5}{2}$,

[91] 1 : 2, [92] $2+\sqrt{3}$, [93] 10, [94] 18, [95] $a\sqrt{4-\sqrt{3}}$, [96] [98] $8\sqrt{2}$, [99] $\sqrt{27}$,

[100] 15, [101] 10, [102] $a-b$, [103] 79.67, [104] 15, [105] (7,24,25), (8,15,17), (9,12,15),

[106] 7, [107] $\sqrt{2}a$, [108] 20, [109] 10, [110] $\frac{200\sqrt{3}}{9}$, [111] $\frac{a}{16}, \frac{3a}{5}$, [112] 15, [113] $\frac{86}{\sqrt{797}}$,

[114] $\sqrt{5}$, [115] 13 : 2, [116] 3 : 8, [117] $\frac{1}{rR}$, [118] $\frac{2bc\cos\frac{A}{2}}{b+c}$, [119] 3, [120] $\frac{39}{\sqrt{21}}$, [121] 5,

[122] $\frac{75}{17}$, [123] $\sqrt{10}$, [124] $\frac{\pi^2}{2}$, [125] [126] $56\pi+48\sqrt{3}$, [127] 9, [128] 30, [129] 16,

[130] $\frac{16}{\sqrt{7}}$, [132] 7 : 1, [133] $\sqrt{\frac{a^2+b^2+c^2}{2}+\frac{\sqrt{3(a+b+c)(b+c-a)(a+b-c)(a+c-b)}}{2}}$,

[134] $\frac{4}{11}$, [135] $\frac{\sqrt{281}-5}{2}$, [136] $\beta$, [137] $2+\ln\sqrt{3}$, [138] $\sqrt{2}+\ln(1+\sqrt{2})$,

[139] $\pi\sqrt{4\pi^2+2}+\ln\left(2\pi+\sqrt{4\pi^2+2}\right)-\frac{1}{2}\ln 2$, [140] $18°$, [141] $\frac{3}{2}, \frac{10}{9}, \frac{26}{17}$, [142] $4\sqrt{3}$, [143] $61°$, [144] $\sqrt{2}$, [145] $\sqrt{10}$

## 06 | 이차곡선 식

[4] $x^2+y^2=a^2+b^2$, [5] $\frac{1}{a}-\frac{1}{b}=\frac{1}{a'}-\frac{1}{b'}$ , [8] $4ab$, [9] $4ab$, [13] $x=\frac{a}{e}$,[14] $x=\frac{a}{e}$ [17] $(4a,0)$, [20] $x^2+y^2=a^2-b^2$, [21] $x^2+y^2=a^2$, [37] $p^2=a^2\cos^2\alpha-b^2\sin^2\alpha$, [38] $b^2$, [39] $a^2\cos^2\alpha+b^2\sin^2\alpha=p^2$, [40] $b^2$, [44] $\frac{x^2}{a^2}-\frac{y^2}{b^2}=1$, [45] $\frac{x_1x}{a^2}+\frac{y_1y}{b^2}=1$, $P(x_1,y_1)$, [46] $y^2-4ax=\sqrt[3]{4a^2k^4}$, [47] $kx^2+y^2=b^2-ka^2$, [48] $(x^2+y^2)^2=a^2x^2-b^2y^2$, [49] $y^2=a(x-a)$, [50] $a^{\frac{3}{2}}\sqrt{PQ}$, [51] $\sqrt{n^n}$, [52] [56] $r\cos\theta=\frac{r_0^2-a^2}{r_0}$, [57] $-\frac{3}{2}$, [58] 0,5, [59] [63] $x^2+4xy+y^2-12x-6y=-3$, [64] $91x^2+84y^2-24xy-260x-320y=-400$, [86] ⑤ $4x+y-2z=2, \frac{2x-1}{4}=2y-4=-z$, [87] ① $2\left(x-\frac{\pi}{2}\right)-2(y-3)+3(z-1)=0$, $\frac{x-\frac{\pi}{2}}{2}=\frac{3-y}{2}=\frac{z-1}{3}$, ② $3(x-1)+16(y+1)+2(z-1)=0, \frac{x-1}{3}=\frac{y+1}{16}=\frac{z-1}{2}$, [90] $r=1+\tan\theta$, [91] $(x^2+y^2)^2=x^2-y^2$, [92] $y^2=\frac{x^3}{2-x}$, [93] $p^2=4\cos^2\alpha+\sin^2\alpha$, [94] [95] $(0,-9)$, [96] $0\le t\le 8\pi$, [98] $\frac{t^2}{8}+\frac{s^2}{4}=1$, [99] $x^2+1$, [100] $4\left(\sqrt{y^2+(x-2)^2}-|x-2|\right)\left(\sqrt{y^2+(x-8)^2}-|x-8|\right)=y^2$, [101] 2, [102] $(-1+\sqrt{2})x+(1+\sqrt{2})y=2, (-1-\sqrt{2})x+(1-\sqrt{2})y=2$, [103] $y=x^2+1-\sqrt[3]{\frac{9a^2}{4}}$, [104] $\frac{32}{9}x^2$, [105] $8x^2$, [106] 30

## 07 | 입체의 부피

[6] $\frac{2\pi}{\sqrt{3}}\left(1-\frac{1}{e}\right)$, [7] 64, [8] $\frac{\pi}{6}$, [9] $\pi\left(1-e^{-a^2}\right)$, [10] $\frac{729\pi^5}{4}$, [11] $4\pi-\frac{4}{9}$, [12] $\frac{5^4}{16}$, [13] $\frac{4}{3}(1+\sqrt{3})$, [14] $35\pi$, [15] $4\pi$, [16] $2\sqrt{3}\pi$, [17] $\frac{256}{9}$, [18] [19] $\frac{\pi}{4}(1-\cos 1)$, [20] $\frac{\pi}{4}\left(1-\frac{1}{e}\right)$, [21] $\frac{3\pi}{32}$, [22] $\frac{abc}{6}\sqrt{1-(\cos^2\lambda+\cos^2\mu+\cos^2\nu)+2\cos\lambda\cos\mu\cos\nu}$, [23] $\frac{26\pi}{3}(2-\sqrt{3})$, [24] $\frac{27\pi^2}{4}$, [25] $\frac{8\pi}{3}(2-\sqrt{2})$, [26] $\frac{64\pi}{3}(16+9\sqrt{3})$, [27] $\frac{\pi}{6}$, [28] $\ln\sqrt{\sqrt{2}-1}-\frac{\pi}{8}$, [29] [30] $\frac{16}{147}$, [31] $\frac{5\pi}{2}$, [32] $\frac{e^2-3}{4}$, [33] $\frac{133}{2500}$, [34] $\frac{e^4-e}{4}\ln\frac{3}{2}$,

[35] $\frac{315\pi}{128}$, [36] $\frac{e^4-e}{2}\ln 2$, [37] $\frac{5}{12}$, [38] $\frac{a^3b\pi}{4}$, [39] 0, [40] $\frac{e-1}{2}$, [41] $-4$, [42] $\frac{\pi}{6}$,

[43] $\frac{256}{9}$, [44] $32\pi$, [45] 20, [46] $\frac{471\pi}{2}$, [47] [48] $\frac{\ln 5}{2}$, [49] 288, [50] 20, [51] 408,

[52] $\frac{4\pi}{405}$, [53] $\frac{6abc\pi}{35}$, [54] $\frac{1}{6(3\sqrt{2}+3)^3}$, [55] $\frac{17\sqrt{17}}{6}$, [56] $\left|\frac{2p^3}{3lmn}\right|$, [57] $\frac{1}{2}$, [58] $8\pi^2-\frac{16}{3}$,

[59] $24\pi^2-\frac{16}{\sqrt{2}}$, [60] ① $\frac{\pi}{6}$, [63] $\frac{abc\pi}{6006}$, [64] $4\pi$, [65] $\frac{32\pi}{3}(8-3\sqrt{3})$, [66] $\frac{4^4}{3}\left(\frac{\pi}{2}-\frac{2}{3}\right)$,

[67] $(\cos\alpha-\cos\beta)\frac{2}{3}\pi a^3$, [68] $\frac{4\pi abc}{3}$, [69] $\frac{\pi abc}{3}$, [70] $\frac{\pi}{10}$, [71] 18, [72] $2\sqrt{3}$, [73] $\frac{8\pi a^3}{3}$,

[74] $2\pi^2$, [75] $\pi e(e^3-1)$, [76] $\sqrt{2}\pi$, [77] $\frac{1}{24}$, [78] $\frac{8\sqrt{2}\pi}{15}$, [79] $\frac{32\sqrt{2}\pi}{15}$, [80] $\frac{\pi}{8}$, [81] $\frac{3\pi^2}{2}$,

[82] $\frac{1}{2}(\ln 5)(\ln 13)$, [83] $\frac{\pi abh}{3}$, [84] $28\frac{2\pi}{3}$, [85] $48\pi$, [86] $\frac{\sqrt{3}\pi a^3}{8}$, [87] $2\pi a^3$, $\frac{20\pi a^3}{3}$,

[88] $\frac{2ar^2}{3}$, [89] $\frac{20\pi}{3}$, [90] $\frac{49\pi}{32}$, [91] $\frac{14\pi}{3}$, [92] 27 : 2, [93] $\frac{\pi^2}{2}$, [94] $4\sqrt{3}-2\pi$, [95] $k$,

[96] $\frac{64\pi}{3\sqrt{3}}$, [97] $\frac{5\sqrt{2}}{3}$

## 08 | 입체 표면적

[1] $\frac{28}{3}$, [2] $\frac{\pi}{6}\left(17^{\frac{3}{2}}-1\right)$, [3] $\pi\sqrt{1+a^2}(r_2^2-r_1^2)$, [4] $3\sqrt{14}$, [5] $32(\pi-2)$, [6] $70\pi$, [7] [8] $\frac{\pi}{4}a^2$,

[9] $8\pi\left(1+\frac{4\sqrt{3}\pi}{9}\right)$, [10] $\frac{12\pi}{5}$, [11] $\frac{128\pi}{5}$, [14] $\frac{2\pi(\sqrt{5^3}-1)}{3}$, [15] $16a^2$ [16] $2\pi a^2(1-\cos\alpha)$,

[17] $24a^2(2-\sqrt{2})$, [18] $\frac{5\pi}{\sqrt{3}}(2\sqrt{3}+\ln(2+\sqrt{3}))$, [19] $2\pi a^2(\cos\alpha-\cos\beta)$, [20] $6\pi^3-24\pi$,

[21] $\frac{(\sqrt{21}+\sqrt{70})\pi}{108}$, [22] $4a\pi^2 r$, [23] $\pi(\sqrt{2}+\ln(1+\sqrt{2}))$, [24] $21\pi$

## 09 | 확률과 통계

[4] ① 자료가 정리되어 있지 않은 경우에 자료를 변형하지 않고 항상 평균을 구할 수 있지만 중위수나 최빈수는 그렇지 못하다. ② 자료가 정리되어 있는 경우 계급 중에 한쪽이 열려 있는 계급이 있으면 평균을 구할 수 없다. 그러나 중위수는 상관없이 구할 수 있다. ③ 추측 통계학의 관점에서 살펴보면, 중위수나 최빈수보다 산술 평균이 불편성, 유효성, 일치성, 충분성에서 좋다. ④ 평균은 극단적인 값에 의해 영향을 많이 받는 단점을 갖고 있다. 그러나 중위수와 최빈수는 극단적인 값에 의해 영향을 비교적 적게 받는다.

[12] 28,964,859원, [13] 0.947, [15] 4.66초, 49초, [16] 512, [18] 4,6,7,1,2,10,9,8,3,5,

[19] 459, [20] 288,673, [21] $6!\times 2^6$, [22] $1-3^{n+1}+2\cdot 4^n$, [23] 33,333,332, [24] $\frac{83}{449}$,

[25] $\frac{(n-1+k)!}{(n-1)!k!}$, [26] $\frac{3-\sqrt{3}}{3}$, [29] 4, [30] 0.08, [31] $77.84 \le x \le 80.32$, [32] 597,

[33] $[0.05, 0.07]$, [34] 271, [35] 0.0057, [36] 0.3134, [37] 0.99, [42] $\frac{7}{128}$, [43] $0(x<0)$,

$\frac{x^2}{16}(0 \le x < 4), 1(x \ge 4)$, [45] $\frac{1}{48}$, [46] $\frac{9}{16}$, [47] $\frac{4}{7}$, [48] $\frac{5}{22}$, [49] $\frac{b(3a^2-b^2)}{a^3}$, [50] $\frac{7}{16}$,

[51] $\frac{19}{11}$, [52] $\frac{2x}{1-y^2}, (y \le x \le 1)$, [53] $\frac{2y}{x^2}, (0 \le y \le x)$, [54] $\frac{2x}{3}$, $\frac{2(1+y+y^2)}{3(1+y)}$, [55] $\frac{x^2}{18}$,

[56] 97, [57] 661, [58] $\sqrt{3}, 1.62, 1.6, 1.098, 2.121$, [59] $\frac{1-a_i}{3-a_i}$, [60] ① 0.675 ② 0.259, [61] $\frac{5}{54}$,

[62] $\frac{29}{30}$, [63] 0.8208, [64] $\frac{27}{256}$, [65] 0.7422, [66] 0.8631, [67] 0.491, [68] 0.8621, [69] 0.0217,

[70] 49, [71] 116, [72] $\frac{2}{21}$, [73] 95, [74] 61, [75] 330, [76] 180, [77] 39, [78] $\begin{bmatrix} 0.979 & 0.024 \\ 0.021 & 0.976 \end{bmatrix}$,

$\begin{bmatrix} 0.533 \\ 0.467 \end{bmatrix}$, 수도권=25,216,000, 비수도권=22,064,000, [79] $A:B:C=2:3:5$, [80] $4^{2010}-2^{2010}$,

[81] 3384, [82] $2(15!)^2$, [83] 1540, [84] 196, [85] 1365, [86] $\frac{37}{72}$, [87] 107, [88] 16, [89] $10^5$,

[90] $\frac{\pi}{4}$, [91] $4 \cdot 3^{2011}$, [92] $\frac{2}{3}$, [93] 372, [94] $\frac{1}{24}$, [95] $\frac{1}{4}$, [96] 94, [97] $\frac{1}{3}$, [98] 630,

[99] $2 \cdot 3^{2008}$, [100] 6, [101] 2012, [102] $4^{2004}+2^{2004}$, [103] $\frac{3^{16}}{1+3^{16}}$, [104] 1430,

[105] $\frac{(2n)!}{(n+1)!n!}$, [106] $\frac{(2n)!}{(n+1)!n!}$, [107] $\frac{(2n)!}{(n+1)!n!}$, [108] $\frac{(2n)!}{(n+1)!n!}$, [109] $\frac{(2n-2)!}{n!(n-1)!}$,

[110] 2016, [111] $\frac{(2n-2)!}{n!(n-1)!}$, [112] 16796, [113] $\frac{19}{40}$, [114] 357, [115] 131922, [116] 48,

[117] 21600, [118] 20, [119] 6, [120] $\frac{1}{3}+\frac{1}{3 \cdot 2^{2011}}$, [121] 186, [122] 330, [123] 288,

[124] $({}_{4020}C_{1005})^2$

## 10 | 실용적 수학

[1] $58.97^\circ C$, [2] 7575, [3] 62500, 156250, [4] 447712, 1435873, [5] $4.62 \times 10^6$, [6] 10000, 7, 8.9,

[7] $11.2km/\sec$, [9] 3.93, [10] $4.54 \times 10^{-7}$, [11] $300-\frac{250}{\sqrt[50]{e^t}}$, [12] $r=e^{\frac{\theta}{\sqrt{8}}}$, [13] 20.9,

[14] $\frac{1}{3}T_n+\frac{2}{3}M_n=\frac{1}{2}S_n$, [16] 15kg 어린이에서 1m, [17] 지구 안쪽에 질량 중심,

[18] ① $\left(\frac{10}{9}, -\frac{4}{9}\right)$, ② $\left(\frac{2}{3}, 0\right)$, ③ $\left(\frac{14}{9}, \frac{7}{2}\right)$, ⑦ $\left(0, \frac{38}{35}\right)$, ⑧ $\left(\frac{2}{3}, \frac{4}{3}\right)$, [20] 281.25, 421.875,

[24] $10ft$, [26] ① $\frac{a}{2}\left[\frac{(x/a)^{1+v/w}}{1+v/w}-\frac{(x/a)^{1-v/w}}{1-v/w}\right]+\frac{avw}{w^2-v^2}$, ② $\frac{a}{2}\left\{\frac{1}{2}\left[\left(\frac{x}{a}\right)^2-1\right]-\ln\frac{x}{a}\right\}$,

③ $\frac{x^2+a^2}{2a}$, ④ $\frac{a}{2}\left[\frac{(x/a)^{1+v/w}-1}{1+v/w}+\frac{(a/x)^{v/w-1}-1}{v/w-1}\right]$, ⑤ $\frac{x}{2}\left[\left(\frac{x}{a}\right)^{v/w}+\left(\frac{a}{x}\right)^{v/w}\right]$, [30] $\frac{1}{4\pi}$,

[31] $\pi\sqrt{\dfrac{a}{g}}$, [32] $\pi\sqrt{\dfrac{a}{g}}$, [33] 3.2sec, [34] $x=\dfrac{\sum_{i=1}^{12} m_i \cos\dfrac{2(i-1)\pi}{12}}{\sum_{i=1}^{12} m_i}$, $y=\dfrac{\sum_{i=2}^{12} m_i \sin\dfrac{2(i-1)\pi}{12}}{\sum_{i=1}^{12} m_i}$,

[35] $8\times10^5$, [36] 406250, [37] $(0,-2,0)$, [41] 곡률 : $\dfrac{1}{a}$, [42] 곡률 : $\dfrac{1}{2a}$, [43] 1.4, [44] 32.2,

[45] ① $\left(\dfrac{3}{4},3,\dfrac{8}{5}\right)$, ② $\left(\dfrac{1}{4},\dfrac{1}{4},\dfrac{1}{4}\right)$, ③ $\left(0,0,\dfrac{3a}{8}(1+\cos\alpha)\right)$, ④ $\left(0,0,\dfrac{4}{3}\right)$, ⑤ $\left(0,0,\dfrac{a^2}{3}\right)$,

⑥ $\left(0,0,\dfrac{7a^2}{15}\right)$, ⑦ $\left(0,0,\dfrac{3}{8}\dfrac{b^4-a^4}{b^3-a^3}\right)$, ⑧ $\left(0,0,\dfrac{3(a+b)^2}{4(2a+b)}\right)$, [46] ① $\left(0,0,\dfrac{111}{130}\right)$, ⑥ $\left(\dfrac{a}{3},\dfrac{b}{3},\dfrac{c}{3}\right)$,

⑩ $\left(\dfrac{\pi am}{4\sqrt{1+m^2}\tan^{-1}m},\dfrac{\dfrac{\pi}{4}a^3-\dfrac{1}{\sqrt{1+m^2}}}{a^2\tan^{-1}m},\dfrac{a}{2}\right)$, [47] $y=\dfrac{3}{x^2}$, [48] $y=4x^2$, [49] $a\ln(\cosh 2)$,

[50] 34.5%, 24.1%, 41.4%

**문제중심 고급영재수학** ❷ 기하학 · 응용수학

지은이 곽성은 · 우경수
펴낸이 박문규
펴낸곳 경문사
펴낸날 2014년 7월 7일 1판 1쇄
등 록 1979년 11월 9일 제313-1979-23호
주 소 121-818, 서울특별시 마포구 와우산로 174
전 화 (02)332-2004 팩스 (02)336-5193
이메일 kyungmoon@kyungmoon.com

값 22,000원

ISBN 978-89-6105-810-0